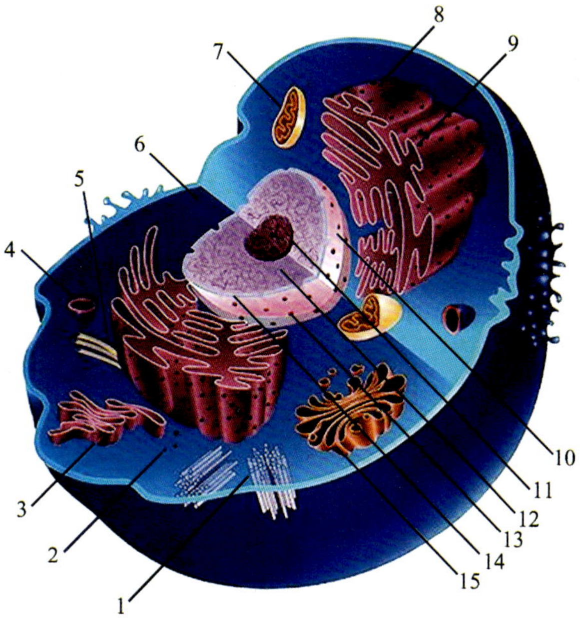

彩插 1-1　细胞的结构

1.中心粒　2.游离核糖体　3.滑面内质网　4.溶酶体　5.微管　6.细胞质　7.线粒体　8.附着核糖体　9.粗面内质网　10.细胞核　11.核仁　12.染色质　13.核孔　14.核膜　15.高尔基复合体

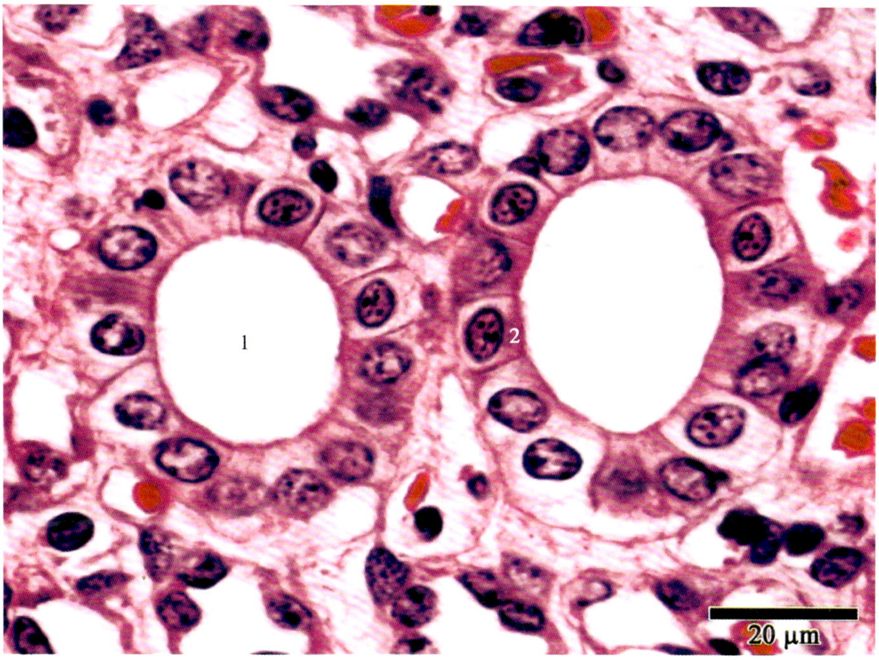

彩插 2-1　单层立方上皮,牛肾髓质肾小管,HE(引自彭克美等,2021)

1.肾小管　2.单层立方上皮细胞

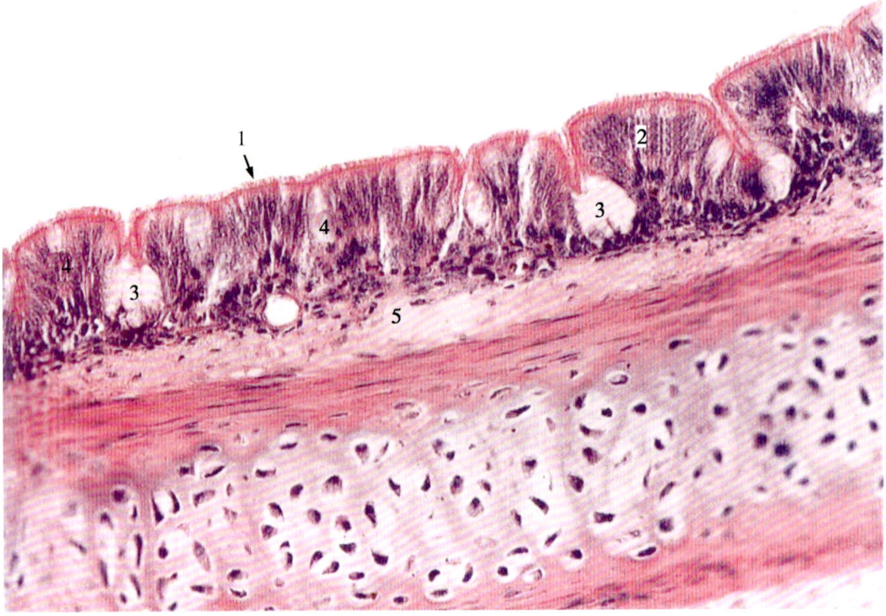

彩插 2-2　假复层柱状纤毛上皮(气管),HE×327

1.纤毛　2.假复层柱状纤毛上皮　3.单泡状黏液腺　4.杯状细胞　5.固有层

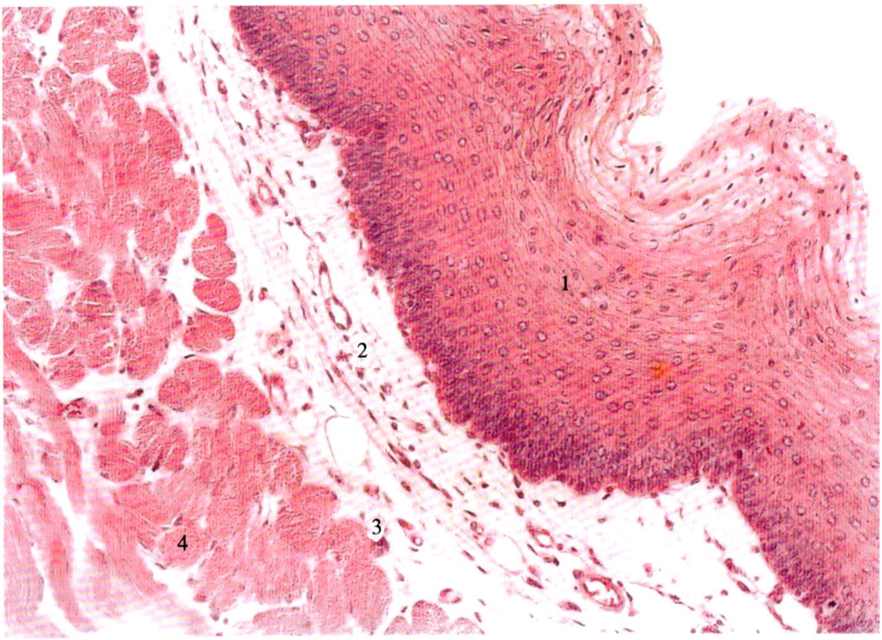

彩插 2-3　复层扁平上皮(食管),HE×248

1.复层扁平上皮　2.固有层　3.黏膜下层　4.肌层

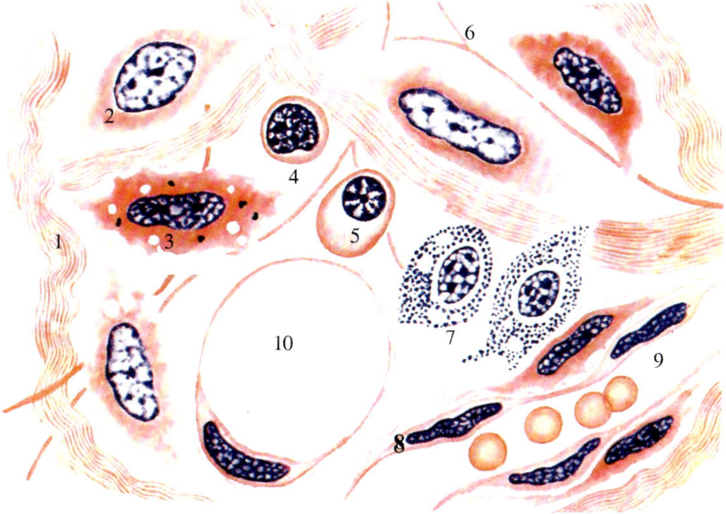

彩插 2-4　疏松结缔组织结构模式图(引自彭克美等,2021)

1.胶原纤维　2.成纤维细胞　3.组织细胞　4.淋巴细胞　5.浆细胞　6.弹性纤维　7.肥大细胞　8.内皮细胞　9.毛细血管　10.脂肪细胞

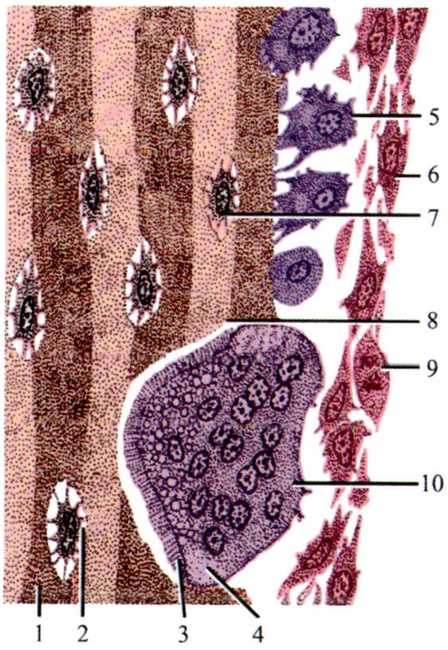

彩插 2-5　骨组织结构模式图

1.骨板　2.骨陷窝　3.皱褶缘　4.亮区　5.成骨细胞　6.骨原细胞　7.骨细胞　8.溶解中的骨基质　9.骨原细胞分裂　10.破骨细胞

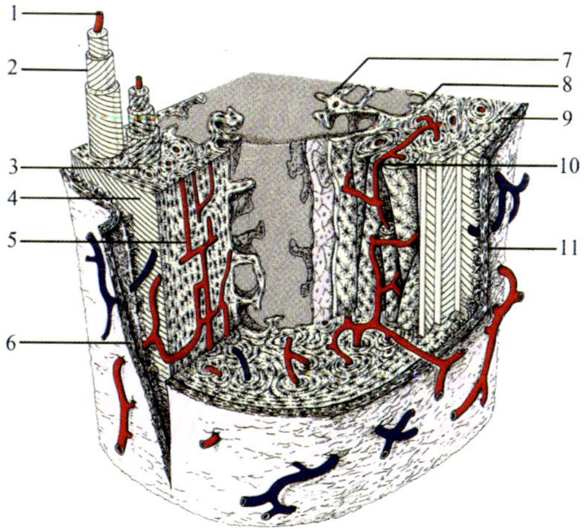

彩插 2-6　骨密质断面模式图

1.哈弗氏血管　2.骨单位　3.含有骨细胞的中央骨板　4.外环骨板　5.哈弗氏管中的血管　6.含有纤维层和成骨层的骨外膜　7.骨内膜　8.内环骨板　9.外环骨板　10.伏克曼管　11.含有纤维层和成骨层的骨外膜

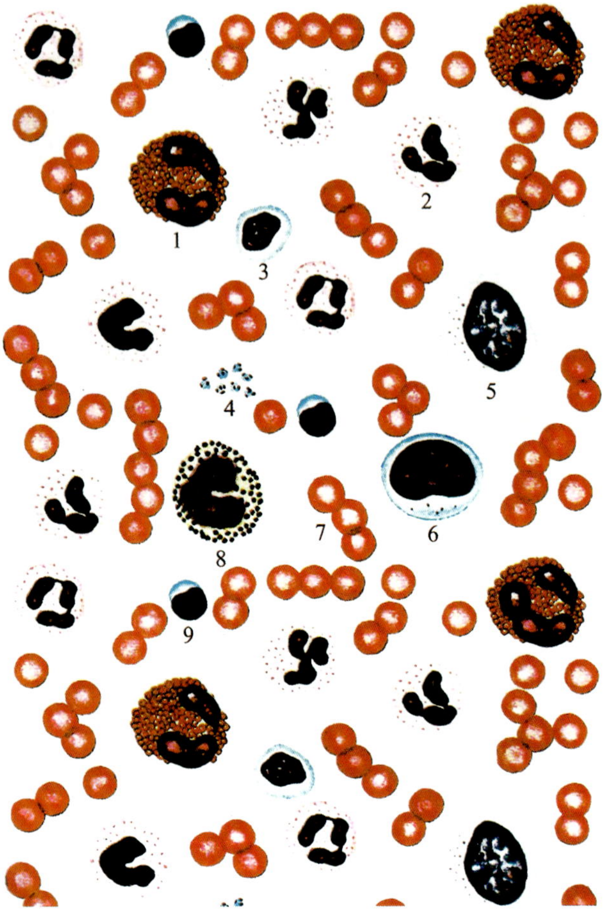

彩插 2-7　猪血涂片模式图(引自彭克美等,2021)

1.嗜酸性粒细胞　2.中性粒细胞　3.中淋巴细胞　4.血小板　5.单核细胞
6.大淋巴细胞　7.红细胞　8.嗜碱性粒细胞　9.小淋巴细胞

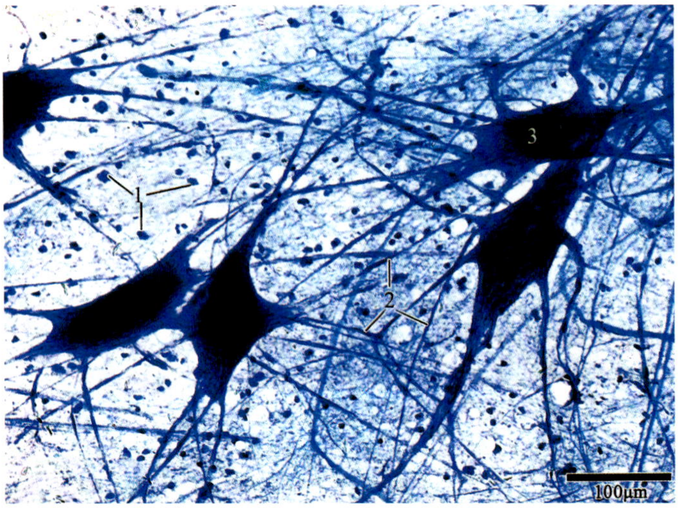

彩插 2-8　猫多级神经元(亚甲蓝染色)(引自彭克美等,2021)

1.胶质细胞　2.突起　3.胞体

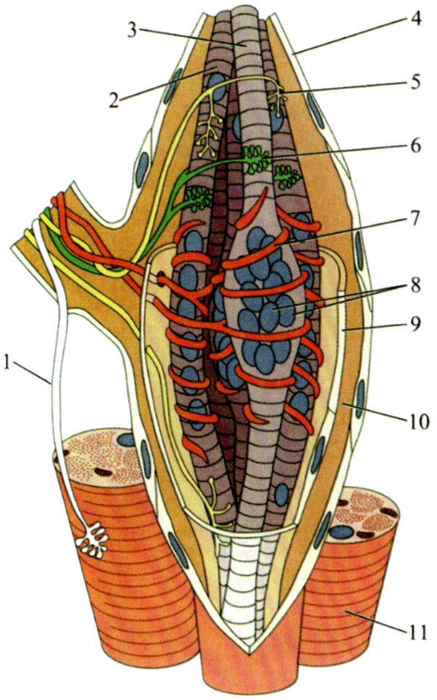

彩插 2-9　肌梭模式图(引自彭克美等,2021)

1.运动神经纤维　2.核链纤维　3.核袋纤维
4.结缔组织被囊　5.花枝样感觉神经末梢
6.运动神经末梢　7.环状感觉神经末梢
8.梭内肌纤维的细胞核　9.被囊内层
10.被囊下间隙　11.梭外肌

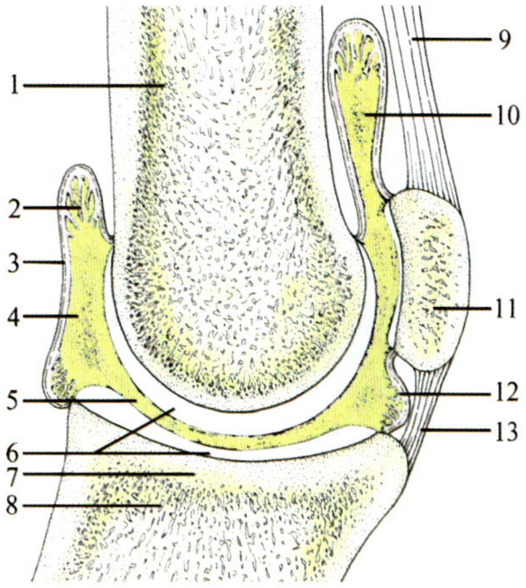

彩插 3-1　关节模式图

1.近关节端骨组织　2.滑膜绒毛　3.关节囊
4.滑液　5.关节间隙　6.关节软骨　7.软骨下骨板
8.远关节端的骨组织　9.近籽韧带　10.关节囊憩室
11.籽骨　12.滑膜绒毛　13.远籽骨韧带

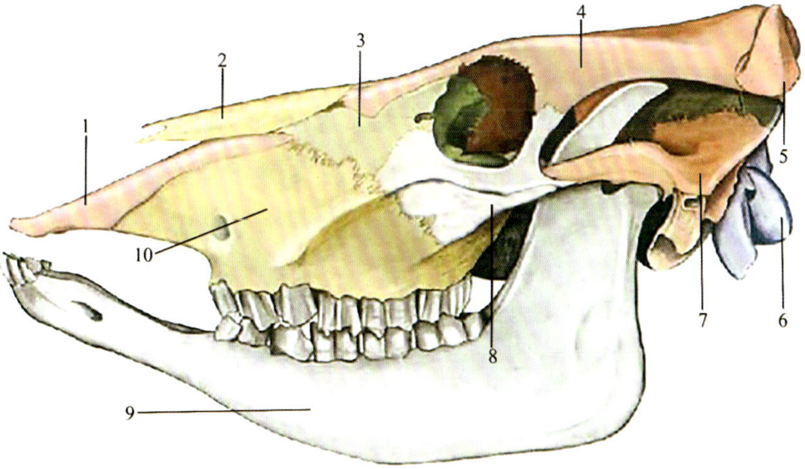

彩插 3-2　牛头骨

1.切齿骨　2.鼻骨　3.泪骨　4.额骨　5.顶骨　6.枕骨　7.颞骨　8.颧骨　9.下颌骨　10.上颌骨

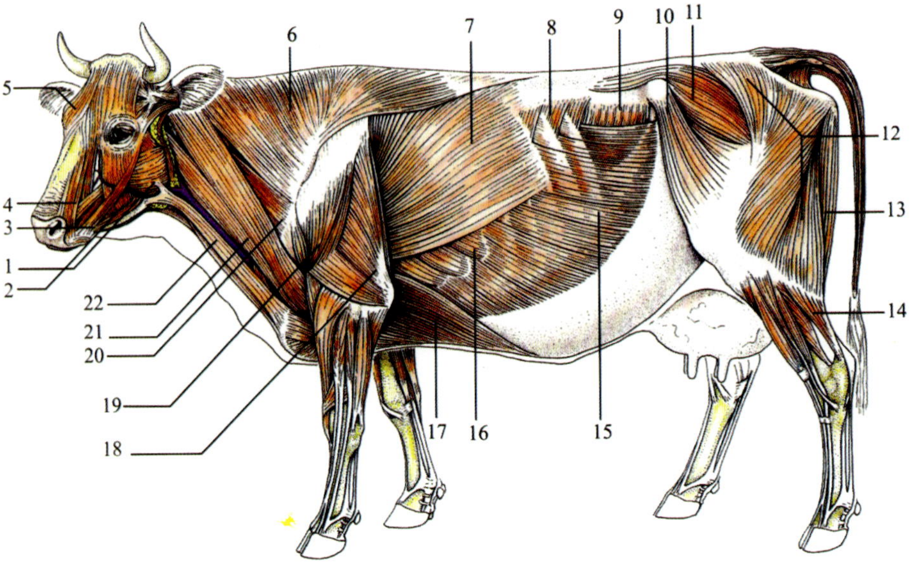

彩插 3-3　牛体浅层肌(引自陈耀星等,2009)

1.咬肌　2.颊肌　3.颧肌　4.鼻唇提肌　5.额皮肌　6.斜方肌　7.背阔肌　8.后背侧锯肌　9.腹内斜肌　10.阔筋膜张肌　11.臀中肌　12.臀股二头肌　13.半腱肌　14.腓肠肌　15.腹外斜肌　16.胸腹侧锯肌　17.升胸肌　18.臂三头肌　19.三角肌　20.肩胛横突肌　21.臂头肌　22.胸头肌

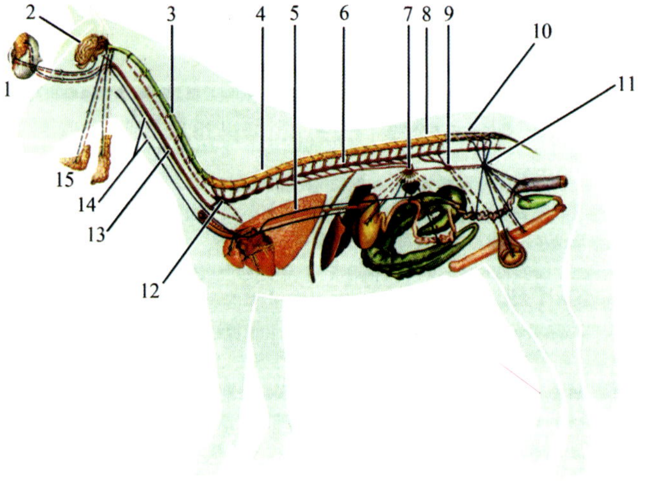

彩插 4-1　动物主要器官及主要神经分布示意图(引自彭克美等,2021)

1.眼　2.脑　3.颈髓　4.胸髓　5.食管干　6.胸交感干　7.腹腔肠系膜神经节　8.腰髓　9.肠系膜后神经节　10.荐髓　11.盆神经丛　12.星状神经节　13.颈交感干　14.迷走神经　15.唾液腺

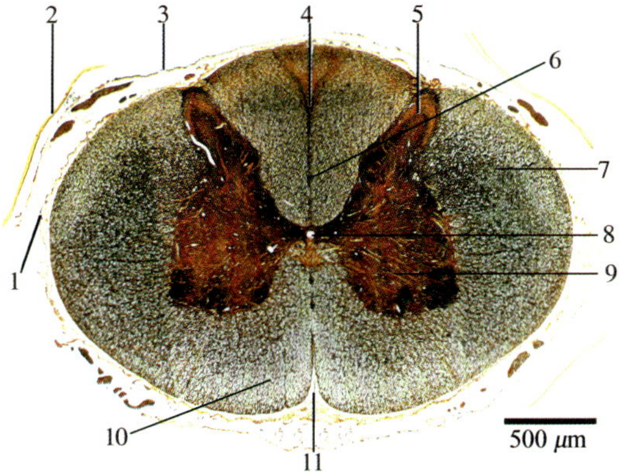

彩插 4-2　马颈段脊髓横切（镀银染色）

（引自彭克美等，2021）

1.软膜　2.硬膜　3.蛛网膜　4.背正中隔　5.背侧柱　6.背侧索　7.外侧索　8.中央管　9.腹侧柱　10.腹侧索　11.腹正中裂

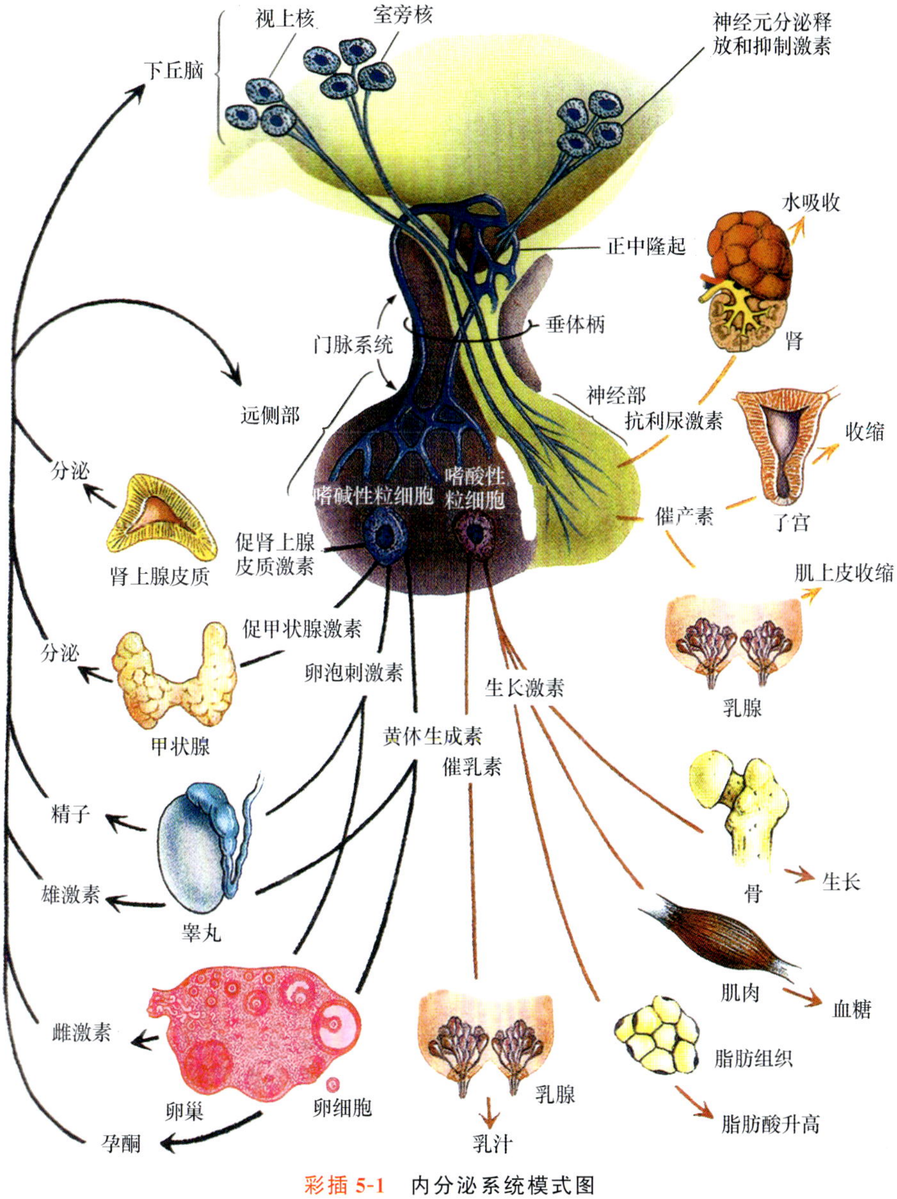

彩插 5-1　内分泌系统模式图

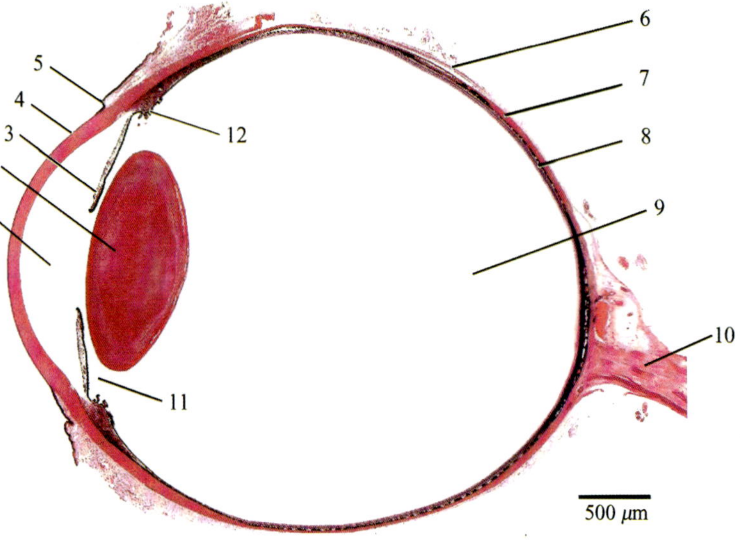

彩插 6-1　眼球纵切(HE)(引自彭克美等,2021)

1.前房　2.晶状体　3.虹膜　4.角膜　5.角膜缘　6.巩膜　7.脉络膜　8.视网膜
9.玻璃体　10.视神经　11.后房　12.睫状体

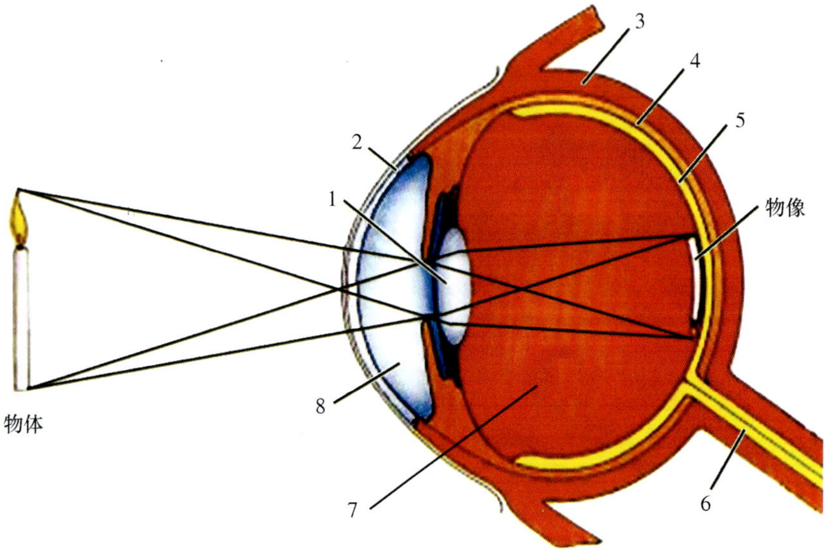

彩插 6-2　眼球的构造及其成像原理模式图

1.晶状体　2.角膜　3.巩膜　4.脉络膜　5.视网膜　6.视神经　7.玻璃体　8.前房

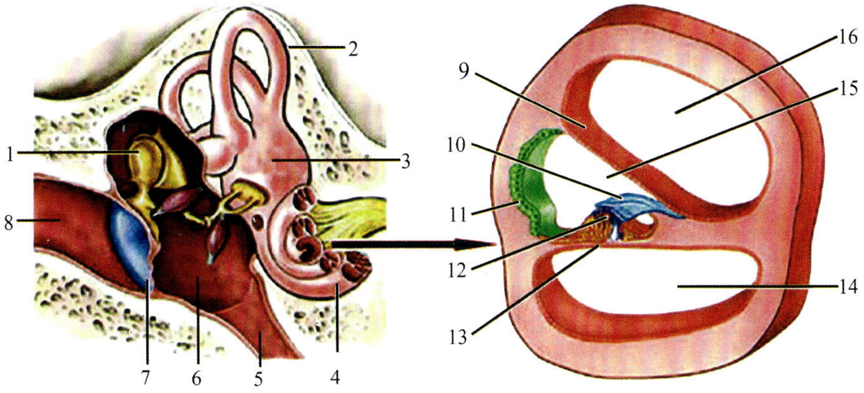

彩插 6-3　耳的结构模式图

1.听小骨　2.半规管　3.椭圆囊　4.耳蜗　5.咽鼓管　6.鼓室　7.鼓膜　8.外耳道　9.前庭膜　10.盖膜　11.血管纹　12.科蒂氏器　13.基底膜　14.鼓室阶　15.膜蜗管　16.前庭阶

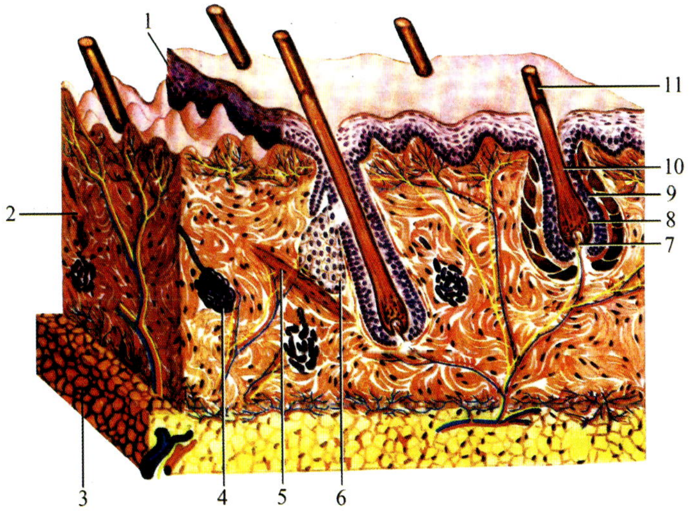

彩插 7-1　皮肤结构模式图

1.表皮　2.真皮　3.皮下组织　4.汗腺　5.竖毛肌　6.皮脂腺　7.毛乳头　8.毛球　9.毛囊　10.毛根　11.毛干

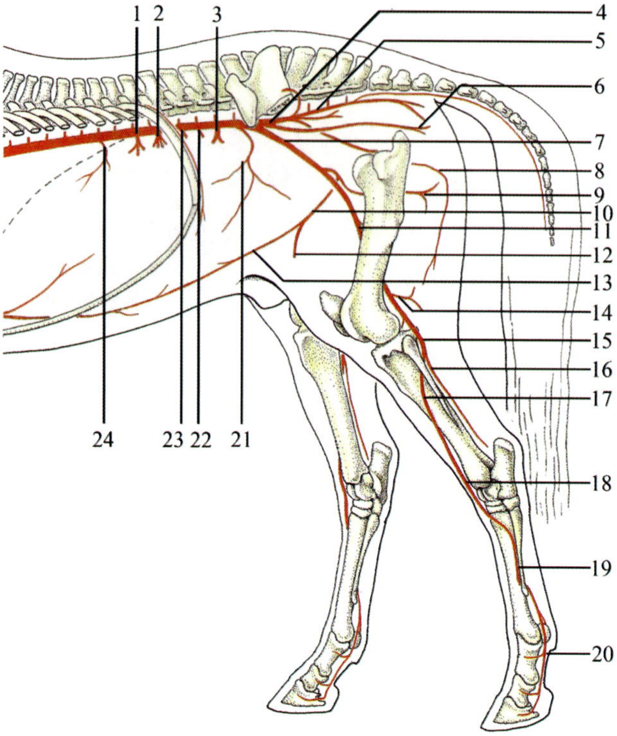

彩插 9-1　马的腹主动脉及其大的分支

1.腹腔动脉　2.肠系膜前动脉　3.肠系膜后动脉　4.髂内动脉　5.荐中动脉　6.臀后动脉　7.髂外动脉　8.阴部内动脉　9.股深动脉　10.阴部腹壁动脉干　11.股动脉　12.阴部外动脉　13.腹壁后动脉　14.股后远动脉　15.腘动脉　16.胫后动脉　17.胫前动脉　18.足背动脉　19.跖背侧第 3 动脉　20.趾跖外侧动脉　21.旋髂深动脉　22.睾丸动脉　23.肾动脉　24.膈前动脉

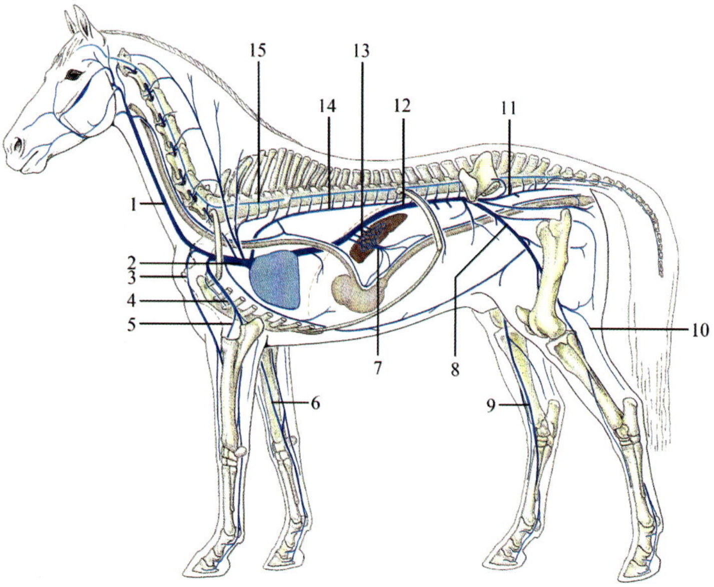

彩插 9-2　马静脉系统示意图

1.颈外静脉　2.前腔静脉　3.头静脉　4.臂静脉　5.肘正中静脉　6.正中静脉　7.门静脉　8.髂外静脉　9.内侧隐静脉　10.外侧隐静脉　11.髂内静脉　12.后腔静脉　13.肝静脉　14.右奇静脉　15.椎静脉

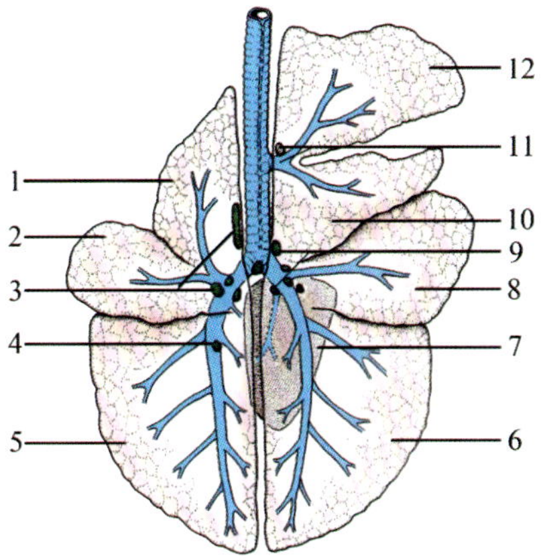

彩插 10-1　牛肺模式图

1.左前叶(前部)　2.左前叶(后部)　3.左气管支气管淋巴结　4.肺淋巴结　5.左后叶
6.右后叶　7.副叶　8.中叶　9.右气管支气管淋巴结　10　右前叶(后部)
11.前气管支气管淋巴结及气管支气管　12.右前叶(前部)

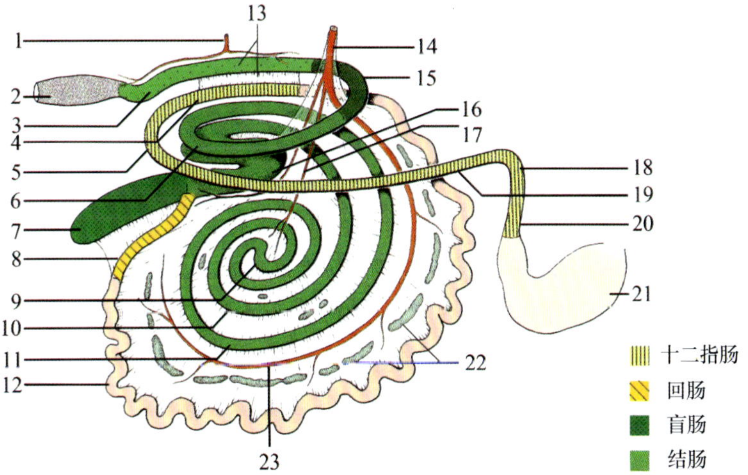

彩插 11-1　牛的肠管

1.肠系膜后动脉　2.直肠　3.降结肠　4.十二指肠升部　5.十二指肠后曲　6.结肠终袢　7.盲肠
8.回肠与回盲褶　9.中央曲　10.向心回　11.离心回　12.空肠　13.带有十二指肠结肠褶的降结肠
14.肠系膜前动脉　15.横结肠　16.结肠初袢　17.结肠动脉　18.十二指肠前曲　19.十二指肠降部
20.十二指肠前部　21.皱胃　22.空肠系膜的空肠淋巴结　23.空肠动脉

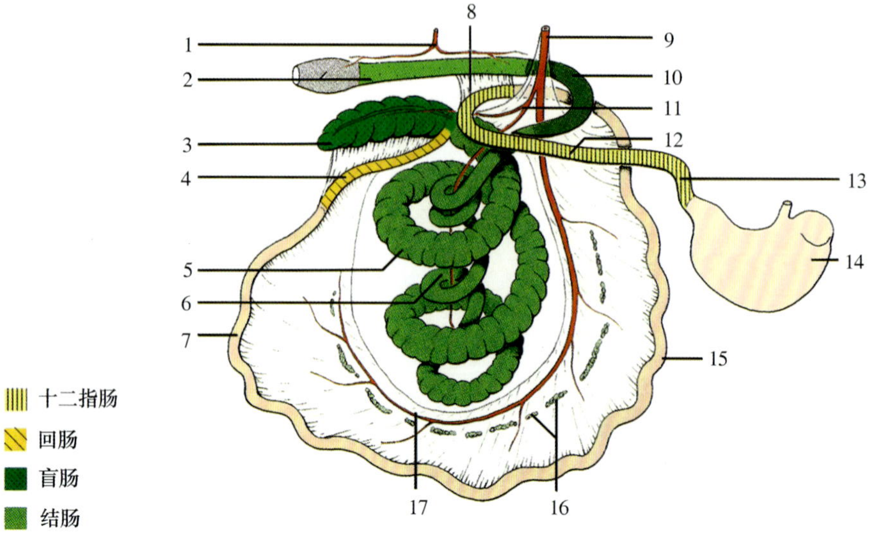

彩插 11-2　猪的肠管

1.肠系膜后动脉　2.直肠和降结肠　3.盲肠　4.回肠及回盲褶　5.向心回　6.离心回　7.空肠　8.十二指肠后曲和十二指肠结肠褶　9.肠系膜前动脉　10.横结肠　11.结肠动脉　12.十二指肠降部　13.十二指肠前曲　14.胃　15.空肠　16.空肠系膜内空肠淋巴结　17.空肠动脉

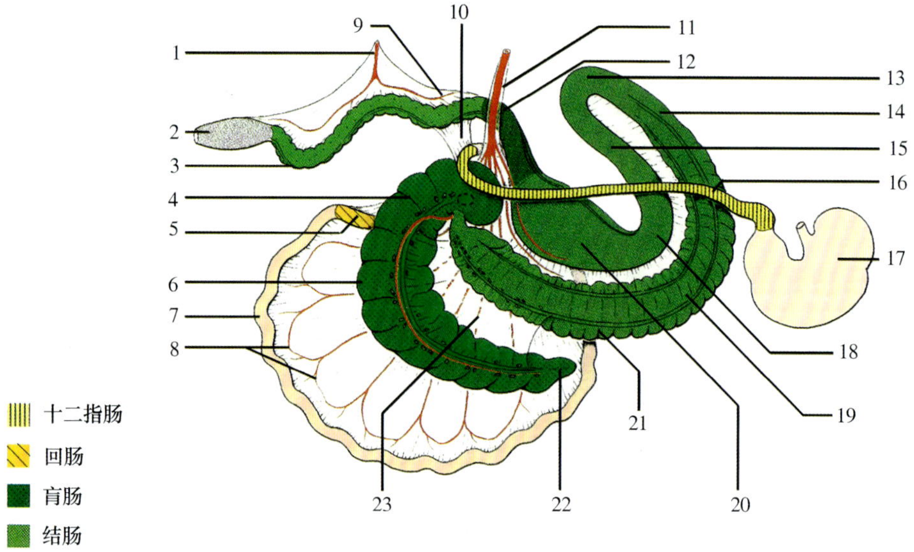

彩插 11-3　马的肠管

1.肠系膜后动脉　2.直肠　3.降结肠　4.盲肠底　5.回肠及回盲褶　6.盲肠体　7.空肠　8.空肠动脉　9.结肠左动脉　10.十二指肠结肠褶　11.肠系膜前动脉　12.横结肠　13.骨盆曲　14.左下结肠　15.左上结肠　16.十二指肠降部　17.胃　18.上隔曲　19.下隔曲　20.右上结肠　21　右下结肠　22.盲肠尖　23.盲结肠褶

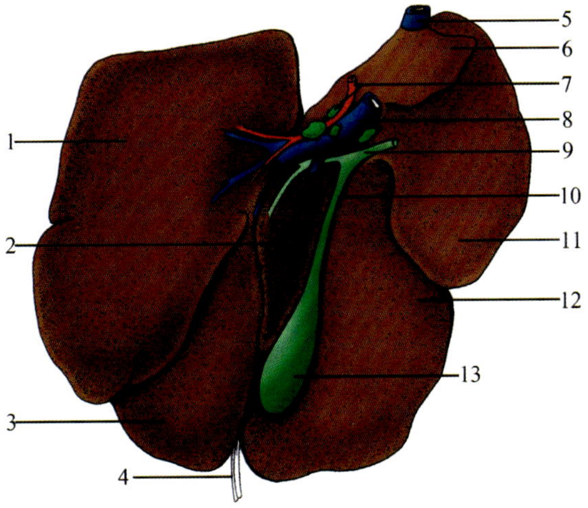

彩插 11-4　猪肝模式图

1.肝左个侧叶　2.肝方叶　3.肝左内侧叶
4.镰状韧带和圆韧带　5.后腔静脉　6.尾状突
7.肝动脉和肝门淋巴结　8.门静脉　9.胆管
10.胆囊管　11.肝右外侧叶
12.肝右内侧叶　13.胆囊

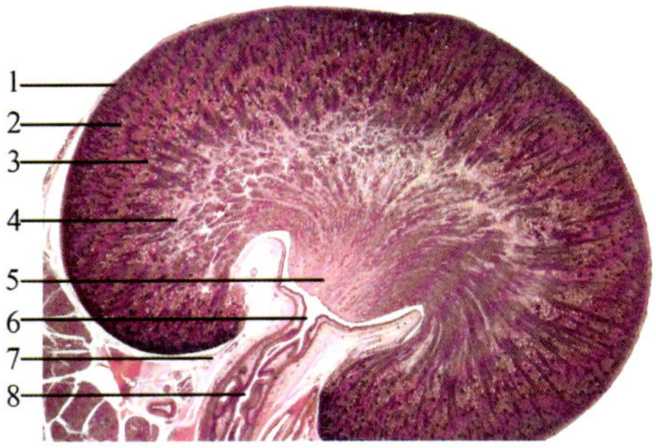

彩插 13-1　犬肾组织切片(HE)

1.纤维囊　2.肾皮质　3.肾髓外区　4.肾髓内外
5.肾乳头　6.肾盂　7.肾窦　8.输尿管

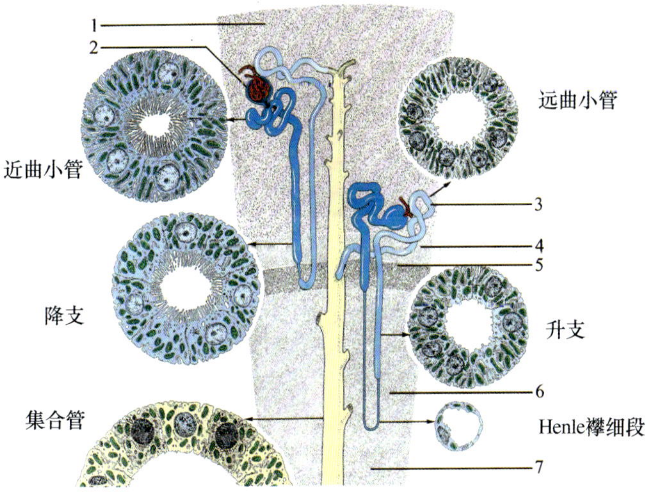

彩插 13-2　肾脏的基本功能单位模式图

1.肾皮质　2.肾小体包含肾小球和肾小囊　3.髓旁肾单位　4.外区外带　5.外区内带　6.内区　7.肾髓质

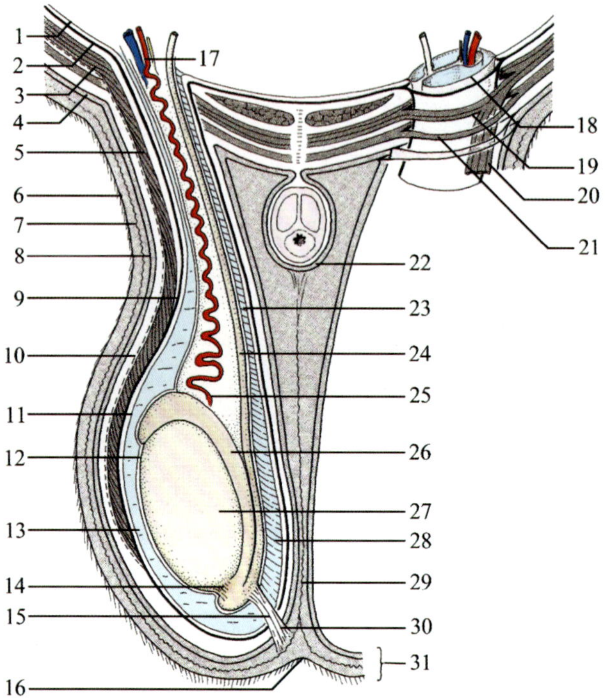

彩插 14-1　公牛睾丸被膜和精索

1.腹膜　2.横筋膜　3.腹内斜肌　4.躯干外筋膜　5.睾提肌　6.皮肤　7.肉膜　8.精索外筋膜　9.精索内筋膜　10.提睾肌筋膜　11.睾丸鞘膜壁层　12.睾丸鞘膜脏层(睾丸外膜)　13.鞘突腔　14.睾丸固有韧带　15.附睾尾韧带　16.阴囊缝　17.睾丸动、静脉和植物神经及淋巴管　18.鞘膜环　19.腹股沟深环　20.睾提肌　21.输精管系膜　22.阴茎　23.输精管系膜　24.输精管　25.睾丸动脉　26.附睾　27.睾丸　28.睾丸系膜　29.阴囊中隔　30.阴囊韧带　31.阴囊

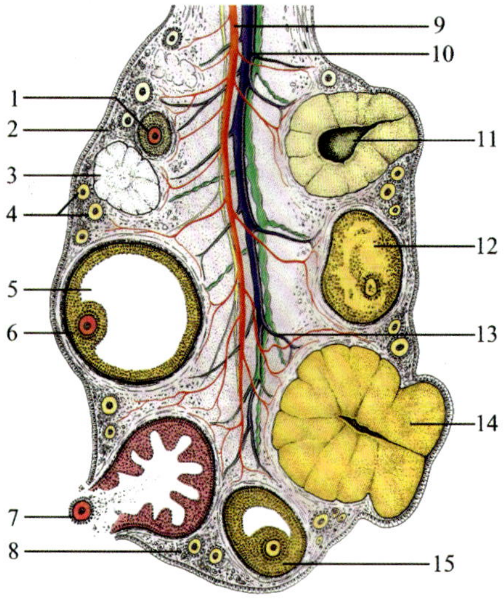

彩插 14-2　母牛巢模式图

1.次级卵泡　2.皮质　3.白体　4.初级卵泡　5.卵泡腔　6.含卵母细胞的 Graafian 卵泡　7.排卵卵泡　8.初级卵泡　9.卵巢动脉　10.卵巢静脉　11.退化中黄体、中央腔　12.闭锁卵泡　13.髓质(血管区)　14.完全发育黄体　15.三级卵泡

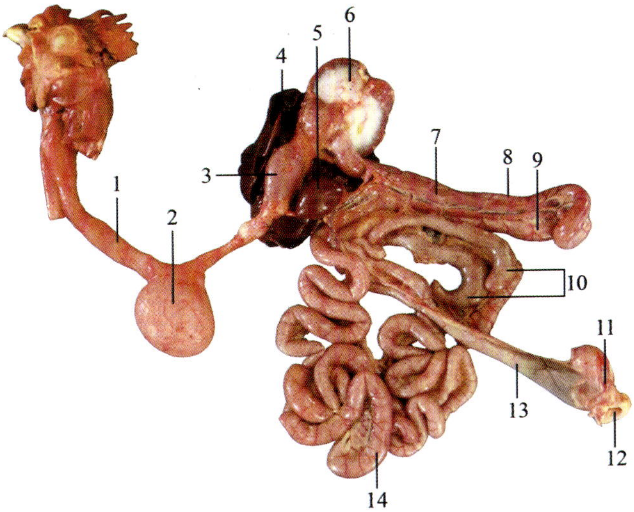

彩插 16-1　鸡消化系统组成(引自熊本海等,2014)

1.食管　2.嗉囊　3.腺胃　4.肝　5.脾　6.肌胃　7.胰　8.十二指肠降襻　9.十二指肠升襻　10.盲肠　11.泄殖腔部　12.肛门　13 直肠　14.空肠

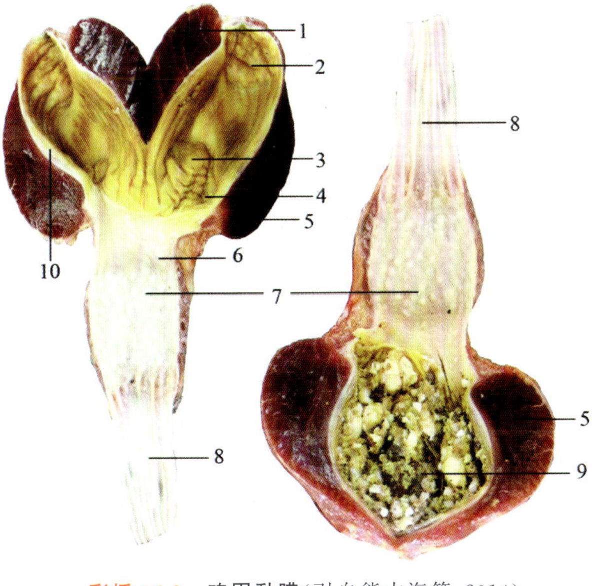

彩插 16-2　鸡胃黏膜(引自熊本海等,2014)

1.后背侧厚肌　2.后腹盲囊　3.前背盲囊　4.幽门口(十二指肠口)　5.前腹侧厚肌　6.中间带(胃峡)　7.腺胃乳头　8.食管黏膜　9.肌胃内食物　10.胃角质层

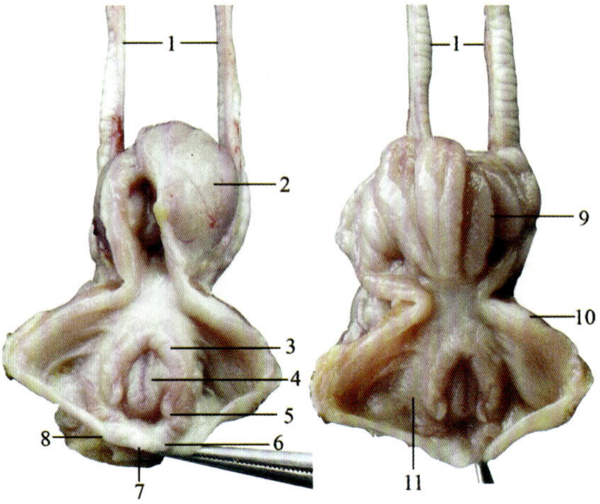

彩插 16-3 公鸡泄殖腔构造(引自熊本海等,2014)

1.输精管 2.法氏囊 3.泄殖腔黏膜皱襞 4.粪道口 5.右输精管乳头 6.右外侧阴茎体 7.正中阴茎体 8.左外侧阴茎体 9.法氏囊黏膜皱襞 10.泄殖腔壁切缘 11.泄殖腔黏膜

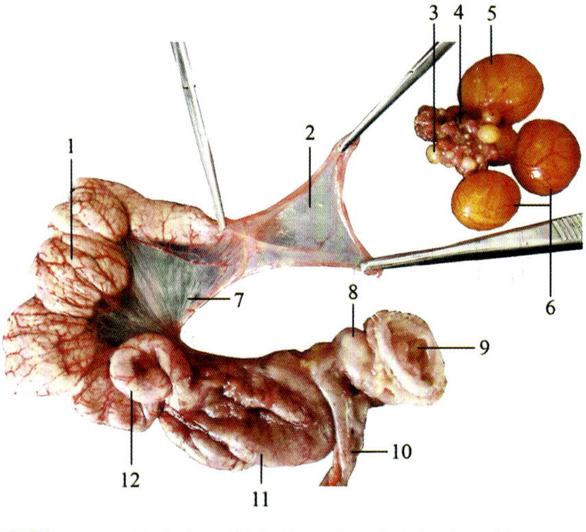

彩插 16-4 母鸡生殖器官的组成(引自熊本海等,2014)

1.输卵管膨大部 2.输卵管漏斗口 3.次级卵泡 4.卵巢 5.成熟卵泡(卵黄) 6.生长卵泡 7.输卵管系膜 8.泄殖腔 9.肛门 10.直肠 11.子宫部 12.输卵管峡部

普通高等教育“十四五”规划教材

动物解剖生理学

王　军　彭永帅　主编

中国农业大学出版社
·北京·

内容简介

本教材是畜牧兽医类专业的专业基础课程教材，全书除绪论外，分为16章，包括细胞和基本组织、家畜系统解剖与生理学、家禽解剖生理特征三大部分内容，主要阐述动物机体各器官形态结构和生命现象及活动规律。本教材每章都设有学习目标和思考题等栏目，编写时将教学视频等内容有机地插入章节中，使学生的学习更具有方向性，更好地保证知识的拓展性。本教材附有大量彩色图片，易于学生阅读和理解动物解剖生理特征，同时以设置选择题和简答题的方式检验学生的学习情况。全书语言简练、图文并茂、通俗易懂，便于学生学习。

图书在版编目(CIP)数据

动物解剖生理学 / 王军，彭永帅主编. --北京：中国农业大学出版社，2023.9

ISBN 978-7-5655-3060-9

Ⅰ.①动… Ⅱ.①王…②彭… Ⅲ.①动物解剖学—高等学校—教材②动物学—生理学—高等学校—教材 Ⅳ.①Q954.5②Q4

中国国家版本馆 CIP 数据核字(2023)第 168837 号

书　　名 动物解剖生理学

作　　者 王　军　彭永帅　主编

策划编辑 康昊婷　　**责任编辑** 康昊婷

封面设计 郑　川　李尘工作室

出版发行 中国农业大学出版社

社　　址 北京市海淀区圆明园西路 2 号　　**邮政编码** 100193

电　　话 发行部 010-62733489，1190　　读者服务部 010-62732336

编辑部 010-62732617，2618　　出　版　部 010-62733440

网　　址 http://www.caupress.cn　　**E-mail** cbsszs@cau.edu.cn

经　　销 新华书店

印　　刷 北京溢漾印刷有限公司

版　　次 2023 年 9 月第 1 版　　2023 年 9 月第 1 次印刷

规　　格 185 mm×260 mm　　16 开本　　20 印张　　500 千字　　彩插 8

定　　价 69.00 元

编审人员

主　编　王　军　彭永帅

副主编　张利卫　李月勤　张　曼

参　编　吴凤笋　于　瑞　杨　树　张　丽
刘玲玲　王亚锴　宋予震

数字资源建设人员

霍　军　江青东　金　鑫　李月勤　刘忠虎
彭永帅　商艳红　宋予震　王　军　吴玉臣
臧金灿　张　丽　张利卫　张　曼

前　言

习近平总书记在党的二十大报告中指出：全面贯彻党的教育方针，落实立德树人根本任务，培养德智体美劳全面发展的社会主义建设者和接班人。本教材以习近平新时代中国特色社会主义思想为指导，反映学科研究最新进展，充分体现中国立场、中国智慧、中国价值，结合新时代特征，适应新时代人才培养要求，将融媒体融入教材内容，遵循以综合素质为基础、以能力培养为根本出发点，以应用为目的、理论够用为原则，力求内容简明，通俗易懂。同时针对教学内容进行改革，突出本学科内容的新颖性和前瞻性，理论与实践相结合，深入浅出，保证了教材的科学性、先进性和适用性。

动物解剖生理学包括动物解剖和动物生理两部分内容，是动物科学、动物医学、制药工程、动物检疫等相关专业重要的专业基础课。本教材分别介绍细胞、组织和器官的结构特征、位置关系及生理机能。学习并掌握好本课程的理论知识和实践技能，将为后期其他课程如动物饲养、遗传繁育、动物病理、动物传染病、内外科诊断等学科的学习打下良好的基础。

全书内容除绪论外，分为 16 章，第一、第二章阐述细胞和基本组织知识。第三章至第十五章为系统解剖和生理学部分，器官组织内容放在相应章节内叙述，主要阐述动物机体各器官的形态结构和生命现象及活动规律。第十六章阐述家禽解剖生理特征。每章节后附有复习思考题，设置了选择题和简答题两种题型，便于学生课后复习。各高等院校可根据本校具体教学情况灵活选用。

本教材为突出适用性和先进性，附有彩色插图，并且在每章节中插入二维码，师生可以通过扫描二维码直接观看本章节相关知识点的微课视频，有助于学生快速高效地掌握该章节知识的重点和难点。

本教材的编写过程中，编者虽然着力使内容更加充实、重点突出、文字简洁、图像清晰，但鉴于水平所限，书中若有疏漏和欠妥之处，敬请广大读者批评指正。

编　者

2023 年 2 月

目　录

绪　论

学习目标

1. 了解动物解剖生理学的研究方法。
2. 了解机体功能的调节方式。
3. 掌握动物体各部位名称。
4. 了解动物解剖生理学在畜牧兽医专业中的地位和意义。

一、动物解剖生理学的研究内容和方法

动物解剖生理学主要研究动物有机体的形态、结构及生命活动的规律。由动物解剖和动物生理两部分组成。二者研究内容不同，但联系密切。机体结构是功能的基础，生命活动中表现出的某种生理功能是某种特定结构的运动形式。

1. 动物解剖生理学的研究内容

(1)动物解剖　研究正常动物有机体的形态、结构及其发生发展的规律。根据研究的目的和方法不同，分为大体解剖、显微解剖和胚胎发育。大体解剖是借助于解剖器械，经肉眼观察，研究动物有机体各器官的形态、结构、位置及相互关系。由于研究目的不同，又分为系统解剖、局部解剖、比较解剖和功能解剖等。显微解剖是采用切片、染色等技术，借助显微镜研究组织细胞的细微结构及其与功能的关系。胚胎发育是研究动物个体发生的规律，即研究由受精卵发育到个体形成过程中的形态、结构和功能变化。

(2)动物生理　研究动物有机体的基本生命活动及其规律。动物体的结构和功能十分复杂，在研究生理功能变化规律及探讨其产生的机制时，需要从不同水平提出问题进行研究。动物生理的研究可分为三种不同的水平，即细胞和分子水平、器官和系统水平、整体水平。上述三种水平的研究都不是孤立的，而是相互联系、互为补充的。因此，要阐明某些生理功能的机制，必须从细胞和分子水平、器官和系统水平以及整体水平进行综合分析，才能得出较为全面的结论。

绪论

绪论

2. 动物解剖生理的研究方法

(1)动物解剖研究方法　大体解剖研究方法一般用防腐固定的动物标本及冻干标本，同时利用新鲜标本，以获得丰富的活体器官形态结构知识。显微解剖和胚胎发育的研究方法有很多种，包括固定组织、组织培养以及组织化学、细胞化学和超微结构等。特别是电子显微镜的发明和应用，使形态科

学的研究深入分子结构水平。

（2）动物生理研究方法　现有的生理知识大量来自动物实验的结果。动物生理的研究方法归纳起来可分为急性实验和慢性实验两类。急性实验按研究目的和需要又分为离体器官实验和活体解剖实验，这两种方法的实验过程不能持久，实验动物往往死亡。急性实验的优点是对器官、系统可进行较细致的实验研究，但不能完全反映器官在体内的正常活动情况。慢性实验以完整、健康的动物为研究对象，通常施以一定的外科手术，待动物手术恢复后，可在正常的饲养管理条件下，进行长期的系统观察。慢性实验技术的优点是能反映动物正常的生理活动，但不便于分析诸多的影响因素。

二、动物体各部位名称

为了便于阐述，可将动物体划分为头部、躯干和四肢三部分（图 0-1）。

1. 头部

头部分为颅部和面部。

（1）颅部　位于颅腔周围，又分为枕部、顶部、额部、颞部、耳部和腮腺部。

（2）面部　位于口腔和鼻腔周围，又分为眼部、眶下部、鼻部、唇部、咬肌部、颊部、颏部和下颌间隙部。

2. 躯干

躯干包括颈部、背胸部、腰腹部、荐臀部和尾部。

（1）颈部　颈部又分颈背侧部、颈侧部和颈腹侧部。

（2）背胸部　背胸部又分鬐甲部、背部、肋部、胸前部和胸骨部。

（3）腰腹部　腰腹部分为腰部和腹部。

（4）荐臀部　荐臀部分为荐部和臀部。

（5）尾部　尾部又分尾根、尾体和尾尖。

3. 四肢

四肢包括前肢和后肢。

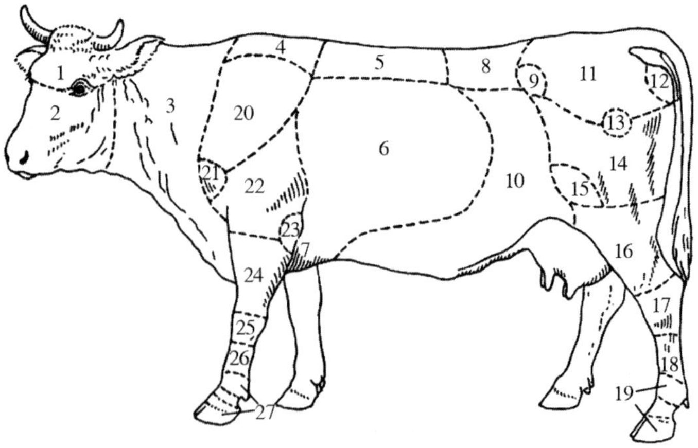

图 0-1　牛体各部位名称

1. 颅部　2. 面部　3. 颈部　4. 鬐甲部　5. 背部　6. 肋部　7. 胸骨部　8. 腰部　9. 髋结节　10. 腹部　11. 荐臀部　12. 坐骨结节　13. 髋关节　14. 股部　15. 膝关节　16. 小腿部　17. 跗部　18. 跖部　19. 趾部　20. 肩带部　21. 肩关节　22. 臂部　23. 肘部　24. 前臂部　25. 腕部　26. 掌部　27. 指部

(1)前肢　前肢可分为肩带部(肩部)、臂部、前臂部和前脚部(包括腕部、掌部和指部)。

(2)后肢　后肢可分为大腿部(股部)、小腿部和后脚部(包括跗部、跖部和趾部)。

三、动物体的轴、面与方位术语

1. 轴

动物正常站立时,从头端至尾端与地面平行的轴称为长轴(纵轴),短轴(横轴)则与长轴垂直。

2. 面

(1)矢状面　矢状面是与动物体长轴平行且与地面垂直的切面,居于体正中的矢状面,可将动物体分为左、右对称的两半,称为正中矢状面,与正中矢状面平行的其他矢状面称为侧矢状面。

(2)横断面　横断面是与矢状面垂直的切面。可将动物体分为前、后两部分。

(3)额面(水平面)　额面是与地面平行且与矢状面和横断面垂直的切面,可将动物体分为背侧和腹侧两部分(图 0-2)。

3. 方位术语

(1)用于躯干的术语　近动物体头端的为前或颅侧,近尾端的为后或尾侧。近脊柱的一侧为背侧,近腹部的一侧为腹侧。近正中矢状面的为内侧,远离正中矢状面的为外侧。

(2)用于四肢的术语　近躯干的一端为近端,离躯干远的一端为远端。前肢和后肢的前面为背侧面,前肢的后面为掌侧面,后肢的后面为跖侧面。在偶蹄动物距四肢中轴近的为轴侧,离中轴远的为远轴侧。

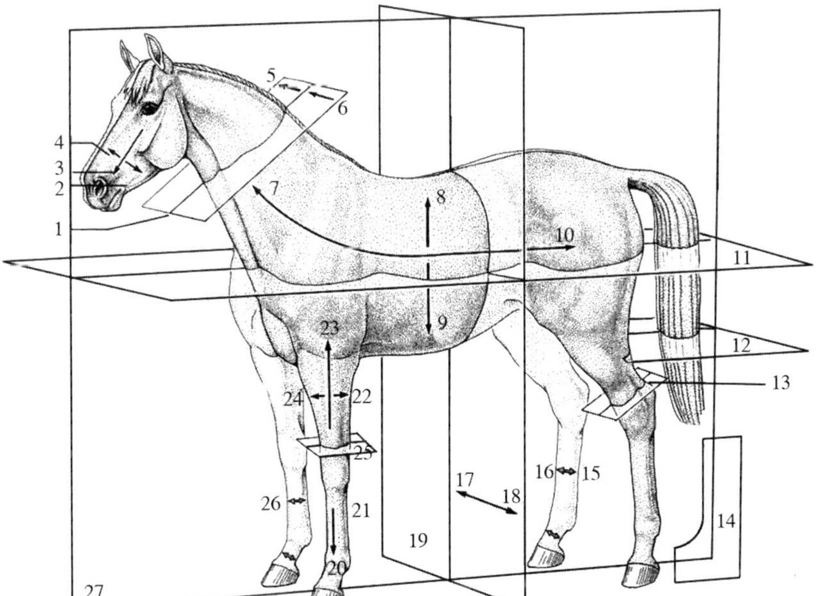

图 0-2　动物体的方位术语与切面

1. 横切面　2. 腹侧　3. 嘴侧　4. 背侧　5. 外侧　6. 内侧　7. 颅侧　8. 背侧　9. 腹侧　10. 尾侧　11. 水平面　12. 水平面　13. 横切面　14. 矢状面　15. 跖侧　16 背侧　17. 内侧　18. 外侧　19. 横切面　20. 远端　21. 掌侧　22. 尾侧　23. 近端　24. 颅侧　25. 横切面　26. 背侧　27. 正中切面

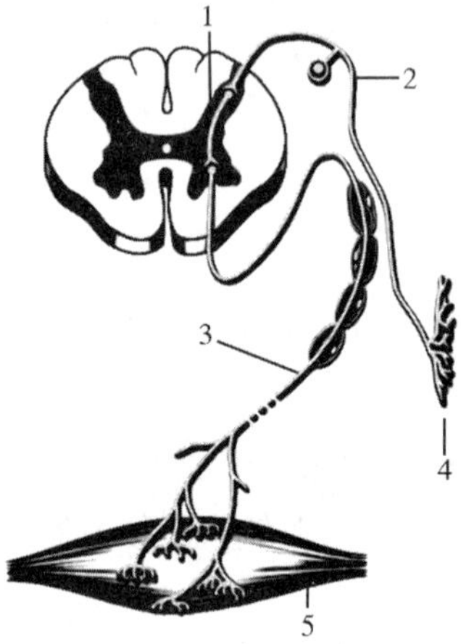

图 0-3　反射弧模式图

1. 神经中枢　2. 传入神经（感觉神经）　3. 传出神经（运动神经）　4. 感受器（皮肤）　5. 效应器（肌肉）

四、机体功能的调节

机体功能的调节是十分复杂的，但其基本形式有三种，即神经调节、体液调节和自身调节。

1. 神经调节

神经调节是神经系统通过神经纤维对其支配的器官进行的调节。它是机体功能调节的最主要方式。神经调节是通过反射活动来实现的。所谓反射，是指在中枢神经系统的参与下，机体对内外环境变化产生的应答性反应。反射的结构基础是反射弧（图 0-3），是由感受器、传入神经、神经中枢、传出神经和效应器五部分组成的。反射弧的任何一个环节被破坏，都将使相应的反射消失。神经调节的特点是快速、精确、短暂。

2. 体液调节

体液调节主要是通过内分泌腺和内分泌细胞所分泌的各种激素来完成的。这些激素进入血液后，经血液循环运送至全身各处或某一器官组织，调节机体新陈代谢、生长发育、生殖等生理功能。这种通过体液因素调节生理活动的方式称为体液调节。某些内分泌腺可以在内环境发生变化的情况下直接分泌激素，但绝大多数是直接或间接地受控于神经系统，因而体液调节常成为神经调节的一个环节，故常把体液调节称为神经－体液调节。

除激素外，某些组织细胞代谢产物，如组胺、乳酸、二氧化碳等，可在细胞外液间扩散并对其邻近的细胞或组织发生作用，如使局部血管扩张、通透性增加等，称为局部性体液调节，其主要作用是使局部活动与全身性调节相协调。体液调节的特点是缓慢、广泛而持久。

3. 自身调节

自身调节是指在内外环境变化时，体内的某些细胞、组织和器官的活动不依赖于神经和体液调节而产生的适应性反应。例如，血管壁的平滑肌在受到牵拉刺激时，会发生收缩反应，当小动脉灌注压力升高时，对血管壁的牵张刺激增加，小动脉的平滑肌收缩，使口径缩小，因而血流变化不大，相反亦然。这种自身调节对于维持组织局部血流量相对恒定起一定的作用。一般来说，自身调节的范围较小，灵敏度也低，但对局部生理功能的调节仍具有一定意义。

五、体液与内环境

1. 体液

动物机体内所含的液体统称为体液，约占体重的 60%。体液的 2/3 存在于细胞内，称为细胞内液；其余 1/3 的体液存在于细胞外，称为细胞外液，包括心血管内的血浆、淋巴管内的淋巴液和组织间隙内的组织液。此外，还有极少量的跨细胞液，包括脑脊液、关节液、眼房水、心包液、胸腔液、腹腔液等。各种体液彼此隔开而又相互联系，通过细胞膜和毛细血管壁进行物质交换（图 0-4）。

2. 内环境

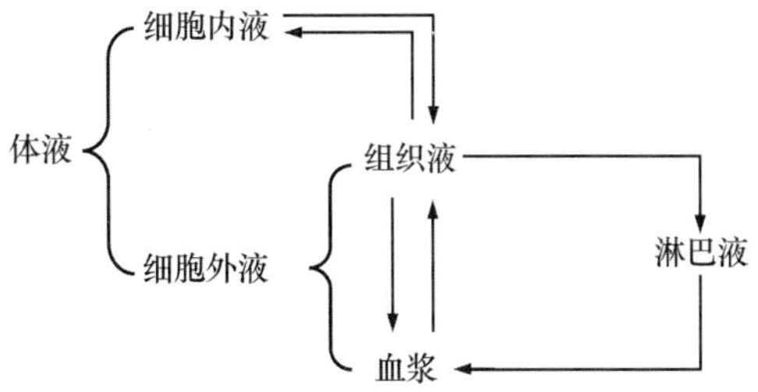

图 0-4　细胞内液与细胞外液之间的关系

动物机体生存在外界环境之中，但机体内的绝大多数细胞并不直接与外界环境发生接触，而是生活在细胞外液之中，其中血浆和淋巴液的作用主要是运输物质，而组织液主要是物质交换的场所。动物从外界吸入的氧气和吸收的各种营养物质首先进入血浆，然后由毛细血管扩散到组织液，再进入组织细胞。而组织细胞活动所产生的代谢产物又都先进入组织液中，然后再进入血浆和淋巴液，最后排出体外。因此，通常称细胞外液为机体的内环境，以区别于整个机体所处的外环境。

复习思考题

一、选择题

1. 正中矢状面将畜体分为(　　)。

A. 上下相等的两半　　B. 左右相等的两半　　C. 前后相等的两半

D. 水平相等的两半　　E. 周长相等的两半

(2～4 题共用备选答案)

A. 矢状面　B. 额面　C. 正中矢状面　D. 横断面　E. 其他面

2. 动物体长轴并行与地面垂直的切面，分为左右等份的是(　　)。

3. 与地面平行且与矢状面和横断面垂直的切面，为上下两面的是(　　)。

4. 与动物长轴或某一器官的长轴垂直的切面，为前后两面的是(　　)。

(5～7 题共用备选答案)

A. 掌侧　B. 跖侧　C. 尺侧　D. 桡侧　E. 背侧

5. 四肢的前面称为(　　)。

6. 前肢的后面称为(　　)。

7. 后肢的后面称为(　　)。

8. 前肢的内侧称为(　　)。

A. 桡侧　B. 掌侧　C. 跖侧　D. 内侧　E. 尺侧

9. 后肢的外侧称为(　　)。

A. 胫侧　B. 腓侧　C. 跖侧　D. 内侧　E. 尺侧

10. 内环境稳态是指(　　)。

A. 成分与理化性质均不变　　B. 理化性质不变，成分相对稳定

C. 成分不变，理化性质相对稳定　　D. 成分与理化性质均保持相对稳定

E. 成分与理化性质均不受外界环境的影响

11. 神经调节的基本方式是(　　)。

A. 反射　B. 肌紧张　C. 皮层活动　D. 突触传递　E. 感觉的传导

12. 内环境稳态是指(　　)。

A. 细胞内液的成分和理化性质保持相对稳定

B. 细胞内液的成分和理化性质稳定不变

C. 细胞外液的成分和理化性质保持相对稳定

D. 细胞外液的成分和理化性质稳定不变

E. 体液的成分和理化性质保持相对稳定

13. 细胞外液主要是指(　　)。

A. 血清、组织液、淋巴液及脑脊液

B. 血清液、组织液、淋巴液及小肠液

C. 血浆、组织液、淋巴液及脑脊液

D. 血浆、组织液、淋巴液及小肠液

E. 血液、组织液、小肠液及脑脊液

14. 细胞外液基本特点是(　　)。

A. 组成成分相对不恒定　　B. 组成数量相对不恒定

C. 理化特性相对不恒定　　D. 组成成分和理化性质相对不恒定

E. 组成成分和数量相对恒定

二、简答题

1. 简述动物体解剖方位术语。

2. 简述细胞内液和细胞外液之间的关系。

3. 试述机体功能的调节方式、意义和特点。

绪论参考答案

第一章
细　胞

学习目标

1. 掌握细胞膜的分子结构与功能。
2. 掌握细胞器、细胞核的结构与功能。
3. 掌握细胞的生物电现象及产生机制。

细胞是动物有机体形态结构和生命活动的基本单位(彩图 1-1)。构成细胞的基本物质是原生质,其化学成分主要由蛋白质、核酸、脂类、糖类以及水和无机盐等组成。细胞的大小差异很大,如最小的小脑颗粒细胞,直径只有 4～5 μm,大的如卵细胞,哺乳动物的卵细胞直径可达 100 μm 以上,禽类卵细胞可达数厘米。细胞的种类繁多,形态不同,功能各异。能接受刺激、传导冲动的神经细胞有长的突起,具有舒缩功能的肌细胞呈细长纤维状等(图 1-1)。

第一节　细胞膜

一、细胞膜的基本结构和物质转运功能

1. 细胞膜的基本结构

细胞膜又称质膜,包围在细胞质的外面,为一层极薄的膜。细胞除表面的细胞膜外,细胞内部还有构成细胞器的细胞内膜。细胞膜和细胞内膜统称生物膜。在电镜下,生物膜可分为三层,即在膜的靠内外两侧各有一层厚 2.0～2.5 nm 的电子致密带,中间夹有一层厚 2.5～3.5 nm 的透明带,这三层结构又称为单位膜。目前认为,细胞的分子结构为液态镶嵌模型,即膜结构以液态的脂质双分子层为支架,其中镶嵌着具有不同生理功能的蛋白质,也有少量的糖类成分。脂质、蛋白质和糖类三种成分的比例在

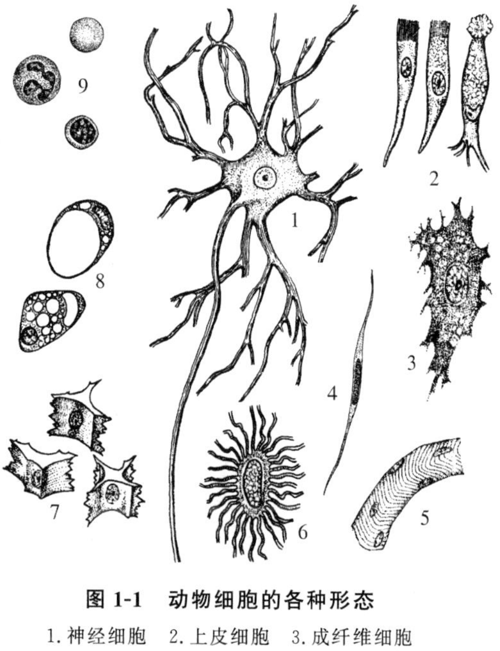

图 1-1　动物细胞的各种形态

1. 神经细胞　2. 上皮细胞　3. 成纤维细胞　4. 平滑肌细胞　5. 骨骼肌细胞　6. 骨细胞　7. 腱细胞　8. 脂肪细胞　9. 血细胞

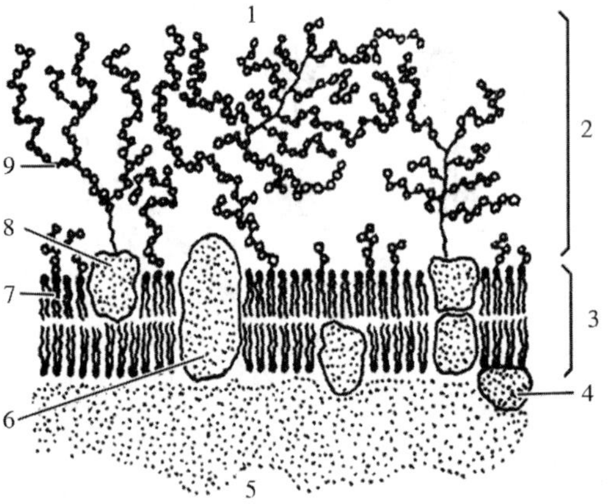

图 1-2　细胞膜的液态镶嵌模型

1.细胞外　2.糖衣　3.脂质双分子层　4.表在蛋白　5.细胞内　6.嵌入蛋白　7.糖脂　8.糖蛋白　9.糖链

不同的膜有很大变化。例如,在主要起绝缘作用的神经髓鞘膜上,75%为脂类,而主要参与能量转换的线粒体内膜上,75%为蛋白质。对大多数细胞来说,脂类约占50%,蛋白质占40%~50%,糖类占1%~10%(图1-2)。

(1)脂类　生物膜上的脂类称为膜脂,其分子排列成连续的双层,构成了生物膜的基本骨架。膜脂可分为磷脂、胆固醇、糖脂等,其中以磷脂为主要成分,占脂质总量的70%以上;其次是胆固醇,一般低于30%;还有少量属糖脂类的脂质。

磷脂分子都是一些双嗜性分子,一端为疏水端,另一端为亲水端。疏水端是两条长短不一的烃链,称为尾部。亲水端也称头部,各种磷脂头部基团的大小、形状、电荷的不同则与磷脂-蛋白质的相互作用有关。磷脂分子逐个相依地整齐排列构成了膜骨架的主要结构,其烃链长度和饱和度的不同影响磷脂分子的相互位置,从而影响膜的流动性。

脂质的熔点较低,这决定了膜中脂质分子在一般体温条件下是呈液态的,即膜具有某种程度的流动性,并可在同一层面做水平运动,这是实现膜功能所必需的,是物质转运、细胞分泌和融合的必要条件。

(2)蛋白质　膜蛋白可分为两大类:一类是外在蛋白,分布于膜的内外表面,主要在内表面;另一类是内在蛋白,可不同程度地嵌入脂质双分子层内部或贯穿于整个脂质双层。内在蛋白具有支持作用、物质运输、能量传送、神经传导和信息传递等功能。

(3)糖类　膜糖主要有半乳糖、甘露糖、岩藻糖、半乳糖胺、葡萄糖胺、葡萄糖和唾液酸等,它们与膜脂结合成糖脂,与膜蛋白结合成糖蛋白。在细胞表面形成细胞外衣或称为糖萼。膜糖类与细胞之间的黏着、细胞免疫、细胞识别有密切的关系。

2.细胞膜的物质转运功能

一个进行着新陈代谢的细胞,不断有各种各样的物质(从离子和小分子物质到蛋白质等大分子,以及团块性固形物或液滴)进出细胞,包括各种供能物质、合成细胞新物质的原料、中间代谢产物和终产物、维生素、氧和二氧化碳,以及Na^+、K^+、Ca^{2+}等。它们理化性质各异,且多数不溶于脂质或其水溶性大于其脂溶性。这些物质中除极少数能够直接通过脂质层进出细胞外,大多数物质分子或离子的跨膜转运都与镶嵌在膜上的各种特殊的蛋白质分子有关;至于一些团块性固态或液态物质的进出细胞(如细胞对异物的吞噬或分泌物的排出),则与膜的更复杂的生物学过程有关。细胞膜对于物质的转运,并不是被动的结构性屏障,而是具有主动调控作用的功能系统,它不但对不同物质有不同的通透性,而且这种通透性能因条件变化而改变。

(1)单纯扩散　在生物体系中,细胞外液和细胞内液都是水溶液,溶于其中的各种溶质分子,一些脂溶性物质,就可能按扩散原理做跨膜运动或转运,即依靠分子运动从浓度高的一侧通过细胞膜的脂质双分子层向浓度低的一侧扩散,称为单纯扩散,这是一种单纯的物理过程。细胞膜中存在许多由蛋白质的亲水性氨基酸构成的含水微孔,一些小分子水溶性物质也可顺着浓度差,不与膜上的分子发生反应而通过细胞膜的含水微孔。某一物质跨膜通量的大小,除了取决于它们在膜两侧的浓度差外,还要看这些物质脂溶性的大小以及其他因素造成的该物质通过膜的难易程度。这统称为膜对该物质的通透性。

体内一些甾体类激素也是脂溶性的,理论上它们也能够靠单纯扩散由细胞外液进入胞浆,但由于分子量较大,近来认为也需要膜上特殊蛋白的"协助",才能使它们的转运过程加快。

(2)易化扩散 有些物质虽然不溶于脂质或溶解度很小,但也能从高浓度一侧向低浓度一侧跨膜扩散。它们能够与膜内的一种特殊蛋白质暂时结合,形成一种复合体,由该复合体将溶质分子由膜的一侧带到膜的另一侧,这种转运方式称为易化扩散。如糖和某些离子(Na^+、K^+、Ca^{2+}等)就是通过易化扩散进入或移出细胞的。易化扩散的特点是:物质分子或离子移动的动力仍同单纯扩散时一样,来自物质自身的热运动,所以易化扩散时物质的净移动只能是由它们的高浓度区移向低浓度区,但它们通过膜是依靠膜上一些具有特殊结构的蛋白质分子的"帮助"下完成的。参与易化扩散的蛋白质可分为两种类型:一类被称为"载体";另一类被称为"离子通道"。它们"帮助"所要运送的物质顺着其电化学梯度跨越膜,因此不需要能量供应。

单纯扩散和易化扩散的结果都是减少膜两侧的浓度梯度,即溶质由浓度高的一侧流向浓度低的一侧,而它所通过的膜并未对该过程提供能量,这样的运输方式又称为被动转运。

(3)主动转运 生物体内的许多活动,需要使某些物质从浓度或电位较低的区域向较高的区域移动,如小肠上皮细胞吸收葡萄糖时,肠腔内的葡萄糖浓度常常比小肠上皮细胞内低好几倍。这种逆着浓度梯度或无梯度的净移动,必须由外部供给能量,称为主动转运。在膜的主动转运中,能量是由膜或膜所属的细胞来供给的,携带被转运分子的是载体蛋白。它们对抗所运送物质的电化学梯度,"逆势"地把物质泵运过膜。

动物的细胞膜上普遍存在着一种称为钠-钾泵的结构,简称钠泵。研究表明,钠泵是镶嵌在膜的脂质双分子层中的一种特殊蛋白质分子,其作用是在消耗代谢能的情况下逆着浓度差将细胞内的Na^+移出膜外,同时把细胞外的K^+移入膜内,因而保持膜内高K^+和膜外高Na^+的不均衡离子分布。钠泵之所以能对Na^+和K^+进行主动转运,是由于分子本身具有ATP酶的活性,可以分解ATP使之释放能量,并能利用此能量进行Na^+和K^+的主动转运;因此,钠泵也就是Na^+-K^+依赖式ATP酶的蛋白质。钠泵活动时泵出Na^+和泵入K^+这两个过程是同时进行的(图1-3)。在一般生理条件下,每水解1分子ATP,可同时泵出3个Na^+,泵入2个K^+。

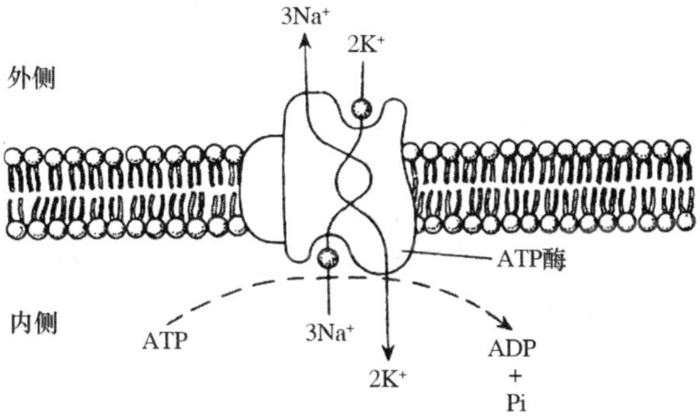

图1-3 钠泵的作用机制

许多主动转运不是直接由ATP水解供能的,而是由贮存于离子梯度中的能量驱动的。这一能量来源与进行偶联转运的载体蛋白相联。在动物细胞中最常见的是由Na^+的电化学梯度对另一种物质的主动运输提供驱动力。例如,在小肠和肾脏上皮细胞上有多种同向转运系统,每个系统特异地把一类相关的糖或氨基酸运入细胞,这些系统被相应地称为葡萄糖泵、氨基酸泵等。在这些系统中，所运物质与 Na^+ 结合于同一载体蛋白的不同位点上，Na^+ 的结合能大大增加载体对所运物质的亲和力，然后载体发生构象变化，Na^+ 和所运分子一同被运入细胞。由于 Na^+ 倾向于顺其电化学梯度进入细胞，糖或氨基酸就总被一同“带”进去。进入细胞的 Na^+ 又被 Na^+-K^+ 泵泵出，Na^+ 梯度得以维持。由此可见，这种偶联转运系统的能量实际上是 Na^+-K^+-ATP 间接提供的。据此，有人把离子梯度驱动的转运称为继发性主动转运，或称为联合转运，每一种联合转运也都与膜中存在的某种特殊蛋白质有关，称为转运体。

(4)入胞作用和出胞作用　细胞对于一些大分子物质或固态的物质团块，还可以通过膜的更为复杂的结构和功能改变，使之进出细胞，这就是入胞和出胞。

①入胞作用。入胞是指细胞外某些物质团块进入细胞的过程。根据进入细胞内物质的性质及由此形成的内吞小泡的大小，入胞作用有两种类型：一种是细胞吞噬。摄入物为大颗粒，如微生物、细胞碎片或整个细胞，形成的吞噬小体直径一般大于 250 nm；另一种是细胞吞饮。摄入物为细胞外液及其内的溶质大分子，形成的吞饮小泡直径小于 150 nm。

入胞过程首先是细胞环境中的某些物质与细胞膜接触，引起该处的质膜发生内陷，以至包被该异物，然后与膜结构断离，最后是异物连同包被它的那一部分质膜整个进入细胞浆中。

②出胞作用。出胞与入胞相反，指某些大分子物质或物质颗粒从细胞排出的过程，主要见于细胞的分泌活动。如外分泌腺分泌各种分泌物、内分泌腺释放激素、神经细胞释放递质、呼吸道及消化道上皮分泌具有保护作用的粘蛋白等，都是出胞活动。

入胞和出胞都是通过由一系列膜包围的小泡依次形成、融合来完成有关大分子的转运的。它们不但是一种物质转运形式，而且还参与细胞内膜性结构的生成、更新和移位等过程。

第二节　细胞质

细胞质位于细胞膜和细胞核之间，包括基质以及悬浮在基质中的各种细胞器和内含物。生活状态下，细胞质为半透明的胶状物，普通染色常呈嗜酸性。

一、基质

基质是细胞质的基本成分，由水、蛋白质、脂类、糖和无机盐等组成。随着细胞生理状态的不同，基质有时呈溶胶状态，有时呈凝胶状态，在维持细胞内环境的恒定上起着一定作用。目前发现基质内有复杂的微梁网状结构，它与微丝、微管和中间丝等在细胞内交织成立体网架，共同维持细胞的形态。

二、细胞器

细胞器是细胞质内具有一定形态结构和执行一定功能的类器官，在细胞的新陈代谢中起着重要作用。根据细胞器有无膜的包裹分为膜相结构及非膜相结构两类，线粒体、内质网、高尔基复合体、溶酶体和微体等属膜相结构；核糖体、微丝、微管、中间丝和中心粒等属非膜相结构。

1. 线粒体

线粒体是细胞的氧化供能结构，为杆状或粒状小体，大小不一，一般长 1.5～3.0 μm，直径

0.5～1.0 μm。表面有两层单位膜，外膜平滑；内膜围成的腔隙称内室，内含基质。内、外膜之间的间隙称为膜间腔或外室。内膜向内折叠形成许多板状或管状的小嵴，嵴内的腔称为嵴内间隙，与外室相通。基质内含 DNA、RNA、酶和致密的基质颗粒。内膜表面有带柄的小球体，称为基粒，这些小球体和基质内的酶系共同参与细胞内物质的氧化，形成 ATP。当 ATP 分解为 ADP 时，则释放能量供细胞执行各种功能活动时利用。线粒体在细胞内的数量和分布与细胞的需能状况关系密切，代谢旺盛的肝细胞、骨骼肌细胞与心肌细胞内的线粒体含量较多，代谢低的精子，线粒体含量相对较少(图 1-4)。

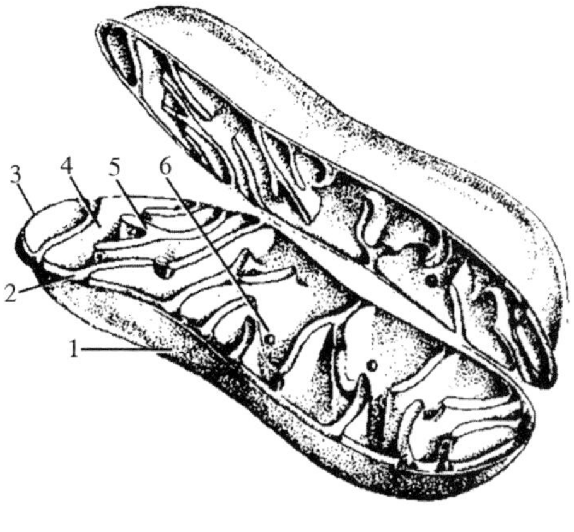

图 1-4　电镜下线粒体模型图

1.外膜　2.膜间腔　3.内膜　4.嵴间腔
5.内膜突起形成的嵴　6.基质颗粒

2. 核蛋白体

核蛋白体又称核糖体，化学成分为核糖核酸和蛋白质，由大小两个亚基构成。核蛋白体可以单独存在，称单体，也可以由 mRNA 连接起来，形成多聚核蛋白体。有的核蛋白体分散于细胞基质中，称为游离的核蛋白体，可合成细胞本身所需要的结构蛋白。有的核蛋白体附着在内质网表面，形成粗面内质网，可合成向细胞外输出的分泌蛋白。细胞内核蛋白体的数量和分布与蛋白质的合成有关，蛋白质合成旺盛的细胞核蛋白体含量较多。

3. 内质网

内质网是一种膜管状结构，为单位膜构成的互相通连的扁平囊泡或管泡。根据其表面是否附着有核蛋白体，分为粗面内质网和滑面内质网两种。

粗面内质网。由扁平囊泡和附着在其表面的核蛋白体组成。主要功能是合成输出蛋白，如酶类、肽类激素和抗体等。凡合成分泌蛋白质旺盛的细胞，如产生抗体的浆细胞、分泌消化酶的各种腺细胞，其粗面内质网的含量较丰富。

滑面内质网。也是由单位膜构成的小管或小泡，常互相连接成网，其表面不附着核蛋白体。滑面内质网广泛地参与各种功能；在肾上腺皮质细胞、睾丸间质细胞、卵巢黄体细胞内参与合成类固醇激素；在肝细胞内与糖原的合成和分解有关，并具有解毒作用；在横纹肌细胞内能摄取和释放 Ca^{2+}，参与肌纤维的舒缩活动。

4. 高尔基复合体

高尔基复合体由扁囊、小囊泡和大囊泡三部分组成。扁囊由 3～8 层互相通连的扁囊重叠而成。它有两个面，向着细胞核的一面为生成面，附近有许多小囊泡；向着细胞膜的一面为成熟面，附近有许多大囊泡。一般认为，小囊泡是由附近的粗面内质网形成而脱离下来的，能将粗面内质网合成的蛋白质转运到扁囊内，再进行加工浓缩。大囊泡由扁囊周围膨大脱落而成，其中有经过高尔基复合体加工和浓缩的各种物质。高尔基复合体的功能主要是形成分泌颗粒，并参与溶酶体的形成(图 1-5)。

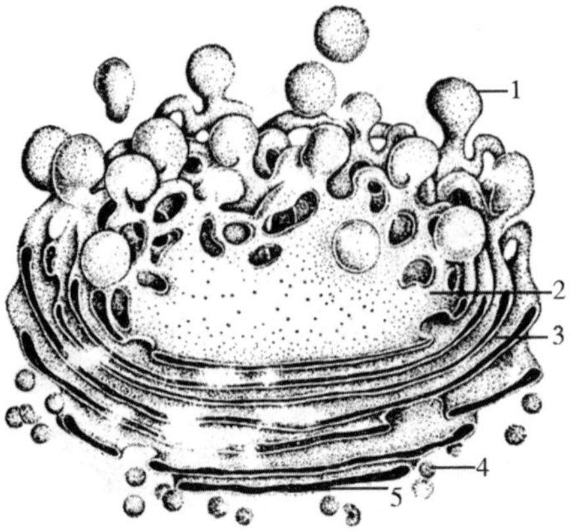

图 1-5　高尔基复合体结构立体模式图

1. 大囊泡　2. 成熟面　3. 层状扁囊　4. 小囊泡　5. 生成面

5. 溶酶体

溶酶体是由单位膜包围的小体，直径为 0.25～0.5 μm，内含丰富的酸性水解酶，是细胞内的消化器官，能消化、分解进入细胞内的异物和细菌或细胞自身失去功能的细胞器，因而对细胞的营养供应、防卫等具有重要作用。若溶酶体破裂，则水解酶释放至细胞质内，导致细胞自溶。溶酶体广泛存在于细胞内，具有吞噬作用的细胞最多。

6. 过氧化物酶体

过氧化物酶体是由单位膜构成的圆形或卵圆形小泡，直径 0.1～0.5 μm，内含过氧化氢酶和多种氧化酶。微体多数存在于肝细胞、肾小管上皮细胞内，与细胞内物质的氧化以及过氧化氢（H_2O_2）的形成有关，并能防止过量 H_2O_2 对细胞的损害。

7. 中心体

中心体位于细胞中心近核处，由两个长轴互相成直角的中心粒和周围的中心球构成。中心球为一些电子密度较高的物质，以细丝附着在中心粒的壁上。中心粒为圆筒状小体，直径约 0.15 μm，长 0.3～0.5 μm，由 9 组纵行三联管组成。中心体能够自身复制，在细胞有丝分裂时形成纺锤丝，与细胞的运动、分裂有关。

8. 细胞骨架

（1）微管　为直径约 25 nm 的细管，长度不等，由微管蛋白组成。微管对细胞也具有支持的作用，但主要功能为参与细胞的运动和分裂，如纤毛、鞭毛、纺锤丝及神经纤维内的微管。

（2）微丝　为直径为 5～7 nm 的细丝，由肌动蛋白组成，均匀分布或集合成束，对细胞具有支持作用，并参与细胞的运动、分泌和吞噬活动。

（3）中间丝　介于微丝和微管之间，直径为 8～11 nm，主要有角蛋白纤维、神经元纤维、神经胶质纤维等，其功能为支持细胞形态，并使胞核和细胞器定位。

三、内含物

内含物为广泛存在于细胞内的营养物质和代谢产物，包括糖原、脂肪、蛋白质和色素等。内含物的性质和数量随细胞的生理状况和类型而异。

第三节　细胞核

细胞核是细胞生命活动的控制中心，遗传物质主要存在于细胞核中。在动物体内除成熟的红细胞没有核外，所有细胞都有细胞核。多数细胞只有一个细胞核，但也可出现双核（如肝细胞）或多个核的（如骨骼肌细胞）。各种核的形态不一，有球形、椭圆形、杆形、梭形、分叶核等。核的体积一般为细胞体积的 1/4～1/3，淋巴细胞和幼雏形细胞的核相对较大，衰老细胞的核相对较小。细胞核的形态构造在生活周期的不同阶段变化很大，间期的细胞核具有相对稳定的结构，由核膜、核基质、核仁和染色质组成（图 1-6）。

一、核膜

核膜由双层单位膜组成，外层可与粗面内质网相连续，表面附着有核蛋白体。核膜上有许多散在的核孔，可控制和调节核内外物质的交换。

二、核基质

核基质呈凝胶状时称核质，呈溶胶状时称核液。核基质含水、无机盐及各种酶类等，也存在着以纤维蛋白为主的网络系统，称为核骨架，是核行使功能的内环境。

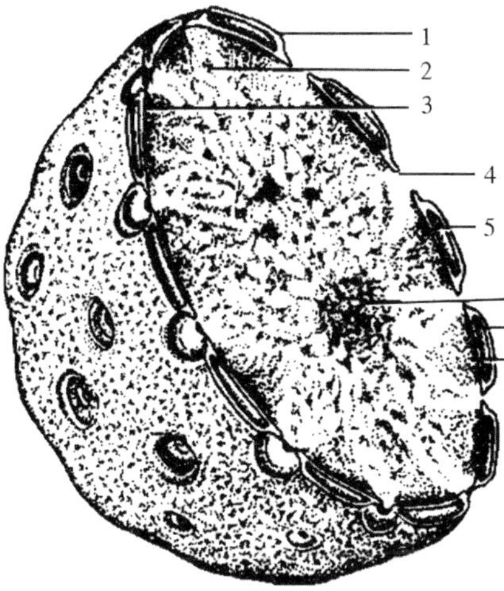

图 1-6　细胞核超微结构模式图

1. 核膜　2. 常染色质　3. 异染色质　4. 核孔　5. 核周隙　6. 核仁　7. 核膜外层　8. 核膜内层

三、核仁

核仁呈圆形，常为一个，也可数个，个别细胞无核仁（如中性粒细胞），位置多靠近核的一侧。核仁由紧密排列的纤维细丝和核蛋白体颗粒构成，其化学成分是 RNA 和蛋白质。核仁是 rRNA 合成、加工和核糖体亚单位的装配场所。核蛋白体形成后由核孔进入细胞质内。

四、染色质与染色体

染色质与染色体由 DNA、RNA 和蛋白质等构成，遗传基因存在于 DNA 中。染色质与染色体是同一物质的不同功能状态。细胞核进入有丝分裂期时，染色质呈现高度螺旋化，变短变粗，称染色体；有丝分裂结束进入间期，染色体螺旋松解又恢复染色质状态。细胞间期的染色质按其结构状态可分为两种：正在执行功能（复制 DNA 和 RNA）的部分呈解螺旋状态，称为常染色质，着色较浅，多位于细胞中央。功能不活跃的部分螺旋化程度较高，称为异染色质，着色较深，呈粒状或块状，多位于核的边缘部分。

各种动物的染色体具有特定的数目和形态：牛 60 条，猪 38 条，马 64 条，驴 62 条，绵羊 54 条，山羊 60 条，犬 78 条，兔 44 条，鸡 78 条，鸭 80 条。正常动物体细胞的染色体为双倍体（即染色体成对），而成熟的性细胞（精子和卵细胞）其染色体是单倍体。

第四节　细胞增殖

细胞增殖是通过分裂方式来实现的。细胞从前一次分裂结束到下一次分裂完成，称为一个细胞繁殖周期，简称细胞周期。每个周期又可分为分裂间期和分裂期（图 1-7）。

一、分裂间期

分裂间期又可分为三个时期，即 DNA 合成前期（G_1 期）、DNA 合成期（S 期）和 DNA 合

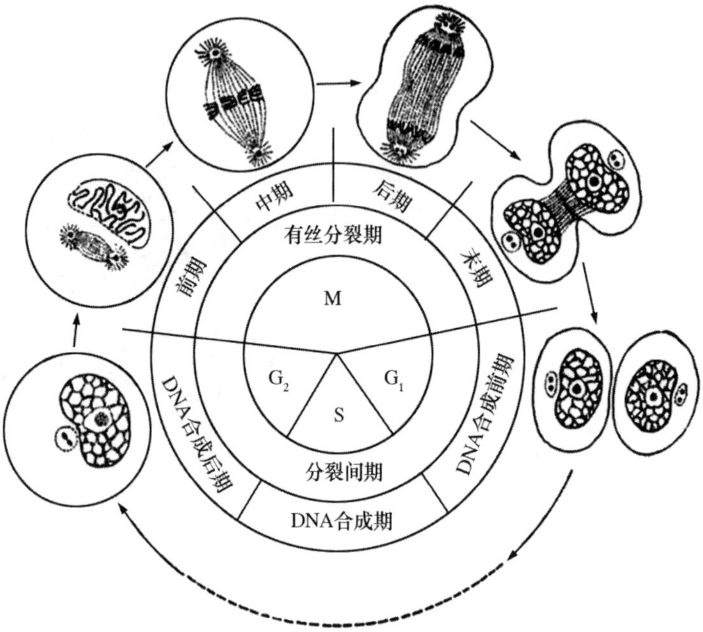

图 1-7 细胞周期模式图

成后期(G_2 期)。

(1)DNA 合成前期(G_1 期) 合成 DNA 复制所需的酶、蛋白质、RNA 等。此期持续时间较长,从数小时到数日,时间因细胞类型而异。

(2)DNA 合成期(S 期) DNA 的合成复制均在此期进行,DNA 含量增加一倍,一般持续数小时。

(3)DNA 合成后期(G_2 期) 此期合成 RNA、蛋白质等,为进入分裂期做准备,此期持续一至数小时。

二、分裂期(M 期)

细胞完成了以上三个时期,便进入 M 期。常见的分裂方式为有丝分裂和无丝分裂。

1. 有丝分裂

有丝分裂又称间接分裂,可分以下四个时期:

(1)前期 细胞核增大,核仁及核膜消失,染色质丝螺旋化,形成染色体。每条染色体纵裂为两条染色单体,仍连于着丝点;中心粒分开,向两极移动,形成纺锤体。

(2)中期 染色体移至纺锤体中部,排列在赤道面上,形成赤道板。

(3)后期 排列在赤道板上的染色单体,通过纺锤丝的牵引移至细胞两极的中心粒附近;赤道部位的细胞膜窄缩,胞质开始分裂。

(4)末期 到达中心粒附近的染色体,恢复成染色质。纺锤丝消失,核仁及核膜重新出现组成细胞核。细胞质进一步缩窄,以至完全分开,最后形成两个子细胞。

2. 无丝分裂

无丝分裂又称直接分裂。可见于白细胞、肝细胞和软骨细胞等。无丝分裂过程简单,不出现染色体变化，细胞核变长，中部隘缩逐渐分成两部分，胞质也随之分为两部分，形成两个子细胞（图 1-8）。

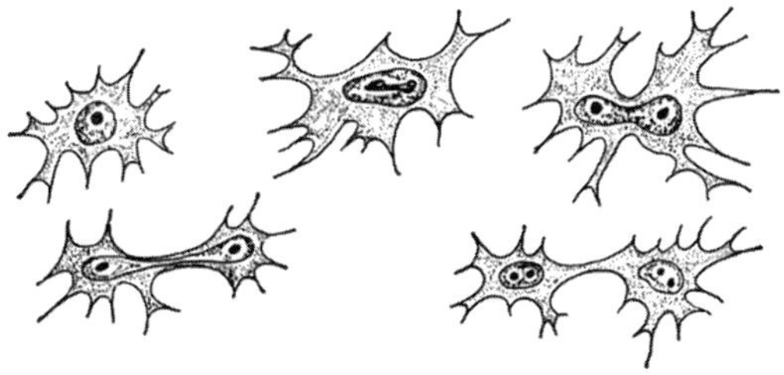

图 1-8　动物细胞无丝分裂示意图

第五节　细胞的生物电现象

生物电广泛存在于一切活细胞，它有两种表现形式：一种是细胞安静时的静息电位，另一种是细胞受到刺激时产生的动作电位。静息电位是动作电位产生的基础，而动作电位则是细胞兴奋的标志。

一、静息电位

1. 静息电位的概念

细胞未接受刺激时存在于细胞膜内外两侧的电位差，称为静息电位。由于这一电位差是存在于静息时细胞膜的内外表面，故称为跨膜静息电位，简称静息电位或膜电位。

在所有被研究过的动物细胞中，静息电位都表现为膜内电位较膜外电位为负，如规定膜外电位为零，则膜内电位都在 －100～－10 mV。例如，蛙的骨骼肌细胞的静息电位为 －70～－50 mV，哺乳动物的肌肉和神经细胞为 －90～－70 mV 等。

2. 静息电位产生的机制

研究表明，细胞膜内外离子分布不均匀，而且浓度差异很大。膜内 K^+ 浓度比膜外约高 30 倍；膜外 Na^+ 浓度比膜内高 10～20 倍。膜外负离子以 Cl^- 为主，膜内负离子以大分子蛋白质为主。膜内外离子分布的不同状况，是膜电位产生的决定因素。在静息状态下，细胞膜主要对 K^+ 有通透性，而对 Na^+ 和其他正负离子通透性都很低。同时由于膜内 K^+ 浓度高于膜外，K^+ 必然有一个向膜外被动扩散的趋势。与此同时，膜内主要的带负电的蛋白离子则不能透出细胞膜，结果 K^+ 的外移将使膜内电位变负而膜外电位变正。但是，K^+ 的扩散并不能无限制地进行，最先透出的 K^+ 所产生的外正内负的电场力，将对 K^+ 的继续扩散起阻碍作用。可以设想，K^+ 扩散开始时，促使 K^+ 外移的膜两侧的浓度势能差大于当时阻碍 K^+ 透出的电势能差，于是有 K^+ 的净外移。但移出的 K^+ 越多，膜两侧阻止 K^+ 外移的电势能差越大，最后由于膜两侧的浓度势能差和电势能差大小相等而方向相反，两者的代数和，即膜两侧的电-化学势将为零，于是不再有 K^+ 的跨膜净移动，而膜两侧由于 K^+ 的外移所形成的电位差也稳定于某一数值不再增加。此时的电位差称为 K^+ 的平衡电位。这说明，细胞内 K^+ 的高浓度和安静时

膜主要对 K^+ 有通透性，是大多数细胞产生和维持静息电位的主要原因。

二、动作电位

1. 动作电位的概念

当可兴奋细胞受到刺激而兴奋时，在原有的静息电位的基础上膜两侧电位发生快速而可逆的倒转和复原，称为动作电位。在静息电位时，膜两侧所保持的内负外正状态，称为极化，细胞膜受到刺激或损伤后，膜内负电位绝对值减小，极化状态逐步消除，这一过程称为去极化或除极化。由去极化恢复到极化状态的过程，称为复极化。

在安静状态下，当神经纤维受到一次短促的刺激时，膜内原来存在的负电位迅速消失，短时间内就由－90～－70 mV 达到 20～40 mV 水平，即出现了膜电位的倒转，由原来静息时的内负外正变为内正外负。膜内外电位变化的幅度为 90～130 mV，构成了动作电位的上升支（也称除极相）。但由刺激引起的膜两侧电位的倒转是暂时的，它很快又恢复到静息时的状态，从而形成动作电位的下降支（复极相）。由此可见，动作电位实际是细胞受刺激时膜两侧电位的一次快速波动或可逆性倒转，这个过程在神经纤维只持续 0.5～1.0 ms，这使它在图形上形成一个短促而尖锐的脉冲，习惯上把这种变化迅速的动作电位称为锋电位。在锋电位完全恢复到静息电位水平前，膜两侧电位所经历的一些微小而较缓慢的电位波动，称为后电位。一般是先有一段持续 5～30 ms 的负后电位，再出现一段延续更长的正后电位。负后电位出现时，细胞大约处于相对不应期和超常期。正后电位则相当于低常期。通常所说的神经冲动，就是指一个个沿着神经纤维传导的动作电位或锋电位。锋电位代表兴奋过程，为兴奋（冲动）的信息，后电位则与兴奋后的恢复过程有关。动作电位或锋电位的产生是细胞兴奋的标志，它只在刺激满足一定条件或在特定条件下刺激强度达到阈值时才能产生。但单一神经或肌细胞动作电位产生的一个特点是，只要刺激达到了阈值强度，再增加刺激强度并不能使动作电位的幅度有所增大；也就是说，锋电位可能因刺激过弱而不出现，但在刺激达到阈值以后，它就会始终保持某种固有的大小和波形。此外，动作电位不是只出现在受刺激的局部，它在受刺激部位产生后，还可沿着细胞膜向周围传播，而且传播的范围和距离并不因原初刺激的强弱而有所不同，直至整个细胞的膜都依次兴奋并产生一次同样大小和形式的动作电位（图 1-9）。

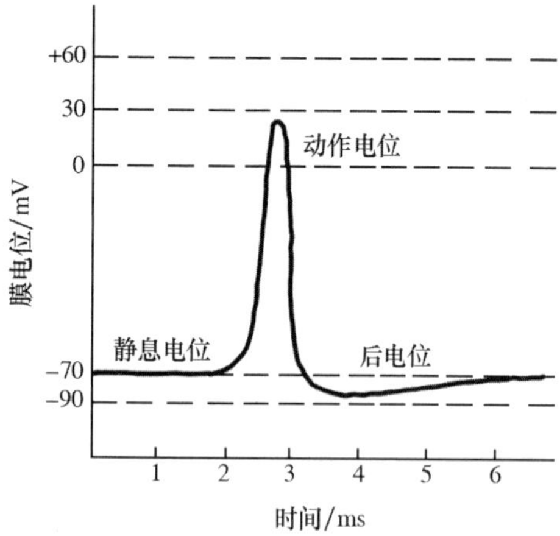

图 1-9 动作电位期间膜电位的变化

2. 动作电位产生的机制

Hodgkin 等根据兴奋时膜内出现负电位的消失，而且出现一定数值的正电位的事实，设想膜在受到刺激时可能出现了膜对 Na^+ 通透性的突然增大，超过了 K^+ 的通透性，由于细胞外高 Na^+，而且膜内静息时原已维持着的负电位也对 Na^+ 的内流起吸引作用，于是 Na^+ 迅速内流，结果先是造成膜内负电位的迅速消失；由于膜外 Na^+ 的较高的浓度势能，Na^+ 在膜内负电位减小到零电位时仍可继续内移，直至内移的 Na^+ 在膜内形成的正电位足以阻止 Na^+ 的净移入时为止，这时膜两侧的电位差相当于 Na^+ 平衡电位值。实验证明，动作电位出现时所能达到的膜内正电位值（即超射值），差不多相当于根据膜内外存在 Na^+ 浓度比值计算所得的 Na^+ 平衡电位值。说明动作电位上升支（去极相）的出现，是由于刺激引起膜对 Na^+ 的通透性突然增大的结果。但是，膜内电位停留在 Na^+ 平衡电位的时间很短，随后便迅速出现动作电位的复极相。这是因为膜对 Na^+ 的通透性维持时间很短，Na^+ 通道很快进入所谓失活状态，以致膜对 Na^+ 通透性迅速下降，并恢复了对 K^+ 的通透性。膜内 K^+ 的高浓度和正电位又驱使 K^+ 外移，使膜内电位由正值向负值转变，直至达到新的 K^+ 平衡电位，形成动作电位的复极相。这时 Na^+ 通道的失活状态解除，K^+ 通透性恢复到受刺激前的水平，使细胞变得能够接受新的刺激。

以上叙述的是神经和骨骼肌细胞动作电位产生的机制。此外，心肌细胞动作电位的产生，除与 K^+、Na^+ 有关外，还涉及 Ca^{2+}。

3. 动作电位的传导

当细胞某一部位受到刺激产生动作电位时，该兴奋部位膜电位变为外负内正，与相邻的静息部位之间出现电位差。由于细胞内液和细胞外液都有导电性，电位差的存在会产生局部电流。电流流动方向是膜外由静息部位流向兴奋部位，膜内由兴奋部位流向静息部位，结果造成静息部位膜内电位升高膜外电位降低，膜内外电位差减小。当该部位膜电位减小到阈值电位时，便产生了动作电位。这个新的兴奋部位，同样又与它相邻的静息部位之间出现局部电流，使相邻部位产生动作电位。这样的过程在膜上连续进行下去，就表现了动作电位在整个细胞上的传导（图 1-10）。

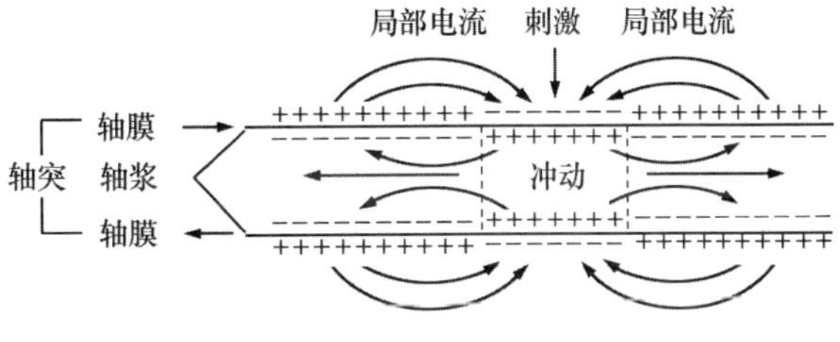

图 1-10 动作电位传播原理示意图

动作电位引起以及传导的特点是：①动作电位一经引起，其波形与幅度基本相同，而与原刺激强度无关，这一特性称为动作电位的“全或无”现象。②动作电位传导时，其幅度不会因传导距离增大而减小。③动作电位传导的距离与单刺激强度无关，正常情况下，动作电位一经产生将传遍整个细胞。

复习思考题

一、选择题

1. 真核细胞生物氧化的主要场所是（　　）。

A. 线粒体　B. 溶酶体　C. 核糖体　D. 过氧化物酶体　E. 高尔基复合体

2. 粗面内质网和滑面内质网在电镜下的主要区别是其表面是否附有（　　）。

A. 中心体　B. 核糖体　C. 溶酶体　D. 微体　E. 高尔基复合体

3. 控制细胞遗传的主要场所是（　　）。

A. 溶酶体　B. 细胞质　C. 细胞核　D. 高尔基复合体　E. 内质网

4. 动物细胞的遗传信息主要贮存于（　　）。

A. 内质网　B. 高尔基复合体　C. 核糖体　D. 细胞核　E. 溶酶体

5. 细胞质中具有合成蛋白质功能的细胞器是(　　)。
A. 中心体　B. 核糖体　C. 高尔基复合体　D. 溶酶体　E. 过氧化物酶体
6. 细胞内具有“消化功能”的细胞器是(　　)。
A. 线粒体　B. 核蛋白体　C. 溶酶体　D. 过氧化物酶　E. 中心体
7. 细胞质内属于膜性结构的细胞器是(　　)。
A. 中心体　B. 核糖体　C. 微丝　D. 中间丝　E. 线粒体
8. 细胞膜的静息电位主要是(　　)。
A. K^+ 平衡电位　B. Na^+ 平衡电位
C. Mg^{2+} 平衡电位　D. Ca^{2+} 平衡电位
E. Fe^{2+} 平衡电位
9. 细胞产生兴奋后,可以接受阈下刺激而引起的第二次兴奋的阶段是(　　)。
A. 超常期　B. 低常期　C. 绝对不应期　D. 相对不应期　E. 有效不应期
10. 心室肌细胞产生动作电位时,其膜内电位有－90 mV 变为 0 mV 的过程称为(　　)。
A. 极化　B. 反极化　C. 去极化　D. 复板化　E. 超极化
11. 细胞兴奋后,其兴奋性变化的顺序依次为(　　)。
A. 绝对不应期、相对不应期、超常期、低常期
B. 相对不应期、绝对不应期、超常期、低常期
C. 绝对不应期、相对不应期、低常期、超常期
D. 相对不应期、绝对不应期、低常期、超常期
E. 绝对不应期、低常期、相对不应期、超常期
12. 心室肌复极化时程较长的主要原因是存在(　　)。
A. 复极初期　B. 去极化期　C. 平台期　D. 复极末期　E. 静息期

二、简答题

1. 阐述细胞的主要构造。
2. 细胞膜的物质转运功能有哪些? 各有什么特点?
3. 细胞内有哪些细胞器? 其形态和构造如何?
4. 简述细胞静息电位和动作电位的形成机制。

第 1 章参考答案

第二章
基本组织

学习目标

1. 掌握被覆上皮的形态结构特点。
2. 掌握结缔组织的结构特征与分类。
3. 掌握肌组织的结构与功能特点。
4. 掌握神经组织的结构特征。

组织由形态相似和功能相关的细胞和细胞间质所构成，动物体内的组织多种多样，根据其起源、形态、结构和功能归纳为四大类，即上皮组织、结缔组织、肌组织和神经组织。这四类组织是构成动物体各种器官的基本成分，故又称基本组织。

第一节　上皮组织

上皮组织由大量密集排列的细胞和少量的细胞间质组成。根据其形态和功能可分为被覆上皮、腺上皮和感觉上皮，具有保护、吸收、分泌、排泄、感觉等功能。

上皮组织分布广泛，其形态结构特点是：①上皮细胞呈层状分布，并紧密排列成膜状，形态较规则，细胞间质极少。②上皮组织的细胞呈现明显的极性，即细胞的两个面在结构和功能上具有明显的差别。细胞的一面朝向身体表面或有腔器官的腔面，称为游离面；与游离面相对的另一面朝向深部的结缔组织，称为基底面。基底面附着于基膜，上皮细胞借此膜与结缔组织相连。③上皮组织内有丰富的神经末梢，但无血管和淋巴管，细胞所需的营养靠结缔组织中的血管通过基膜扩散而获得。

一、被覆上皮

被覆上皮覆盖在动物体表和衬于体内各种管、腔、囊的内表面。根据上皮细胞的排列层数和形态，被覆上皮可分为以下几种。

1. 单层上皮

(1)单层扁平上皮　很薄，只由一层扁平细胞组成。表面观，细胞呈不规则形或多边形，核椭圆形，位于细胞中央，细胞边缘呈锯齿状或波浪状，互相嵌合。侧面观，胞核呈扁形，胞质很薄，只有含核的部分略厚(图 2-1)。单层扁平上皮衬贴在心、血管和淋巴管腔面的称内皮；分布在胸膜、腹膜和心包膜表面的称间皮。此外，还分布于肾小囊壁层、肺泡壁和肾髓襻降支等处。内皮细胞很薄，大多呈梭形，游离面光滑，有利于血液和淋巴液流动、物质透过及内脏运动。

(2)单层立方上皮　由一层近似于立方形的细胞组成。表面观，每个细胞呈六角形或多角形；侧面观，细胞呈立方形，胞核圆形、位于细胞中央(图 2-2，彩插 2-1)。这种上皮见于肾小管、甲状腺滤泡等处，具有分泌和吸收的作用。

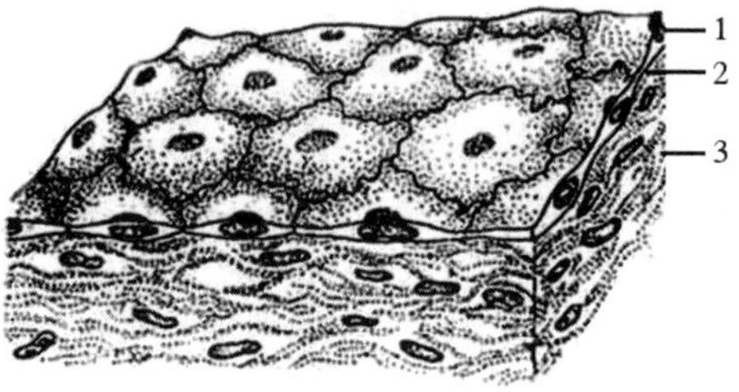

图 2-1　单层扁平上皮模式图

1. 扁平上皮　2. 基膜　3. 结缔组织

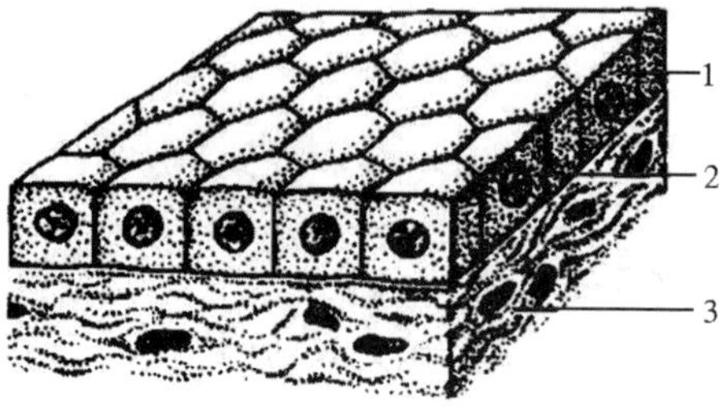

图 2-2　单层立方上皮模式图

1. 立方上皮　2. 基膜　3. 结缔组织

(3)单层柱状上皮　由一层高柱状细胞组成。表面观，细胞呈六角形或多角形；侧面观，细胞呈柱状，胞核长椭圆形，多位于细胞近基底部(图 2-3)。在小肠和大肠腔面的单层柱状上皮中，柱状细胞间有许多散在的杯状细胞。杯状细胞形似高脚酒杯，细胞顶部膨大，充满黏液性分泌颗粒，基底部较细窄。胞核位于基底部，常为较小的三角形或扁圆形，着色较深。杯状细胞是一种腺细胞，分泌黏液，有滑润上皮表面和保护上皮的作用。单层柱状上皮主要分布于胃肠道黏膜、子宫内膜及输卵管黏膜腔面，具有吸收或分泌功能。

2. 假复层上皮

(1)假复层纤毛柱状上皮　由一层高矮不等、形态不同的上皮细胞排列而成，有柱状细胞、梭形细胞和锥体形细胞(图 2-4，彩插 2-2)。柱状细胞游离面具有纤毛。由于几种细胞高低不一，只有柱状细胞和杯状细胞的顶端伸到上皮游离面，细胞核不在同一平面上，故从上皮侧面看很像复层。但这些细胞底部都附在基膜上，故实际仍为单层。这种上皮主要分布在呼吸管道的腔面。

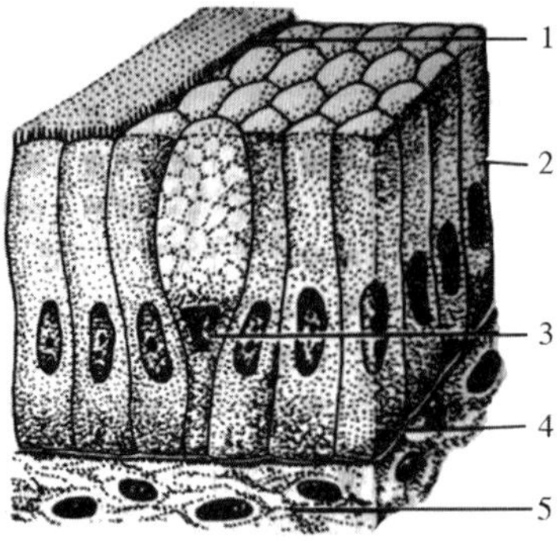

图 2-3　单层柱状上皮模式图

1. 纹状缘　2. 柱状上皮　3. 杯状细胞
4. 基膜　5. 结缔组织

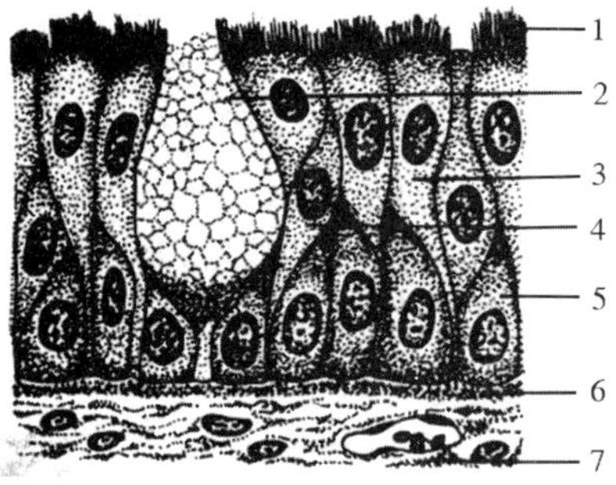

图 2-4　假复层纤毛柱状上皮模式图

1. 纤毛　2. 杯状细胞　3. 柱状细胞　4. 梭形细胞
5. 锥形细胞　6. 基膜　7. 结缔组织

(2)变移上皮　又名移行上皮、衬贴在排尿管道(肾盏、肾盂、输尿管和膀胱)的腔面。变移上皮的细胞形状和层数可随所在器官的收缩与扩张而发生变化(图 2-5)。如膀胱缩小时,上皮变厚,细胞层数较多,此时表层细胞呈大立方形,细胞游离面的胞质浓缩形成壳层,可防止尿液侵蚀;中间层细胞为多边形,有些呈倒置的梨形;基底细胞为矮柱状或立方形。当膀胱充尿扩张时,上皮变薄,细胞层数减少,细胞形状也变扁。电镜下观察,各层细胞均有胞膜附着于基膜上。

3. 复层上皮

(1)复层扁平上皮　由多层细胞组成,是最厚的一种上皮。侧面观,紧靠基膜的一层细胞为立方形或矮柱状,中间层为多角形细胞,浅层为几层扁平细胞(图 2-6,彩插 2-3)。最表层的扁平细胞已退化,并不断脱落。基底层的细胞较幼稚,具有旺盛的分裂能力,新生的细胞不断向浅层移动,以补充表层脱落的细胞。复层扁平上皮具有较强的机械性保护作用,分布于口腔、食管和阴道等的腔面和皮肤表面,具有耐摩擦和阻止异物侵入等作用。皮肤表层的细胞高度角质化,形成角质层。

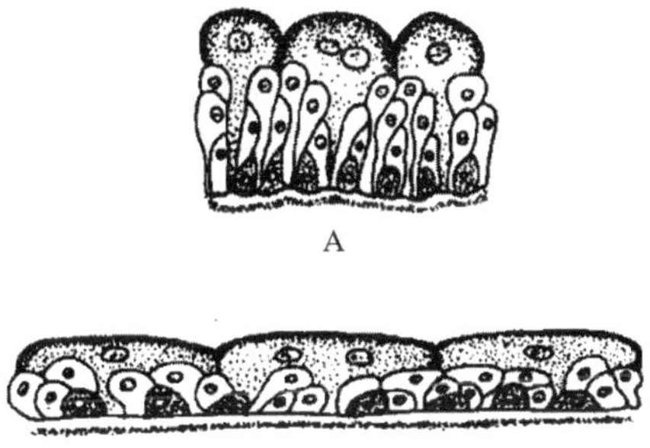

图 2-5　变移上皮模式图

A. 收缩状态　B. 扩张状态

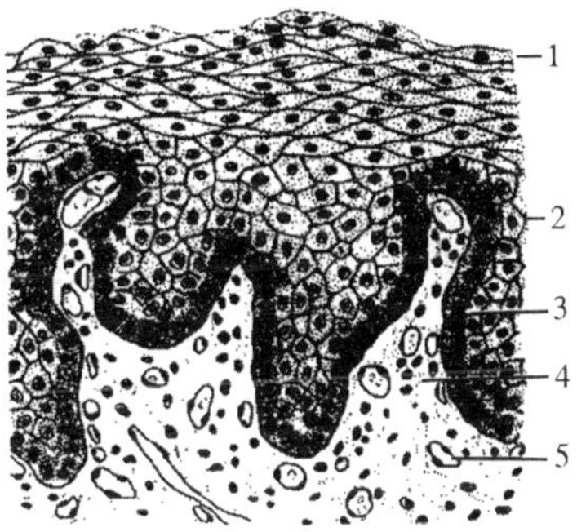

图 2-6　复层扁平上皮模式图

1. 扁平细胞　2. 多角形细胞　3. 矮柱状细胞　4. 基膜　5. 血管

(2)复层柱状上皮　复层柱状上皮的表面为一层柱状细胞,基底层细胞呈矮柱状,中间为多角形细胞。这种上皮比较少见,主要位于一些动物的眼睑结膜,在有些腺体内较大的导管也可以见到,其主要功能为保护。

二、腺上皮

有些部位的被覆上皮除有保护和吸收功能外,也有分泌作用,如胃的单层柱状上皮等。但动物机体内还有许多主要行使分泌功能的上皮,这些上皮称为腺上皮。以腺上皮为主要成分组成的器官称为腺。腺细胞的分泌物中含酶、糖蛋白(也称黏蛋白)或激素等,各有特定的作用。根据其分泌物的排出方式,可将腺体分为内分泌腺和外分泌腺。在胚胎期,腺上皮起源于原始上皮。通过上皮细胞分裂增殖,形成细胞索,伸入深部的结缔组织中,分化成腺。如形成的腺有导管通到器官腔面或身体表面,分泌物经导管排出,称外分泌腺,如汗腺、胃腺等;如果形成的腺没有导管,分泌物经血液和淋巴输送,称为内分泌腺,如甲状腺、肾上腺等。

1. 外分泌腺的结构

外分泌腺分单细胞腺和多细胞腺。单细胞腺指单独分布于上皮细胞之间的腺细胞,如杯状细胞。多细胞腺由许多腺细胞组成,包括分泌部和导管部。分泌部又称为腺末房或腺泡,由腺上皮围成,中央为腺泡腔,分泌部具有分泌功能。导管部与分泌部连接,管壁由单层或复层构成,除具有输送分泌物外,有的导管兼有分泌和吸收功能。

2. 外分泌腺的分类

(1)根据腺的形态分类　分泌部可形成管状、泡状和管泡状三种类型,而导管部又有不分支、分支和反复分支三种,腺泡和导管的结合可有多种形态(图 2-7)。包括:①单管状腺。如汗腺和肠腺。②分支管状腺。如胃腺和子宫腺。③复管状腺。如肝脏。④分支泡状腺。如皮脂腺。⑤复管泡状腺。如唾液腺、胰腺和乳腺。

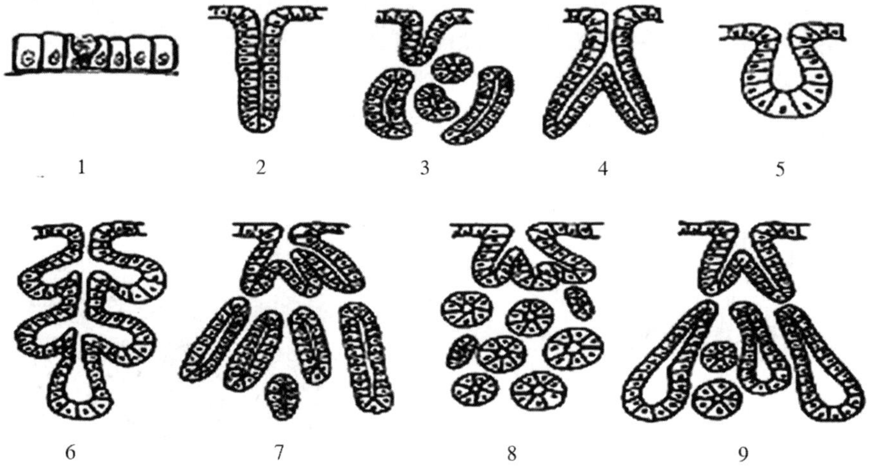

图 2-7　腺体的类型

1. 单细胞腺　2. 单直管状腺　3. 单曲管状腺　4. 分支管状腺　5. 单泡状腺
6. 单分支泡状腺　7. 复管状腺　8. 复泡状腺　9. 复管泡状腺

(2)根据腺细胞分泌物的性质分三类　①浆液性腺。腺的分泌部都由浆液性细胞组成,分泌物为较稀薄而清亮的液体,内含各种消化酶和少量黏液。腮腺和胰腺等属于此类。②黏液性腺。腺的分泌部都由黏液性细胞组成,分泌物为黏稠的液体,主要成分为糖蛋白,也称黏蛋白。舌下腺和十二指肠腺等属于此类。③混合性腺。是指由浆液性细胞和黏液性细胞共同组成的腺,并常由浆液性细胞和黏液性细胞一起组成的混合性腺泡,颌下腺属于此类。

三、感觉上皮

感觉上皮又称神经上皮,是一类具有特殊感觉能力的上皮组织,这种上皮的细胞游离端多具有丰富的纤毛,其基底面呈细丝状深入结缔组织中并与感觉神经相连。当感觉细胞受到刺激而处于兴奋状态时,则可产生冲动,其冲动经感觉神经传至相应的中枢。感觉上皮主要分布在舌(味觉上皮)、鼻(嗅觉上皮)、眼(视觉上皮)、耳(听觉上皮)等感觉器官内,具有味觉、嗅觉、视觉和听觉等感觉功能。

第二节　结缔组织

结缔组织由细胞和大量细胞间质构成。间质由基质和纤维成分组成，其中还有不断流动的组织液。基质为均质的无定形物质，可呈液态、胶态和固态。纤维呈细丝状包埋在基质中。结缔组织与上皮组织相比，具有以下特点：①细胞数量少，种类多，散在于细胞间质中，细胞无极性。②细胞间质成分多。③不直接与外界环境接触，因而也称为内环境组织。

结缔组织是动物体内分布最广泛，形态最多样化的一大类组织，分布于机体的各个部位，具有支持、连接、充填、营养、保护、修复和防御等功能，是四大基本组织中结构和功能最为多样的组织。按照形态的不同，结缔组织分为液态的血液与淋巴、松软的固有结缔组织、较坚硬的软骨组织和骨组织。狭义的结缔组织仅指固有结缔组织。

一、固有结缔组织

固有结缔组织按其结构和功能的不同，分为疏松结缔组织、致密结缔组织、网状组织和脂肪组织。

1. 疏松结缔组织

疏松结缔组织广泛分布于器官、组织和细胞之间，结构疏松，形似蜂窝，所以又称蜂窝组织。其结构特点是细胞种类较多，纤维较少，排列稀疏，基质成分较多(图 2-8，彩插 2-4)。

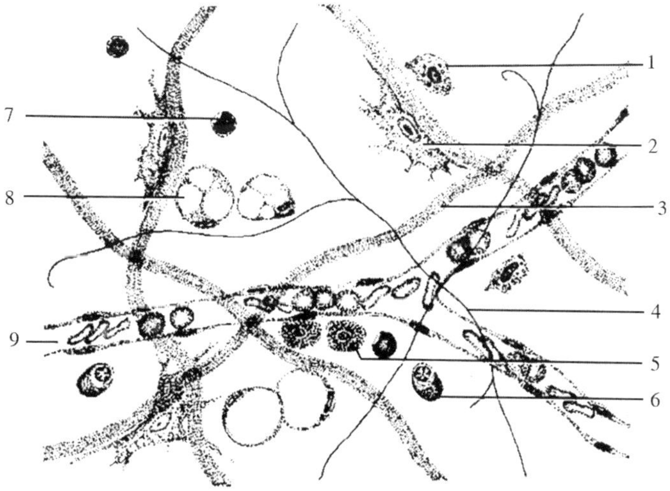

图 2-8　疏松结缔组织铺片

1. 巨噬细胞　2. 成纤维细胞　3. 胶原纤维　4. 弹性纤维　5. 肥大细胞
6. 浆细胞　7. 淋巴细胞　8. 脂肪细胞　9. 毛细血管

(1)细胞　①成纤维细胞。是疏松结缔组织的主要细胞成分。胞体较大，呈扁平不规则形，有突起。核较大，扁椭圆形。胞质弱嗜碱性，HE 染色标本上细胞轮廓不清。当成纤维细胞的机能处于相对静止时，细胞体积变小，呈长梭形，突起少，胞核小，着色深，核仁不明显，此时称纤维细胞。在手术及创伤修复等情况下，纤维细胞可转化为功能活跃的成纤维细胞，并可缓慢地向一定方向移动。成纤维细胞有形成纤维和基质的功能，还具有分裂增殖能力，尤其当结缔组织损伤时表现明显。②巨噬细胞。又称组织细胞。由于它的存在方式和功能状态不同，在形态上有很大差异。细胞体积小，呈圆形、椭圆形或不规则形。细胞表面有短而钝的突起，胞核小而圆。巨噬细胞具有多种功能，能做变形运动，并有趋化性，可大量吞噬细菌和坏死物质。此外，还参与机体的免疫活动。③浆细胞。多呈圆形或卵圆形，胞核圆形，偏于细胞一侧，染色质呈块状附于核膜上，呈辐射状分布。胞质嗜碱性，核旁可见一淡染区。浆细胞具有合成和分泌免疫球蛋白即抗体的功能，参与体液免疫。④肥大细胞。数量较多，常沿小血管和小淋巴管分布。胞体较大，呈圆形或卵圆形，胞核小而圆，胞质内充满异染性颗粒。颗粒中含有肝素、组胺和嗜酸性粒细胞趋化因子等，胞质内含有白三烯。肝素具有抗凝血作用；组胺和白三烯使平滑肌痉挛和毛细血管的通透性增强，可引起呼吸困难，呼吸道黏膜水肿；嗜酸性粒细胞趋化因子能吸引嗜酸性粒细胞向过敏反应的局部移动，发挥抗过敏作用。⑤脂肪细胞。常单个或成群分布。细胞较大，呈球形，胞质充满脂滴，将胞质及核挤至细胞的一侧。在HE染色标本上，因脂滴被溶剂溶解，细胞呈空泡状。脂肪细胞具有合成、贮存脂肪和参与脂质代谢的功能。

(2)纤维　①胶原纤维。是疏松结缔组织中的主要纤维成分，新鲜时呈白色，故又称为白纤维。HE染色标本上呈粉红色，粗细不等，直径为1～20 μm，呈波浪状。每条胶原纤维又由更细的胶原原纤维黏合而成。具有很强的韧性，抗拉力强。②弹性纤维。数量比胶原纤维少，新鲜时呈黄色，又称为黄纤维。纤维较细，直径0.2～1.0 μm，有分支。HE染色标本上不易着色，折光性强，常呈较亮的淡粉色。弹性纤维富有弹性而韧性差，与胶原纤维交织在一起，使疏松结缔组织既有韧性又有弹性，以保持其连接的组织和器官的形态、位置相对恒定并有一定的可变性。随着年龄的增长，弹性可逐渐减弱乃至消失。③网状纤维。很细、分支多互相联结成网。HE染色标本上不着色，镀银染色时呈黑褐色，故又称为嗜银纤维。网状纤维在疏松结缔组织较少见，主要分布在结缔组织与其他组织的交界处，如基膜的网板、肾小管和毛细血管周围。造血器官和内分泌腺中含有较多网状纤维，构成微细的支架。

(3)基质　是一种无色透明、均质状的胶态物质，没有一定的形态结构，充满于纤维和细胞之间。基质的主要化学成分是蛋白多糖、糖蛋白和水，蛋白多糖主要是透明质酸，使基质具有一定的黏稠性。基质有阻止细菌进入和异物扩散的作用。

2. 致密结缔组织

致密结缔组织的成分与疏松结缔组织基本相同，其特点是纤维多，而且排列紧密，细胞和基质成分很少，按纤维的性质和排列方式的不同，致密结缔组织可分为以下两种：

(1)不规则致密结缔组织　见于真皮、器官的被膜处，由粗大的胶原纤维束互相交织成致密的网或层，纤维间有少量基质和成纤维细胞及纤维细胞等(图2-9)。

(2)规则致密结缔组织　由大量密集的胶原纤维平行排列成束，束间有沿其长轴成行排列的腱细胞，如肌腱和腱膜(图2-10)。项韧带则由粗大的弹性纤维平行排列成束，其间有胶原纤维和成纤维细胞。

体内有很多部位的结缔组织是疏松与致密结缔组织之间的过渡形态，其结构特点是：由较细密的胶原纤维、弹性纤维和网状纤维交织成网，其中含有较多的细胞成分、小血管和神经等。如消化道、呼吸道黏膜固有层的结缔组织，常称其为细密结缔组织。

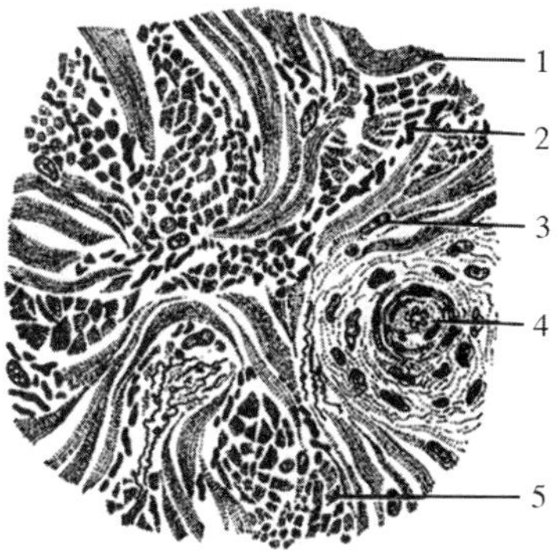

图 2-9　不规则致密结缔组织(真皮)

1.胶原纤维(纵切)　2.弹性纤维　3.成纤维细胞核　4.血管　5.胶原纤维(横切)

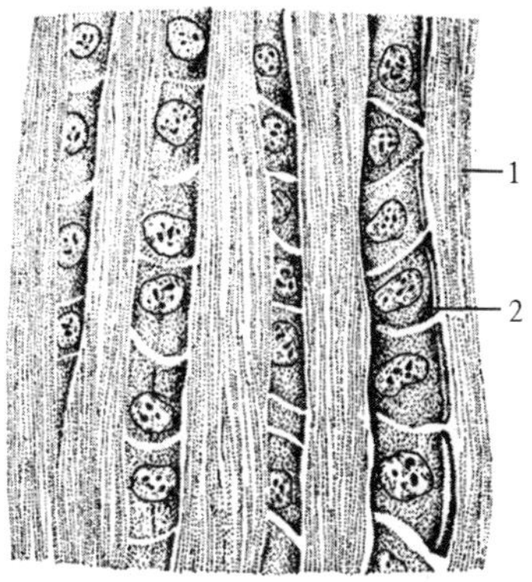

图 2-10　规则致密结缔组织(肌腱)

1.胶原纤维束　2.腱细胞

3. 网状组织

网状组织由网状细胞、网状纤维和基质组成。网状细胞为星形多突起细胞，其突起彼此连接成网，胞质弱嗜碱性，核较大，呈椭圆形，染色浅，核仁明显。网状纤维细而多分支，沿着网状细胞的胞体和突起分布。网孔内充满淋巴液和(或)组织液。体内没有单独存在的网状组织，主要分布于淋巴结、脾、胸腺和骨髓等组织器官中(图 2-11)。

4. 脂肪组织

脂肪组织主要由大量脂肪细胞集聚而成。富含血管的疏松结缔组织将成群的脂肪细胞分隔成许多脂肪小叶。脂肪组织分布于皮下组织、系膜、网膜和黄骨髓等，具有支持、缓冲、保护、维持体温和贮存能量等功能(图 2-12)。

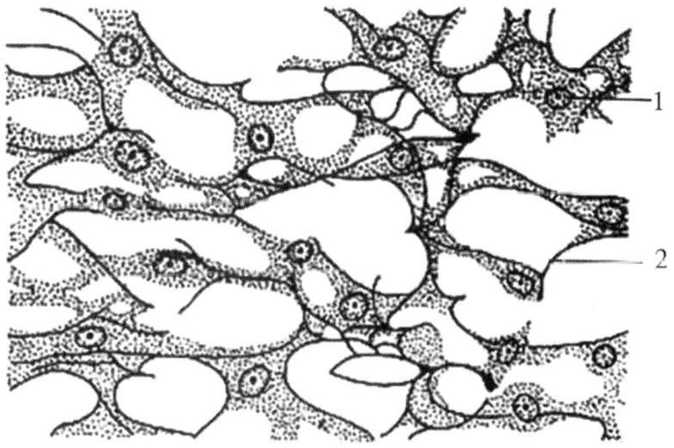

图 2-11　网状组织

1.网状细胞　2.网状纤维

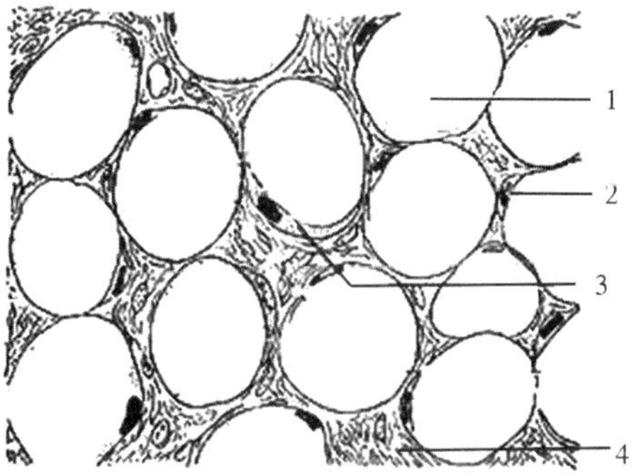

图 2-12　脂肪组织

1.脂肪细胞　2.细胞核　3.细胞质　4.结缔组织

二、软骨组织

软骨组织由少量的软骨细胞和大量的细胞间质构成。间质呈均质状，由半固体的凝胶状基质和纤维构成。软骨细胞埋藏在软骨基质形成的软骨陷窝中。软骨组织和周围的软骨膜构成软骨。软骨组织构成软骨的主体，根据软骨组织中细胞间质的不同，可将软骨分为透明软骨、弹性软骨和纤维软骨。

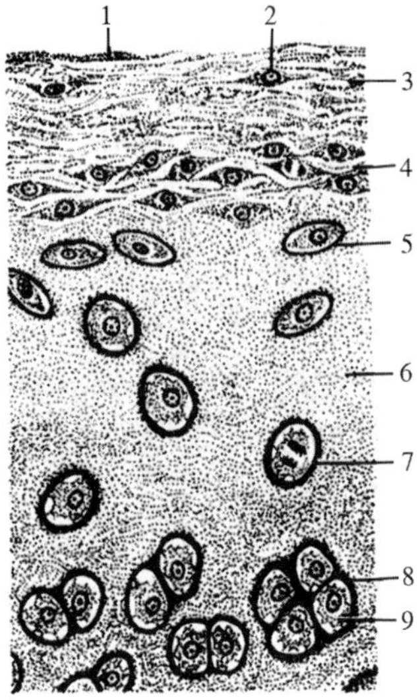

图 2-13 透明软骨

1. 胶原纤维 2. 成纤维细胞 3. 软骨膜外层 4. 软骨膜内层 5. 幼稚的软骨细胞 6. 软骨基质 7. 细胞分裂 8. 软骨囊 9. 同源细胞群

1. 透明软骨

透明软骨分布最广(图 2-13),生活状态时呈半透明状,坚韧而有弹性。主要分布于成年动物骨的关节面、肋软骨、喉、气管和支气管等处。透明软骨由软骨细胞和细胞间质构成。

(1)软骨细胞 软骨细胞因在软骨组织中的存在部位不同,其形态不一。近软骨表面是一些幼稚的细胞,体积小,呈扁椭圆形,多为单个存在。越向深层,软骨细胞逐渐长大,变成圆形或椭圆形,在软骨的中央,软骨细胞成群分布,每群为2～8个细胞,它们都是由一个软骨细胞分裂而来的,故称同源细胞群。软骨细胞埋藏在软骨间质内,它所存在的部位为一小腔,称为软骨陷窝。在HE染色标本上,陷窝周围的软骨基质呈强嗜碱性,染色较深,称软骨囊。

(2)软骨间质 透明软骨间质为半固态。间质内有胶原纤维交织排列,并与基质的折光率一致,HE染色标本上不易分辨。

(3)软骨膜 软骨组织外面包有一层致密结缔组织(关节软骨表面没有),称为软骨膜。软骨膜分内、外两层,外层主要起保护作用,内层细胞有分化为软骨细胞的潜在能力。软骨组织内无血管,其营养靠基质的渗透和软骨膜的血管来供给。

2. 弹性软骨

弹性软骨分布于耳郭、会厌等处,其构造与透明软骨相似,只是间质内含有大量的弹性纤维,互相交织成网,使其具有很大的弹性(图 2-14)。弹性软骨新鲜时呈黄色。

3. 纤维软骨

纤维软骨存在于椎间盘、耻骨联合及关节盘等处。其特点是基质很少,其中含有大量的胶原纤维束,呈平行或不规则排列。软骨细胞单个、成对或成单行排列,分布于纤维束间(图 2-15)。

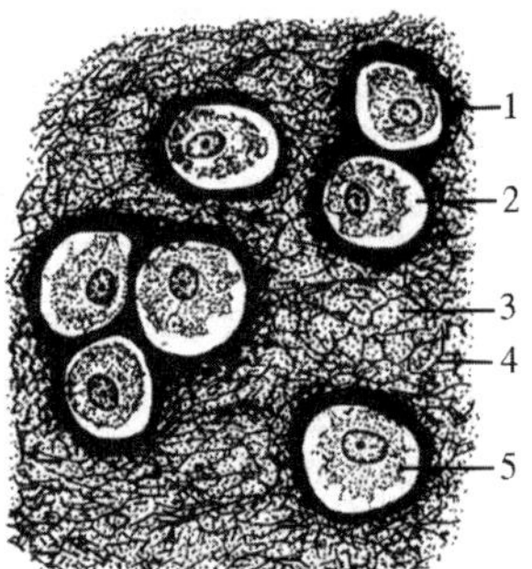

图 2-14 弹性软骨

1. 软骨囊 2. 软骨陷窝 3. 软骨基质 4. 弹性纤维 5. 软骨细胞

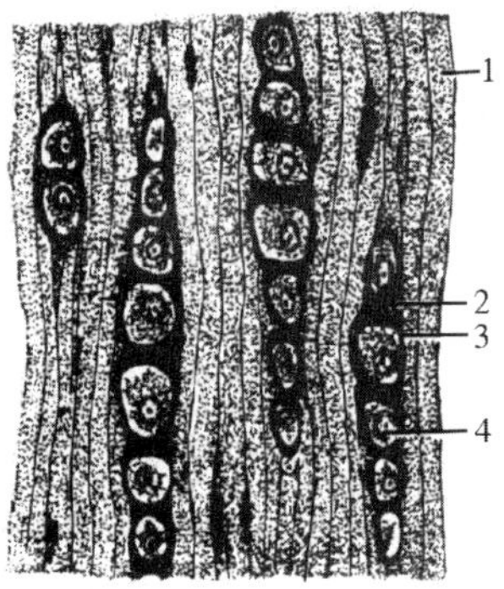

图 2-15 纤维软骨

1. 胶原纤维束 2. 软骨基质 3. 软骨囊 4. 软骨细胞

三、骨组织

骨组织是一种坚硬的结缔组织，由几种细胞和大量钙化的细胞间质组成。钙化的细胞间质称骨间质。细胞有骨原细胞、成骨细胞、骨细胞及破骨细胞四种（彩插 2-5）。骨细胞最多，位于骨间质内，其余三种细胞均位于骨组织的边缘。

1. 骨组织的结构

（1）骨间质　为固态，由有机成分和无机成分构成。有机成分占成体骨重的 35%，无机成分占 65%。有机成分包括胶原纤维和无定形基质，是由骨细胞分泌形成的，其中 95%是胶原纤维；无定形基质只占 5%，呈凝胶状。无机成分主要为钙盐（骨盐），化学成分是羟基磷灰石结晶。有机成分使骨具有韧性，无机成分使骨具有坚硬性和脆性。

成熟骨组织的骨间质均以骨板的形式存在，即胶原纤维平行排列成层，借无定形基质黏合在一起，其上有骨盐沉积，形成薄板状结构，称为骨板。同一层骨板内的胶原纤维平行排列，相邻两层骨板内的纤维方向互相垂直，如同多层木质胶合板一样，这种结构形式能承受多方压力，增强骨的支持力。

（2）细胞　骨细胞为扁椭圆形多突起的细胞，位于骨陷窝内。核扁圆、染色深。胞质弱嗜碱性。骨陷窝为骨板内或骨板之间形成的小腔，骨陷窝向周围呈放射状排列的细小管道，称为骨小管。相邻骨陷窝的骨小管相互连通，骨细胞的突起伸入骨小管内。相邻骨细胞突起彼此互相接触有缝隙连接，供骨组织进行物质交换。骨原细胞、成骨细胞和骨细胞与骨基质生成有关，破骨细胞与骨基质的溶解吸收有关，它们存在于骨膜内或骨质表面。

2. 长骨的结构

长骨由骨松质、骨密质、骨膜、关节软骨、骨髓、血管及神经等构成（图 2-16）。

（1）骨松质　长骨骨松质主要位于骨端和骨干的内侧，是由大量针状或片状的骨小梁连接而成的多孔的网架，形似海绵状。骨小梁之间有肉眼可见的腔隙，其中充满骨髓。骨小梁由数层平行排列的骨板和骨细胞构成。骨小梁按承受力的作用方向有规律地排列。

（2）骨密质　位于骨干和骨端的外侧。骨密质的骨板排列十分致密而规则，肉眼不见腔隙。在骨干，骨板有四种形式：外环骨板、内环骨板、骨单位和间骨板（彩插 2-6）。

①外环骨板。由几层到几十层骨板构成，环绕骨干外表面平行排列，最外层与骨外膜相贴。②内环骨板。较薄，仅有数层沿骨髓腔内面平行排列。由于骨干的腔面凹凸不平，常有骨小梁伸出，故内环骨板不甚规则且厚薄不均，其内表面衬有骨内膜。内、外环骨板内均有垂直或斜穿骨板的管道，称为穿通管，与纵向排列

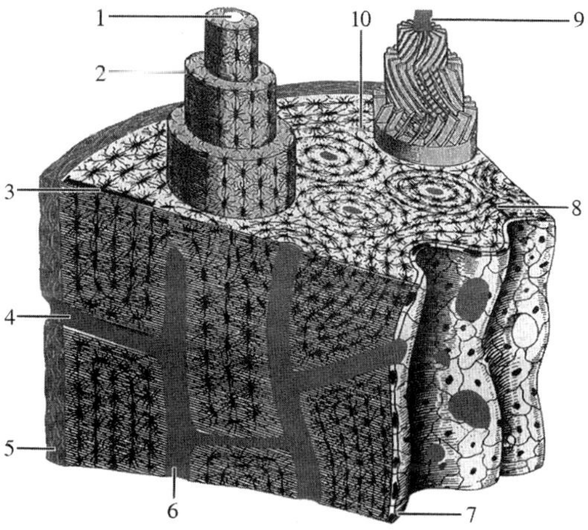

图 2-16　长骨骨干结构模式图

1. 中央管　2. 骨单位　3. 外环骨板　4. 穿通管　5. 骨外膜　6. 中央管　7. 骨内膜　8. 内环骨板　9. 血管　10. 间骨板

的骨单位的中央管相通连。管内有来自骨内、外膜的结缔组织、小血管和神经等。③骨单位。位于内、外环骨板之间，呈筒状，数量很多，是构成长骨干的主要结构单位。骨单位顺着长骨的纵轴平行排列，其中央有一条纵行小管，称中央管或哈氏管。周围是4～20层同心圆排列的骨板。每个骨单位内的骨细胞均能通过互相通连的骨小管获得营养和排出代谢产物。各骨单位的表面都有一层较厚的黏合质，在骨的切片标本上着色深或折光性强，称为骨黏合线。骨单位最外层的骨小管都在黏合线以内返折，不与相邻的骨单位内的骨小管通连。④间骨板。是填充于骨单位之间的一些不规则的平行骨板，它们是原有骨单位或内、外环骨板未被吸收的残留部分。

(3)骨膜　除关节软骨外，在骨的内、外表面均覆盖一层结缔组织，分别称为骨内膜和骨外膜。骨外膜覆于骨的外表面，可分为内、外两层，外层较厚，由致密结缔组织构成，胶原纤维束粗而密集。有些胶原纤维束横向穿入外环骨板中，称为穿通纤维，起固定骨膜的作用；内层较薄，由疏松结缔组织构成，富含小血管和神经，并含有骨原细胞、成骨细胞和破骨细胞等。骨原细胞保持着分化潜能，如有骨折发生时，即可被激活。在骨折部位增殖分化为成骨细胞，形成类骨质，进而钙化为骨组织，使骨重新接合。骨内膜是衬于骨髓腔面、骨小梁表面及中央管和穿通管内表面的薄层疏松结缔组织，纤维细而少，内含较多的骨原细胞，常排列成一层，颇似单层扁平上皮。

四、血液和淋巴

血液和淋巴是流动在血管和淋巴管内呈液态的结缔组织，由细胞成分(各种血细胞和淋巴细胞)(图2-17)和大量的细胞间质(血浆和淋巴浆)组成。

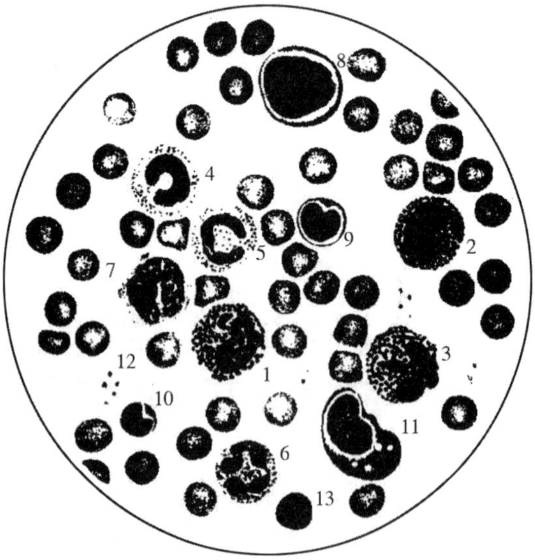

图2-17　猪血涂片

1.嗜碱性粒细胞　2.幼稚形嗜酸性粒细胞　3.分叶核形嗜酸性粒细胞　4.幼稚形中性粒细胞　5.杆状核形中性粒细胞　6.分叶核形中性粒细胞　7.单核细胞　8.大淋巴细胞　9.中淋巴细胞　10.小淋巴细胞　11.浆细胞　12.血小板　13.红细胞

1.血液

血液由有形成分(血细胞)及无定形成分(血浆)组成。大多数哺乳动物的全身血量占体重的7%～8%，其中血浆占血液成分的55%～65%，血细胞则占35%～45%。

(1)血浆　相当细胞间质，其中90%是水，其余为血浆蛋白(白蛋白、球蛋白、补体蛋白和纤维蛋白原)、脂蛋白、无机盐、酶、激素、维生素和各种代谢产物。血浆不仅是运输血细胞、营养物质和全身代谢产物的循环液体，而且参与机体的免疫反应、体液调节、体温调节、酸碱平衡和渗透压的维持，具有保持机体适宜内环境的功能。血液流出血管后，即凝成血块，这是由于溶解状态下的纤维蛋白原转变为不溶状态的纤维蛋白所致。血液凝成血块后，周围析出淡黄色清明的液体，称为血清。

(2)血细胞　血细胞包括红细胞、白细胞和血小板(彩插 2-7)。

①红细胞。大多数哺乳动物成熟的红细胞呈中央薄周缘厚的双面凹的圆盘状，骆驼和鹿的为椭圆形，无细胞核和细胞器。禽类的红细胞呈椭圆形，细胞中央有一个椭圆形的核。红细胞大小和数量，随动物种类不同而异。红细胞质内充满血红蛋白，具有携带氧和二氧化碳的功能。各种动物红细胞的平均寿命约为 120 d。衰老的红细胞大都被脾或肝内的巨噬细胞吞噬。红骨髓不断产生红细胞，补充到血液中，从而使红细胞总数维持在一定水平。

②白细胞。为无色有核的球形细胞，一般较红细胞体积大，能做变形运动，穿过毛细血管进入周围组织，发挥其防御和免疫功能。每立方毫米血液中的白细胞数量远比红细胞少。光镜下，根据白细胞胞质内有无特殊颗粒，可将其分为有粒白细胞和无粒白细胞两类。有粒白细胞又可根据颗粒的嗜色性，分为中性粒细胞、嗜酸性粒细胞和嗜碱性粒细胞。无粒白细胞分为淋巴细胞和单核细胞。

中性粒细胞。胞体呈圆球形，平均直径约 12 μm。核的形状有肾形、杆形和分叶形。胞质呈淡粉红色，内含淡紫色或淡红色的细小颗粒。颗粒内含有多种酶类，如酸性磷酸酶、碱性磷酸酶、过氧化物酶、溶菌酶等，能消化、分解吞噬的异物和细菌。中性粒细胞具有很强的变形运动和吞噬能力。禽类的异嗜性粒细胞相当于中性粒细胞，其主要特征是细胞质内有许多红色短杆状或纺锤状的颗粒。

嗜酸性粒细胞。直径 8～20 μm，核多为 2 叶，胞质内有较粗大的嗜酸性颗粒，颗粒内含有酸性磷酸酶、过氧化物酶、组胺酶等。当受到寄生虫感染和发生过敏反应时，嗜酸性粒细胞大量增加。禽类的嗜酸性颗粒呈圆形，颜色鲜艳。

嗜碱性粒细胞。在白细胞中数量最少，一般占 0～1%，直径 10～15 μm。胞核分叶或呈“S”形或不规则形，着色较浅。胞质内颗粒稀疏、大小不均，呈蓝紫色，内含肝素、组织胺和慢反应物质，参与过敏反应和抗凝血过程。

单核细胞。是白细胞中体积最大的细胞，直径约 15 μm，核呈卵圆形、肾形、马蹄形或不规则形，牛、马常为分叶形，染成蓝紫色。胞质丰富，呈弱嗜碱性。单核细胞在血流中停留时间很短，当穿过毛细血管壁进入结缔组织后，分化成巨噬细胞。

淋巴细胞。呈球形，依体积大小分为大、中、小三种，小淋巴细胞数量最多。典型的小淋巴细胞直径约 5 μm，核大而圆、染色深、几乎占据整个细胞，核一侧常有凹陷。细胞质很少，呈一窄带状，染成淡的蓝色。

③血小板。是骨髓巨核细胞质脱落的碎片，呈圆形或椭圆形的小体，直径 2～4 μm，有细胞器，无细胞核。其周缘部分透明、中央部分含紫蓝色颗粒。血小板主要功能是参与凝血过程。禽类的血小板有核，胞质略嗜碱性，与红细胞相似，又称凝血细胞，与红细胞的区别是体积小，核较大，染成玫瑰紫色。

2. 淋巴

血液中的血浆透过毛细血管壁进入组织间隙，称为组织液。当组织液进入毛细淋巴管后，即称淋巴，后经淋巴结及各级淋巴管入静脉。淋巴中的液体成分与血浆相似，细胞成分主要是小淋巴细胞，单核细胞较少，有时还有少量的嗜酸性粒细胞。

第三节 肌组织

肌组织主要由肌细胞组成，细胞之间有少量的结缔组织以及血管和神经。肌细胞呈长纤维形，又称肌纤维，细胞膜称为肌膜，细胞质称为肌浆。肌浆中有许多与细胞长轴平行排列的肌丝，它们是肌纤维舒缩功能的主要物质基础。根据结构和功能特点，将肌组织分为三类：骨骼肌、平滑肌和心肌（图 2-18）。

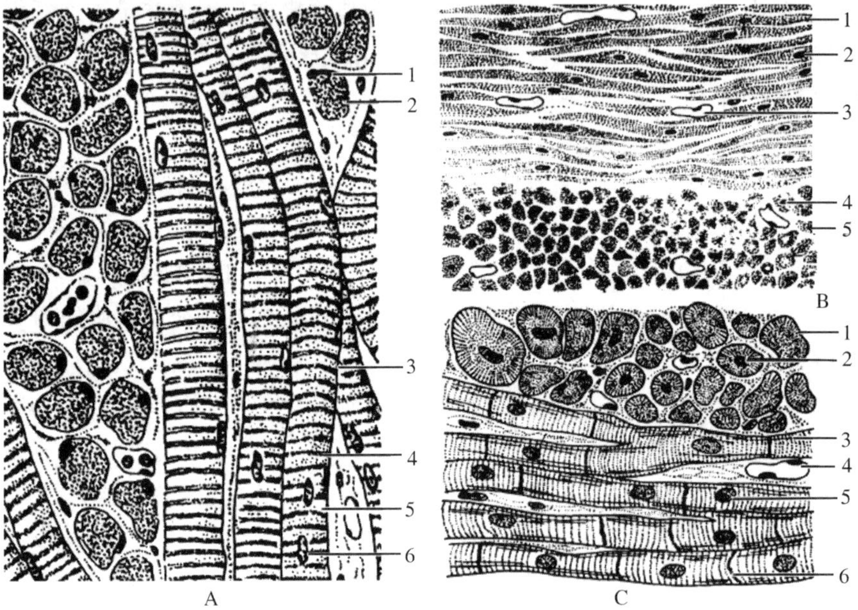

图 2-18 三种肌组织模式图

A. 骨骼肌：1、6. 细胞核 2. 肌纤维横切 3. 肌纤维纵切 4. 暗带 5. 明带
B. 平滑肌：1. 肌纤维纵切面 2、4. 细胞核 3. 毛细血管 5. 肌纤维横切面
C. 心肌：1. 肌纤维横切 2、5. 细胞核 3. 肌纤维纵切 4. 毛细血管 6. 闰盘

一、骨骼肌

骨骼肌纤维为长圆柱形的多核细胞，横径 10～100 μm，长短不一，一般为 1～40 mm。肌膜的外面有基膜紧密贴附。一条肌纤维内含有几十个甚至几百个细胞核，位于细胞周围近肌膜处，核呈扁椭圆形，异染色质较少，染色较浅，核仁明显。肌浆内含许多与细胞长轴平行排列的肌丝束，称为肌原纤维，每条肌纤维含有数百至数千条肌原纤维。肌原纤维由粗、细两种肌丝有规律地平行排列组成。

肌原纤维直径为 1～2 μm，沿肌纤维长轴平行排列，每条肌原纤维上都有明暗相间、重复排列的横纹。由于各条肌原纤维的明暗横纹都相应地排列在同一平面上，肌纤维呈现出规则的明暗交替的横纹。横纹由明带和暗带组成，暗带又称 A 带；明带又称 I 带。在电镜下，暗带中央有一条浅色窄带称 H 带，H 带中央有一条暗线为 M 线。明带中央则有一条暗线称为 Z 线或间线。两条相邻 Z 线之间的一段肌原纤维称为肌节。每个肌节都由 1/2 I 带＋A 带＋

1/2 I带所组成。肌节长 2～2.5 μm，它是骨骼肌收缩的基本结构单位。骨骼肌主要分布于骨骼上，属于横纹肌，受躯体神经支配，为随意肌。

二、平滑肌

平滑肌由成束或成层的平滑肌细胞构成，排列整齐，主要分布在胃肠道、呼吸道、泌尿生殖道以及血管和淋巴管的管壁，又称内脏肌。平滑肌纤维无横纹，其收缩启动缓慢，不受意识支配，属于不随意肌。肌纤维呈长梭形，平均直径约 10 μm，长约 100 μm。妊娠子宫壁平滑肌可长达 500 μm。血管平滑肌较细长，宽 2～5 μm，长 40～60 μm。平滑肌只有一个核，呈棒状或椭圆形，位于细胞中央。肌纤维收缩时，核可扭曲成螺旋状。

三、心肌

心肌由心肌纤维组成，分布于心壁。心肌纤维呈短柱状，有分支，相互连接成网，连接处称闰盘，在 HE 染色的标本中呈着色较深的横形或阶梯状粗线。核呈卵圆形，位于细胞中央，有的细胞含有双核。肌浆较丰富，多聚在核的两端处，其中含有丰富的线粒体和糖原及少量脂滴和脂褐素。心肌纤维也有横纹，但不如骨骼肌明显，其收缩力强而有节律，不受意识支配，是不随意肌。

第四节　神经组织

神经组织由神经细胞和神经胶质细胞组成。神经细胞是神经系统的结构和功能单位，也称神经元，它能感受体内、外环境的刺激和传导兴奋，有一些神经元还具有内分泌功能。神经元之间以突触彼此联系，形成复杂的神经网络。神经胶质细胞也称神经胶质，其数量比神经元多，对神经元起支持、保护、分隔、营养和修复等作用，两者的关系十分密切。

一、神经元

1. 神经元的结构

神经元的形态多种多样，但都可分为胞体和突起两部分（图 2-19，彩插 2-8）。

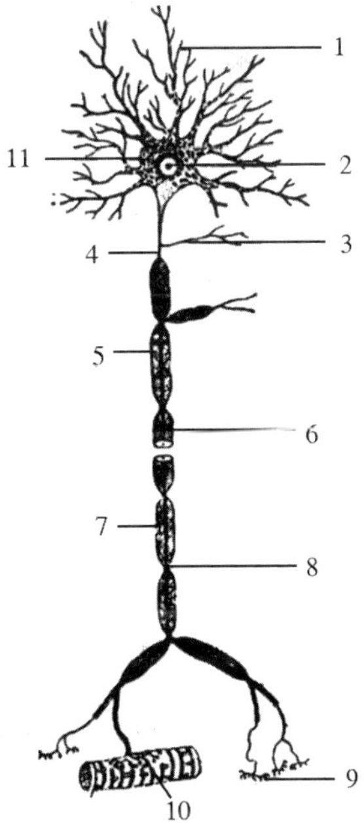

图 2-19　神经元结构模式图

1. 树突　2. 神经细胞核　3. 侧支　4. 轴突　5. 髓鞘　6. 雪旺氏鞘　7. 雪旺氏细胞核　8. 郎飞氏结　9. 神经末梢　10. 运动终板　11. 尼氏体

（1）胞体　胞体包括细胞核和周围的胞质，又称核周体。胞体是整个神经细胞的代谢和营养中心。胞核大而圆，位于胞体中央，染色质细小而分散，着色浅，核仁明显。核周体除与一般细胞的细胞质相同外，还有以下特点：①含有一种嗜碱性物质，称尼氏体，在一般染色中被碱性染料所染色，多呈斑块状或颗粒状，分布在核周体和树突内。轴突起始段的轴丘和轴突内则无尼氏体分布。尼氏体是由许多平行排列的粗面内质网及其间的游离核糖体组成的，神经活动所需的大量蛋白质主要在尼氏体合成。②特有的神经原纤维。为嗜银性细丝状，在胞体内交织成网，并向树突和轴突延伸，可达到突起的末梢部位。神经原纤维作为细胞骨架起支持作用，并参与神经元的物质运输。

(2)突起　突起分树突和轴突。树突有多个，比较短，呈树枝状分支，因而得名。其内部结构与核周体相似，有尼氏体和神经原纤维。树突表面常有许多棘状或小芽状突起，称树突棘。树突棘是神经元之间形成突触的主要部位。树突的细胞膜上有许多受体，具有接受刺激的功能，神经冲动沿树突传入胞体。轴突细长，直径均匀，有可呈直角分出的侧支，末端分支较多称轴突终末。胞体发出轴突的部位呈圆锥形隆起称轴丘。轴突成分的更新及神经递质合成所需的蛋白质和酶，是在胞体内合成后输送到轴突及其终末的。一个神经元只有一根轴突。神经冲动沿轴突传至其他神经元或效应器。

2. 神经元的分类

(1)根据神经元突起的数目分类

①多极神经元。有一个轴突和多个树突。②双极神经元。有两个突起，一个是树突，另一个是轴突。③假单极神经元。从胞体发出一个突起，距胞体不远又呈“T”形分为两支，一支分布到外周其他组织的器官，称周围突；另一支进入中枢神经系统，称中枢突。

(2)根据神经元功能分类

①感觉神经元。或称传入神经元，多为假单极神经元，胞体主要位于脑脊神经节内，其周围突的末梢分布在皮肤和肌肉等处，接受刺激，将刺激传向中枢。②运动神经元。或称传出神经元，多为多极神经元，胞体主要位于脑、脊髓和植物神经节内，把神经冲动传给肌肉或腺体，产生效应。③联络神经元。又称中间神经元，介于前两种神经元之间，多为多极神经元，在感觉和运动神经元之间起联络作用。

(3)根据神经元释放的递质不同分类

①胆碱能神经元。②胺能神经元。③肽能神经元。④氨基酸能神经元。

3. 神经元之间的联系

神经元彼此之间的接触点称突触。神经元之间的接触有多种方式，最常见是一个神经元的轴突终末与另一个神经元的树突、树突棘或胞体连接，分别构成轴-树、轴-棘、轴-体突触。突触可分为化学突触和电突触两大类，通常所说的突触即化学突触。

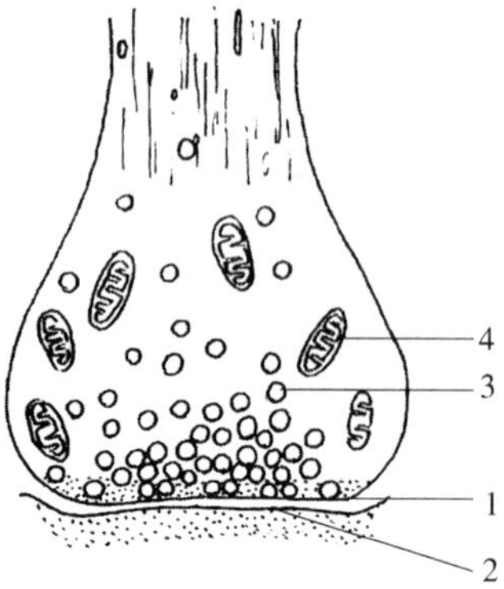

图 2-20　化学突触的超微结构

1. 突触前膜　2. 突触后膜
3. 突触小泡　4. 线粒体

突触的结构可分突触前成分、突触间隙和突触后膜三部分。突触前成分包括突触前膜和突触小泡。突触前膜是轴突终末与另一个神经元相接触处轴突终末特化增厚的部分；突触小泡位于突触前膜内侧，一般呈圆形或椭圆形，其内含乙酰胆碱、去甲肾上腺素或肽类等神经递质。突触间隙是突触前膜和后膜之间狭小的间隙。突触后膜是与突触前膜相对应的神经元或效应细胞的局部细胞膜。突触后膜含有能与神经递质特异性结合的受体(图 2-20)。

二、神经胶质细胞

神经胶质细胞或简称胶质细胞，广泛分布于中枢和周围神经系统，其数量比神经元的数量大得多，胶质细胞与神经元数目之比为(10∶1)～(50∶1)。细胞体积一般比神经元小，胞质中缺乏尼氏体和神经元纤维。胶质细胞与神经元一样具有突起，但胞突不分树突和轴突，也没有传导神经冲动的功能。胶质细胞有不同的形态特点，但 HE 染色只能显示其细胞核，用特殊的银染色或免疫细胞化学方法可显示细胞的全貌。神经胶质细胞的种类(图 2-21)分述如下：

1. 中枢神经系统内的神经胶质细胞

(1)星形胶质细胞　是胶质细胞中体积最大的一种，与少突胶质细胞合称为大胶质细胞。细胞呈星形，核圆形或卵圆形，较大，染色较浅。星形胶质细胞的突起伸展充填在神经元胞体及其突起之间，起支持和分隔神经元的作用。有些突起末端形成脚板，附在毛细血管壁上，或附着在脑和脊髓表面形成胶质界膜上。星形胶质细胞可分两种：①纤维性星形胶质细胞。多分布在白质中，细胞的突起细长，分支较少，胞质内含大量胶质丝。②原浆性星形胶质细胞。多分布在灰质中，细胞的突起较短粗，分支较多，胞质内胶质丝较少。

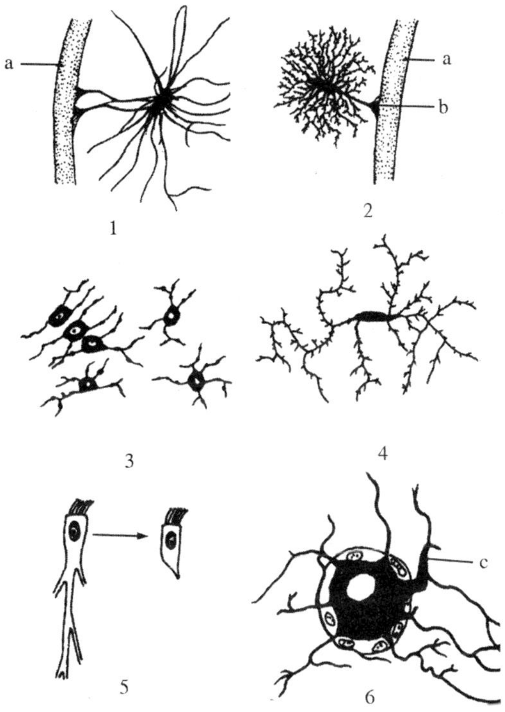

图 2-21　神经胶质细胞

1. 纤维性星形胶质细胞　2. 原浆性星形胶质细胞　a. 毛细血管　b. 突起末端　3. 少突胶质细胞　4. 小胶质细胞　5. 室管膜细胞(胚胎到成体)　6. 被囊细胞　c. 神经元

(2)少突胶质细胞　在银染色标本中，少突胶质细胞的突起较少，但用特异性的免疫细胞化学染色，则可见少突胶质细胞的突起并不少，而且分支也多。少突胶质细胞的胞体较星形胶质细胞的小，核圆，染色较深。胞质内胶质丝很少，但有较多微管和其他细胞器。少突胶质细胞分布在神经元胞体附近和神经纤维周围，它的突起末端扩展成扁平薄膜，包卷神经元的轴突形成髓鞘，所以它是中枢神经系统的髓鞘形成细胞。

(3)小胶质细胞　是胶质细胞中最小的一种。胞体细长或椭圆，核小，扁平或三角形，染色深。细胞的突起细长有分支，表面有许多小棘突。小胶质细胞的数量少，占全部胶质细胞的5%左右。中枢神经系统损伤时，小胶质细胞可转变为巨噬细胞，吞噬细胞碎屑及退化变性的髓鞘。

(4)室管膜细胞　呈立方形或柱形，分布在脑室及脊髓中央管的腔面，形成单层上皮，称室管膜。室管膜细胞表面有许多微绒毛，有些细胞表面有纤毛。某些地方的室管膜细胞，其基底面有细长的突起伸向深部，称伸长细胞。

2. 周围神经系统内的神经胶质细胞

(1)神经膜细胞　又称雪旺氏细胞，是周围神经纤维的鞘细胞，它们排列成串，一个接一个地包裹着周围神经纤维的轴突。神经膜细胞外表面有一层基膜，在周围神经再生中起重要作用。

(2)被囊细胞　又称卫星细胞，是神经节内神经元胞体周围的一层扁平细胞，有营养和保护神经元的作用。

三、神经纤维

神经纤维是由神经元的长突起和包在其外面的神经胶质细胞所构成。包裹中枢神经纤维轴突的胶质细胞是少突胶质细胞，包裹周围神经纤维轴突的是神经膜细胞。根据包裹轴突的胶质细胞是否形成髓鞘，神经纤维可分有髓神经纤维和无髓神经纤维。神经纤维主要构成中枢神经系统的白质和周围神经系统的脑神经、脊神经和植物性神经。

1. 有髓神经纤维

有髓神经纤维数量较多，周围神经系统的神经和中枢神经系统白质中的神经纤维多数是有髓神经纤维。光镜下，有髓神经纤维的中心为神经元的轴突或长树突，统称轴索，外包髓鞘。髓鞘的主要成分是髓磷脂，在 HE 染色片上呈空泡细丝状。周围神经系统有髓神经纤维的髓鞘由神经膜细胞节段性包绕轴索而成。每一节有一个神经膜细胞，相邻节段间有一无髓鞘的狭窄处，称神经纤维结，或称郎飞氏结，两个纤维结之间的一段纤维称结间段(图 2-22)。中枢神经系统有髓神经纤维的髓鞘由少突胶质细胞伸出的突起包绕轴索而成，其胞体位于神经纤维之间。

2. 无髓神经纤维

周围神经系统的无髓神经纤维在光镜下可见细长的神经膜细胞核，排在轴索表面，神经纤维直径较细，一个神经膜细胞包埋数条轴索(图 2-23)。中枢神经系统的无髓神经纤维是裸露的神经元突起。

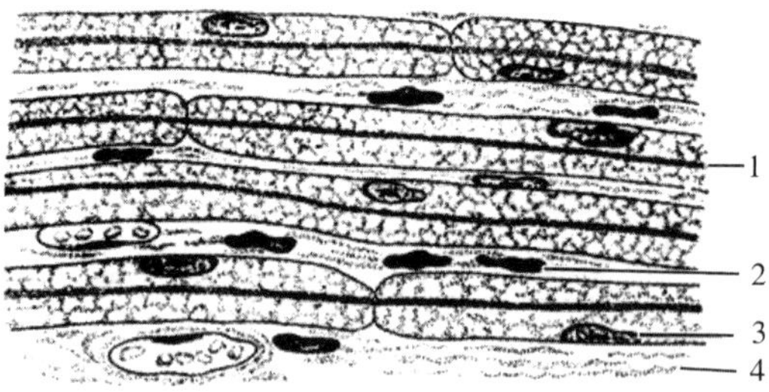

图 2-22　有髓神经纤维结构模式图

1. 轴突　2. 成纤维细胞核　3. 神经膜细胞　4. 结缔组织

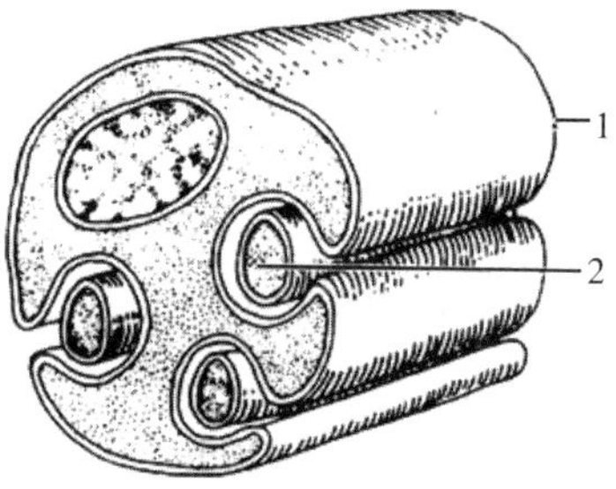

图 2-23　无髓神经纤维结构模式图

1. 神经膜细胞　2. 轴索

四、神经末梢

周围神经纤维的终末部分，终止于其他组织所形成的特有结构，称神经末梢。神经末梢可分两类：一类是传入神经纤维末梢，常终止于感觉器官，又称感觉神经末梢；另一类是传出神经纤维末梢，终止在肌肉或腺体，又称运动神经末梢。感觉神经末梢与其附属结构共同组成感受器，运动神经末梢与肌纤维或腺细胞之间的突触性连接组成效应器。感觉神经末梢能感受体内、外环境的各种刺激，并能将产生的神经冲动向中枢传导。运动神经末梢可接受由中枢传来的冲动，引起肌肉收缩或腺体分泌。

1. 感觉神经末梢

生物进化过程中，机体适应外界不同性质的各种刺激，分化形成多种多样的感觉神经末梢，按形态结构不同，可归纳为以下两种感觉神经末梢(图 2-24)。

(1)游离神经末梢　是由较细的有髓神经纤维和无髓神经纤维的终末端反复分支而成的。主要分布在皮肤的表皮，也分布于黏膜上皮、浆膜及某些结缔组织等处。当有髓神经纤维进入表皮或其他组织时，末梢的髓鞘消失，轴突裸露成游离的细支，广泛分布在表皮或其他组织深层的细胞之间。游离神经末梢的主要机能为感受疼痛刺激，也参与对触觉和压觉等刺激的感受。

(2)有被囊神经末梢　均包以结缔组织成分组成的被囊，形式很多，大小不一。常见的有触觉小体，环层小体和肌梭等。

触觉小体分布在真皮乳头内，椭圆形，囊内有许多横列的扁平细胞，神经终末分出细支盘绕在扁平细胞之间，主要功能司触觉。

环层小体多见于真皮深层，皮下组织等结缔组织内，体积较大，球形或椭球形，被囊由数十层同心圆排列的扁平细胞构成，神经终末失去髓鞘，伸及小体中央的圆柱体内，主要功能感受压力、振动和张力。

肌梭为纺锤形，外有结缔组织被囊。囊内含有 2～12 条纤细的骨骼肌纤维，称梭内肌纤维。此种纤维含肌原纤维较少，含线粒体较多，细胞核成串排列或集中在肌纤维中段。有髓鞘的感觉神经纤维进入肌梭时失去髓鞘，轴索分成多支，分别以环状或螺旋状末梢包绕梭内肌纤维中段的含核部分，此为肌梭的主要感觉末梢。此外，肌梭内也存在运动神经末梢。肌梭为一种本体感受器，主要感受肌纤维的伸缩变化，在调节骨骼肌的活动中起重要作用(彩插 2-9)。

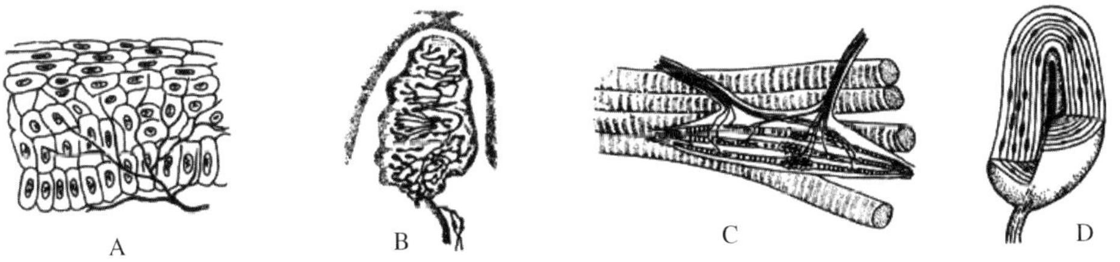

图 2-24　感觉神经末梢结构模式图

A. 游离神经末梢　B. 环层小体　C. 触觉小体　D. 肌梭

2. 运动神经末梢

由中枢发出的运动神经纤维末梢，终止在骨骼肌或内脏的平滑肌及腺体，支配肌肉的活动和腺体的分泌。可分为以下两种：

(1)躯体运动神经末梢　运动神经元的有髓神经纤维抵达骨骼肌纤维处失去髓鞘并反复分支，一个神经元可支配多条神经纤维，每个分支终末呈斑块膨大与一条骨骼肌纤维构成神经肌突触，也称运动终板(图 2-25)。

(2)内脏运动神经末梢　是植物性神经节后纤维的末梢。这类神经纤维较细，直径约 1 μm，大多无髓鞘。神经末梢终末呈串珠样膨体附于内脏和血管平滑肌或腺细胞上。膨体内含递质小泡，膨体与效应细胞之间间距较大，可超过 100 nm，膨体释放递质，通过弥散方式作用于效应细胞(图 2-26)。

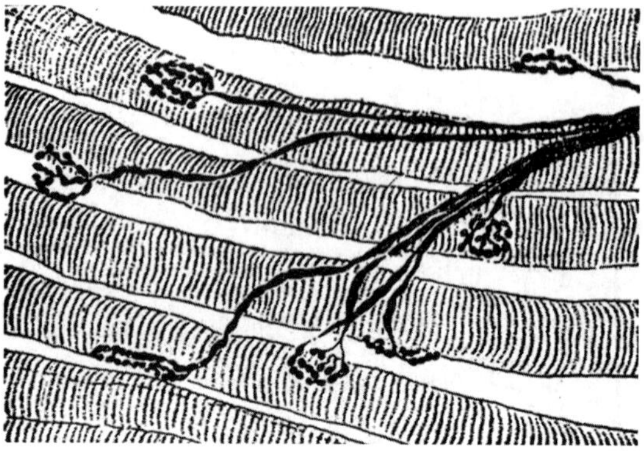

图 2-25 运动终板

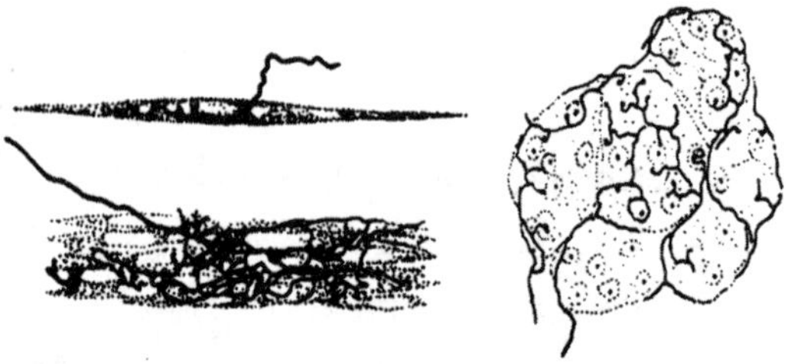

图 2-26 内脏运动神经末梢
(左为支配平滑肌细胞，右为支配腺细胞)

复习思考题

一、选择题

1. 杯状细胞见于下列哪种上皮内(　　)。
A. 单层扁平上皮　　B. 单层立方上皮　　C. 假复层纤毛柱状上皮
D. 复层扁平上皮　　E. 变移上皮

2. 变移上皮分布在(　　)。
A. 气管腔面　　B. 心脏、血管、淋巴管腔面
C. 口腔、食管腔面　　D. 输尿管、膀胱腔面
E. 胃肠、胆管腔面

3. 关于假复层纤毛柱状上皮，下列哪项正确。(　　)
A. 主要分布在排尿管道　　B. 组成的细胞形态一致
C. 组成的细胞均位于基膜上　　D. 游离面有排列整齐，致密的微绒毛
E. 上皮与深部组织连接面凹凸不平

4. 关于上皮组织的特点中，下列哪项错误。(　　)
A. 有极性　　B. 基底面均附着在基膜上
C. 细胞少，细胞间质多　　D. 大多数无血管，有神经末梢
E. 具有保护、吸收、分泌和排泄功能

5. 气管的黏膜上皮是(　　)。
A. 复层扁平上皮　　B. 单层柱状上皮　　C. 变移上皮
D. 假复层纤毛柱状上皮　　E. 单层扁平上皮

6. 肾小管内表面的上皮是(　　)。
A. 单层扁平上皮　　B. 单层立方上皮　　C. 单层柱状上皮
D. 假复层纤毛柱状上皮　　E. 复层扁平上皮

7. 下列哪个器官被覆单层柱状上皮？（　　）

A. 血管　　B. 膀胱　　C. 皮肤　　D. 小肠　　E. 食管

8. 以下哪一项不属于固有结缔组织。（　　）

A. 致密结缔组织　　B. 脂肪组织　　C. 网状组织

D. 骨和软骨组织　　E. 疏松结缔组织

9. 弹性软骨细胞间质的主要成分是（　　）。

A. 胶原纤维　　B. 弹性纤维　　C. 网状纤维　　D. 胶原原纤维　　E. 弹性蛋白

10. 存在于骨组织表面或附近的有多个细胞核的大细胞，能分解和吸收骨质的是（　　）。

A. 骨原细胞　　B. 成骨细胞　　C. 破骨细胞　　D. 软骨细胞　　E. 骨细胞

11. 分布在椎间盘的软骨属于（　　）。

A. 透明软骨　　B. 弹性软骨　　C. 纤维软骨　　D. 环状软骨　　E. 甲状软骨

12. 有髓神经纤维传导快是因为（　　）。

A. 轴突粗　　B. 轴突内微管、神经丝多

C. 髓鞘由类脂和蛋白质组成　　D. 轴膜薄　　E. 有朗飞结

二、简答题

1. 简述被覆上皮的结构和功能。

2. 简述结缔组织的形态结构、分类和功能。

3. 光镜下如何区分骨骼肌、心肌和平滑肌？

4. 神经元的结构和分类如何？

第 2 章参考答案

第三章
运动系统

学习目标

1. 熟悉全身各部骨的形态特征。
2. 掌握四肢关节的构成。
3. 掌握胸壁肌的形态和位置。
4. 掌握腹壁肌各层相互位置关系。

骨

动物机体的运动系统由骨、骨连接和骨骼肌三大部分组成。全身骨通过骨连接形成骨骼，构成动物机体的坚固支架，在支持体重、保护内部器官及维持体型等方面起重要作用。骨骼肌附着于骨，收缩时以关节为支点，使骨的位置移动而产生各种运动。在运动中，骨是运动的杠杆，骨连接是运动的枢纽，骨骼肌则是运动的动力。

第一节　骨和骨连结

一、概述

动物体内每块骨都是一个器官，主要由骨组织构成，具有一定的形态和功能。骨内含有骨髓，是重要的造血器官。骨也是钙、磷贮存的地方，参与动物体钙、磷的代谢。

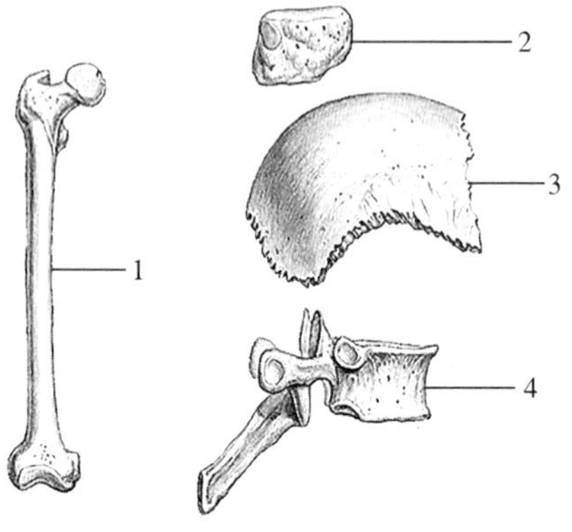

图 3-1　骨的形态

1. 长骨　2. 短骨　3. 扁骨　4. 不规则骨

1. 骨

(1)骨的类型　骨根据形态可分为以下四种类型(图 3-1)。

①长骨。呈长管状，中部称骨体或骨干，内有空腔，称骨髓腔。两端膨大为骨端或骺。在骨体和骺之间有骺软骨，幼龄时明显，成年后骨化。长骨多位于四肢，可产生较大幅度的运动。②短骨。形状近似立方体，与邻近的骨之间有较多的关节面，故多位于运动灵活、承受压力较大的部位，如前肢的腕骨和后肢的跗骨。③扁骨。呈板状，由内、外两层骨板构成。

扁骨有保护内部器官的作用，并为肌肉提供较大的附着面，如额骨，肩胛骨等。④不规则骨。形态不规则，故功能多样，主要位于动物体中轴线上，如椎骨。

(2)骨的构造　骨由骨膜、骨质和骨髓构成，此外还有丰富的血管和神经分布(图 3-2)。

①骨膜。分骨外膜和骨内膜。骨外膜被覆于除关节以外的骨表面，分两层，外层为纤维层，有营养和保护作用；内层为成骨层，参与骨的生长和修补。故骨外膜受损，骨不易愈合。在肌肉和韧带附着处，骨外膜显著增厚。骨内膜衬于骨髓腔面。②骨质。是骨的主要成分，由骨组织构成，分骨密质和骨松质。骨密质分布在骨的表面，厚而致密，由紧密排列的骨板构成，抗压、抗扭力强。骨松质位于骨内部，由针状或片状的骨小梁交错排列组成，骨小梁按重力方向和肌肉牵引的张力方向排列。③骨髓。位于长骨的骨髓腔和骨松质的网眼内，由多种类型的细胞和网状结缔组织构成。幼畜的骨髓均为红骨髓，具有造血功能，成年后骨髓腔中的红骨髓逐渐发生脂肪沉积，转为黄骨髓。大量失血后，黄骨髓可以逆转为红骨髓，再次执行造血功能。④血管和神经。骨有丰富的血管和神经。骨表面有肉眼可见的小孔，分布于骨质的血管由此出入。

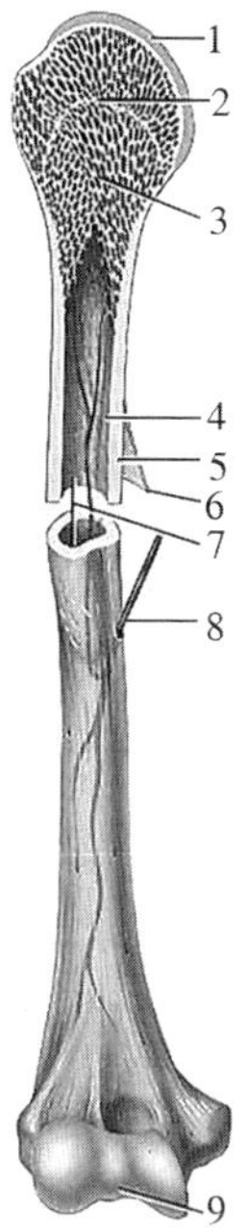

图 3-2　骨的构造

1.关节软骨　2.骺线　3.骨松质　4.骨内膜　5.骨密质　6.骨膜　7.骨髓腔　8.血管　9.关节软骨

(3)骨的化学成分和物理特性　骨是体内最坚硬的组织，能承受很大的压力和张力，并富有弹性。骨质由有机物和无机物构成，有机物决定其弹性，无机物决定其硬度。有机物的主要成分有胶原纤维、骨黏蛋白和硫酸软骨素。骨中的无机物又称骨盐，主要成分有磷酸钙和碳酸钙等。成年动物骨含有 2/3 的无机物和 1/3 的有机物，幼年动物有机物含量高，老年动物则相反，易发生骨折。妊娠和泌乳母畜，由于胎儿发育和泌乳的需要，在饲料调配不当时，易发生软骨病。

2. 骨连结

骨与骨之间借纤维结缔组织、软骨或骨组织相连形成的连接装置称骨连结。

(1)骨连结的类型　骨连结可分为直接连结和间接连结。

①直接连结。两骨的相对面或相对缘借结缔组织直接相连，其间无腔隙，活动范围很小，甚至不能活动。可分为三种类型。

纤维连结。骨与骨之间借纤维结缔组织相连结，比较牢固，一般无活动性。如桡骨和尺骨之间的韧带联合，颅骨之间的缝。这种连接大部分是暂时性的，随年龄的增长而发生骨化。

软骨连结。骨与骨之间借软骨相连结，基本不能运动。由透明软骨结合的，如长骨的骨干与骺之间通过骺软骨连结，到老年时，常骨化为骨性结合。由纤维软骨结合的，如椎体之间椎间盘，这种连结在正常情况下终生不骨化。

骨性结合。两骨相对面以骨组织连结，完全不能运动，骨性结合常由软骨连结或纤维连结骨化而成。

②间接连结。骨与骨之间不直接相连，其间有滑膜包围的腔隙，能进行灵活的运动。这种

连结又称为滑膜连结，简称关节。

(2)关节

①关节的基本结构。关节由关节面和关节软骨、关节囊、关节腔及血管和神经等构成，有的关节还有韧带、关节盘和关节唇等辅助结构(图 3-3，彩插 3-1)。

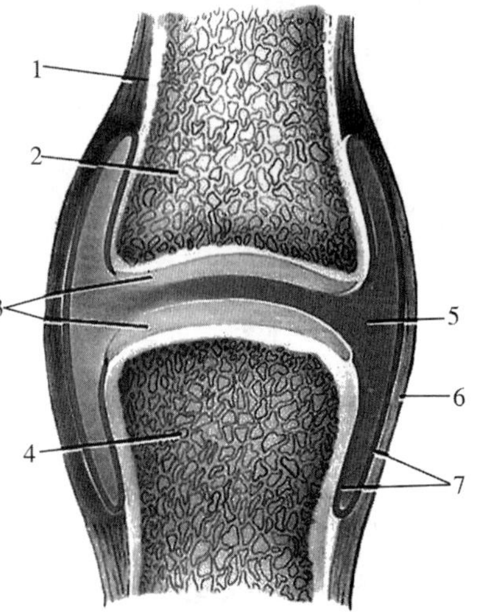

图 3-3　关节构造模式图

1.骨膜　2.关节面　3.关节软骨　4.关节面　5.关节腔　6.纤维囊　7.滑膜囊

关节面和关节软骨。关节面是骨与骨的接触面，骨质致密，表面平滑，相邻关节面的形状大多相互吻合，一般为一凸一凹。关节面上被覆关节软骨，主要为透明软骨，厚薄不一，表面光滑，富有弹性，能够减少运动时的冲击和摩擦，吸收振荡。关节软骨无血管、淋巴管和神经分布。

关节囊。为结缔组织膜，附着于关节面周缘及附近骨上，分内、外两层。内层为滑膜层，由疏松结缔组织构成，薄而光滑，可分泌滑液，有营养关节软骨和润滑关节的作用。滑膜常形成绒毛和皱襞，伸入关节腔内，以扩大分泌和吸收面积。外层为纤维层，由致密结缔组织构成，厚而坚韧，起保护作用。纤维层的厚薄在各关节不尽一致，主要与关节的活动性有关。活动性小、负重大的部位，纤维层厚而紧张，反之，纤维层薄而松弛。

关节腔。是由关节软骨和关节囊滑膜层围成的密闭腔隙，腔内呈负压，负压不仅有利于关节的运动，而且对维护关节的稳定性起重要作用。关节腔内有少量的滑液。

血管和神经。关节的动脉主要来自附近动脉的分支，在关节周围形成动脉网，再分支到骨骺和关节囊。神经也来自附近神经的分支，在滑膜及其周围有丰富的神经纤维分布，并有特殊的感觉神经末梢。

关节的构造

②关节的辅助结构。是适应某些关节功能的特殊结构。

韧带。绝大多数关节均有韧带，由致密结缔组织构成，有加固关节、限制运动的作用。韧带分囊外韧带和囊内韧带。位于关节囊外的韧带称囊外韧带，如位于关节两侧的称内、外侧副韧带。位于关节囊纤维层和滑膜层之间的韧带称囊内韧带，如髋关节的圆韧带。

关节盘。是位于两关节面之间的纤维软骨板，有吻合关节面、减轻冲击和振荡、增加运动形式和扩大运动范围等作用。如股胫关节内的关节盘，呈半月状，称半月板。

关节唇。是附着在关节窝周缘的纤维软骨环，有加深关节窝、扩大关节面和防止边缘破裂等作用。

全身骨骼的划分

3. 动物体全身骨的划分

动物全身骨可分为中轴骨、四肢骨和内脏骨(图 3-4、图 3-5)。中轴骨包括躯干骨和头骨。四肢骨包括前肢骨和后肢骨。内脏骨如牛的心骨、犬的阴茎骨等。

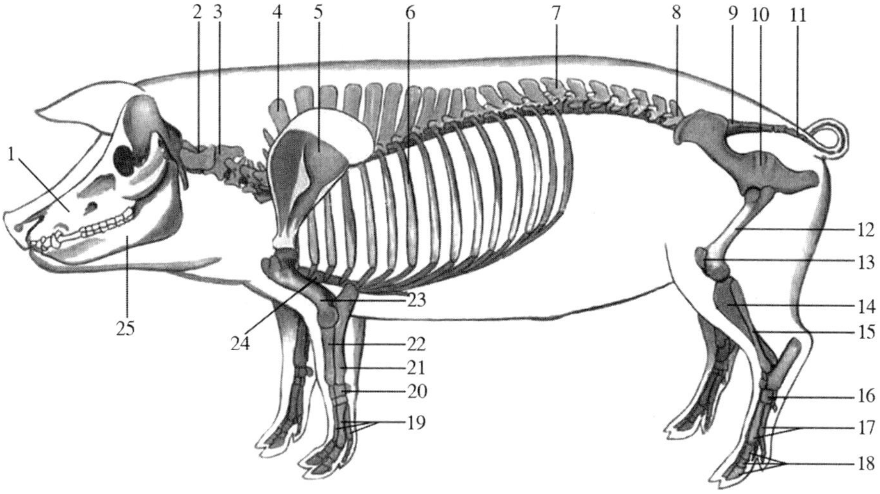

图 3-4 猪全身骨骼

1.上颌骨 2.寰椎 3.枢椎 4.第1胸椎 5.肩胛骨 6.肋骨 7.第1腰椎 8.第7腰椎 9.荐骨 10.髋骨 11.尾椎 12.股骨 13.膝盖骨 14.胫骨 15.腓骨 16.跗骨 17.跖骨 18.趾骨 19.掌骨 20.腕骨 21.尺骨 22.桡骨 23.肱骨 24.胸骨 25.下颌骨

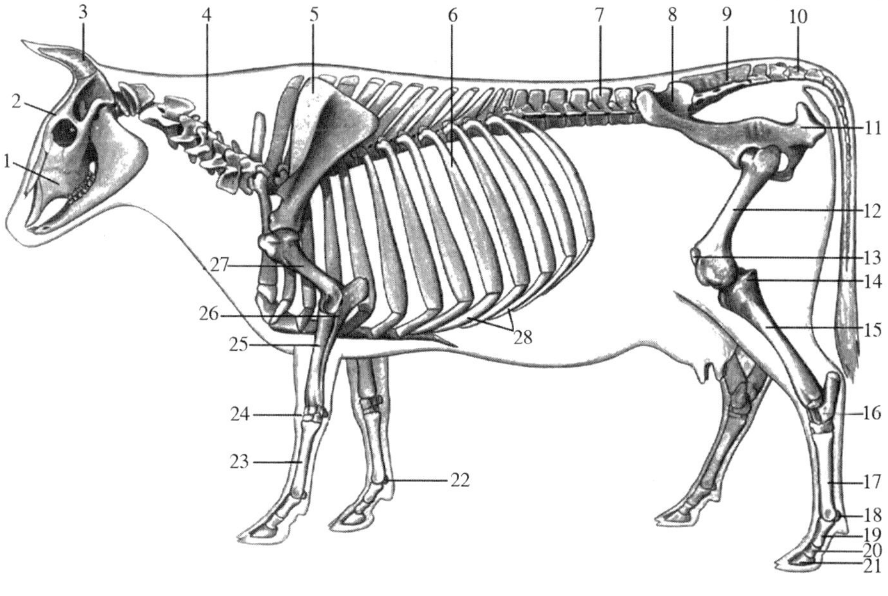

图 3-5 牛全身骨骼

1.上颌骨 2.额骨 3.角突 4.颈椎 5.肩胛骨 6.第9肋骨 7.腰椎 8.髂骨 9.荐骨 10.尾椎 11.坐骨 12.股骨 13.膝盖骨 14.腓骨 15.胫骨 16.跗骨 17.跖骨 18、22.近籽骨 19.系骨 20.冠骨 21.蹄骨 23.掌骨 24.腕骨 25.桡骨 26.尺骨 27.肱骨 28.肋软骨

二、头骨及其连结

1. 头骨

头骨位于脊柱的前方，分颅骨和面骨。颅骨构成颅腔壁，面骨构成口腔、鼻腔及眼眶的支

架(彩插 3-2)。

(1)颅骨　位于头的后上方,由成对的额骨、顶骨、颞骨和不成对的枕骨、顶间骨、蝶骨和筛骨共同组成。

枕骨。构成颅腔后壁和底壁的一部分。枕骨的后上方有横向的枕嵴,猪的枕嵴特别高大。后下方有枕骨大孔,后接椎管。枕骨大孔的两侧有枕骨髁,与寰椎构成寰枕关节。髁的外侧有颈静脉突,髁与颈静脉突之间的窝内有舌下神经孔。

顶骨。构成颅腔的顶壁(黄牛为后壁),其后面与枕骨相连,前面与额骨相接,两侧为颞骨。

顶间骨。为一小骨,位于左、右顶骨和枕骨之间,常与相邻骨结合,故外观不明显。其脑面有枕内结节。

额骨。位于顶骨的前方,鼻骨的后方,构成颅腔的前上壁和鼻腔的后上壁。额骨的外部有突出的眶上突,构成眼眶的上界。眶上突的基部有眶上孔。突的后方为颞窝;突的前方为眶窝,是容纳眼球的深窝。额骨的内、外板以及与筛骨之间,形成额窦。

颞骨。位于颅腔的侧壁,又分为鳞部和岩部。鳞部与顶骨、额骨及蝶骨相连。在外面有颧突伸出,并转而向前与颧骨的突起合成颧弓。颧突根部有髁状关节面,与下颌髁成关节。岩部位于鳞部与枕骨之间,是中耳和内耳所在部位。

蝶骨。构成颅腔底壁的前部。由蝶骨体和两对翼(眶翼、颞翼)以及一对翼突组成,形如蝴蝶。蝶骨的后缘与枕骨及颞骨形成不规则的破裂孔,是血管和神经的通路。

筛骨。位于颅腔和鼻腔之间。由一垂直板、一筛板和一对侧块组成。垂直板位于正中,将鼻腔后部分为左、右两部。侧块由筛骨迷路组成,向前突入鼻腔后部。侧块后方是多孔的筛板,构成颅腔的前壁。

(2)面骨　位于颅骨的前下方,由成对的鼻骨、泪骨、颧骨、上颌骨、切齿骨、腭骨、翼骨、鼻甲骨以及不成对的下颌骨、犁骨和舌骨构成。

鼻骨。位于额骨的前方,构成鼻腔的顶壁。

泪骨。位于额骨前端的外下方,构成眼眶的前内侧壁,有眶面、颜面和鼻面三个面,眶面有漏斗状的泪囊窝,为鼻泪管的开口。

颧骨。位于泪骨下方,构成眼眶的前腹侧部。外侧面有一纵行且不明显的面嵴,后端有向后突出的颞突,与颞骨的颧突连成颧弓。

上颌骨。构成鼻腔侧壁和大部分口腔的顶壁,几乎与所有的面骨连接。上颌骨分为上颌体、腭突和齿槽突。上颌体外侧面有一不明显的面嵴,与颧骨的面嵴相延续,面嵴前端有明显的面结节,面结节前上方有眶下孔,为眶下管的外口。腭突是由骨体下部向正中线伸出的水平骨板,形成硬腭的一部分,将口腔与鼻腔隔开。齿槽突为上颌骨向腹侧突出的纵嵴,其游离缘称齿槽缘,上有颊齿齿槽,齿槽间有齿槽间隔。齿槽缘前部为齿槽间缘,前接切齿骨。

切齿骨。也称颌前骨,位于上颌骨前方,分骨体、腭突和鼻突三部分。骨体位于前端,除反刍动物外,齿槽缘上均有切齿齿槽。腭突从骨体水平向后伸出,与上颌骨腭突相连,参与形成硬腭的骨质基础;腭突与上颌骨和鼻突之间形成腭裂。鼻突向后上方伸出,其后端嵌入鼻骨与上颌骨之间,并与鼻骨之间形成鼻切齿骨切迹。

腭骨。位于鼻后孔两侧,分垂直板和水平板。垂直板构成鼻后孔的侧壁,水平板形成硬腭的后部,与切齿骨腭突、上颌骨腭突共同形成硬腭的骨质基础。

鼻甲骨。为两对卷曲状的薄骨片,附着于鼻腔侧壁上。上、下鼻甲骨将每一侧鼻腔分为上、中、下三个鼻道。

下颌骨。为面骨中最大的骨，构成下颌。分左、右两半，每半又分为下颌体和下颌支。下颌体较厚，略呈水平向，前为切齿部，后为臼齿部，分别有切齿和颊齿着生，两部之间为齿槽间缘。下颌体前外侧有颏孔。下颌支为下颌体后方垂直向上的宽骨板，上端前方为冠状突，供颞肌附着；后方为髁突，与颞髁构成颞下颌关节。下颌支内、外侧面均凹，供咀嚼肌附着。下颌支内侧面中部有下颌孔，借下颌管与颏孔相通。在下颌骨下缘，下颌体与下颌支交界处有面血管切迹。两侧下颌骨之间的间隙称下颌间隙。

犁骨。位于鼻腔底壁的正中线上，其背侧缘有中隔沟，容纳鼻中隔软骨和筛骨垂直板。

翼骨。为一薄而窄的骨片，位于鼻后孔两侧、腭骨垂直板后缘内侧，后上方伸达颅底。

舌骨。位于左、右下颌支之间，由底舌骨和舌骨支（甲状舌骨、角舌骨、上舌骨和茎突舌骨）组成，借茎突舌骨与两侧颞骨岩部的茎突相连，借甲状舌骨与喉的甲状软骨相连，构成舌、咽和喉的支架（图 3-6）。

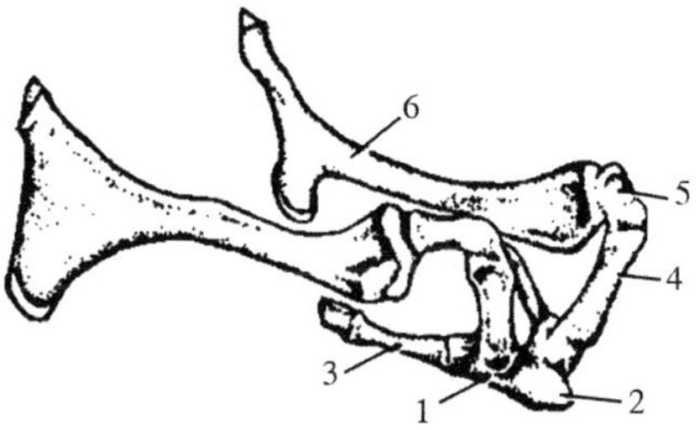

图 3-6　牛的舌骨

1. 底舌骨　2. 舌突　3. 甲状舌骨　4. 角舌骨　5. 上舌骨　6. 茎突舌骨

(3) 鼻旁窦　又称副鼻窦，为头骨中一些骨的内、外骨板之间含气腔体的总称，它们直接或间接与鼻腔相通，故称鼻旁窦（图 3-7）。鼻旁窦具有明显的年龄变化，初生幼畜的窦很小，成年之前逐渐发育扩大。临床上重要的有上颌窦和额窦。

①额窦。很大，位于整个颅腔的顶壁和后壁内，为额骨和顶骨内的腔洞，并延伸至角窦和泪窦内。额窦正中有完整的中隔将额窦分为左、右两半，窦的前部有一些细的裂隙与筛骨侧块内的筛鼻道相通。②上颌窦。主要在上颌骨、泪骨和颧骨内，其前界在面结节稍后方，上界约在眶下孔与眼眶背侧缘的连线上，后方伸入泪骨中，形成泪窦。窦的底壁不规整，最后 3～4 枚颊齿的齿根突入其中。窦的内侧壁有眶下管，上后方有鼻上颌口，与中鼻道相通。

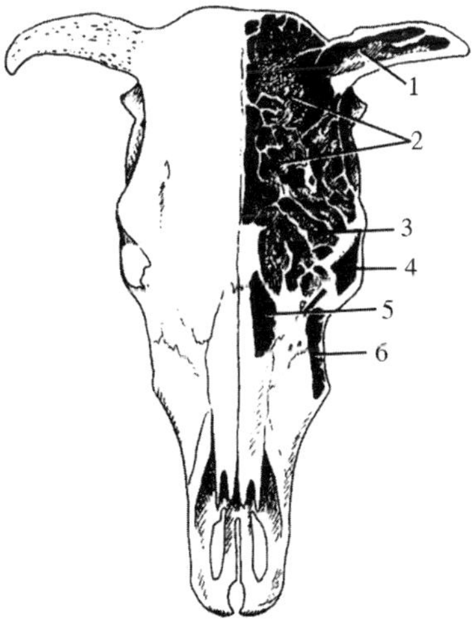

图 3-7　牛的额窦和上颌窦

1. 角腔　2. 额大窦　3. 额小窦　4. 眶窝　5. 上鼻甲窦　6. 上颌窦

2. 头骨的连结

头骨大部分为不动连结，多借缝、软骨和骨直接相连，结合较为牢固。只有颞下颌关节是可动连结。颞下颌关节由下颌骨的关节突与颞骨颧突腹侧关节面构成，中间有软骨板，并有侧韧带和关节囊。软骨板呈横椭圆形，中央薄，周缘厚，并附着于关节囊。侧韧带附着于关节的外侧，以加固关节的连结。关节囊强厚，紧包于关节的周围。两侧颞下颌关节同时运动，属于联动关节，可进行开口、闭口和侧运动。

三、躯干骨及其连结

1. 躯干骨

躯干骨包括脊柱、肋和胸骨。

(1)脊柱　由一系列椎骨:颈椎、胸椎、腰椎、荐椎和尾椎,借软骨、关节和韧带连接而成,有保护脊髓、支持头部、悬吊内脏、传递冲力等作用。

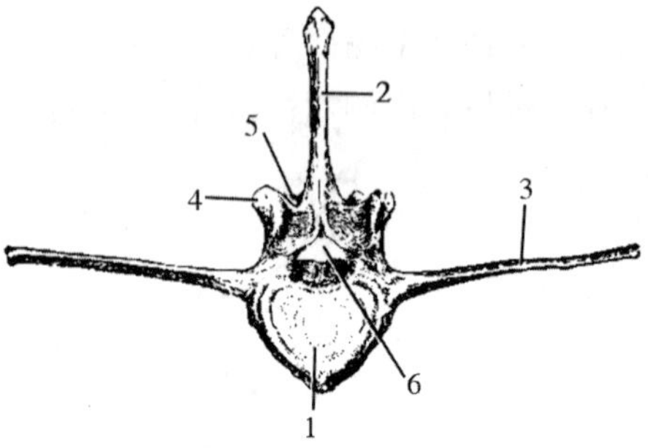

图 3-8　典型椎骨的构造,马的腰椎(前面)

1.椎头　2.棘突　3.横突　4.前关节突　5.后关节突　6.椎孔

①椎骨的一般结构。各部椎骨的形态结构虽然不同,但其基本结构相似,均由椎体、椎弓和突起三部分构成(图 3-8)。椎体位于椎骨的腹侧,呈短圆柱状,前端凸出为椎头,后端凹陷为椎窝。椎弓位于椎体的背侧,是拱形的骨板,与椎体共同围成椎孔。所有椎骨的椎孔按前后序列连接在一起形成一个连续的管道,称为椎管,主要容纳脊髓。椎弓基部的前缘和后缘两侧各有一个切迹,相邻的椎间切迹合成椎间孔,它是血管和神经出入椎管的通道。突起有三种,从椎弓背侧向上伸出的突起称为棘突;从椎弓基部向两侧横向伸出的突起称为横突。棘突和横突主要供肌肉和韧带附着。椎弓背侧前缘和后缘各有一对前、后关节突,它们与相邻椎骨的关节突构成关节。

②各部椎骨的结构特征。

颈椎。共 7 枚。第 1 颈椎呈环形,又称为寰椎,由背侧弓和腹侧弓构成。前面有成对关节窝,与枕骨髁成关节;后面有与第 2 颈椎成关节的鞍状关节面。寰椎两侧的宽板称寰椎翼。第 2 颈椎又称枢椎,椎体发达,前端突出称为齿状突,与寰椎的鞍状关节面构成可转动的关节。棘突呈板状,无前关节突。第 3～5 颈椎形态相似,椎体发达,椎头和椎窝明显。关节突发达,横突分背侧支和腹侧支。横突基部有横突孔,各颈椎横突孔连接在一起形成横突管,供血管和神经通过。第 6 颈椎的椎体略短,棘突较发达。第 7 颈椎的椎体最短,椎窝两侧有与第 1 肋骨成关节的关节面。棘突明显,无横突孔。

胸椎。牛、羊 13 枚,猪 14～15 枚,马 18 枚。椎体大小较一致,在椎头和椎窝的两侧均有与肋骨头成关节的前、后肋窝。棘突发达,以 2～6(牛)或 3～5(马)胸椎的棘突最高,是构成鬐甲的基础。横突短,有小关节面与肋骨结节成关节。

腰椎。牛、马 6 枚,猪、羊 6～7 枚。椎体长度与胸椎相近。棘突较发达,其高度与后段的胸椎的相等。横突长,牛的腰椎横突更长,呈上下压扁的板状,伸向外侧,有利于扩大腹腔顶壁的横径。

荐椎。牛、马 5 枚,羊、猪 4 枚,是构成骨盆腔顶壁的基础。荐椎互相愈合在一起称为荐骨。荐骨前端两侧的突出部为荐骨翼,第 1 荐椎椎体腹侧缘前端的突出部为荐骨岬。荐骨的背面和盆面每侧各有 4 个孔,分别称荐背侧孔和荐盆侧孔,是血管和神经的通路。牛的荐骨愈合较完全,腹侧面凹,荐盆侧孔也大,棘突顶端愈合形成粗厚的荐骨正中嵴。猪的荐骨愈合较晚,棘突不发达。马的荐骨棘突未愈合。

尾椎。数目变化大,牛有 18～20 枚,羊 3～24 枚,猪 20～23 枚,马 14～21 枚。除前几枚尾椎具有椎骨的一般构造外，其余尾椎椎弓、棘突和横突则逐渐退化，仅保留有椎体。牛前几个尾椎椎体腹侧有成对腹棘，中间形成一血管沟，供尾中动脉通过。

(2)肋 包括肋骨和肋软骨。肋骨为弓形长骨，构成胸廓的侧壁，左、右成对(图 3-9)。其对数与胸椎数目相同：牛、羊 13 枚，猪 14～15 对，马 18 对。肋骨的椎骨端有肋头，肋头的后方有肋结节，分别与相应的胸椎椎体和横突成关节。相邻肋骨间的空隙称为肋间隙。每一肋骨的下端接一肋软骨。经肋软骨与胸骨直接相接的肋称真肋或胸肋，其余肋的肋软骨则由结缔组织连结于前一肋软骨上，称假肋或弓肋。最后肋骨与各假肋的肋软骨依次连接，形成肋弓。有的肋的肋软骨末端游离，称为浮肋。

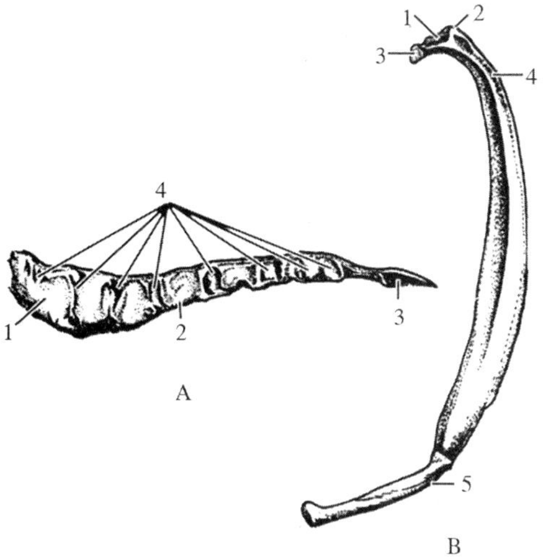

图 3-9 牛的胸骨和肋

A. 胸骨：1. 胸骨柄 2. 胸骨体 3. 剑状软骨 4. 肋窝
B. 肋：1. 肋颈 2. 肋结节 3. 肋头 4. 肋骨 5. 肋软骨

(3)胸骨 位于胸廓底壁，由 6～8 个胸骨节片借软骨连结而成。其前端为胸骨柄；中部为胸骨体，两侧有肋窝，与真肋的肋软骨相接；后端为剑状软骨(图 3-8)。牛的胸骨较长，呈上下压扁状，无胸骨嵴。猪的胸骨与牛的相似，但胸骨柄明显突出。马的胸骨呈舟形，前部左右压扁，有发达的胸骨嵴，后部上下压扁。

胸廓由背侧的胸椎、两侧的肋骨和肋软骨以及腹侧的胸骨围成。胸前口由第 1 胸椎、两侧的第 1 肋和胸骨柄构成，胸后口则由最后胸椎、两侧的肋弓和腹侧的剑状软骨构成。马的胸廓前部两侧显著压扁，向后逐渐扩大。牛的胸廓较马的短。

2. 躯干骨的连结

躯干骨的连结包括脊柱连结和胸廓连结。

(1)脊柱连结 包括椎体间连结、椎弓间连结、脊柱总韧带和寰枕及寰枢关节。

①椎体间连结。相邻椎骨的椎头和椎窝之间，借纤维软骨和韧带相连(图 3-10)。纤维软骨呈盘状，故称椎间盘。盘的外周是纤维环，中央为柔软而富有弹性的髓核，是胚胎时期脊索的遗迹。椎间盘具有弹性，有缓冲作用。椎间盘越厚的部位，活动范围越大。颈部和尾部的椎间盘厚，故活动范围较大。

②椎弓间连结。是相邻椎骨椎弓之间的连结，主要为关节突间关节，有关节囊，可进行滑动运动。颈部的关节囊强而宽大，胸腰部的小而紧。

③脊柱总韧带。是连接大部分椎骨的韧带，包括棘上韧带、背侧韧带和腹侧韧带。

棘上韧带连接多数椎骨棘突顶端，由枕骨向后伸延到荐骨。颈部的棘上韧带特别强大而富有弹性，称为项韧带，它由弹性纤维构成，呈黄色，分为左右两半，每半又分索状部和板状部(图 3-11)。索状部呈圆

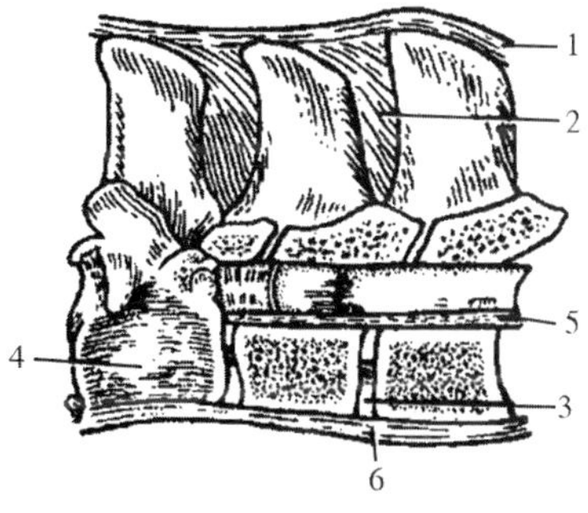

图 3-10 胸腰椎的椎间连结

1. 棘上韧带 2. 棘间韧带 3. 椎间盘 4. 椎体
5. 背侧纵韧带 6. 腹侧纵韧带

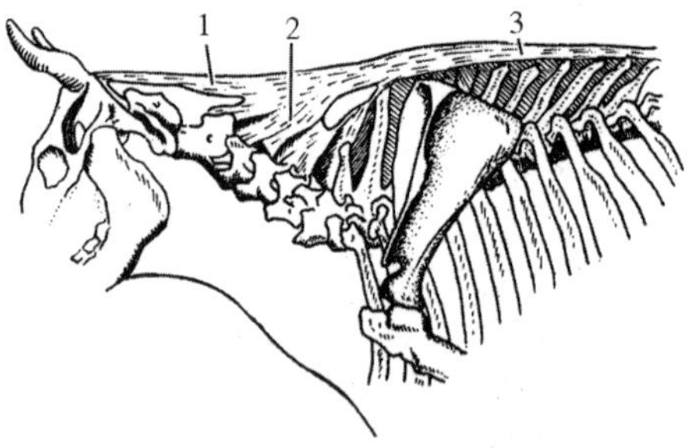

图 3-11 项韧带

1.项韧带索状部 2.项韧带板状部 3.棘上韧带

索状，起自枕外隆凸，自枢椎向后，左右并列，沿颈的背侧缘向后至胸椎棘突两侧，逐渐加宽变扁，从第 3 胸椎棘突开始逐渐变小，到腰部消失。板状部呈板状，位于索状部和颈椎棘突之间的三角形间隙内，由左右两层构成，两层间以疏松结缔组织相连，起自第 2～3 胸椎棘突及索状部，向前下方止于颈椎棘突。牛、马的项韧带很发达，牛项韧带板状部后部为单层。猪的项韧带不发达。

背侧纵韧带位于椎管的底壁，起始于枢椎，止于荐骨。

腹侧纵韧带位于椎体和椎间盘腹侧，起始于第 7 胸椎，止于荐骨的骨盆面。

脊柱的运动是许多椎间运动的总和，虽然每一个椎间的运动范围很有限，但整个脊柱仍能做范围较大的屈伸和侧运动。

④寰枕关节。由寰椎的前关节窝与枕骨的枕髁构成，关节囊宽大，为双轴关节，可做伸屈和小范围的侧转运动。

⑤寰枢关节。由寰椎的鞍状关节面与枢椎齿状突构成，关节囊松大，可沿枢椎的纵轴做旋转运动，运动范围较大，可左右转动头部。

前肢骨及其连接

(2)胸廓连结

①肋椎关节。是每一肋骨与相应胸椎构成的关节，包括肋头与胸椎椎体肋窝之间的关节和肋结节与胸椎横突形成的关节。肋椎关节运动时，可使肋前后移动从而产生呼吸运动，前部的关节活动范围小，后部的活动范围大。

②肋胸关节。由真肋的肋软骨与胸骨两侧的关节窝构成的关节，具有关节囊和韧带。

四、前肢骨及其连结

1. 前肢骨

前肢骨包括肩胛骨、肱骨、前臂骨和前脚骨。前臂骨由桡骨和尺骨组成。前脚骨由腕骨、掌骨、指骨和籽骨组成(图 3-12)。

(1)肩胛骨　为三角形扁骨，外侧面有一纵行的隆起，称肩胛冈。牛的肩胛冈远端突出明显，称为肩峰。马的肩胛冈发达，中部较粗大，称为冈结节。猪的冈结节特别发达且弯向后方，肩峰不明显。肩胛冈的前上方称冈上窝，后下方称冈下窝，供肌肉附着。肩胛骨内侧面的上部三角形粗糙面为锯肌面；中、下部凹窝称肩胛下窝。肩胛骨的背缘附有肩胛软骨，远端较粗大，有一圆形浅凹，称关节盂，关节盂的前上方突出部为盂上结节。

(2)肱骨　又称臂骨，为管状长骨，可分为骨干和两个骨端。近端后部球状关节面为肱骨头，两侧有内、外侧结节，内侧结节又称小结节，外侧结节又称大结节。两结节之间为肱二头肌沟。骨干呈不规则的圆柱状，形成一螺旋状沟为臂肌沟，外侧上部有三角肌粗隆，内侧中部有卵圆形的大圆肌粗隆。肱骨远端有内、外侧髁，髁间有深的鹰嘴窝，窝的两侧有内、外侧上髁。马的三角肌粗隆发达，牛、羊和猪则较小，但大结节粗大。

(3)前臂骨　包括桡骨和尺骨。桡骨位于前内侧，大而粗，骨体稍向前弓，掌侧面与尺骨愈合。尺骨位于后外侧，显著退化，仅近端发达，向后上方突出形成鹰嘴。骨体向下逐渐变细。桡骨与尺骨之间的间隙称前臂骨间隙。猪的尺骨发达。

(4)腕骨　位于前臂骨与掌骨之间，为小的短骨，排成上下两列。近列腕骨有4枚，自内向外为桡腕骨、中间腕骨、尺腕骨和副腕骨，远列腕骨有4枚，由内向外为第1、第2、第3、第4腕骨，牛缺第1腕骨，第2和第3腕骨愈合。马第1腕骨常不存在。

(5)掌骨　为长骨，近端接腕骨，远端接指骨，由内向外分别为第1、第2、第3、第4和第5掌骨。牛、羊有3枚掌骨，第3、第4掌骨发达，相互愈合成大掌骨，第5掌骨为一圆锥形小骨，附于第4掌骨的近端外侧，称小掌骨。猪有4枚掌骨，第3、第4掌骨大，第2、第5掌骨小，缺第1掌骨。马有3枚掌骨，中间是大掌骨，即第3掌骨，内侧和外侧是小掌骨，即第2和第4掌骨，缺第1和第5掌骨。

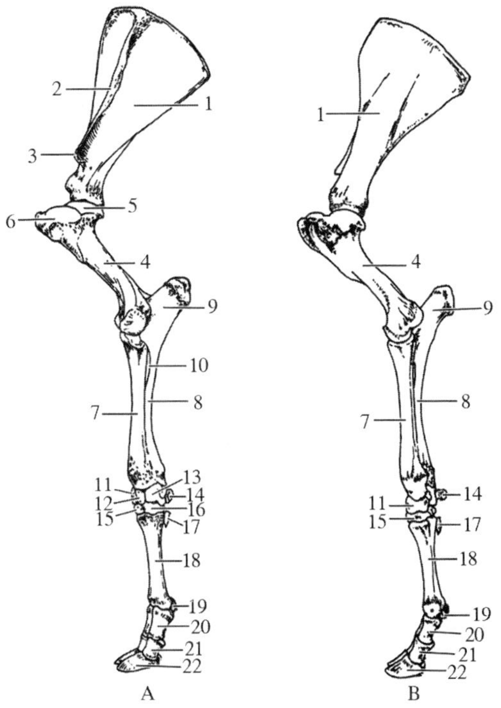

图3-12　牛的前肢骨

A.外侧　B.内侧

1.肩胛骨　2.肩胛冈　3.肩峰　4.肱骨　5.肱骨头　6.肱骨外侧结节　7.桡骨　8.尺骨　9.鹰嘴　10.前臂骨间隙　11.桡腕骨　12.中间腕骨　13.尺腕骨　14.副腕骨　15.第2、3腕骨　16.第4腕骨　17.第5掌骨　18.大掌骨　19.近籽骨　20.系骨　21.冠骨　22.蹄骨

(6)指骨　一般每一指有三个指节骨，即系骨(近指节骨)、冠骨(中指节骨)和蹄骨(远指节骨)。蹄骨近端前缘突出称伸肌突，底面凹且粗糙，称屈肌面。牛、羊有4指，第3、第4指发育完全，每指有三节；第2、第5指仅有两节，包括系骨和蹄骨，又称悬蹄。马只有第3指。猪有4指，第3、第4指发达，第2、第5指小。

(7)籽骨　分近籽骨和远籽骨。一般每一指有2枚近籽骨和1枚远近籽骨。近籽骨位于系关节的掌侧；远籽骨位于冠骨和蹄骨之间的掌侧。牛的悬指无籽骨，猪的第2、第5指仅有1对近籽骨。

2. 前肢骨的连结

前肢的肩胛骨与躯干骨之间不形成关节，而是通过肩带肌连接。前肢关节自上而下依次为肩关节、肘关节、腕关节和指关节(图3-13)。

(1)肩关节　由肩胛骨关节盂和肱骨头构成，为多轴单关节。关节角顶向前，没有侧副韧带，具有松大的关节囊，故肩关节的活动性大。但由于受内、外侧肌肉的限制主要做屈伸运动，而内收和外展运动范围较小。

(2)肘关节　是由肱骨远端和前臂骨近端构成的单轴复关节，关节角顶向后。关节囊背侧面强厚，掌侧壁薄而宽，两侧有侧副韧带。由于侧副韧带将关节牢固连结与固定，故只能做屈伸运动。

(3)腕关节　由桡骨远端、近列和远列腕骨以及掌骨近端构成，是单轴复关节，关节角顶向前，它包括桡腕关节、腕间关节和腕掌关节。关节囊纤维层包围整个腕关节，背侧面薄而宽松，掌

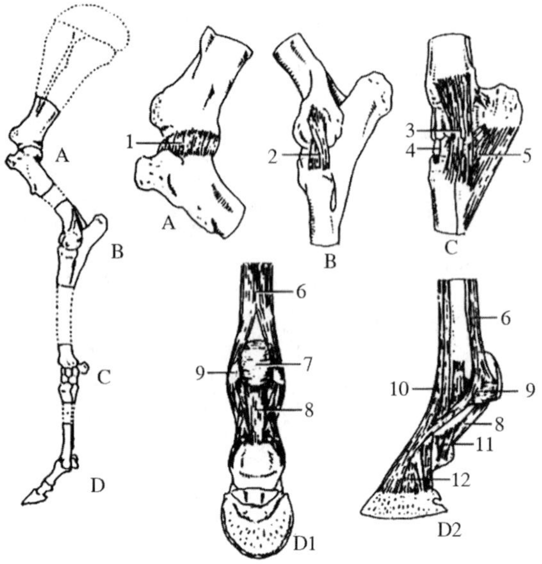

图 3-13 马前肢关节

A. 肩关节 B. 肘关节 C. 腕关节 D. 指关节
D1. 指关节掌侧面 D2. 指关节侧面
1. 关节囊 2. 外侧副韧带 3. 外侧副韧带
4. 骨间韧带 5. 副腕骨下韧带 6. 悬韧带
7. 籽骨间韧带 8. 籽骨下韧带
9. 籽骨侧韧带 10. 系关节侧副韧带
11. 冠关节侧副韧带 12. 蹄关节侧副韧带

侧面特别厚而紧。滑膜层形成 3 个互不相通的囊：桡腕关节囊宽松，关节腔最大，活动性也大；腕间关节囊次之；腕掌关节囊的关节腔最小，活动性较小。腕关节有长的侧副韧带，分别位于腕关节的内、外侧。腕骨间有一些短的腕骨间韧带。由于关节面的形状、骨间韧带和关节囊掌侧的结构及侧副韧带的限制，腕关节仅能向掌侧屈曲。

(4)指关节 包括系关节、冠关节和蹄关节，均为单轴关节。

①系关节。又称球节，由掌骨远端、系骨近端和一对近籽骨构成。关节囊背侧壁强厚，掌侧壁松大。内、外侧副韧带分别位于关节的内、外侧，与关节囊紧密相连。系关节除侧副韧带外，还有较发达的籽骨韧带，包括籽骨上韧带、籽骨下韧带、籽骨侧副韧带和籽骨间韧带等。籽骨上韧带又称悬韧带或骨间肌，由骨间中肌腱质化而成，位于掌骨的掌侧面，起于大掌骨近端，大部分止于近籽骨，并有分支转向背侧，并入指伸肌腱。牛的悬韧带含有肌质，称骨间中肌。籽骨韧带连结近籽骨和掌骨、系骨及冠骨，有加固系关节、缓冲振动、防止关节过度背屈的作用。

②冠关节。由系骨远端和冠骨近端构成，有关节囊、侧副韧带和掌侧韧带。韧带紧连于关节囊，仅能做小范围的屈伸运动。

③蹄关节。由冠骨、蹄骨及远籽骨构成。关节囊背侧及两侧强厚，并与伸肌腱及侧副韧带紧密结合，掌侧较薄。蹄关节韧带较多，除具有侧副韧带外，还有与籽骨相连的韧带，侧副韧带短而强，只能进行屈伸运动。

五、后肢骨及其连结

1. 后肢骨

后肢骨包括髋骨、股骨、膝盖骨、小腿骨和后脚骨。髋骨是髂骨、坐骨和耻骨的合称。小腿骨由胫骨和腓骨组成。后脚骨包括跗骨、跖骨、趾骨和籽骨(图 3-14)。

(1)髋骨 由髂骨、坐骨和耻骨结合而成。三块骨在外侧中部结合处形成深杯状的关节窝，称为髋臼，与股骨头形成关节。左、右侧髋骨在骨盆中线处以软骨连结形成骨盆联合。

后肢骨及其连接

骨盆是指由两侧髋骨、背侧的荐骨和前 3～4 枚尾椎以及两侧的荐结节阔韧带共同围成的前宽后窄的圆锥形腔。前口以荐骨岬、髂骨和耻骨为界；后口的背侧为尾椎，腹侧为坐骨，两侧为荐结节阔韧带后缘。雌性动物骨盆的底壁平而宽，雄性动物则较窄。

①髂骨。位于外上方，为三角形的扁骨。前部宽大，称髂骨翼；后部窄小，称髂骨体。髂骨翼的外侧角粗大，称为髋结节，内侧角为荐结节。

②坐骨。为不正的四边形，位于后下方，构成骨盆底的后部。坐骨前缘与耻骨围成闭孔；后外角粗大，称坐骨结节。左、右侧坐骨的后缘连成坐骨弓。两侧坐骨内侧缘与软骨结合形成坐骨联合，构成骨盆联合的后部。

③耻骨。较小，位于前下方，构成骨盆底的前部。耻骨后缘与坐骨前缘共同围成闭孔。两侧耻骨内侧缘由软骨结合形成耻骨联合，构成骨盆联合的前部。

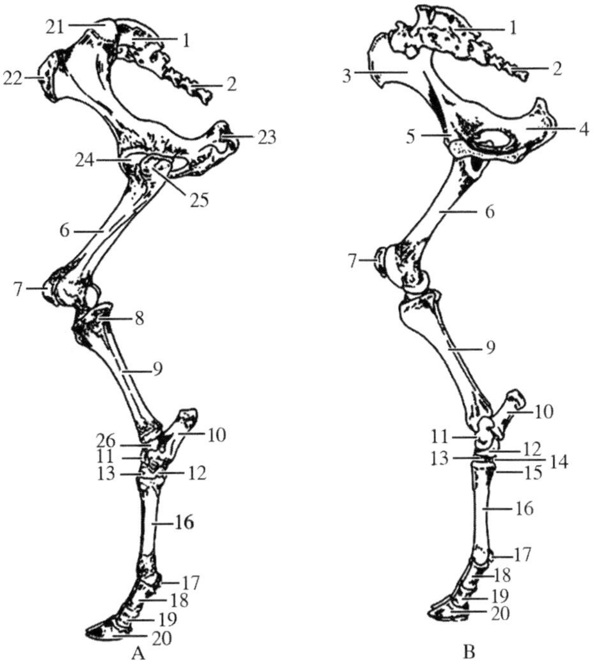

图 3-14　水牛后肢骨

A. 外侧　B. 内侧

1. 荐骨　2. 尾椎　3. 髂骨　4. 坐骨　5. 耻骨　6. 股骨　7. 髌骨　8. 腓骨　9. 胫骨　10. 跟骨　11. 距骨　12. 中央、第 4 跗骨　13. 第 2、第 3 跗骨　14. 第 1 跗骨　15. 第 2 跖骨　16. 大跖骨　17. 近籽骨　18. 系骨　19. 冠骨　20. 蹄骨　21. 荐结节　22. 髋结节　23. 坐骨结节　24. 股骨头　25. 大转子　26. 踝骨

(2)股骨　为管状长骨。近端粗大，内侧是球状的股骨头，头的中央有一凹陷称头窝，供圆韧带附着，与髋臼成关节；外侧有粗大的突起，称大转子。骨干呈圆柱状，内侧缘的上部有粗糙的小转子；外侧缘在与小转子相对处有一较大的突，称第 3 转子。牛和猪的第 3 转子不明显，马的第 3 转子发达。股骨远端粗大，前部为滑车关节面，由内侧嵴和外侧嵴组成（内侧嵴高），与膝盖骨成关节；后部由股骨内、外侧髁构成，与胫骨成关节。在两髁间有深的髁间窝，髁内、外侧的上方有内、外侧上髁，供肌肉、韧带附着。

(3)膝盖骨　又称髌骨，呈顶端向下的楔形，位于股骨远端的前方。髌骨的前面粗糙，供肌腱、韧带附着。

(4)小腿骨　包括胫骨和腓骨。胫骨发达，呈三面棱柱状。近端粗大，有内、外侧髁，与股骨髁成关节。骨干为三面体，背侧缘隆起，称胫骨嵴。远端有螺旋状滑车，与距骨成关节。腓骨细小，位于胫骨外侧。腓骨近端较大，称腓骨头，远端细小。牛、羊的腓骨更退化，仅有两端，无骨体，其远端腓骨又称踝骨。猪的腓骨发达。

(5)跗骨　由数枚短骨构成，位于小腿骨与跖骨之间，分为近、中、远三列。近列有 2 枚，内侧为距骨(胫跗骨)，外侧为跟骨(腓跗骨)。跟骨近端粗大，称跟结节。中列仅有 1 枚中央跗骨。远列由内向外依次是第 1、第 2、第 3、第 4 跗骨。牛、羊的跗骨共 5 枚，第 2 和第 3 跗骨愈合，第 4 跗骨与中央跗骨愈合；马的跗骨共 6 枚，第 1、第 2 跗骨愈合；猪有 7 枚跗骨。

(6)跖骨　与前肢掌骨相似，但较细长。

(7)趾骨和籽骨　趾骨分系骨、冠骨和蹄骨，与前肢指骨相似。籽骨位置、形态、数目与前肢籽骨相似。

2. 后肢骨的连结

后肢骨连结有荐髂关节、髋关节、膝关节、跗关节和趾关节(图 3-15)。趾关节和前肢的指关节构造相似。后肢各关节与前肢各关节相对应,除趾(指)关节外,各关节角的方向相反,这种结构特点有利于动物站立时姿势保持稳定。除髋关节外,各关节均有侧副韧带,故为单轴关节,主要进行屈伸运动。

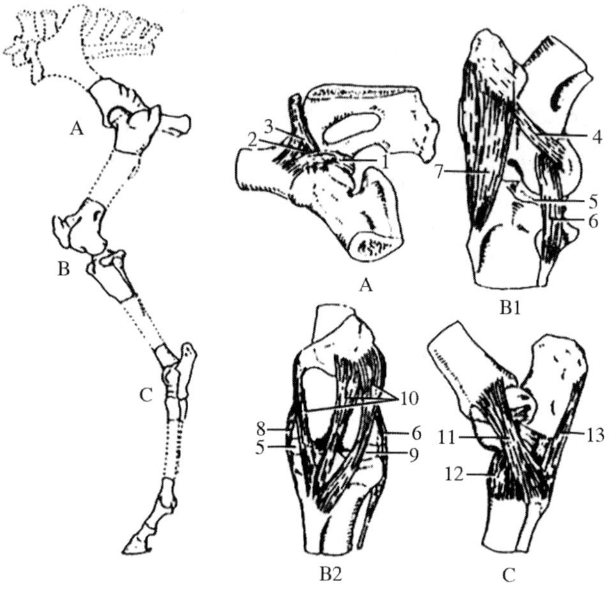

图 3-15 马的后肢关节

A. 髋关节 B. 膝关节 B1. 膝关节侧面观
B2. 膝关节前面观 C. 跗关节
1. 横韧带 2. 圆韧带 3. 副韧带 4. 股膝外侧韧带
5. 半月状板 6. 股胫外侧副韧带 7. 膝外侧直韧带
8. 股胫内侧副韧带 9. 半月状板外侧 10. 膝直韧带
11. 外侧副韧带 12. 背侧韧带 13. 跖侧韧带

(1)荐髂关节 由荐骨翼和髂骨翼的耳状关节面构成。关节面不平整,周围有关节囊,囊壁紧张,并有短而强的韧带固定。因此,荐髂关节几乎不能活动,主要起连接后肢和躯干的作用。在荐骨与髋骨之间还有荐结节阔韧带,又称荐坐韧带,呈四边形宽板状,形成骨盆的侧壁。起自荐骨侧缘和第1~2尾椎横突,止于坐骨棘和坐骨结节。其前缘凹与坐骨大切迹形成坐骨大孔,腹缘与坐骨小切迹形成坐骨小孔,供血管、神经通过。

(2)髋关节 是由髋臼和股骨头构成的多轴关节。关节角顶向后,关节囊宽松。髋臼的边缘以纤维软骨环形成关节盂缘。在髋臼与股骨头之间有一短而强的圆韧带又称股骨头韧带。马属动物还有一条副韧带,来自腹直肌的耻前腱,沿耻骨腹面向两侧连于股骨头。髋关节能进行多种运动,但主要是屈伸运动,并可伴有轻微的内收、外展和旋内、旋外运动。

(3)膝关节 又称髌关节,包括股胫关节和股膝关节。关节角顶向前,属单轴复关节,可做屈伸运动。

①股膝关节。又称股髌关节,由膝盖骨和股骨远端前部滑车关节面构成。膝盖骨的内侧缘有纤维软骨构成的软骨板,与滑车内侧嵴相适应。关节囊宽松。股膝关节除有内外侧副韧带外,在其前方还有三条强大的膝直韧带(即膝外直韧带、膝中直韧带和膝内直韧带),起自膝盖骨,止于胫骨近端的胫骨粗隆,将膝盖骨连于胫骨近端。膝直韧带与关节囊之间填充有脂肪。股膝关节的运动主要是膝盖骨在股骨滑车上滑动,通过改变股四头肌作用力的方向伸展膝关节。

②股胫关节。由股骨远端后部的内外侧髁与胫骨近端构成,其间有两个半月状软骨板。关节囊附着于股胫关节的周围及半月板的周缘,前壁薄,后壁厚。除有侧副韧带外,关节中央还有一对交叉的十字韧带,另有半月板韧带连于股骨和胫骨。半月板可使股骨和胫骨的关节面互相吻合,还可减轻振动。股胫关节的运动主要是屈伸运动,在屈曲时可进行小范围的旋转运动。

(4)跗关节 又称飞节,由小腿骨远端、跗骨和跖骨近端构成的单轴复关节,包括小腿跗关节、跗间(近、远)关节和跗跖关节。关节角向后。关节囊背侧薄而宽松,跖侧紧而强厚,紧密附着于跗骨。

(5)趾关节　包括系关节、冠关节和蹄关节,其构造与前肢指关节相似。

第二节　肌肉

一、概述

运动系统所描述的肌肉由横纹肌构成,它们附着于骨骼上,又称为骨骼肌,是运动的动力部分。

1. 肌肉的构造

每一块肌肉就是一个器官,构造上可分为能收缩的肌腹和不能收缩的肌腱两部分。

(1)肌腹　是肌器官的主要部分,位于肌器官的中间,由无数骨骼肌纤维借结缔组织结合而成,具有收缩能力。肌纤维为肌器官的实质部分,在肌肉内部先集合成肌束,肌束再集合成一块肌肉。肌肉的结缔组织形成肌膜,构成肌器官的间质部分。每一条肌纤维外面包有肌膜,称肌内膜。若干肌纤维组成肌束,肌束外面包有肌束膜,整块肌肉外面由肌外膜包裹。肌膜是肌肉的支持组织,使肌肉具有一定的形状。血管、淋巴管和神经随着肌膜进入肌肉内,对肌肉的代谢和机能调节有重要意义。当动物营养良好的时候,在肌膜内蓄积有脂肪组织,使肌肉横断面上呈大理石状花纹(图 3-16)。

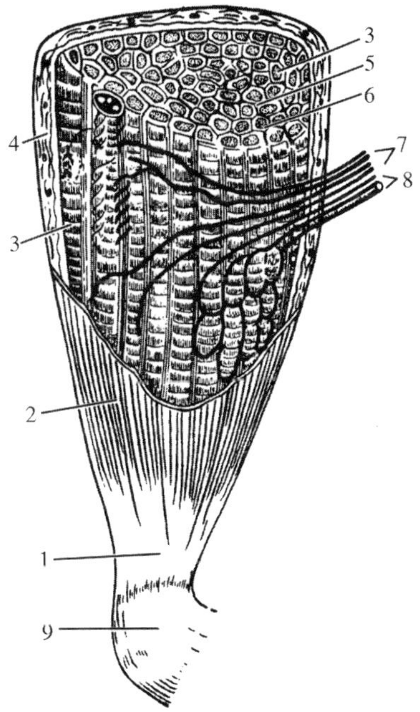

图 3-16　肌器官构造模式图

1.肌腱　2.肌腹　3.肌纤维　4.肌外膜　5.肌束膜　6.肌内膜　7.神经　8.血管　9.骨

(2)肌腱　位于肌腹的两端或一端,由规则的致密结缔组织构成。在四肢多呈索状;在躯干多呈薄板状,又称腱膜。腱纤维借肌内膜直接连接肌纤维的两端或贯穿于肌腹中。腱不能收缩,但有很强的韧性和抗张力,不易疲劳。它传导肌腹的收缩力,以提高肌腹的工作效力。其纤维伸入骨膜和骨质中,使肌肉牢固附着于骨上。

2. 肌肉的形态

肌肉由于位置和功能不同,而有不同的形态,一般可分为以下四种(图 3-17)。

(1)纺锤形肌　肌纤维束的排列多与肌肉的长轴平行,收缩时使肌肉显著缩短,从而引起大幅度的运动。纺锤形肌两端多为腱质,中部主要由肌质(肌纤维)构成,主要分布于四肢。

(2)多裂肌　由许多短肌束组成,收缩的幅度不大,但收缩力较大而持久,主要分布于各椎骨之间,如背腰最长肌、髂肋肌等。

(3)板状肌　多呈薄板状,有的呈扇形,如背阔肌;有的呈锯齿状,如腹侧锯肌等。板状肌的腱质形成腱膜。此种肌肉主要分布于腹壁和肩带部。

(4)环形肌　肌纤维环行,位于自然孔的周围,形成括约肌,如口轮匝肌、肛门括约肌等,收缩时可关闭自然孔。

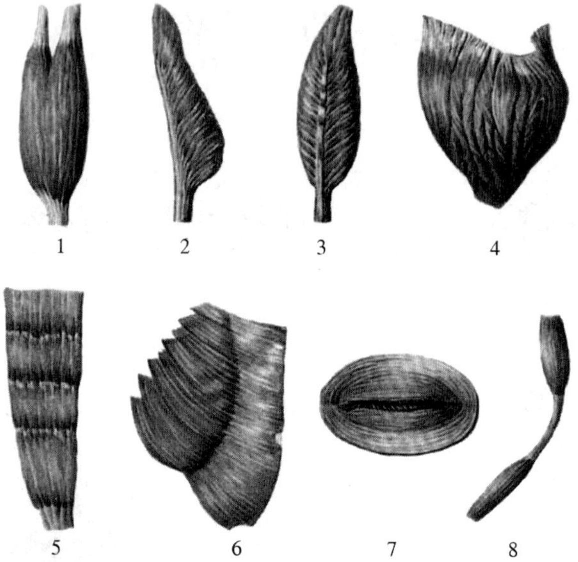

图 3-17　肌肉的形态

1.二头肌　2.半羽肌　3.单羽肌　4.多羽肌　5.腹直肌　6.阔肌　7.环形肌　8.二腹肌

3. 肌肉的起止点和作用

肌肉一般以其两端附着于骨,中间可能越过一个或多个关节。当其收缩时,位置不动的一端称起点,引起骨移动的一端称止点。但有时随情况的变化,两点可互换。

肌肉多数是按关节运动轴的多少配布在关节周围,关节的每个运动轴配布有功能相反的两个肌组。单轴关节只配布屈肌组和伸肌组,屈肌组位于关节角内,伸肌组位于关节角顶。多轴关节除屈肌组、伸肌组外,还配布有位于内侧的内收肌组、位于外侧的外展肌组以及旋前肌组和旋后肌组。动物的任何一个动作都是由一些肌肉或肌组共同活动来完成的,在该动作中起主要作用的肌称主动肌,起协助作用的称协同肌,起相反作用的称拮抗肌,还有一些参与稳定躯干或肢体的近侧部分而起固定作用称固定肌。每块肌的作用并不是固定不变的,而是在不同的工作条件下起不同的作用。如屈曲某一关节的主动肌,在伸展该关节时就转变为拮抗肌。

4. 肌肉的命名

肌肉通常根据其形状、位置、作用、起止点、结构、肌纤维走向等特点而命名。如三角肌、斜方肌、菱形肌是根据其形状命名的;冈上肌、冈下肌、臂肌是根据其位置命名的;咬肌、内收肌、伸肌是根据其作用命名的;胸头肌、臂头肌、胸骨甲状舌骨肌是根据其起止点命名的;二腹肌、三头肌、四头肌是根据其结构命名的;斜肌、直肌是根据其肌纤维走向命名的。大多数肌是综合其数个特征而命名的,如腕桡侧伸肌、腹外斜肌。由此可见,许多肌名本身就是对该肌的注释,了解肌的命名原则,有助于减轻机械记忆的负担。

5. 肌肉的辅助器官

肌肉辅助器官的作用是保护和辅助肌肉的工作，包括筋膜、黏液囊和腱鞘(图 3-18)。

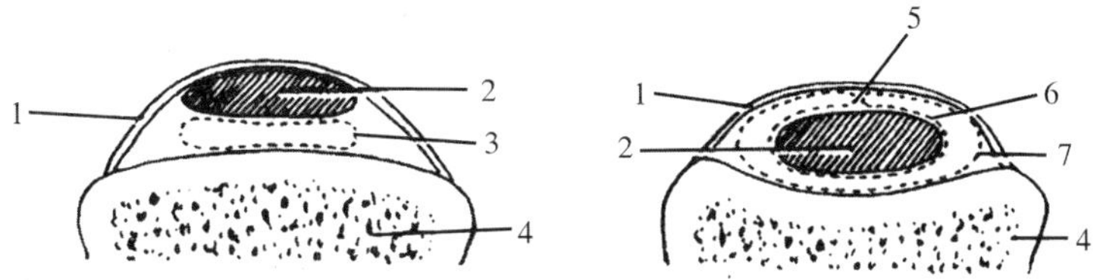

图 3-18 黏液囊和腱鞘的构造

1. 纤维膜 2. 腱 3. 滑膜 4. 骨 5. 腱系膜 6. 滑膜腱层 7. 滑膜壁层

(1)筋膜 分浅筋膜和深筋膜。浅筋膜位于皮下，由疏松结缔组织构成，覆盖在全身肌的表面。有些部位的浅筋膜中有皮肌。营养良好的动物在浅筋膜内蓄积有脂肪。深筋膜由致密结缔组织构成，位于浅筋膜下。在某些部位深筋膜形成包围肌群的筋膜鞘；或伸入肌间，附着于骨上，形成肌间隔；或提供肌肉的附着面。筋膜主要起保护、固定肌肉位置的作用。

(2)黏液囊 是密闭的结缔组织囊，囊壁内衬有滑膜，腔内有滑液。多位于骨的突起与肌肉、腱和皮肤之间，起减少摩擦的作用。位于关节附近的黏液囊多与关节腔相通。

(3)腱鞘 由黏液囊包裹于腱外而成，多位于腱通过活动范围较大的关节处。腱鞘内有少量滑液，可减少腱活动时的摩擦。

6. 动物体肌肉的划分

动物体全身肌肉可分为前肢肌、躯干肌、后肢肌和头部肌(图 3-19、彩插 3-3)。另外，在身体某些部位的浅筋膜中含有皮肌。

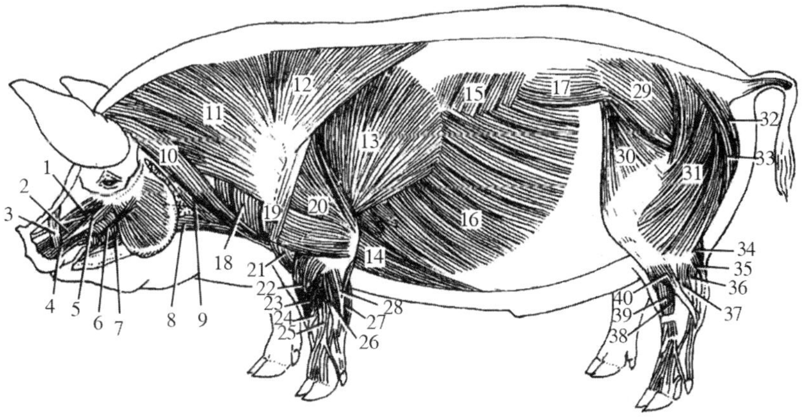

图 3-19 猪的全身浅层肌

1. 上唇固有提肌 2. 鼻孔外侧开肌 3. 鼻唇提肌 4. 口轮匝肌 5. 吻降肌 6. 颧肌 7. 下唇降肌 8. 胸骨舌骨肌 9. 胸头肌 10. 臂头肌 11. 颈斜方肌 12. 胸斜方肌 13. 背阔肌 14. 胸深后肌 15. 后上锯肌 16. 腹外斜肌 17. 腰髂肋肌 18. 冈上肌 19. 三角肌 20. 臂三头肌 21. 臂肌 22、23. 腕桡侧伸肌 24. 腕斜伸肌 25. 指总伸肌 26. 第五指伸肌 27. 指浅屈肌 28. 腕外侧屈肌 29. 臀中肌 30. 阔筋膜张肌 31. 臀股二头肌 32. 半膜肌 33. 半腱肌 34. 腓肠肌 35. 趾深屈肌 36. 第五趾伸肌 37. 第四趾伸肌 38. 趾长伸肌 39. 腓骨第三肌 40. 腓骨长肌

二、皮肌

皮肌是分布于浅筋膜内的薄板状肌，大部分与皮肤深面紧密相连，根据所在部位可分为面皮肌、颈皮肌、肩臂皮肌和躯干皮肌。牛、羊没有颈皮肌。皮肌收缩时，可使皮肤抖动，以驱赶蚊蝇和抖掉皮肤上的灰尘。

三、前肢肌

前肢肌可分为肩带肌、肩部肌、臂部肌、前臂及前脚部肌（图 3-20）。

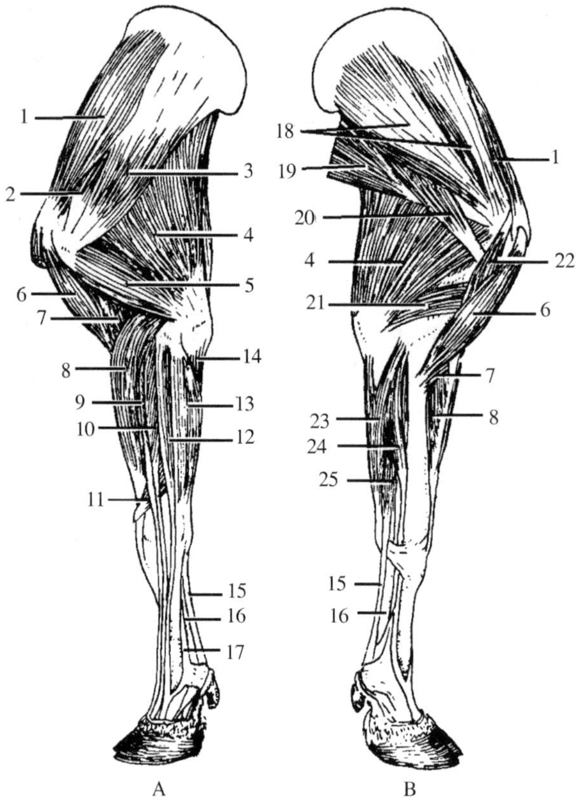

图 3-20 牛的前肢肌

A. 外侧 B. 内侧

1. 冈上肌 2. 冈下肌 3. 三角肌 4. 臂三头肌长头 5. 臂三头肌外侧头 6. 臂二头肌 7. 臂肌 8. 腕桡侧伸肌 9. 指内侧伸肌 10. 指总伸肌 11. 腕斜伸肌 12. 指外侧伸肌 13. 腕外侧屈肌 14. 指深屈肌 15. 指浅屈肌腱 16. 指深屈肌腱 17. 悬韧带 18. 肩胛下肌 19. 背阔肌 20. 大圆肌 21. 臂三头肌内侧头 22. 喙臂肌 23. 腕尺侧屈肌 24. 腕桡侧屈肌 25. 指浅屈肌

1. 肩带肌

肩带肌是连接前肢与躯干的肌肉，一般起于躯干骨，止于前肢的肩胛骨和肱骨。根据肌肉所处的位置可分为背侧组和腹侧组。

(1)背侧组 背侧组的肌肉一般起于头骨和脊柱，从背侧连接前肢，包括斜方肌、菱形肌、背阔肌和臂头肌。牛、羊和猪还有肩胛横突肌。

①斜方肌。呈扁平的倒三角形，位于肩颈上半部的皮下，分为颈、胸两部。颈斜方肌起于

项韧带索状部，肌纤维斜向后下方，止于肩胛冈；胸斜方肌其起于第 2～12 胸椎棘突，肌纤维斜向前下方，止于肩胛冈。其作用是提举、摆动和固定肩胛骨。

②菱形肌。位于斜方肌深面，分颈、胸二部。颈菱形肌狭长，起于项韧带索状部，止于肩胛骨前上角内侧。胸菱形肌呈四边形，起于前数个胸椎棘突，止于肩胛骨后上角内侧。具有提举肩胛骨的作用。

③背阔肌。呈三角形，位于胸侧壁，起于腰背筋膜及第 9～12 肋骨、肋间外肌和腹外斜肌的筋膜，肌纤维由后上方斜向前下方，止于大圆肌腱、臂三头肌长头腱膜和肱骨内侧结节。其作用为向后上方牵引肱骨，屈肩关节，还可协助吸气。

④臂头肌。位于颈侧部浅层，呈长带状，前宽后窄，形成颈静脉沟的上界，可明显分为上部的锁枕肌和下部的锁乳突肌。起于枕骨、颞骨和下颌骨，止于肱骨嵴。其作用为牵引前肢向前，伸肩关节。

⑤肩胛横突肌。马无此肌，前部位于臂头肌的深面，后部位于颈斜方肌与臂头肌之间。起于寰椎翼，止于肩峰部的筋膜。有牵引前肢向前，侧偏头颈的作用。

(2)腹侧组　包括胸肌和腹侧锯肌，起于颈椎、胸骨和肋骨，从腹侧连接前肢。

①胸肌。位于臂及前臂内侧与胸骨之间。起于胸骨腹侧、止于肱骨近端。分为胸浅前肌、胸浅后肌、胸深前肌和胸深后肌。有内收前肢的作用。当前肢向前踏地时，可牵引躯干向前。

②腹侧锯肌。位于颈、胸部的外侧面，为一宽大的扇形肌，下缘呈锯齿状。可分颈、胸二部，起自后 5～6 个颈椎横突、前三个肋骨和第 4～9 肋骨的外面，止于肩胛骨内侧锯肌面及肩胛软骨内面。其作用为举颈、提举和悬吊躯干，并能协助吸气。

2. 肩部肌

肩部肌分布于肩胛骨的内侧及外侧面，起于肩胛骨，止于肱骨，跨越肩关节，可分为外侧组和内侧组。

(1)外侧组

①冈上肌。位于冈上窝内。起于冈上窝，止腱分两支，分别止于肱骨内、外侧结节。作用为伸肩关节和固定肩关节。

②冈下肌。位于冈下窝内，一部分被三角肌覆盖。起于冈下窝及肩胛软骨，止于肱骨外侧结节。可外展肱骨和固定肩关节。

③三角肌。位于冈下肌的浅层，呈三角形。起于肩峰、肩胛冈及冈下肌腱膜，止于肱骨外侧三角肌粗隆。可屈肩关节。

④小圆肌。较小，呈短索状或楔状，位于三角肌肩胛部的深面。

(2)内侧组

①肩胛下肌。位于肩胛骨内侧面，起于肩胛下窝。牛明显分为 3 个肌束，止于肱骨近端内侧结节。可内收肱骨或固定肩关节。

②大圆肌。呈长扁梭形，位于肩胛下肌后方，起于肩胛骨后角，止于肱骨大圆肌粗隆。具有屈肩关节和内收肱骨的作用。

③喙臂肌。呈扁而小的梭形，位于肩关节和肱骨内侧上部。起于肩胛骨的喙突，止于肱骨内侧面。具有内收肱骨和屈肩关节的作用。

3. 臂部肌

臂部肌分布于肱骨周围，主要作用于肘关节，可分伸、屈两组。伸肌组位于肱骨后方，屈肌组位于肱骨前方。

(1)伸肌组

①臂三头肌。位于肩胛骨和肱骨后方的夹角内,呈三角形,分三个头。长头最大,起于肩胛骨后缘;外侧头较厚,起自肱骨外侧面;内侧头最小,起自肱骨内侧面。三个头共同止于鹰嘴。主要作用为伸肘关节。

②前臂筋膜张肌。位于臂三头肌的后缘及内侧面。起于肩胛骨的后角,止于尺骨鹰嘴内侧面。作用为伸肘关节。

(2)屈肌组

①臂二头肌。位于肱骨前面,呈圆柱状。起自肩胛骨盂上结节,越过肩关节前面和肘关节,止于桡骨近端前面的桡骨粗隆。另分出一个长腱支并入腕桡侧伸肌,间接止于掌骨。主要作用是屈肘关节,也有伸肩关节的作用。

②臂肌。位于肱骨的臂肌沟内。起自肱骨后面上部,止于桡骨近端内侧缘。作用为屈肘关节。

4. 前臂及前脚部肌

前臂及前脚部肌的肌腹分布于前臂骨的背侧、外侧和掌侧面,多为纺锤形,均起自肱骨远端和前臂骨近端。在腕关节上部变为腱质,作用于腕关节的肌肉的腱短,止于腕骨及掌骨。作用于指关节的肌肉,其腱较长,跨过腕关节和指关节,止于指骨。除腕尺侧屈肌外,其他各肌的肌腱在经过腕关节时,均包有腱鞘。前臂及前脚部肌可分为背外侧肌群和掌内侧肌群。

(1)背外侧肌群　分布于前臂骨的背侧和外侧面,由前向后依次为腕桡侧伸肌、指内侧伸肌、指总伸肌、指外侧伸肌和腕斜伸肌。主要作用为伸腕、指关节。

①腕桡侧伸肌。位于桡骨的背侧面,起于肱骨远端外侧,肌腹于前臂下部延续为一扁腱,止于掌骨近端。主要作用为伸腕关节。

②指内侧伸肌。又称 3 指固有伸肌,马无此肌。位于腕桡侧伸肌和指总伸肌之间,肌腹和腱紧贴其后缘的指总伸肌及其腱。起于肱骨外侧上髁,以长腱止于第 3 指冠骨近端和蹄骨内侧缘。有伸第 3 指的作用。

③指总伸肌。位于指内侧伸肌和指外侧伸肌之间,起于肱骨外侧上髁(浅头)和尺骨外侧面(深头),其腱向下伸延至掌骨远端分为两支,分别沿第 3 指和第 4 指背侧面下行,止于蹄骨伸肌突。主要作用为伸指和腕关节,也可屈肘。

④指外侧伸肌。又称第 4 指固有伸肌,位于前臂外侧面,在指总伸肌后方。起自桡骨近端外侧,其腱经腕关节外侧面下伸延至掌部,沿指总伸肌腱外侧缘下行,止于第 4 指的冠骨和蹄骨。有伸指和腕关节的作用。

⑤腕斜伸肌。又称拇长外展肌,呈扁三角形,在指伸肌覆盖下,起自桡骨外侧下半部,斜伸延向腕关节内侧,止于第 3 掌骨近端。有伸和旋外腕关节的作用。

(2)掌侧肌群　分布于前臂骨的掌侧面,为腕和指关节的屈肌。肌群的浅层为屈腕的肌肉,包括腕外侧屈肌、腕尺侧屈肌和腕桡侧屈肌;深层为屈指的肌肉,有指浅屈肌和指深屈肌。

①腕外侧屈肌。又称腕尺侧伸肌,位于前臂外侧后部,指外侧伸肌的后方。起自肱骨远端,止于副腕骨和第 4 掌骨近端。作用为屈腕、伸肘。

②腕尺侧屈肌。位于前臂部内侧后部,起于肱骨远端内侧和鹰嘴内侧面,止于副腕骨。有屈腕、伸肘的作用。

③腕桡侧屈肌。位于腕尺侧屈肌前方，桡骨之后，与桡骨内侧缘之间形成前臂正中沟，沟内有正中动脉、正中静脉和正中神经。起于肱骨远端内侧，止于第 3 掌骨近端。作用为屈腕、伸肘。

④指浅屈肌。位于腕尺侧屈肌的深面与指深屈肌之间。起于肱骨内侧上髁，肌腹分浅、深两部，各有一腱，浅腱经过腕管的表面，深腱通过腕管向下伸延，至掌中部合成一总腱，并立即分为两支，向下分别止于第 3、第 4 指冠骨。两腱支在系骨掌侧分别与来自骨间肌的腱板会合形成腱环，供指深屈肌腱通过。主要作用为屈指和腕关节。

⑤指深屈肌。肌腹位于前臂掌侧面，被其他屈肌包围。以三个头分别起自肱骨远端内侧、鹰嘴和桡骨近端后面。三个头的腱合成一个总腱，经腕管向下伸延至掌部，在骨间肌与指浅屈肌之间下行，至系关节上方分为两支，分别通过指浅屈肌形成的腱环，止于第 3、第 4 指蹄骨的屈肌面。其作用为屈指和腕关节。

四、躯干肌

躯干肌包括脊柱肌、颈腹侧肌、胸壁肌和腹壁肌。

1. 脊柱肌

脊柱肌指支配脊柱活动的肌肉，分为脊柱背侧肌群和脊柱腹侧肌群。脊柱背侧肌群很发达，位于脊柱的背外侧；脊柱腹侧肌群不发达，仅位于颈部和腰部脊柱的腹侧。

(1)脊柱背侧肌

①背腰最长肌。为全身最长的肌肉，呈三棱形，位于胸、腰椎棘突与横突和肋骨椎骨端所形成的夹角内。起于髂骨嵴、荐椎、腰椎和后位胸椎棘突，止于腰椎、胸椎和最后颈椎的横突及肋骨的外面。两侧同时收缩时可伸腰背，另外还有伸颈、侧偏脊柱和助呼吸的作用。

②髂肋肌。由一系列斜向前下方的肌束组成，位于背最长肌的腹外侧。起于髋结节、髂骨嵴、腰椎横突末端和后 10 个肋骨的前缘，向前止于所有肋骨后缘和后 3～4 个颈椎横突。可向后牵引肋骨，协助呼吸。髂肋肌与背腰最长肌之间形成髂肋肌沟，沟内有针灸穴位。

③夹肌。位于颈侧部，呈三角形。起自棘横筋膜和项韧带索状部，止于枕骨、颞骨及前 4 个颈椎。两侧同时收缩可抬头颈，一侧收缩可偏头颈。

(2)脊柱腹侧肌　不发达，仅位于颈部和腰部脊柱的腹侧，包括头长肌、颈长肌、腰小肌和腰大肌。主要作用为屈头、颈、腰和髋关节。

2. 颈腹侧肌

颈腹侧肌位于颈部腹侧，包围在颈部食管、气管、大血管的腹侧及两侧，主要有胸头肌、胸骨甲状舌骨肌和肩胛舌骨肌。

(1)胸头肌　位于颈下部的外侧，形成颈静脉沟的下缘。起自胸骨柄，向前分浅、深两部。浅部称胸下颌肌，止于下颌骨下缘；深部称胸乳突肌，止于颞骨。作用为屈头颈。

(2)胸骨甲状舌骨肌　位于气管的腹侧，扁平带状。起自胸骨柄，向前分为两支。外侧支止于喉的甲状软骨，称胸骨甲状肌；内侧支止于舌骨体，称胸骨舌骨肌。作用为向后牵引舌和喉，协助吞咽。

(3)肩胛舌骨肌　呈薄带状。起于第 3～5 颈椎横突，止于舌骨体。在颈后部位于臂头肌的深面，在颈前部穿过颈总动脉和颈静脉之间，形成颈静脉沟的沟底。作用同胸骨甲状舌骨肌。

3. 胸壁肌

胸壁肌分布于胸腔的侧壁及后壁，收缩时可改变胸腔的横径和前后径，参与呼吸运动，故也称呼吸肌。胸壁肌主要有肋间外肌、肋间内肌和膈。

(1)肋间外肌　位于相邻两肋骨间隙内，起自肋骨后缘，斜向后下方止于后一肋骨的前缘。作用为向前外方牵引肋骨，扩大胸腔，引起吸气。

(2)肋间内肌　位于肋间外肌深面，起于肋骨和肋软骨的前缘，肌纤维斜向前下方，止于前一个肋的后缘。作用为向后向内牵引肋，使胸腔缩小，协助呼气。

(3)膈　是一圆拱形凸向胸腔的板状肌，构成胸腔和腹腔间的分界。其周围由肌纤维构成，称肉质缘；中央是强韧的腱质，称中心腱。肉质缘分别附着于第 2～3 个腰椎腹侧面、肋弓内侧面和剑状软骨的背侧面。在腰椎附着部，膈的肉质缘形成左、右膈脚。两脚间裂孔供主动脉通过，称主动脉裂孔。在膈上还有分别供食管和后腔静脉通过的食管裂孔和后腔静脉裂孔。膈的收缩和舒张改变了胸腔的大小。因此，膈是重要的呼吸肌。

4. 腹壁肌

腹壁肌构成腹侧壁和底壁，由四层纤维方向不同的板状肌构成，其表面覆盖有腹壁筋膜。在牛和马等草食动物，腹壁肌外包的深筋膜含有大量的弹性纤维，呈黄色，称为腹黄膜，可加强腹壁的韧性。其深部的腹壁肌自浅至深分别有腹外斜肌、腹内斜肌、腹直肌、腹横肌和腹肌沟管。

(1)腹外斜肌　为腹壁肌最外层，以锯齿状自第 5 至最后肋骨的外侧面起始，肌纤维由前上方斜向后下方，在肋弓下约 1 掌处变为腱膜，止于腹白线。

(2)腹内斜肌　位于腹外斜肌深面，其肌质部起自髋结节和第 3～5 腰椎横突，呈扇形向前下方扩展，逐渐变为腱膜，止于最后肋骨后缘、腹白线和耻前腱。

(3)腹直肌　为一宽带状肌，左、右二肌并列于腹腔底的白线两侧，肌纤维纵行，有数条横向的腱划将肌纤维分成数段。腹直肌起于胸骨及肋软骨，以强厚的耻前腱止于耻骨前缘。

(4)腹横肌　是腹壁的最内层肌，起自肋内面和前 5 个腰椎横突，肌纤维上下行，以腱膜止于腹白线。

(5)腹股沟管　位于腹底壁后部，耻前腱两侧，是腹内斜肌(形成管的前内侧壁)与腹股沟韧带(形成管的后外侧壁)之间的斜行裂隙。管的内口通腹腔，称腹环，由腹内斜肌的后缘及腹股沟韧带围成；外口通皮下，称为皮下环，是腹外斜肌腱膜上的一个裂孔。雄性的腹股沟管明显，是胎儿时期睾丸从腹腔下降到阴囊的通道，内有精索、总鞘膜、提睾肌和血管、神经通过。雌性的腹股沟管仅供血管、神经通过。

腹壁肌各层肌纤维走向不同，彼此重叠，再加上腹黄膜，形成了柔韧的腹壁，对腹腔内器官起着重要的支持和保护作用。腹肌收缩时，可增大腹压，有利于呼气、排便和分娩等活动。

五、后肢肌

后肢肌肉较前肢肌肉发达，是推动身体前进的主要动力，可分为臀部肌、股部肌、小腿及后脚部肌(图 3-21)。

1. 臀部肌

臀部肌分布于臀部，跨越髋关节，止于股骨。可伸屈髋关节及外旋大腿。

(1)臀浅肌　牛、羊无此肌。马的臀浅肌位于臀部浅层，分前、后两头，前头起于髋结节，后

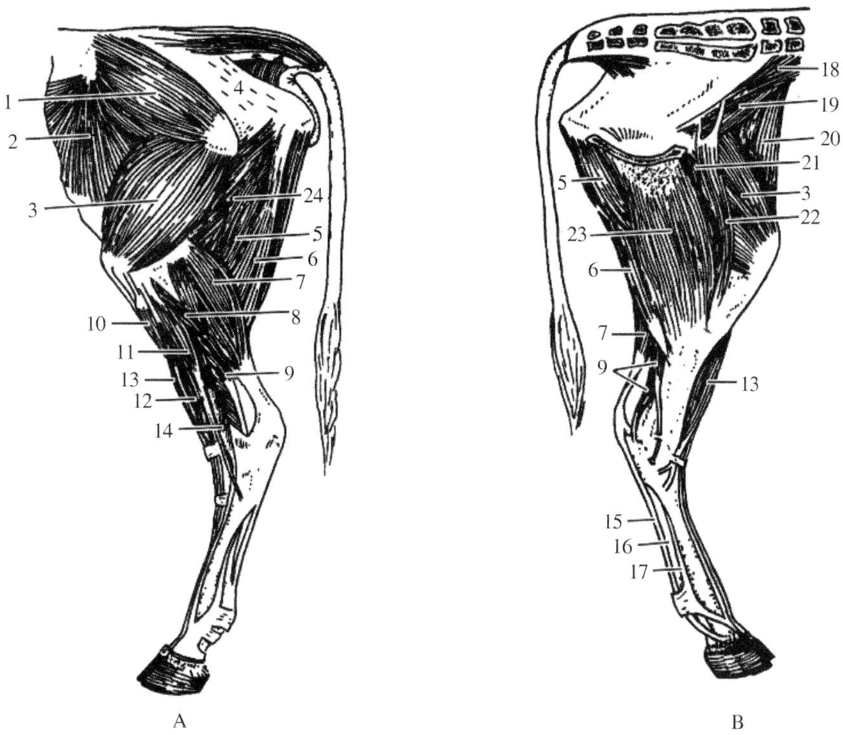

图 3-21　牛的后肢肌(外侧臀股二头肌已切去)

A. 外侧　B. 内侧

1. 臀中肌　2. 腹内斜肌　3. 股四头肌　4. 荐结节阔韧带　5. 半膜肌　6. 半腱肌　7. 腓肠肌　8. 比目鱼肌　9. 趾深屈肌　10. 胫骨前肌　11. 腓骨长肌　12. 趾长伸肌及趾内侧伸肌　13. 腓骨第 3 肌　14. 趾外侧伸肌　15. 趾浅屈肌腱　16. 趾深屈肌腱　17. 悬韧带　18. 腰小肌　19. 髂腰肌　20. 阔筋膜张肌　21. 耻骨肌　22. 缝匠肌　23. 股薄肌　24. 内收肌

头起于臀筋膜,共同止于股骨第 3 转子。有外展后肢和屈髋关节的作用。

(2)臀中肌　是臀部的主要肌肉,大而厚。起自髂骨翼和荐结节阔韧带,止于股骨大转子。主要作用是伸髋关节,外展后肢,由于其与背最长肌结合,还参与竖立、蹴踢和推动躯干前进等动作。

(3)臀深肌　位于最深层,被臀中肌覆盖。起自坐骨棘和荐结节阔韧带,止于大转子前部。有外展髋关节和内旋后肢的作用。

(4)髂腰肌　位于髂骨的内面,由髂肌和腰大肌组成。起于髂骨内面,止于股骨内侧。有屈髋关节和旋外后肢的作用。

2. 股部肌

股部肌分布于股骨周围,可分为股前、股后和股内侧肌群。

(1)股前肌群　位于股骨前面。

①阔筋膜张肌。位于股前外侧皮下,起自髋结节,向下呈扇形连于阔筋膜,并借阔筋膜止于膝盖骨和胫骨近端。可紧张阔筋膜,屈髋关节和伸膝关节。

②股四头肌。大而厚,位于股骨前面及两侧,被阔筋膜张肌覆盖。有四个头,包括股直肌、

股内侧肌、股外侧肌和股中间肌。股直肌起自髂骨体，其余三肌分别起于股骨的内侧、外侧和前面，共同止于膝盖骨。作用为伸膝关节。

(2)股后肌群　位于股后部。

①臀股二头肌。位于股后外侧，有两个头：椎骨头起于荐骨和荐结节阔韧带，坐骨头起于坐骨结节。两头合并后下行逐渐变宽，分前、后两部，止于膝盖骨、胫骨嵴和跟结节。可伸髋关节、膝关节和跗关节。提举后肢时又可屈膝关节。

②半腱肌。长而大，位于臀股二头肌后方，起于坐骨结节，向下逐渐转到小腿内侧。止于胫骨嵴、小腿筋膜和跟结节。作用同臀股二头肌。

③半膜肌。长而宽，呈三棱形，位于半腱肌后内侧。起于坐骨结节，止于股骨远端内侧和胫骨近端内侧。有伸髋关节和内收后肢的作用。

(3)股内侧肌群　位于股部内侧。

①股薄肌。位于股内侧皮下，薄而阔，呈四边形。起自骨盆联合及耻前腱，止于膝内直韧带和胫骨近端内侧面。有内收后肢的作用。

②缝匠肌。呈狭长带状，位于股内侧前部，起于髂筋膜和腰小肌腱，止于胫骨近端内面。有内收后肢的作用。

③内收肌。呈三棱形，位于股薄肌的深面，在耻骨肌与半膜肌之间。起于耻骨和坐骨的腹侧面，止于股骨。可内收后肢和伸髋关节。

④耻骨肌。位于耻骨前下方，起于耻骨前缘和耻前腱，止于股骨中部的内侧缘。可内收后肢和屈髋关节。

3. 小腿及后脚部肌

小腿及后脚部肌多为纺锤形肌，肌腹位于小腿部，在跗关节均变为腱，作用于跗关节和趾关节，可分为背外侧肌群和跖侧肌群。

(1)背外侧肌群

①趾长伸肌。呈长梭形，肌腹上半部位于腓骨第 3 肌的深面，下半部位于其后方。起于股骨远端外侧，在跗关节上方延续为一长腱，经跗、跖的背侧面向下伸延，在跖骨远端分为两支，分别止于第 3、第 4 趾蹄骨的伸肌突。有伸趾关节和屈跗关节的作用。

②趾外侧伸肌。又称第 4 趾固有伸肌，位于小腿的外侧，在腓骨长肌的后方。起于胫骨近端外侧，于小腿远端延续为长腱，经跗关节、跖骨背侧，止于第 4 趾冠骨。作用为伸第 4 趾。

③腓骨第 3 肌。发达，位于小腿背侧面的浅层，起于股骨远端外侧，至小腿远端延续为一扁腱，经跗关节背侧，止于大跖骨近端和跗骨。有屈跗关节的作用。

④胫骨前肌。紧贴于胫骨前外侧。起于小腿近端外侧，止腱分两支，分别止于大跖骨近端和第 2～3 跗骨。有屈跗关节的作用。

⑤腓骨长肌。马无此肌。位于小腿外侧面，趾长伸肌后方。起于胫骨外侧髁和腓骨，止于第 1 跗骨和跖骨近端。有屈跗关节的作用。

(2)跖侧肌群

①腓肠肌。位于小腿后部，分内、外两头，分别起于股骨髁上窝的两侧，下行到小腿中部变为腱，与趾浅屈肌腱扭结在一起，止于跟结节。作用为伸跗关节。

腓肠肌腱以及附着于跟结节的趾浅屈肌腱、臂股二头肌腱和半腱肌腱合成一粗而坚硬的腱索，称为跟总腱。

②趾浅屈肌。位于小腿后方，上部夹于腓肠肌内、外侧头之间，呈纺锤形，肌腹多腱质。起于股骨髁上窝，其腱与腓肠肌腱扭结在一起，在跟结节处变宽，呈帽状固着于跟结节近端两侧。主腱继续下行，经跗部和跖部后面向下伸延至趾部，分为两支，分别止于第 3、第 4 趾的冠骨。主要作用为屈趾关节。

③趾深屈肌。肌腹位于胫骨后面，有三个头，即外侧浅头、外侧深头和内侧头，均起于胫骨近端后外侧缘和后面。三部肌腱在跖骨近端后面形成一总腱，沿趾浅屈肌深面下行，分为两支，分别止于第 3、第 4 趾的蹄骨。作用为屈趾关节、伸跗关节。

④腘肌。位于膝关节后方。以圆形腱起于股骨远端的腘肌窝，肌腹扩大为厚的三角形，止于胫骨近端后面。有屈股胫关节的作用。

六、头部肌

头部肌分为面部肌和咀嚼肌（图 3-22）。面部肌位于口和鼻腔周围，主要有鼻唇提肌、上唇固有提肌、下唇降肌、口轮匝肌和颊肌。咀嚼肌包括闭口肌（咬肌、翼肌和颞肌）和开口肌（二腹肌）。

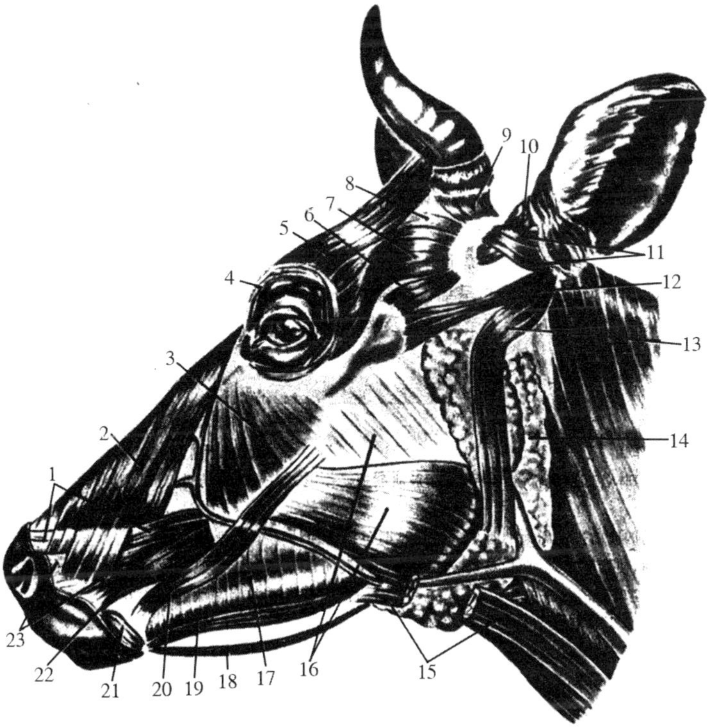

图 3-22　牛头部浅层肌

1. 上唇提肌　2. 鼻唇提肌　3. 颊提肌　4. 眼轮匝肌　5. 额皮肌　6～13. 耳肌　14. 腮腺　15. 胸下颌肌　16. 咬肌　17. 颊肌　18. 下颌舌骨肌　19. 下唇降肌　20. 颧肌　21. 口轮匝肌　22. 上唇降肌　23. 犬齿肌

复习思考题

一、选择题

1. 家畜的髋骨包括(　　)。

A. 髂骨、股骨、坐骨　B. 髂骨、坐骨、膝盖骨　C. 髂骨、膝盖骨、耻骨
D. 膝盖骨、耻骨、坐骨　E. 髂骨、坐骨、耻骨

2. 组成骨盆腔的骨骼是(　　)。

A. 髋骨、荐骨和前3(4)个尾椎　B. 髋骨、腰椎和荐骨
C. 髋骨、股骨和前3(4)个尾椎　D. 髂骨、坐骨和耻骨
E. 髂骨、耻骨和荐骨

3. 关于牛髋骨的描述,错误的是(　　)。

A. 由髂骨、坐骨和耻骨组成　B. 耻骨和坐骨共同组成闭孔
C. 坐骨后侧角粗大称坐骨结节　D. 髂骨翼内侧角称荐结节
E. 髂骨翼外侧角称髂骨结节

(4～7题共用备选答案)

A. 髂骨翼　B. 髂骨体　C. 髋结节　D. 荐结节　E. 坐骨

4. 位于外上方,为三角形的扁骨,前部宽大,称(　　)。

5. 位于外上方,为三角形的扁骨,后部窄小,称(　　)。

6. 髂骨翼的外侧角粗大,称(　　)。

7. 髂骨翼的内侧角称(　　)。

8. 关节的基本构造包括(　　)。

A. 关节囊、关节腔、关节韧带、籽骨　B. 关节囊、关节腔、关节软骨、籽骨
C. 关节囊、关节面、关节软骨、籽骨　D. 关节囊、关节腔、关节盘、关节软骨
E. 关节囊、关节腔、关节面、关节软骨

9. 关节中分泌滑液的部位是(　　)。

A. 韧带　B. 黏液囊　C. 滑膜层　D. 纤维层　E. 关节软骨

10. 髋关节具有副韧带的家畜是(　　)。

A. 猪　B. 马　C. 犬　D. 羊　E. 牛

11. 牛股膝关节前方具有(　　)。

A. 3条膝直韧带　B. 2条膝直韧带　C. 1条膝直韧带
D. 十字韧带　E. 圆韧带

12. 构成哺乳动物肩关节的骨骼是(　　)。

A. 肱骨和前臂骨　B. 前臂骨和腕骨　C. 腕骨和掌骨
D. 掌骨和指骨　E. 肩胛骨和肱骨

13. 马股胫关节的特殊结构是(　　)。

A. 十字韧带　B. 圆韧带　C. 膝韧带
D. 副韧带　E. 悬韧带

14. 牛肩关节的特点是(　　)。
A. 有十字韧带　B. 有悬韧带　C. 有侧(副)韧带
D. 无侧(副)韧带　E. 无关节囊
15. 构成牛肘关节的骨骼是(　　)。
A. 肱骨和前臂骨　B. 肱骨和肩胛骨
C. 前臂骨、腕骨和掌骨　D. 掌骨、近指节骨和近籽骨
E. 前臂骨和腕骨
16. 寰枕关节的类型属于(　　)。
A. 单轴单关节　B. 单轴复关节　C. 双轴关节
D. 多轴单关节　E. 多轴复关节
17. 犬膝(直)韧带有(　　)。
A. 1 条　B. 2 条　C. 3 条　D. 4 条　E. 5 条
18. 家畜后肢关节活动性最小的关节是(　　)。
A. 荐髂关节　B. 髋关节　C. 膝关节
D. 跗关节　E. 趾关节
19. 荐骨翼与髂骨翼耳状关节面构成的关节称为(　　)。
A. 腰荐关节　B. 髋关节　C. 荐髂关节
D. 耻骨联合　E. 坐骨联合
20. 家畜前肢的多轴关节是(　　)。
A. 系关节　B. 冠关节　C. 腕关节　D. 肩关节　E. 肘关节
21. 连接肩关节的骨是(　　)。
A. 桡骨　B. 掌骨　C. 尺骨　D. 肱骨　E. 腕骨
22. 连接髋关节的部位是(　　)。
A. 髌骨　B. 股骨　C. 腓骨　D. 胫骨　E. 桡骨
23. 家畜的后肢关节中几乎不能活动的关节是(　　)。
A. 髌关节　B. 髋关节　C. 趾关节　D. 跗关节　E. 荐髂关节
24. 组成家畜颈静脉沟的肌肉是(　　)。
A. 胸肌和斜角肌　B. 胸头肌和臂头肌
C. 肋间肌和胸头肌　D. 斜角肌和臂头肌
E. 背最长肌和胸头肌
25. 组成腹股沟管的肌肉是(　　)。
A. 腹直肌与腹横肌　B. 腹内斜肌与腹直肌
C. 腹外斜肌与腹直肌　D. 腹横肌与腹内斜肌
E. 腹内斜肌与腹外斜肌
26. 草食家畜腹壁肌外面被覆的深筋膜含有大量的弹性纤维,称为(　　)。
A. 腹白膜　B. 腹黄膜　C. 腹横筋膜　D. 腹膜壁层　E. 腹膜脏层
27. 组成牛腿(总)腱的肌肉是(　　)。
A. 腓肠肌、趾浅屈肌、臀股二头肌　B. 腓肠肌、趾深屈肌、臀股二头肌
C. 腓肠肌、趾浅屈肌、股四头肌　D. 腓肠肌、趾深屈肌、股四头肌
E. 腓肠肌、趾浅屈肌、趾深屈肌

28. 羊股四头肌有4个股头，除了股内侧肌、股外侧肌和肌中间肌外，还有（　　）。

A. 半腱肌　　B. 股方肌　　C. 股直肌　　D. 半膜肌　　E. 股二头肌

29. 组成髂肋肌沟的肌肉是（　　）。

A. 头半棘肌与髂肋肌　　B. 头寰最长肌与髂肋肌

C. 髂肋肌与夹肌　　D. 背腰最长肌与髂肋肌

E. 髂肋肌与颈多裂肌

30. 牛腓肠肌腱、趾浅屈肌腱、臂股二头肌腱和半腱肌腱合成一粗而坚硬的腱索称（　　）。

A. 跟（总）腱　　B. 中心腱　　C. 悬韧带　　D. 侧韧带　　E. 耻前腱

31. 与臂头肌共同组成家畜颈静脉沟的肌肉是（　　）。

A. 肩胛横突肌　　B. 肩胛舌骨肌　　C. 胸骨甲状肌

D. 胸骨舌骨肌　　E. 胸头肌

32. 肩胛骨的冈上肌附着部称为（　　）。

A. 盂上结节　　B. 冈结节　　C. 关节盂　　D. 冈上窝　　E. 冈下窝

二、简答题

1. 骨由哪几部分构成？

2. 全身骨骼是怎样划分的？

3. 试述椎骨的一般结构及各段椎骨的主要特征。

4. 按顺序说出前、后肢各骨的名称。

5. 关节的一般构造包括哪几部分？按顺序写出前、后肢各关节的名称。

6. 临床上在髂部（软腹壁）切口做手术时，应切开哪几层肌肉才到腹膜？

第3章参考答案

第四章
神经系统

学习目标

1. 掌握神经系统的组成及结构。
2. 掌握周围神经系统的分布特点。
3. 掌握反射活动的基本规律。
4. 掌握神经系统对躯体活动和内脏活动的调节。

第一节　概述

一、神经系统的区分

神经系统是动物体内起主导作用的调节机构，其功能体现在两大方面：一方面使机体适应外界环境的变化；另一方面协调机体各器官的活动，使之成为统一的整体。动物体的运动与平衡、内脏的活动、代谢产物的排泄等均受神经系统的控制和调节。因此，一旦神经系统发生异常，立即引起平衡失调、肌肉松弛或代谢障碍等，甚至危及动物的生命。

神经系统按所在位置和功能分为中枢神经系统和周围神经系统。中枢神经系统包括脑和脊髓，分别位于颅腔和椎管内。周围神经系统是指脑和脊髓以外的神经成分，又分为躯体神经和内脏神经。躯体神经分布于骨、关节、骨骼肌和皮肤，其中与脑相连的称脑神经，同脊髓相连的称脊神经；内脏神经分布于内脏、血管平滑肌、心肌及腺体。躯体神经和内脏神经均含有传入和传出纤维，内脏神经的传出纤维又称植物性神经或自主神经，植物性神经又分为交感神经和副交感神经（彩插 4-1）。

- 神经系统
  - 中枢神经系统
    - 脊髓
    - 脑：大脑、小脑、间脑、中脑、脑桥、延髓
  - 周围神经系统
    - 脊神经
    - 脑神经
    - 植物性神经
      - 交感神经
      - 副交感神经

二、神经系统的常用术语

在中枢和周围神经系统中，神经元的胞体和突起在不同部位有不同的聚集方式，故用不同的术语表示。

1. 灰质和白质

在中枢神经系统内，神经元胞体集中存在的区域，因富含血管，新鲜标本呈暗灰色，故称灰质。位于脊髓内部的灰质称脊髓灰质；位于大脑和小脑表层的灰质特称皮质。白质由神经纤维集聚而成，因髓鞘含类脂质，色泽白亮，故称白质。小脑深面的白质又称髓质。

2. 神经核和神经节

形态和功能相似的神经元胞体集聚而成的灰质团块，在中枢神经系统内称神经核；位于周围神经系统内称神经节。

3. 纤维束和神经

在中枢神经系统内，起止、行程和功能相同的神经纤维集合成束，称为纤维束。神经纤维在周围神经系统中集聚在一起称为神经。

4. 网状结构

网状结构由中枢神经系统内灰质和白质相混合而成，神经纤维交织成网，灰质团块散在其中。网状结构的神经元在神经系统发生史上相当古老，较低等动物的网状结构在神经系中占十分重要的地位，分布也广泛，而在较高等的脊椎动物，由于大脑的高度发展，其作用和分布有所减退。

第二节　中枢神经系统

一、脊髓

脊髓是中枢神经系统内的低级反射中枢，能完成许多反射活动。同时，脊髓也是脑和躯体相联系的中继站，来自外周的各种信息经处理后通过上行传导径路传递到脑；脑的冲动可通过脊髓内的下行传导径路传递到运动神经元，并经后者传递到外周，引起外周的各种活动。

1. 脊髓的位置形态

脊髓位于椎管内，自枕骨大孔后缘向后伸延至荐部。呈背、腹向稍扁的圆柱形。在颈后部和胸前部较粗，称颈膨大，它与前肢的神经相连；在腰荐部也较粗，称腰膨大，与后肢的神经相连。腰膨大之后的脊髓渐缩小形成圆锥状，称为脊髓圆锥。自脊髓圆锥向后的细丝称为终丝。在腰段脊髓以前的脊神经根与各该节段的椎间孔相对，在腰段后部和荐部，由于脊髓缩短，在脊髓圆锥和终丝的周围被荐神经和尾神经包围，呈马尾状结构，称为马尾(图 4-1)。

脊髓背侧有一背正中沟，腹侧有一腹正中裂。沟和裂把脊髓分为左、右两半。在背正中沟的两侧分别有一背外侧沟，脊神经背侧根的根丝经此沟进入脊髓。在腹正中裂的两侧也分别有一腹外侧沟，脊神经的腹侧根由此沟通出。

2. 脊髓的内部结构

脊髓横断面由中部的蝴蝶形灰质和外周的白质构成。中央有细长纵走的中央管，前通第 4 脑室，后达终丝的起始部，在脊髓圆锥内扩张形成菱形，称终室，中央管内含脑脊液（图 4-2，彩插 4-2）。

（1）灰质　灰质背侧的突起称背侧角，腹侧的突起称腹侧角，在胸段和前部腰段灰质中间部向外突出形成外侧角。背侧角、外侧角和腹侧角的全长形成纵柱，分别称为背侧柱、外侧柱和腹侧柱。在中央管周围连接左右侧的灰质称为灰质连合。各段脊髓灰质的大小、形态均不同，颈膨大和腰膨大处的腹侧柱特别发达。脊髓灰质由大量的神经元胞体、少量的神经纤维以及神经胶质细胞构成。在背侧柱中主要是中间神经元的胞体；腹侧柱内则为运动神经元的胞体；外侧柱内为交感神经节前神经元的胞体；荐段脊髓的中间外侧柱内为副交感神经节前神经元的胞体。

（2）白质　呈亮白色，位于灰质的周围，由许多神经传导束构成，可划分为三对索：背侧索位于背侧柱与背正中沟之间；外侧索位于背侧柱腹侧柱之间；腹侧索位于腹侧柱与腹正中裂之间。

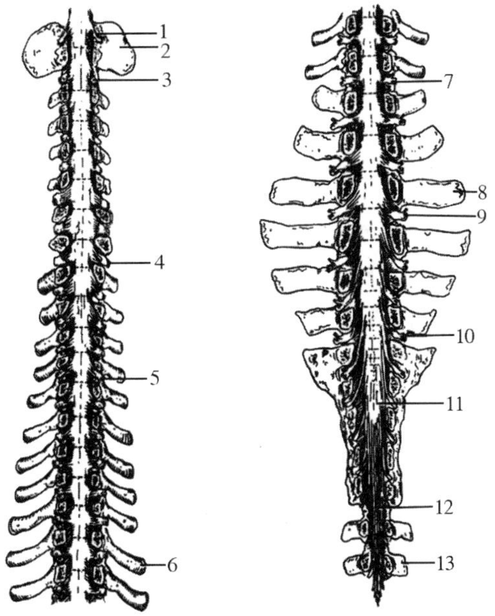

图 4-1　牛脊髓的外形

1. 第 1 颈神经　2. 寰椎翼　3. 第 2 颈神经　4. 第 8 颈神经　5. 第 4 胸神经　6. 第 10 肋骨　7. 第 13 胸神经　8. 腰椎横突　9. 第 3 腰神经　10. 第 6 腰神经　11. 脊髓圆锥　12. 马尾　13. 尾椎

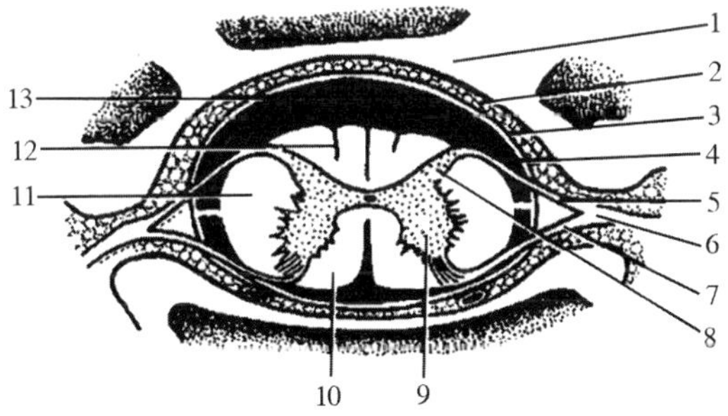

图 4-2　脊髓的横断面模式图

1. 椎弓　2. 硬膜外腔　3. 脊硬膜　4. 硬膜下腔　5. 背侧根　6. 脊神经节　7. 腹侧根　8. 背侧柱　9. 腹侧柱　10. 腹侧索　11. 外侧索　12. 背侧索　13. 蛛网膜下腔

二、脑

脑是神经系统的高级中枢，实质结构与脊髓有许多共同之处，也是由灰质和白质构成，但其形态和功能均较脊髓复杂。脑可分为延髓、脑桥、中脑、间脑、小脑和大脑六部分。通常将延髓、脑桥和中脑合称为脑干（图 4-3）。

1. 脑干

脑干由后向前依次分为延髓、脑桥、中脑，是脊髓向前的直接延续。内有许多与生命有关的重要中枢。

（1）延髓　为脑干的末段，呈前宽后窄、背腹略扁的柱状。其后端在枕骨大孔处接脊髓，与脊髓无明显界限。前端连脑桥；腹侧部位于枕骨基底部上，背侧部大部分为小脑所遮盖。

延髓腹侧面正中有腹正中裂，为脊髓腹正中裂的延续。其两侧各有一条纵行隆起，称为延髓锥体，由大脑皮质发出的运动纤维束（锥体束）构成。锥体束在延髓的后端向背内侧越过中线交叉至对侧，形成锥体交叉（图 4-4）。在延髓前端、椎体的两侧有一窄小的横行隆起，称斜方体。延髓背侧面后部的形态与脊髓相似，也有中央管；前部的中央管开放，形成第四脑室底的后部。

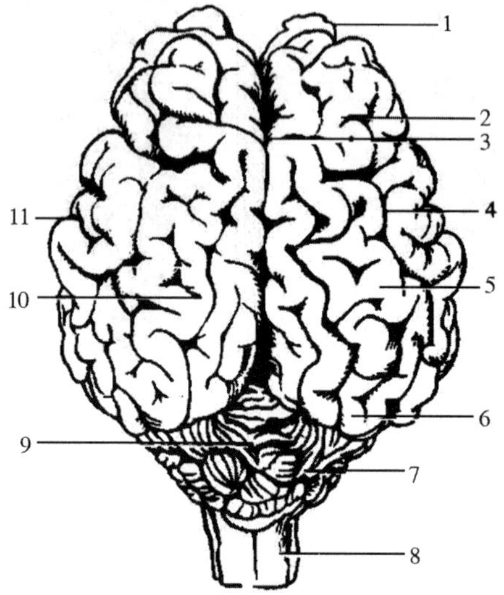

图 4-3　牛脑（背侧面）

1. 嗅球　2. 额叶　3. 大脑纵裂　4. 脑沟　5. 脑回　6. 枕叶　7. 小脑半球　8. 延髓　9. 小脑蚓部　10. 顶叶　11. 颞叶

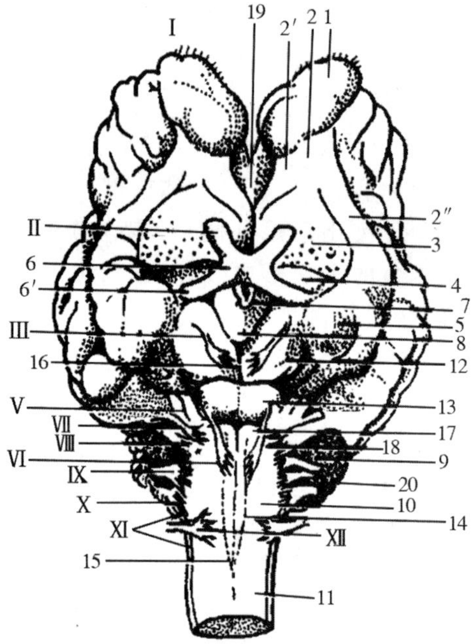

图 4-4　牛脑（腹侧面）

1. 嗅球　2. 嗅总回　2′. 内侧嗅回　2″. 外侧嗅回　3. 嗅三角　4. 前穿质　5. 梨状叶　6. 视交叉　6′. 视束　7. 漏斗和灰结节　8. 乳头体　9. 小脑　10. 延髓　11. 脊髓　12. 大脑脚　13. 脑桥　14. 锥体　15. 锥体交叉　16. 脚间窝　17. 斜方体　18. 面神经丘　19. 大脑纵裂　20. 小脑半球

Ⅰ. 嗅神经　Ⅱ. 视神经根　Ⅲ. 动眼神经根　Ⅴ. 三叉神经根　Ⅵ. 外展神经根　Ⅶ. 面神经根　Ⅷ. 前庭耳蜗神经根　Ⅸ. 舌咽神经根　Ⅹ. 迷走神经根　Ⅺ. 副神经根　Ⅻ. 舌下神经根

（2）脑桥　位于延髓的前端，中脑的后方，小脑的腹侧。内含许多神经纤维，是连接中枢神经系统前后各部和小脑的重要通道。

（3）第四脑室　位于延髓、脑桥和小脑之间，前方通中脑导水管，后方通脊髓的中央管，充满脑脊液。第四脑室顶壁由前向后依次为前髓帆、小脑、后髓帆和第四脑室脉络丛（图 4-5、图 4-6）。

（4）中脑　位于脑桥和间脑之间，其脑室是中脑导水管，前方通第三脑室，后方通第四脑室。中脑导水管将中脑分为背侧的四叠体和腹侧的大脑脚。四叠体又称顶盖，由前、后两对圆丘组成。位于前背侧的一对称前丘，较大，是皮质下视觉反射中枢；后腹侧的一对称后丘，较小，是皮质下听觉反射中枢。大脑脚分背侧的被盖和腹侧的大脑脚底。大脑脚底为白质，主要由运动束组成。被盖内有脑神经核（如动眼神经核和滑车神经核）、中继核（如红核、黑质）、网状结构和一些上、下行纤维。

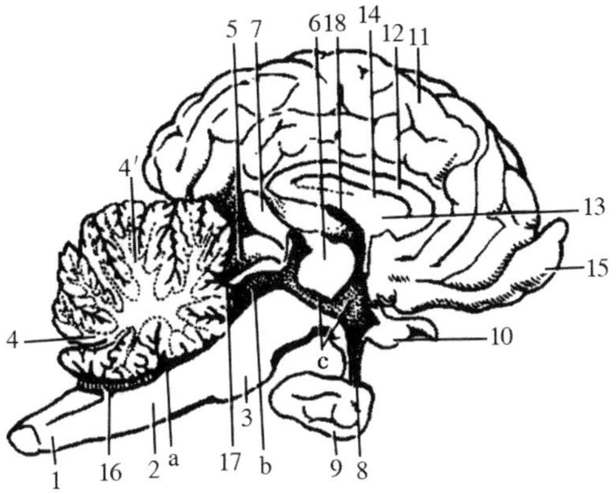

图 4-5　牛脑的矢状面

1. 脊髓　2. 延髓　3. 脑桥　4. 小脑　4′. 小脑树　5. 四叠体　6. 丘脑间黏合　7. 松果体　8. 灰结节和漏斗　9. 垂体　10. 视神经　11. 大脑半球　12. 胼胝体　13. 穹隆　14. 透明中隔　15. 嗅球　16. 后髓帆和脉络丛　17. 前髓帆　18. 第三脑室脉络丛

a. 第四脑室　b. 中脑导水管　c. 第三脑室

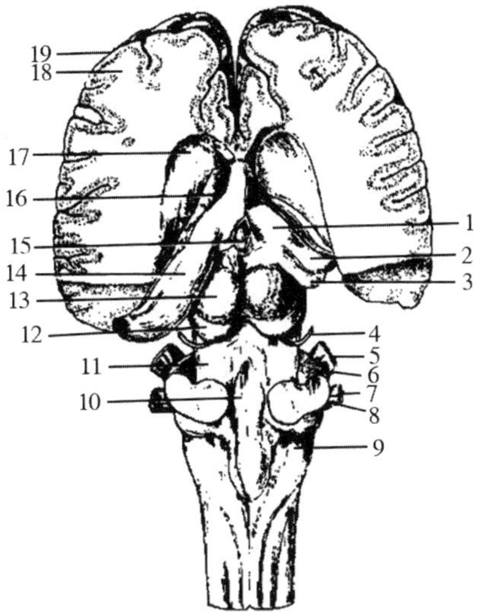

图 4-6　马脑

（剥除一部分，示海马、基底核和脑干背侧面）

1. 丘脑　2. 外侧膝状体　3. 内侧膝状体　4. 滑车神经　5. 三叉神经　6. 小脑中脚　7. 面神经　8. 前庭耳蜗神经　9. 小脑后脚　10. 第 4 脑室底　11. 小脑前脚　12. 后丘　13. 前丘　14. 海马　15. 松果体　16. 侧脑室脉络丛　17. 尾状核　18. 大脑白质　19. 大脑皮质

2. 小脑

小脑略呈球形，位于大脑后方，在延髓和脑桥的背侧。表面有许多凹陷的沟和凸出的回。小脑分为两侧的小脑半球和中央的蚓部，腹侧面的两侧部有小脑脚。小脑的表面为灰质，称小脑皮质；深部为白质，称小脑髓质，呈树枝状，又称小脑树。白质中有分散存在的神经核。

3. 间脑

间脑位于中脑前方，大部分被大脑所覆盖，分为丘脑和丘脑下部。

（1）丘脑　占间脑的最大部分，为　对卵圆形的灰质团块，其周围的环状裂隙为第三脑室。丘脑由白质髓板分隔为许多不同机能的核群组成，是皮质下的主要感觉中枢。在丘脑后部的腹外侧，有外侧膝状体和内侧膝状体，分别为视觉冲动和听觉冲动传向大脑皮质的最后联络站。

（2）丘脑下部　又称下丘脑，位于间脑的腹侧，构成第三脑室的底壁，是植物性神经皮质下中枢。自前向后可分为视前部、视上部、灰结节部和乳头体部等四部分。下丘脑的腹侧面有视交叉、视束、灰结节、漏斗、垂体和乳头体。脑垂体属内分泌腺。下丘脑内有许多重要的神经核团，如视上核、室旁核等，产生的神经递质除直接参与调控机体的功能外，大部分作用于内分泌器官或组织，通过对后者的调控实现对机体细胞功能的调节。

（3）第三脑室　呈环形，围绕着丘脑间黏合部。后通中脑水管，前方借一对室间孔通侧脑室。腹侧形成漏斗形凹陷；顶壁为第三脑室脉络丛，并经室间孔与侧脑室脉络丛相连。

4. 大脑

大脑或称端脑，位于脑干前背侧，后端以大脑横裂与小脑分开，背侧正中的大脑纵裂将大脑分为左、右大脑半球，纵裂的底是连接两半球的横行宽纤维板，即胼胝体。在每侧半球内有一不规则的裂隙，称侧脑室，经室间孔与第三脑室相通。每个大脑半球包括大脑皮质、白质、嗅脑和基底核。

(1)大脑皮质和白质　大脑表层被覆一层灰质，称大脑皮质。其表面凹凸不平，凹陷处为脑沟，凸起处为脑回，以增加大脑皮质的面积。大脑半球根据功能的差异可分为四叶。前部为额叶，是运动区；后部为枕叶，是视觉区；外侧部为颞叶，是听觉区；背侧部为顶叶，是一般感觉区。各区的面积和位置因运动种类不同而异。内侧面位于大脑纵裂内，与对侧半球的内侧面相对应。内侧面上有位于胼胝体背侧并环绕胼胝体的扣带回。腹侧面又称底面，即嗅脑。

大脑半球内的白质由以下三种纤维构成：①联合纤维，是连接左、右大脑半球的纤维，主要为胼胝体。②联络纤维，是连接同侧半球各脑回、各叶之间的纤维。③投射纤维，是连接大脑皮质与脑其他各部分及脊髓之间的上、下行纤维，内囊就是由投射纤维构成的。

(2)嗅脑　位于大脑半球的底部，包括嗅球、嗅束(嗅回)、嗅三角、梨状叶和海马等部分。嗅球呈卵圆形，位于每个大脑半球的最前端，接受鼻腔嗅黏膜的神经纤维，即嗅神经。嗅球的后面接嗅束。嗅束向后分为内侧嗅束和外侧嗅束，外侧嗅束向后延续为梨状叶。内、外侧嗅束之间的三角区称为嗅三角。梨状叶表层是灰质，前方深部藏有杏仁核。梨状叶向背侧折转为海马回，海马回转至侧脑室成为海马，海马的纤维向外侧集中形成海马伞。伞的纤维向前内侧伸延并与对侧的相连形成穹隆。

大脑半球内侧面的扣带回、海马回、齿状回和海马等，因其位置在大脑和间脑交界处的边缘，所以称为边缘叶。边缘叶以及有关的皮质下结构(杏仁核、隔区、下丘脑、丘脑前核和中脑的被盖等)，在结构和功能上有密切联系，合称边缘系统(图 4-7)，其功能与情绪变化、记忆和内脏活动有关。

(3)基底核　为大脑半球基底部的一些灰质核团，是皮质下运动中枢。主要有尾状核和豆状核，在两核间有上下行纤维构成的内囊。尾状核、豆状核和位于其间的内囊，外观上呈灰、白质相间的条纹状，故合称纹状体(图 4-8)。基底核接受丘脑和大脑皮质的纤维，发出纤维至红核和黑质，是锥体外系的主要联络站，有维持肌紧张和协调肌肉运动的作用。

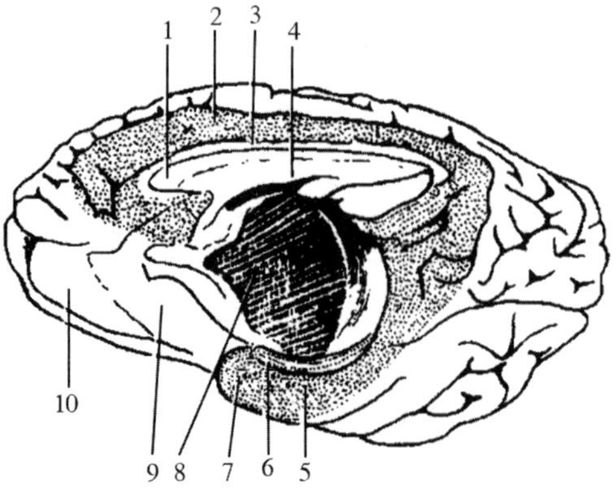

图 4-7　大脑半球内侧面示边缘系统

1.透明隔　2.扣带回　3.胼胝体　4.穹隆　5.海马回　6.齿状回　7.梨状叶　8.丘脑切面　9.嗅三角　10.嗅束

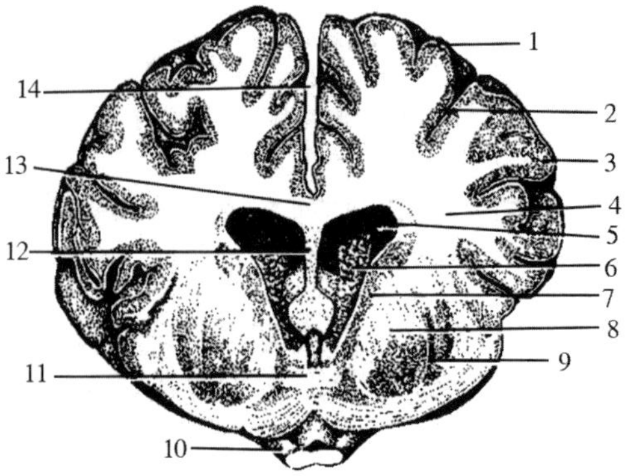

图 4-8　大脑半球横切面

1.脑回　2.脑沟　3.大脑皮质　4.白质　5.侧脑室　6.侧脑室脉络丛　7.尾状核　8.内囊　9.豆状核　10.视束　11.前联合　12.透明隔　13.胼胝体　14.大脑纵裂

三、脑脊膜和脑脊液循环

1. 脑脊髓的被膜

脑及脊髓外面包有三层结缔组织膜，总称为脑脊膜，由内向外分别为脑（脊）软膜、脑（脊）蛛网膜和脑（脊）硬膜。它们保护和支持脑、脊髓（图 4-9）。

（1）脑（脊）软膜　薄，富含血管。脑软膜紧贴于脑的表面并深入脑沟，随血管分支进入脑中形成鞘，包围于小血管的外面。进入侧脑室、第三脑室和第四脑室的脑软膜内含有大量的血管丛，形成脉络丛，能产生脑脊液。

脊软膜也薄，内含丰富的血管和神经纤维，紧贴的脊髓的表面，并突入背正中沟和腹正中裂。

（2）脑（脊）蛛网膜　脑蛛网膜也很薄，包于软膜的外面，并以纤维与软膜相连，但不伸入脑沟内。位于蛛网膜与软膜之间的腔隙，称蛛网膜下腔，内含脑脊液。蛛网膜下腔通过第四脑室脉络丛上的孔与脑室相通。

脊蛛网膜薄而透明，发出很多蛛网膜小梁与软膜相连。蛛网膜与软膜之间形成相当大的腔隙，称为蛛网膜下腔。该腔向前与脑蛛网膜下腔相通，内含脑脊液。

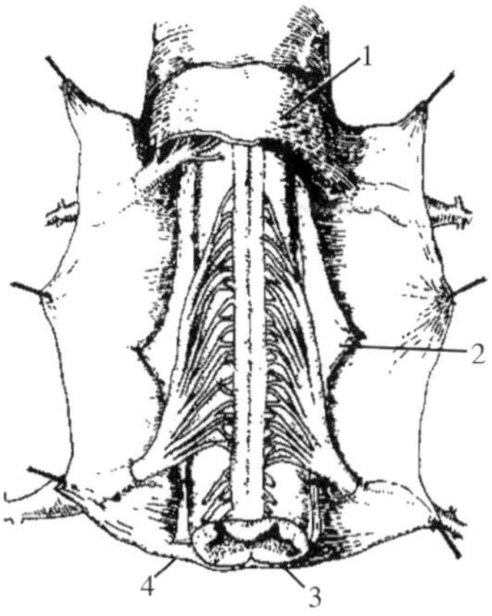

图 4-9　脊髓、脊神经根和脊膜

1. 蛛网膜　2. 软膜形成的齿状韧带　3. 软膜　4. 硬膜

（3）脑（脊）硬膜　厚，包于蛛网膜之外。位于硬膜与蛛网膜之间的腔隙称硬膜下腔，内含淋巴。脑硬膜紧贴于颅腔壁，其间无腔隙存在。脑硬膜在两大脑半球间的大脑纵裂内形成大脑镰，在大脑半球与小脑之间的横沟内形成一小脑幕，在垂体与丘脑下部之间形成鞍隔。在大脑镰和小脑幕的根部内含有脑硬膜静脉窦，接受来自脑的静脉血。

脊硬膜是白色致密的结缔组织膜，与脊蛛网膜之间形成狭窄的硬膜下腔，内含淋巴液，向前方与脑硬膜下腔相通。在脊硬膜与椎管之间有一较宽的腔隙，称为硬膜外腔，内含静脉和大量脂肪，有脊神经通过。在临床上做硬膜外麻醉时，就是将麻醉药注入硬膜外腔，阻滞脊神经的传导作用。

2. 脑脊液循环

脑脊液是无色透明的液体，由侧脑室、第三脑室和第四脑室的脉络丛产生，充满于脑室和脊髓中央管，通过第四脑室脉络丛上的孔（正中孔和外侧孔）进入蛛网膜下腔。蛛网膜下腔内的脑脊液通过硬膜静脉窦归入静脉。可见，脑脊液不断由脉络丛产生，沿一定途径循环，又不断被重新吸收回血液，此过程称为脑脊液循环。如果脑室系统的通路发生阻塞，脑脊液循环即发生障碍，可产生脑积水或颅内压增高。

脑脊液具有营养脑、脊髓的作用，对于维持脑组织的渗透压和颅内压的相对恒定及减少外力振荡有重要作用。

第三节 周围神经系统

周围神经系统是由联系中枢和各器官之间的神经纤维所组成，包括中枢神经以外的全部神经和神经节，分为脊神经、脑神经和植物性神经。在周围神经中，感觉神经的冲动是自感受器传向中枢，又称传入神经；运动神经的冲动是自中枢传向周围，又称传出神经。

一、脊神经

脊神经在椎间孔附近由背侧根（感觉根）和腹侧根（运动根）聚集而成。背侧根与腹侧根汇合之前有一膨大，称脊神经节。脊神经节内的神经元发出的中枢突构成背侧根，自脊髓背外侧沟进入脊髓；外周突参与组成脊神经。腹侧根由脊髓的腹外侧沟发出，内含运动神经纤维，在胸腰段还有交感神经节前纤维，后者在脊神经穿出椎间孔后离开脊神经。脊神经为混合神经，内有感觉神经纤维、运动神经纤维和交感神经节后纤维，由椎间孔或椎外侧孔伸出后，分为背侧支和腹侧支。背侧支分布于脊柱背侧的肌肉和皮肤，腹侧支分布于脊柱腹侧和四肢的肌肉和皮肤。脊神经按部位分为颈神经、胸神经、腰神经、荐神经和尾神经（图 4-10，表 4-1）。

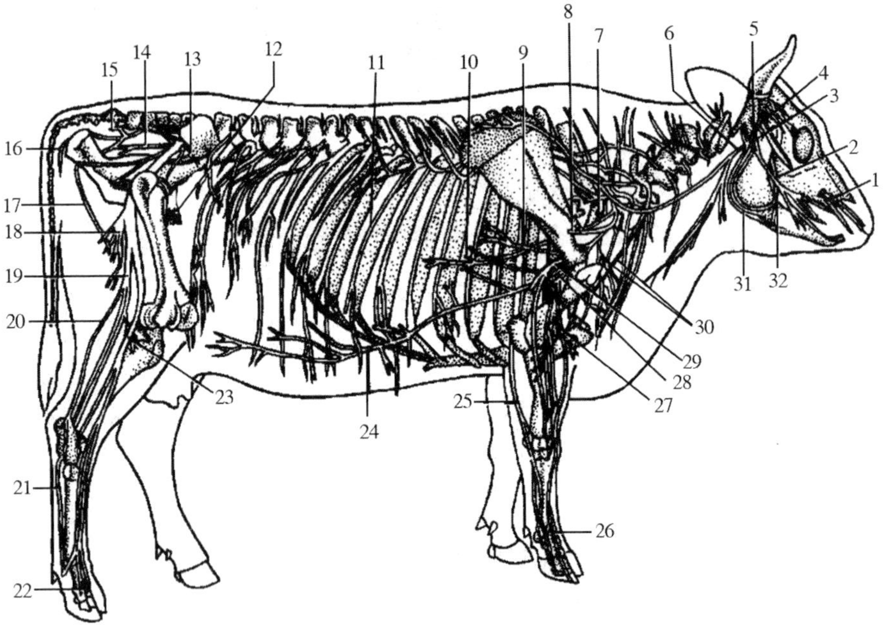

图 4-10 牛的脑、脊神经模式图

1.眶下神经 2.上颊支 3.面神经 4.颞浅神经 5.耳睑神经 6.副神经 7.肩胛下神经 8.肩胛上神经 9.胸背神经 10.胸长神经 11.肋间神经 12.股神经 13.臀前神经 14.臀后神经 15.直肠后神经 16.股后皮神经 17.阴部神经 18.近侧肌支 19.胫神经 20.小腿跖侧皮神经 21.足底外侧神经 22.趾背侧神经 23.腓总神经 24.胸外侧神经 25.尺神经 26.指背侧神经 27.正中神经 28.桡神经 29.腋神经 30.膈神经 31.下颊支 32.腮腺神经

表 4-1 各种家畜脊神经的数目 对

名称	牛、羊	马	猪
颈神经	8	8	8
胸神经	13	18	14～15
腰神经	6～7	6	7
荐神经	5	5	4
尾神经	5～7	5～6	5
合计	37～40	42～43	38～39

1. 分布于躯干的神经

(1)脊神经背侧支 每一颈神经、胸神经和腰神经的背侧支又分为内侧支和外侧支，分布于颈背侧、鬐甲、背部和腰部的肌肉和皮肤。荐神经和尾神经的背侧支分布于荐部和尾背侧的肌肉和皮肤。

(2)脊神经腹侧支 分布范围较广，分述如下：

①膈神经。为膈的运动神经，由来自第 5～7 颈神经腹侧支的分支形成，沿斜角肌的腹侧缘向后伸延，经胸前口入胸腔，沿纵隔的两侧向后伸延，横过心包，分布于膈。

②肋间神经。伴随肋间动脉、静脉在肋间隙后缘向下伸延，分布于肋间肌、腹肌和皮肤。最后肋间神经又称肋腹神经，在第 1 腰椎顶端的前下方分为深、浅两支，分布于腹肌、躯干皮肌和皮肤。

③髂腹下神经。来自第 1 腰神经的腹侧支。在腰方肌与腰大肌之间穿出，马的向后向外行经第 2 腰椎横突末端腹侧，牛的行经第 2 腰椎横突腹侧及末端的外侧缘，分为浅、深两支。分布于腹肌和腹部皮肤(图 4-11)。

④髂腹股沟神经。来自第 2 腰神经的腹侧支。从腰方肌与腰大肌之间向后外侧行走，马的行经第 3 腰椎横突末端，牛的行经第 4 腰椎横突末端外侧缘，分为浅、深两支。浅支分布于膝外侧及以下的皮肤；深支分布的情况与髂腹下神经的相似，分布区域略靠后方。

⑤生殖股神经。来自第 2～4 腰神经的腹侧支。沿腰大肌内侧缘下行，分为前、后两支。分布于提睾肌、阴囊和包皮(雄性)或乳房(雌性)。

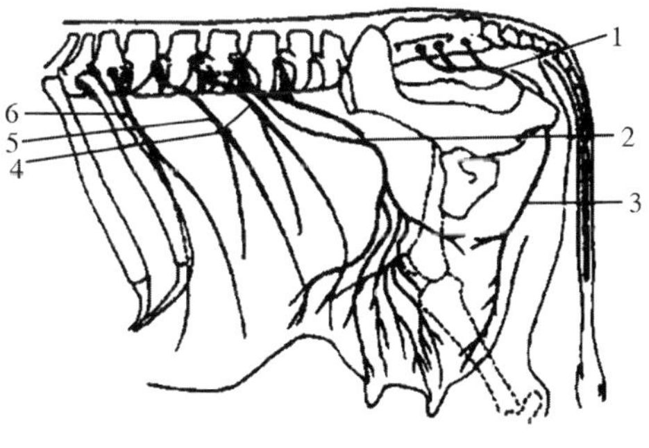

图 4-11 母牛的腹壁神经

1. 阴部神经 2. 生殖股神经 3. 会阴神经的乳房支 4. 髂腹股沟神经 5. 髂腹下神经 6. 最后肋间神经

⑥阴部神经。来自第 2～4 荐神经的腹侧支，沿荐结节阔韧带的内侧面向后下方伸延，分支分布于尿道、肛门及会阴等处；主干绕过坐骨弓成为阴茎背神经，沿阴茎背侧缘向前延伸，分布于阴茎和包皮，在雌性则为阴蒂背神经，分布于阴唇和阴蒂(图 4-12)。

⑦直肠后神经。来自第 4、第 5(牛)或第 3、第 4(马)荐神经的腹侧支，有 1～2 支，在阴部神经背侧沿荐结节阔韧带内侧面向后向下伸延，分布于直肠和肛门。雌性还分布于阴唇。

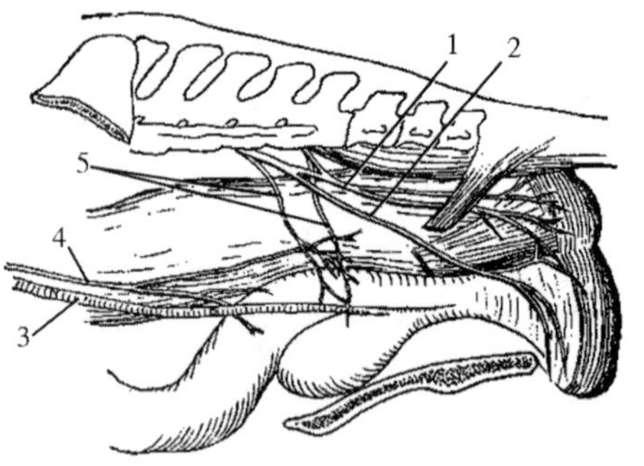

图 4-12　马骨盆腔和会阴部神经

1. 直肠后神经　2. 阴部神经　3. 输尿管
4. 腹下神经　5. 盆神经

2. 分布于前肢的神经

分布于前肢的神经由臂神经丛发出。臂神经丛由第 6～8 颈神经和第 1～2 胸神经的腹侧支形成，由此丛发出的神经有：肩胛上神经、肩胛下神经、腋神经、肌皮神经、胸肌神经、桡神经、尺神经和正中神经（图 4-13）。

（1）肩胛上神经　由臂神经丛的前部发出，分布于冈上肌、冈下肌及肩关节。因其位置关系，肩胛上神经易受压迫损伤，发生肩胛上神经麻痹。

（2）肩胛下神经　在肩胛上神经的后方自臂神经丛发出，有 2～4 支，分布于肩胛下肌及肩关节。

（3）腋神经　由臂神经丛中部发出，在肩关节后缘穿过肩胛下肌与大圆肌之间的缝隙，分支主要分布于肩胛下肌、大圆肌、三角肌、小圆肌和臂头肌等。并分出前臂前皮神经，分布于前臂背外侧的皮肤。

（4）肌皮神经　由臂神经丛的前部分出，分布于前臂部、腕部、掌部内侧面的皮肤。

（5）胸肌神经　分为胸肌前神经和胸肌后神经。胸肌前神经有数支，分布于胸浅肌和胸深肌；胸肌后神经包括胸长神经、胸背神经和胸外侧神经。分布于胸腹侧锯肌、背阔肌、躯干皮肌和皮肤。

（6）桡神经　自臂神经丛的后部分出，在臂三头肌外侧头的深面分为深、浅两支。深支分布于腕和指的伸肌；浅支向下伸延分布于第 3 和第 4 指的背侧面。桡神经易受压迫，在临床上常见桡神经麻痹。

（7）尺神经　由臂神经丛的后部分出，自肱骨中部向后下方伸延，经肱骨内侧髁与肘突之间，进入前臂，分布于前臂后面皮肤、腕关节和指关节的屈肌、第 4 指的背外侧和掌外侧面。

（8）正中神经　为臂神经丛最长的分支，与臂动脉、正中动脉伴行。分布于腕桡侧屈肌、指屈肌、前臂骨、第 3 指的掌内侧和悬蹄及第 4 指的掌侧。

3. 分布于后肢的神经

后肢神经来自腰荐神经丛。腰荐神经丛由第 4～6 腰神经和第 1～2 荐神经的腹侧支构成，由此丛发出的神经主要有：股神经、闭孔神经、臀前神经、臀后神经和坐骨神经（图 4-14）。

（1）股神经　由腰荐神经丛从前部发出，分布于股四头肌。并分出隐神经，伴随股动脉通过股管后，分布于膝关节、小腿和跖部内侧面的皮肤。

（2）闭孔神经　沿髂骨内侧面向后下方伸延，穿出闭孔，分支分布于闭孔外肌、耻骨肌、内收肌和股薄肌。

（3）臀前神经　与臀前动脉一起出坐骨大孔，分数支分布于臀肌和股阔筋膜张肌。

（4）臀后神经　沿荐结节阔韧带外侧面向后伸延，分支分布于臀股二头肌和臀中肌。

（5）坐骨神经　为全身最粗大的神经，自坐骨大孔出盆腔，沿荐结节阔韧带的外侧向后下方伸延，经大转子与坐骨结节之间绕过髋关节后下行于股后部，向下伸延在臀股二头肌、半膜肌和半腱肌之间，并沿途分支分布于半膜肌、臀股二头肌和半腱肌。约在股中部分为胫神经和腓总神经，向下伸延。胫神经又分为足底内、外侧神经，腓总神经分为腓浅神经和腓深神经，均下行至趾部。

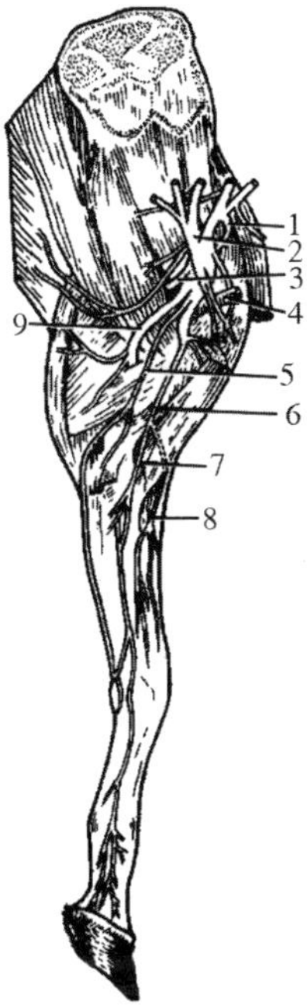

图 4-13　牛的前肢神经(内侧面)

1. 肩胛上神经　2. 臂神经丛　3. 腋神经　4. 腋动脉　5. 尺神经　6. 正中神经和肌皮神经总干　7. 正中神经　8. 肌皮神经　9. 桡神经

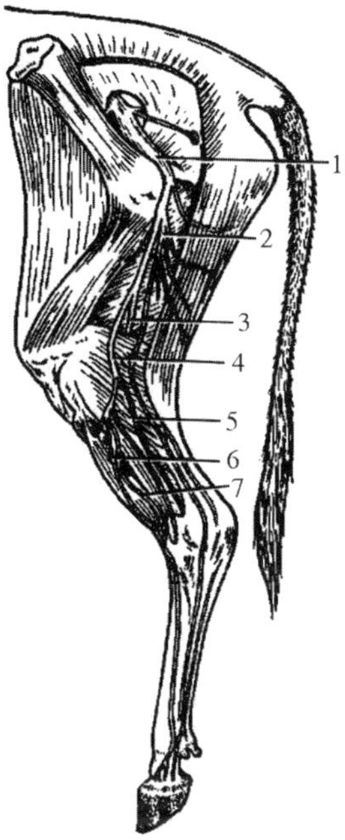

图 4-14　牛的后肢神经(外侧面)

1. 坐骨神经　2. 肌支　3. 胫神经　4. 腓总神经　5. 小腿外侧皮神经　6. 腓浅神经　7. 腓深神经

二、脑神经

脑神经是指自脑发出的周围神经，共有 12 对，按其与脑相连的前后顺序及其功能、分布和行程而命名。脑神经通过颅骨上的孔或裂进出颅腔，主要分布于头部和颈部。脑神经的神经纤维成分比脊神经复杂，可分一般躯体传入纤维(分布丁皮肤、肌肉、肌腱和口、鼻大部分黏膜)、特殊躯体传入纤维(分布于视器和前庭蜗器)、一般内脏传入纤维(分布于头、颈、胸、腹的脏器)、特殊内脏传入纤维(分布于味蕾和嗅器)、一般躯体传出纤维(分布于眼球外肌和舌肌)、一般内脏传出纤维(分布于平滑肌、心肌和腺体)和特殊内脏传出纤维(分布于咀嚼肌、面肌和咽喉肌等)，所以有的脑神经是感觉神经，有的是运动神经，有的是含有感觉纤维和运动纤维的混合神经(图 4-15)。

脑神经的先后次序、与脑联系的部位、神经纤维的性质以及主要分布情况如表 4-2 所示。

表 4-2　脑神经分布简表

顺序及名称	连脑部位	性质	分布范围
Ⅰ 嗅神经	嗅球	感觉	鼻黏膜
Ⅱ 视神经	间脑	感觉	视网膜
Ⅲ 动眼神经	中脑	运动	眼球肌
Ⅳ 滑车神经	中脑	运动	眼球肌

续表 4-2

顺序及名称	连脑部位	性质	分布范围
Ⅴ 三叉神经	脑桥	混合	面部皮肤，口、鼻腔黏膜，咀嚼肌
Ⅵ 外展神经	延髓	运动	眼球肌
Ⅶ 面神经	延髓	混合	面、耳、睑肌和部分味蕾
Ⅷ 前庭耳蜗神经	延髓	感觉	前庭、耳蜗和半规管
Ⅸ 舌咽神经	延髓	混合	舌、咽和味蕾
Ⅹ 迷走神经	延髓	混合	咽、喉、食管、气管和胸、腹腔内脏
Ⅺ 副神经	延髓和颈部脊髓	运动	咽、喉、食管以及胸头肌和斜方肌
Ⅻ 舌下神经	延髓	运动	舌肌和舌骨肌

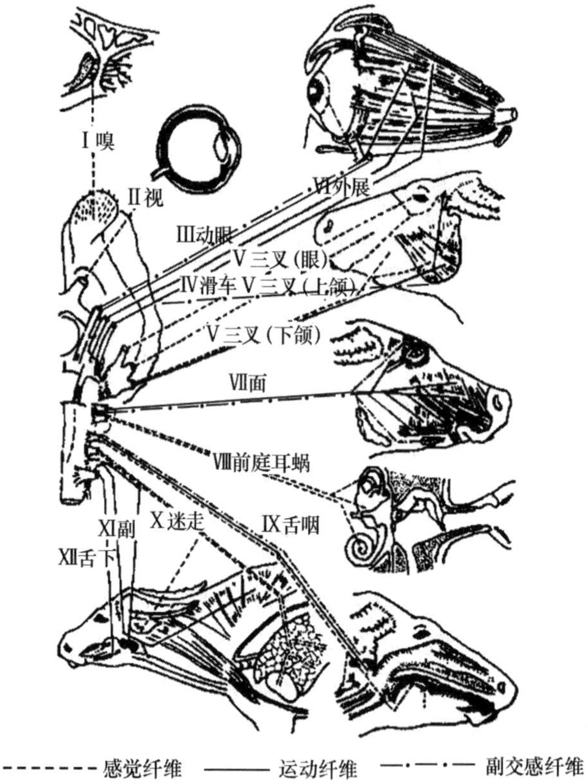

图 4-15 脑神经分布示意图

三、植物性神经

植物性神经是指分布于平滑肌、心肌和腺体的神经，与躯体运动神经相比较，具有下列一些结构和机能上的特点：

躯体运动神经支配骨骼肌，植物性神经则支配平滑肌、心肌和腺体。

躯体运动神经由中枢到效应器只经过一个神经元，其胞体位于中枢内；而植物性神经自中枢到效应器则要经过两个神经元，第一个神经元称节前神经元，其胞体位于脑干和脊髓灰质内，由它发出的纤维称为节前神经纤维，伸延到植物性神经节中，与第二个神经元形成突触。第二个神经元称节后神经元，其胞体位于植物性神经节内，发出的纤维称为节后神经纤维(图 4-16)。

躯体运动神经一般是较粗的有髓纤维，以神经干形式分布于效应器；植物性神经的节前纤维是细的有髓纤维，节后纤维是细的无髓纤维，常攀附脏器或血管形成神经丛，由丛再分支到效应器。

躯体运动神经一般都受意识支配，而植物性神经在一定程度上不受意识的直接控制，有相对的自主性。

植物性神经分为交感神经和副交感神经，在中枢的调节下，既相互拮抗，又相互统一，以维持机体内、外环境的相对平衡。

1. 交感神经

交感神经的节前神经元胞体位于脊髓第一胸段至第三腰段的灰质外侧柱内。发出的节前神经纤维经脊髓腹侧根至脊神经，出椎间孔后经白交通支到相应部位的椎神经节，或经过椎神经节而至椎下神经节，与其中的节后神经元形成突触，另一些节前纤维通过椎神经节向前或向后伸延，终止于前、后段的椎神经节，因而在脊柱两侧形成两条交感神经干，前达颅底，后至尾椎。

节后神经元的胞体位于椎神经节和椎下神经节内，发出的节后纤维有三种去向：经灰交通支返回脊神经，随脊神经分布于血管平滑肌、皮肤腺和竖毛肌；在动脉周围形成神经丛，攀附动脉而行，并随动脉分支至内脏器官；由椎旁神经节直接分出内脏支到所支配的脏器。

交感神经干可分颈部、胸部、腰部和荐尾部(图 4-17)。

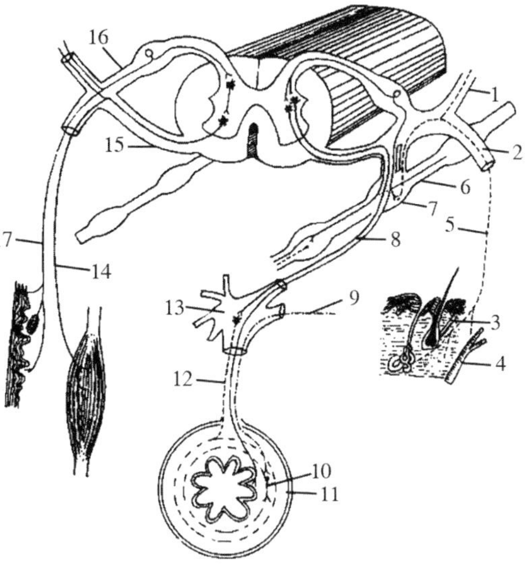

图 4-16 脊神经和植物性神经反射径路模式图

1. 脊神经背侧支 2. 脊神经腹侧支 3. 竖毛肌 4. 血管 5. 交感神经节后纤维 6. 交感神经干 7. 椎旁神经节 8. 交感神经节前纤维 9. 副交感神经节前纤维 10. 副交感神经节后纤维 11. 消化管 12. 交感神经节后纤维 13. 椎下神经节 14. 运动神经纤维 15. 腹侧根 16. 背侧根 17. 感觉神经纤维

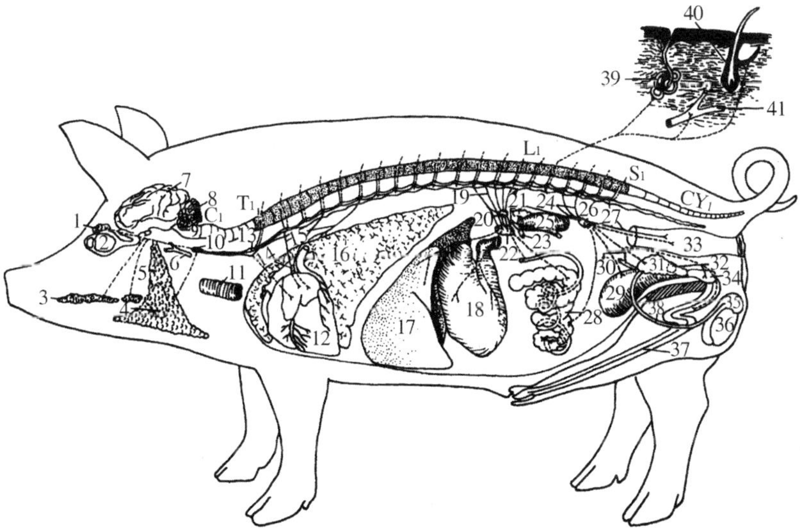

图 4-17 交感神经分布模式图

(实线示节前神经纤维，虚线示节后神经纤维)

1. 泪腺 2. 眼 3. 颌下腺 4. 下颌淋巴结 5. 腮腺 6. 颅部血管 7. 大脑 8. 小脑 9. 延髓 10. 颈前神经节 11. 气管 12. 心 13. 星状神经节 14. 心神经 15. 心交感神经 16. 肺 17. 肝 18. 胃 19. 胸内脏神经 20. 肾上腺丛 21. 肾上腺 22. 腹腔肠系膜前神经丛 23. 主动脉肾神经节 24. 腰内脏神经 25. 肾 26. 肠系膜后神经丛和神经节 27. 腹下神经 28. 肠 29. 膀胱 30. 输尿管 31. 精囊腺 32. 前列腺 33. 直肠 34. 尿道球腺 35. 附睾 36. 睾丸 37. 阴茎 38. 输精管 39. 汗腺 40. 毛囊 41. 血管

C_1. 颈椎 T_1. 胸椎 L_1. 腰椎 S_1. 荐椎 CY_1. 尾椎

(1)颈部交感神经干　由前部胸段脊髓发出的节前神经纤维构成,沿气管的背外侧向前伸延至颅腔底面,在颈部与迷走神经并行,合称迷走交感干,并与颈总动脉一起包在结缔组织鞘内。颈部交感干上有颈前、颈中和颈后三个神经节。

颈前神经节呈长梭形,位于颅底腹面,发出灰交通支加入附近的脑神经和颈静脉神经,分布于唾液腺、泪腺、瞳孔开大肌及头部的汗腺和竖毛肌。

颈中神经节,山羊常有,水牛有,多见右侧。牛和绵羊没有。位于颈后部,多数动物的颈中神经节与颈后神经节合并。该神经节发出的节后纤维组成心支,参与组成心神经丛,分布于主动脉、心、气管和食管。

颈后神经节与第一、第二胸神经节合并成颈胸神经节或称星状神经节。星状神经节位于胸前口内,在第一肋骨椎骨端的内侧,由此节上部发出交通支至臂神经丛并形成椎神经,伴随椎动脉进入横突管;由星状神经节后部分出数支粗大的心神经,加入心神经丛,分布于心、主动脉、气管、肺和食管等。

(2)胸部交感神经干　紧贴于胸椎椎体的外侧,每一节有一个胸神经节。第一、第二胸神经节参与组成颈胸神经节。由胸神经节发出节后神经纤维,一些节后纤维组成灰交通支返回胸神经,分布于胸壁的血管、平滑肌、腺体。另一些节后纤维形成小支,至主动脉、食管、气管和支气管,并参与组成心神经丛和肺神经丛。胸部交感神经干还发出内脏大神经和内脏小神经,向后伸延,穿过膈脚背侧入腹腔,连于腹腔肠系膜前神经节;内脏小神经还参与构成肾神经丛。

(3)腰部交感神经干　位于腰椎椎体的两侧,沿腰小肌内侧缘向后伸延,有2～5个腰神经节,发出节后纤维组成灰交通支返回腰神经。腰部交感干还发出腰内脏神经,连于肠系膜后神经节。

腹腔内有两个主要神经节:腹腔肠系膜前神经节和肠系膜后神经节。腹腔肠系膜前神经节位于腹腔动脉根部的两侧和肠系膜前动脉根部的后方,此神经节接受内脏大神经和内脏小神经的纤维。从此神经节发出的节后纤维,构成腹腔肠系膜前神经丛,沿动脉的分支分布于肝、胃、脾、胰、小肠、大肠和肾等器官;肠系膜后神经节在肠系膜后动脉根部附近,接受来自腰内脏神经和来自腹腔肠系膜前神经节的节间支。从肠系膜后神经节发出的节后纤维沿动脉分布于结肠后段、精索、睾丸、附睾或卵巢、输卵管和子宫角。还分出一对腹下神经,向后伸延到盆腔内,参与构成盆神经丛。

(4)荐尾部交感神经干　沿荐骨骨盆面向后伸延并逐渐变细,前部的神经节较大,后部的变小,节后纤维组成灰交通支连于荐神经和尾神经。

2. 副交感神经

副交感神经的节前神经元胞体位于脑干和荐部脊髓,分为颅部副交感神经和荐部副交感神经,节后神经元位于其支配的器官内或附近,故节后神经纤维较短(图4-18)。

(1)颅部副交感神经　其节前神经纤维位于动眼神经、面神经、舌咽神经和迷走神经内。

动眼神经内的副交感神经节前纤维,起于中脑的动眼神经副交感核(缩瞳核),伴随动眼神经至眼眶内的神经节(睫状神经节),交换神经元,其节后纤维分布于眼球的睫状肌和瞳孔括约肌。

面神经内的副交感神经节前纤维,起于脑桥的面神经副交感核(泌涎核),一部分纤维通过翼腭神经节更换神经元后,节后纤维伴随上颌神经的分支分布于泪腺、腭腺和鼻黏膜腺;另一部分纤维经鼓索神经加入舌神经,于下颌神经节更换神经元后,节后纤维分布于舌下腺和颌下腺。

舌咽神经内的副交感神经节前纤维，起于延髓的舌咽神经副交感核，经鼓室神经到鼓室丛，从丛发出岩小神经到耳神经节；换元后，节后纤维分布于腮腺和颊腺。

迷走神经是体内分布最广、行程最长的混合神经。它起于延髓，出颅腔后后行，在颈部与交感干形成迷走交感干，经胸腔至腹腔，伴随动脉分布于胸腹腔器官。如心、肺、气管、食管、胃、肠、肝、脾、胰、肾和肾上腺。迷走神经在颈前端分出侧支分布于咽、喉、食管和气管等。

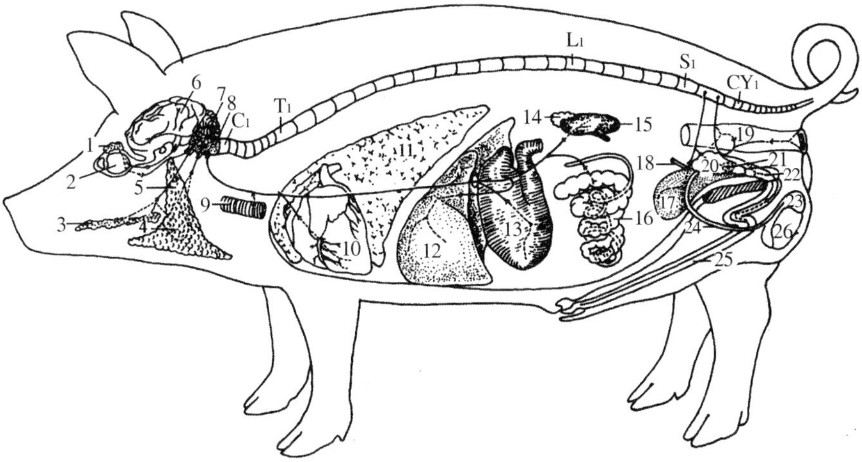

图 4-18　副交感神经分布模式图

（实线示节前神经纤维，虚线示节后神经纤维）

1. 泪腺　2. 眼　3. 颌下腺　4. 下颌淋巴结　5. 腮腺　6. 大脑　7. 小脑　8. 延髓　9. 气管　10. 心　11. 肺　12. 肝　13. 胃　14. 肾上腺　15. 肾　16. 肠　17. 膀胱　18. 输尿管　19. 直肠　20. 精囊腺　21. 前列腺　22. 尿道球腺　23. 附睾　24. 输精管　25. 阴茎　26. 睾丸

C_1. 颈椎　T_1. 胸椎　L_1. 腰椎　S_1. 荐椎　CY_1. 尾椎

（2）荐部副交感神经　节前神经元胞体位于荐部脊髓第 1～4 节的外侧柱内，节前纤维随第 2～4 荐神经的腹侧支出椎管，形成 1～2 条盆神经，沿骨盆侧壁向腹侧伸延到直肠或阴道外侧，与来自肠系膜后神经节的腹下神经一起构成盆神经丛。节前纤维在盆神经节交换神经元，节后纤维分布于结肠末段、直肠、膀胱、前列腺和阴茎或子宫和阴道。

第四节　神经系统活动的一般规律

一、神经元和神经纤维

1. 神经元的基本结构与功能

（1）神经元的基本结构　在高等动物的神经系统中，神经元数量巨大，有数百亿个。神经元由胞体和胞突组成。胞体的结构与一般细胞大体相似；胞突分为两种，一种是树状的短突起，称为树突，一个神经元可有一个、几个甚至几十个树突。另一种为细长的突起，称为轴突，一个神经元一般只有一个轴突。

（2）神经元的功能　神经元具有接受、整合和传递信息的功能。通常由树突和胞体接受从其他神经元传来的信息，并由胞体整合，神经冲动通过轴突将信息传递给另一些神经元或效应器，产生一定的生理效应。

2. 神经纤维的功能和分类

(1)神经纤维的功能　神经纤维的主要功能是传导兴奋。在神经纤维上传导的兴奋或动作电位称为神经冲动，简称冲动。冲动的传导速度受多种因素的影响：神经纤维直径越粗，传导速度越快；有髓鞘神经纤维的髓鞘在一定范围内增厚，传导速度将随之增快；温度在一定范围内升高也可加快传导速度。神经纤维传导兴奋具有以下特征：

①生理完整性。神经纤维只有在结构和功能上都完整时，才有传导冲动的能力。如果神经纤维受损或被切断，或局部应用麻醉剂，兴奋传导将受阻。

②绝缘性。在一条神经干中有许多条神经纤维组成，但神经纤维传导兴奋时基本上互不干扰，其主要原因是细胞外液对电流的短路作用，使局部电流主要在一条神经纤维上构成回路。

③双向传导。在实验条件下，神经纤维上的任何一点受到刺激，所产生的冲动可沿纤维同时向两端传导。但在整体条件下，神经冲动总是由胞体传向末梢，表现为传导的单向性，这是由轴突的极性所决定的。

④不衰减性。神经纤维传导冲动时，动作电位的幅度、传导速度不会因传导距离的增大而变小、减慢，这一特性称为不衰减性。

⑤相对不疲劳性。实验表明，连续电刺激神经数小时至十几个小时，神经纤维始终能保持传导兴奋的能力，表现为不易发生疲劳。

(2)神经纤维的分类　神经纤维一般可分为有髓纤维和无髓纤维两类。

二、神经元间的信息传递

神经元之间没有原生质相连，它们之间的联系只靠彼此接触，即通过一个神经元的轴突末梢与其他神经元发生接触，并进行兴奋或抑制的传递，这些接触部位称为突触。

1. 突触的分类和结构

(1)突触的分类　按突触传递信息的方式，可分为：①化学性突触。它依靠突触前神经元末梢释放特殊化学物质作为传递信息的媒介来影响突触后神经元。②电突触。它依靠突触前神经元的生物电和离子交换直接传递信息来影响突触后神经元。

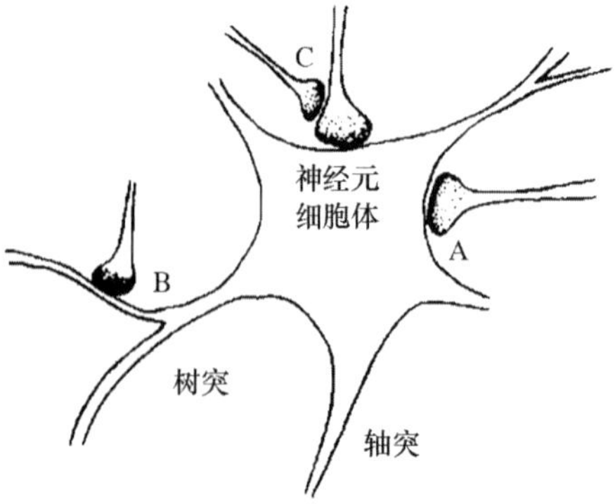

图 4-19　突触类型

A. 轴-体型突触　B. 轴-树型突触　C. 轴-轴型突触

按突触的功能可分为：①兴奋性突触。即突触的信息传递使突触后膜去极化，产生兴奋性的突触后电位。②抑制性突触。即突触的信息传递使突触后膜超极化，产生抑制性的突触后电位。

按神经元之间的联系部位可分为：①轴-树型突触。②轴-体型突触。③轴-轴型突触(图 4-19)。此外，还有少量的神经元以树突-树突、树突-胞体、胞体-胞体以及同一突触互相传导信息的相互性突触等方式形成突触。

(2)突触的结构

①化学性突触。一个突触前神经元的轴突末梢分成许多小分支,每个分支的末梢失去髓鞘并膨大成球形,称突触小体,它贴附在下一个神经元的胞体、树突或轴突表面,在贴附处有两层膜隔开:上一个神经元轴突末梢的轴突膜(一般均增厚)称为突触前膜;与其相对应的下一个神经元的胞体膜、树突膜或轴突膜,称为突触后膜。两膜之间有 20～40 nm 空隙,称为突触间隙。由此可见,一个突触由突触前膜、突触后膜和突触间隙三者构成。突触后膜上存在受体和离子通道。突触前膜内侧有致密突起,它与突触小体内的网格形成囊泡栏栅,其空隙处恰好容纳一个囊泡(也称突触小泡)。囊泡内含有递质(乙酰胆碱、去甲肾上腺素等),这类突触借助这些化学递质作为媒介传递信息(图 4-20)。

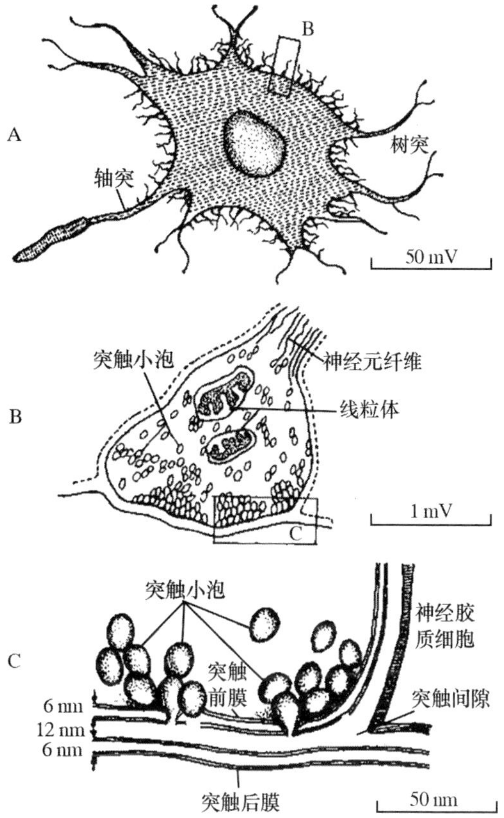

图 4-20　突触及其微细结构

A. 显示一个神经元的胞核轴突和树突。许多突触小体分别与这个神经元形成轴树突触和轴体突触

B. 把 A 中的一个突触用电镜放大。表示线粒体、神经元纤维和突触小泡。虚线表示神经胶质细胞膜

C. 把 B 中方格 C 放大。表示突触前膜、后膜和间隙,有些突触小泡与突触前膜融合,并开口于突触间隙

②电突触。少数部位的突触(如大脑皮质的星状细胞、小脑皮质的篮状细胞以及视网膜细胞等),突触间隙很窄小,因此称为“缝隙连接”。而且其前膜内侧缺乏突触小泡,但这种突触的前、后膜间电阻小,允许带电离子通过。因此,可借助电流为媒介传递信息。

2. 化学性突触的信息传递

化学性突触传递是一个电-化学-电的变化过程,即由突触前神经细胞的电变化,通过突触末梢的化学物质释放,最终引起突触后神经细胞的电活动改变。

①兴奋性突触传递机制。当神经冲动传至兴奋性突触时,使突触前膜兴奋,引起前膜对 Ca^{2+} 的通透性增强,于是突触间隙液中的 Ca^{2+} 顺浓度差扩散进入膜内,促使突触小泡释放某种兴奋性递质(如乙酰胆碱或去甲肾上腺素等),递质通过突触间隙,与突触后膜上的相应受体结合,引起突触后膜对 Na^+、K^+、Cl^- 的通透性增大,尤其是 Na^+ 的通透性增大,使 Na^+ 快速内流,引起去极化,产生兴奋性突触后电位(EPSP)。单个 EPSP 一般不足以激发神经元产生动作电位,只有在许多兴奋性突触同时产生 EPSP,或单个兴奋性突触相继产生一连串 EPSP 时,突触后膜才把许多 EPSP 总和起来,达到所需阈电位,便触发突触后神经元进入兴奋状态。

②抑制性突触传递机制。当抑制性突触前神经元的冲动传至轴突末梢时,突触前膜兴奋,Ca^{2+} 流入前末梢,引起突触小泡释放抑制性递质(如甘氨酸等),该递质扩散到后膜,并与特异

受体结合，使后膜对 K^+、Cl^-（尤以 Cl^-）通透性升高。于是 Cl^- 进入细胞内，K^+ 逸出细胞外，使后膜内负电位增大而出现超极化，形成所谓的抑制性突触后电位（IPSP），使突触后神经元的兴奋性降低。总和起来的抑制性突触后电位不仅有抵消兴奋性突触后电位的作用，而且使突触后神经元不易发生兴奋，表现为突触后神经元的活动被抑制。

3. 非突触性化学传递

在肾上腺素能神经元的轴突末梢分支上有许多结节状曲张体，它的内部有大量的含有递质的小泡。当神经冲动到达曲张体时，递质从其中释放出来，经弥散方式到达邻近或稍远的靶细胞与其受体结合，发挥生理效应。由于这种化学传递不是通过典型的突触结构，所以称为非突触（性）传递。在中枢神经系统内，非突触传递也是神经元之间联系的一种必需形式。如大脑皮质、中脑某些部位等，也有非突触性传递以实现慢速、反应范围广泛、距离较远的信息传递。

三、神经递质和受体

1. 神经递质

神经递质是指突触前神经元合成并在末梢处释放，经突触间隙扩散，特异性作用于突触后神经元或效应器细胞上的受体，使信息从突触前传递到突触后的一些化学物质，根据其产生部位可分为外周和中枢神经递质（表 4-3）。

表 4-3　部分神经递质和它们的作用部位

物质	作用部位	作用形式	备注
乙酰胆碱（ACh）	骨骼肌和神经肌肉接点	兴奋	确定
	交感神经节前	兴奋	确定
	副交感神经节前	兴奋	确定
	副交感神经节后	兴奋或抑制	确定
	中枢神经系统	兴奋	确定
	多种无脊椎动物	多样的	确定
去甲肾上腺素（NE）	中枢神经系统 绝大部分交感节后	兴奋或抑制	确定
谷氨酸（Glu）	中枢神经系统	兴奋	可能
	甲壳动物、中枢与外周神经系统	兴奋	确定
天冬氨酸	中枢神经系统	兴奋	可能
γ-氨基丁酸（GABA）	中枢神经系统	抑制	确定
	甲壳动物、中枢与外周神经系统	抑制	确定
5-羟色胺（5-HT）	脊椎动物和无脊椎动物的中枢神经系统	—	确定
多巴胺（DA）	中枢神经系统	—	确定

（1）外周神经递质　由外周神经系统的神经元合成。现已确认，全部植物性神经的节前纤维、绝大部分的副交感神经节后纤维、全部躯体运动神经以及支配汗腺和舒血管平滑肌的交感神经纤维，所释放的递质都是乙酰胆碱。因此，称上述这些神经纤维为胆碱能纤维；绝大部分的交感神经节后纤维，释放的递质是去甲肾上腺素，因此称这类纤维为肾上腺素能纤维。还发现支配肠管的迷走神经，在肠肌间神经丛中除了与胆碱能纤维形成突触外，还与末梢释放ATP或肽类递质的神经元形成突触联系，称这种纤维为嘌呤能或肽能纤维。总括而言，外周神经递质可包括乙酰胆碱、去甲肾上腺素和嘌呤类或肽类。

（2）中枢神经递质　由中枢神经系统的神经元合成。目前公认的中枢递质主要有乙酰胆碱、单胺类、氨基酸类和肽类。

2. 受体

受体一般是指细胞膜上的大分子蛋白质，能识别特定的化学物质，并与之结合而起反应，改变膜对某些离子的通透性。受体不仅存在于突触后膜，可与特定的递质结合产生相应的生理效应，而且突触前膜上也存在受体，可对递质的合成、释放等过程起调控作用。

（1）胆碱能受体　能与乙酰胆碱结合的受体称为胆碱能受体，按其药理特性分两种：一类受体广泛存在于副交感神经节后纤维支配的效应器细胞上，可产生一系列副交感神经兴奋的效应，包括心脏活动的抑制、支气管平滑肌、胃肠道平滑肌、膀胱逼尿肌和瞳孔括约肌的收缩以及消化腺分泌增加等。这类受体也能与毒蕈碱相结合，产生相似的效应，因此称之为毒蕈碱型受体，又称为M型受体。阿托品是该受体的阻断剂；另一类受体存在于交感和副交感神经节神经元的突触后膜以及神经肌肉接头处的终板膜上，发生的效应是导致节后神经元以及骨骼肌的兴奋，这些效应不受阿托品影响，但可被从烟草叶中提取的烟碱所模拟，因此这些作用称为烟碱样作用（N样作用），其相应的受体称为烟碱型受体，也称N型受体。它还可以分为两个亚型，神经节神经元突触后膜上的受体为N_1受体（六烃季铵是其阻断剂）；骨骼肌终板膜上的受体为N_2受体，箭毒是其阻断剂。

（2）肾上腺素能受体　凡能与去甲肾上腺素结合的受体均称为肾上腺素能受体。这种受体也分为两类，一类是α型肾上腺素能受体（简称α受体），分α_1和α_2两个亚型；另一类是β型肾上腺素能受体（简称β受体）。β受体也分为β_1、β_2和β_3三个亚型。去甲肾上腺素与平滑肌α受体结合后，产生以兴奋为主的效应，但也有抑制性的（如小肠平滑肌舒张）。而去甲肾上腺素与平滑肌的β受体结合后，则产生抑制性效应，但却可使心肌兴奋。有的效应器上只有单一的α受体或β受体，有的却两种受体皆有（表4-4）。

表4-4　肾上腺素能受体的分布及效应

效应器		受体	效应
眼	扩瞳肌	α_1	收缩（扩瞳）
	睫状体肌	β_2	松弛
心脏	窦房结	β_1	心率加快
	房室传导系统	β_1	传导加速
	心肌	α_1、β_1	收缩加强

续表 4-4

效应器		受体	效应
血管	冠状动脉	α_1	收缩
		β_2（主要）	舒张
	皮肤黏膜血管	α_1	收缩
	骨骼肌血管	α_1	收缩
	脑血管	β_2（主要）	舒张
		α_1	收缩
	腹腔内脏血管	α_1（主要）	收缩
		β_2	舒张
	唾液腺血管	α_1	收缩
支气管平滑肌		β_2	舒张
消化管	胃平滑肌	β_2	舒张
	小肠平滑肌	α_2	舒张*
		β_2	舒张
	括约肌	α_1	收缩
膀胱	逼尿肌	β_2	舒张
	括约肌	α_1	收缩
子宫平滑肌		α_1	收缩（有孕）
		β_2	舒张（无孕）
竖毛肌		α_1	收缩
糖酵解代谢		β_2	增加
脂肪分解代谢		β_3	增加

注：* 表示可能是胆碱能纤维的突触前受体调节乙酰胆碱的释放。

四、反射活动的基本规律

1. 反射与反射弧

（1）反射　是神经系统活动的基本形式，指在中枢神经系统参与下，由机体对内、外环境刺激的应答性反应。从最简单的眨眼反射（机械刺激角膜引起眼睑闭合）到复杂的行为表现，都是反射活动。

（2）反射弧　反射的结构基础和基本单位称为反射弧，它包括感受器、传入神经、反射中枢、传出神经和效应器 5 个部分（图 4-21）。感受器一般是神经组织末梢的特殊结构，是一种换能装置，可将所感受的各种刺激的信息转变为神经冲动。反射中枢是中枢神经系统中调节某一特定生理功能的神经细胞群。简单的反射活动，其神经中枢的部位较局限，如膝跳反射中枢在腰部脊髓；而较复杂的反射活动，如呼吸活动，它的反射中枢则分散存在于延髓、脑桥、下丘脑直至大脑皮质等部位。效应器是实现反射的“执行机构”，如骨骼肌、平滑肌、心肌和腺体等。

反射过程可简单表示如下：特定刺激被特定感受器接受→感受器兴奋→(以神经冲动形式通过)传入神经→反射中枢(分析、综合)→传出神经→效应器(产生相应活动)。反射弧的任何环节及其联结受到破坏或者功能障碍，都将使反射不能完成或者紊乱，导致相应器官的功能调节异常。

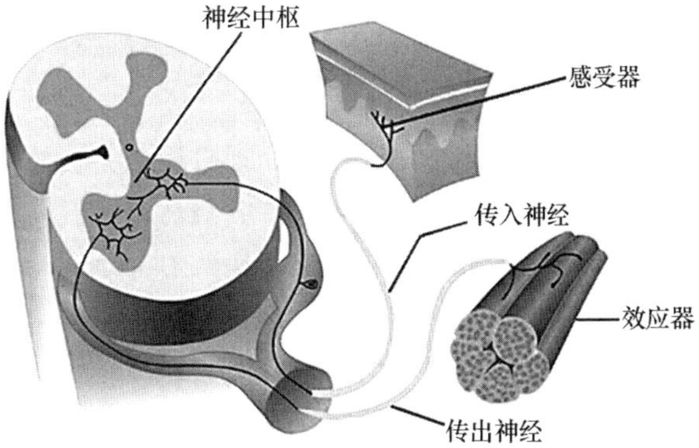

图 4-21 反射弧示意图

2. 中枢神经元间的联系方式

中枢神经系统内神经元数量巨大，相互间联系方式复杂，主要有以下几种(图 4-22)。

(1)辐散式 一个神经元通过其轴突末梢的分支与许多神经元建立突触联系，称为辐散式联系。这种方式可以使一个突触前神经元的冲动传递给多个突触后神经元，引起它们的兴奋或抑制。机体内的传入神经元和植物性神经的节前神经元，主要以这种联系方式传递冲动。

(2)聚合式 多个突触前神经元的轴突共同与一个突触后神经元建立突触联系，称为聚合式联系。这种联系方式使许多不同神经元引起同一个神经元发生兴奋总和，也可能使许多不同神经元的兴奋和抑制在同一个神经元上发生整合。传出神经元接受的不同轴突来源的突触联系，主要表现为聚合式联系。

(3)链锁式与环式 中枢神经系统内神经元间的辐散式和聚合式联系方式常常共同存在，并且通过中间神经元将这两种联系方式结合构成许多复杂的链锁式和环式联系。神经元一个接一个依次连接，构成链锁式联系；当兴奋通过链锁式联系时，可以在空间上加强或扩大作用范围。一个神经元通过其轴突侧支与多个神经元建立突触联系，而后继神经元通过其轴突又返回与原来的神经元建立突触联系，形成一个闭合环路，称为环式联系。兴奋通过环式联系时，如果其中各神经元都是兴奋性神经元，则兴奋得到加强和延续，起正反馈作用，并在停止刺激后，反射活动仍然持续一段时间，即所谓的“后放”。如果环路中的某些神经元是抑制性的，可使原来的神经活动减弱或终止，起负反馈作用。神经元间的这种多样化联系方式，是中枢神

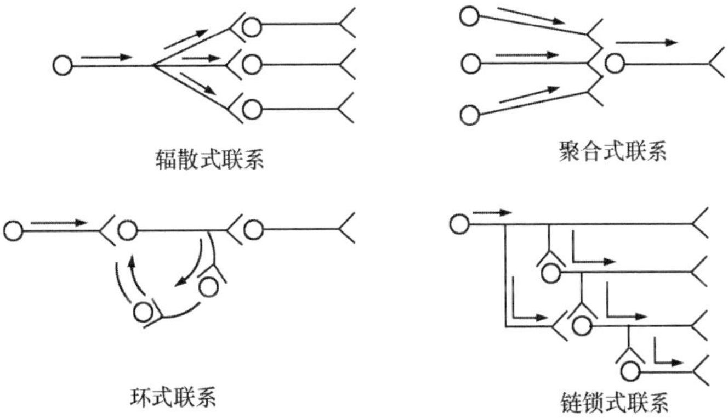

图 4-22 中枢神经元的联系方式

经系统功能高度复杂化的结构基础，使中枢神经系统能对各种反射活动进行精确调节，并使中枢神经系统各不同部位保持相互配合与协调。

3. 反射中枢兴奋传递的特征

(1)单向传递　突触传递冲动只能从突触前神经元沿轴突传递到下一个神经元的胞体或突起，不能逆向传递。因为只有突触前膜才能释放递质。

(2)中枢延搁　突触传递以递质为中介，需经历递质的释放、扩散及对突触后膜的作用等过程，需要耗费较长时间，称为突触延搁。在反射活动中，突触联系主要存在于中枢神经系统内，故兴奋通过中枢扩布所需时间较长，此现象称为中枢延搁。

(3)总和现象　突触前膜传来一次冲动及其引起递质释放的量，一般不足以使突触后神经元产生动作电位。如果同一突触前神经末梢连续传来一系列冲动，或许多突触前末梢同时传来一排冲动，都可以释放较多的递质，当产生的兴奋性突触后电位逐渐积累达到阈值时，就能激发突触后神经元产生动作电位。这种现象即称兴奋总和作用。同样，在抑制性突触后膜也可以发生抑制总和。

(4)兴奋节律的改变　在反射活动中，传出神经发放的冲动频率与传入神经发放的冲动频率不相同；即经过神经中枢的活动，其兴奋的节律会发生改变，这是因为突触后神经元的兴奋节律不仅受突触前神经元传入冲动频率的影响，还与突触后神经元本身的功能状态有关，且一个突触后神经元通常是与多个突触前神经元发生联系。

(5)后放　神经元之间的环式联系及在效应器发生反应时，即使最初的刺激已经停止，传出通路上冲动发放仍能持续一段时间，即所谓的后放作用。例如，当随意运动发生后，中枢将不断收到由肌梭返回的关于肌肉运动的反馈信息，用以纠正和维持原先的反射活动。

(6)对内环境变化敏感和易疲劳　突触间隙因与细胞外液相通，因此内环境理化因素的变化，如缺氧、酸碱度升降、某些药物等均可改变突触传递能力。高频电脉冲连续刺激突触前神经元，发现突触后神经元的放电频率也会逐渐降低，说明突触传递也因递质的耗竭而相对容易产生疲劳。

4. 中枢抑制

在机体的反射活动中，中枢既有兴奋过程，又有抑制过程。中枢抑制也能中和，也有后作用，因此它和中枢兴奋一样也是神经的活动过程，只有这样反射才能协调进行。根据中枢内抑制产生的机制不同，可分为突触后抑制和突触前抑制两类。

(1)突触后抑制　当抑制性中间神经元兴奋时，其轴突末梢释放抑制性递质，引起突触后膜超极化，产生抑制性突触后电位，使突触后神经元的活动受到抑制。根据抑制性神经元联系方式的不同，突触后抑制又分为传入侧支性抑制和回返性抑制。

①传入侧支性抑制。即通常所说的交互抑制。在传导通路中，传入纤维除兴奋某一中枢的神经元外，还分出一侧支兴奋另一个抑制性中间神经元，然后通过这一抑制性中间神经元抑制另一中枢的神经元。例如伸肌的肌梭传入纤维进入脊髓后，可直接使伸肌的 α 运动神经元兴奋，同时其侧支又兴奋另一个抑制性中间神经元，后者的突触后抑制作用使屈肌的 α 运动神经元抑制。这种抑制能使不同中枢之间的活动互相制约和协调，作用更加精细。

②回返性抑制。即反馈抑制。某一中枢的神经元兴奋时，其传出冲动沿轴突外传，同时又经其轴突侧支去兴奋另一抑制性中间神经元，该抑制性中间神经元兴奋后，其冲动经轴突回

返，作用于原先发动兴奋的神经元及同一中枢的其他神经元，抑制它们的活动。例如脊髓中的闰绍细胞就是一种抑制性中间神经元，它接受脊髓腹角运动神经元侧支的支配，而它的轴突末梢又反过来与该运动神经元胞体构成抑制性突触。当脊髓腹角的运动神经元兴奋时，可使受支配的骨骼肌收缩，同时也兴奋了闰绍细胞，转而回返抑制脊髓腹角运动神经元的活动。它能使神经元的兴奋及时终止，以免过久和过度的兴奋，并促使同一中枢内的许多神经元之间的活动同步化。

(2)突触前抑制　突触前抑制是兴奋性突触前神经元轴突末梢受到另一轴突末梢的作用而减少其自身所释放的兴奋性递质，从而使得兴奋性突触后电位减小，以至不易或甚至不能引起突触后神经元兴奋，呈现抑制效应。突触前抑制的递质是 γ-氨基丁酸(GABA)，GABA 同时也是引起突触后抑制的一种抑制性递质。

5. 中枢易化

中枢易化可分为突触后易化和突触前易化。突触后易化表现为兴奋性突触后电位的总和。突触后膜的去极化，使膜电位靠近阈电位水平，如果在此基础上再出现一个刺激，就较容易达到阈电位而暴发动作电位。突触前易化与突触前抑制具有同样的结构基础。

第五节　神经系统的感觉功能

感觉是神经系统反映机体内外环境变化的一种特殊功能。各种内外环境变化作用于感受器，转换为神经冲动，经神经传导通路，进入中枢神经系统，再经多次换元，最后抵达大脑皮层的特定部位，产生相应的感觉。

一、感受器

感受器是指分布在体表或组织内部的专门感受机体内、外环境变化的结构或装置。

1. 感受器的分类

感受器分类的方法有几种。一是根据感受器的分布位置和接受的刺激来源，常分为外感受器和内感受器两大类：前者分布于皮肤和体表，接受来自外界环境的刺激；后者分布于内脏和躯体深部，接受来源机体内部的刺激。二是根据感受器所能感受的适宜刺激种类，常分为机械感受器、温度感受器、化学感受器和光感受器等。

2. 感受器的一般生理特性

(1)适宜刺激　一般来说，每一种感受器都有各自的适宜刺激。例如，光波是视网膜的适宜刺激；声波是听觉的适宜刺激等。说明某种感受器对某种形式的能量变化特别敏感，而对不适宜刺激则不敏感。

(2)感受器的换能作用　感受器接受刺激发生兴奋，使刺激的能量转化为神经冲动，这就是感受器的换能作用。

(3)适应现象　在一定强度的适宜刺激作用下，感受器冲动发放的频率逐渐减少，这一现象称为感受器适应。一般可分为快适应和慢适应(或非适应)两类感受器。前者如视觉、嗅觉和皮肤触觉感受器等；后者以肌梭、颈动脉窦压力感受器和痛觉感受器等为代表。快适应感受器的生理意义在于能够不断接受新刺激，更快适应新环境；慢适应则有利于机体某些功能的稳定，如正常体姿的维持、血压持久的稳定等。

（4）对比现象和后作用　在某种刺激之前或同时受到另一种性质相反的刺激时，感受器的敏感性上升，称为对比现象。例如在黑暗的背景上看到白色物体或白色背景上看到黑色物体，都会产生黑白分明的感觉。感觉有明显的后作用，当引起感觉的刺激消失后，感觉一般会持续存在若干时间，然后才逐渐消失。这种现象称为感觉的后作用。刺激越强，感觉的后作用也越长。例如，当光源发出的闪光频率达到一定值时，在视觉中产生的是不间断的光觉。

二、感觉传导通路

来自各感受器的神经冲动，除通过脑神经传入中枢外，大部分经脊神经背根进入脊髓，然后分别经由各前行传导路径传至丘脑，再经换元抵达大脑皮层。

1. 脊髓的感觉传导功能

由脊髓前传到大脑皮层的感觉传导路径分为两大类。

（1）浅感觉传导路径　传导痛觉、温觉和轻触觉。其传入纤维在脊髓背角更换神经元后，在中央管下交叉到对侧，分别由脊髓丘脑侧束（痛、温觉）和脊髓丘脑腹束（轻触觉）前行抵达丘脑。浅感觉传导路径是先交叉后前行，脊髓半断离后，浅感觉障碍发生在断离的对侧。

（2）深感觉传导路径　传导肌肉本体感觉和深部压觉。其传入纤维进入脊髓沿同侧背束前行，抵达延髓的薄束核和楔束核后更换神经元，再发出纤维交叉到对侧，经内侧丘系至丘脑。深感觉传导路径是先前行后交叉，当脊髓半断离时，深感觉障碍发生在断离的同侧。

2. 丘脑及其感觉投射系统

在大脑皮层不发达的动物中，丘脑是感觉的最高级中枢；大脑皮层发达的动物，丘脑接受除嗅觉以外的所有感觉的投射，是最重要的感觉接替站，可进行感觉的粗糙分析与综合。丘脑的病变可能导致感觉异常。

（1）丘脑核团的分类　根据神经联系和感觉功能特点，丘脑的核团大致可以分成三类。第一类（感觉接替核），接受感觉的投射纤维，换元后投射到大脑皮层的感觉区。如后腹核，内、外膝状体等。第二类（联络核），接受第一类核团和皮层下中枢来的纤维（但不直接接受感觉的投射纤维），换元后投射到大脑皮层的特定区域。这些核团在功能上与各种感觉在丘脑和大脑皮层水平的联系协调有关，故称联络核。第三类（主要是髓板内核群），这类核群包括中线核、髓板内核、中央中核、束旁核和中央外侧核等，是丘脑的古老部分。它没有直接投射到大脑皮层上的纤维，但可间接地通过丘脑网状核、纹状体等多突触接替，弥散地投射到整个大脑皮层，对维持大脑皮层的兴奋状态有重要作用。

（2）感觉投射系统　根据丘脑各核团向大脑皮层投射特征的不同，丘脑的感觉投射系统可分为两类：

①特异投射系统。丘脑的感觉接替核接受躯体各种特异性感觉传导通路（如视、听觉，皮肤、深部躯体痛觉）的冲动，再通过纤维投射到大脑皮层的特定区域，产生特定感觉，称为特异投射系统。丘脑的联络核也属于此系统。

②非特异投射系统。各种特异感觉传导纤维前行通过脑干时，发出侧支与脑干网状结构的神经元发生突触联系。在网状结构内多次换元前行，到达丘脑的第三类核团，最后弥散地投

射到大脑皮层的广泛区域，这一感觉投射路径称为非特异性投射系统。该系统虽然不产生特定感觉，但是它具有普遍提高大脑皮层兴奋性，维持觉醒的功能，是大脑皮层产生特定感觉所不可缺少的。

三、大脑皮质的感觉分析功能

各种感觉传入冲动最终都必须到达大脑皮层，在大脑皮层内进行信息的加工和综合，产生感觉，并发生相应的反应。不同感觉在大脑皮层内有不同的代表区。大脑皮层的感觉区分别为：

(1)躯体感觉区　位于大脑皮层顶叶。全身浅感觉和深感觉的冲动经丘脑投射到此区。

(2)感觉运动区　位于中央前回。

(3)内脏感觉区　内脏感觉投射的范围较弥散，并与躯体感觉区有一定的重叠。此外边缘系统的皮层部位也是内脏感觉的投射区。

(4)视觉区　位于皮层的枕叶。

(5)听觉区　位于皮层的颞叶。

(6)嗅觉区　嗅觉区在高等动物位于边缘皮层的前底部区域，在中央后回头面部感觉投射区的下方。

大脑皮层的这些感觉区的功能差别是相对的，表明在一定区域内对一定的功能有比较密切的联系，但事实上，它们之间在功能上经常密切联系，协同活动而产生各种复杂的感觉。

第六节　神经系统对躯体运动的调节

躯体运动是由许多骨骼肌的协调和配合收缩来实现的，必须在神经系统各个部位的调节下才能完成；越是复杂的躯体运动，越需要高水平的神经系统的参与。各级中枢对骨骼肌活动的调节水平如下。

一、脊髓对躯体运动的调节

脊髓是躯体运动的基本反射中枢，能完成一些简单的反射活动。

1. 牵张反射

当骨骼肌受到外力牵拉使其伸长时，肌腱内感受器受到刺激而兴奋，产生冲动传入脊髓后，能反射性地引起受牵拉的同一肌肉收缩，称为牵张反射。牵张反射有两种类型，即腱反射(也称为位相性牵张反射)和肌紧张(也称为紧张性牵张反射)。

(1)腱反射　是指快速牵拉肌腱时发生的牵张反射，主要发生于快肌纤维，是一种单突触反射。例如叩击跟腱引起腓肠肌收缩的跟腱反射，就是一种典型的腱反射。

(2)肌紧张　骨骼肌受到缓慢而持续的牵拉时，使该肌肉经常处于持续的轻度收缩的状态，称为肌紧张。例如，支持体重的关节受重力作用而使其趋向弯曲时，势必使伸肌受到持续的牵拉，从而产生伸肌肌紧张，以对抗关节的屈曲，维持直立姿势。

2. 屈肌反射与交叉伸肌反射

肢体皮肤受到伤害性刺激时，可引起该侧肢体屈肌收缩、伸肌舒张，使肢体屈曲，此现象称为屈肌反射。若加大刺激强度,则可在同侧肢体发生屈曲的基础上出现对侧肢体伸展,称为交叉伸肌反射。

二、脑干对肌紧张和姿势的调节

脑干除了有神经核以及与它相联系的前行和后行的神经传导束外,还有纵贯脑干中心的网状结构。脑干网状结构是中枢神经系统中最重要的皮层下整合调节机构。

1. 脑干对肌紧张的调节

(1)脑干网状结构易化区与抑制区　脑干网状结构中加强肌紧张和肌肉运动的区域,称为易化区。包括延髓网状结构的背侧部、脑桥和中脑的背盖,向上直至间脑的网状结构。其中具有抑制肌紧张和肌肉运动的区域,称为抑制区。主要位于延髓网状结构的腹内侧部分。脑干网状结构抑制区的活动需要大脑皮层、尾状核和小脑下行抑制系统的始动作用。如果失去这种始动作用,可使该抑制区的活动减弱,使肢体的肌肉紧张亢进。

(2)去大脑僵直　在中脑前、后丘之间完全切断动物的脑干,可出现四肢僵直,脊柱硬挺,头向后仰,尾部翘起,躯体呈角弓反张姿态,称之为去大脑僵直。去大脑僵直的成因有二:一是来自皮层抑制区和纹状体的抑制性作用被消除,使原先被抑制的牵张反射得到加强;二是不断传向脊髓的易化性作用相对加强。因此,易化系统与抑制系统的活动失去平衡,使易化系统活动占有显著优势,主要影响抗重力肌的作用,导致伸肌肌紧张加强,而出现去大脑僵直。

2. 脑干对姿势的调节

中枢神经系统调节骨骼肌的肌紧张或产生相应运动,以保持或改正动物躯体在空间的姿势,称为姿势反射。前述的对侧伸肌反射和牵张反射是最简单的姿势反射。状态反射、翻正反射等是较为复杂的姿势反射。

(1)状态反射　动物头部在空间的位置改变或头部与躯干的相对位置改变时,反射性地改变躯体肌肉的紧张性,称为状态反射。状态反射包括迷路紧张反射和颈紧张反射,这两种反射在去大脑的动物上最明显。

迷路紧张反射是指头部位置发生改变时,内耳迷路的耳石器官受刺激后对伸肌紧张性的调节反射。在去大脑动物中观察到,伸肌紧张在仰卧时最高,俯卧时最低。

颈紧张反射是指颈部扭曲时,颈椎的关节韧带或肌肉受刺激后对四肢肌肉紧张性的调节反射。如将去大脑动物的头向腹面弯下时,前肢伸肌紧张性降低,后肢伸肌紧张性增高;相反,将头弯向背侧时,前肢伸肌紧张性增高,后肢伸肌紧张性降低。正常动物由于存在高级中枢,状态反射被抑制而不易显现出来。

(2)翻正反射　当动物被推倒或使它从空中仰面放落时,它能迅速翻身、起立或改变为四肢朝下的姿态而着地,这种复杂的姿势反射称为翻正反射。翻正反射包括一系列反射活动,其感觉冲动先是来自视觉和内耳迷路,如果毁坏双侧迷路器官再蒙住双眼,则下落时不出现翻正反射。

三、小脑对躯体运动的调节

小脑是躯体运动调节的重要中枢,主要维持身体平衡、调节全身的肌紧张、协调与控制躯体随意运动。

1. 维持身体平衡

维持身体平衡是前庭小脑的主要功能。前庭小脑主要由小脑绒球小结叶构成。前庭器官的冲动通过前庭核、绒球小结叶、顶核等，最后经由脊髓运动神经元，调节躯体各部肌肉的紧张性，维持平衡。

2. 调节全身的肌紧张

调节全身肌紧张主要是小脑前叶的功能。前叶有抑制伸肌紧张的作用，反射的传入冲动主要来自肌肉和关节的本体感受器，经脊髓小脑束传到小脑皮层。小脑前叶对肌紧张具有抑制和易化的双重调节作用。

3. 协调与控制躯体随意运动

协调随意运动是小脑后叶中间带的主要功能，小脑接受传入信号后经整合通过反馈环路返回大脑皮层运动区，实现躯体运动的协调、准确和稳定。

四、基底神经节对躯体运动的调节

基底神经节主要由尾状核、豆状核、丘脑底核和黑质组成，有时还涉及杏仁核，以及在功能上有密切联系的丘脑、丘脑底、中脑黑质、红核等，基底神经节病变的临床表现有两类症状，一类表现为运动过少、肌肉紧张亢进、肌体僵直和战颤等；另一类表现为运动过多，如舞蹈症、肢体徐动症等。

五、大脑皮层对躯体运动的调节

大脑皮层是中枢神经系统控制和调节躯体运动的最高级中枢，它的调节是通过锥体系统和锥体外系统来实现的。

1. 大脑皮层运动区

大脑皮层的某些区域与骨骼肌运动有着密切关系，这个部位称为皮层运动区。大脑皮层运动区调节骨骼肌的特点：一是交叉支配。一侧皮层支配对侧躯体的骨骼肌，两侧呈交叉支配关系。但头面肌肉的支配大部分是双侧性。二是精确的功能定位。刺激皮层的一定部位，引起一定肌肉的收缩，而且这种功能定位呈倒置支配关系。三是身体不同运动部位在皮层代表区的大小与运动精细、复杂的程度相关。

2. 运动传导通路

大脑皮层对躯体运动的调节是通过锥体系与锥体外系两大传出系统的协调活动完成的。

（1）锥体系统　一般是指由大脑皮层发出经延髓锥体下达脊髓的锥体束（或称皮层脊髓束）和由大脑皮层发出抵达脑神经运动核的皮层脑干束。其纤维一部分经脑干交叉到对侧，与脊髓的运动神经元相连。锥体系统的功能特点是控制各种由少数肌肉甚至个别肌肉参与的精细复杂的随意运动。

（2）锥体外系统　指锥体系以外的调节躯体运动的后传系统，包括经典的锥体外系、皮层起源的锥体外系与旁锥体外系。该系统主要功能是与调节肌紧张、肌群的协调运动有关，使躯体运动协调和精确。在家畜，锥体外系统较锥体系统发达，因此在协调运动中锥体外系统更为重要。

第七节　神经系统对内脏活动的调节

调节内脏活动的神经结构称为植物性神经系统。植物性神经系统也包括传入神经(常与躯体传入纤维并行)、中枢和传出神经三个部分;习惯上主要是指支配内脏和血管的传出神经,并将其分为交感神经和副交感神经(图 4-23、图 4-24)。

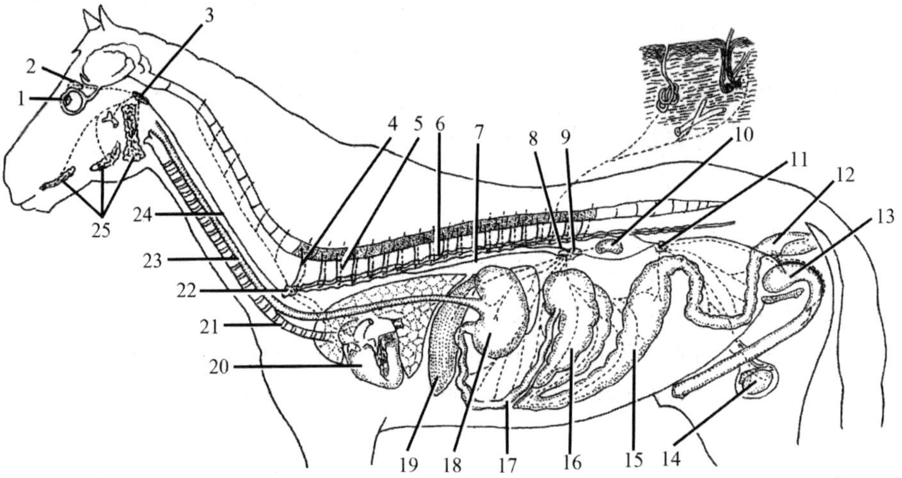

图 4-23　交感神经分布模式图

(实线示节前神经纤维,虚线示节后神经纤维)

1.眼球　2.泪腺　3.颈前神经节　4.白交通支　5.灰交通支　6.交感神经干　7.内脏大神经　8.内脏小神经　9.腹壁肠系膜前神经节　10.肾　11.肠系膜后神经节　12.直肠　13.膀胱　14.睾丸　15.大结肠　16.盲肠　17.小肠　18.胃　19.肝　20.心　21.气管　22.星状神经节　23.食管　24.颈部交感干　25.唾液腺

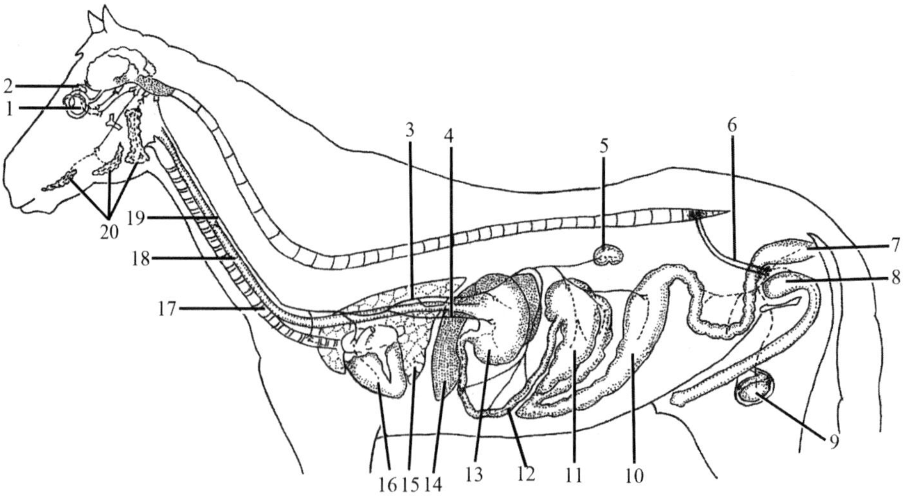

图 4-24　副交感神经分布模式图

(实线示节前神经纤维,虚线示节后神经纤维)

1.眼球　2.泪腺　3.迷走神经食管背侧干　4.迷走神经食管腹侧干　5.肾　6.盆神经　7.直肠　8.膀胱　9.睾丸　10.大结肠　11.盲肠　12.小肠　13.胃　14.肝　15.肺　16.心　17.气管　18.食管　19.迷走神经　20.唾液腺

一、交感神经和副交感神经的功能特点

1. 双重支配

许多组织器官都受交感神经和副交感神经的双重支配，两者的作用往往是彼此颉颃的。例如，心交感神经能加强心脏的活动，而心迷走神经则起相反作用；迷走神经可促进小肠的运动和分泌，而交感神经则起抑制作用。这样使神经系统能从正反两方面灵敏地调节内脏活动，以适应机体当时的需要（表 4-5）。

表 4-5　植物性神经的主要功能

	交感神经	副交感神经
心血管	心搏加快、加强 腹腔脏器血管、皮肤血管、唾液腺与外生殖器血管：收缩 肌肉血管：收缩或舒张（胆碱能）	心搏减慢、收缩减弱 血管舒张；分布于软脑膜与外生殖器的血管
呼吸器官	支气管平滑肌舒张	支气管平滑肌收缩，黏液腺分泌
消化器官	分泌黏稠唾液，抑制胃肠运动，促进括约肌收缩，抑制胆囊活动	分泌稀薄唾液，促进胃液、胰液分泌，促进胃肠运动，括约肌舒张，胆囊收缩
泌尿生殖器官	逼尿肌舒张，括约肌收缩，子宫（有孕）收缩和子宫（无孕）舒张	逼尿肌舒张，括约肌舒张
眼	瞳孔放大，睫状肌松弛，上眼睑平滑肌收缩	瞳孔缩小，睫状肌收缩，促进泪腺分泌
皮肤	竖毛肌收缩，汗腺分泌	
代谢	促进糖分解，促进肾上腺髓质分泌	促进胰岛素分泌

2. 紧张性作用

在静息状态下，植物性神经经常发放低频的神经冲动传到效应器，称之为紧张性作用。例如，切断支配心脏的迷走神经，心跳就加快，说明迷走神经对心脏起持续性的抑制作用，去除紧张性作用后，心跳加速。交感神经对心脏的紧张性作用恰与此相反，切断心交感神经可使心跳变慢。在正常状态下，心交感神经和心迷走神经都有一定的紧张性活动，使心脏功能维持相对稳定。

3. 效应器所处的功能状态的影响

植物性神经的外周性作用与效应器本身的功能状态有关。例如：胃幽门如果原来处于收缩状态，刺激迷走神经能使之舒张，如果原来处于舒张状态，则刺激迷走神经能使之收缩。

4. 对整体生理功能的调节意义

在环境急骤变化条件下，交感神经系统可以动员机体许多器官的潜在功能以适应环境的急变。例如，在剧烈肌肉运动、缺氧、失血或寒冷环境等情况下，机体出现心率加速，皮肤与腹腔内脏血管收缩，血液贮存库排出血液以增加循环血量，红细胞计数增加、支气管扩张、肝糖原分解加速以及血糖浓度上升、肾上腺素分泌量增加等生理功能的变化。副交感神经系统的活动主要在于保护机体、休整恢复、促进消化、积蓄能量以及加强排泄和生殖功能等方面。例如，在相对静止状态下，副交感神经的活动相对增加，此时心脏活动抑制，瞳孔缩小，消化功能增加以促进营养物质吸收和能量补充等。

二、内脏活动的中枢调节

1. 脊髓对内脏活动的调节

脊髓有调节内脏活动的低级中枢。在脊髓的侧角和相当于侧角的部位,存在交感神经和部分副交感神经的节前神经元,构成植物性反射的初级中枢,能整合简单的植物性反射。例如排粪反射、排尿反射、血管运动反射、性反射、出汗与竖毛肌反射等。以上反射的初级中枢均受高级中枢调节。

2. 低位脑干对内脏活动的调节

低位脑干植物性功能反射中枢能完成比较复杂的植物性反射活动。由延髓发出的副交感神经传出纤维支配头部的所有腺体、心脏、支气管、喉、食管、胃、胰腺、肝和小肠等。在延髓网状结构内还集中了许多内脏活动的调节中枢,除心血管运动中枢、呼吸中枢外,咳嗽、喷嚏、吞咽、唾液分泌、吸吮、呕吐等,均需要有延髓的参与。因此,延髓有"生命中枢"之称;脑桥有呼吸调整中枢和角膜反射中枢;中脑是瞳孔对光反射和视听探究反射的中枢所在部位。

3. 下丘脑对内脏活动的调节

下丘脑是皮层下调节内脏活动的较高级中枢,控制交感和副交感神经系统的活动。它不但起到许多重要生理过程的中枢作用,还有中枢感受器和神经内分泌的功能,它把内脏活动和其他生理活动联系起来,调节体温、水平衡、摄食活动、内分泌、情绪反应和生物节律等生理过程。

4. 大脑皮层对内脏活动的调节

(1)新皮层　电刺激动物的新皮层,除引起躯体运动外,也可使内脏发生反应。这说明新皮层对内脏活动均有调节的作用。

(2)边缘系统　边缘系统是大脑皮层内侧面环绕脑干背面的一个弓形皮层以及皮层下在功能上密切联系的神经结构的总称。它对内脏活动具有重要的调节作用。刺激边缘系统的不同部位,可以发现各种内脏活动的代表区域,引起相应的内脏活动变化。例如刺激扣带回前部,可引起血压波动、心跳变慢、呼吸减慢或抑制、胃运动和胃液分泌变化、瞳孔放大或缩小、排粪尿、勃起和出汗等;刺激扣带回中、后部,可使呼吸加速;刺激杏仁核可引起下丘脑—垂体—肾上腺皮质系统活动增强、心率和血压波动、瞳孔散大、唾液分泌、勃起、射精、排卵等性反射。由此可见,边缘系统对内脏活动有广泛的影响,所以有"内脏脑"之称。边缘系统对机体的本能性的行为与情绪反应也有明显的影响。

第八节　脑的高级功能

大脑皮层是中枢神经系统的最高级部位,除了具有感觉功能和对躯体运动与内脏活动的调节功能外,还能独立完成许多更为复杂的高级神经活动。反射活动是中枢神经系统的基本活动形式。巴甫洛夫把反射活动分为非条件反射和条件反射。非条件反射是通过遗传获得的先天性反射活动,它能保证机体各种基本生命活动的正常进行。动物出生后,在生活过程中能不断地形成新的反射就是条件反射。这类反射比非条件反射复杂得多,是脑高级活动的基本形式。

1. 条件反射的形成

当喂食时能引起犬分泌唾液,这是非条件反射。如果给犬以灯光或铃声刺激,则不能引起唾液分泌,因为这时的灯光和铃声都与分泌唾液无关,称为无关刺激。但如果每次喂食之前,总是先出现铃声或灯光,然后紧接着给食物,这样反复结合次数后,铃声或灯光一经出现,犬就会分泌唾液。铃声或灯光原为无关刺激，但是与食物多次结合之后，转变为可引起唾液分泌的作用，即无关刺激已成为进食的信号，称为信号刺激或条件刺激。这种由条件刺激引起的反射即称为条件反射。可见，条件反射是无关刺激与非条件刺激在时间上经过反复多次结合后建立起来的，这个过程称为强化。

另一种条件反射较复杂，它要求动物完成一定的操作。例如，将大鼠放入实验笼内，当它在走动中偶然踩在杠杆上时，即喂以食物，如此重复多次，大鼠即学会了自动踩杠杆而得到食物。然后，在此基础上进一步训练，只有当某一特定信号（如灯光）出现后踩杠杆，才能得到食物。强化训练完成后，大鼠见到特定的信号，就去踩杠杆而得食。这类条件反射的特点是动物必须通过自己完成某种操作或操作后才能得到强化，所以称为操作式条件反射。

从以上过程可以看到，条件反射的建立需要的条件是：①条件反射是在非条件反射基础上建立的。②无关刺激与非条件刺激（在唾液分泌反射中指的是食物）需多次结合，而且无关刺激要提前或同时与非条件刺激出现。这种结合称为条件刺激的强化，这是条件反射建立并巩固的需要。③生理状态与周围环境的条件。动物要健康、清醒，环境避免嘈杂干扰，保持动物良好食欲状态等。最后一条对建立食物性条件反射尤为重要。

2. 条件反射的消退

条件反射建立以后，如果接连单独应用条件刺激而不用非条件刺激强化，那么条件反射越来越弱，最后完全不出现，这称条件反射的消退。例如，铃声与食物多次结合应用，使犬建立条件反射。然后，只给犬以铃声刺激而不给食物，即不强化，则铃声引起的唾液分泌量逐渐减少，最后完全不能引起分泌。条件反射消退并不是这种条件反射已经丧失，而是由于原来会引起中枢兴奋的条件刺激，转化成引起中枢抑制的刺激。所以条件反射消退又称作隐性条件反射。

3. 条件反射的生物学意义

机体对内外环境的适应，都是通过非条件反射和条件反射来实现的。条件反射与非条件反射相比，无论在数量上还是质量上都有很大的不同。数量上，非条件反射很有限，而形成条件反射几乎是无限的。质量上，非条件反射比较恒定，而条件反射具有很大的可塑性，既可以建立，也可以消退。因此条件反射具有较广泛、精确而完善的高度适应性。此外，条件刺激作为非条件刺激的信号，以代替非条件刺激而引起的特有反应，使机体具有预见性，能更有效地适应环境。例如：依靠食物条件反射，动物不再是消极地等待食物进入口腔，而是根据食物的形状和气味去主动寻找；也不再是等食物进入口腔才开始消化活动，而是在这之前就做好消化的准备。

在动物个体的一生中，纯粹的非条件反射只在出生后较短的时间内可以看到，以后由于条件反射的不断建立，条件反射和非条件反射越来越不可分割地结合起来。因此，个体对内外环境的反射性反应，都是条件反射和非条件反射并存的复杂反射活动。随着环境变化，动物会不断形成新的条件反射，消退不适合生存的旧条件反射。从动物进化上看，动物越高等，形成条件反射的能力越强，适应环境而生存的能力也越强。

复习思考题

一、选择题

1. 硬膜外麻醉时，将麻醉剂注入硬膜外腔的常用部位是（　　）。

A. 寰枢间隙　　B. 颈胸间隙　　C. 胸腰间隙　　D. 腰荐间隙　　E. 荐尾间隙

2. 滑车神经的纤维成分性质属于（　　）。

A. 感觉神经　　B. 运动神经　　C. 混合神经　　D. 交感神经　　E. 副交感神经

3. 分布于视网膜上的感觉神经是(　　)。

A. 眼神经　B. 视神经　C. 外展神经　D. 动眼神经　E. 滑车神经

4. 脊髓膜的最内层称为(　　)。

A. 脊外膜　B. 脊内膜　C. 脊蛛网膜　D. 脊硬膜　E. 脊软膜

5. 脊硬膜和椎管之间的腔隙是(　　)。

A. 硬膜外腔　B. 脊髓中央管　C. 硬膜下腔　D. 蛛网膜下腔　E. 蛛网膜内腔

6. 脊髓灰质横切面呈(　　)。

A. 立方形　B. 扁平状　C. 蝴蝶形　D. 三角形　E. 卵圆形

7. 能被阿托品阻断的受体是(　　)。

A. α受体　B. β受体　C. M受体　D. N_1受体　E. N_2受体

8. 属于肾上腺素能受体的是(　　)。

A. M受体和N受体　B. M受体和β受体

C. A受体和α受体　D. N受体和β受体

E. α受体和β受体

9. 箭毒可与之结合而起阻断作用的受体是(　　)。

A. α受体　B. β受体　C. M受体　D. N_1受体　E. N_2受体

10. 属于胆碱能受体的是(　　)。

A. M受体和N受体　B. M受体和β受体

C. α受体和β受体　D. M受体和α受体

E. N受体和α受体

11. 临床上将肾上腺素用于强心,其结合的受体是(　　)。

A. α受体　B. β受体　C. M受体　D. N受体　E. H_1受体

二、简答题

1. 简述神经系统的划分。
2. 简述脊髓的位置、形态和构造。
3. 比较臂神经丛和腰荐神经丛的组成及主要分支分布。
4. 躯体运动神经与植物性神经有何不同?
5. 临床上给动物做腹壁手术时,局部麻醉的主要是哪些神经?
6. 脑脊髓外有哪些膜和腔?
7. 什么是突触? 突触传递的特性有哪些?
8. 什么是特异传入系统和非特异传入系统? 它们的作用有什么不同?
9. 什么是牵张反射? 它有何生理作用?
10. 简述交感神经与副交感神经的机能。
11. 条件反射如何形成? 有何实践意义? 怎样应用条件反射的原理提高动物饲养的效率?

第4章参考答案

第五章
内分泌系统

学习目标

1. 掌握激素的分类和作用机制。
2. 掌握垂体的内分泌功能。
3. 掌握甲状腺的分泌及其调节。
4. 掌握胰岛的内分泌功能。

第一节 概述

内分泌系统是指动物体内的内分泌腺和散在的内分泌细胞的总称。它具有调节机体的新陈代谢、生长发育和生殖等重要功能。体内主要的内分泌腺包括垂体、甲状腺、甲状旁腺、肾上腺、松果体、胰岛、性腺和胸腺等。散在的内分泌细胞广泛存在于体内的许多组织器官中，如胃肠道黏膜、心、肺、肾、皮肤以及胎盘等。此外，在下丘脑则存在兼有内分泌功能的神经细胞。内分泌腺或内分泌细胞分泌的生物活性物质称为激素，被激素作用的器官或细胞，称为靶器官或靶细胞(彩插 5-1)。

内分泌概述及下丘脑、垂体的功能

内分泌系统与神经系统紧密联系，相互作用，共同调节机体的各种功能，维持内环境的相对稳态，以适应机体内外环境的各种变化。神经系统调控内分泌活动，内分泌系统也影响神经系统的功能，特别是下丘脑激素和脑-肠肽研究的进展，使神经内分泌活动成为内分泌系统的重要组成部分，出现了神经内分泌学。

一、激素的分类

激素的种类繁多，来源复杂，按其化学结构可分为含氮激素和类固醇激素两大类。

1. 含氮激素

含氮激素分子结构中含有氮元素，可分为蛋白质激素、肽类激素和胺类激素。

(1)蛋白质激素　主要有腺垂体激素、胰岛素、甲状旁腺素等。

(2)肽类激素　主要有下丘脑调节肽、神经垂体激素、降钙素、胰高血糖素、胃肠激素等。

(3)胺类激素　包括肾上腺素、去甲肾上腺素及甲状腺激素等。

2. 类固醇激素

类固醇激素常以胆固醇为原料合成，化学结构与胆固醇也相似，包括肾上腺皮质和性腺分泌的激素，如皮质醇、醛固酮、雄激素、雌激素和孕激素等。

二、激素作用的一般特征

激素虽然种类很多，作用也很复杂，但它们在对靶细胞的调节过程中却表现出许多共同的特性。

1. 信使作用

激素发挥作用的方式犹如信使传递信息。它们作用于靶细胞时，既不添加成分，也不提供能量，只能将携带的信息传递给靶细胞，促进或抑制靶细胞内原有的生理生化过程。含氮激素与膜受体结合时，都不对靶细胞直接发挥作用，而只是作为第一信使先引起胞浆中第二信使的生成，由第二信使调节细胞内酶类的活性，再改变细胞的功能。

2. 特异作用

激素的作用具有较高的组织特异性与效应特异性，即激素能选择地作用于某些器官和组织细胞，产生特异的作用。这是由于靶细胞膜上或细胞浆内或细胞核内具有该激素的受体。即使有些激素（如生长素、甲状腺激素等）广泛作用于身体许多靶组织、靶细胞，也是由于这些靶组织、靶细胞中普遍存在着它们的受体。有些激素专一地选择作用于某一内分泌腺体，该内分泌腺称为靶腺。

3. 高效作用

激素在血液中的生理浓度极低，一般在纳摩尔/升（$nmol \cdot L^{-1}$）或皮摩尔/升（$pmol \cdot L^{-1}$）水平变化，就能发挥强大的生理效应。激素与受体结合后，在细胞内发生了一系列酶促放大作用，逐级放大其后续效应，形成一个高效能生物放大系统。例如，下丘脑内 0.1 μg CRH 可使腺垂体释放 1 μg ACTH，后者能使肾上腺皮质分泌 40 μg 糖皮质激素，结果放大了 400 倍。

4. 相互作用

当多种激素共同调节一种生理活动时，激素之间往往存在协同或颉颃作用，如肾上腺皮质激素、胰高血糖素均能使血糖升高，两者共同存在时升糖效应增强，即协同作用；相反胰岛素能降低血糖，与上述激素有颉颃作用，当它们共同存在时，可使升糖作用减弱。另外，有的激素对某组织细胞并无直接作用，但它的存在是其他激素发挥生理作用的必要条件，这种现象称为允许作用。如糖皮质激素对血管平滑肌并无收缩作用，但只有当它存在时儿茶酚胺才能很好地发挥对心血管的调节作用。

三、激素的作用机制

激素的作用机制，近年研究较多，发展很快，目前认为含氮激素（包括肽类、蛋白质和胺类激素）与类固醇激素（甾体激素）的作用机制有所不同，现分别予以讨论。

1. 含氮激素作用的机制——第二信使学说

第二信使学说于 1965 年由 Sutherland 等提出，该学说认为：含氮激素是第一信使，与靶细胞膜上相应的专一受体结合，并激活膜上的腺苷酸环化酶系统。活化的腺苷酸环化酶在

Mg^{2+}存在的条件下催化ATP形成环一磷酸腺苷(cAMP)。cAMP为第二信使，信息由第一信使传递给第二信使。cAMP使无活性的蛋白激酶转为有活性，从而激活磷酸化酶，引其靶细胞固有的、内在的反应：如腺细胞分泌、肌细胞收缩与舒张、神经细胞膜电位变化等各种生理、生化反应(图5-1)。

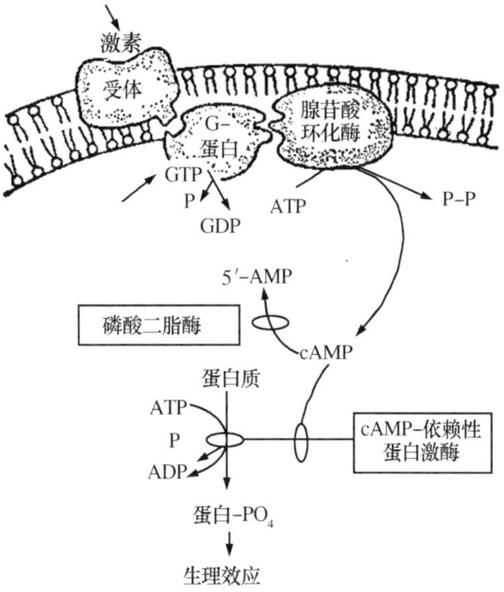

图5-1　含氮激素的作用机制

Sutherland提出第二信使学说时，只肯定cAMP是第二信使，以后许多实验还证明环一磷酸鸟苷(cGMP)、三磷酸肌醇、二酰甘油、Ca^{2+}也是第二信使。另外，在细胞膜发现了一种在膜受体与效应器酶(如腺苷酸环化酶)之间起偶联作用的调节蛋白——鸟苷酸结合蛋白，简称G蛋白。它在跨膜信息传递过程中起重要作用。

2.类固醇激素作用的机制——基因表达学说

类固醇激素是分子量较小的脂溶性物质，可以透过细胞膜进入细胞。在细胞内与胞浆受体结合，形成激素-胞浆受体复合物，并使受体蛋白发生构型变化，获得透过核的能力而移至核内，再与核内受体结合，形成激素-核受体复合物，它又作用于基因组，启动DNA的转录过程，从而促进mRNA的形成。mRNA进入细胞质后，与核蛋白结合，诱导新蛋白质的生成，引起相应的生物效应。这类激素的作用是通过基因(DNA)的作用而实现的，因此把这一作用机制称为基因表达学说(图5-2)。但有些类固醇激素，如雌激素、孕激素和雄激素等，进入靶细胞后可直接穿越核膜，与核受体结合调节基因表达。

上述两类激素作用机制并非绝对，如甲状腺激素虽属含氮激素，但其作用机制与类固醇激素相似，它可进入细胞内直接与核受体结合。类固醇激素也可作用于细胞膜，引起较快的反应。

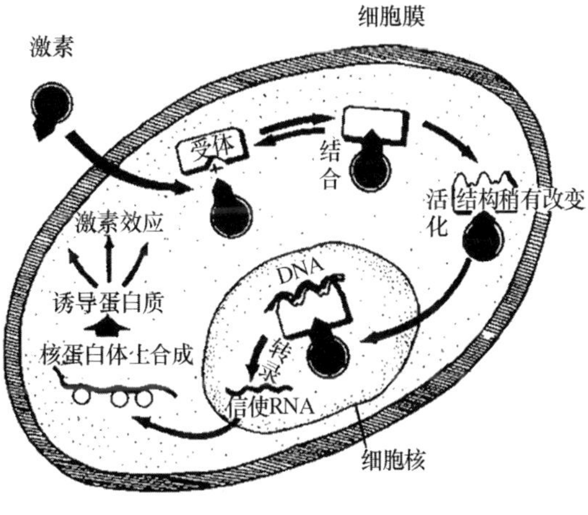

图5-2　类固醇激素的作用机制

第二节　下丘脑

下丘脑位于丘脑的腹侧，由前至后可分为三个区。①前区或称视上区：包括视交叉上核、视上核和室旁核等。②中区或称结节区：包括正中隆起、弓状核、腹内侧核等。③后区或称乳头区：包括背内侧核、乳头体等。下丘脑许多核团的神经元具有内分泌细胞结构特点，称为下丘脑的内分泌细胞，它们能分泌肽类激素或神经肽，统称肽能神经元。肽能神经元分两种，即神经内分泌大细胞和神经内分泌小细胞，前者主要分布在视上核和室旁核，能分泌催产素和加压素；后者较集中地分布在正中隆起、弓状核、视交叉上核、腹内侧核等，分泌释放激素，调节腺垂体功能，因此这一部位又可统称为下丘脑促垂体区。

一、下丘脑调节肽

下丘脑促垂体区的肽能神经元能合成并分泌一些调节腺垂体活动的肽类激素，称为下丘脑调节肽。包括释放激素和释放抑制激素，现知这类激素有 9 种，其中 6 种为释放激素，3 种为释放抑制激素，它们分别是：促甲状腺激素释放激素（TRH）、促性腺激素释放激素（GnRH）、生长激素释放抑制激素即生长抑素（GHRIH）、生长激素释放激素（GHRH）、促肾上腺皮质激素释放激素（CRH）、促黑素细胞激素释放因子（MRF）、促黑素细胞激素释放抑制因子（MIF）、催乳素释放因子（PRF）、催乳素释放抑制因子（PIF）等。

二、下丘脑与垂体的功能联系

下丘脑和垂体在结构和功能上有着密切的联系。腺垂体通过垂体门脉接受来自下丘脑的激素信息，组成下丘脑-腺垂体系统。神经垂体接受下丘脑视上核和室旁核来的神经纤维，组成下丘脑-神经垂体系统。

1. 下丘脑-腺垂体系统

下丘脑与腺垂体之间并没有直接的神经联系，但存在独特的血管网络，即垂体门脉系统。它始于下丘脑附近正中隆起的毛细血管网，然后汇集成几条小血管，通过垂体柄进入腺垂体后，再次形成毛细血管网。由下丘脑基底部促垂体区的肽能神经元产生和分泌的下丘脑调节肽，通过垂体门脉系统到达腺垂体，调节腺垂体的内分泌活动。下丘脑促垂体区的肽能神经元也接受中枢神经系统的控制，它们与中脑、边缘系统及大脑皮层等处传来的神经纤维形成突触联系。

2. 下丘脑-神经垂体系统

神经垂体不含腺细胞，其本身不能合成激素，但与下丘脑之间有着直接的神经联系。下丘脑的视上核和室旁核有神经纤维下行到神经垂体，构成下丘脑-垂体束，所合成的血管升压素和催产素沿垂体束纤维的轴浆运输到神经垂体贮存，当神经冲动传来时便由神经垂体释放入血。神经垂体与腺垂体的毛细血管网之间还存在垂体短门脉血管联系。

第三节 垂体

一、垂体的形态、位置和结构

垂体又称脑垂体，为一上下稍扁的卵圆形红褐色小体，在视神经交叉的后方，位于颅底蝶骨的垂体窝内，在脑的腹侧借助垂体柄连于丘脑下部。

垂体的构造和功能比较复杂，根据其发生和结构上的特点，可划分为腺垂体和神经垂体。腺垂体包括结节部，远侧部和中间部；神经垂体包括神经部和漏斗。垂体的远侧部和结节部称为前叶；其中间部和神经部则称为后叶（图 5-3）。

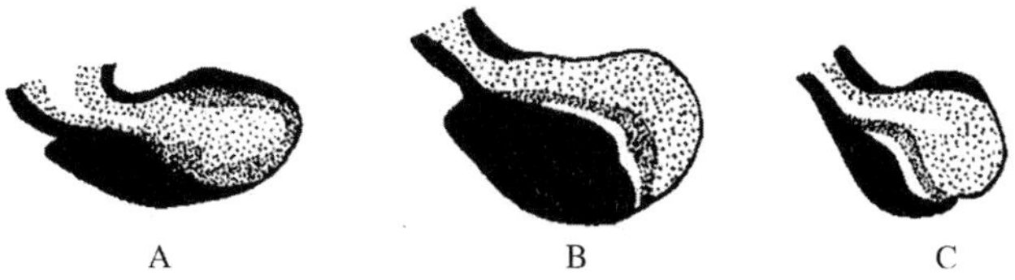

图 5-3　各种家畜垂体的正中切面模式图

A. 马　B. 牛　C. 猪

（黑色示远侧部与结节部，细点示中间部，粗点示神经部，白色示垂体腔）

1. 远侧部

远侧部由许多腺上皮细胞排列成团或索构成，其间有丰富的血窦和少量结缔组织。根据染色反应，腺细胞可分为嗜酸性细胞、嗜碱性细胞和嫌色细胞。

（1）嗜酸性细胞　数量较多，呈球形或卵圆形。电镜下又可分为含颗粒不同的两种细胞：①生长激素细胞。数量较多，胞质内含分泌颗粒，能分泌生长激素。②催乳激素细胞。数量较少，胞质内含粗大颗粒，能分泌催乳激素。

（2）嗜碱性细胞　数量少，体积比嗜酸性细胞稍大，胞质中含较小的嗜碱性颗粒，能分泌含糖蛋白类激素，电镜下又分为三种：①促甲状腺激素细胞。呈多角形，胞质内含有小颗粒，能分泌促甲状腺激素。②促性腺激素。细胞较大，胞质内颗粒大小不一，能分泌两种激素，即卵泡刺激素和黄体生成素。③促肾上腺皮质激素细胞。细胞形态不规则，颗粒小且少，能分泌促肾上腺皮质激素和促脂激素。

2. 中间部

中间部很小，呈狭长的带状。中间部和远侧部完全由垂体腔隔开，与神经部邻接。中间部主要有嫌色细胞和嗜碱性细胞，常围成允满胶体的滤泡。中间部的细胞可分泌促黑色素细胞激素。

3. 结节部

结节部围绕着神经垂体的漏斗，前面较厚，后面较薄，细胞排列成索状。主要有嫌色细胞和少量嗜酸性细胞、嗜碱性细胞，能分泌少量促性腺激素和促甲状腺激素。

4. 神经部

神经部与丘脑下部连为一整体，位于脑垂体的后部，内含大量的无髓神经纤维、神经胶质细胞和丰富的毛细血管。这些神经纤维来自丘脑下部，经漏斗进入神经部，其末梢终止于毛细血管壁上。其激素不是神经部本身产生，而是从下丘脑的视上核和室旁核产生，沿神经纤维经漏斗而达神经部，由末梢释放进入毛细血管或形成团块贮存于神经垂体。

二、垂体的内分泌功能

1. 腺垂体激素

腺垂体是内分泌系统中极为重要的内分泌器官，它分泌六种激素，除了调节机体基本机能之外，还有促激素调节其他内分泌腺的活动。

（1）生长激素（GH）　生长激素的重要作用是促进生长。促生长效应在骨、肌肉、肾、肝和脂肪组织中表现明显，长骨的骨骺对生长激素特别敏感。生长激素还加速储脂的水解，使血浆中脂肪酸增多；也使脂肪酸的氧化增加，生成的酮体增多。生长激素还抑制糖的分解利用，使进入细胞的葡萄糖减少，因而使血糖升高。

(2)催乳素(PRL)　催乳素在哺乳动物的主要作用是促进乳腺生长、发动和维持泌乳。在少数动物(如小鼠、大鼠，可能还有雪貂)催乳素还有促黄体分泌的作用，但山羊、牛、豚鼠、兔的催乳素则没有这种作用，因为催乳素与生长激素具有相似的化学结构特点，因此它具有较弱的生长激素作用，而生长激素也具有类似催乳的活性。催乳素对雄性动物有促进前列腺和精囊腺发育的作用；在鼠和羊还能协同 LH/HCG 调节雄激素的合成与分泌。

(3)促性腺激素(GTH)　包括促卵泡刺激素(FSH)和黄体生成素(LH)。

FSH 又名卵泡激素，在 LH 和性激素的协同作用下，FSH 可促进雌性动物卵巢卵泡细胞增殖和卵泡生长发育并分泌卵泡液；FSH 作用于雄性动物睾丸，促进生精上皮的发育，精子的生成和成熟。FSH 还使支持细胞分泌激素结合蛋白，后者可以维持曲精小管内有高浓度的睾酮，以刺激生精细胞的成熟分裂。

LH 对已被 FSH 预先作用过的卵泡有明显的促生长作用，还有促使卵泡破裂排卵和转变成黄体的作用。在多种哺乳动物，如绵羊、牛、兔和豚鼠等，LH 有刺激黄体分泌孕酮的作用。在雄性动物，LH 刺激睾丸间质细胞，促进它们分泌睾酮。

(4)促甲状腺激素(TSH)　主要生理作用是促使甲状腺细胞的增生，促进甲状腺激素的合成和释放。

(5)促肾上腺皮质激素(ACTH)　生理作用主要是促使肾上腺皮质增生，促进糖皮质激素合成与释放。

(6)促黑素细胞激素(MSH)　主要作用是刺激黑素细胞内黑素的生成和扩散，使皮肤颜色变暗、变黑。对低等脊椎动物起皮肤变色以适应环境变化的作用。

2. 神经垂体激素

神经垂体激素包括抗利尿激素(ADH)和催产素(OXT)。

(1)抗利尿激素　又称血管升压素(VP)，主要功能是调节血液渗透压、血液容量和血压。当血浆渗透压或血容量减少时，加压素分泌增加，引起抗利尿作用，减少水分从机体排出；而在血浆渗透压降低或水负荷时，加压素分泌减少，引起利尿，增加水分排出，以维持渗透压和水分的平衡。

(2)催产素　主要是调节子宫和乳腺的活动。在临产的母畜可见 OXT 分泌增加，增强子宫阵缩，促进胎儿产出，并对胎衣排出和子宫复位有重要作用。在乳腺 OXT 能诱发肌上皮和导管平滑肌收缩，促进乳的排出。

第四节　甲状腺

一、甲状腺的形态、位置和结构

甲状腺是红褐色的腺体，一般位于喉的后方，在前 2～3 个气管环的两侧和腹面，可分为左、右两个侧叶和连接两个侧叶的腺峡。各种动物甲状腺的形态和位置略有不同(图 5-4)。

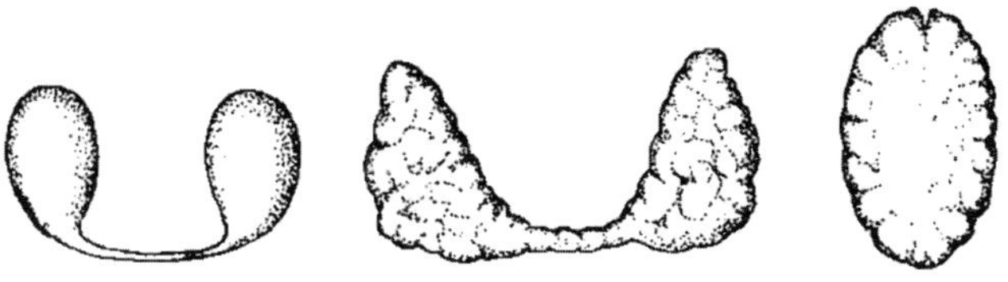

A　B　C

图 5-4　甲状腺的形态

A. 马　B. 牛　C. 猪

甲状旁腺、胰腺、肾上腺和性腺的功能

牛的甲状腺侧叶发达，颜色较浅，每个侧叶呈不规则的三角形，长 6～7 cm，宽 5～6 cm，厚约 1.5 cm 。腺小叶明显，腺峡由腺组织构成，较发达。

猪的甲状腺呈深红色，侧叶和腺峡结合为一整体，呈卵圆形，位于胸腔前口处气管的腹侧，长 4～4.5 cm，宽 2～2.5 cm，厚 1～1.5 cm。

马的甲状腺侧叶呈红褐色，卵圆形，长 3.4～4 cm，宽 2.5 cm，厚 1.5 cm。腺峡很细，且被结缔组织代替。

甲状腺是一个富含血管的实质性器官，外面被有一层薄的致密结缔组织被膜，并伸入腺体内形成支架，将实质分为许多腺小叶。腺小叶内有大小不一的腺泡，腺泡壁由单层立方上皮或短柱状上皮构成，胞核呈圆形。腺泡腔内充满胶质，胶质内含有由腺泡细胞合成的碘化甲状腺球蛋白。腺泡周围由基膜和少量结缔组织围绕，内有丰富的毛细血管和淋巴管。在腺泡上皮与基底膜之间或滤泡间的结缔组织内，有单个或成群分布的滤泡旁细胞（又称 C 细胞），能产生降钙素。

二、甲状腺激素的合成与分泌

甲状腺激素包括四碘甲腺原氨酸（T_4）和三碘甲腺原氨酸（T_3）两种，都是碘化物。甲状腺激素的合成是在甲状腺球蛋白（TG）的糖蛋白分子上进行的。合成的主要原料是碘。甲状腺激素的合成过程包括三个环节。

1. 腺泡聚碘

甲状腺腺泡上皮的基底侧胞膜上有特殊碘泵，能在 Na^+-K^+-ATP 酶水解 ATP 供能条件下，从血浆中主动摄取碘离子（I^-）进入细胞。

2. I^- 的活化

浓聚在甲状腺内的 I^-，在过氧化物酶催化下，以过氧化氢为氧化剂，转化成活性碘，活性碘的形式还未肯定，可能是 T_2 或与过氧化物酶形成的复合物。

3. 酪氨酸碘化和碘化酪氨酸的偶联

碘化过程是活性碘在有酪氨酸碘化酶的作用下与甲状腺球蛋白分子的酪氨酸结合形成一碘酪氨酸残基（MIT）和二碘酪氨酸残基（DIT）。碘化酪氨酸由偶联酶催化，偶联生成 T_4 或 T_3。T_4、T_3 统称为甲状腺激素。

甲状腺激素（T_3 或 T_4）生成后，与 TG 以胶质的形式共同存在于甲状腺的腺泡腔中。当机体需要甲状腺激素时，腺上皮顶端的微绒毛通过胞饮作用将含激素的 TG 吞饮入腺细胞内，并与溶酶体融合形成吞噬泡。随后，TG 被溶酶体酶水解，T_3、T_4 被释放进入血液，有 99% 以上与血浆蛋白结合，而成为甲状腺激素结合球蛋白(TBG)和甲状腺激素结合前清蛋白(TBPA)。1%的 T_3、T_4游离于血浆中。结合的 T_3、T_4与游离的 T_3、T_4保持动态平衡状态。

甲状腺分泌的激素主要是 T_4，约占总量的 90%，血浆中的 T_4大部分在外周组织中脱碘形成 T_3后发挥作用。T_3分泌量少，但活性是 T_4的好几倍，发挥作用比 T_4快。T_4的半衰期为 6～7 d，T_3为 1～3 d。

三、甲状腺激素的生理作用

甲状腺激素作用很广，影响到动物体的生长发育、组织分化、能量代谢、物质代谢，也涉及多种器官和系统的功能。动物换毛、长齿、长角及性器官发育都受甲状腺激素影响。

1. 对代谢的影响

(1)产热效应　甲状腺激素能使体内某些组织的耗氧量和产热量增多，细胞内氧化速率增加，提高有机体的基础代谢率。T_3、T_4的产热效应有一定的差别，T_3的产热效应作用比 T_4强 3～5 倍，而且潜伏期短，但作用的持续时间也较短。

(2)对蛋白质、糖和脂肪代谢的影响　甲状腺激素促进蛋白质及各种酶的生成，但分泌过多时，则加速蛋白质特别是骨骼肌蛋白质的分解，还促进骨的蛋白质分解；甲状腺激素可促进小肠对糖的吸收，增强糖原分解，抑制糖原合成，并可加强肾上腺素、胰高血糖素、皮质醇和生长激素的升糖作用，升高血糖浓度。另外，由于 T_4与 T_3也可加强外周组织对糖利用，故有降低血糖的作用；甲状腺激素促进脂肪酸氧化，具有增强儿茶酚胺和胰高血糖素对脂肪的分解作用。对胆固醇的作用有双重性，一般分解作用强于合成作用。

(3)对水和电解质的影响　甲状腺激素具有利尿作用，缺乏时可见组织特别是皮下组织发生水盐潴留，同时有大量黏蛋白沉积而表现黏液性水肿。给予甲状腺激素后水肿可消除。甲状腺激素还加速骨溶解，使尿中钙、磷排出增多，并促进 K^+ 从细胞内释放和排出。

2. 对生长发育的影响

甲状腺激素是机体生长、发育和成熟的重要因素，可促进细胞分化和组织器官的发育。在神经、肌肉和骨的正常发育中起作用。幼畜缺乏甲状腺激素可见生长发育障碍，尤其表现脑发育不全，生长受阻，性腺发育停止，不出现副性征。甲状腺激素的促生长发育作用基于其对蛋白质代谢的影响，与生长激素和生长素介质有密切关系，在缺乏甲状腺激素时，垂体生长激素的生成和分泌减少，作用不能充分发挥。

3. 其他作用

在胚胎期和幼年期甲状腺激素缺乏可见大脑生长和神经纤维髓鞘形成均迟缓，脑细胞体积减小，轴突和树突数量减少，传导和反应能力降低。幼畜缺乏甲状腺激素可见性腺发育停止，不表现副性征；成年动物甲状腺激素不足将影响公畜精子成熟，母畜发情、排卵和受孕。甲状腺激素对泌乳有促进作用，乳牛甲状腺机能不足，可见产乳量和乳脂率下降。甲状腺激素对心血管系统的作用是引起心率加快，心收缩力增强，心输出量和血压升高；对消化系统可增加消化腺分泌和消化道运动，并增强肠管对糖的吸收，还能引起肾上腺皮质增生，增强儿茶酚胺类激素的作用等。

四、甲状腺分泌活动的调节

1. 下丘脑-腺垂体-甲状腺轴

下丘脑分泌 TRH，刺激腺垂体合成和分泌 TSH，TSH 又促进甲状腺合成和分泌 T_4、T_3。当 TRH 分泌增加时，血浆中 T_4、T_3 浓度在较高水平上保持相对稳定。反之则 T_4、T_3 水平较低。

环境因素的刺激可通过神经系统向下丘脑 TRH 神经元传递信息，进而调节 TSH 和甲状腺激素的合成与释放。如外界寒冷刺激通过下丘脑释放 TRH 引起 TSH 分泌增多；高热或应激引起 TSH 分泌减少。

2. 甲状腺激素的反馈作用

血液中 T_4、T_3 含量变化对垂体 TSH 分泌有明显的反馈作用。含量升高通过负反馈机制抑制 TSH 的释放。已证明垂体 TSH 细胞含有甲状腺激素的特异受体。T_4、T_3 对下丘脑 TRH 的分泌有无反馈作用，目前还无定论。

3. 自身调节

甲状腺自身具有因碘供应的变化而调节碘的摄取与合成甲状腺激素的能力，称为甲状腺的自身调节。这是一种较为缓慢的调节过程，与 TSH 的作用相似，也涉及甲状腺激素合成和分泌的每一个步骤。

此外，实验表明，肾上腺素能纤维兴奋可促进甲状腺激素的合成和释放，胆碱能纤维兴奋则抑制甲状腺激素的分泌。

第五节　甲状腺旁腺和甲状腺 C 细胞

一、甲状旁腺的形态、位置和结构

甲状旁腺很小，呈圆形或椭圆形，位于甲状腺附近，能分泌甲状旁腺素。其数目及位置因动物种类而不同。

牛有内、外两对甲状旁腺。外甲状旁腺长 5～12 mm ，通常位于甲状腺的前方，靠近颈总动脉。内甲状旁腺较小，长 1～4 mm ，通常位于甲状腺的内侧面，靠近甲状腺的背缘或后缘。

猪只有一对甲状旁腺，大小不定，一般为 1～5 mm，位于颈动脉分叉处附近，有胸腺时则埋在胸腺内。

马有前、后两对甲状旁腺。前甲状旁腺的直径为 10～13 mm，大多数位于食管和甲状腺的前半部之间，有些在甲状腺的背缘，少数在甲状腺的深面。后甲状旁腺位于颈部后 1/4 的气管上。

甲状旁腺表面有一层致密结缔组织被膜，其结缔组织伸入实质形成间质。腺细胞排列成团块状或索状。其间有少量结缔组织及丰富的毛细血管。甲状旁腺的腺细胞主要有两类：①主细胞。数量最多，体积较小，呈圆形或多边形。胞核圆形，位于细胞中央。胞质着色浅，含糖原颗粒、脂滴和一些分泌颗粒。主细胞分泌甲状旁腺素。②嗜酸性细胞。数量较少，比主细胞大，为多边形。核小而圆，胞质内充满嗜酸性颗粒，单个或成群分布。其功能还不清楚。

二、甲状旁腺素的生理作用

甲状旁腺素（PTH）的主要作用是维持血 Ca^{2+} 恒定，其靶器官为骨和肾脏。

1. 对骨的作用

PTH 直接用于骨，加强破骨细胞的活动，使骨组织溶解，将钙、磷释放入血液。

2. 对肾脏的作用

PTH 对肾脏的作用是促进肾小管对钙的重吸收，减少尿钙的排出。抑制肾小管对磷的重吸收，增加尿磷的排出。PTH 通过激活肾内 α-羟化酶，催化 25-羟胆钙化醇（$25\text{-}OH\text{-}D_3$）转变为活性更高的 1,25-二羟胆钙化醇[$1,25\text{-}(OH)_2\text{-}D_3$]，后者可刺激小肠细胞钙结合蛋白的形成，进而促进钙、镁、磷的吸收。

三、甲状腺 C 细胞与降钙素

甲状腺 C 细胞可分泌降钙素（CT）。降钙素的生理作用主要是降低血钙和血磷，对幼畜尤其明显，它的靶器官是骨，其次是对肾脏和肠道。

1. 对骨的作用

降钙素能抑制骨原始细胞转变成破骨细胞，并加速破骨细胞转化为成骨细胞，增强成骨过程，使骨细胞释放入血的钙、磷减少，因而血钙和血磷浓度降低。

2. 对肾脏的作用

降钙素能抑制肾小管对钙、磷和氯等离子的重吸收，使这些离子在尿中的排出量增加。降钙素还能抑制肾内的 $25\text{-}OH\text{-}D_3$ 转变为 $1,25\text{-}(OH)_2\text{-}D_3$，因而间接地抑制肠道对钙的吸收，使血钙水平降低。

四、甲状旁腺素与降钙素分泌的调节

血浆中钙浓度升高时，可抑制 PTH 的分泌，但能促进 CT 的分泌。相反，血钙浓度降低时，则会抑制 CT 的分泌，促进 PTH 的分泌。PTH 和 CT 共同双向调节血钙浓度，血钙浓度又对 PTH 和 CT 形成负反馈调节，使血钙浓度与 PTH 和 CT 保持相对稳定水平。

第六节 肾上腺

一、肾上腺的形态、位置和结构

肾上腺是成对的红褐色实质性器官，位于肾的内侧稍前方。各种动物肾上腺的形态、位置略有不同。牛右肾上腺呈心形，位于右肾的前内侧，左肾上腺呈肾形，位于左肾的前方。猪肾上腺狭而长，位于肾内缘的前方。马肾上腺呈长扁圆形，位于肾内侧缘的前上方。

肾上腺表面被覆一薄层致密的结缔组织膜，内含少量的平滑肌纤维。实质分为皮质和髓质。

1. 肾上腺皮质

肾上腺皮质根据细胞的排列方式，由外向内可分为多形带、束状带和网状带三部分。

(1)多形带　细胞排列因动物种类不同而异。反刍动物的细胞排列呈不规则的团块或索状；马和肉食兽排列成弓形；猪排列不规则，介于二者之间。此区的细胞在马呈高柱状，其他动物为多边形，核小而染色深，胞质中有类脂小滴。多形带的细胞能分泌盐皮质激素，如醛固酮。

(2)束状带　细胞成束状平行排列，束间有毛细血管，细胞呈多边形，胞核较大，染色较浅。胞质中含有许多脂滴。多形带的细胞能分泌糖皮质激素，如可的松。

(3)网状带　细胞排列呈索状，互相吻合成网。细胞索之间有窦状毛细血管。细胞呈多边形，形态与束状带细胞相似，但脂滴较少，脂褐素较多，核圆而染色较深。网状带细胞分泌雄激素和雌激素。

2. 肾上腺髓质

肾上腺髓质由排列不规则的细胞索和窦状毛细血管组成。在含有许多铬酸盐的固定液固定的标本上，髓质细胞染成棕黄色，又称为嗜铬细胞。细胞分两类，一类能分泌肾上腺素，细胞较大，数量多，嗜铬性较弱；另一类能分泌去甲肾上腺素，细胞较小，数量少，嗜铬性强。两类细胞一般为混合分布，但牛、羊、马等家畜可形成较明显的外区和内区。此外髓质中还含有单个或成群分布的交感神经节细胞。

二、肾上腺皮质激素的生理作用与分泌调节

肾上腺皮质分泌的激素按其生理功能，可分为盐皮质激素、糖皮质激素和性激素三大类。

1. 肾上腺皮质激素的生理作用

(1)糖皮质激素　糖皮质激素的作用可分为四个方面。

①调节糖、脂肪、蛋白质代谢。加强肝细胞内肝糖原合成和糖原异生作用；限制骨骼肌和脂肪组织对葡萄糖的摄取和利用；促进组织中蛋白质和脂肪的分解，增加氨基酸和游离脂肪酸(FFA)释放入血液。

②对某些器官组织的作用。生理剂量的糖皮质素是骨骼肌、心血管和神经系统等器官组织的正常活所必需，缺乏可能使肌肉无力，心输出量降低，血管紧张性下降，红细胞数和血红蛋白含量减少，神经系统的兴奋性和反应能力下降；过量又会加速骨骼肌分解代谢，而引起组织消耗，心肌和血管平滑肌的兴奋性升高，神经系统活动加强。

③参与应激反应。在动物受到意外刺激(如环境温度改变、缺 O_2、创伤、饥饿等)发生应激反应时，均可见糖皮质激素分泌显著增高，但并不表现皮质机能亢进的特征，表明这时机体对糖皮质激素的需要增大，以动员能量，增强机体对外部不良环境的适应能力。

④抗炎和抗免疫作用。糖皮质素对炎症的发生和发展有抑制作用，可使炎症早期的红肿热痛等症状得到缓解，并防止炎症晚期形成肉芽和减少疤痕。抗免疫作用表现为对抗原的处理和识别能力下降，减少淋巴细胞增殖，使体液免疫和细胞免疫功能降低，因而可用来治疗器官移植后的排异反应。

糖皮质素的这些效应，除直接作用以外，大部分是通过对其他激素的允许作用，即必须有糖皮质素的存在其他激素的作用才能正常发挥，如交感神经-肾上腺髓质系统和儿茶酚胺激素

的作用，在缺乏糖皮质激素时减弱，而在给予糖皮质激素或 ACTH 时显著增强。

(2)盐皮质激素　主要作用是促进肾远曲小管对 Na^+ 的主动吸收，抑制对 K^+ 和 H^+ 的重吸收，即具有保钠排钾的作用。还可刺激大肠重吸收 Na^+ 并降低汗腺和唾液腺对 Na^+ 的分泌。随着 Na^+ 的被保留，机体可保留较多的水分。

(3)性激素　正常时因分泌量少并不产生明显效应；过量分泌时因性别年龄不同而引起机体的异常改变。

2. 肾上腺皮质激素分泌的调节

(1)糖皮质激素分泌的调节　糖皮质激素分泌由下丘脑-垂体-肾上腺皮质轴控制。在正常生理状态下，糖皮质激素保持基础分泌状态。当动物处于应激状态时，糖皮质激素出现应激分泌，使分泌量大幅度增加。无论是基础分泌或应激分泌，都直接受腺垂体促肾上腺皮质激素(ACTH)的控制，而 ACTH 分泌则受下丘脑 CRH 的调节。血中糖皮质激素的水平对其自身分泌可起反馈调节作用。

(2)盐皮质激素分泌的调节　醛固酮分泌主要受肾素-血管紧张素系统的调节；血浆中 K^+ 浓度升高或 Na^+/K^+ 比例改变(Na^+ 浓度下降，K^+ 浓度上升)均可直接刺激肾上腺多形带引起醛固酮分泌；另外在应激情况下，ACTH 也可使醛固酮分泌增加。

三、肾上腺髓质激素的生理作用与分泌调节

肾上腺髓质嗜铬细胞分泌的激素有肾上腺素(E)和去甲肾上腺素(NE)。前者占 85%，后者占 15%。化学性质为儿茶酚胺，都是以酪氨酸为原料合成的。肾上腺素和去甲肾上腺素合成后，大多数以囊泡的形式贮存在嗜铬细胞内，交感神经兴奋时，囊泡内的激素即释放到血液中。血液循环中的肾上腺素主要来自肾上腺髓质，去甲肾上腺素主要来自肾上腺素能神经纤维末梢，其次是肾上腺髓质。

1. 肾上腺髓质激素的生理作用

肾上腺素和去甲肾上腺素都有拟交感神经的作用，而且它们的释放经常与交感神经系统密切联系。因此，一般把两者合称为交感-肾上腺髓质系统。髓质激素的总效应是与交感神经系统协同动员机体应付紧急情况。如恐惧、创伤或失血等情况，交感神经活动加强，髓质分泌激素急剧增加。其结果是：心跳加快，心输出量增加，血压升高，血流加快；内脏血管收缩，肌肉血管舒张；支气管舒张，改善氧的供应；肝糖原分解，血糖升高，增加营养的供应。

上述一切变化都是在紧急情况下通过交感-肾上腺髓质系统发生的适应性反应，称为应急反应。应激反应主要是加强机体对伤害刺激的基础耐受能力，而应急反应更偏重于提高机体的警觉性和应变能力。受到外界的刺激时，两种反应往往同时发生，共同维护机体的适应能力。

2. 肾上腺髓质激素分泌的调节

肾上腺髓质激素的分泌受到以下三个方面的调节：①交感神经的作用。交感神经兴奋时，节前纤维末梢释放的乙酰胆碱，通过肾上腺髓质嗜铬细胞上 N 型胆碱能受体，使肾上腺素和去甲肾上腺素分泌增加。②ACTH 的作用。可直接或间接通过糖皮质激素提高肾上腺髓质细胞中的多巴胺 β-羟化酶和苯乙醇胺氮位甲基转移酶(PNMT)的活性，促进髓质激素的合成。③反馈作用。当去甲肾上腺素合成达一定量时，可抑制酪氨酸羟化酶的活性，使去甲肾上

腺素合成减少；肾上腺素过多时可抑制 PNMT 的作用，使肾上腺素合成减少。

第七节　胰岛

胰岛属胰的内分泌部，为散布于胰腺组织中的细胞群，类似一个个小岛，故称为胰岛。胰岛细胞排列成团索状，细胞之间有丰富的毛细血管和血窦，它所分泌出来的激素直接进入血液。

胰岛细胞按形态学特征分为四类：A 细胞（又称 α 细胞）、占胰岛细胞总数的 20％左右，分泌胰高血糖素；B 细胞（又称 β 细胞），占胰岛细胞总数的 75％左右，分泌胰岛素；D 细胞占胰岛细胞总数的 5％，分泌生长抑素；PP 细胞数量很少，分泌胰多肽。

一、胰岛素的生理作用

胰岛素是全面调节机体新陈代谢的激素之一。它对机体维持血糖平衡、促进营养物质在体内合成和贮存等方面都有重要的调节作用。

1. 对糖代谢

胰岛素一方面促进血液中的葡萄糖进入肝、肌肉和脂肪等各组织，并在这些细胞中合成糖原，另一方面又有抑制糖原分解以及糖的异生作用，促进葡萄糖转变为脂肪。通过上述途径胰岛素既增加血糖的去路又减少血糖的来源，因而使血糖浓度下降。

2. 对脂肪代谢

胰岛素促进脂肪的合成与贮存，使血中游离脂肪酸减少，同时抑制脂肪的分解氧化。胰岛素缺乏可造成脂肪代谢紊乱。

3. 对蛋白质代谢

胰岛素一方面可以促进细胞对氨基酸的摄取和蛋白质合成，另一方面又抑制蛋白质的分解，因而有利于生长。同时，腺垂体生长激素促进蛋白质合成的作用，必须在有胰岛素存在的情况下才能表现出来。

二、胰高血糖素的生理作用

胰高血糖素的作用与胰岛素相反，是一种促进分解代谢的激素。胰高血糖素促进肝糖原分解和糖异生作用，而使血糖浓度明显升高；也能使储脂分解，增加血中游离脂肪酸的浓度。胰高血糖素还能促进组织蛋白质的分解和抑制蛋白质的合成，同时还可促进肝脏合成尿素。

此外，胰高血糖素还具有增强心肌收缩力和增加心率等作用，使心输出量增加，血压升高。

三、胰岛素和胰高血糖素分泌的调节

1. 胰岛素分泌的调节

（1）血中代谢物质的作用　血糖浓度是刺激胰岛素分泌的最重要因素，血浆中生理浓度的葡萄糖既能促进胰岛素的分泌，又能促进它的合成。血糖浓度升高时胰岛素的合成和分泌均将增加，血糖浓度下降时则胰岛素的合成和分泌都将相应减少。在高血糖的持续刺激影响下，胰岛素的合成和分泌量大增。血中氨基酸、脂肪酸和酮体等浓度的增加,也可使胰岛素分泌增多。葡萄糖和氨基酸在促进胰岛素分泌中往往起着协同作用。

(2)激素的作用 多种胃肠激素(如促胃液素、促胰液素、胆囊收缩素和抑胃肽等)都在一定程度上具有刺激胰岛素分泌的作用。胰高血糖素通过旁分泌直接作用于B细胞使胰岛素分泌增多,也可通过血糖浓度增高间接地引起胰岛素的分泌。生长激素、皮质醇、孕酮和雌激素也能促进胰岛素的分泌。肾上腺素能抑制胰岛素的分泌。

(3)神经调节 胰岛细胞接受交感和副交感神经的双重支配。支配胰岛的迷走神经兴奋时可通过M受体直接促进胰岛素的分泌,迷走神经还可通过刺激胃肠道激素的释放,间接促进胰岛素的分泌。交感神经兴奋时,可通过α受体抑制胰岛素的分泌。

2. 胰高血糖素分泌的调节

(1)血中代谢物质的作用 血糖浓度是调节胰高血糖素分泌的最重要因素。血糖浓度升高抑制胰高血糖素的分泌,而血糖浓度降低则促进其分泌。血中氨基酸浓度增高,能促进胰高血糖素的分泌。

(2)激素的作用 胰岛素一方面可以通过降低血糖间接刺激胰高血糖素的分泌,另一方面可以通过旁分泌直接作用邻近的A细胞,抑制胰高血糖素的分泌。胰岛素、胰高血糖素及血糖浓度三者构成自动调节的反馈系统,这对于维持血糖浓度以及以上两种激素分泌量的稳态起着非常重要的作用。促胃液素、胆囊收缩素对胰高血糖素的分泌也有不同程度的促进作用,但促胰液素则有抑制作用。

(3)神经调节 迷走神经通过M受体抑制胰高血糖素的分泌,而交感神经则通过β受体促进其分泌。

第八节 其他内分泌激素

一、松果体激素

松果体是一红褐色卵圆形小体,位于四叠体与丘脑之间,以柄连于丘脑上部。

松果体的表面包有一层结缔组织被膜,并伸入腺实质将腺分为不规则的小叶,小叶内细胞有90%以上为松果体细胞,其余为神经胶质细胞,另有少量无髓神经纤维和一些钙质沉淀物,称脑沙。松果腺分泌的激素主要有褪黑素和肽类激素。

1. 褪黑素

可使两栖类动物皮肤黑色素聚集,肤色变浅而得名。其合成和分泌受交感神经调节,并与昼夜光照节律有密切的关系,白天分泌减少,黑夜分泌增多。褪黑素的主要生理功能是抗生殖作用。由于褪黑素含有抗促性腺激素物质,它可通过下丘脑-腺垂体-性腺轴抑制性腺的活动,幼年时可以防止性早熟,成年则可影响整个生殖过程。

2. 肽类激素

松果腺能合成GnRH、TRH及8-精(氨酸)催产素等肽类激素。8-精(氨酸)催产素对生殖系统的发育和功能有抑制作用。

二、前列腺素

前列腺素(PG)因最先在动物精液中发现,并认为来自前列腺而得名。全身各部的组织、细胞几乎均可产生前列腺素,生殖系统中含量较高。天然存在的 PG 至少有 20 余种,动物体内最重要的是 PGE 和 PGF 两型。目前人工合成的 PG 有上千种,有的生物活性比天然 PG 强 40～800 倍。PG 的生理作用极其广泛,也十分复杂,几乎对机体各系统的机能活动都有影响,不同组织中的前列腺素受体不同,因此其作用也不同。目前认为,前列腺素通过调节靶细胞内 cAMP 的含量,影响细胞的生理功能。

三、胸腺激素

胸腺激素是由胸腺分泌的一类激素样物质,共有十几种,多为肽或蛋白质,如胸腺素、胸腺生成素和胸腺体液因子等,主要功能是保证免疫系统的发育,控制 T 淋巴细胞的分化和成熟,促进 T 淋巴细胞的活动,参与机体的免疫机能调节。胸腺与肾上腺皮质和性腺之间有交叉的反馈抑制作用。切除胸腺会使肾上腺皮质增生和性腺活动增强。此外,切除腺垂体可引起胸腺萎缩。

复习思考题

一、选择题

1. 独立的内分泌器官是(　　)。

A. 胰岛　B. 黄体　C. 卵泡　D. 前列腺　E. 甲状旁腺

2. 位于左、右肾前内侧的内分泌腺是(　　)。

A. 垂体　B. 松果体　C. 肾上腺　D. 甲状腺　E. 甲状旁腺

3. 内分泌系统中分泌激素种类最多的器官是(　　)。

A. 甲状腺　B. 甲状旁腺　C. 肾上腺　D. 松果腺　E. 垂体

4. 甲状腺的侧叶和腺峡合并为一整体,呈球形的动物是(　　)。

A. 马　B. 牛　C. 山羊　D. 猪　E. 犬

5. 下丘脑-神经垂体系统分泌的激素是(　　)。

A. 生长激素和催乳素　B. 抗利尿激素和催产素

C. 促性腺激素和促黑激素　D. 肾上腺素和去甲肾上腺素

E. 促甲状腺激素和促肾上腺皮质激素

6. 直接刺激黄体分泌孕酮的激素是(　　)。

A. 褪黑素　B. 卵泡刺激素

C. 促黄体生成素　D. 促甲状腺激素

E. 促肾上腺皮质激素

7. 属于糖皮质激素的是(　　)。

A. 胰岛素　B. 醛固酮　C. 皮质醇　D. 肾上腺素　E. 胰高血糖素

8. 松果腺分泌的主要激素是(　　)。

A. 松弛素　B. 褪黑素　C. 降钙素　D. 抑制素　E. 促黑激素

9. 垂体分泌的促性腺激素包括(　　)。

A. 促黑色激素与雄激素　　B. 促黑色激素与孕酮

C. 促卵泡激素与促黄体生成素　　D. 促卵泡激素与催乳素

E. 促黄体生成素与催产素

10. 属于盐皮质激素的是(　　)。

A. 降钙素　B. 抗利尿激素　C. 醛固酮　D. 皮质醇　E. 肾上腺素

11. 褪黑素对生长发育期哺乳动物生殖活动的影响是(　　)。

A. 促进性腺的发育　　B. 促进副性腺的发育

C. 促进垂体分泌促性腺激素　　D. 延长精子的寿命

E. 延缓性成熟

(12～14 题共用备选答案)

A. TSH　B. OXT　C. FSH　D. LH　E. PRL

12. 绵羊,2 岁,颈部增粗,局部肿大,经检查为甲状腺增生,该羊最可能出现异常的激素是(　　)。

13. 山羊,3 岁,发情期迟迟不见排卵,经 B 超检查卵泡发育正常,该羊最可能出现异常的激素是(　　)。

14. 绵羊,3 岁,雌性,产羔后胎衣不下,泌乳严重滞后,可以用于治疗该病的是(　　)。

二、简答题

1. 试述含氮激素的作用机制。

2. 试述类固醇的作用机制。

3. 简述激素作用的一般特征。

4. 脑垂体分泌哪些激素?其主要作用是什么?

5. 简述甲状腺素的生理作用。

6. 简述胰岛素的生理作用。

7. 简述糖皮质激素与应激的关系。

8. 肾上腺髓质主要有哪些功能?

第 5 章参考答案

第六章
感觉器官

学习目标

1. 掌握眼球的结构。
2. 熟悉眼的辅助器官结构。
3. 掌握耳的结构和功能。

感觉器官是感受器及其辅助装置的总称，简称感官。感受器是感觉神经末梢的特殊装置，能接受体内外各种特定刺激，并将刺激转化为神经冲动，传到中枢神经。根据感受器所在的部位和所接受刺激的来源，分为外感受器、内感受器和本体感受器三大类。外感受器能接受外界环境的各种刺激，如皮肤的痛觉、触觉、温觉，鼻的嗅觉、舌的味觉以及眼接受光波和耳接受声波的感觉。内感受器官分布于内脏器官以及心血管等处，能接受各种物理和化学刺激。本体感受器分布于肌、腱、关节和内耳，能感受身体各部分在空间位置状态的刺激。

第一节　视觉器官

视觉器官能感觉光的刺激，经视神经传至脑的视觉中枢，而引起视觉。视觉器官包括眼球和辅助器官。

一、眼球

眼球位于眼眶内，呈前后略扁的球形，后有视神经连于脑。由眼球壁和内容物两部分组成(图 6-1、图 6-2，彩插 6-1、彩插 6-2)。

1. 眼球壁

眼球壁由三层组成，由外向内依次为纤维膜、血管膜和视网膜。

(1)纤维膜　又称白膜，是眼球的外壳，由致密结缔组织构成，厚而坚韧，有保护眼球内部结构和维持眼球外形的作用。纤维膜又分为前部的角膜和后部的巩膜。

①角膜。占纤维膜的前 1/5，呈无色透明的凹凸透镜状，是眼球的主要趋光介质。角膜内无血管和淋巴管，但分布有丰富的神经末梢，所以很敏感。角膜的上皮再生能力很强，受伤后容易修复，但如果损伤很深，则易形成瘢痕。

②巩膜。占纤维膜的后 4/5，呈白色，不透明，由不规则致密结缔组织构成，与角膜交界处有巩膜静脉窦，是眼房水流出的通道。

(2)血管膜　位于纤维膜和视网膜之间，是眼球壁的中层，含有丰富的血管和色素细胞，具有供给眼组织营养和吸收眼球内散射光线的作用。由前向后依次为虹膜、睫状体和脉络膜三部分。

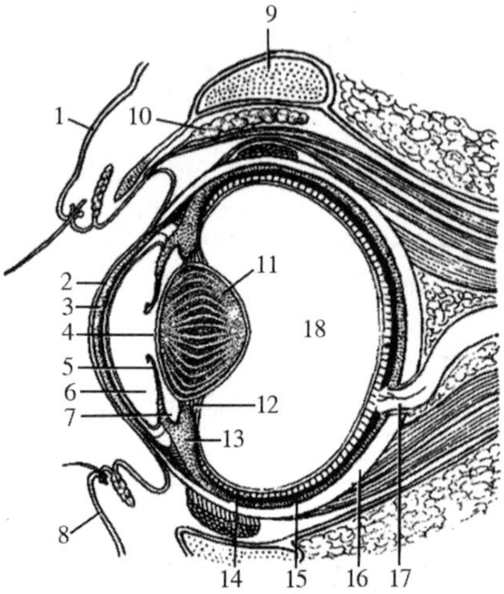

图 6-1　眼球构造模式图

1.上眼睑　2.球结膜　3.角膜　4.瞳孔　5.虹膜　6.眼前房　7.眼后房　8.下眼睑　9.眶上突　10.泪腺　11.晶状体　12.睫状小带　13.睫状体　14.视网膜　15.脉络膜　16.巩膜　17.视神经　18.玻璃体

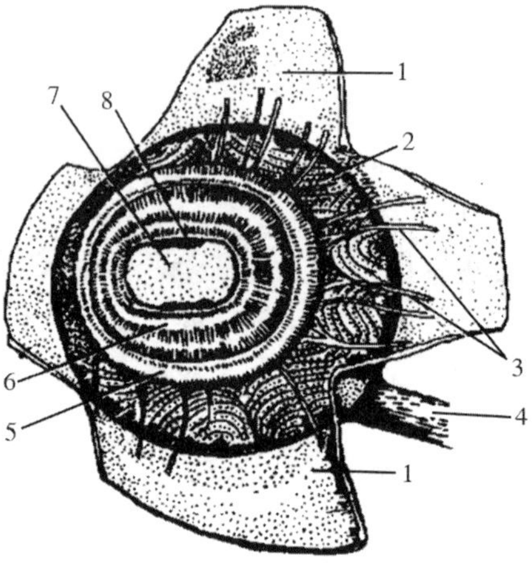

图 6-2　马眼球的血管膜前部

1.巩膜　2.脉络膜　3.睫状静脉　4.视神经　5.睫状肌　6.虹膜　7.瞳孔　8.虹膜粒

①虹膜。位于角膜与晶状体之间，睫状体的前方，呈圆盘状，中央为瞳孔。多数家畜虹膜为横椭圆形，猪为圆形。牛在瞳孔的上游离缘有一些小颗粒突起，称为虹膜粒，马属动物也呈现一些突起，比牛的大。虹膜的颜色，因家畜种类和品种而有所不同。牛呈暗褐色，山羊蓝色，猪灰褐色，马棕黑色。虹膜里还分布有两种平滑肌纤维，一种称瞳孔括约肌，环绕瞳孔边缘，在强光下可以缩小瞳孔，受副交感神经支配；另一种称瞳孔开大肌，呈放射状，在弱光下可放大瞳孔，受交感神经支配。

②睫状体。是血管膜中部增厚的部分，呈环形围在晶状体周围，可分为内部的睫状突和外部的睫状肌。睫状突是睫状体内表面许多呈放射状排列的皱褶，睫状突以睫状小带与晶状体相连。睫状肌是平滑肌，受副交感神经支配，通过改变晶状体凸度大小，有调节视力的作用。

③脉络膜。紧贴巩膜内面，呈棕褐色。脉络膜后部在视神经穿过的背侧，除猪外，有一块青绿色带金属光泽的三角形区，称为照膜，这一部分的视网膜没有色素，所以反光很强，有加强对视网膜刺激的作用，有助于动物在暗光情况下对光的感应。

(3)视网膜　又称为神经膜，为眼球壁的最内层。分为视部和盲部，二者交界处呈锯齿状，称锯齿缘。

①视部。衬于脉络膜的内面，薄而柔软，在后方下部有一圆形或卵圆形的白斑，称为视神经乳头，其表面凹，是视神经穿出视网膜的地方，此处仅有神经纤维，无神经细胞，无感光作用，故称盲点。在视神经乳头的外上方，约在视网膜的中央，有一小圆形区，称视网膜中心，是感光

最敏锐的地方，相当于人的黄斑。

视网膜视部是高度特化的神经组织，由四层细胞构成，自外向内分别是色素上皮细胞、视细胞、双极细胞和节细胞。色素上皮细胞为单层矮柱状上皮，有保护视细胞的作用；视细胞有视锥细胞和视杆细胞两种，视锥细胞对强光和有色光线敏感，视杆细胞对弱光敏感，双极细胞连于感光细胞与节细胞之间；节细胞的轴突向视神经乳头汇集，穿出巩膜形成视神经。

②盲部。位于虹膜和睫状体的内面，分为虹膜部和睫状体部，很薄，没有感光作用，外层为色素上皮，内层无神经元。

2. 眼球内容物

眼球内容物是眼球内的一些无色透明的折光结构，包括晶状体、眼房水和玻璃体，它们与角膜一起组成眼球的折光系统，使物像呈现在视网膜上。

(1)晶状体　位于虹膜与玻璃体之间，无色透明，富有弹性，呈双凸透镜状，周缘以睫状小带连接于睫状突上。依物体的远近不同，通过睫状肌的收缩和舒张，改变睫状小带对晶状体的拉力来调整晶状体的凸度，以调节焦距，使物像呈现在视网膜上。晶状体具有聚光作用，如发生浑浊会影响视力，临床上称为白内障。

(2)眼房和眼房水　眼房是角膜和晶状体之间的空隙，由虹膜分为眼前房和眼后房两部分，两者经瞳孔相通。眼房水是充满于眼房内的无色透明液体，由睫状体的上皮和血管分泌，由眼后房经瞳孔到眼前房，再渗入巩膜的静脉窦。若眼房水循环发生障碍，眼房水增多，眼内压升高，严重时可造成视力减退甚至失明，临床上称青光眼。

(3)玻璃体　充满于视网膜与晶状体之间，是无色透明的胶冻状物质。玻璃体上包有一层很薄的玻璃体膜，并附着于视网膜上。玻璃体除有折光功能外还有支持视网膜的作用。

二、眼的辅助器官

眼的辅助器官包括眼睑、泪器、眼球肌和眶骨膜(图 6-3)。对眼球起着保护、运动和支持作用。

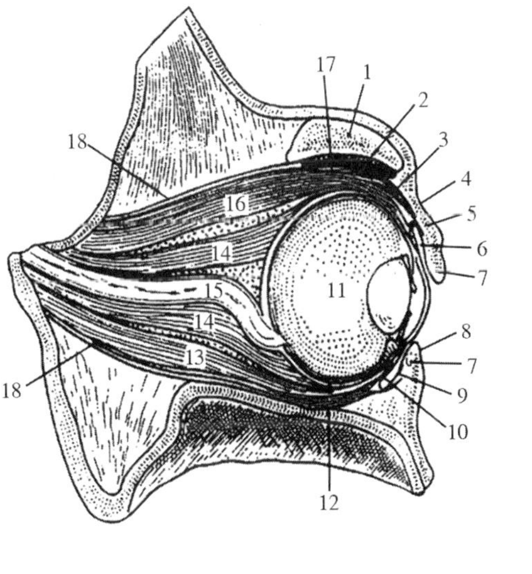

图 6-3　眼的辅助器官

1.额骨眶上突　2.泪腺　3.上眼睑提肌　4.上眼睑　5.眼轮匝肌　6.结膜囊　7.睑板腺　8.下眼眶　9.睑结膜　10.球结膜　11.眼球　12.眼球下斜肌　13.眼球下直肌　14.眼球退缩肌　15.视神经　16.眼球上直肌　17.眼球上斜肌　18.眶骨膜

1. 眼睑

眼睑是覆盖在眼球前方的皮肤褶，分为上眼睑和下眼睑。上、下眼睑之间的裂隙称眼裂。眼睑外面覆有皮肤，里面衬有黏膜称睑结膜。睑结膜被覆折转到巩膜前部，称球结膜。在睑结膜和球结膜之间，形成一个环形的结膜囊。结膜正常时呈淡红色，在某些疾病时其颜色常发生变化，在临床上睑结膜是经常检查的项目之一，可作为诊断的依据。眼睑中间具有眼轮匝肌，游离缘上具有睫毛，靠近游离缘处有一排睑板腺，导管开口于睑缘，分泌脂性分泌物，有润泽睑缘的作用。

第三眼睑又称瞬膜，是位于眼内角的结

膜褶，呈半月形，常有色素，其内有一片软骨。第三眼睑无肌肉控制，仅在眼球被眼肌向后拉动时，压迫眼眶内的组织，使瞬膜被动露出。动物在闭眼后或转动头部时，第三眼睑可覆盖至角膜中部，但随即迅速消失恢复原位。

2. 泪器

泪器由泪腺和泪道组成。

(1)泪腺　位于眼球与额骨眶上突之间。泪腺分泌泪液，借眨眼运动，使泪液分布于眼球和结膜表面，起湿润和清洁的作用。

(2)泪道　是泪液的排出通道，分泪小管、泪囊和鼻泪管三段。泪小管为两条短管，起始于眼内侧角处的两个小裂隙即泪点，下端共同汇入泪囊。泪囊位于泪骨的泪囊窝内，呈漏斗状，是鼻泪管上端的膨大部。鼻泪管向下方开口于鼻腔前庭腹侧和鼻泪管口。猪无泪囊，鼻泪管开口于下鼻道后部。泪液排到鼻腔，借呼吸运动蒸发。

3. 眼球肌

眼球肌是一些使眼球灵活运动的横纹肌，在眶骨膜内包围于眼球和视神经周围，起于视神经孔周围的眼眶壁，止于眼球巩膜。有眼球退缩肌、眼球直肌和眼球斜肌。

眼球退缩肌一块，包于视神经和眼球后部的外面，收缩时可后退眼球。

眼球直肌共有四块，即内直肌、外直肌、上直肌和下直肌，分别位于眼球退缩肌内侧、外侧、背侧和腹侧，直肌可使眼球做向上、向下、向内侧、向外侧运动。

眼球斜肌两块，即下斜肌和上斜肌，下斜肌收缩时可使眼球做向外下方转动。上斜肌，收缩时可使眼球做向外上方的转动。

4. 眶骨膜

眶骨膜又称眼鞘，为一致密坚韧的纤维膜，略呈圆锥形，包围于眼球、眼肌、血管、神经和泪腺的周围。圆锥基部附着于眼眶缘，锥尖附着于视神经附近。眶骨膜的内外填充有许多脂肪，起缓冲作用。

第二节　位听器官

位听器官包括位觉器官和听觉器官两部分，两者机能虽然不同，而结构上难以分开。耳是位听器官，它包括外耳、中耳和内耳三部分，外耳收集声波，中耳传导声波，内耳是位觉感受器和听觉感受器存在的部位(彩插 6-3)。

一、外耳

外耳包括耳郭、外耳道和鼓膜三部分。

1. 耳郭

耳郭位于头部两侧，其大小和形状因家畜动物和品种不同而异，一般为圆筒状，上端较大，开口向前；下端较小，连于外耳道。耳郭里面的凹陷称为舟状窝。耳郭前、后缘向上汇合形成耳尖，耳郭下部称耳根。耳郭由耳郭软骨、皮肤和肌肉等构成。耳郭软骨属弹性软骨，是构成耳郭的支架。耳郭内、外被覆皮肤，但皮下组织很少，内面的皮肤与软骨紧密相接，具有丰富的皮脂腺，并形成一些纵褶。耳郭基部具有脂肪垫，并附着许多小块的耳肌，使耳郭转动灵活，便于收集声波。

2. 外耳道

外耳道是从耳郭基部到鼓膜的管道，分为软骨性外耳道和骨性外耳道。软骨性外耳道由弹性软骨构成，呈半环状，其外侧端与耳郭软骨相连，内侧端与岩颞骨外耳道以致密结缔组织相连。骨性外耳道即颞骨的外耳道，断面呈椭圆形。外耳道内面被覆皮肤，在软骨部具有短毛、皮脂腺和特殊的耵聍腺。耵聍腺分泌耳蜡，又称耵聍，有保护作用。

3. 鼓膜

鼓膜是位于外耳道底部，介于外耳和中耳之间的一片椭圆形的纤维膜，质地坚韧而具有弹性，厚约 0.2 mm，外表面呈浅凹面，内表面隆凸。鼓膜一般分三层：外层是表皮层，来自外耳道皮肤的表皮；中层为纤维层，由致密结缔组织构成；内层为黏膜层，为鼓室黏膜的延续部分。鼓膜将外耳和中耳分隔，随音波振动将声波刺激传到中耳。

二、中耳

中耳由鼓室、听小骨和咽鼓管组成（图 6-4）。

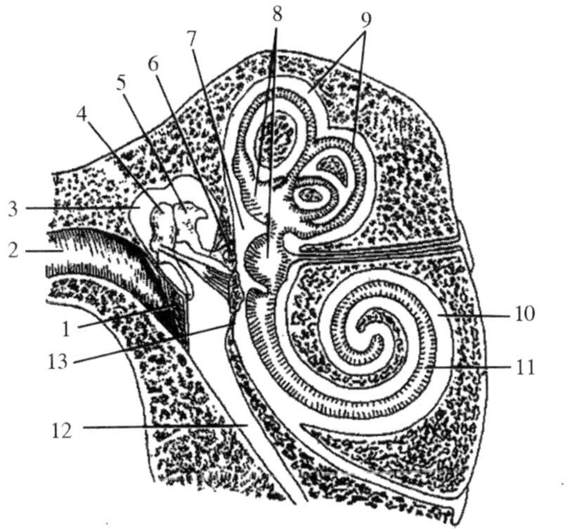

图 6-4　耳的构造模式图

1. 鼓膜　2. 外耳道　3. 鼓室　4. 锤骨　5. 砧骨　6. 镫骨及前庭窗　7. 前庭　8. 椭圆囊和球囊　9. 骨和膜半规管　10. 耳蜗　11. 耳蜗管　12. 咽鼓管　13. 蜗窗及第 2 鼓膜

1. 鼓室

鼓室是颞骨里的一个含有空气的骨腔，内面被覆黏膜。外侧壁以鼓膜与外耳道相隔开，内侧壁为骨质壁或迷路壁，与内耳为界。在内侧壁上有一隆起称岬。岬的前方有前庭窗，被镫骨底及其环状韧带封闭。岬的后方有蜗窗，被第二鼓膜封闭。鼓室的前下方有孔通咽鼓管。

2. 听小骨

听小骨为动物体内最小的一组小骨。位于鼓室内，共三块，由外向内依次为锤骨、砧骨和镫骨。它们彼此以关节连成一个骨链，一端以锤骨柄附着于鼓膜，另一端以镫骨底的环状韧带附着于前庭窗。鼓膜接受声波而振动，再经此骨链可将声波传递到内耳。锤骨和镫骨分别有鼓膜张肌和镫骨肌附着。鼓膜张肌有牵引锤骨向内拉紧鼓膜的作用。镫骨肌是把镫骨头向后拉，使镫骨倾斜，前庭窗环状韧带紧张。两肌同时收缩，可以减弱较强的振动传至耳蜗，对位听器官起保护作用。

3. 咽鼓管

咽鼓管又称耳咽管，为中耳和鼻咽部的通道，一端开口于鼓室的前下壁，一端开口于咽腔侧壁。空气从咽腔经此管到鼓室，可保持鼓膜内外两侧大气压力的平衡，防止鼓膜被冲破。马属动物的咽鼓管黏膜向外突出形成咽鼓管囊，位于咽的后上方和颅底腹侧，左右两囊沿正中矢状面相接。

三、内耳

内耳又称迷路，因结构复杂而得名，是盘曲于岩颞骨内的管道系统，由套叠的两个管道组成。外部是骨质的小腔和骨质的小管，统称骨迷路；在骨迷路内有形状与之相似的膜质小囊和膜质小管，互相通连的囊和管称膜迷路。在膜迷路内充满内淋巴；在骨迷路与膜迷路间充满外淋巴，它们起着传递声波刺激和动物体位置变动刺激的作用。

1. 骨迷路

骨迷路由骨密质构成，包括前庭，三个骨半规管和耳蜗。

(1)前庭　是位于骨迷路中部较大的椭圆形空腔，向前下方与耳蜗相通，向后上方与骨半规管相通。前庭的外侧壁(即鼓室的内侧壁)上有前庭窗和蜗窗；前庭的内侧壁是构成内耳道底的部分，壁上有前庭嵴，嵴的前方有一球囊隐窝；后方有一椭圆囊隐窝；后下方有一前庭小管内口。

(2)骨半规管　位于前庭的后上方，为三个彼此互相垂直并相通的半环形骨管，按其位置分别称为前半规管、后半规管和外半规管。每个半规管的一端膨大，称为骨壶腹；另一端称为骨脚，上半规管与后半规管的骨脚合并成为总脚。

(3)耳蜗　位于前庭的前下方，外形似蜗牛壳。蜗底朝向内耳道，蜗顶朝向前外侧。耳蜗由蜗轴和骨螺旋管组成。蜗轴呈圆锥状，轴底即内耳的一部分，该处凹陷并有许多小孔，供耳蜗神经通过。骨螺旋管是围绕蜗轴盘旋的中空骨管，骨螺旋管的圈数在各种动物不同，牛 3.5 圈，猪 4 圈，马、羊 2.25 圈，犬 3.25 圈。管的起端与前庭相通，盲端终止于蜗顶。在骨螺旋管内，从蜗轴伸出一片不连结骨螺旋管对侧壁的骨螺旋板，其缺损处由膜迷路(耳蜗管)填补封闭，将骨螺旋管不完全地分为前庭阶和鼓阶两部分。因此耳蜗内有三条管，即上方的前庭阶，中间的蜗管，下方的鼓阶。前庭阶起于前庭的前庭窗，鼓阶起于前庭的蜗窗，两者在蜗顶相交通，且均充满外淋巴。

2. 膜迷路

膜迷路为套在骨迷路内、互相连通的膜质管和囊，由纤维组织构成，里面衬有单层上皮。膜迷路由椭圆囊、球囊、膜半规管和蜗管组成。椭圆囊、球囊、膜半规管的内壁有位觉感觉器，在蜗管内壁有听觉感受器。

(1)椭圆囊和球囊　在前庭内有两个小囊，分别称椭圆囊和球囊，椭圆囊位于椭圆囊隐窝内，向前连接内淋巴管，向后与三个膜半规管相通。球囊比椭圆囊小，在椭圆囊的前下方，位于球囊隐窝内，其前下方与蜗管相通，后部接内淋巴管。内淋巴管在前庭小管内，通于脑硬膜两层之间的内淋巴囊。椭圆囊和球囊附着于前庭壁的部分增厚并呈乳白色，称为椭圆囊斑和球囊斑。斑由毛细胞和支持细胞组成，表面盖有一层耳石膜。椭圆囊斑和球囊斑能感受直线运动开始和终止时的刺激，是位觉感受器。

(2)膜半规管　套于骨半规管内，形状与骨半规管一致，管壁黏膜由单层扁平上皮与皮下薄层结缔组织构成，在膜壶腹处管壁增厚呈乳白色的半月形隆起，突入壶腹称壶腹嵴，由毛细胞和支持细胞构成。壶腹嵴感受头部旋转运动开始和终止时刺激，也是位觉感受器。

(3)蜗管　是位于耳蜗内的前庭阶和鼓阶之间的盲管，一端与球囊相通，另一端位于蜗顶，为一盲端。蜗管的横切面呈三角形(图 6-5),可分为顶壁、底壁和外侧壁。顶壁为斜走的前庭膜,将前庭和蜗管隔开,外侧壁为耳蜗壁,是骨膜的增厚部分,底壁为横走的基底膜,位于骨螺旋板的游离缘和耳蜗外侧壁之间。基底膜上有螺旋器,又称科蒂氏器官,是听觉感受器。

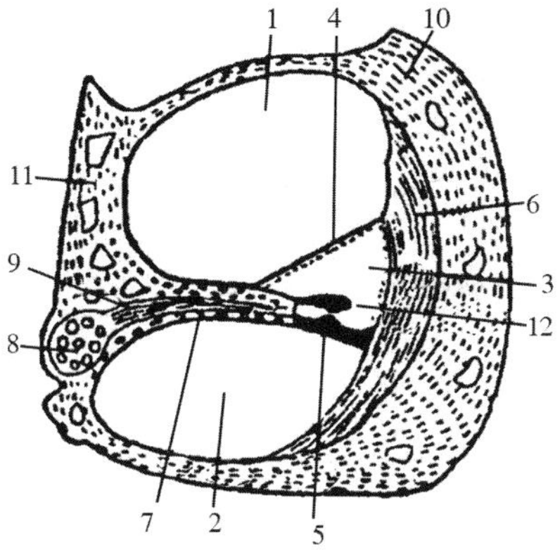

图 6-5　耳蜗的横切面模式图

1.前庭阶　2.鼓阶　3.膜耳蜗管　4.前庭膜　5.基底膜和螺旋器　6.螺旋韧带　7.骨螺旋板　8.螺旋神经节　9.神经纤维　10.耳蜗骨质壁　11.蜗轴　12.盖膜

复习思考题

一、选择题

1.不属于眼折光系统的结构是(　　)。

A.角膜　B.虹膜　C.房水

D.晶状体　E.玻璃体

2.中耳的功能是(　　)。

A.收集声波　B.传导声波　C.压缩声波

D.听觉感受器的所在地　E.位置感受器的所在地

3.分布于视网膜上的感觉神经是(　　)。

A.眼神经　B.视神经　C.外展神经　D.动眼神经　E.滑车神经

4.眼球壁的 3 层结构是指纤维膜、血管膜和(　　)。

A.蛛网膜　B.视网膜　C.硬膜　D.软膜　E.白膜

5.眼球壁 3 层结构的中层结构是(　　)。

A.纤维膜　B.血管膜　C.视网膜　D.角膜　E.虹膜

6.哺乳动物眼球 3 层结构中具有感光功能的是(　　)。

A.虹膜　B.巩膜　C.纤维膜　D.脉络膜　E.视网膜

7.位于眼球壁中层,具有调节视力作用的结构是(　　)。

A.虹膜　B.睫状体　C.角膜　D.脉络膜　E.巩膜

8.眼球折光系统不包括(　　)。

A.角膜　B.眼房水　C.晶状体　D.视网膜　E.玻璃体

9. 位置感受器位于(　　)。

A. 骨迷路　B. 鼓室　C. 膜迷路　D. 咽鼓室　E. 鼓膜

10. 眼球内容物包含(　　)。

A. 眼房水、晶状体、玻璃体　B. 晶状体、玻璃体、视网膜

C. 晶状体、玻璃体、虹膜　D. 眼房水、虹膜、晶状体

E. 眼房水、虹膜、视网膜

(11～13 题共用备选答案)

A. 纤维膜　B. 血管膜　C. 视网膜　D. 晶状体　E. 玻璃体

11. 眼球中有营养作用的结构是(　　)。

12. 眼球中有感光作用的结构是(　　)。

13. 眼球中有保护作用的结构是(　　)。

二、简答题

1. 简述眼球的结构及各部分结构的作用。

2. 简述眼辅助器官的结构。

3. 简述耳的构造和功能。

第 6 章参考答案

第七章 被皮系统

学习目标

1. 掌握皮肤及皮肤衍生物的结构。
2. 掌握牛、猪和马蹄的结构特点。
3. 掌握牛、羊和猪乳腺的形态构造。

被皮系统包括皮肤和由皮肤衍生而成的特殊器官，如家畜的毛、皮肤腺、蹄、角、枕以及禽类的爪、羽毛、肉髯、喙、冠等都属于皮肤的衍生物。皮肤腺又包括汗腺、皮脂腺和乳腺。

第一节 皮肤

皮肤覆盖在动物体的表面，由复层扁平上皮和结缔组织构成，含有大量的血管、淋巴管、汗腺和多种感受器，具有感觉、分泌、保护深层组织、防御病原微生物、调节体温、排泄废物、吸收及贮存营养物质等功能。不同动物皮肤的薄厚不同，如牛的皮肤较厚，绵羊的皮肤较薄，但皮肤的基本构造相似，由表皮、真皮和皮下组织构成（彩插 7-1）。

一、表皮

表皮位于皮肤的最表层，由角质化的复层扁平上皮构成，没有血管和淋巴管，但有丰富的神经末梢，表皮所需要的营养主要由真皮提供。表皮由角质形成细胞和非角质形成细胞组成。非角质形成细胞中的黑色素细胞，所产生的黑色素与皮肤的颜色有关，并能吸收阳光中的紫外线，从而保护深部组织不受紫外线的损伤。表皮的厚薄因部位不同而异，长期受摩擦的部位，表皮较厚。角质化比较明显。表皮结构由生发层、颗粒层、透明层和角质层构成。

1. 生发层

生发层是表皮的最深层，由一层低柱状（基层）和数层多边形细胞（棘层）组成。生发层细胞具有旺盛的繁殖分裂能力，细胞可以不断分裂产生新的细胞并向表层推移，从而不断补充不断角化和死亡脱落的细胞。

2. 颗粒层

颗粒层位于生发层的浅部，由 1～5 层梭形细胞构成，细胞界限不清，胞质内含有嗜碱性透明角质蛋白颗粒，颗粒的数量向表层逐渐增加。

3. 透明层

透明层位于颗粒层和角质层之间，由数层互相密接的无核扁平细胞组成，细胞界限不清，形成均质透明的一层，该层在鼻镜、乳头、足垫等无毛区内明显。

4. 角质层

角质层是表皮的最浅层，由多层角化的扁平细胞构成，胞质内充满角质蛋白，浅层细胞死亡后脱落形成皮屑，以清除皮肤上的污垢、病原微生物和寄生虫等异物。

二、真皮

真皮位于表皮的深层，由致密结缔组织构成，是皮肤最厚的一层。其胶原纤维和弹性纤维交错排列，使皮肤具有一定的弹性和韧性。临床上进行的皮内注射就是把药液注入真皮层内。真皮又分为乳头层和网状层。

1. 乳头层

乳头层位于真皮浅层，较薄，由纤细的胶原纤维和弹性纤维交织而成，向表皮的基底层内伸出许多圆锥形乳头，借以增加接触面积。乳头层内富有血管、淋巴管和感觉神经末梢，起供应表皮的营养和感受外界刺激的作用。

2. 网状层

网状层位于乳头层的深面，较厚，由粗大的胶原纤维束和弹性纤维束交织而成，内含较大的血管、淋巴管、神经、汗腺、皮脂腺和毛囊等结构。

三、皮下组织

皮下组织又称浅筋膜，位于皮肤的最深层，由含有脂肪的疏松结缔组织构成，皮下组织将皮肤与肌肉或骨膜连在一起。临床上的皮下注射，就是将药物注入皮肤的皮下组织内。皮下组织中脂肪组织的多少是动物营养状况的标志。营养状况良好的动物，皮下组织含有大量的脂肪细胞，形成脂肪组织。猪的皮下组织内蓄积大量的脂肪，形成一层很厚的皮下脂膜。皮下的脂肪组织具有保温、贮藏能量和缓冲外界压力的作用。动物有机体各部位的皮下组织发达程度不同，凡皮下组织发达的地方，皮肤的移动性就较大，并形成皮肤皱褶。四肢活动范围较大的部位形成永久性皮肤褶，如前肢的肘褶，后肢的膝褶。黄牛颈腹侧皮肤形成特殊的皮肤褶称垂皮。

第二节　皮肤衍生物

一、毛

毛是一种角化的表皮结构，被覆于皮肤的表面，是热的不良导体，具有保温作用。动物的毛具有很重要的经济价值。

1. 毛的类型和分布

动物的毛遍布全身，根据毛的部位和作用不同，可分为被毛和特殊毛两种。被毛分布随动物种类不同而异，牛、马的被毛分布是均匀的；绵羊的被毛通常以 10～20 根为一簇；猪的被毛常以 3 根为一簇，但也有单根存在的。特殊毛是指生在动物体某些部位的一些长粗毛，如马颅顶部的鬣、颈部的鬃、尾部的尾毛和系关节后部的距毛，公山羊颏部的髯，猪颈背部的猪鬃等。牛、马唇部的长毛根部富有神经末梢，称触毛。依毛的粗细有粗毛和细毛之分。牛、猪和马的被毛多为短而直的粗毛；绵羊的被毛多为细毛，头部和四肢为粗毛。

毛在畜体表面按一定方向排列，称毛流。毛的尖端向一点集合，称点状集合性毛流；尖端从一点向四周分散，称点状分散性毛流；毛干围绕一中心点以旋转方式向四周放射排列，称旋毛；毛的尖端由两侧集中成一条线，称线状集合性毛流；向两侧分成一条线的，称线状分散性毛流。毛流排列形式因畜体部位不同而异，毛流的方向一般来说与外界的气流和雨水在体表流动的方向相适应。

2. 毛的结构

毛分毛根和毛干两部分。埋在皮肤内的部分称毛根，而露在皮肤外面的部分称为毛干。毛根末端的膨大部分称毛球，此处细胞分裂繁殖快，为毛的生长点。伸入毛球内部的结缔组织部分称为毛乳头。包围毛根的上皮组织和结缔组织部分构成毛囊。在毛囊的一侧，自毛囊下 1/3 处斜伸向表皮的一束平滑肌称竖毛肌。当竖毛肌收缩时，可使毛竖立，还可压迫皮脂腺排出其分泌物。

3. 换毛

毛有一定寿命，生长到一定时期会衰老脱落，被新生毛所代替，这个过程称换毛。换毛的生理过程为毛乳头的血管衰退，血流停止，毛球的细胞停止增生，并逐渐发生角质化和萎缩，最后与毛乳头分离。当毛乳头恢复血液循环时，其周围生发层的细胞增殖形成新毛，将旧毛推出而脱落。换毛的方式有两种，一种是持续性换毛，即换毛不受时间和季节的限制，如绵羊的细毛，马的鬣毛和尾毛，猪鬃等。另一种是季节性换毛，一般在每年春秋各进行一次，如骆驼、兔等。大部分家畜既有持续性换毛，又有季节性换毛，属于混合方式的换毛。

二、角

角是反刍动物额骨的角突表面覆盖的皮肤衍生物，一般呈略显弯曲的锥形，是动物的防卫器官。由有角表皮和角真皮构成。表皮形成坚固的角鞘，由角质小管和管间角质组成。角的真皮部直接与角突上的骨膜结合。

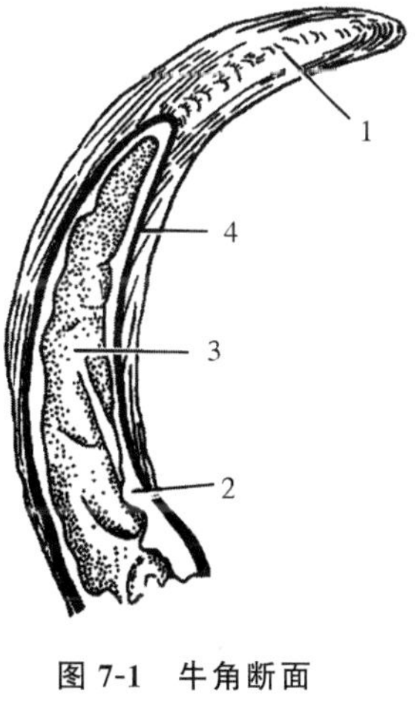

图 7-1　牛角断面

1. 角尖　2. 额骨的角突
3. 角腔　4. 角的真皮

角分为角根、角体和角尖三部分。角根角质薄而软，有稀疏的毛，与额部的皮肤相连续。角体是由角根向角尖过渡部分，角质逐渐增厚。角尖的角质最厚，成为一个实体。角的表面有环状的隆起，称角轮。牛的角轮在角根部最明显，向角尖逐渐消失(图 7-1)。而羊的角轮几乎遍及全角。因家畜的营养供给受季节的影响较大，角的生长就出现了隆起和凹陷相间排列的结构，表明角轮的出现与季节相关。因此，在畜牧业中，常用角轮来估测牛的年龄。角的大小、形状和弯曲度取决于角突的形状和角质生长的状况。如角的一面生长快，角顶就将向相反的一面倾斜，从而形成各种弯曲角，甚至呈螺旋状角。

三、皮肤腺

皮肤腺包括汗腺、皮脂腺和乳腺。

1. 汗腺

汗腺位于皮肤的真皮和皮下组织内。为盘曲的单管状腺，其结构可分为分泌部和导管部。分泌部位于皮下组织和真皮内，周围分布有丰富的毛细血管，主要是产生汗液；导管部是将汗液排出到皮肤表面的管道，一般开口于毛囊，或直接开口于皮肤的表面。汗腺通过分泌汗液，起到排泄废物和调节体温的作用。

不同的动物汗腺的发达程度和部位有所不同，牛的汗腺以面部和颈部最为显著，其他部位则不发达，水牛的汗腺不如黄牛的发达。家畜中马和绵羊的汗腺最发达，分布广泛。猪的汗腺也比较发达，但以趾间分布最为密集。犬和猫的汗腺不发达。

2. 皮脂腺

皮脂腺位于真皮内，在毛囊和竖毛肌的夹角中，为分支泡状腺，分为分泌部和导管部。分泌部呈囊状，但几乎没有腺腔。中央充满多角形细胞，胞质内含有大量类脂颗粒，胞核固缩，浓染并逐渐消失。分泌部周围靠近基膜的细胞小，呈立方形，具有增殖能力，能不断产生新细胞，以补充因分泌丧失的细胞。导管部短，管壁由复层扁平上皮构成，在有毛的部位其导管开口于毛囊，在无毛部位，则直接开口于皮肤的表面。家畜除少数部位无皮脂腺外，几乎遍布全身，能分泌皮脂，可润泽皮肤和毛。绵羊和马的皮脂腺最发达，牛的次之，猪的皮脂腺不发达。

有的汗腺和皮脂腺变态衍生而成为特殊皮肤腺。由皮脂腺衍生的特殊皮肤腺，如肛门腺、阴唇腺、包皮腺、睑板腺等。由汗腺衍生而来的，如外耳道皮肤内的耵聍腺；牛的鼻唇镜腺和猪的腕腺。绵羊内眼角的眶下窦，腹股沟窦，两指(趾)间的窦内壁均分布有很多皮脂腺和汗腺。马和驴的蹄叉中有蹄叉腺。

3. 乳腺

乳腺是由皮肤腺体衍生而来的复管泡状腺，为哺乳动物所特有。母畜的乳腺在繁殖过程中具有哺乳动物仔畜的功能。乳腺虽雌雄都有，但只有雌性动物才能发育并具有泌乳的能力。

(1)乳房的位置和形态　不同动物乳房的数目、位置和形态不同，具体如下：

①牛的乳房。母牛的乳房有各种形态，如圆形乳房、山羊型乳房、发育不均衡的乳房和扁平形乳房等，但均由四个乳腺结合成一个整体，位于腹股沟部，两股之间，呈倒置的圆锥形。乳房左右以较明显的纵沟为界，前后以横沟相隔分为四部分。每个乳房均分为基底部、体部和乳头部。基底部紧接于腹壁底部，向下为膨大的体部，是乳腺所在部位。每个乳房上有一个乳头，乳头一般呈圆柱形或圆锥形，每个乳头有一个乳头管。乳头管内衬黏膜，黏膜上有许多纵嵴，黏膜下有平滑肌和弹性纤维，平滑肌在乳头管开口处形成括约肌，控制乳头管的开放。乳头的大小与形态，决定其是否适合机器挤奶。有时位于乳房的后部还有一对发育不全的副乳头，无分泌乳汁的功能。

②羊的乳房。呈倒置圆锥形，分为左、右两个乳房，每个乳房有一个圆锥形乳头，基部有较

大的乳池，每个乳头有一个乳头管及乳头管的开口。

③猪的乳房。位于胸部和腹部正中线的两侧，乳房数目依品种而异，一般有5～8对，多的达10对，少的有4对。乳池小，每个乳头有2～3个乳头管及其开口。

④马的乳房。位于两股之间，被纵沟分为左右两部分，呈扁圆形，每个乳房有一个乳头，每个乳头有2～3个乳头管及其开口。

(2)乳房的结构　乳房由皮肤、筋膜和实质构成(图7-2)。

乳房的皮肤位于乳房的最外层，薄而柔软，有稀疏的细毛。皮肤内有皮脂腺和汗腺。在乳房的后部至阴门裂之间，有明显的线状毛流的皮肤褶，称乳镜。乳镜在鉴定产乳能力时，是很重要的参考指标。乳镜越大，乳房越能舒展，容纳的乳汁就越多。

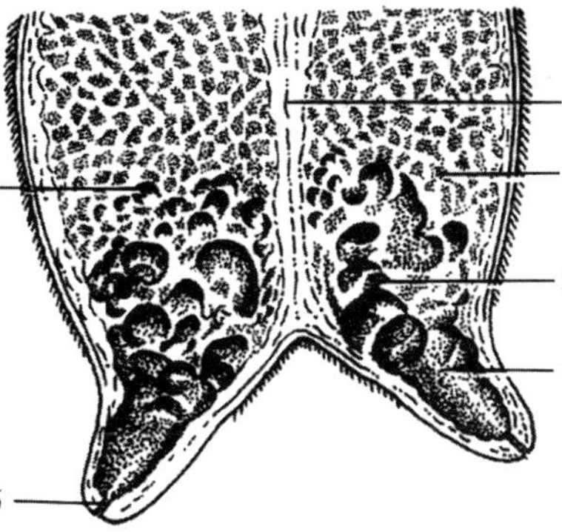

图7-2　牛乳房的构造(纵切面)

1.乳房中隔　2.腺小叶　3.乳池腺部　4.乳头乳池部　5.乳头管　6.乳道

筋膜位于皮肤的内面。分浅筋膜和深筋膜。浅筋膜由疏松结缔组织构成，为腹壁浅筋膜的延续；深筋膜位于浅筋膜的深层，含有大量的弹性纤维，在两侧乳房之间形成乳房中隔，即乳房悬韧带。乳房悬韧带实质是腹黄膜沿白线两侧向下的延续。

乳房的实质主要是乳腺，呈粉红色。深筋膜的结缔组织伸入实质内，构成乳腺间质，结缔组织伸出的小梁和血管神经一起深入乳腺中，将乳腺分成许多腺小叶。每个腺小叶是一个分支管道系统，由分泌部和导管部组成，分泌部包括腺泡和分泌小管，腺泡与分泌小管相连，分泌小管汇入小叶间导管而成为导管部。分泌部周围有丰富的毛细血管网。导管部由许多小的输乳管逐渐汇合成较大的输乳管，较大的输乳管再汇合成乳道，通入腺乳池和乳头乳池，再经乳头管向外开口，乳头管的开口处有括约肌。

四、蹄

蹄是指(趾)端着地的部分。蹄也分表皮、真皮和皮下组织三层，蹄的表皮完全角质化，形成蹄匣，又称角质层，无血管和神经分布；真皮在表皮的深层称肉蹄，含有丰富的血管和神经末梢，呈鲜红色，感觉灵敏。蹄匣和肉蹄按部位划分，都分为缘、冠、壁、底和球(牛、羊、猪)或叉(马属动物)。

1.牛(羊)蹄的结构

牛、羊为偶蹄动物，每肢有四个蹄，由外向内分别称2、3、4和5指蹄，其中3和4两个指蹄与地面接触称主蹄，另两个蹄位于主蹄后上方，不与地面接触称悬蹄(图7-3)。

(1)主蹄　呈锥状，形状与蹄骨相似，由蹄匣、肉蹄和皮下组织构成。

①蹄匣。由表皮衍生而形成，呈三面棱锥形。每一蹄匣可以分为蹄缘、蹄冠、蹄壁、蹄底和蹄球五部分。蹄缘是蹄与皮肤直接相接的无毛部分，呈半环形窄带，柔软而有弹性，可减轻坚硬的蹄匣对皮肤的压迫。蹄冠紧靠蹄缘的下方，为蹄缘下方颜色略淡的环状带，稍隆凸。蹄缘和蹄冠内表面都有许多小孔。蹄壁位于蹄冠下方，角质坚硬，表面光滑。外侧的凸面称远轴面，内侧的凹面称轴面，即指(趾)间面。蹄壁以蹄底缘(蹄负缘)与地面接触。蹄壁最表层为釉层，由角化的

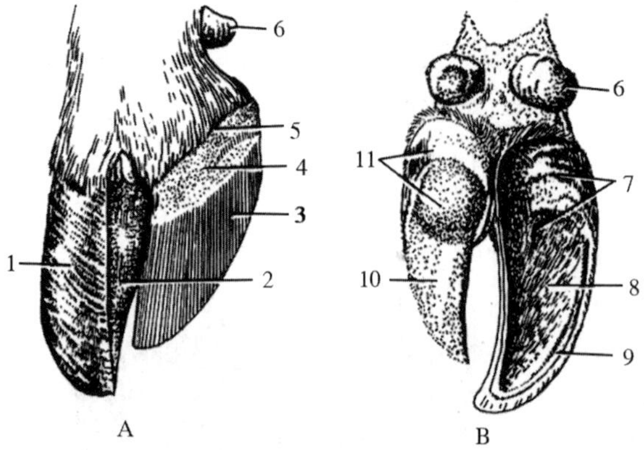

图 7-3 牛蹄(一侧蹄匣除去)

A. 背面　　B. 底面

1. 蹄的远轴面　2. 蹄壁的轴面　3. 肉壁　4. 肉冠　5. 肉缘　6. 悬蹄　7. 蹄球　8. 蹄底　9. 白线　10. 肉底　11. 肉球

扁平细胞构成,成年动物常脱落。中层为冠状层,由许多纵行排列的角质小管和管间角质组成。内层为小叶层,由许多纵向的角质小叶与肉蹄的肉小叶相嵌合。蹄壁的角质小叶缺乏色素,因此在蹄底缘和蹄底之间呈环状的白线。蹄底是位于蹄底缘与蹄球之间的部分,稍拱起,略呈三角形。蹄底内表面有许多小孔,容纳肉底上的乳头。蹄球是蹄底后部的隆起部,即指(趾)枕,不形成蹄叉。

②肉蹄。由真皮层衍生而形成,套于蹄匣内面,富有血管神经,颜色鲜红,以供应蹄的营养。肉蹄的形状与蹄匣相似,由肉缘、肉冠、肉壁、肉底和肉球五部分组成。肉壁的表面有纵行的肉小叶,与蹄壁的角质小叶相嵌合。其余各部均有乳头插入相对应部的表皮小管内。

③蹄的皮下组织。蹄壁和蹄底无皮下组织,蹄缘和蹄冠的皮下组织薄,蹄球的皮下组织发达,弹性纤维丰富,构成指(趾)端的弹性结构,以缓冲地面对畜体的振动。

(2)悬蹄　为第 2、第 5 指(趾)端不着地的小蹄,呈短圆锥形。结构与主蹄相似,也是由蹄匣、肉蹄和皮下组织构成。悬蹄内的指(趾)骨发育不完整,一般只有 1～2 个指(趾)节骨。

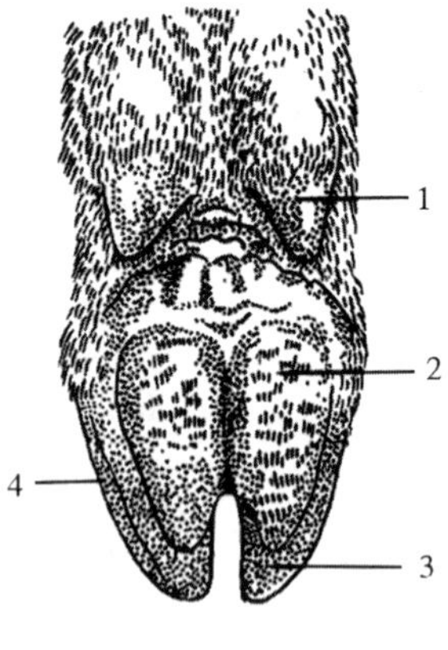

图 7-4 猪蹄的底面

1. 副蹄　2. 蹄球　3. 蹄底　4. 蹄壁

2. 猪蹄

猪属偶蹄动物,蹄的形态与牛、羊基本相似。不同之处是猪的蹄底较小,蹄球较大,蹄球与蹄底之间的界线清楚。悬蹄内有数目完整的指(趾)节骨(图 7-4)。

3. 马蹄

马为单蹄动物,只有发达的第 3 指(趾)端的皮肤衍生为蹄,因此马属动物的蹄没有主蹄和悬蹄之分,其结构与牛一样,马蹄由蹄匣、肉蹄和皮下组织构成(图 7-5)。

(1)蹄匣　是蹄的角质层,由蹄壁、蹄底和蹄叉三部分组成。

蹄壁构成蹄匣的背侧壁和两侧壁,蹄壁可分为三部分,前部为蹄尖壁,两侧为蹄侧壁,后为蹄踵壁。蹄壁后部呈锐角向蹄底折转形成蹄支,其折转部形成的角称蹄踵角。蹄壁的近侧缘称蹄冠,内面呈沟状,称蹄冠沟。沟内有许多角质小管的开口。蹄冠与皮肤相连接的部分,称蹄缘。蹄壁的下缘直接与地面接触的部分,称底缘。

蹄壁由釉层、冠状层和小叶层三层构成。釉层位于蹄壁的最表面,由角化的扁平细胞构成。冠状层是蹄壁最厚的一层,由许多纵行排列的角质小管和管间角质构成。小叶层是蹄壁的最内层,由许多纵行排列的角质小叶构成。与肉蹄上的肉小叶互相紧密嵌合。

蹄底是蹄向着地面略凹陷的部分,位于蹄底缘和蹄叉之间。蹄底内面有许多小孔,以容纳肉底的乳头。

蹄叉呈楔形，位于蹄底的后方，夹于两蹄支之间，前端尖为蹄叉尖，伸入蹄底中央。后部宽为蹄叉底。蹄叉底正中有蹄叉中沟，在蹄叉两侧与蹄支之间各形成一条蹄叉侧沟。

蹄白带为位于蹄壁底缘，由蹄壁冠状层的内层与角小叶及填充于角小叶间的叶间角质构成，是装蹄铁时下钉的标志。

(2)肉蹄　位于蹄匣的内面，形状与蹄匣相似，由蹄真皮构成，富有血管和神经，呈鲜红色。肉蹄也分肉壁、肉底和肉叉三部分。

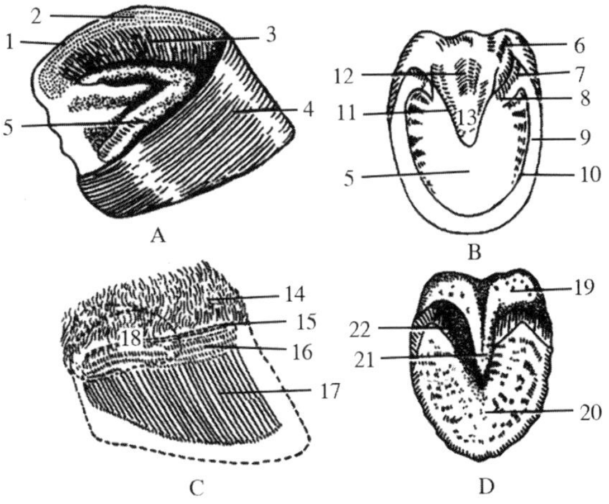

图 7-5　马蹄

A. 蹄匣　B. 蹄匣底面　C. 肉蹄　D. 肉蹄底面

1. 蹄缘　2. 蹄冠沟　3. 蹄壁小叶层　4. 蹄壁　5. 蹄底　6. 蹄球　7. 蹄踵角　8. 蹄支　9. 底缘　10. 白线　11. 蹄叉侧沟　12. 蹄叉中沟　13. 蹄叉　14. 皮肤　15. 肉缘　16. 肉冠　17. 肉壁　18. 蹄软骨的位置　19. 肉球　20. 肉底　21. 肉枕　22. 肉支

肉壁覆盖于蹄骨的背侧面和两侧面，表面有许多纵走的肉小叶，与蹄壁角小叶相嵌合。肉壁的上缘呈环状隆起的部分，称肉冠，位于蹄冠沟内，表面有长而密的乳头，伸入蹄冠沟的角质小管中。肉冠有丰富的血管和神经，感觉敏锐。肉冠与皮肤相连续的部分，称为肉缘，表面有细而短的乳头，与蹄匣的蹄缘密接。

肉底位于蹄骨底面，其表面有细而长的乳头，向下伸入蹄底的角质小管中。

肉叉形状与蹄叉相似，表面有发达的乳头，伸入蹄叉的角质小管中。

(3)蹄的皮下组织　马的蹄壁和蹄底均无皮下组织；蹄缘与蹄冠的皮下组织薄；蹄叉皮下组织发达，富于弹性，构成指(趾)端的弹力装置。

复习思考题

一、选择题

1. 皮内注射是把药物注入(　　)。

A. 表皮　　B. 真皮　　C. 基底层　　D. 网状层　　E. 皮下组织

2. 给马钉蹄铁的标志位置是(　　)。

A. 蹄壁　　B. 蹄球　　C. 蹄叉　　D. 蹄白线　　E. 蹄真皮

3. 关于猪乳房描述不正确的是(　　)。

A. 乳腺属于皮肤腺　　B. 每个乳房有 1 个乳头

C. 乳头有 5～8 对　　D. 每个乳头上有 2～3 个乳头管开口

E. 乳房仅位于胸部中线两侧

4. 皮下注射是将药物注入(　　)。

A. 表皮内　　B. 真皮乳头层内

C. 真皮网状层内　　D. 表皮与真皮之间

E. 浅筋膜

5. 奶牛乳房每个乳头的乳头管数是(　　)。

A. 5 条　B. 4 条　C. 3 条　D. 2 条　E. 1 条

6. 皮肤的结构包括(　　)

A. 表皮、真皮和基底层　B. 表皮、真皮和网状层

C. 表皮、网状层和皮下组织　D. 表皮、真皮和皮下组织

E. 真皮、网状层和皮下组织

7. 属于奇蹄的动物是(　　)。

A. 马　B. 牛　C. 羊　D. 猪　E. 驼

8. 哺乳动物的乳腺属于(　　)。

A. 复管状腺　B. 单管状腺　C. 单细胞腺

D. 分支泡状腺　E. 复管泡状腺

二、简答题

1. 简述皮肤的结构。

2. 简述动物毛的种类、结构及换毛机制。

3. 简述牛乳房的形态和结构。

4. 简述牛、猪和马蹄的结构特征。

第 7 章参考答案

第八章
血　液

学习目标

1. 熟悉血液的理化特性。
2. 掌握血细胞的生理功能。
3. 掌握血液凝固的机制。
4. 熟悉纤溶系统及纤溶过程。

血液是存在于心血管系统内的流体组织，在心脏舒缩活动的推动下，沿血管在体内循环流动，起着运输营养物质和代谢产物、维持内环境稳定、保护机体和参与生理调节的作用。

血液的组成与理化特性

第一节　血液的组成与理化特性

一、血液组成

血液由液态的血浆和悬浮于血浆中的血细胞组成。取一定量的血液与抗凝剂混匀后，置于离心管中，以 300 r/min 的速度离心 30 min，使血细胞下沉压紧而分层。上层淡黄色的液体为血浆，下层深红色的沉淀物为红细胞，在红细胞层表面有一灰白色薄层为白细胞和血小板(图 8-1)。

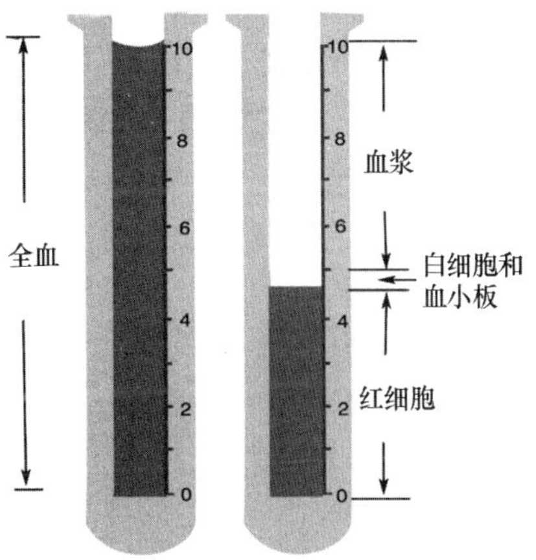

图 8-1　血液的组成示意图

全血中被离心压紧的血细胞所占的容积百分比，称为血细胞比容。白细胞和血小板在血细胞中所占的容积约为 1%，常被忽略不计，因而通常也将血细胞比容称为红细胞比容或红细胞压积(PVC)。血液比容可反映血浆容积、红细胞数量或体积的变化。临床上测定血细胞比容，有助于诊断机体脱水、贫血和红细胞增多等病症。大多数动物的血细胞比容为 34%～45%，如健康牛的正常值为 40.0%，猪 39.6%，羊 32.0%，马 33.4%。

离体血液如不经抗凝处理，可在短时间凝固成胶冻状血块，并逐渐紧缩析出淡黄色的清亮液体，称为血清。血清与血浆的主要区别在于，血浆是血液未经凝固的液体部分，含有可溶性的纤维蛋白原；血清是血液凝固后离析出来的液体部分，没有纤维蛋白原，也不含凝血反应的成分。

二、血液的理化特性

1. 颜色

血液呈红色，是因为红细胞内含有橙红色的血红蛋白。红色的深浅又与血红蛋白含氧量有关。动脉血中血红蛋白含氧量高，呈鲜红色，静脉血中血红蛋白含氧量低，呈暗红色。

2. 气味

血液中含有氯化钠，故带咸味。又因含有挥发性脂肪酸，故带有腥味。

3. 相对密度

健康动物血液的相对密度在 1.040～1.075。比重的大小取决于所含红细胞的数量和血浆蛋白的浓度。血液中红细胞的相对密度最大，白细胞次之，血浆最小。因此，血液中红细胞数量越多，血液的相对密度越大。

4. 黏滞性

液体流动时，由于内部分子间摩擦而产生阻力，以至流动缓慢并表现出黏着的特性，称黏滞性(即黏度)。动物全血的黏滞性比水大 4.5～6.0 倍，血浆的黏滞性比水大 1.5～2.5 倍。全血的黏滞性主要取决于红细胞的数量，血浆的黏滞性主要取决于血浆蛋白的含量。红细胞数量越多，血浆蛋白浓度越高，黏滞性也越大。黏滞性的存在对于小动脉和毛细血管产生外周阻力、维持正常血压和血流速度都起重要作用。

5. 血浆渗透压

具有选择性让物质通过的生物膜(如细胞膜)称半透膜。促使低浓度溶液中的水分子通过半透膜向高浓度溶液中渗透的力量，称渗透压。渗透压的高低取决于溶液中溶质颗粒数目的多少，而与溶质的种类和颗粒的大小无关。在单位体积的溶液中，颗粒越多，渗透压越高，反之越小。血浆渗透压由晶渗透压和胶体渗透压组成，约为 771.0kPa(约 7.6 个大气压)。血浆中的小分子晶体物质如无机盐、尿素、葡萄糖等所形成的渗透压称为血浆晶体渗透压，约占总渗透压的 99.5%。它对维持细胞内外水平衡和细胞正常形态起主要作用。血浆中大分子有机物主要为血浆蛋白质所形成的渗透压，称为血浆胶体渗透压，约占总渗透压的 0.5%。虽然胶体渗透压较小，由于血浆蛋白不易透过毛细血管壁，所以它对维持血管内外液体平衡起重要作用。

在临床或生理实验中，将与血浆渗透压相等的溶液称为等渗溶液。如 0.9%的 NaCl 溶液和 5%的葡萄糖溶液，其渗透压与血浆渗透压大致相等，所以通常把 0.9%的氯化钠溶液称为等渗溶液或生理盐水。渗透压高于血浆渗透压的溶液称为高渗溶液，低于血浆渗透压的溶液称为低渗溶液。

6. 酸碱度

动物血液呈弱碱性，pH 在 7.35～7.45，各种动物之间的差别不大。血液酸碱度超过生理变动范围，动物就会出现酸中毒或碱中毒症状。生命能够耐受的酸碱度极限为7.00～7.80。血液之所以能保持pH相对稳定，除了肺和肾排出过多的酸性物质和碱性物质外，主要有赖于血浆和红细胞中含有对酸碱物质具有缓冲功能的缓冲对。

血浆中的缓冲对有$NaHCO_3/H_2CO_3$、蛋白质钠盐/蛋白质、Na_2HPO_4/NaH_2PO_4。红细胞中有血红蛋白钾盐/血红蛋白、氧合血红蛋白钾盐/氧合血红蛋白、K_2HPO_4/KH_2PO_4、$KHCO_3/H_2CO_3$等缓冲对。每一个缓冲对都由一弱酸及其带有强碱的弱酸盐组成，其中缓冲对$NaHCO_3/H_2CO_3$最为重要。当血浆中酸性物质增加时，带强碱的弱酸盐与之反应，使其变为弱酸降低其酸性；当碱性物质增加时，弱酸与之反应，使其变为弱酸盐，缓冲碱性物质的冲击。动物体在新陈代谢过程中产生的酸性物质多于碱性物质，在缓冲酸性代谢产物时$NaHCO_3$起着非常重要作用，所以把血浆中$NaHCO_3$的含量称为血液的碱贮。

三、血量

动物体内血液的总量称为血量，占体重的5%～9%。血量可因动物的种类、性别、年龄、营养状况、妊娠、泌乳和所处的外界环境而发生变动，一般雄性多于雌性，高原地区多于平原的。牛的血量为体重的6%～7%、猪和犬为5%～6%、马和鸡为8%～9%。幼龄动物的血量可达体重的10%以上。

动物在安静状态下，绝大部分血液在心血管中循环流动，这部分血量称循环血量。还有一小部分血液滞留于肝、脾、肺和皮下的血窦、毛细血管网和静脉内，流动很慢，称储备血量。在剧烈运动或大失血等情况下，储备血量可释放出来，补充循环血量的不足，以适应机体的需要。

血量的相对恒定，对于维持正常血压，保证各器官的血液供应非常重要。如果动物一次失血不超过血量的10%，对生命活动没有明显影响，因为失血所损失的水分和无机盐可在1～2 h内由组织液渗入血管得到补充，血浆蛋白由肝脏加速合成可在1～2 d内得到恢复，红细胞和血红蛋白恢复较慢，约在一个月内完全恢复。如果一次急性失血达总血量的20%时，生命活动将受到明显影响。如果一次急性失血超过血量的30%，会使血压显著下降，导致脑细胞和心肌细胞供血不足而危及生命。

第二节　血浆

血浆是血液的液体部分，其中水分占90%～92%，溶质占8%～10%。溶质中主要是血浆蛋白、非蛋白含氮物、无机盐，其次是葡萄糖、乳酸、丙酮酸、脂类（脂肪、卵磷脂、胆固醇）、气体（O_2、CO_2、N_2）以及酶、激素、维生素和色素等。

一、血浆蛋白

血浆蛋白是血浆中多种蛋白质的总称，主要包括白蛋白、球蛋白和纤维蛋白原。

1. 白蛋白

白蛋白也称清蛋白，主要由肝脏合成，它在维持血浆胶体渗透压方面起重要作用，约75%的血浆胶体渗透压来自白蛋白。白蛋白还能与一些水溶性较低的物质如游离脂肪酸、胆色素和类固醇激素相结合，作为它们在血液中的运输载体。

2. 球蛋白

球蛋白可分为 α_1、α_2、β、γ 四种类型。α 和 β 球蛋白由肝脏合成。γ 球蛋白主要是由淋巴细胞和浆细胞分泌。γ 球蛋白几乎都是免疫性抗体，故又称免疫球蛋白，包括 IgM、IgG、IgA、IgD、IgE 五种。球蛋白主要参与机体免疫反应，还能与脂类物质(胆固醇、甘油三酯)结合形成脂蛋白，对脂类运输起重要作用。此外，球蛋白也是脂溶性维生素和甲状腺激素在血液中的主要运输载体。

3. 纤维蛋白原

纤维蛋白原由肝脏合成，当组织受伤出血时，在凝血酶的作用下，纤维蛋白原可转变为不溶性的细丝状纤维蛋白，参与血液凝固。

二、非蛋白含氮物

血浆中除蛋白质以外的含氮化合物，称为非蛋白含氮化合物(NPN)。它们是蛋白质和核酸的代谢产物，包括尿素、尿酸、肌酸、肌酐、氨基酸、多肽、胆红素和氨等。这些物质大部分经血液带到肾脏排出体外。

血细胞

三、无机盐

血浆中有多种无机盐，绝大部分以离子状态存在。主要有 Na^+、K^+、Ca^{2+}、Mg^{2+}、Cl^-、HCO_3^-、HPO_4^{2-}、SO_4^{2-} 等，这些无机离子在维持血浆晶体渗透压、酸碱平衡和组织细胞的兴奋性等方面起重要作用。

第三节 血细胞

一、红细胞

1. 红细胞的形态和数量

哺乳动物成熟红细胞无细胞核，呈双面内凹的圆盘状。骆驼和鹿的红细胞为椭圆形。红细胞在血管中循环时，能卷曲变形挤过口径比它小的毛细血管和血窦孔隙，通过后又可恢复原来的形状。

红细胞在血细胞中数量最多，其正常数量随动物种类、品种、性别、年龄、饲养管理和环境条件而有所变化(表 8-1)。

表 8-1 健康成年动物红细胞数量 10^{12} 个/L

动物	红细胞数量	动物	红细胞数量
马	7.5(5.0～10.0)	绵羊	12.0(8.0～16.0)
牛	7.5(5.0～10.0)	山羊	13.0(8.0～18.0)
猪	6.5(5.0～8.0)	猫	7.5(5.0～10.0)
犬	6.8(5.0～8.0)		

2. 红细胞的生理特性

(1)红细胞膜的通透性　红细胞膜对各种物质的通透有严格的选择性，H_2O、O_2、CO_2等可以自由通过细胞膜，葡萄糖、氨基酸、尿素较易通过，所有的胶体物质都不能通过。电解质中的负离子如Cl^-、HCO_3^-较易通过细胞膜，Ca^{2+}则很难通过。红细胞膜的这种选择通透性，对于维持红细胞内的化学组成和红细胞的各种正常生理功能起重要作用。

(2)红细胞的渗透脆性和溶血　正常情况下，红细胞内的渗透压与血浆渗透压相等，如果把红细胞置于等渗溶液(0.9% NaCl)中，它能保持正常的大小和形态。若将红细胞置于高渗 NaCl 溶液中，则红细胞内的水分外渗而皱缩。相反，若将红细胞置于低渗 NaCl 溶液中，水分会渗入红细胞内，膨胀成球形，胞膜最终破裂并释放出血红蛋白，这一现象称为溶血(图 8-2)。红细胞在低渗溶液中发生膨胀破裂的特性，称红细胞渗透脆性。红细胞对低渗溶液的抵抗力大，则脆性小；对低渗溶液抵抗力小，则脆性大。

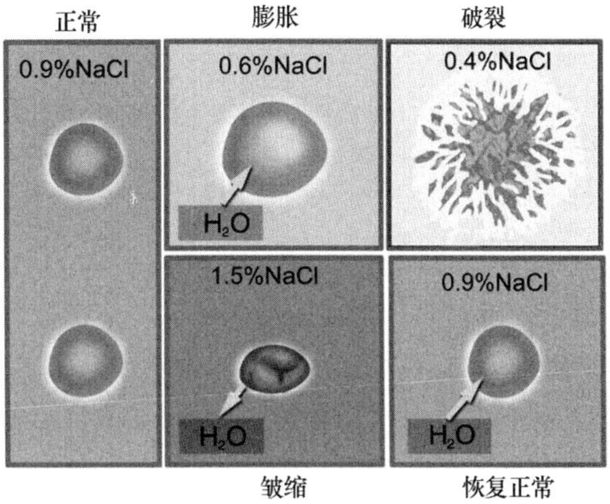

图 8-2　不同晶体渗透压对红细胞的影响

(3)红细胞的悬浮稳定性和血沉　红细胞稳定地悬浮在血浆中而不易下沉的特性，称红细胞的悬浮稳定性。悬浮稳定性的大小可用红细胞的沉降率表示。将抗凝处理的血液放入血沉管内垂直静置，红细胞将逐渐互相聚合叠连在一起慢慢地下沉。通常以红细胞在第一小时末下沉的距离表示红细胞的沉降速度，称红细胞的沉降率，简称血沉。红细胞的沉降率因动物种类的不同而异。马的血沉最快，牛的血沉很慢。同种动物在患不同疾病时也不相同，如急性感染、结核病进行期、马传染性贫血时，血沉加快。因此，测定血沉有一定的临床诊断价值。

3. 红细胞的功能

红细胞的主要功能是运输氧和二氧化碳，其次是对机体产生的酸性物质或碱性物质起缓冲作用。这些功能是通过红细胞内的血红蛋白(Hb)来实现的。

(1)血红蛋白与气体运输　血红蛋白是红细胞的主要成分，占红细胞成分的30%～35%，由珠蛋白与亚铁血红素结合而成。血红素由Fe^{2+}和原卟啉所组成，故称为亚铁血红素。血红蛋白既能与氧结合，形成氧合血红蛋白(HbO_2)；又易于将它释放，形成脱氧(或“还原”)血红蛋白(HHb)，释放出的氧，供组织细胞代谢需要。此外，二氧化碳也可与血红蛋白结合，以氨基甲酸血红蛋白的形式经血液运输。

在某些药物(如乙酰苯胺、磺胺等)或亚硝酸盐的作用下，血红蛋白中的Fe^{2+}被氧化成Fe^{3+}，称高铁血红蛋白。这时它与氧的结合非常牢固，不易分离，失去运输氧的能力，导致组织细胞缺氧。当高铁血红蛋白含量超过总量的2/3时，可危及生命。

血红蛋白与一氧化碳的亲和力比氧大200多倍。在空气中一氧化碳浓度增高时，血红蛋白与一氧化碳结合，生成一氧化碳血红蛋白(HbCO)，使血红蛋白运输氧的能力显著下降，严重时可发生一氧化碳中毒死亡。

血红蛋白的含量,常因动物的年龄、性别、季节、环境、饲养条件的变化而发生变化。单位体积内的红细胞数量与血红蛋白的含量有一致性,如血液中红细胞数量多时,血红蛋白含量也高。如果单位体积血液中的红细胞数量和血红蛋白浓度比正常值显著减少,或其中之一显著减少,都称为贫血(表 8-2)。

表 8-2 健康动物血红蛋白含量平均值 g/L

动物	血红蛋白	动物	血红蛋白
马	115(80～140)	猪	130(100～160)
牛	110(80～150)	犬	150(120～180)
绵羊	120(80～160)	猫	120(80～150)
山羊	110(80～140)	兔	117(80～150)

(2)血红蛋白的酸碱缓冲功能　还原血红蛋白和氧合血红蛋白在 pH 约为 7.4 的环境下,两种形式的血红蛋白均为弱酸性物质。其中一部分以酸分子的形式存在,一部分则与红细胞内的钾构成血红蛋白钾盐,因而组成 KHb/HHb 和 $KHbO_2/HHbO_2$ 两个缓冲对,能缓冲出现于血液中的酸性和碱性物质,起调节酸碱平衡的作用。

4. 红细胞的生成和破坏

在循环血液中,每天都有一定数量衰老的红细胞被破坏,同时也有一些新生的红细胞进入血液循环。红细胞的生成和破坏这两个过程保持着动态平衡。

(1)红细胞的生成　动物出生后,红细胞由红骨髓的髓系多功能干细胞分化增殖而成。红细胞生成过程中,除了骨髓造血机能正常外,还必须有充足的造血原料和促进红细胞成熟的物质。

①红细胞生成的原料。蛋白质和铁是红细胞生成的主要原料。蛋白质用于合成珠蛋白,铁则是构成血红素的主要部分。若供应或摄取不足,就会影响幼红细胞合成血红蛋白,出现营养不良性贫血。

②红细胞成熟因子。叶酸、维生素 B_{12} 和铜离子都是促进红细胞发育成熟的物质。叶酸直接参与红细胞核中 DNA 的合成,维生素 B_{12} 能增加叶酸在体内的利用率,从而可间接地促进 DNA 的合成。二者可促进骨髓原红细胞分裂增殖,缺乏时能引起巨幼红细胞性贫血。铜离子是合成血红蛋白的激动剂。

此外,红细胞生成过程还需要氨基酸、维生素 B_6、维生素 B_2、维生素 C、维生素 E 和微量元素锰、锌等。

(2)红细胞生成的调节　红细胞数量能保持相对稳定,主要受促红细胞生成素的调节,雄激素也与红细胞生成有关。

促红细胞生成素主要在肾脏产生,其主要作用是促进骨髓内造血细胞的分化、成熟和血红蛋白的合成,并促进成熟的红细胞释放。当组织缺氧或耗氧量增加时,刺激肾脏产生促红细胞生成素,使血液中红细胞数量增加,提高血液的运氧能力,满足组织对氧的需要。当红细胞增多时,促红细胞生成素的分泌减少,使红细胞生成减少。这种反馈调节,使红细胞数量维持动态恒定,以适应机体的需要。

雄激素可以直接刺激骨髓,使其造血功能加强,也可以作用于肾脏或肾外组织产生促红细胞生成素，从而间接促使红细胞增生。这些作用可能是雄性动物的红细胞数量高于雌性动物的原因之一。

(3)红细胞的破坏　红细胞在血液中的平均寿命约为 120 d。衰老的红细胞形态异常、代谢紊乱、脆性增大，极易在血流的冲击下破裂或停滞在脾和骨髓中，被巨噬细胞吞噬。红细胞破坏后，释放出的血红蛋白很快被分解为珠蛋白、铁和胆绿素。珠蛋白和铁可重新参与体内代谢；胆绿素被还原成为胆红素，再经体内一系列变化后由肠、肾随粪和尿排出体外。

二、白细胞

1. 白细胞的分类和数量

白细胞是无色有核的血细胞，体积比红细胞大，在血液中一般呈球形，在组织中则有不同程度的变形。根据细胞质中有无颗粒和染色特点，可分为两大类：一类是有颗粒的白细胞，简称粒细胞，包括中性粒细胞、嗜碱性粒细胞和嗜酸性粒细胞；另一类是无颗粒白细胞，包括淋巴细胞和单核细胞。

白细胞的数量随动物生理状况而变化。如下午比早晨多，剧烈运动时比安静时多，妊娠末期比初期多，初生幼畜比成年多，进食后比平时多。但是各类白细胞之间的百分比却相对恒定的(表 8-3)。

表 8-3　动物白细胞数量及各类白细胞所占的百分比

动物	白细胞总数/(10^9 个/L)	各类白细胞的百分比/%					
		嗜碱性粒细胞	嗜酸性粒细胞	中性粒细胞		淋巴细胞	单核细胞
				杆状核	分叶核		
马	8.77	0.5	4.5	4.5	53.0	34.5	3.5
牛	7.62	0.5	4.0	3.5	33.0	57.0	2.0
绵羊	8.25	0.5	5.0	2.0	32.5	59.0	2.0
山羊	9.70	0.1	6.0	1.0	34.0	57.5	1.5
猪	14.66	0.5	0.5	6.0	31.5	55.5	3.5
骆驼	24.00	0.5	8.0	7.0	47.5	35.0	1.5
犬	11.50	1.0	6.0	3.0	60.0	25.0	5.0
猫	12.50	0.5	5.0	0.5	59.0	32.0	3.0

2. 白细胞的功能

白细胞具有变形、趋化性和吞噬等特性，主要参与机体的防御和免疫等反应，防止病原微生物的入侵。但各类白细胞的功能又有所不同。

(1)中性粒细胞　具有很强的变形运动和吞噬能力，对细菌毒素和受损组织所释放的化学物质有较强的趋化性。能变形穿出毛细血管聚集到病变部位吞噬细菌和异物，还可吞噬和清除衰老的红细胞和抗原-抗体复合物等。中性粒细胞内含有大量的溶酶体，能将吞噬入细胞内的细菌和异物分解、消化。当其吞噬毒性较强的细菌后，本身也分解而死亡，细胞内的酶游离出来，分解周围的组织共同形成脓汁。

(2)嗜酸性粒细胞　也能做变形运动，并具趋化性。因其缺乏溶菌酶，虽有吞噬能力，但基本上无杀菌能力。当机体发生抗原-抗体相互作用而引起过敏反应时，大量嗜酸粒细胞趋向局部，它能吞噬抗原-抗体复合物，从而减轻对机体的危害。此外，还参与对蠕虫的免疫反应。

(3)嗜碱性粒细胞　能变形游走，但无吞噬功能。胞质内的组织胺对局部炎症区域和小血管有舒张作用，增加毛细血管的通透性，有利于其他白细胞的游走和吞噬活动。它所含的肝素对炎症区域血管内血液起抗凝作用。

(4)单核细胞　具有明显的变形运动、趋化性和吞噬能力，可渗出血管变成巨噬细胞。巨噬细胞是体内吞噬能力最强的细胞，能吞噬较大的异物和细菌。

(5)淋巴细胞　有变形运动能力，在机体特异性免疫反应过程中起重要作用。根据其生长发育过程、细胞表面的标志和功能，可分为 T 淋巴细胞和 B 淋巴细胞。T 淋巴细胞主要参与细胞免疫，B 淋巴细胞参与体液免疫。

T 淋巴细胞受到抗原刺激后，先分化成为免疫淋巴母细胞，再转化为具有免疫活性的致敏淋巴细胞。随血液或淋巴抵达抗原所在地，该细胞与抗原直接接触，分泌免疫活性物质(如细胞毒、干扰素、移动抑制因子等)而发挥其免疫作用。这种免疫方式称为细胞免疫。

B 淋巴细胞受抗原刺激后，先转变为原浆细胞，进而转变为浆细胞。浆细胞能合成多种特异性抗体释放到血液中，它和抗原结合后就能使抗原失去对机体的有害作用。由于这种抗体是通过血液运输而起作用的，故将这种免疫称为体液免疫。

3. 白细胞的生成与破坏

各类白细胞是由不同组织器官生成的。三种粒细胞是由红骨髓的原始粒细胞分化而来的。单核细胞大部分来自红骨髓，另一部分生成于网状内皮系统。淋巴细胞则在脾脏、淋巴结、胸腺、骨髓、扁桃体和肠黏膜下集合淋巴结内生成。在白细胞生成过程中除需要蛋白质外，还需要叶酸、维生素 B_{12} 和维生素 B_6 等。

白细胞的寿命长短不一、有的只有几小时或几天。白细胞衰老死亡后，大部分被肝脏、脾脏的巨噬细胞吞噬和分解，小部分可在执行防御功能时被细菌或毒素破坏，或经唾液、尿、肺和胃肠黏膜排出。

三、血小板

1. 血小板的形态和数量

血小板由骨髓巨核细胞的胞质脱落而成，无色，无细胞核，呈椭圆形、杆形或不规则形，体积比红细胞小。几种成年动物血小板的数量见表 8-4。

表 8-4　成年动物血小板的数量　　10^9 个/L

动物	血小板数量	动物	血小板数量
马	200～900	驴	400
牛	260～710	骆驼	367～790
绵羊	170～980	犬	199～577
山羊	310～1 020	猫	100～760
猪	130～450	兔	125～250

2. 血小板的功能

血小板的功能主要包括生理性止血、参与凝血、参与纤维蛋白溶解和维持血管内皮细胞的完整性等。

(1)生理性止血　小血管损伤出血后，会刺激血小板黏附到破口周围，并聚集形成血小板血栓堵住破口，同时血小板吸附血液中的凝血因子，促进血液凝固过程，形成血凝块，进一步堵住破口，从而有效地进行止血。

(2)参与凝血　血小板内含有多种与凝血有关的因子，具有较强的促进血液凝固的作用，其中较为重要是血小板第 3 因子(PF_3)。PF_3 是血小板膜上的磷脂，能吸附血液中的凝血因子，参与凝血过程。

(3)参与纤维蛋白的溶解　血小板对纤维蛋白的溶解具有促进和抑制两种作用。在出血早期，血小板释放抗纤溶物质(PF_6)，可抑制纤溶过程，促进止血。当血栓形成后，血栓内的血小板能释放纤溶酶原及其激活物，将纤溶酶原转变为纤溶酶，使纤维蛋白溶解；另外还释放 5-HT、组胺等，使血管内皮细胞释放纤溶酶原激活物，促进纤溶，有利于血栓溶解和血流畅通。

(4)维持血管内皮的完整　血小板与毛细血管内皮细胞互相粘连、融合，填补内皮细胞的间隙或脱落处，起到修补和加固作用。

3. 血小板的生成和破坏

血小板由骨髓巨核细胞裂解脱落而成，促血小板生成素作用于骨髓造血干细胞，能促进血小板的生成。血小板的寿命为 8～12 d，衰老的血小板可在脾、肝和肺组织中被吞噬。血小板也会在发挥其生理功能时被消耗。

第四节　血液凝固和纤维蛋白溶解

一、血液凝固

血液凝固简称血凝，是指血液由流动的液体状态变成不能流动的凝胶状态的过程。

1. 凝血因子

血浆和组织中直接参与血凝的物质，统称为凝血因子，其中已按国际命名法用罗马数字编号的有 12 种，分别为凝血因子Ⅰ～ⅩⅢ(表 8-5)。此外，还有前激肽释放酶、高分子激肽原、血小板磷脂等也直接参与凝血过程。在这些凝血因子中，除Ⅳ为 Ca^{2+} 外，其余都是蛋白质。正常情况下，大多数凝血因子都以无活性的酶原状态存在，只有通过其他酶的水解后才具有活性。被激活的酶在该因子代号的右下角加“a”表示，如Ⅱa 表示有活性的凝血酶。因子Ⅱ、Ⅶ、Ⅸ、Ⅹ在肝脏合成时需要维生素 K 参与，当肝功能障碍或维生素 K 缺乏时，常引起凝血机能异常。

血型与输血

表 8-5　按国际命名法编号的凝血因子

因子	同义名称	因子	同义名称
Ⅰ	纤维蛋白原	Ⅷ	抗血友病因子
Ⅱ	凝血酶原	Ⅸ	血浆凝血激酶
Ⅲ	组织凝血激酶	Ⅹ	Stuart-Power 因子
Ⅳ	Ca^{2+}	Ⅺ	血浆凝血激酶前质
Ⅴ	前加速素	Ⅻ	接触因子
Ⅶ	前转变素	ⅩⅢ	纤维蛋白稳定因子

2. 凝血过程

凝血过程是一个多因子参与的一系列酶促反应，最终使血浆中可溶性纤维蛋白原转变为不溶性纤维蛋白，并网罗各种血细胞形成血凝块。

凝血过程可分为凝血酶原激活物的形成、凝血酶的形成和纤维蛋白的形成三个主要步骤，它们相互关系如下：

第一步　　凝血酶原激活物的形成

第二步　　凝血酶原 $\xrightarrow{\downarrow}$ 凝血酶

第三步　　纤维蛋白原 $\xrightarrow{\downarrow}$ 纤维蛋白

（1）凝血酶原激活物的形成　凝血酶原激活物是由活化型因子Ⅹ（Ⅹa）和其他凝血因子共同组成的复合物。因子Ⅹ的激活可通过内源性和外源性两个途径完成。

①内源性凝血途径。完全依靠血浆内的凝血因子激活因子Ⅹ而引发的凝血过程，称为内源性途径。当血管损伤时，因子Ⅻ与血管内膜下的胶原纤维接触而被激活为Ⅻa，Ⅻa 激活因子Ⅺ形成Ⅺa，Ⅺa 激活因子Ⅸ成为Ⅸa。然后因子Ⅸa 与因子Ⅷ和 Ca^{2+} 在血小板磷脂上结合复合物，将因子Ⅹ激活为Ⅹa。

②外源性凝血途径。依靠血管外组织释放因子Ⅲ参与激活因子Ⅹ的过程，称为外源性途径。正常时，因子Ⅲ存在于血管外组织中，当组织损伤出血后，释放的因子Ⅲ通过 Ca^{2+} 与因子Ⅶ形成一种复合物，可催化因子Ⅹ成Ⅹa。

以下的步骤，内、外源途径相同，即Ⅹa 与因子Ⅴ在血小板磷脂和 Ca^{2+} 参与下，形成凝血酶原激活物。

内源性途径由于参与的因子较多，反应较慢，外源性途径相对较快。但实际上，单纯由一种途径引起的血凝情况不多，往往两种途径同时存在。当组织损伤血管破损时首先是外源性过程发挥作用，接着发生内源性过程。

（2）凝血酶的形成　在凝血酶原激活物的作用下，凝血酶原（因子Ⅱ）被激活成为凝血酶（Ⅱa）。

（3）纤维蛋白的形成　在凝血酶的催化下，纤维蛋白原转变为纤维蛋白单体。后者在 Ca^{2+} 参与下，聚合成可溶性纤维蛋白多聚体。此外在 Ca^{2+} 作用下，凝血酶还能激活因子 ⅩⅢ 生成 ⅩⅢa。后者作用可溶性纤维蛋白多聚体，使之转变成不溶性纤维蛋白多聚体（纤维蛋白丝），并相互交织成网，将血细胞网罗其中形成血凝块。

血液从血管流出到出现丝状纤维蛋白所需的时间，称凝血时间。牛的凝血时间为6.5 min、绵羊为2.5 min、猪为3.5 min、马为11.5 min。在某些病理情况下，由于某些凝血因子生成不足或缺乏，凝血时间延长。

3. 抗凝系统

循环流动的血液之所以不发生凝固，一方面由于血管内壁光滑完整，凝血因子不被激活，血小板也不会发生黏附和聚集。即使有少量凝血因子被激活，也会被稀释运走，在肝脏清除。另一方面是血浆内存在抗凝系统，其中最重要的抗凝物质是抗凝血酶Ⅲ、肝素和蛋白质C等。

（1）抗凝血酶Ⅲ　是由肝脏合成的一种丝氨酸蛋白酶抑制物，它能使凝血酶和凝血因子Ⅸa、Ⅹa、Ⅺa、Ⅻa失去活性，达到抗凝血作用。

（2）肝素　是一种酸性黏多糖，主要由肥大细胞和嗜碱性粒细胞产生。肝素主要通过增强抗凝血酶的活性而发挥间接抗凝作用。

（3）蛋白质C　是由肝脏合成的一种维生素K依赖性蛋白，它以酶原形式存在于血浆中，在凝血过程中被激活，通过抑制因子Ⅴa和Ⅷa的活性，限制因子Ⅹa与血小板磷脂结合，以及促进纤维蛋白的溶解，而实现抗凝作用。

二、纤维蛋白溶解

血液凝固过程中形成的纤维蛋白被分解、液化的过程，称为纤维蛋白溶解，简称纤溶。纤溶也是机体的一种保护性生理反应，对体内血液经常保持液体状态与管道畅通起着重要的作用。纤溶系统包括：纤维蛋白溶解酶原（纤溶酶原）、纤维蛋白溶解酶（纤溶酶）、纤溶酶原激活物和纤溶抑制物四种成分。

纤溶的基本过程可分为两个阶段：纤溶酶原的激活和纤维蛋白（或纤维蛋白原）的降解。

1. 纤溶酶原的激活

纤溶酶原主要在肝、骨髓、嗜酸性粒细胞和肾内合成。在纤溶酶原激活物的作用下，转变为纤溶酶。纤溶酶原激活物广泛存在于组织和血浆中。

2. 纤维蛋白（或纤维蛋白原）的降解

在纤溶酶的作用下，纤维蛋白（或纤维蛋白原）被分解为很多可溶性小肽，这些小肽统称为纤维蛋白降解产物。此降解产物一般不再凝固，而且其中一部分还具有抗凝作用。此外，纤溶酶对凝血因子Ⅱ、Ⅴ、Ⅷ、Ⅹ、Ⅻ等也有一定的水解作用。

3. 纤溶抑制物

体内存在许多能抑制纤溶系统活性的物质，主要的纤溶抑制物有纤溶酶原激活物抑制物-1（PAI-1）和α_2-抗纤溶酶（α_2-AP）。PAI-1能与组织型纤溶酶原激活物如尿激酶竞争而抑制纤溶酶的活性。α_2-AP通过与纤溶酶结合成复合物而迅速抑制纤溶酶的活性。

生理情况下，心血管内流动的血液既无出血又无血栓形成，正是由于凝血、抗凝血、纤溶处于动态平衡的结果。

三、促凝和抗凝

根据血液凝固的机制，可运用不同的方法和药物，有效地促进或防止血凝，以满足临床需要。

血凝过程是一系列酶促反应，而酶的活性又与温度有关，适当提高局部温度，可使血凝过程加快。在机体出血时，用纱布、棉花按压创面，由于这些粗糙面既能活化因子Ⅻ，又能促进血小板聚集和释放凝血因子，故可加速血凝过程。反之，若把血液置于低温环境中或内壁光滑的器皿内，血液凝固的过程将延缓。

维生素 K 参与许多凝血因子的合成过程，维生素 K 缺乏可致凝血障碍，补充维生素 K 能促进凝血。

在血液凝固的几个环节中都需要有 Ca^{2+} 参与，如在血液中加入适量的柠檬酸钠或草酸盐（草酸钾、草酸铵）可以除去 Ca^{2+}，从而阻断血凝过程，起到抗凝作用。

肝素在体内和体外都是有效的抗凝剂，常用于手术后防止血栓的形成。

复习思考题

一、选择题

1. 凝血过程的第三阶段是指（　　）。

A. 形成凝血酶　　B. 形成纤维蛋白

C. 肥大细胞分泌肝素　　D. 血小板释放尿激酶

E. 血小板填塞血管损伤处

2. 血红蛋白包含的金属元素是（　　）。

A. 铜　　B. 锰　　C. 锌　　D. 钴　　E. 铁

3. 不属于白细胞特性的是（　　）。

A. 趋化性　　B. 变形运动　　C. 吞噬作用　　D. 渗透特性　　E. 血细胞渗出

（4～6 题共用备选答案）

A. 铁和蛋白质　　B. 锌和蛋白质　　C. 维生素 B_{12}、丁酸和铜离子

D. 维生素 B_{12}、叶酸和铜离子　　E. 促红细胞生成素

4. 红细胞生成所需的原料主要是（　　）。

5. 促进红细胞发育和成熟的物质主要是（　　）。

6. 调节红细胞数量自稳态的物质主要是（　　）。

7. 白细胞伸出伪足做变形运动并得以穿过血管壁的现象属于（　　）。

A. 血细胞渗出　　B. 趋化性　　C. 吞噬作用　　D. 可塑变形性　　E. 渗透脆性

8. 血清指的是（　　）。

A. 去除纤维蛋白原后的血浆组分　　B. 含纤维蛋白原的血浆组分

C. 去除清蛋白后的血浆组分　　D. 去除球蛋白后的血浆组分

E. 去除胶体物质后的血浆组分

9. 用盐析法可将血浆蛋白分为（　　）。

A. 白蛋白、球蛋白和纤维蛋白　　B. 白蛋白、球蛋白和纤维蛋白原

C. 白蛋白、血红蛋白和纤维蛋白原　　D. 白蛋白、血红蛋白和纤维蛋白

E. 血红蛋白、球蛋白和纤维蛋白原

10. 构成血浆晶体渗透压的主要离子是(　　)。

A. Na^{+} 和 Cl^{-}　　B. K^{+} 和 Cl^{-}

C. Na^{+} 和 HCO_3^{-}　　D. K^{+} 和 $H_2PO_4^{-}$

E. Ca^{2+} 和 $H_2PO_4^{-}$

11. 常用的抗血液凝固方法是(　　)。

A. 血液置于 37 ℃　　B. 出血处接触粗糙面

C. 补充维生素 K　　D. 血液中加入肝素

E. 血液中加入钙离子

12. 血浆晶体渗透压大小主要取决于(　　)。

A. 血小板数量　　B. 无机盐浓度

C. 血浆蛋白浓度　　D. 白细胞数量

E. 血细胞数量

二、简答题

1. 何谓血浆晶体渗透压、胶体渗透压？有何生理意义？

2. 简述各类白细胞的生理功能。

3. 简述血小板的生理功能。

4. 简述血液凝固的过程及其机制。

第 8 章参考答案

第九章
脉管系统

学习目标

1. 掌握心脏的形态、位置和心腔的结构。
2. 掌握淋巴循环途径及淋巴器官的结构。
3. 掌握浅部淋巴结的位置和深部淋巴结分布部位。
4. 掌握心肌生理特性，理解心肌生物电原理及特点。
5. 理解组织液生成的原理及影响因素。
6. 了解心血管活动的神经和体液调节。

脉管系统包括心血管系统和淋巴系统，它们是以心脏为中心分布于全身封闭的连续管道，管道内分别流动着血液和淋巴(液)。其主要功能是运输营养物质、氧气、激素和代谢产物。

第一节　心血管系统

一、概述

1. 心血管系统的组成

心血管系统也称血液循环系统，由心脏、血管(包括动脉、毛细血管和静脉)和血液组成。心脏是血液循环的动力器官，在神经体液调节下，进行有节律的收缩和舒张，推动血液在血管内进行周而复始的环流。动脉起始于心脏，输送血液到肺和全身各部，沿途反复分支，管径越分越细，管壁越来越薄，最后移行为毛细血管。毛细血管是连接动脉和静脉的微细血管，互相吻合成网，遍布全身。其管壁很薄，具有一定的通透性，以利于血液和周围组织进行物质交换。静脉收集血液回心脏，从毛细血管起始逐渐汇集成小、中、大静脉，最后通入心脏(图 9-1)。

2. 血液循环的途径

血液从心脏流出经动脉到毛细血管，然后再沿静脉返回心脏，这一过程称为血液循环。根据循环途径和功能的不同，可将血液循环分为体循环和肺循环。

体循环又称大循环，是指血液从左心室搏出，经主动脉及其分支到全身各部的毛细血管，

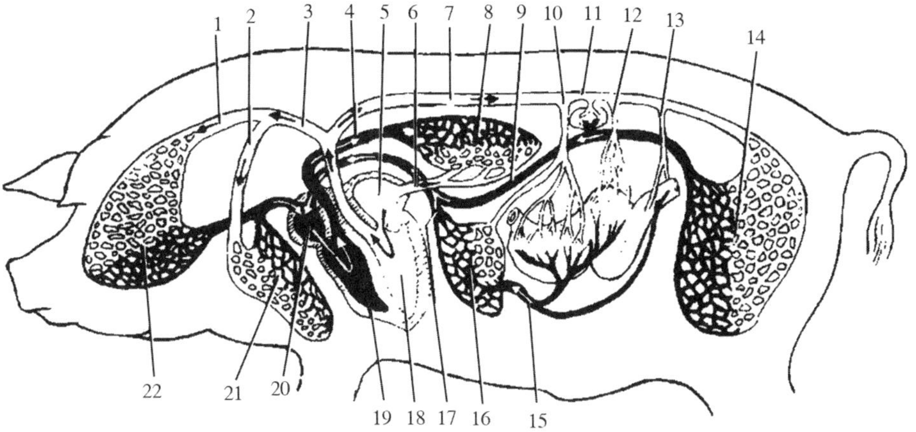

图 9-1　成年家畜血液循环模式图

1.颈总动脉　2.腋动脉　3.臂头动脉总干　4.肺动脉　5.左心房　6.肺静脉　7.胸主动脉　8.肺毛细血管　9.后腔静脉　10.腹腔动脉　11.腹主动脉　12.肠系膜前动脉　13.肠系膜后动脉　14.骨盆部和后肢的毛细血管　15.门静脉　16.肝毛细血管　17.肝静脉　18.左心室　19.右心室　20.右心房　21.前肢毛细血管　22.头颈部毛细血管

在此与组织间进行物质和气体交换后变成静脉血，再经各级静脉汇注入前、后腔静脉，返回右心房的流动过程。

肺循环又称小循环，是血液从右心室搏出，经肺动脉干及其各级分支至肺泡壁毛细血管，在此与肺泡间进行气体交换后变成了动脉血，然后经肺静脉返回左心房的过程。

二、心脏

1. 心脏的形态位置

心脏为中空的圆锥形肌质器官，上部宽大称为心基，有进出心脏的大血管。下部为心尖。心脏前缘凸，后缘短而直。心基部有环绕心脏的冠状沟，它是心房和心室的外表分界。沟的上部为心房，下部为心室。心脏的左侧面有一锥旁室间沟（左纵沟），右侧面有一窦下室间沟（右纵沟），纵沟均起自冠状沟，向心尖部延伸，具右纵沟达心尖部，左纵沟大约与心脏后缘平行，不达心尖。左、右纵沟是心室的外表分界，两沟右前方为右心室，左后方为左心室。牛心脏的后面还有一条副纵沟。在冠状沟和左、右纵沟内有营养心脏的血管和脂肪填充（图 9-2）。

心脏的形态和位置

心脏外面包有心包，位于胸腔纵隔内，相当于第 3～6 肋骨，夹于左、右两肺之间，略偏于左侧。

2. 心腔的构造

心腔内有纵走的房间隔和室间隔，把心腔分为左、右心房和左、右心室。同侧的心房与心室借房室口相通（图 9-3）。

心腔的构造

（1）右心房　构成心基的右前部，位于右心室背侧，由右心耳和静脉窦构成。右心耳为圆锥形盲囊，尖端突向左侧，内侧壁有许多梳状肌。静脉窦是前、后腔静脉和奇静脉的入口部。在后腔静脉口的腹侧有冠状窦。

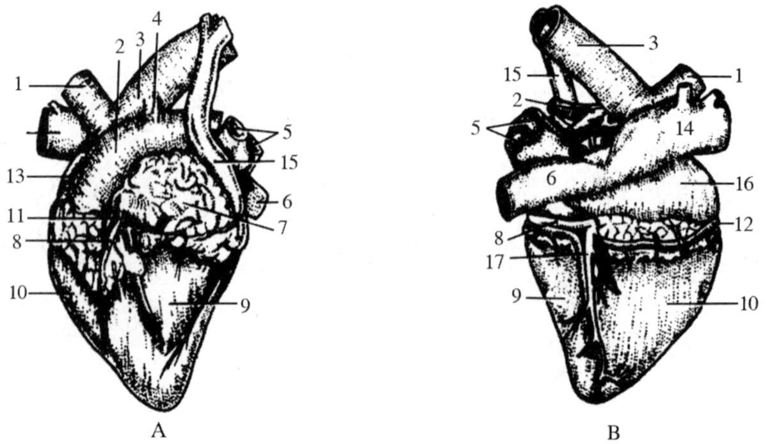

图 9-2　牛的心脏

A. 左侧面　　B. 右侧面

1. 臂头干　2. 肺干　3. 主动脉弓　4. 动脉韧带　5. 肺静脉　6. 后腔静脉　7. 左心房　8. 心大静脉　9. 左心室　10. 右心室　11. 左冠状动脉　12. 右冠状动脉　13. 右心耳　14. 前腔静脉　15. 左奇静脉　16. 右心房　17. 心中静脉

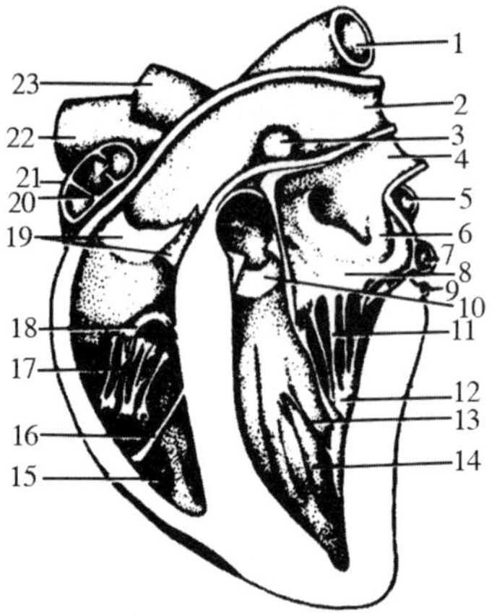

图 9-3　水牛心脏纵切面

1. 主动脉　2. 左肺动脉　3. 右肺动脉　4. 肺静脉　5. 左奇静脉　6. 左心房　7. 心大静脉　8. 隔瓣　9. 左旋支　10. 主动脉瓣　11. 腱索（左）　12. 乳头肌　13. 隔缘肉柱（左）　14. 左心室　15. 右心室　16. 隔缘肉柱（右）　17. 腱索（右）　18. 角瓣　19. 肺干瓣　20. 梳状肌　21. 右心耳　22. 前腔静脉　23. 臂头干

(2)右心室　构成心室的右前部，上方有两个口：前口为肺动脉口，是右心室的出口，有三片半月形瓣膜，称肺动脉瓣，瓣膜凹面朝着动脉方向；后口为右房室口，是右心室的入口，有三片三角形的瓣膜，称三尖瓣或右房室瓣，瓣膜游离缘借腱索连于心室侧壁和室间隔的乳头肌上。心室里面，在室中隔上有横过室腔走向室侧壁的隔缘肉柱，当心室舒张时，有防止心室过度扩张的作用。

(3)左心房　构成心基的左后部，在左心室背侧。向左前方有突出的圆锥状盲囊为左心耳，其内壁也有梳状肌。左心房背侧壁后部有 6～7 条肺静脉的入口。

(4)左心室　构成心室的左后部，向下形成心尖，心室上方有两个口：前口较小为主动脉口，有三片半月状瓣膜，称主动脉瓣；后口较大为左房室口，有两片强大的瓣膜，称二尖瓣或左房室瓣。左心室也有乳头肌和隔缘肉柱（图 9-4）。

3. 心壁的构造

心壁分为三层：外层为心外膜，中层为心肌膜，内层为心内膜。

(1)心外膜　贴于心肌表面，为浆膜构成，光滑而湿润。

(2)心肌膜　为心壁最厚的一层，主要由心肌纤维构成。因功能的不同各腔壁肌层厚薄也不一样。心房肌薄，心室肌厚，尤以左心室最厚，相当于右心室的 3 倍。

(3)心内膜　薄而光滑，紧贴于心肌内表面，与血管内膜相延续。心内膜深面有血管、淋巴管、神经和心传导纤维等。

4. 心脏的传导系统

心脏的传导系统是由特殊分化的心肌纤维构成，包括窦房结、房室结、房室束和浦肯野纤维(图 9-5)。

窦房结位于前腔静腔和右心耳之间的界沟内心外膜下。

房室结位于房间隔右房侧的心内膜下，冠状窦口的前下方。

房室束是房室结向下的直接延续，在室间隔上部，分为较细的右束支(右脚)和较粗的左束支(左脚)，两束支分别沿室间隔的两侧心内膜向下伸延，分出小分支至室间隔，还分出一些分支通过隔缘肉柱到左、右心室的侧壁。上述小分支在心内膜下分散成浦肯野纤维，与普通心肌纤维相连。

5. 心脏的血管

心脏的血管包括冠状动脉和心静脉。

(1)冠状动脉　有左、右两条，分别由主动脉根部发出，行于冠状沟和左、右室间沟内，分支分布于心房和心室。

(2)心静脉　有心大、心中和心小静脉，心大静脉和心中静脉分别与左、右冠状动脉伴行，最后注入右心房的冠状窦。心小静脉有数支，在冠状沟附近直接开口于右心房。

6. 心包

心包是包于心脏外的锥形囊，囊壁由浆膜和纤维膜构成(图 9-6)。

浆膜分壁层和脏层。壁层贴于纤维膜内面，在心基部折转移行为脏层。脏层紧贴于心肌外表面，构成心外膜。壁层和脏层之间的空隙为心包腔，内有少量的浆液为心包液，起润滑作用。

纤维膜为坚韧的结缔组织膜，在心基部与进出心脏的大血管的外膜相连；在心尖部与心包胸膜共同形成心包胸骨韧带，将心包固定于胸骨的背面。心包位于纵隔内，被覆于心包外的纵隔胸膜，称为心包胸膜。

心包的主要功能是维持心脏位置和减少与相邻器官间的摩擦，并可作为一个屏障使周围感染不致蔓延到心脏。

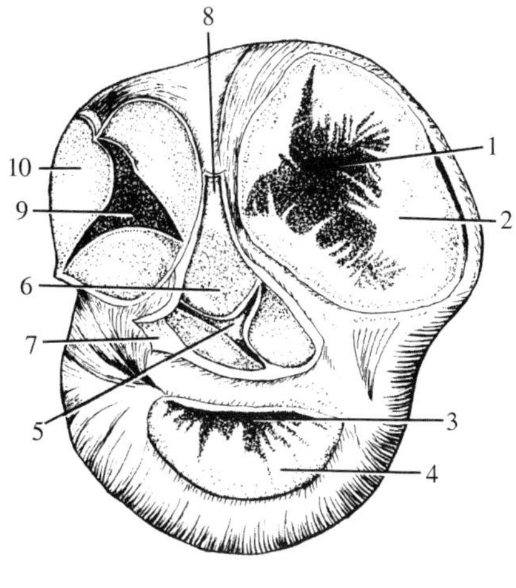

图 9-4　心脏瓣膜(心室底部)

1. 右房室口　2. 右房室瓣　3. 左房室口　4. 左房室瓣　5. 主动脉口　6. 主动脉瓣　7. 左冠状动脉　8. 右冠状动脉　9. 肺动脉口　10. 肺动脉瓣

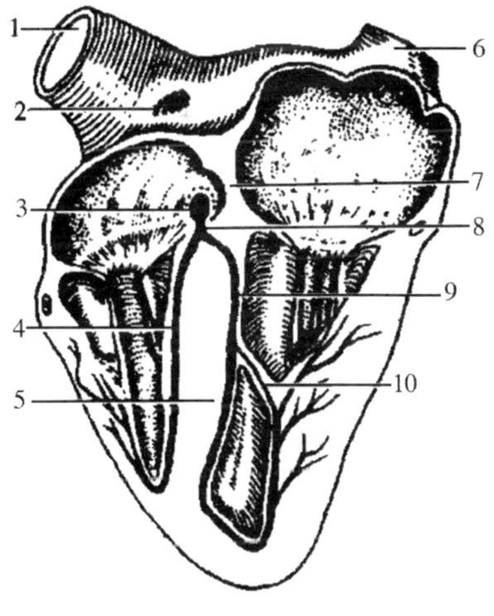

图 9-5　心脏的传导系统

1. 前腔静脉　2. 窦房结　3. 房室结　4. 右脚　5. 室间隔　6. 后腔静脉　7. 房间隔　8. 房室束　9. 左脚　10. 隔缘肉柱

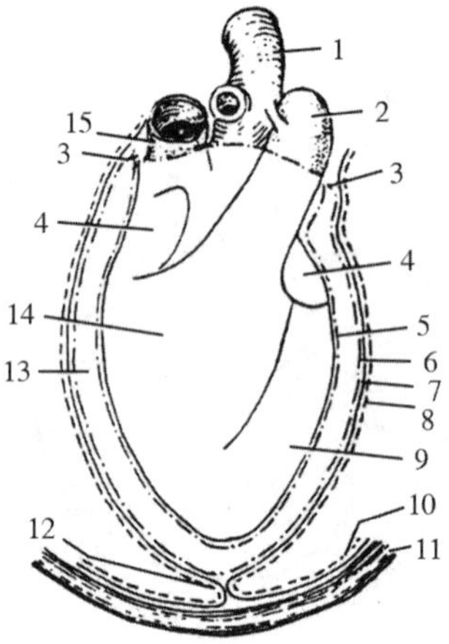

图 9-6　心包结构模式图

1.主动脉　2.肺动脉　3.心包脏层转到壁层的地方　4.心房肌　5.心外膜　6.心包壁层　7.纤维膜　8.心包胸膜　9.心　10.肋胸膜　11.胸壁　12.胸骨心包韧带　13.心包腔　14.心室肌　15.前腔静脉

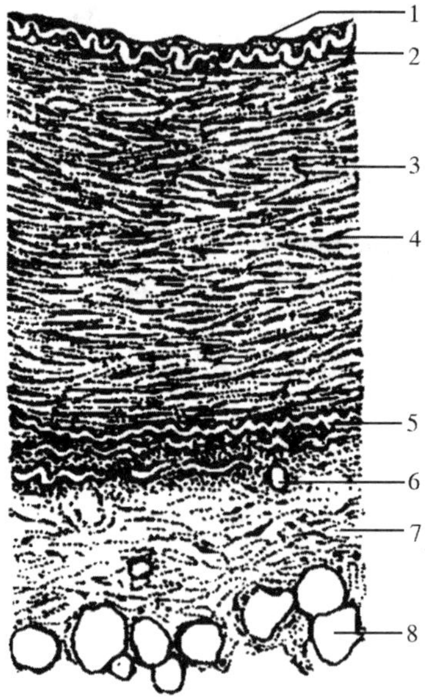

图 9-7　中动脉

1.内膜　2.内弹性膜　3.平滑肌　4.中膜　5.外弹性膜　6.营养血管　7.外膜　8.脂肪细胞

三、血管

1. 血管的种类和结构

血管是血液流通的管道，根据结构和机能不同，可分为动脉、静脉和毛细血管三种。

(1)动脉　分为大、中、小、微四类，动脉的管壁较厚，由内、中、外三层膜构成。内膜的表层为一层单层扁平的内皮；中膜厚，大动脉的中膜主要由弹性纤维构成，中动脉的中膜主要由环形平滑肌构成，小动脉和微动脉仅有几层平滑肌；外膜较中膜薄，由结缔组织构成(图 9-7)。

(2)静脉　静脉分微、小、中、大四类，管壁也由内、中、外三层膜构成。其结构特点是管腔大，管壁薄而塌陷，三层膜的界限不明显。中膜平滑肌与弹性纤维少，外膜较中膜厚，含有较多的纵行平滑肌束。有些静脉(如四肢与颈部)内膜向腔内折叠成半月形瓣膜，其游离缘朝向心脏，以防止血液倒流。

(3)毛细血管　管壁主要由一层内皮细胞和基膜构成，彼此吻合成网。除上皮、软骨、角膜、晶状体、蹄匣外，遍布全身各处。毛细血管数量多，管壁薄，通透性大，管内血流缓慢，有利于血液与组织间物质交换。

2. 血管分布的一般规律

动脉主干多沿躯干的深面、肢体的内侧、关节的屈侧和较隐蔽的部位分布，而且常与静脉和神经伴行。

由主干分出的侧支，常以最短的距离到达所分布的器官，其管径大小与器官功能相适应。

相邻血管之间常有分支相通，称吻合支。

静脉常比伴行的动脉的血管粗，为数也多。

3. 肺循环的血管

肺循环的血管包括肺动脉、毛细血管和肺静脉。

(1)肺动脉　起于右心室，然后分为两支，分别与同侧的支气管入肺，逐渐分支，最后在肺内形成毛细血管。

(2)肺静脉　由肺内毛细血管网汇合而成，与肺动脉和支气管伴行，最后汇合成 6～8 支肺静脉，由肺门出肺后注入左心房。

4. 体循环的血管

体循环的血管包括体循环的动脉、毛细血管和体循环的静脉。

(1)体循环的动脉　主动脉为体循环的动脉总干，由左心室发出，起始段为升主动脉，在肺动脉干和右心房之间上升。出心包向后上方呈弓形延伸，至第 6 胸椎腹侧为主动脉弓。然后沿胸椎腹侧延伸到膈，此段为胸主动脉。最后穿过膈主动脉裂孔至腹腔，称为腹主动脉（图 9-8）。

①主动脉弓。为升主动脉的延续，从凸面向前发出臂头动脉干。此干为分布于胸廓前部、头颈和前肢的动脉总干，沿气管腹侧向前伸延，分出左锁骨下动脉后，移行为臂头动脉。臂头动脉分出一双颈动脉干后，移行为右锁骨下动脉。

②头颈部动脉。双颈动脉干是头颈部的动脉主干，在胸前口分为左、右颈总动脉。颈总动脉位于颈静脉沟的深部，分别沿气管（右颈总动脉）或食管（左颈总动脉）的外侧向前上方伸延，至寰枕关节处分为枕动脉、颈内动脉和颈外动脉。

枕动脉　向上伸延，进入颅腔和椎管，分布于脑和脊髓。

颈内动脉　经破裂孔入颅腔，分布于脑和脑硬膜。

颈外动脉　为颈总动脉的延续，可分为颌外动脉、颞浅动脉和颌内动脉等较大的分支，分布于面部、口腔、咽、腮腺、牙齿、眼球和泪腺等。

猪的枕动脉和颈内动脉以一总干起于颈总动脉。牛的颈内动脉常于胎儿期即开始闭锁退化。在枕动脉（牛）或颈内动脉（马）的起始处，血管稍膨大，称颈动脉窦，壁内含有压力感受器，对血压变化敏感。马的颈总动脉分支处的角内有一小结节包于纤维鞘内，称颈动脉球或颈动脉体，含有化学感受器，对血液中 O_2 和 CO_2 含量变化敏感。

③前肢的动脉。是由左、右锁骨下动脉延续而来，由近端至远端依次为腋动脉、臂动脉、正中动脉和指总动脉（图 9-8、图 9-9）。

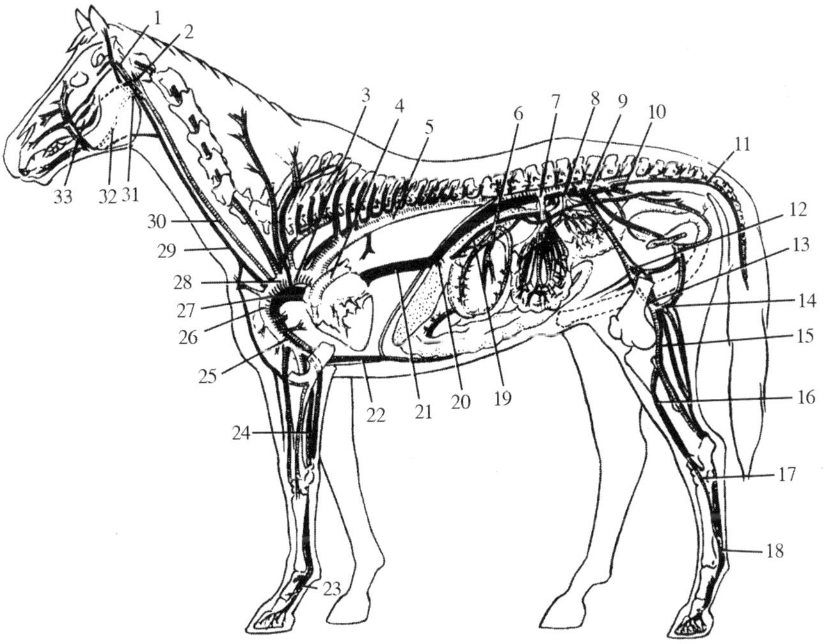

图 9-8　马全身动脉模式图

1. 颈内动脉　2. 枕动脉　3. 臂头动脉总干　4. 肺动脉　5. 胸主动脉　6. 腹腔动脉　7. 肠系膜前动脉　8. 肠系膜后动脉　9. 髂外动脉　10. 阴部内动脉　11. 尾中动脉　12. 股深动脉　13. 股动脉　14. 股后动脉　15. 腘动脉　16. 胫前动脉　17. 跖背外侧动脉　18. 趾总动脉　19. 门静脉　20. 肝静脉　21. 后腔静脉　22. 胸内动脉　23. 指总动脉　24. 正中动脉　25. 臂动脉　26. 腋动脉　27. 前腔静脉　28. 左锁骨下动脉　29. 颈静脉　30. 颈总动脉　31. 颈外动脉　32. 颌外动脉　33. 面动脉

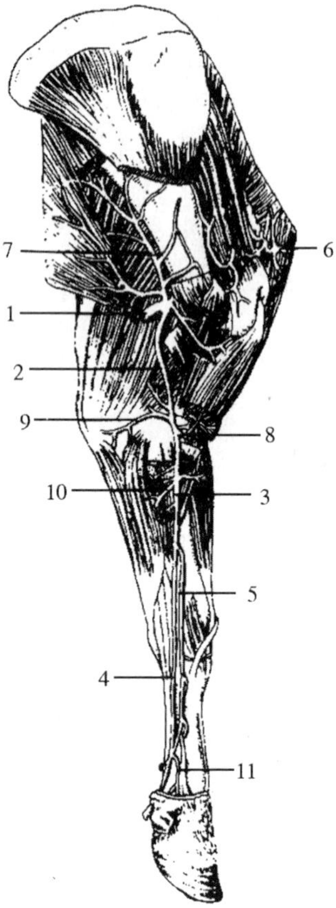

图 9-9　牛的前肢动脉

1. 腋动脉　2. 臂动脉　3. 正中动脉　4. 指总动脉　5. 正中桡动脉　6. 肩胛上动脉　7. 肩胛下动脉　8. 桡侧副动脉　9. 尺侧副动脉　10. 骨间总动脉　11. 第 3 指动脉

腋动脉　为锁骨下动脉的直接延续，位于肩关节内侧，分肩胛上动脉和肩胛下动脉，分布于肩部的肌肉和皮肤。

臂动脉　为腋动脉向下的延续，在臂内侧下行，经肘关节内侧至前臂近端，沿途分支分布于喙臂肌、臂二头肌、胸深肌和肱骨外，还分出臂深动脉、尺侧副动脉、桡侧副动脉和骨间总动脉。分布于臂部和前臂部的肌肉和皮肤。

正中动脉　为臂动脉的延续，沿前臂内侧向下伸延，分布于前臂部的肌肉和皮肤。

指总动脉　正中动脉在前臂远端延续为指总动脉，沿掌骨内侧向下伸延。牛的指总动脉在指间隙处分为 2 支，分布于第 3、第 4 指。马的指总动脉在系关节上方分为指内、外侧动脉，分别沿指的内、外侧向下伸延至蹄骨，在蹄骨内形成终动脉弓。

④胸主动脉。为主动脉弓的向后延续，其主要分支有支气管食管动脉和肋间背侧动脉。

支气管食管动脉　分为支气管支和食管支，牛和猪分别起于胸主动脉，马在第 6 胸椎处自胸主动脉分出。支气管支分布于肺内支气管，食管支分布于食管。

肋间背侧动脉　与肋骨数一致，牛肋间背侧动脉前 3 对由肋颈动脉干发出，其余均由胸主动脉分出。肋间背侧动脉在肋间隙上端分为背侧支和腹侧支，前者分布于脊髓和脊柱背侧肌肉及皮肤；后者沿肋骨后缘下行，分布于胸侧壁的肌肉和皮肤。

⑤腹主动脉。为腰腹部动脉的主干，位于腰椎腹侧，向后伸延到第 5、第 6 腰椎处，分为左、右髂内动脉和左、右髂外动脉及荐中动脉。腹主动脉在腹腔内的分支分为壁支和脏支，脏支有腹腔动脉、肠系膜前动脉、肾动脉、肠系膜后动脉和睾丸(卵巢)动脉；壁支为成对的腰动脉(彩插 9-1)。

腹腔动脉　在膈的主动脉裂孔后方起于腹主动脉，分支分布于胃、肝、脾、胰、网膜和十二指肠。

牛的腹腔动脉分为 4 支：肝动脉、脾动脉、胃左动脉和瘤胃左动脉。肝动脉主干由肝门入肝，并分支分布于胰、胆囊、皱胃、十二指肠和网膜；脾动脉除分布于脾外，还分出一支很大的瘤胃右动脉与瘤胃左动脉吻合；胃左动脉从右侧进入瘤胃和网胃之间而至瓣胃，分支分布于瓣胃、皱胃和网膜；瘤胃左动脉沿瘤胃左纵沟向后伸延，分布于瘤胃、网胃、膈和食管。

马腹腔动脉分 3 支：肝动脉、脾动脉和胃左动脉。肝动脉向右伸延进入肝门，分布于肝，并有分支分布于胰、十二指肠、胃大弯和网膜；脾动脉向左伸延，分布于脾、胰、胃大弯和网膜；胃左动脉向贲门伸延，分布于胃、胰和食管。

肠系膜前动脉　在腹腔动脉起始处后方起于腹主动脉，分支分布于大部分肠管。

牛肠系膜前动脉的分支有：胰十二指肠后动脉、结肠中动脉、回盲结肠动脉和肠干。胰十二指肠后动脉分布于胰及十二指肠；结肠中动脉分布于横结肠和降结肠；回盲结肠动脉分布于回肠、盲肠和结肠旋襻。肠干为肠系膜前动脉的延续干，在空肠系膜内伸延，最后延续为回肠动脉，沿途分出许多空肠支到空肠，此外还分出一侧副支（羊没有），在肠干背侧与肠干平行，末端相吻合，也有分支到空肠。

马肠系膜前动脉的分支有：空肠动脉、上结肠动脉和结肠中动脉、回盲结肠动脉。空肠动脉有 18～20 支，分布于空肠；上结肠动脉和结肠中动脉分别分布于上大结肠和小结肠起始部；回盲结肠动脉分布于回肠、盲肠和下大结肠。

肾动脉为一对短而粗的动脉，由肾门入肾，入肾前还有分支到肾上腺。

肠系膜后动脉在第 4 腰椎腹侧起于腹主动脉，分为两支：前支为结肠左动脉，分布于降结肠；后支为直肠前动脉，分布于直肠。

睾丸动脉或卵巢动脉为成对的动脉，在肠系膜后动脉附近起于腹主动脉。睾丸动脉经腹股沟管进入精索，分布于精索、睾丸、附睾和输精管。卵巢动脉从卵巢门处进入卵巢，侧支有输卵管支和子宫支，分别分布于输卵管和子宫角。

腰动脉有 6 对，前 5 对为腹主动脉分出，第 6 对起自髂内动脉，分布于腰腹部肌肉、皮肤和脊髓。

⑥骨盆和尾部的动脉。髂内动脉是骨盆部动脉主干，沿荐结节阔韧带的内侧面向后伸延，沿途分支分布于骨盆腔器官及荐臀部的肌肉和皮肤。腹主动脉分出左、右髂内动脉后，还分出一不成对的荐中动脉，牛的很发达，向后伸延至尾根腹侧，转为尾中动脉。临床上常在牛尾根部利用此动脉触诊脉搏。

⑦后肢的动脉。髂外动脉是后肢动脉的主干，延续干按部位依次为股动脉、腘动脉、胫前动脉、跖背侧动脉（牛）或趾背外侧动脉（马）（图 9-8、图 9-10）。

髂外动脉　沿骨盆腔入口侧缘走向后下方，至耻骨前缘出腹腔延续为股动脉。髂外动脉分出旋髂深动脉、精索外动脉或子宫中动脉、股深动脉、腹壁后动脉和阴部外动脉等，分布于腰、腹及臀部肌肉和皮肤，雄性的阴茎、阴囊、包皮及雌性的子宫和乳房等。

股动脉　为髂外动脉的直接延续，在股薄肌深面向下伸延。其分支有股前动脉、股后动脉和隐动脉，分布于股前、股后和股内侧肌群。

腘动脉　股动脉延续至膝关节后方称腘动脉，被腘肌覆盖。腘动脉分出胫后动脉，分布于腘肌、趾浅屈肌和深趾屈肌，主干延续为胫前动脉。

胫前动脉　自腘动脉发出穿过小腿间隙，沿胫骨

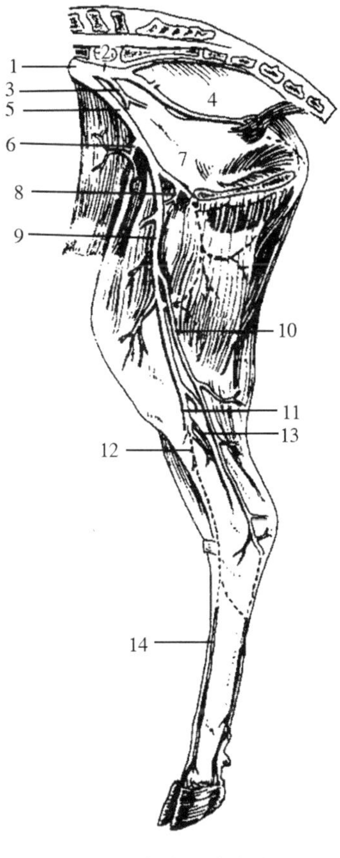

图 9-10　牛的后肢动脉

1.腹主动脉　2.髂内动脉　3.脐动脉　4.阴部内动脉　5.髂外动脉　6.旋髂深动脉　7.股深动脉　8.腹壁阴部动脉干　9.股动脉　10.隐动脉　11.腘动脉　12.胫前动脉　13.胫后动脉　14.跖背侧动脉

背外侧面向下伸延，至跗关节背侧分出一穿跗动脉后，转为跖背侧动脉（牛）或跖背外侧动脉（马）。

牛的跖背侧动脉沿跖骨背侧面的沟内向下伸延，分支分布于后趾。马的跖背外侧动脉沿跖骨背外侧下行，分布于后趾。

（2）体循环的静脉　体循环的静脉包括心静脉、前腔静脉、后腔静脉和奇静脉四个静脉系（彩插 9-2）。

①心静脉　是心脏冠状循环的静脉，通过心大静脉、心中静脉和心小静脉注入右心房。

②前腔静脉　是汇集头、颈、前肢和部分胸壁、腹壁静脉血液的主干，由左、右腋静脉和左、右内、外颈静脉（牛）或左、右颈静脉（马）在胸腔前口处汇合而成。在心前纵隔内沿气管和臂头动脉总干的腹侧向后伸延，注入右心房。

颈静脉为头颈部静脉主干，由舌面静脉和上颌静脉在腮腺后角汇合而成，在颈静脉沟中向后伸延，至胸前口处注入前腔静脉。

牛和猪的颈静脉有深、浅两条。深部的称颈内静脉，位于颈总动脉的腹侧；浅部相当于马的颈静脉，称颈外静脉。两者在胸前口附近汇合。

腋静脉为前肢深静脉主干，起于蹄静脉丛，与同名动脉伴行，最后在胸前口处注入前腔静脉。

头静脉（臂皮下静脉）为前肢浅静脉主干，起自于蹄静脉丛，最后注入颈静脉或前腔静脉。

③后腔静脉　是汇集腹部、骨盆部、尾部和后肢静脉血液入右心房的静脉干。由左、右髂总静脉在骨盆入口处汇合而成，前行途中接纳腰静脉、睾丸（卵巢）静脉、肾静脉和肝静脉，穿过膈的腔静脉孔进入胸腔内，注入右心房。

髂总静脉由同侧的髂内、外静脉汇合而成。髂内静脉为骨盆部静脉主干，髂外静脉为后肢静脉主干。后肢的静脉也分深静脉和浅静脉。深静脉起于蹄静脉丛，伴随同名动脉向上伸延，并接纳伴随动脉分支的同名静脉，最后注入髂外静脉。浅静脉为隐内侧静脉（隐大静脉）和隐外侧静脉（隐小静脉），分别注入股静脉或腘静脉。

门静脉由胃十二指肠静脉、脾静脉、肠系膜前静脉和肠系膜后静脉汇集而成。收集胃、脾、胰、小肠、大肠（除直肠后部外）等处的静脉血入肝，在肝内反复分支，汇入窦状隙，最后汇集成数支肝静脉注入后腔静脉。

乳房的大部分静脉血液经阴部外静脉注入髂外静脉，一部分静脉血液经腹皮下静脉注入胸内静脉。乳房两侧的阴部外静脉、腹皮下静脉和会阴静脉在乳房基部互相吻合，形成一个大的乳房基部静脉环，所以当任何一支静脉血流受阻时，其他静脉可起代偿作用（图 9-11）。

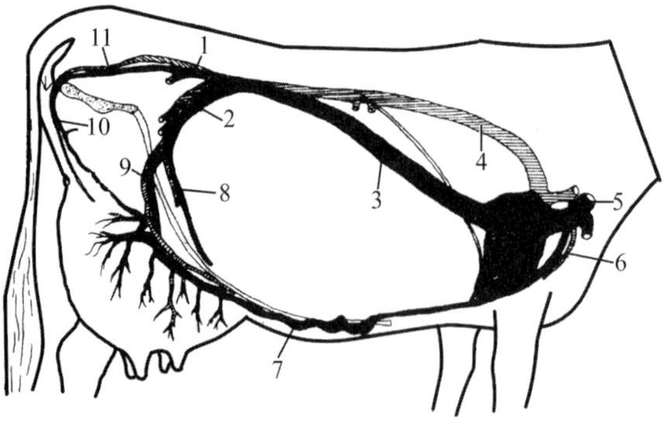

图 9-11　牛乳房血液循环模式图

1. 髂内动、静脉　2. 髂外动、静脉　3. 后腔静脉　4. 胸主动脉　5. 前腔静脉　6. 胸内动、静脉　7. 腹壁皮下静脉　8. 腹壁后动、静脉　9. 阴部外动、静脉　10. 会阴动、静脉　11. 阴部内动、静脉

④奇静脉　接受部分胸壁和腹壁的血液，也接受支气管和食管的血液。牛的左奇静脉位于胸主动脉的左侧向前伸延，注入右心房。马的右奇静脉位于胸椎腹侧偏

右，与胸主动脉和胸导管伴行向前伸延，注入右心房。

四、胎儿血液循环

胎儿在母体子宫内发育，所需要的全部营养物质和氧都是通过胎盘由母体供给，代谢产物也通过胎盘由母体排出。所以，胎儿心血管系统的结构及血液循环途径均与此相适应(图 9-12)。

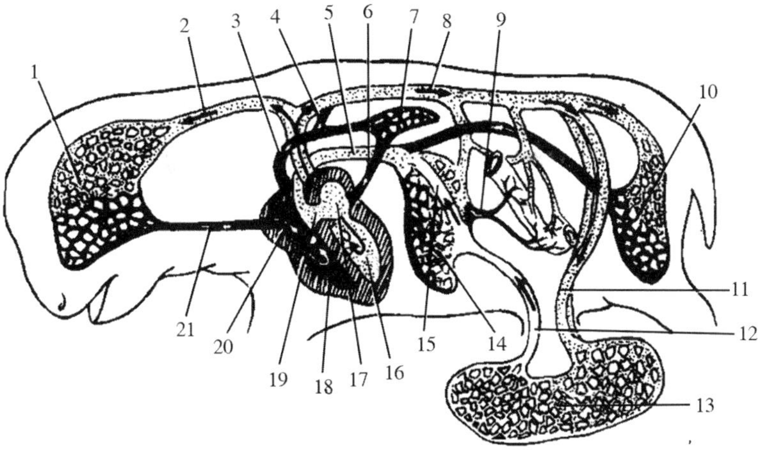

图 9-12　胎儿血液循环模式图

1.身体前部毛细血管　2.走向身体前部的动脉　3.肺动脉　4.动脉导管　5.后腔静脉　6.肺静脉　7.肺毛细血管　8.主动脉　9.门静脉　10.身体后部毛细血管　11.脐动脉　12.脐静脉　13.胎盘毛细血管　14.肝毛细血管　15.静脉导管　16.左心室　17.左心房　18.右心室　19.卵圆孔　20.右心房　21.前腔静脉

1.心脏和血管构造特点

(1)心脏房间隔上有一卵圆孔，使左、右心房相通，孔的左侧有卵圆瓣，血液只能从右心房流向左心房。

(2)主动脉与肺动脉干之间有动脉导管相通，由右心室入肺动脉干的大部分血液经导管流入主动脉。

(3)胎盘是胎儿与母体交换物质的特有器官，借脐带与胎儿相连。脐带内有两条脐动脉和一条(马、猪)或两条(牛)脐静脉。脐动脉由髂内动脉(牛、猪)或阴部内动脉(马)分出，沿膀胱侧韧带到膀胱顶，再沿腹腔底壁向前伸延至脐孔，进入脐带到胎盘，分支形成毛细血管网，借渗透和扩散作用与母体子宫的毛细血管进行物质交换。胎盘上的毛细血管汇集成脐静脉，经脐带由脐孔进入胎儿腹腔(牛的两条脐静脉入腹腔后合成一支)，沿肝的镰状韧带伸延，经肝门入肝。

2.血液循环途径

脐静脉将胎盘内富有营养物质和含氧较多的动脉血输到胎儿体内，经肝门入肝，经过肝的窦状隙(在此与来自门静脉、肝动脉的血液混合)，最后汇合成数支肝静脉，注入后腔静脉(牛有部分血液经静脉导管直接到后腔静脉)，与来自胎儿身体后半部的静脉血相混后入右心房，大部分血液经卵圆孔到左心房，再经左心室到主动脉及其分支，大部分到头颈部和前肢。

来自身体前半部的静脉血，经前腔静脉入右心房，大部分到右心室，再入肺动脉干，因胎儿肺还无功能活动，因此，肺动脉中的血液只有少量进入肺内，大部分血液经动脉导管到主动脉，进而到身体的后半部，并经脐动脉至胎盘，与母体进行物质交换。由此可见，胎儿的动脉血液为混合血，但到肝、头颈和前肢的血液主要是从胎盘毛细血管而来，含氧和营养物质较多，以供肝行使机能和头部及前肢急剧生长，而到肺和后躯的血液主要是胎儿头颈和前肢的静脉血，含氧和营养物质较少，所以胎儿后躯发育较缓慢。

3. 出生后的变化

(1)脐动脉和脐静脉闭锁　由于切断脐带，胎盘循环终止。脐动脉形成膀胱圆韧带，脐静脉形成肝圆韧带，牛、羊的静脉导管形成静脉导管索。

(2)动脉导管闭锁　由于肺开始呼吸而扩张，肺动脉的血液注入肺内，动脉导管封闭成为动脉导管索或动脉韧带。

(3)卵圆孔封闭　由于肺静脉回左心房的血量增多，内压增高，卵圆瓣与房间隔粘连，将卵圆孔封闭成为卵圆窝。左、右心房完全分开，左心房内为动脉血，右心房内为静脉血。

第二节　淋巴系统

淋巴系统由淋巴管、淋巴组织、淋巴器官和淋巴组成，它与心血管系统有着密切的联系。血液流经毛细血管动脉端时，其中一部分液体渗出毛细血管壁，进入组织间隙形成组织液。组织液与细胞之间进行物质交换后，大部分渗入毛细血管静脉端，经静脉系回心。另一部分则渗入毛细淋巴管形成淋巴，经淋巴管回流入前腔静脉(图 9-13)。

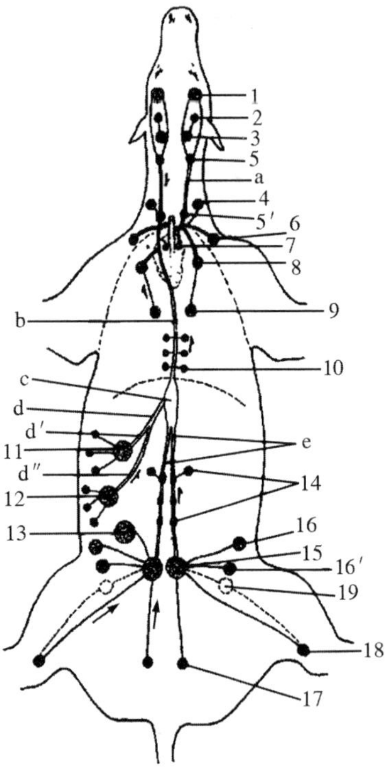

图 9-13　马淋巴管及淋巴结分布模式图(背侧观)

a.气管干　b.胸导管　c.乳糜池　d.内脏淋巴干　d′.腹腔淋巴干　d″.肠淋巴干　e.腰淋巴干　1.下颌淋巴结　2.腮淋巴结　3.咽后淋巴结　4.颈浅淋巴结　5.颈前淋巴结　5′.颈后淋巴结　6.腋淋巴结　7.胸腹侧淋巴结　8.纵隔淋巴结　9.支气管淋巴结　10.胸背侧淋巴结　11.腹腔淋巴结　12.肠系膜前淋巴结　13.肠系膜后淋巴结　14.腰淋巴结　15.髂内淋巴结　16.髂下淋巴结　16′.腹股沟浅淋巴结　17.肛门直肠淋巴结　18.腘淋巴结　19.腹股沟深淋巴结

一、淋巴管

淋巴管为淋巴流通的管道，根据其结构和功能可分为毛细淋巴管、淋巴管、淋巴干和淋巴导管。

1. 毛细淋巴管

毛细淋巴管以盲端起始于组织间隙，管径粗细不一，管壁仅由一层内皮细胞构成。毛细淋巴管的通透性很大，除组织液外，大分子物质如蛋白质、细菌等也能透过管壁。毛细淋巴管广泛分布于全身，但在脑、脊髓、软骨、上皮、角膜、晶状体等处无毛细淋巴管。

2. 淋巴管

淋巴管由毛细淋巴管汇集而成，管壁结构类似静脉，但管壁较薄，瓣膜更多，管径粗细不均，呈串珠状。在淋巴管的行程中，一般要经过一个或多个淋巴结，进入淋巴结的称输入淋巴管，离开淋巴结的称输出淋巴管。浅淋巴管常与浅静脉伴行，汇集皮肤和皮下组织的淋巴。深淋巴管多与深部血管伴行，汇集肌肉、骨和内脏的淋巴。

3. 淋巴干

淋巴干是动物体一个区域内的淋巴集合管，多与大血管伴行，如气管淋巴干、腰淋巴干和内脏淋巴干等。

4. 淋巴导管

淋巴导管由淋巴干汇合而成，全身有两条，即右淋巴导管和胸导管。

(1)右淋巴导管　仅收集头颈右侧、右前肢、右肺、心脏右半以及右侧胸下壁的淋巴，末端注入前腔静脉。

(2)胸导管　起始部呈长梭形膨大，称乳糜池。位于最后胸椎和前3个腰椎腹侧，在腹主动脉和右膈脚之间，由左、右腰淋巴干和内脏淋巴干汇合而成。胸导管入胸腔后，沿胸主动脉右上方前行，然后越过食管和气管的左侧向下行，在胸前口处注入前腔静脉。胸导管收集除右淋巴导管以外的淋巴。

二、淋巴组织

淋巴组织是以网状组织为支架的特殊组织，富含大量淋巴细胞。包括弥散淋巴组织和淋巴小结。

(1)弥散淋巴组织　淋巴细胞分布稀疏，与周围组织无明显分界，常分布于消化管、呼吸道和泌尿生殖道的黏膜内。

(2)淋巴小结　淋巴组织较密集，边界清楚，具有一定的形态。单独存在时称淋巴孤结，聚集成团时称淋巴集结，如回肠的淋巴孤结和淋巴集结。

三、淋巴器官

淋巴器官主要由淋巴组织构成。根据淋巴器官的发生和机能不同，可分为中枢性淋巴器官或初级淋巴器官和周围淋巴器官或次级淋巴器官，前者包括胸腺和禽类的腔上囊，后者包括脾、淋巴结、血淋巴结和扁桃体等器官。

中枢淋巴器官在胚胎发育过程中出现较早，其原始淋巴细胞来自骨髓的干细胞，在此类器官的影响下，可分化成为T淋巴细胞和B淋巴细胞。

周围淋巴器官在胚胎发育过程中出现较晚。其淋巴细胞由中枢淋巴器官迁移而来。它们定居在特定区域内，可就地繁殖，然后进入淋巴循环和血液循环，并游走到其他组织和病灶中，参与机体的免疫活动。

1. 胸腺

胸腺位于胸腔前部纵隔内，分颈、胸两部，单蹄类和肉食类的胸腺主要在胸腔内，猪和反刍动物的胸腺除胸部外，颈部也很发达，向前可到喉部。动物出生后，胸腺继续发育，到性成熟体积最大，至一定年龄(牛4～5岁，猪1岁，马2～3岁)即开始退化，被结缔组织或脂肪组织所代替(图9-14)。

胸腺表面覆以薄层结缔组织被膜，结缔组织伸入实质将胸腺分隔成许多不完整的胸腺小

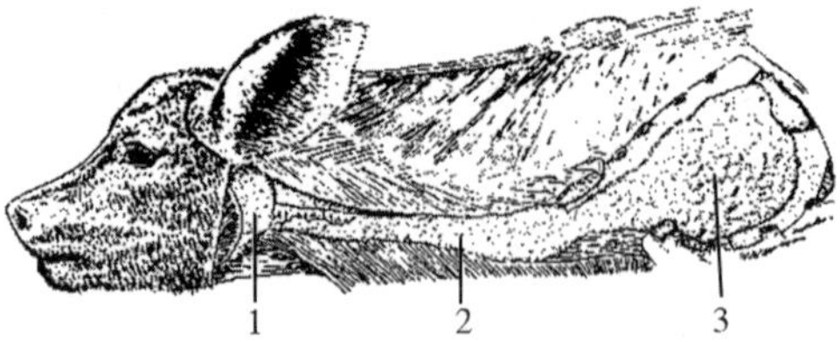

图 9-14 犊牛的胸腺

1.腮腺 2.颈部胸腺 3.胸部胸腺

叶，每个胸腺小叶由周围的皮质和中央的髓质组成。胸腺实质内主要以上皮性网状细胞为支架，大量的淋巴细胞在此进行发育分化。胸腺的主要功能是产生 T 淋巴细胞和分泌胸腺素。

2. 淋巴结

(1)淋巴结的结构　淋巴结位于淋巴管的径路上，其大小不等，形态不一，一般呈豆形。淋巴结的一侧凹陷，称淋巴结门，是输出淋巴管和血管神经出入处(图 9-15)。

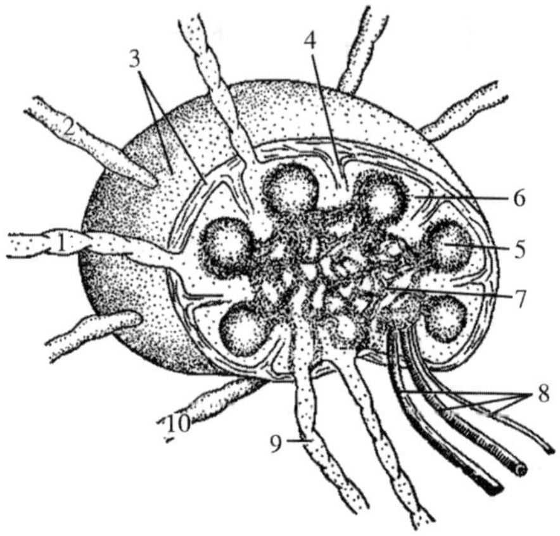

图 9-15 淋巴结构造模式图(部分切开)

1.输入淋巴管(剖开、示瓣膜) 2.输入淋巴管 3.被膜 4.小梁 5.淋巴小结 6.淋巴窦 7.髓索 8.脉管、神经 9.输出淋巴管(剖开、示瓣膜) 10.输出淋巴管

淋巴结由被膜和实质构成。被膜为一层致密结缔组织，深入实质形成许多小梁，小梁构成淋巴结的支架。实质分为周围的皮质和中央的髓质。皮质颜色较深，有许多圆形或卵圆形的淋巴小结。在被膜下方和小梁与淋巴小结之间有不规则的腔隙，称皮质淋巴窦。分布在淋巴小结之间和靠近髓质的弥散淋巴组织，为副皮质区。髓质颜色较淡，有密集排列成索状的淋巴组织形成髓索，位于髓索之间或小梁与髓索之间的腔隙称髓质淋巴窦，与皮质淋巴窦相通。

猪的淋巴结皮质和髓质的位置与其他家畜的相反，即皮质位于淋巴结的中央区，相当于髓质的部分位于周围。髓索不明显，髓质淋巴窦较少，窦腔狭窄。输入淋巴管从淋巴结表面任何一处或多处进入淋巴结，输出淋巴管可从淋巴结表面的任何部位穿出。

淋巴结的主要功能是过滤淋巴，产生淋巴细胞，清除侵入体内的细菌和异物，参与免疫反应。

(2)主要淋巴结的位置　各种动物的同名淋巴结或淋巴结群常位于身体的同一部位，并且接受几乎相同区域的淋巴，这个淋巴结或淋巴结群称为该区域的淋巴中心。牛、马全身共有 19 个淋巴中心，猪和羊有 18 个淋巴中心。全身淋巴中心分布于头部(3 个)、颈部(2 个)、前肢(1 个)、胸部(4 个)、腹腔内脏(3 个)、腹壁和骨盆壁(4 个)、后肢(牛、马 2 个，猪、羊 1 个)7 个部位。现将主要淋巴结的位置及引流区域分述如下(图 9-16、图 9-17)：

①头部淋巴结。下颌淋巴结位于下颌间隙，牛的在面血管切迹后方，马的左、右两侧前端相连呈“V”字形，与血管切迹相对。收集面部、鼻前部、口腔、唾液腺的淋巴。

腮腺淋巴结位于颞下颌关节后下方，部分或全部被腮腺覆盖。收集头部皮肤、肌肉、鼻腔下半部、唇、颊、外耳、眼部的淋巴。

②颈部淋巴结。颈浅淋巴结或称肩前淋巴结，位于肩关节前上方，在臂头肌覆盖之下。收集颈部、前肢、胸壁的淋巴。

颈深淋巴结分前、中、后 3 组，颈前淋巴结位于甲状腺附近的气管两侧；颈中淋巴结分散在颈中部的气管两侧；颈后淋巴结位于颈后部气管的腹侧。收集颈部肌肉、甲状腺、气管、食管、胸腺和肩臂部的淋巴。

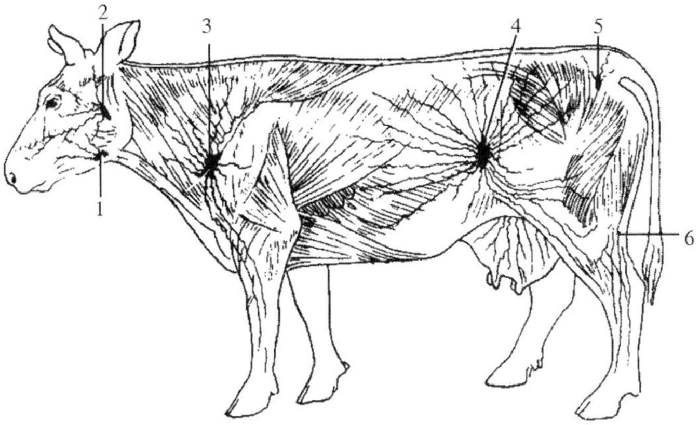

图 9-16　牛浅部淋巴结

1. 下颌淋巴结　2. 腮腺淋巴结　3. 颈浅淋巴结　4. 髂下淋巴结　5. 坐骨淋巴结　6. 腘淋巴结

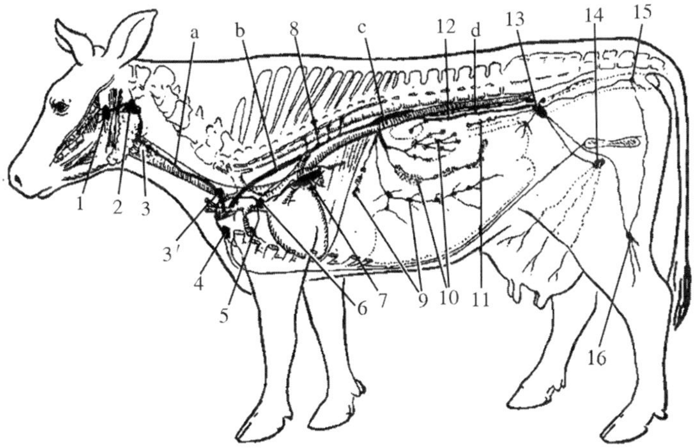

图 9-17　牛深部淋巴中心及淋巴结

1. 咽后内侧淋巴结　2. 咽后淋巴中心和咽后外侧淋巴结　3. 颈深淋巴中心的颈前淋巴结　3′. 颈后淋巴结　4. 腋淋巴中心　5. 胸腹侧淋巴中心　6. 纵隔淋巴中心　7. 支气管淋巴中心　8. 胸背侧淋巴中心　9. 腹腔淋巴中心　10. 肠系膜前淋巴中心　11. 肠系膜后淋巴中心　12. 腰淋巴中心　13. 髂荐淋巴中心的髂内淋巴结　14. 腹股沟股淋巴中心的腹股沟浅淋巴结　15. 坐骨淋巴中心　16. 腘淋巴中心　a. 气管干　b. 胸导管　c. 乳糜池　d. 腰淋巴干

③前肢淋巴结。固有腋淋巴结位于肩关节后方,大圆肌远端内侧面。收集前肢、胸肌等处的淋巴。猪无此淋巴结。

第 1 肋腋淋巴结位于肩关节的前内侧,第 1 肋或第 1 肋间的胸骨端,胸深肌深面。收集胸肌、腹侧锯肌、斜角肌、肩臂部肌等处的淋巴。

④胸部淋巴结。气管支气管淋巴结包括气管支气管背侧与气管叉夹角处、气管叉左右侧和气管叉之间的淋巴结。收集食管、支气管、心、肺的淋巴。

肺淋巴结沿肺内支气管分布,收集肺的淋巴。

⑤腹腔内脏淋巴结。肝淋巴结位于肝门附近,沿门静脉分布,收集肝、胰、十二指肠、皱胃的淋巴。胃淋巴结分布于胃各室的血管沿途,马和猪的胃淋巴结位于贲门附近。胃淋巴结收

集相应部位的淋巴，汇合成胃淋巴干。肠系膜淋巴结位于肠系膜前、后动脉附近和肠系膜中，数目多。收集胰、小肠、大肠各段的淋巴。

⑥腹壁和骨盆壁的淋巴结。髂内侧淋巴结是位于左、右髂外动脉起始处附近的一大群淋巴结，其中在髂内动脉夹角内的淋巴结又称荐淋巴结。收集腰荐部、尾部、腹壁后部、后肢等处的淋巴。

腹股沟浅淋巴结位于腹股沟管皮下环附近，雄性的称阴囊淋巴结，在阴茎背侧。雌性的称乳房淋巴结，位于乳房基部后上方两侧。收集腹底壁的肌肉、皮肤、股内侧、阴囊、乳房、外生殖器等处的淋巴。

髂下淋巴结或称股前淋巴结，位于膝关节上方，阔筋膜张肌前缘皮下。收集腹侧壁、骨盆、股部、小腿部等处的淋巴。

⑦后肢淋巴结。腘淋巴结位于膝关节后方，臀股二头肌与半腱肌之间，腓肠肌外侧头近端的表面。收集膝关节以下的淋巴。

3. 脾

各种家畜的脾均位于腹前部，在胃的左侧(图 9-18)。

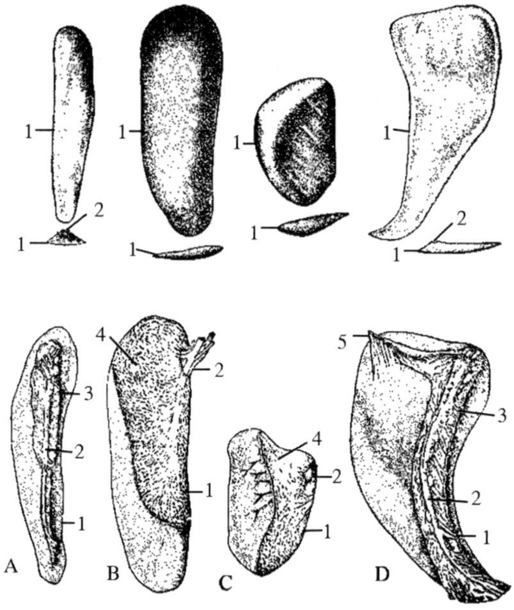

图 9-18　脾的形状(上图为壁面，中图为中段横切面，下图为脏面)

A. 猪　B. 牛　C. 绵羊　D. 马

1. 前缘　2. 脾门　3. 胃脾网膜

4. 脾和瘤胃的粘连部分　5. 脾悬韧带

牛脾为长而扁的椭圆形，蓝紫色，质较硬，位于瘤胃背囊的左前方。

羊脾扁平略呈钝三角形，红紫色，质较软，位于瘤胃的左侧。

马脾呈扁平镰刀形，上宽下窄，蓝红色或铁青色，位于胃大弯左侧。

猪脾狭而长，呈紫红色，质较软，以胃脾韧带连于胃大弯。

脾的组织结构与淋巴结类似，也有被膜和小梁，没有输入淋巴管和淋巴窦，脾实质分白髓、边缘区和红髓。白髓主要由密集的淋巴组织构成，分散于红髓之间，包括动脉周围淋巴鞘和淋巴小结。动脉周围淋巴鞘是围绕中央动脉周围的厚层弥散淋巴组织。淋巴小结即脾小体，位于动脉周围淋巴鞘的一侧。边缘区位于白髓与红髓交界处，由淋巴细胞、巨噬细胞、浆细胞及各种血细胞组成；红髓由脾索和脾窦组成。脾索由富含血细胞的索状淋巴组织构成，彼此吻合成网。脾窦即血窦，形态不规则，与脾索相间分布。

脾是体内最大的淋巴器官，具有造血、灭血、贮血、滤过血液以及参与机体免疫活动等机能。

4. 血淋巴结

血淋巴结主要存在于反刍动物，在灵长类和马属动物也偶有发现。血淋巴结多为圆形或卵圆形，呈紫红色，直径 5～12 mm，构造似淋巴结，主要分布于主动脉附近、胸腹腔脏器的表面和血液循环的通路上，有滤过血液的作用。

5. 扁桃体

扁桃体位于舌、软腭和咽的黏膜下组织内，其形状和大小因动物种类不同而异，仅有输出淋巴管，注入附近的淋巴结。扁桃体主要参与免疫反应。

第三节　心脏生理

心脏靠节律性舒缩活动推动血液循环。其节律性舒缩活动取决于心肌的特性，心肌特性的基础是心肌的生物电活动。

一、心肌细胞的生物电现象

心肌细胞根据结构和功能，可分为两大类：一类是普通心肌细胞，包括心房肌细胞和心室肌细胞，含有丰富的肌纤维，主要执行收缩功能，它不能产生节律性兴奋活动，但它具有接受刺激产生兴奋和传导兴奋的能力，又称非自律细胞；另一类是特殊分化的心肌细胞，组成心脏的特殊传导系统，主要包括 P 细胞和浦肯野细胞，含肌原纤维很少或完全缺乏，基本丧失了收缩功能，它们除具有兴奋性、传导性外，还具有产生自动节律性兴奋的能力，故称为自律细胞。根据心肌细胞动作电位去极相速度的快慢及其不同产生机制，又可将心肌细胞分成快反应细胞和慢反应细胞两类。前者包括心房肌细胞、心室肌细胞和浦肯野细胞等；后者包括窦房结 P 细胞和房室结细胞等。

1. 普通心肌细胞的跨膜电位及其形成机制

心房肌和心室肌细胞跨膜电位及其形成机制基本相同，以下以心室肌为例，说明心肌细胞的跨膜电位及其形成机制。

(1)静息电位　心室肌细胞的静息电位形成机制与神经细胞、骨骼肌细胞一样，也是由 K^+ 外流所达到的平衡电位。正常心室肌细胞的静息电位约 −90 mV，即膜内电位低于膜外 90 mV，此状态称为极化。

(2)动作电位　心室肌细胞受到刺激兴奋后产生的动作电位，由去极和复极两部分组成，但明显不同于神经细胞和骨骼肌细胞，其主要特征是动作电位的升支与降支不对称，复极过程比较复杂，持续时间长。心室肌细胞的动作电位可分为 0、1、2、3、4 五个时期。其中 0 期为去极过程，1、2、3、4 期为复极过程(图 9-19)。

①0 期。又称去极化期。0 期去极化的离子机制是由钠通道开放和 Na^+ 快速内流所致。心室肌细胞膜上的 Na^+ 通道，静息状态下是关闭的，当心室肌细胞受到刺激时，Na^+ 通道即开始部分开放，少量 Na^+ 内流，造成心室肌膜部分去极化，膜电位绝对值下降，当降到临界水平即阈电位(−70 mV)水平时，则 Na^+ 通道开放明显增加。膜外 Na^+ 顺浓度差和电位差迅速内流，膜内电位急剧上升，由静息的 −90 mV 跃升至 +30 mV 左右。在 1～2 ms 内电位变化幅度达 120 mV，形成动作电位的上升支。这类 Na^+ 通道激活和失活都迅速，当膜电位负值减少至 −50 mV 以上时，Na^+ 通道开始失活而关闭，最终 Na^+ 内流终止，所以称之为快 Na^+ 通道。

②1 期。又称快速复极初期。动作电位去极化达顶峰后，立即转入复极期。在复极初期，

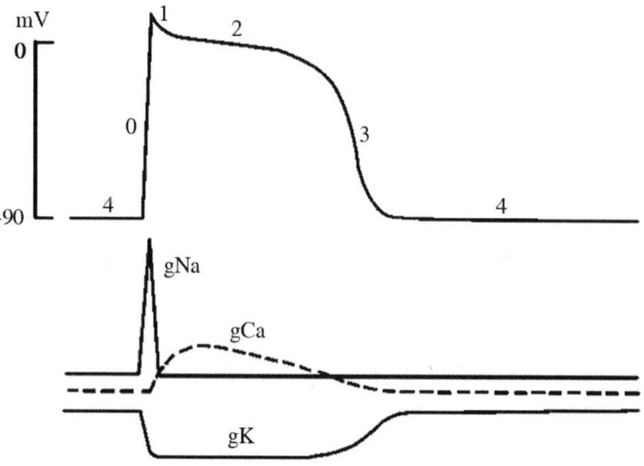

图 9-19　心室肌细胞跨膜电位及其形成的离子机制

gNa：钠电导；gK：钾电导；gCa：钙电导；电导与细胞膜对某种离子通透性的大小成正比。图中的电导方向：向上代表内向离子流的电导，向下代表外向离子流的电导

膜内电位由＋30 mV 迅速下降至 0 mV，用时约 10 ms。此时快 Na^+ 通道已关闭，Na^+ 内流停止，但有短暂的 K^+ 外流，使膜内电位快速下降。0 期与 1 期的膜电位变化速度都很快，常把这两部分合称为峰电位。

③2 期。又称平台期或缓慢复极期。膜电位下降缓慢，膜电位稳定于 0 mV 水平附近达 100～150 ms 之久。2 期复极是由于慢钙通道开放，Ca^{2+}（伴有少量 Na^+）内流和 K^+ 外流所形成的离子电流动态平衡。2 期复极初期以 Ca^{2+} 内流为主，而后随时间推移 K^+ 外流逐渐增强，导致膜电位逐渐变负。平台期是心肌细胞动作电位区别于骨骼肌和神经纤维动作电位的主要特征，它也是心肌动作电位复极缓慢以及总时程长的主要原因。

④3 期。又称快速复极末期。平台期后 Ca^{2+} 通道已经失活，而膜对 K^+ 的通透性恢复并升高，使 K^+ 外流，膜内电位向负的方向转化，造成膜的复极，占 100～150 ms。

⑤4 期。又称静息期。是膜复极完毕，膜电位恢复后的时期。虽然此时膜电位已恢复，但心室肌在兴奋过程中有多种离子发生了顺浓度梯度的跨膜转运（包括 Na^+、Ca^{2+} 内流，K^+ 外流），膜内外正常的离子浓度梯度发生了改变，这需要膜的主动转运，将 Na^+、Ca^{2+} 转运到细胞外，K^+ 转运到细胞内，使正常的离子浓度梯度得以恢复，为再次兴奋准备条件。Na^+ 和 K^+ 的主动转运依靠 Na^+-K^+ 泵进行；Ca^{2+} 的主动转运则是通过 Na^+、Ca^{2+} 交换机制与 Na^+ 的顺浓度梯度内流相偶联进行。内流的 Na^+ 最后是依赖 Na^+-K^+ 泵运出细胞外，因此，Ca^{2+} 的逆浓度外运所需的能量，终究也是由 Na^+-K^+ 泵提供。心房肌细胞的跨膜电位及其形成机理与心室肌细胞几乎完全相同，只是心房肌动作电位持续时间较短，仅 100～200 ms。

2. 自律细胞的跨膜电位及其形成机制

(1)窦房结 P 细胞　P 细胞的动作电位由 0、3 和 4 期组成，无 1、2 期。动作电位的幅度较小，约 70 mV，最大复极电位为－65～－60 mV。0 期去极化主要由 Ca^{2+} 内流所引起，去极化速率较慢，持续时间较长。在心肌自律细胞中，窦房结 P 细胞的 4 期自动去极化速率最快，自律性最高。

(2)浦肯野细胞　动作电位的 0、1、2、3 期的波形、幅度和形成机制与心室肌细胞相似，只是持续时间较长，但 4 期复极则不同。浦肯野细胞的 4 期膜电位并不稳定于静息电位水平，而是发生缓慢的自动去极化过程，称之为舒张期自动去极化。浦肯野细胞的最大复极电位约－90 mV，一旦舒张期自动去极化达到阈值单位－70 mV 时，快钠通道开放，即可触发一次动作电位。浦肯野细胞 4 期自动去极化的离子基础是随时间而逐渐增强的内向电流和逐渐衰减的外向 K^+ 电流引起的。

二、心肌细胞的生理特性

心肌细胞具有兴奋性、自律性、传导性和收缩性等生理特性，其中兴奋性、自律性和传导性是以心肌细胞的生物电活动为基础的，故属于心肌的电生理特性；而心肌细胞的收缩性则是在心肌细胞膜的动作电位触发下产生的机械收缩反应。

1. 兴奋性

心肌属于可兴奋组织，在受到适当刺激时可产生动作电位，即具有兴奋性。衡量心肌细胞的兴奋性高低可以刺激阈值为指标，阈值高表示兴奋性低，阈值低则表示兴奋性高。心肌细胞发生一次兴奋后，兴奋性也要经历各个时期的变化之后，才恢复正常。心肌细胞兴奋性的重要特点之一在于：有效不应期特别长。

(1)有效不应期　心肌细胞受到刺激发生兴奋时，其动作电位从 0 期开始到 3 期复极化至 −55 mV 的这段时期内，不论用多强的刺激，肌膜都不会发生去极化（兴奋），因为在此期间快反应细胞的快钠通道和慢反应细胞的慢钙通道都处于失活状态，这一状态称为绝对不应期。在绝对不应期后，膜电位由 −55 mV 恢复到 −60 mV 这一时期内，给与阈上刺激，能引起局部去极化，但还不能产生可传导的动作电位。因此，心肌细胞的动作电位由 0 期开始到 3 期复极达到 −60 mV 这一段时期称为有效不应期。

(2)相对不应期　在 3 期复极化从 −60 mV 到 −80 mV 这期间，能接受阈上刺激并引发动作电位，故称为相对不应期。在此期内，膜上的 Na^+ 通道虽已逐渐复活，但心肌细胞的兴奋性仍低于正常，产生的动作电位的幅度和速度都较正常小，兴奋的传导也较慢。

(3)超常期　在相对不应期后，心肌细胞继续复极化，膜电位由 −80 mV 恢复到 −90 mV 的这段时期内，用阈下刺激，心肌即能引起兴奋，表明此期兴奋性高于正常，故称为超常期。由于此时钠通道已基本恢复到可被激活的正常备用状态，但开放能力仍未完全恢复，故产生的动作电位的 0 期去极的幅度、速度、兴奋传导速度等仍低于正常。到 3 期复极末期，膜电位恢复正常，兴奋性也恢复正常。

2. 自律性

心脏在没有外来刺激的条件下，能自动地产生节律性兴奋的特性，称自动节律性，简称自律性。心肌的自律性取决于心脏特殊传导系统中的自律细胞，心肌非自律细胞是在接受了由自律细胞传来的刺激时才兴奋、收缩的。

不同自律细胞的自律性高低是不同的，以猪为例，窦房结 P 细胞自律性最高，为 70 次/min 左右，房室交界及其束支 40～60 次/min，浦肯野纤维最低，约 20 次/min。因此，在正常情况下，窦房结是支配整个心脏活动的节律起点，所以称窦房结为心脏的起搏点，其所形成的节律，称窦性心律。其他部位的自律组织受窦房结的控制，并不表现出它们自身的自动节律性，而只起传导兴奋的作用，当窦房结的兴奋因传导阻滞、功能障碍的异常情况下，其他自律细胞才可能自动发出兴奋，因此称潜在起搏点。心房、心室依窦房结以外的某个自律组织的节律进行跳动，称异位心律。

3. 传导性

心肌和神经、肌肉组织一样也具有传导性。由于心肌是一个机能合胞体，心肌细胞膜上任何部位产生的动作电位，不仅可传播整个细胞，还可通过心肌细胞的闰盘，传至邻近细胞，从而引起整个心肌的兴奋和收缩。

(1)传播途径　窦房结产生的兴奋,可直接通过心房肌传至左右心房,引起左右心房同时收缩;同时窦房结的兴奋通过结间束传至房室交界,然后由房室束传到左右束支,最后经浦肯野纤维到达心室肌。左右房室口周围的纤维环将心房、心室隔开,正常情况下,心房的兴奋必须经房室交界才能传入心室。所以窦房结起搏的动作电位经一定的途径先后引起左右心房和左右心室的兴奋。

(2)传导速度　各种心肌细胞的传导性高低不同,故兴奋在心脏不同部位的传导速度不同,心房肌的传导速度约 0.3 m/s,心室肌约为 1 m/s,浦肯野纤维的传导速度可达 2.0～4.0 m/s;房室交界处很慢,仅 0.02～0.05 m/s,兴奋在此被延搁约 0.1 s,称为房室延搁。这一时间延搁,使心房肌和心室肌兴奋之间具有一定的时间间隔,即心房收缩之后,心室才能收缩,保证了心室在收缩前有足够的血液充盈。这对心室射血有重要意义。

(3)影响传导性的因素　心肌的传导性与心肌细胞的结构特点和生理特性有关。

①结构因素。心肌细胞传导兴奋的速度与细胞直径有关,直径小的细胞内电阻大,故传导速度慢,反之直径大的细胞内电阻小,传导速度快。浦肯野纤维的直径最大,兴奋传导速度最快;房室交界,尤其是房室结的结区细胞直径最小,所以传导速度最慢。

②生理因素。心肌细胞电生理特性是影响传导性的主要因素。局部电流是兴奋部位膜去极化所引起的。0 期去极化幅度越大,与邻近未兴奋部位之间的膜电位差越大,形成的局部电流也就越强,兴奋传导速度越快。0 期去极化速度快,局部电流形成的速度也快,兴奋传导速度就越快。反之则传导速度慢。

4. 收缩性

心肌在肌膜动作电位的触发下,发生收缩反应的特性称为收缩性。心肌收缩的机制与骨骼肌基本相同,但其收缩的特点表现为:不发生强直收缩、期前收缩和代偿间歇。

(1)不发生强直收缩　心肌在发生一次兴奋后,其有效不应期比自身收缩时的缩短期还长,只有进入舒张期之后,才能接受新的刺激发生又一次收缩。所以不会出现复合收缩和强直收缩。只能产生一次次舒缩交替的单收缩。

(2)期前收缩和代偿间歇　心肌在一次兴奋的有效不应期后,正常的窦性节律到来之前,心肌受到一次额外刺激,心室可产生一次窦性节律以外的收缩活动,由于这次收缩发生在正常节律收缩之前,故称为期前收缩。当紧接在期前收缩后的,来自窦房结的兴奋正好落在期前收缩的有效不应期内时,这次兴奋将不能引起心室收缩,必须等到下次窦性兴奋到来时才能发生收缩。所以,在一次期前收缩后,出现一次较长的舒张期,称为代偿间歇(图 9-20)。

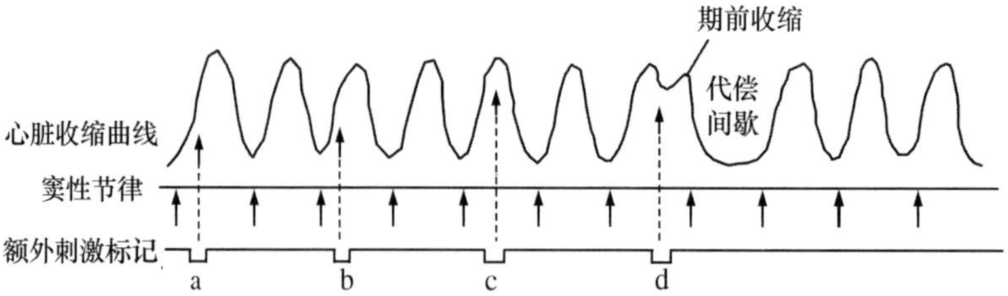

图 9-20　期前收缩和代偿间歇

额外刺激 a、b、c 落在有效不应期内,不引起反应;额外刺激 d 落在相对不应期内,引起期前收缩和代偿间歇

三、心脏的泵血功能

心脏的主要功能是泵血。在整个生命过程中，心脏通过周期性的收缩和舒张，以及心内瓣膜规律性启闭活动，推动血液定向流动。

1. 心动周期和心率

(1)心动周期　心脏每收缩和舒张一次，称为一个心动周期。它包括收缩期和舒张期，即心房收缩、心房舒张、心室收缩和心室舒张四个过程。在一个心动周期中，首先是左右心房同时收缩(称心房收缩期)，接着转为舒张，心房开始舒张时左右心室几乎同时开始收缩(心室收缩期)，心室收缩的持续时间比心房要长。当心室收缩转为舒张时，心房仍处于舒张状态(即心房、心室均处于舒张，故称全心舒张期)，至此一个心动周期结束，当心房开始下一次收缩时，另一个心动周期开始。以成年猪为例，一个心动周期约需时 0.8 s，其中各期所占时间为：心房收缩约 0.1 s，心房舒张约 0.7 s，心室收缩约 0.3 s，心室舒张约 0.5 s。全心舒张期约 0.4 s，占心动周期的 50%。由于心室收缩期长，力量大，是推动血液循环的主要力量。因此，所谓心缩期和心舒期即指心室的收缩期和舒张期而言(图 9-21)。

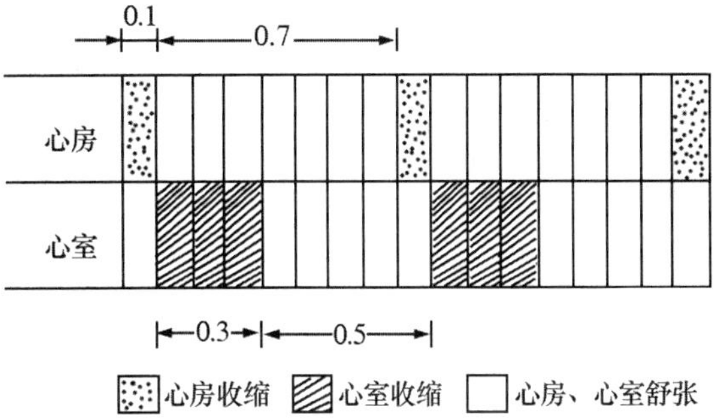

图 9-21　心动周期时序关系图解(单位：s)

(2)心率　动物每分钟心搏动的次数，称心率。心率可因动物品种、年龄、性别以及生理状态的不同而异(表 9-1)。机体代谢旺盛时心率较快。幼畜较成畜快，雄性较雌性快，妊娠比未妊娠畜快。

表 9-1　各种动物心率的正常变动范围　　次/min

动物	心率	动物	心率
骆驼	25～40	猪	60～80
马	28～42	犬	80～130
乳牛	60～80	猫	110～130
公牛	30～60	兔	120～150
山羊、绵羊	60～80	鸡、火鸡	300～400

2. 心脏的泵血过程

血液在心脏内呈单方向流动，经心房流向心室，由心室射入动脉。在心脏的射血过程中，心室舒缩活动所引起的心室内压力的变化，是促进血液流动的动力，而瓣膜的开放和关闭则决定着血流的方向。现以左心室为例说明心室的泵血过程。

(1)心房收缩期　心房收缩前，心脏处于全心舒张期，房内压低于外周静脉压，静脉回血流入心房。当心室内压力降至低于房内压时，房室瓣开放，外周及心房内血液流入心室，心室开始充盈。心房收缩时，房内压升高，再将其中的血液逐入心室，使心室充盈量进一步增加。心房收缩后即转入舒张期。

(2)心室收缩期　包括等容收缩期、快速射血期和缓慢射血期。

①等容收缩期。心房进入舒张期后不久，心室开始收缩，室内压迅速升高，当超过房内压时，房室瓣关闭。但此时室内压力仍低于动脉压，半月瓣仍处于关闭状态，心室容积不变，因此称为等容收缩期。此期仅有 0.05 s 的短暂时间。

②快速射血期。随着心室肌的继续收缩，室内压急剧上升，一旦室内压高于动脉压，血液冲开半月瓣快速射入动脉，称快速射血期。此期心室肌仍在收缩，室内压仍在升高，室内容积则急剧缩小。快速射血期约占心缩期的 1/3，但射血量占整个心缩期射血量的 70%左右。

③缓慢射血期。快速射血之后，心室肌收缩力减弱，射血速度减慢，室内压下降。虽然室内压略低于主动脉压，但室内血液靠动能的作用，继续向动脉内流动，故称缓慢射血期。此期占心缩期的 2/3，射血量仅占 1/3 左右。

(3)心室舒张　包括等容舒张期、快速充盈期和缓慢充盈期。

①等容舒张期。心室收缩后开始舒张，室内压下降，当降至低于主动脉内压时，半月瓣关闭，但此时室内压仍高于房内压，房室瓣还处于关闭状态，这段时间心室容积未变，称为等容舒张期。

②快速充盈期。心室在等容舒张期之后，仍在舒张，当室内压低于房内压时，房室瓣开放，血液由心房充盈到心室。心室继续舒张，室内压继续下降，甚至降至负压，心房血液快速流入心室，使心室容积迅速增大，室内压开始上升，故称快速充盈期。此期占心舒期的 1/3。

③缓慢充盈期。随着心室的不断充盈，室内压不断上升，心房内血液以及回心血液以较慢的速度继续流入心室，而转为缓慢充盈期。此后，又开始下一个心动周期的心房收缩。

3. 心音

在每个心动周期中，借助听诊器，在胸壁心区可听到“嗵-塔”两个声音，分别称第一心音和第二心音。第一心音发生于心收缩期的开始，又称心缩音。其音调低，持续时间长，产生的原因主要包括心室肌的收缩、房室瓣的关闭和射血开始引起主动脉管壁的振动。第二心音发生于心舒期的开始，又称心舒音，音调较高，持续时间短。产生的原因主要包括半月瓣突然关闭、血液冲击瓣膜以及主动脉中血液减速等引起的振动。偶尔可听到第三心音和第四心音。第三心音出现在第二心音之后，音调低，与血流快速流入心室引起心壁与瓣膜振动有关。第四心音很弱，仅于心音图上见到，它由心房收缩引起，也称心房音。

四、心输出量及影响因素

1. 心输出量

左、右心室收缩时射入主动脉或肺动脉的血量有每搏输出量和每分输出量之分。每搏输出量是指一侧心室一次心搏输出的血量；每分输出量是指一侧心室 1 min 内输出的血量，等于每搏输出量×心率。一般所说的心输出量即指每分输出量而言。心输出量可随机体的代谢需要而增加，如在剧烈运动时，心输出量可比安静时增加 4～7 倍，说明心脏保持一定的心力储备。心力储备对机体适应不同环境和生活状况有重要意义。

2. 影响心输出量的因素

心输出量取决于每搏输出量和心率，因此凡是能影响每搏输出量或心率的因素都会影响心输出量。

(1)静脉回流量　在一定范围内,静脉回流量增大时,心室充盈良好,心室舒张末期容积增大,收缩时力量加强,每搏输出量增加。反之,每搏输出量减少。

(2)心室收缩力　心室收缩力越强,每搏输出量越大,心输出量也越大。交感神经兴奋或血液中去甲肾上腺素水平升高,均可使心肌收缩力增强,心输出血量增加。

(3)心率的影响　在一定范围内,心率增快,心输出量增多。但心率过快,心动周期缩短,心室缺乏足够的充盈时间,同时过快的心率,使心肌消耗过度,收缩力降低,输出量反而减少。心率过慢,心输出量减少。

第四节　血管生理

一、血流量、血流阻力和血压

血管分动脉、毛细血管和静脉三大类,各类血管有自己的结构特点。血管的活动在血液循环中的作用有两个方面:一是调节全身的循环血量或局部某个器官的血流量,以适应机体的需要;二是调节血管系统中的阻力,以保证正常的血压。

1. 血流量

单位时间内流经血管某一截面的血量,称血流量,也称容积速度,常以 mL/min 或 L/min 表示。血液中的一个质点在血管内移动的线速度称血流速度,单位为 cm/s。血液在血管内流动时,血流速度与血流量成正比,与血管的总横断面积成反比。主动脉总横断面最小,血流速度最快,一般为 40～50 cm/s。毛细血管的总横断面最大,血流速度最慢,仅 0.05～0.08 cm/s。静脉的横断面积比相应的动脉大 2～4 倍,其血流速度是相应动脉的 1/4～1/2。

2. 血流阻力

血流阻力是指血液流动时,血液与血管壁之间的摩擦阻力以及血液内部的摩擦阻力。血液内部的摩擦力主要取决于血液的黏滞性,血液与血管壁的摩擦力主要取决于血管口径的大小和长度。动物体内血管长度相对稳定,因此血液黏滞性和血管口径的大小是影响血流阻力的主要因素。血液中红细胞和蛋白质的数量增多,黏滞性增大,血流阻力也增加。血管口径的改变主要发生在小动脉和微动脉,该处血管上的平滑肌可在神经或体液因素的作用下,发生舒缩活动。平滑肌收缩时,血管口径变小,血流阻力增大;舒张时,血管口径变大,血流阻力减小。机体通过对血管口径大小的调节,控制血压、血流速度和各器官的血量分配。

在生理学中通常将心脏和大血管称为循环系统的“中心”部分,而将小血管称为“外周”部分,因此小动脉和微动脉处的血流阻力也称为外周阻力。

3. 血压

血管内血液对单位面积血管壁的侧压力,即压强,称血压。单位为帕(Pa),通常用千帕(kPa)表示,1 kPa＝7.519 mmHg,1 mmHg＝0.133 kPa。

二、动脉血压和动脉脉搏

1. 动脉血压

(1)动脉血压的形成　形成动脉血压的因素主要有三个:一是血管内有足够的血液充盈,二是推动血液向前流动的力量,三是血液在动脉中流动所遇到的外周阻力。充足的血液是形成血压的前提,推动血液前进的力量与外周阻力,这两种相反力量相互作用的结果,使血液对血管壁产生侧压力,即血压。血压随心动周期而发生周期性变化。心室收缩时,动脉压急剧升高,在收缩期的中期达到最高值,这时的动脉血压值称为收缩压。它的高低反映心室肌收缩力的大小。心室舒张时,动脉压下降,在心舒末期动脉血压的最低值称为舒张压,它主要反映外周阻力的大小。收缩压和舒张压的差值称为脉搏压,简称脉压,它反映动脉管壁弹性大小。动脉管壁弹性良好脉压小,弹性下降脉压高。心动周期的某一瞬间动脉血压的平均值称为平均动脉压。平均动脉压大约等于舒张压加 1/3 脉压。血液从大动脉流向心房的过程中,不断克服阻力而消耗能量,接近心房处的大静脉血压已降至零,甚至是负压。

(2)动脉血压的正常值　各种动物的正常血压有明显的差异(表 9-2),同种动物因年龄、性别及生理状况而不同,成年比幼年稍高,雄性比雌性稍高,剧烈运动、情绪紧张时偏高。

表 9-2　各种成年动物颈动脉或股动脉的血压　　kPa

动物	收缩压	舒张压	脉搏压	平均动脉血压
马	17.3	12.6	4.7	14.3
牛	18.7	12.6	6.0	14.7
猪	18.7	10.6	8.0	13.3
绵羊	18.7	12.0	6.7	14.3
鸡	23.3	19.3	4.0	20.7
火鸡	33.3	22.6	10.6	25.7
兔	16.0	10.6	5.3	12.4
猫	18.7	12.0	6.7	14.3
犬	16.0	9.3	5.3	11.6
大鼠	13.3	9.3	4.0	11.1
豚鼠	13.3	8.0	5.3	9.7

(3)影响动脉血压的因素　心脏射血和外周阻力是形成血压的主要因素,因此凡是能影响心输出量和外周阻力的各种因素,都能影响动脉血压。为了讨论方便,在下面的分析中,都是在假设其他因素不变的情况下,讨论某一因素变化时对动脉血压的影响。

①每搏输出量。每搏输出量越大,动脉收缩压就越高,舒张压升高不多,故脉压增大。当每搏输出量减少时,主要是收缩压降低,脉压减少。由此可见,收缩压的高低主要反映心脏每搏输出量的多少。

②心率。心率加快,心舒张期明显缩短,此期间流向外周的血量减少,故心舒期末存留在大动脉的血量增多,舒张期血压升高。动脉血压升高使心缩期血流速度加快,有较多的血液流向外周,因此收缩压升高不如舒张压升高明显,脉压也相应减小。反之,心率减慢,舒张压降低

的幅度比收缩压降低的幅度大，故脉压增大。

③外周阻力。外周阻力加大可使心舒期血液外流的速度减慢，心舒期末存留在主动脉中的血量增多，舒张压升高。在心缩期，由于动脉血压升高，血流速度加快，收缩压的升高没有舒张压明显，脉压相应下降。当外周阻力减小时，舒张压降低比收缩压降低明显，故脉压加大。一般情况下，舒张压的高低主要反映外周阻力的大小。外周阻力的改变，主要是由骨骼肌和腹腔器官阻力血管口径的改变。其次，血液的黏滞度增高，外周阻力就增大，舒张压就升高。

④主动脉弹性。主动脉弹性好，收缩压低，舒张压相对高，血压的波动幅度小，脉压低。主动脉弹性差（动脉管壁硬化），脉压增大。

⑤循环血量与血管容量的比例。血管容量不变而血量增加，血压就上升。反之，血压就下降。大量失血或严重脱水时，循环血量大幅度减少，血压就明显下降。

在不同的生理或病理情况下，上述各种因素可同时影响动脉血压。因此，实际所测得的动脉血压变化，往往是各种因素相互作用的综合结果。

2. 动脉脉搏

在每个心动周期中，心室收缩时血液射入主动脉，动脉血压骤增，管壁扩张。心舒期动脉管壁回缩，压力下降。由周期性的压力变化引起动脉管壁振动的能量以脉搏波的形式向外传递，形成了动脉脉搏。脉搏波传导速度很快，要比血液流速快几十倍。一般说来，动脉管壁的可扩张性越大，脉搏波的传播速度就越慢。由于主动脉的可扩张性最大，故脉搏波在主动脉的传播速度最慢。动脉硬化时主动脉管壁的可扩张性减小，脉搏波的传播速度加快。由于小动脉和微动脉对血流的阻力较大，故在微动脉以后的脉搏波动已大大减弱。到毛细血管，脉搏基本消失。

动脉脉搏不仅反映心率、心动周期和节律，还能通过脉搏的速度、幅度、硬度、频率等反映整个循环系统的功能状态。所以，检查动脉脉搏有很重要的临床意义。在大动物头部血管切迹处、尾腹侧尾中动脉和小动物的股动脉处可摸到动脉脉搏。

三、静脉血压、静脉回流和静脉脉搏

1. 静脉血压

体循环的血液经过动脉和毛细血管到达微静脉时，血压下降至约 1.9 kPa。到全身血压最低的右心房时，血压接近零。通常将右心房和胸腔大静脉的血压称为中心静脉压，正常值为 0.4～1.2 kPa。中心静脉压的高低取决于心脏射血能力和静脉回心血量的相互关系。当心脏射血能力较强，能将回心血液及时射入动脉时，中心静脉压就较低；当心脏射血能力减弱，不能及时射出回心血液时，中心静脉压就升高；如果静脉回流速度加快，中心静脉压也会升高。中心静脉压可作为临床输血或输液时输入量和输入速度是否恰当的监测指标。

2. 静脉回流

单位时间内由静脉回流入心脏的血量等于心输出量。在动物躺卧时，全身各静脉大致都与心脏处于同一水平，对血流影响不大。但在站立时，因受重力影响，血液将积滞在心脏水平以下的腹腔和四肢的末梢静脉中，这时需借助外在因素的作用促使其回流。

（1）骨骼肌挤压作用　肌肉收缩时其间的静脉受挤压，使静脉血流加快。静脉内有游离缘朝向心脏方向的瓣膜，所以血液只能向心脏方向流动。当肌肉舒张时，静脉内的压力降低，有利于微静脉和毛细血管内的血液流入静脉，使静脉充盈。

(2)胸内负压的抽吸作用　由于胸膜腔内为负压，胸腔大静脉经常处于扩张充盈状态。吸气时，胸腔容积增大，胸膜腔负压进一步增大，胸腔内的大静脉和右心房受到负压的牵引更加扩张，压力进一步降低，因此有利于外周静脉的血液回流至右心房。此外，心脏舒张时心房和心室内产生的较少负压对静脉回流也有抽吸作用。呼气时，胸膜腔负压减小，由静脉回流入右心房的血液量也相应地减少。所以，呼吸运动对静脉回流也起“泵”的作用。

3. 静脉脉搏

静脉管壁较薄，血液经接近心脏的大静脉(如颈静脉、腔静脉)流回心房，在心房收缩时回流受阻，静脉内压升高，静脉管壁受到压力而膨胀；当心房舒张时，滞留在静脉内的血液快速流向心脏，静脉内压下降，使管壁塌陷。大静脉管壁出现规律性膨胀和塌陷，形成静脉脉搏。牛、马可在颈静脉沟处观察颈静脉的搏动。检查颈静脉脉搏可反映右心房内压及三尖瓣的状况。

四、微循环

微循环是指微动脉和微静脉之间的血液循环。其基本功能是实现血液和组织之间的物质交换。

1. 微循环的通路

动物机体器官、组织的功能和形态不同，其微循环也不相同。典型的微循环由微动脉、后微动脉、毛细血管前括约肌、真毛细血管、通血毛细血管(或称直捷通路)、动静脉吻合支和微静脉 7 部分组成。微循环的血液可通过三条途径由微动脉流向微静脉(图 9-22)。

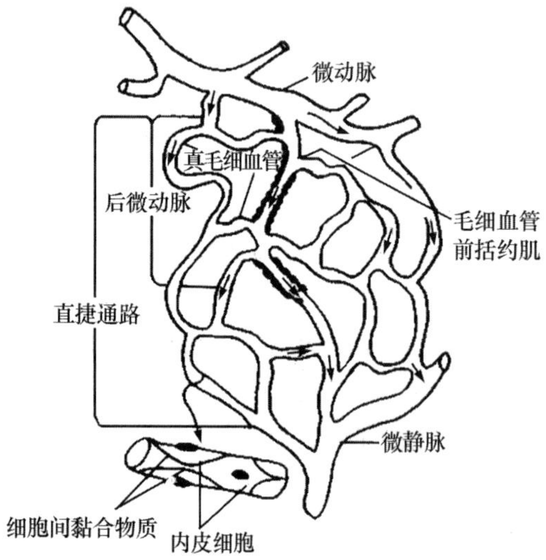

图 9-22　微循环模式图

(1)动-静脉短路　血液由微动脉经动静脉吻合支直接进入微静脉。此通路的血管壁厚，血流更为迅速，完全不进行物质交换。动-静脉短路多见于皮肤微循环，主要参与体温调节。当环境温度增高时，动-静脉短路开放增多，皮肤血流量增加，皮肤温度升高，散热增多；反之，散热减少。

(2)直捷通路　血液从微动脉经后微动脉、通血毛细血管进入微静脉。通血毛细血管比一般的真毛细血管稍粗，直捷通路经常处于开放状态，血流速度较快，主要功能是使血液迅速通过微循环进入静脉，不至于在真毛细血管中滞留，影响回心血量。在骨骼肌这类通路较多。

(3)迂回通路　血液由微动脉经后动脉、毛细血管前括约肌、真毛细血管进入微静脉。此通路迂回曲折，血流缓慢，并且毛细血管管壁薄，通透性大，与组织细胞接触面广，所以是血液与组织液间进行物质交换的主要部位。

2. 微循环的调节

微循环中后微动脉和毛细血管前括约肌的舒缩活动调节微循环的血流量，其舒缩活动主要靠局部代谢产物控制。安静状态下，代谢水平低，局部代谢产物积聚不多，大部分后微动脉和毛细血管前括约肌处于关闭状态。当真毛细血管关闭一段时间后，局部组织中的代谢产物（乳酸和 CO_2 含量升高、O_2 分压下降等）积聚过多，使该处的后微动脉和毛细血管前括约肌舒张，导致真毛细血管开放，局部代谢产物被血流清除。随后，后微动脉和毛细血管前括约肌又收缩，使真毛细血管又关闭。如此周而复始调节微循环的血流量。

五、组织液和淋巴液

组织液存在于组织间隙中，绝大部分呈胶冻状，仅有约 1% 为可流动的液体。胶冻的基质是胶原纤维和透明质酸细丝。组织液中各种离子成分与血浆相同。组织液中也存在各种血浆蛋白质，但其浓度明显低于血浆。

1. 组织液的生成和回流

组织液是由血浆经毛细血管壁滤过而形成的。液体通过毛细血管壁的滤过和重吸收，由四个因素共同完成，即①毛细血管血压，②组织液静水压，③血浆胶体渗透压，④组织液胶体渗透压。其中，①、④是促使液体由毛细血管内向外滤过的力量；②、③是将液体从血管外重吸收入毛细血管内的力量。促进液体滤过的力量和重吸收的力量之差，称为有效滤过压，可用下列公式表示：

有效滤过压＝（毛细血管血压＋组织液胶体渗透压）－（血浆胶体渗透＋组织液静水压）

在毛细血管动脉端的血压是 4.0 kPa，静脉端的血压为 1.6 kPa，组织液胶体渗透压 2.0 kPa。组织液静水压是 1.33 kPa，血浆胶体渗透压是 3.3 kPa，将这些数值代入上式：

毛细血管动脉端的有效滤过压＝(4.0＋2.0)－(3.3＋1.33)＝1.37 kPa

毛细血管静脉端的有效滤过压＝(1.6＋2.0)－(3.3＋1.33)＝－1.03 kPa

从上式可见，毛细血管动脉端的有效滤过压为正值，毛细血管静脉端的有效滤过压为负值。故血浆成分由毛细血管动脉端滤出而生成组织液，约 90% 在毛细血管静脉端回流入血液，约 10% 组织液流入毛细淋巴管形成淋巴液，以后经淋巴系统汇入大静脉（图 9-23）。

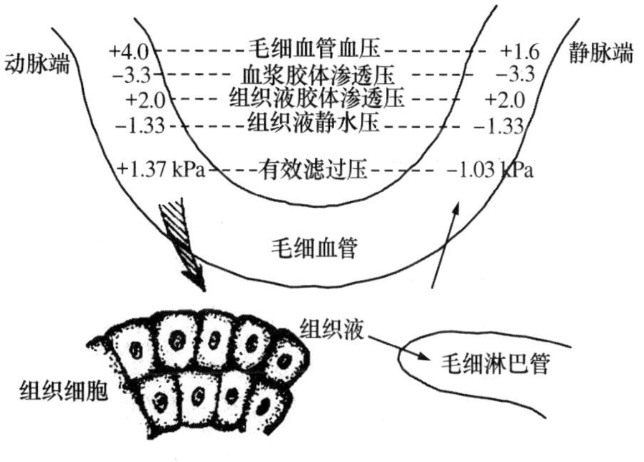

图 9-23　组织液生成与回吸收示意图

2. 影响组织液生成的因素

决定有效滤过压的各种因素的变化及毛细血管通透性的变化，都可影响组织液的生成。

(1)毛细血管血压　毛细血管血压升高，组织液生成增加；静脉血压升高时，也可使组织液生成增多。

(2)血浆胶体渗透压　血浆蛋白生

成减少(肝病)或蛋白排出增加(肾病)均可使血浆胶体渗透压、有效滤过压降低,导致组织液生成过多,甚至发生水肿。

(3)淋巴回流 部分组织液是经淋巴回流入血液的,一旦淋巴回流受阻(丝虫、肿瘤压迫等),可导致水肿。

(4)毛细血管通透性 在某些病理情况下(烧伤、过敏等),毛细血管的通透性增高,血浆蛋白可能漏出,使血浆胶体渗透压下降,而组织液生成增多。

3. 淋巴液的生成和回流

组织液进入淋巴管,即成为淋巴液。在毛细淋巴管的起始端,内皮细胞的边缘像瓦片般相互覆盖,形成向管腔内开启的单向活瓣。当组织液积聚在组织间隙内时,组织中的胶原纤维和毛细淋巴管之间的胶原细丝可以将互相重叠的内皮细胞的边缘拉开,使内皮细胞之间出现较大的缝隙。因此,组织液包括其中的血浆蛋白分子可以自由地进入淋巴管。组织液和毛细淋巴管内淋巴液的压力差是组织液进入淋巴管的动力。

毛细淋巴管的末梢是一个膨大的盲端,毛细淋巴管彼此吻合成网,并逐渐汇集成大淋巴管,最后汇集成右淋巴导管和胸导管开口于腔静脉。淋巴管壁上的瓣膜和平滑肌的活动,保证了淋巴液的向心流动。

淋巴系统是组织液重吸收入血液的重要辅助系统。它的主要功能是将组织液中的蛋白质带回血液中,清除组织液中不能被毛细血管重吸收的较大的分子以及组织中的红细胞和细菌等。肠道吸收的脂肪 80%～90%是通过淋巴管输送入血液。因此,淋巴液回流在组织液生成和重吸收的平衡中起重要作用。

第五节 心血管活动的调节

动物在不同生理状况下,由于各器官组织的代谢水平不同,对血量的需求也各异。机体通过神经、体液和自身等因素对心血管的功能活动进行调节,从而满足各器官组织在不同情况下对血量的需求,协调各器官之间的血量分配。

一、神经调节

心肌和血管平滑肌受交感和副交感神经支配。机体对心血管活动的神经调节是通过各种心血管反射实现的。

1. 心脏和血管的神经支配

(1)心脏的神经支配 支配心脏的传出神经是心交感神经和心迷走神经。交感神经对心脏有兴奋作用,迷走神经对心脏有抑制作用。

①心交感神经及其作用。心交感神经的节前神经元位于第 1～6 胸段脊髓灰质外侧角的中间外侧柱,在颈前、颈中和星状神经节更换神经元,节后纤维在心脏附近形成心脏神经丛,支配心脏各个部分,包括窦房结、房室交界、房室束、心房肌和心室肌。

两侧心交感神经对心脏的支配有差别,右侧心交感神经主要支配窦房结,兴奋时以引起心率加快的效应为主;左侧心交感神经主要支配房室交界,兴奋时以加强心肌收缩能力的效应为主。

心交感神经节后纤维末梢释放的递质为去甲肾上腺素，作用于心肌细胞膜的β肾上腺素能受体，导致心率加快，房室交界的传导加快，心房肌和心室肌的收缩力加强。去甲肾上腺素还能激活心肌的α受体，主要引起心肌收缩力加强，而心率变化不显著。

②心迷走神经及其作用。支配心脏的副交感神经是迷走神经的心脏支，其节前神经元位于延髓的迷走神经背核和疑核，节前纤维混行于颈部迷走交感神经干中。进入心脏后与心内神经节发生突触联系。节后神经纤维支配窦房结、心房肌、房室交界、房室束及其分支，也有少量纤维支配心室肌。右侧迷走神经对窦房结的影响占优势；左侧迷走神经对房室交界的作用占优势。

心迷走神经节后纤维末梢释放的递质为乙酰胆碱，作用于心肌细胞膜的M型胆碱能受体，可引起心率减慢，心房和心室收缩力减弱，房室传导速度减慢。

③支配心脏的肽能神经元：心脏中存在多种肽能神经纤维，它们释放的递质有神经肽Y、血管活性肠肽、降钙素基因相关肽、阿片肽等，目前对于分布在心脏的肽能神经元的生理功能还不完全清楚，它们可能参与对心肌和冠状血管活动的调节。

(2)血管的神经支配　除真毛细血管外，所有血管壁均有平滑肌。支配血管平滑肌的神经纤维统称为血管运动神经纤维，包括缩血管神经纤维和舒血管神经纤维。

①缩血管神经纤维。缩血管神经纤维都是交感神经纤维，故一般称为交感缩血管纤维，体内几乎所有血管平滑肌都受交感缩血管纤维支配。交感缩血管纤维末梢释放去甲肾上腺素和神经肽Y，它们有缩血管效应。

②舒血管神经纤维。舒血管神经纤维包括交感舒血管神经纤维、副交感舒血管神经纤维和脊髓背根舒血管神经纤维。它们分布范围小，通常只能调节局部血液循环。

2. 心血管中枢

中枢神经内，调控心血管活动的神经元集中的部位称为心血管中枢。这些神经元广泛分布在从脊髓到大脑皮层各级水平，它们既各具不同的功能，又互相密切联系，使整个心血管系统的活动协调一致，并与整个机体的活动相适应。

(1)延髓心血管中枢　延髓是心血管活动的基本中枢。该中枢内的神经元在平时都有紧张性活动，分别称心迷走紧张、心交感紧张和交感缩血管紧张。根据功能可将延髓心血管中枢分为4个部位：①缩血管区，位于延髓头端腹外侧部，兴奋时引起交感缩血管神经正常紧张性活动。②舒血管区，位于延髓尾端腹外侧部，兴奋时可抑制缩血管区神经元的活动，导致交感缩血管紧张降低，血管舒张。③心抑制区，位于延髓迷走神经背核和疑核。④传入神经接替站，位于延髓孤束核，它们接受经舌咽神经和迷走神经传入的信息。

(2)延髓以上的心血管中枢　在延髓以上的脑干及大脑和小脑中，也都存在与心血管活动有关的神经元。它们不仅调节心血管活动，还参与其他许多生理功能的整合，特别是表现为对心血管活动和机体其他功能之间的复杂整合。

3. 心血管反射

当机体处于不同的生理状况或内、外环境发生变化时，可引起各种心血管反射，使心输出量、动脉血压和各器官的血管收缩状况发生相应的改变，以适应当时所处的状态或环境的变化。心血管反射主要有以下几种：

(1)颈动脉窦和主动脉弓压力感受性反射　在颈动脉窦和主动脉弓血管壁的外膜下有丰富的压力感受器。当动脉内血压升高使管壁扩张时,压力感受器兴奋并发放传入冲动。颈动脉窦的传入神经为窦神经,主动脉弓的传入神经为主动脉神经(图 9-24)。

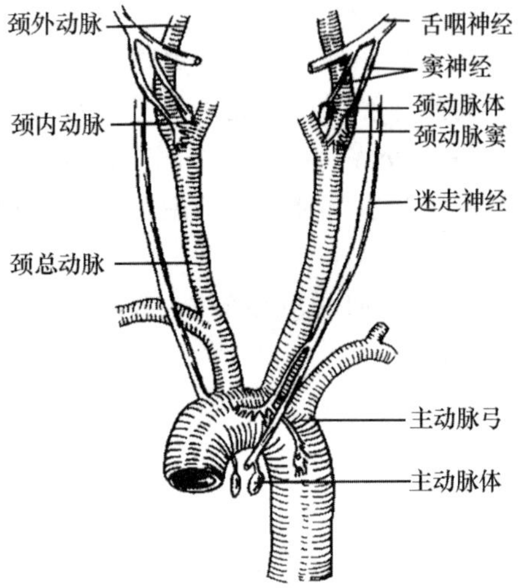

图 9-24　颈动脉窦区与主动脉弓区的压力感受器和化学感受器

当血压升高时,压力感受器传入冲动增多,分别经窦神经和主动脉神经传入延髓的心血管中枢,使心迷走紧张加强,心交感紧张和交感缩血管紧张减弱,其效应是心率减慢,心输出量减少,外周阻力降低,故动脉压下降。反之,当动脉血压降低时,压力感受器传入冲动减少,使迷走紧张减弱,交感紧张加强,于是心率加快,心输出量增加,外周阻力增高,血压升高。

压力感受性反射在心输出量、外周血管阻力、血量等发生突然变化时,对动脉血压进行快速调节的过程中起重要作用,使动脉血压不致发生过大的波动。

(2)颈动脉体和主动脉体化学感受性反射　颈动脉分叉处和主动脉弓区域存在有颈动脉体和主动脉体(图 9-24),它们是调节心血管活动的化学感受器。当血液中 H^+ 浓度升高,缺 O_2 和 CO_2 分压过高时,化学感受器受到刺激,发出神经冲动,分别经窦神经和迷走神经传入延髓孤束核,使延髓内呼吸神经元和心血管活动神经元的活动发生改变,一方面引起呼吸加深加快,另一方面交感缩血管中枢紧张性升高,使血管收缩,血压升高。呼吸的加深加快又可间接地使心率加快,心输出量增加,外周血管阻力增大,血压升高。化学感受性反射只有在低 O_2、窒息、失血、动脉血压过低和酸中毒等情况下才能发生作用。

(3)心肺感受器　在心房、心室和肺循环大血管壁存在许多调节心血管活动的心肺感受器。当心脏或肺循环大血管中压力升高时,刺激心肺感受器,并发出神经冲动经传入神经向心血管中枢传递,引起交感紧张降低、心迷走紧张加强,导致心率减慢、心输出量减少、外周血管阻力降低,故血压下降。

二、体液调节

体液调节是指血液和组织液中一些化学物质对心血管活动的调节。这些体液因素中,有些通过血液携带,可广泛作用于心血管系统;有些则在组织中形成,主要作用于局部血管,对局部组织的血流起调节作用。

1. 全身性体液调节

(1)肾上腺素和去甲肾上腺素　血液中的肾上腺素和去甲肾上腺素主要由肾上腺髓质分泌,是全身性体液调节的重要物质。其中肾上腺素约占 80%,去甲肾上腺素约占 20%。

肾上腺素作用于心肌的 β 受体,引起心血管活动增强和心输出量增加。还能分别作用于血管平滑肌的 α 和 β 受体,使皮肤、肾脏和胃肠道等的血管收缩,骨骼肌和肝脏的血管舒张。

去甲肾上腺素主要能与血管平滑肌上 α 受体结合。当血液中去甲肾上腺素增多时,可使全身各器官的血管收缩,外周阻力增大,动脉血压升高。去甲肾上腺素也能与心肌细胞上的

β受体结合，产生强心作用，但由于血压升高引起的减压反射，心率减慢，心收缩力减弱。

(2)血管紧张素　是一组多肽类物质，具有较强的缩血管作用。当循环血量减少，动脉血压下降，肾血流量减少时，可刺激肾脏释放肾素。血浆中的血管紧张素原在肾素的作用下水解成血管紧张素Ⅰ，后者在肺循环中被血管紧张素转换酶水解成血管紧张素Ⅱ。血管紧张素Ⅱ在血浆和组织中的血管紧张素酶A的作用下转变成血管紧张素Ⅲ。血管紧张素Ⅰ对体内多数细胞不具备活性；血管紧张素Ⅱ有极强的缩血管作用，增强外周阻力，升高血压，还作用于肾上腺皮质促进醛固酮的生成和释放。醛固酮可促进肾小管对Na^+的重吸收，并使细胞外液增加。血管紧张素Ⅲ的缩血管效应仅为血管紧张素Ⅱ的10%～20%，但刺激肾上腺释放醛固酮的作用较强。

(3)血管升压素　又称抗利尿激素，它作用于血管平滑肌的相应受体，可引起血管平滑肌的收缩。生理浓度的血管升压素并不引起血压的升高而是出现抗利尿效应，只有当其血浆浓度明显升高时，才引起血压升高。在脱水、失血的情况下，血管升压素的释放量增加，对保持细胞外液量、血浆渗透压和动脉血压的稳定，都起重要作用。

2. 局部性体液调节

(1)激肽　是一类具有舒血管作用的多肽，最常见的有缓激肽和血管舒张素。这些激肽可使血管平滑肌舒张和毛细血管通透性增强，参与血压和局部组织血流量的调节，是已知最强烈的舒血管物质；但对其他平滑肌的作用则是引起收缩。

(2)前列腺素　是一组脂肪酸类物质，全身各部的组织细胞几乎都含有合成前列腺素的前体及酶，因此都能产生前列腺素。前列腺素可使局部血管舒张，调节局部血流量。

(3)心钠素　是由心房肌细胞合成并释放的一类多肽。它可使血管舒张、外周阻力降低、心率减慢及心输出量减少。心钠素还能抑制肾素和醛固酮的释放，引起肾脏排水和排钠增多，所以心钠素是体内调节水盐平衡的重要体液因素。

(4)组胺　存在于许多组织中，特别是皮肤、肺和肠黏膜的肥大细胞中含有大量的组胺，当组织受损、炎症和过敏反应时都可释放组胺。组胺有强烈的舒血管作用，并能使毛细血管和微静脉的通透性增大，血浆渗入组织，导致水肿。

三、局部血流调节

在没有外来神经和体液因素的作用下，局部血管依赖自身舒缩活动而实现对局部血流量的调节，称为血管的自身调节，一般认为主要有以下两类：

1. 肌源性自身调节机制

许多血管平滑肌本身经常保持一定的紧张性收缩，称为肌源性活动。血管平滑肌还有一个特性，即被牵张时其肌源性活动加强。当器官的血管灌注压突然升高时，血管平滑肌受到牵张刺激，肌源性活动加强，器官血流阻力增大，血流量不致因灌注压升高而增大。反之，灌注压突然下降时，则发生相反的变化，从而使器官血流量保持相对稳定。这种肌源性自身调节现象，在肾血管表现特别明显，在脑、肝、肠系膜和骨骼肌的血管也能看到，皮肤血管一般没有这种现象。

2. 代谢产物自身调节机制

局部组织中代谢产物的浓度对器官血流量有调节作用。当组织代谢活动增强时，代谢产物(如 CO_2、H^+、ATP)在组织中浓度升高,引起血管舒张,血流量暂时增加,代谢产物可充分被血流带走。于是局部代谢产物浓度下降,导致血管收缩,血流阻力增大,使血流量恢复到原先水平。

复习思考题

一、选择题

1. 前腔静脉和后腔静脉的血液汇入(　　)。

A. 左心房　B. 右心房　C. 左心室　D. 右心室　E. 冠状窦

2. 左心室血液流入(　　)。

A. 主动脉　B. 肺动脉　C. 肺静脉　D. 前腔静脉　E. 后腔静脉

3. 由左心室发出的血管是(　　)。

A. 肺动脉　B. 肺静脉　C. 主动脉　D. 前腔静脉　E. 后腔静脉

4. 血液由左心室输出,经主动脉及分支到全身组织,由毛细血管和静脉回到右心房,此循环称为(　　)。

A. 微循环　B. 小循环　C. 门脉循环　D. 体循环　E. 肺循环

5. 家畜心脏的正常形态是(　　)。

A. 圆形　B. 扁圆形　C. 椭圆形　D. 圆柱形　E. 倒圆锥形

6. 右心室口上的瓣膜称为(　　)。

A. 二尖瓣　B. 三尖瓣　C. 半月瓣　D. 主动脉瓣　E. 肺动脉瓣

7. 富含氧气的血液回到左心房所经过的血管是(　　)。

A. 颈静脉　B. 肺静脉　C. 奇静脉　D. 后腔静脉　E. 前腔静脉

8. 心脏将血液输送到全身各处的血管是(　　)。

A. 主动脉　B. 肺动脉　C. 颈动脉　D. 肝动脉　E. 肾动脉

9. 牛脾呈(　　)。

A. 镰刀形　B. 钝三角形　C. 舌形或靴形　D. 细而长的带状

E. 长而扁的椭圆形

10. 牛腭扁桃体位于(　　)。

A. 喉咽部　B. 口咽部侧壁　C. 舌根部背侧　D. 软腭口腔面

E. 鼻咽部后背侧壁

11. 位于阔筋膜张肌前缘膝褶中的淋巴结是(　　)。

A. 腘淋巴结　B. 髂下淋巴结

C. 髂内侧淋巴结　D. 腹股沟浅淋巴结

E. 腹股沟深淋巴结

12. 大多数家畜淋巴结的实质分为外周的皮质和中央的髓质,但皮质与髓质位置颠倒的是(　　)。

A. 猪　B. 马　C. 牛　D. 羊　E. 犬

13. 母牛乳房临诊检查时,常触诊的淋巴结是(　　)。

A. 腹股沟浅淋巴结　B. 髂下淋巴结

C. 腹股沟深淋巴结　D. 腘淋巴结

E. 髂内淋巴结

14. 位于口咽部侧壁的扁桃体称为(　　)。

A. 舌扁桃体　B. 腭扁桃体

C. 腭帆扁桃体　D. 咽扁桃体

E. 盲肠扁桃体

15. 脾呈扁平镰刀形的动物是(　　)。

A. 羊　B. 牛　C. 犬　D. 马　E. 猪

16. 促使毛细血管内液体向外滤过的力量是(　　)。

A. 毛细血管血压、组织液静水压

B. 毛细血管血压、血浆胶体渗透压

C. 组织液静水压、血浆胶体渗透压

D. 组织液静水压、组织液胶体渗透压

E. 毛细血管血压、组织液胶体渗透压

17. 动物第一心音形成的原因之一是(　　)。

A. 房室瓣关闭　B. 半月瓣关闭

C. 心室的舒张　D. 心房的收缩

E. 心室的充盈

18. 心率加快时(　　)。

A. 心动周期持续时间不变　B. 心动周期持续时间延长

C. 舒张期不变、收缩期缩短　D. 收缩期不变、舒张期缩短

E. 收缩期和舒张期均缩短,但前者缩短较后者明显

19. 与组织液生成无关的因素是(　　)。

A. 毛细血管血压　B. 血浆胶体渗透压

C. 组织液胶体渗透压　D. 组织液静水压

E. 血浆晶体渗透压

20. 心交感神经节后神经末梢释放的递质是(　　)。

A. 乙酰胆碱　B. 去甲肾上腺素

C. γ-氨基丁酸　D. 多巴胺

E. 肾上腺素

21. 心脏的正常起搏点是(　　)。

A. 房室结　B. 窦房结

C. 房室束　D. 左右束支

E. 浦肯野细胞

(22～24 题共用备选答案)

A. 外周阻力大小　　B. 循环血量多少　　C. 动脉管壁弹性大小

D. 心肌传导速度快慢　　E. 每搏输出量多少

22. 舒张压主要反映(　　)。

23. 脉搏压主要反映(　　)。

24. 收缩压主要反映(　　)。

二、简答题

1. 简述心脏的形态、位置和结构。

2. 简述分布于全身各部的动脉主干及分支。

3. 试述淋巴的生成和回流途径。

4. 体循环静脉包括哪些静脉系? 汇集范围如何?

5. 影响组织液生成的因素有哪些?

6. 淋巴器官包括哪些? 形态、结构如何?

7. 牛有几个淋巴中心? 各位于何处? 包括哪些淋巴结?

8. 心肌有哪些生理特性? 各有何特点?

9. 心肌为什么不发生强直收缩?

10. 阐述心音产生的原理。如何区别第一心音和第二心音?

第 9 章参考答案

第十章
呼吸系统

学习目标

1. 掌握呼吸器官的形态和结构。
2. 了解胸内压负压的形成原理。
3. 理解气体交换与运输过程。
4. 掌握呼吸运动的调节方式。

动物有机体在新陈代谢过程中，要不断地吸入氧，呼出二氧化碳，这种气体交换的过程，称为呼吸。呼吸主要是靠呼吸系统来实现的。呼吸系统由鼻、咽、喉、气管、支气管和肺等呼吸器官以及胸膜和纵隔等辅助器官组成。鼻、咽、喉、气管和支气管是气体出入肺的通道，称为呼吸道；肺是进行气体交换的场所，主要由各级支气管和肺泡构成，总面积很大，有利于气体交换；胸膜和纵隔膜是呼吸系统的辅助装置，呼吸道和肺在辅助器官协助下共同实现呼吸机能。此外，鼻具有嗅觉功能，喉与发音有关，肺还参与多种生物活性物质的合成与代谢过程（图 10-1）。

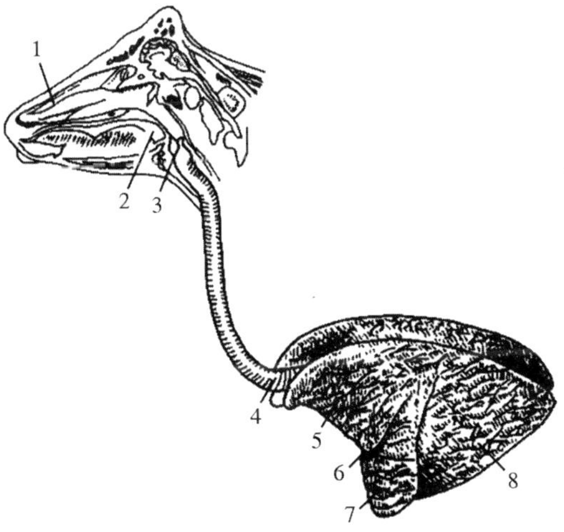

呼吸系统的组成

图 10-1　牛呼吸系统模式图

1.鼻腔　2.咽　3.喉　4.气管　5.左肺前叶前部　6.心切迹　7.左肺前叶后部　8.左肺后叶

第一节 呼吸器官

一、鼻

鼻位于面部的中央，包括鼻腔和鼻旁窦。

1. 鼻腔

鼻腔位于面部的上半部，由面骨构成骨性支架，是呼吸道的起始部，呈长圆筒状，前端经鼻孔与外界相通，后端经鼻后孔通咽。鼻腔被鼻中隔分为左、右两半，鼻中隔的后部由筛骨垂直板为支架，其余大部以鼻中隔软骨为基础。每半鼻腔由鼻孔、鼻前庭和固有鼻腔三部分组成。

(1)鼻孔　是鼻腔的入口，由内外侧鼻翼围成，鼻翼为含软骨的皮肤皱褶，有一定的弹性和活动性。牛的鼻孔小，呈不规则的椭圆形，猪的鼻孔为卵圆形，马和犬的呈逗点状，兔的鼻孔与唇裂相连。

(2)鼻前庭　为鼻腔前部衬有皮肤的部分，相当于鼻翼所围成的空间，表面有色素沉着，并长有短毛。其内侧壁有鼻泪管的开口，但常被下鼻甲的延长部所覆盖。马鼻前庭背侧的皮下有一盲囊，向后伸达鼻切齿骨切迹，称为鼻憩室或鼻盲囊。

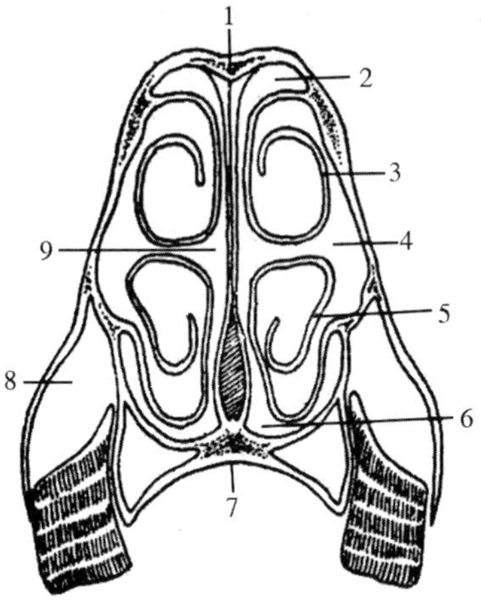

图 10-2　马鼻腔横断面

1. 鼻骨　2. 上鼻道　3. 上鼻甲　4. 中鼻道　5. 下鼻甲　6. 下鼻道　7. 硬腭　8. 上颌窦　9. 总鼻道

(3)固有鼻腔　位于鼻前庭之后，由骨性鼻腔覆以黏膜构成，是鼻腔的主体部位。在每侧鼻腔侧壁上附有上、下两个纵行的鼻甲，将鼻腔分为上、中、下三个鼻道。上鼻道通嗅区，中鼻道通副鼻窦，下鼻道经鼻后孔通咽。鼻中隔与上、下鼻甲之间的竖缝称为总鼻道，与上、中、下鼻道相通(图 10-2)。

鼻黏膜被覆于固有鼻腔内表面，分为呼吸区和嗅区。呼吸区位于鼻前庭和嗅区之间，黏膜呈粉红色，由黏膜上皮和固有层组成，含有丰富的血管和腺体，可净化、湿润和温暖吸入的空气。嗅区位于呼吸区后方，黏膜形成嗅褶，内有嗅细胞，可感受嗅觉刺激。

2. 鼻旁窦

鼻旁窦又称副鼻窦，是头骨中两层骨板间形成的空腔，它们直接或间接与鼻腔相通。共有四对，即上颌窦、额窦、蝶腭窦和筛窦。鼻旁窦有减轻头骨重量、温暖和湿润空气及对发声起共鸣作用。

二、咽

咽是消化管和呼吸道相交叉的部位(详见消化系统)。

三、喉

喉位于下颌间隙的后方，头颈交界处的腹侧，前端与咽相通，后端与气管相连。它是气体出入肺的通道，也是发声的器官。喉由喉软骨、喉肌、喉腔和喉黏膜构成。

1. 喉软骨和喉肌

（1）喉软骨　包括不成对的会厌软骨、甲状软骨、环状软骨和成对的勺状软骨。它们借关节和韧带连接起来，构成喉的软骨基础。

①会厌软骨。位于喉的前部，呈卵圆形，基部较厚，由弹性软骨构成，借弹性纤维附着于甲状软骨上，尖端稍窄而游离，弯向前方，表面覆盖有黏膜，合称会厌。在吞咽时会厌翻转关闭喉口，防止食物误入气管。

②甲状软骨。最大，位于会厌软骨和环状软骨之间，呈弯曲的板状，可分为体和侧板。体较厚，连于两侧板之间，构成喉腔底壁，腹侧面后部在牛和犬有一隆凸，称喉结。侧板呈四边形，构成喉腔两侧壁的大部分。

③环状软骨。位于甲状软骨之后，呈环状。背侧部宽，称为板，其余部分窄，称为弓。环状软骨前缘和后缘以弹性纤维分别与甲状软骨和气管软骨相连。

④勺状软骨。一对，位于环状软骨的前上方和甲状软骨板的内侧，构成喉腔背侧壁的前部。勺状软骨呈角锥形，可分为底和尖两部分。底呈三角形，上有发达的肌突，供肌肉附着。尖又称角小突，弯向背内侧，表面包有黏膜。

（2）喉肌　属横纹肌，可分外来肌和固有肌两群。外来肌有胸骨甲状肌和舌骨甲状肌等；固有肌均起止于喉软骨。它们的作用与吞咽、呼吸及发声等运动有关。

2. 喉腔和喉黏膜

（1）喉腔　喉软骨彼此借关节和韧带等连成支架、内衬黏膜所围成的腔隙，称喉腔。前端由喉口与咽相通，后端与气管相通。喉口由会厌软骨、勺状软骨和连于二者之间的勺状会厌褶共同围成。在喉腔中部的侧壁上，有一对黏膜褶称声襞，连于勺状软骨声带突和甲状软骨体之间，内含声韧带和声带肌，合称声带，是发声器官。声带将喉腔分为前、后两部，前部为喉前庭，猪和马喉前庭两侧壁凹陷形成一对喉侧室。后部为喉后腔。两声襞之间的裂隙称声门裂，喉前庭和喉后腔经声门裂相通。

牛、羊的声带较短，声门裂宽大。猪的喉较长，声门裂狭窄。

（2）喉黏膜　喉腔内面覆盖喉黏膜，与咽的黏膜相连续，由上皮和固有层构成。上皮有两种，被覆于喉前庭和声带的上皮为复层扁平上皮，喉后腔的上皮为假复层纤毛柱状上皮。固有层由结缔组织构成，内有淋巴小结和喉腺，喉腺可分泌黏液和浆液，有润滑声带的作用。

四、气管和支气管

气管和支气管为连接喉与肺之间的管道。气管由一系列气管软骨环作为支架构成的圆筒状长管，前端与喉相接，向后沿颈部腹侧正中线而进入胸腔，然后经心前纵隔达心基的背侧（在第5～6肋间隙处），分为左、右两条主支气管，分别进入左、右肺。牛、羊、猪的气管在分出左、右主支气管之前，还分出一支右尖叶支气管（又称气管支气管），入右肺尖叶。

气管壁由黏膜、黏膜下层和外膜构成（图10-3）。黏膜上皮为假复层纤毛柱状上皮，夹有杯状细胞。固有层为富含弹性纤维的疏松结缔组织，并分布有较多的浆细胞和弥散淋巴组织。黏膜下层含有丰富的血管、神经和气管腺，可分泌黏液和浆液。外膜由透明软骨环和致密结缔组织构成。

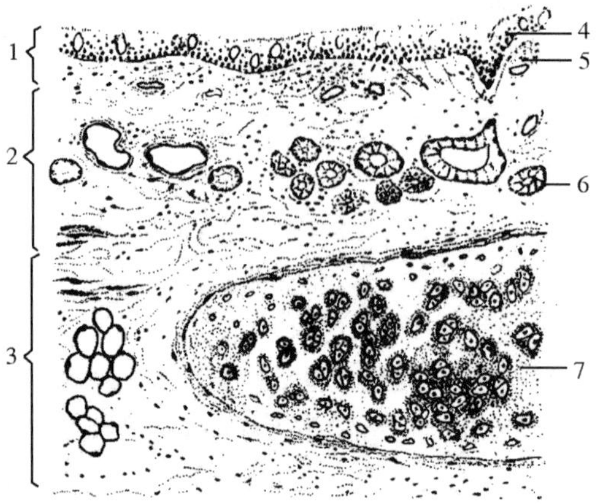

图 10-3 气管

1.黏膜 2.黏膜下层 3.外膜 4.上皮
5.固有层 6.气管腺 7.透明软骨

五、肺

1. 肺的形态和位置

肺位于胸腔内纵隔两侧，左、右各一，右肺通常较大。肺的表面覆有胸膜脏层，平滑、湿润、闪光。健康家畜的肺为粉红色，呈海绵状，质轻柔软，富有弹性。

肺略呈锥体形，具有三个面和三个缘。肋面凸与胸腔侧壁接触，固定标本上显有肋骨压迹。底面凹与膈接触，又称膈面。纵隔面与纵隔接触，并有心压迹以及食管和大血管的压迹。在心压迹的后上方有肺门，为主支气管、肺血管、淋巴管和神经出入肺的地方。上述这些结构被结缔组织包在一起，称为肺根。

肺脏的形态和位置

牛、羊、猪的肺叶间裂较深，分叶都很明显，左肺分 2 叶，即前(尖)叶和后(膈)叶；右肺分 4 叶，即前(尖)叶、中(心)叶、后(膈)叶和副叶。马的右肺缺中叶，仅分 3 叶(图 10-4，彩插 10-1)。

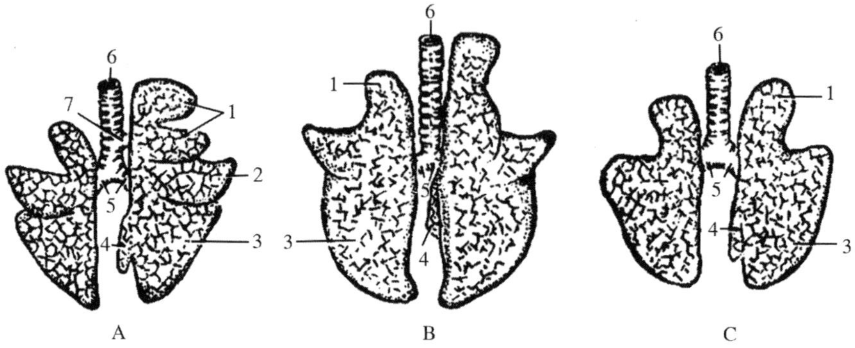

图 10-4 肺分叶模式图

A.牛 B.猪 C.马

1.前叶 2.中叶 3.后叶 4.副叶 5.支气管 6.气管 7.右尖叶支气管

2. 肺的组织结构

肺表面覆盖光滑而湿润的浆膜(肺胸膜)，浆膜下的结缔组织伸入肺内，构成肺的间质，其中有血管、淋巴管和神经等。肺实质是肺内各级支气管和肺泡。

支气管经肺门入肺后，反复分支，呈树枝状，故称为支气管树。支气管分支进入肺叶称叶支气管，叶支气管分支形成段支气管，段支气管以下的多级分支称小支气管。小支气管分支管径在 1 mm 以下时，称细支气管。细支气管再分支，管径至 0.3～0.5 mm 时则称终末细支气管。终末细支气管以上的各级支气管是空气进出的通道，称导气部。终末细支气管继续分支为呼吸性细支气管，管壁上出现散在的肺泡。呼吸性细支气管再分支为肺泡管，肺泡管再分支为肺泡囊。肺泡管和肺泡囊壁上有更多的肺泡。呼吸性细支气管以下的部分均有肺泡开口，可进行气体交换，称呼吸部。

每个细支气管及其所属的分支和肺泡，构成一个肺小叶。肺小叶呈锥体形或不规则多面形，小叶之间为小叶间结缔组织。动物小叶性肺炎即肺以肺小叶为单位发生了病变。

(1)肺的导气部　导气部包括叶支气管、段支气管、小支气管、细支气管和终末细支气管。其组织结构与气管、主支气管基本相似，只是管径逐渐变小，管壁随之变薄，结构渐趋简单。

①叶支气管至小支气管。管壁结构与支气管相似，分为黏膜、黏膜下层和外膜。上皮为假复层纤毛柱状上皮，杯状细胞数量逐渐变少。固有层渐薄，分布有弥散淋巴组织。固有层外侧的平滑肌逐渐增多，黏膜逐渐出现皱襞。黏膜下层内的气管腺逐渐减少。外膜内的软骨呈片状，并不断减少(图 10-5)。

②细支气管。黏膜上皮由假复层纤毛柱状上皮逐渐过渡为单层纤毛柱状上皮，管壁的三层结构不明显。杯状细胞、软骨片和腺体基本消失，但仍有零散分布，环形平滑肌相对增多，形成较为完整的一层。常见黏膜皱襞。

③终末细支气管。上皮为单层柱状上皮，部分细胞有纤毛。杯状细胞、腺体和软骨均完全消失，平滑肌形成完整的一层。

(2)肺的呼吸部　呼吸部包括呼吸性细支气管、肺泡管、肺泡囊和肺泡。

①呼吸性细支气管。较短，为终末细支气管的分支，其上皮为单层立方上皮，近肺泡开口处变为单层扁平上皮。固有层极薄，有弹性纤维和散在的平滑肌纤维。

②肺泡管。为呼吸性细支气管的分支，管壁上有许多肺泡和肺泡囊的开口，显微镜下看不见完整的管壁，在相邻肺泡开口之间，表面为单层立方或扁平上皮，上皮下有薄层结缔组织和少量平滑肌。

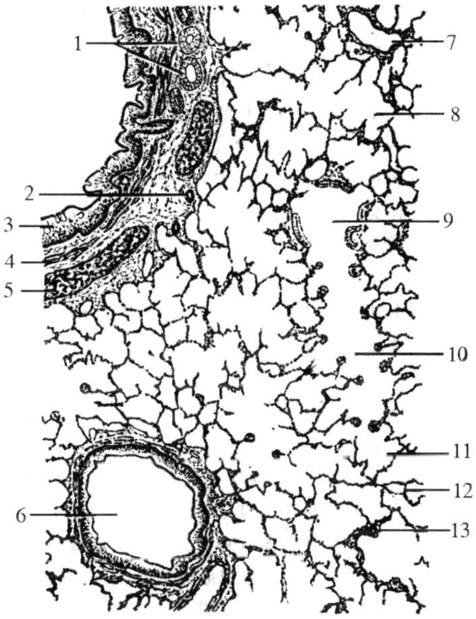

图 10-5　肺的组织结构

1.混合腺　2.支气管动脉　3.上皮　4.平滑肌　5.透明软骨　6.细支气管　7.肺静脉　8.肺泡囊　9.呼吸性细支气管　10.肺泡管　11.肺泡囊　12.肺泡壁　13.尘细胞

③肺泡囊。呈梅花状，为数个肺泡共同开口的囊腔，与肺泡管相延续。上皮已全部变为肺泡上皮，平滑肌完全消失。

④肺泡。为半球形或多面形薄壁囊泡，开口于肺泡囊、肺泡管或呼吸性细支气管，是气体交换的场所，与相邻肺泡的肺泡壁相贴形成肺泡隔。肺泡壁很薄，仅由单层肺泡上皮细胞和基膜构成。

肺泡上皮由Ⅰ型和Ⅱ型两种肺泡细胞共同组成。Ⅰ型细胞覆盖了肺泡内表面的95%，细胞扁平，表面光滑，核扁圆，参与构成血-气屏障。Ⅱ型细胞较多，胞体较小，呈圆形或立方形，位于Ⅰ型细胞之间。Ⅱ型细胞能分泌表面活性物质，可降低肺泡表面张力，防止肺泡塌陷或过度扩张，起到稳定肺泡直径的作用。此外，Ⅱ型细胞还具有分化、增殖潜能，可分化为Ⅰ型细胞。

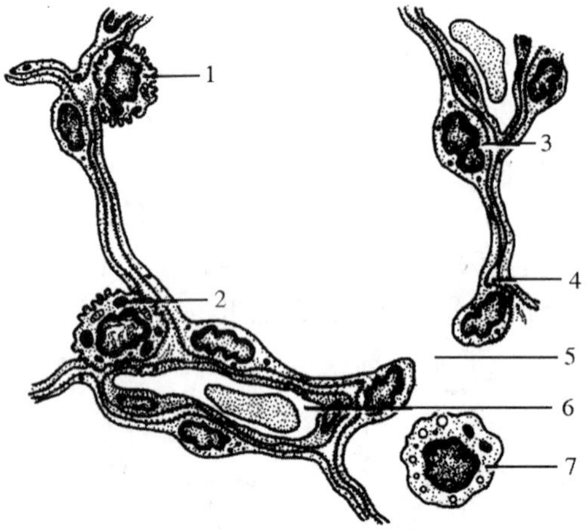

图 10-6 肺泡与肺泡膈

1.Ⅱ型肺泡细胞 2.板层小体 3.Ⅰ型肺泡细胞 4.肺泡隔 5.肺泡孔 6.毛细血管 7.巨噬细胞

⑤肺泡隔。是相邻肺泡之间的薄层结缔组织,含有丰富的毛细血管网、弹性纤维、成纤维细胞和巨噬细胞等(图 10-6)。毛细血管网参与血液与肺泡之间的气体交换;弹性纤维有助于保持肺泡的弹性,有利于肺泡扩张后的回缩;肺巨噬细胞可游走入肺泡腔内,能吞噬吸入的灰尘、细菌、异物及渗出的红细胞等,吞入了大量尘粒后的巨噬细胞又称尘细胞。吞噬异物后的巨噬细胞,可游走到导气部,随呼吸道分泌物排出,也可进入肺门淋巴结或沉积于肺间质内。

⑥肺泡孔。相邻肺泡之间有小孔,它是肺泡间的气体通路,一个肺泡可有上至数个肺泡孔。当细支气管阻塞时,可通过肺泡孔与邻近肺泡建立侧支通气,有利于气体交换。

⑦血-气屏障。又称呼吸膜,是肺泡与血液之间进行气体交换时必须透过的结构,由肺泡表面液体层、Ⅰ型肺泡细胞与基膜、薄层结缔组织、毛细血管基膜与内皮组成。膜的厚度仅为 0.2～0.5 μm,有利于气体通过。

3. 肺的血管和神经

肺内有两套血管系统:功能性血管和营养性血管。功能性血管为肺动脉及其分支、肺泡毛细血管和肺静脉。肺动脉干从右心室发出,分为左、右肺动脉,经肺门入肺,将全身的静脉血运入肺内;在肺内反复分支,形成肺泡毛细血管包绕肺泡;再陆续汇合为静脉,最后成为几支肺静脉由肺门出肺,注入左心房。肺的功能性血管组成血液小循环。营养性血管为支气管动脉、毛细血管和支气管静脉,属于大循环。支气管动脉由支气管食管动脉或直接由主动脉分出,伴随支气管而分支,供应细支气管以上的营养,最后汇集为支气管静脉,出肺门后注入奇静脉;肺的神经是交感神经和迷走神经。

六、胸膜和胸膜腔

胸膜为一层光滑的浆膜,分别覆盖在肺的表面和衬贴于胸腔壁的内面。前者称为胸膜脏层或肺胸膜,后者称为胸膜壁层。壁层按部位又分衬贴于胸腔侧壁的肋胸膜、膈胸腔面的膈胸膜以及参与构成纵隔的纵隔胸膜。胸膜壁层和脏层在肺根处互相移行,共同围成两个胸膜腔。左、右胸膜腔被纵隔分开,腔内为负压,使两层胸膜紧密相贴,在呼吸运动时,肺可随着胸壁和膈的运动而扩张或回缩。胸膜腔内有胸膜分泌的少量浆液,称为胸膜液,有减少呼吸时两层胸膜摩擦的作用,胸膜发炎时,胸膜出现大量渗出液——胸水,或者胸膜壁层与脏层间发生粘连,均影响动物的呼吸运动(图 10-7)。

七、纵隔

纵隔是两侧的纵隔胸膜及其之间的所有器官和组织的总称。纵隔位于胸腔正中,左、右胸膜腔之间,除马属动物外,其他动物左、右胸膜腔一般互不相通。

纵隔内含有胸腺、心包、心脏、食管、气管、大血管(除后腔静脉外)和神经(除右膈神经外)、胸导管和淋巴结等。

纵隔在心脏所在的部分,称为心纵隔;在心脏之前的称心前纵隔;在心脏之后的称心后纵隔。

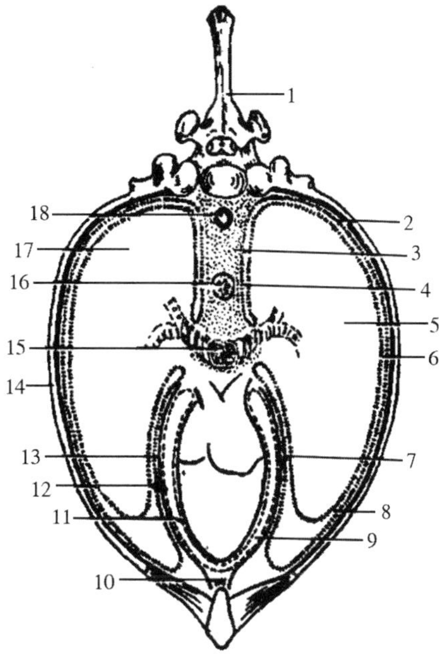

图 10-7　胸腔横切面(示胸膜、胸膜腔和纵隔)

1.胸椎　2.肋胸膜　3.纵隔　4.纵隔胸膜　5.左肺　6.肺胸膜　7.心包胸膜　8.胸膜腔　9.心包腔　10.胸骨心包韧带　11.心包浆膜脏层　12.心包浆膜壁层　13.心包纤维膜　14.肋骨　15.气管　16.食管　17.右肺　18.主动脉

第二节　肺通气

肺泡与外界环境之间的气体交换,称为肺通气。实现肺通气的器官包括呼吸道、肺泡和胸廓等。呼吸道是沟通肺泡与大气之间的管道;肺泡是肺泡气与血液进行气体交换的主要场所。

一、肺通气的动力

肺通气是血液与肺泡之间进行气体交换的前提,也是呼吸过程的第一步。气体进出肺取决于气体流动的动力和阻力之间的相互作用,只有在动力克服阻力的情况下,方能实现肺通气。外界大气压和肺泡气之间的压力差是气体进出肺的直接动力。当肺扩张,肺泡内压低于人气压时,空气就顺此压差进入肺,称为吸气。当肺缩小,肺泡内压高于大气压时,肺内气便顺此压差排出肺,称为呼气。由于肺本身没有主动张缩能力,在自然条件下,它的张缩是由胸廓的扩大和缩小被动引起的。而胸廓的扩大和缩小又是由呼吸肌的收缩和舒张所引起,所以,呼吸运动是肺通气的原动力。

1. 呼吸运动

呼吸肌收缩、舒张引起的胸廓扩大和缩小称为呼吸运动。呼吸运动包括吸气运动和呼气运动。参与呼吸运动的吸气肌主要是肋间外肌和膈肌,呼气肌主要是肋间内肌和腹肌,此外还有一些辅助吸气肌。

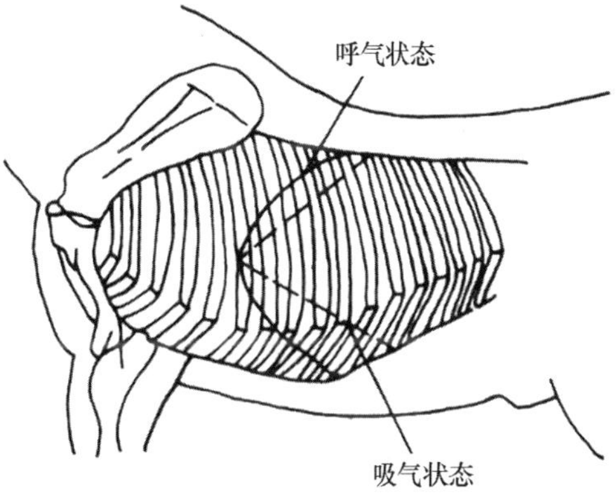

图 10-8　呼吸运动中膈的位置

(1)吸气运动　呼吸时,吸气动作主要是由膈肌和肋间外肌收缩完成的。膈肌位于胸腔和腹腔之间,形状呈锅底形,凸向胸腔。膈肌收缩时,膈向后移(图 10-8),从而增大了胸腔的前后径,胸腔和肺容积增大。肋间外肌收缩时,牵拉肋骨向前向外移动,同时胸骨向下,向前方移动,结果使胸腔的左右径和上下径都增大。由于胸廓被扩大，肺也被动扩张，肺容积增大。肺内压低于大气压，空气即经呼吸道进入肺内，引起吸气动作。

（2）呼气运动　平和呼吸时，吸气终末，肋间外肌和膈肌由收缩转为舒张，肋和膈回位，胸腔容积减小，肺失去牵引力由自身的弹性和表面张力而回缩，肺容积减小，肺内压升高，高于大气压时，肺内气体压出体外，引起呼气。可见，平和呼吸时，吸气运动是主动的，而呼气运动是被动的。

2. 呼吸类型、呼吸频率和呼吸音

（1）呼吸类型　根据在呼吸过程中呼吸肌活动的强度和胸腹部起伏变化的程度将呼吸分为三种类型：

①胸式呼吸。呼吸时主要靠肋间肌的舒缩，胸廓起伏明显。

②腹式呼吸。呼吸时主要靠膈肌的舒缩，腹部起伏明显。

③胸腹式呼吸。如果呼吸时肋间肌和膈肌都参与，胸腹部都有明显起伏运动的称为胸腹式呼吸。健康动物(除犬外)的呼吸多属于这一类型，只有在胸部或腹部活动受到限制时，才能出现某种单一的呼吸形式。如母畜妊娠后期，或患有胃扩张等疾病时，腹部运动受到限制，因而以胸式呼吸为主。反之，患胸膜炎或肋骨骨折等疾病时，胸部运动受到限制，因而以腹式呼吸为主。

（2）呼吸频率　健康动物安静时每分钟的呼吸次数称呼吸频率。呼吸频率可因种别、年龄、外界温度、生理状况、海拔高度、新陈代谢强度以及疾病等的影响而发生变化(表 10-1)。

表 10-1　成年健康动物的呼吸频率　　次/min

动物	呼吸频率	动物	呼吸频率
马	8～16	骆驼	5～12
牛	10～30	猫	10～25
水牛	9～18	犬	10～30
绵羊	12～24	兔	50～60
山羊	10～20	鸡	22～25
猪	15～24	鸽	50～70

（3）呼吸音　呼吸运动中气体出入呼吸道和肺泡而产生的音响称为呼吸音。在肺区可听到肺泡呼吸音和支气管呼吸音。

①肺泡呼吸音。类似柔和的“呋-呋”音，肺区各处均可听到，尤以肺区中三分之一上，在吸气末最清晰。它是空气进入终末细支气管时产生的摩擦音和空气流入肺泡形成旋涡运动及气流冲击紧张的肺泡壁时产生的综合音响。肺泡音的强度取决于畜种、年龄、呼吸深浅及胸壁的薄厚。家畜紧张兴奋和使役时，肺泡音加强。马的肺泡音较弱，牛的较强，绵羊和山羊的则比牛的高朗而粗厉。

②支气管呼吸音.是空气经声门裂时发生的气流旋涡而产生的“哧-哧”音。比肺泡音强，吸气时弱而短，呼气时强而长。马属动物的支气管呼吸音，在肺区几乎听不到，其他家畜的只能在肺前区听到，且较弱。

3. 肺内压和胸膜腔内压

(1)肺内压　是指肺泡内的压力。在吸气末期或呼气末期的片刻,肺泡内压与外界大气压相等。在呼吸运动周期中,在吸气之初,肺扩张增大,肺内压低于大气压,到吸气末期,进入肺的空气已充填了扩大的肺容积,此时肺内压与大气压相等;呼气开始时,肺内压高于大气压,肺泡内气体流向外界,到呼气之末,肺内压又与大气压相等。在呼吸过程中正是由于肺内压的周期性交替升降,造成肺内压与大气压之间的压力差,这一压力差成为推动气体进出肺的直接动力。

(2)胸膜腔内压　在呼吸运动中,肺随胸廓的运动而运动,这是因为在肺和胸廓之间存在密闭的潜在胸膜腔和肺本身有可扩张性的缘故。胸膜腔由两层胸膜构成,即紧贴于肺表面的脏层和紧贴于胸廓内壁的壁层。腔内没有气体,仅有少量浆液,一方面在两层胸膜间起润滑作用;另一方面浆液分子的内聚力使两层胸膜贴附在一起,不易分开。

胸膜腔内的压力为胸膜腔内压,可用直接法和间接法测定。测定结果表明,无论是吸气还是呼气过程,胸内压始终低于大气压,即为负压,因此胸膜腔内压也称为胸内负压。胸内负压的形成与作用于胸膜腔的两种力有关:一是肺内压,它使肺泡扩张;二是肺的回缩力,它使肺泡缩小。胸膜腔内的压力就是这两种作用相反的力的代数和:

胸膜腔内压＝肺内压(大气压)－肺回缩力

肺内压在吸气末和呼气末等于大气压,若以大气压为零位标准,则:

胸内压＝－肺回缩力

正常情况下,肺总表现出回缩倾向,胸膜腔内压因而通常为负。吸气时胸廓扩大,肺被扩张,回缩力增大,胸内负压也增大;吸气时相反,胸内压减小。

二、肺通气的阻力

肺通气的阻力有两种:一是弹性阻力,包括肺的弹性阻力和胸廓的弹性阻力,是平静呼吸时的主要阻力,约占总阻力的70%;二是非弹性阻力,包括气道阻力,惯性阻力和组织的黏滞阻力,约占总阻力的30%,其中以气道阻力为主。

三、肺容积和肺容量

1. 肺容积

有四种基本肺容积,它们互不重叠,全部相加后等于肺的最大容量(图10-9)。

(1)潮气量　指平静呼吸时每次吸入或呼出的气量。奶牛躺卧时3 100 mL,站立时3 800 mL;山羊310 mL;绵羊260 mL;猪300～500 mL。

(2)补吸气量或吸气贮备量　平静吸气末,再尽力吸气所能吸入的气量。

(3)补呼气量或呼气贮备量　平静呼气末,再尽力呼气所能呼出的气量。

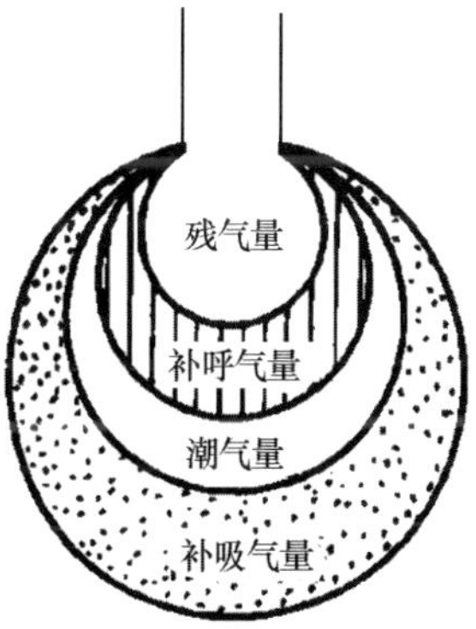

图10-9　肺静态容量示意图

(4)余气量或残气量　最大呼气末存留于肺中不能再呼出的气量。

2. 肺容量

肺容量指肺容纳的气体量。

(1)深吸气量　从平静呼气末做最大吸气时所能吸入的气量为深吸气量，等于潮气量和补吸气量之和，是衡量最大通气潜力的一个重要指标。

(2)功能余气量　平静呼气末肺内存留的气量为功能余气量，是余气量和补呼气量之和，它能缓冲呼吸过程中肺泡气氧和二氧化碳分压的急剧变化，利于气体交换。

(3)肺活量　最大吸气后，用力呼气所能呼出的最大气量称为肺活量，它是潮气量、补吸气量和补呼气量之和。肺活量有较大的个体差异，与躯体的大小、性别、年龄、体征、呼吸肌强弱等因素有关。

(4)肺总量　肺所能容纳的最大气量为肺总量，是肺活量与余气量之和。

肺通气和气体交换

四、肺通气量

1. 每分通气量

每分通气量指每分钟吸入或呼出肺的气体总量，等于呼吸频率与潮气量的乘积。它比肺总量能更好地反映肺的通气功能。

2. 无效腔和肺泡通气量

在呼吸系统中，某些部位的气体，并没有随着呼吸周期而进行气体交换，如从鼻腔至终末细支气管这段呼吸道内的气体就不参与气体交换过程，故将这一段呼吸道部称为解剖无效腔或死腔。进入肺泡内的气体，也可因血流在肺内分布不均而有一部分肺泡气不能与血液进行气体交换，这一部分肺泡的容量称为肺泡无效腔。肺泡无效腔与解剖无效腔合称生理无效腔。健康动物的肺泡无效腔很小，可忽略不计，因此正常情况下生理无效腔与解剖无效腔容量大致相等。

由于存在无效腔，每次吸入的潮气量不能都到达肺泡进行气体交换，每次呼出的潮气量也总有部分留在无效腔内。这是因为每次吸气时先吸入的是留在呼吸道(无效腔)内的气体，就是上次呼气时留下的肺泡气，此后才是新鲜气。同样，每次呼气时先呼出的不是肺泡气，而是前一次吸气时留在无效腔内的新鲜空气，随后才呼出肺泡气。由此可见肺泡通气量才是真正的有效通气量。肺泡通气量是指每分钟吸入肺，并能与血液进行气体交换的新鲜空气量，即：

肺泡通气量=(潮气量－无效腔气量)×呼吸频率

第三节　气体交换与运输

肺通气使肺泡气不断更新，维持了肺泡气 pCO_2、pO_2的相对稳定，从而使气体交换得以顺利进行。呼吸气体的交换包括肺换气和组织换气，即肺泡与其周围毛细血管之间和血液与组织之间的气体交换。气体分压差是交换的动力。而血液循环通过对气体的运输将肺换气和组织换气联系起来(图 10-10)。

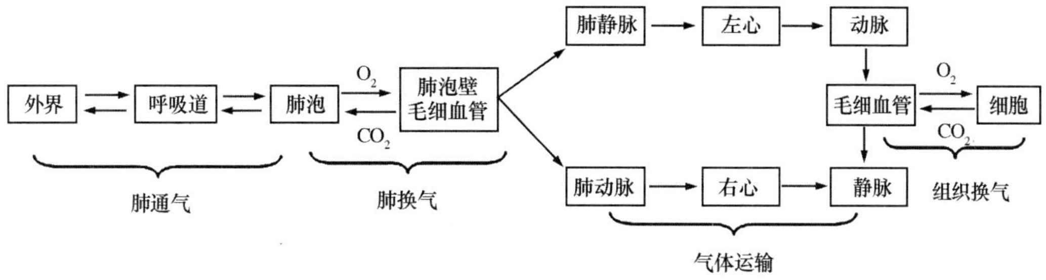

图 10-10　气体交换与运输模式图

一、气体交换

1. 气体交换的动力

(1)气体分压　分压(p)是指在混合气体中,各种气体成分在总压力中所占的压力份额。在温度恒定时,某一气体的分压只决定于它自身的浓度,即该气体在总混合气体中所占的容积百分比(表 10-2)。

表 10-2　空气中各气体成分的容积百分比及其分压(在海平面)

项目	O_2	CO_2	H_2O	N_2	大气
容积百分比/%	20.71	0.04	1.25	78.0	100.0
分压/kPa	20.98	0.04	1.27	79.03	101.325

(2)体液中溶解气体的分压　呼吸气体的交换还涉及体液中的溶解气体。某一气体溶解于某种溶液中的量,与这一气体的分压成正比。当气体分压一定时,它在液体中的溶解度决定于不同气体和液体的理化性质。气体溶解于液体中的难易程度用溶解度表示。溶解度是指单位分压下溶解于单位容积液体中的气体量,一般以 101.325 kPa,38 ℃时 100 mL 液体中溶解气体的毫升数来表示。

气体分压差是气体分子扩散运动的动力。在能够透过气体分子的薄膜两侧,气体分子可从分压高的一侧向低的一侧扩散,直至两侧分压相等,两侧间双向性分子运动达动态平衡为止。分压差大,则扩散快;分压差小,则扩散慢。

2. 气体交换过程

细胞膜、毛细血管壁等构成的呼吸膜,是气体分子可以透过的薄膜,当膜两侧各种气体存在分压差时,气体分子即可按扩散规律运动,实现气体交换。肺泡气、组织细胞和血液中的 pO_2 和 pCO_2 见表 10-3。

表 10-3　肺泡气、组织细胞和血液中的 pO_2 和 pCO_2　　kPa

分压	肺泡气	静脉血	动脉血	组织液
氧分压(pO_2)	13.6	5.33	13.3	3.99
二氧化碳分压(pCO_2)	5.33	6.13	5.33	6.66

（1）血液与肺泡之间的气体交换　随着肺通气的不断进行，新鲜空气不断进入肺内，肺泡内的 pO_2 总是高于肺泡毛细血管血液的 pO_2，而肺泡内的 pCO_2 则总是低于混合静脉血的 pCO_2。因此，氧气由肺泡扩散进入静脉血，二氧化碳则由静脉血向肺泡内扩散，从而使静脉血变为动脉血。

（2）血液与组织之间的气体交换　组织在代谢中不断消耗氧气，并不断地产生二氧化碳，使组织中的 pO_2 低于动脉血，而 pCO_2 则高于动脉血，于是两种气体各自顺着压力差扩散：氧气进入组织，供组织细胞利用，二氧化碳进入血液，流经肺泡时排出体外。结果，流经组织的动脉血液因失去氧气和得到二氧化碳又变成了静脉血。

3. 影响气体交换的因素

（1）影响肺换气的因素　主要是呼吸膜的厚度、换气肺泡的数量和通气/血流量比值。

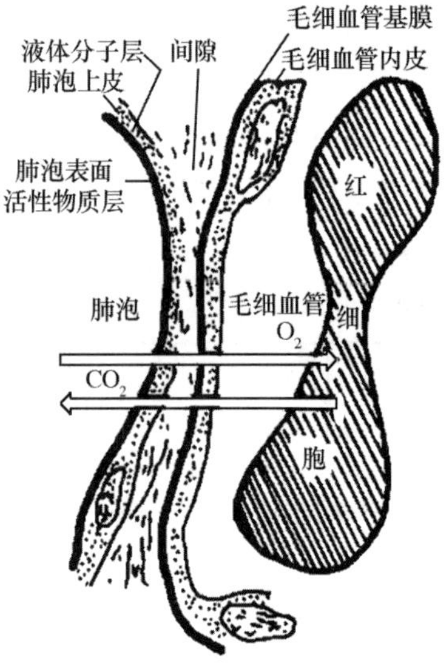

图 10-11　呼吸膜结构示意图

①呼吸膜的厚度。呼吸膜的厚度不仅影响气体扩散的距离，也影响膜的通透性。正常情况下，呼吸膜很薄，通透性大，而且红细胞与呼吸膜的距离很近，有利于气体交换。在病理情况下，如肺水肿、肺纤维化等，使呼吸膜的厚度增加，将导致气体扩散减少，直接影响换气功能（图 10-11）。

②换气肺泡的数量。平静呼吸时，参与换气活动的肺泡约占总肺泡量的 55%，剧烈运动时有更多储备状态的肺泡参与换气活动，增加了肺泡换气面积。病理情况下，如肺不张、肺水肿、肺毛细血管闭塞等，呼吸膜换气面积大为缩小，气体扩散速率随之也降低。

③通气/血流量比值　是指每分肺泡通气量（VA）和每分肺血流量（Q）之间的比值（VA/Q），健康动物 VA/Q 值是相对恒定的。良好的肺换气需要肺泡的通气量（VA）与其血流量（Q）比例要恰当，否则就不能发挥血流或通气在肺换气中的作用。如果比例增大，则表明部分肺泡不能与血液中气体充分交换，即增加了生理无效腔；比值减小，则表明通气不良，血流量过剩，部分血液流经通气不良的肺泡，静脉血未能充分进行气体交换而混入动脉血中。由此可见无论 VA/Q 增大，还是减小，两者都妨碍了有效气体交换；导致血液缺 O_2 或 CO_2 储留，尤其是缺 O_2。

（2）影响组织换气的因素　影响血液与组织液之间换气的因素除了基本上同影响肺换气的因素外，还受组织细胞代谢水平和组织血流量的影响。当血流量不变时，代谢增强，则组织液中的 pO_2 降低，pCO_2 升高；如果代谢率不变，血流量增大，则组织液中的 pO_2 升高，pCO_2 降低。这些气体分压的变化将直接影响气体扩散速率和组织换气功能。

二、气体在血液中的运输

O_2 和 CO_2 在血液中是以物理溶解和化学结合两种方式运输的。物理溶解的量虽然很小，但却很重要，因为必须先溶解才能发生化学结合。在肺换气和组织换气时，进入血液的 O_2 和

CO_2都是先溶解于血浆，提高其分压，然后才进一步成为化学结合状态；O_2和CO_2从血液释放时，也是溶解的先逸出，分压下降，化学结合状态再分离出来补充失去的溶解气体。溶解和化学结合两者之间处于动态平衡。

1. 氧的运输

气体的运输及呼吸调节

(1)物理溶解形式的运输　气体在血液中的物理溶解量与该气体分压大小成正比。动脉血pCO_2为13.3 kPa，而物理溶解的氧气仅0.3 mL/100 mL，约占血液运输总量的1.5%，可以忽略不计。

(2)化学结合形式的运输　血液运输氧主要是与血红蛋白(Hb)结合，以氧合血红蛋白(HbO_2)的形式存在于红细胞内。每100 mL血液中，血红蛋白结合氧气的最大量，称为氧容量。氧容量大小受Hb浓度的影响。若健康成年动物每100 mL血液中血红蛋白含量为15 g，每克血红蛋白可结合1.34 mL氧，则血氧容量为15×1.34＝20.1 mL。在一定氧分压下，血红蛋白实际结合氧气的量，称为氧含量。氧含量与氧容量的百分比称为氧饱和度。正常情况下，动脉血的氧饱和度为97.4%，则此时氧含量约为19.4 mL；静脉血的氧饱和度约为75%，氧含量约为14.4 mL。即每100 mL动脉血转变为静脉血时，可释放出5 mL的氧。

每个Hb分子由1个珠蛋白和4血红素组成。每个血红素又由4个中心含亚铁(Fe^{2+})的吡咯基组成。当氧气进入血液后，与血红蛋白中的Fe^{2+}结合后，Fe^{2+}仍然是二价铁，它不是氧化反应，仅是一种疏松的结合，称为“氧合”，不需要酶的催化，主要受的影响pO_2的影响。当血液流经肺毛细血管与肺泡交换气体后，血液中pO_2升高，Hb与氧结合，生成氧合血红蛋白(HbO_2)；当HbO_2经由血液运送到组织毛细血管时，由于组织代谢耗氧，组织内pO_2低，于是HbO_2便解离为去氧血红蛋白(HHb)，释放出氧供组织代谢需要。这一过程可用下式表示：

$$Hb + O_2 \underset{pO_2\text{低时(组织)}}{\overset{pO_2\text{高时(肺)}}{\rightleftharpoons}} HbO_2$$

HbO_2呈鲜红色，多含于动脉血中；HHb呈暗红色，静脉血中含量大。因此，动脉血较静脉血鲜红。当皮肤或黏膜表层毛细血管中HHb含量增加到较高水平时，皮肤或黏膜会出现青紫色，称为发绀，是缺氧的表现。

2. 二氧化碳的运输

CO_2在血液中的运输同氧的运输一样也包括物理溶解和化学结合两种形式，其中，物理溶解形式运输的量占总运输量的5%，以化学结合的占95%(其中以碳酸氢盐形式的占88%，以氨基甲酸血红蛋白形式的占7%)。

(1)碳酸氢盐　从组织扩散入血液中的CO_2，只有少量在血浆中与水形成H_2CO_3，大部分进入红细胞内的CO_2，在碳酸酐酶的催化下，很快与水反应生成碳酸，碳酸进一步解离生成碳酸氢根和氢。

$$CO_2 + H_2O \overset{\text{碳酸酐酶}}{\rightleftharpoons} H_2CO_3 \rightleftharpoons H^+ + HCO_3^-$$

上述反应是可逆的，决定反应方向的是CO_2分压。当CO_2分压高时(组织内)，反应向右进行；CO_2分压低时(肺内)，反应向左进行。生成的HCO_3^-量超过血浆中的HCO_3^-含量时，可透过红细胞膜顺浓度差扩散入血浆。这时有等量的Cl^-由血浆扩散进入红细胞，以维持细胞内外正、负离子平衡，这一现象称为氯转移。这样，HCO_3^-不会在红细胞内积聚，使反应不断往右方进行，有利于组织产生的CO_2不断进入血液。所生成的HCO_3^-，在红细胞内与K^+结合，在血浆内则与Na^+结合，分别以$KHCO_3$和$NaHCO_3$形式存在。所生成的H^+大部分与Hb结合成为HHb。而血浆中的$NaHCO_3/H_2CO_3$是重要的缓冲对，因此Hb和HCO_3^-在运输CO_2过程中，对机体的酸碱平衡起重要的缓冲作用。

在肺内由于肺泡气中pCO_2低于静脉血，上述反应向左方进行，血浆中溶解的CO_2先扩散入肺泡。红细胞内的HCO_3^-与H^+生成H_2CO_3，碳酸酐酶又加速H_2CO_3分解成CO_2和水。CO_2则由红细胞透出，补充血浆中溶解的CO_2。而血浆中$NaHCO_3$分解生成的HCO_3^-不断扩散进入红细胞内，以补充消耗的HCO_3^-，Cl^-则扩散出红细胞，维持红细胞内外正、负离子平衡。这样，通过HCO_3^-形式运输的CO_2，不断由血液进入肺泡排出体外。

（2）氨基甲酸血红蛋白　进入红细胞中的部分CO_2可直接与Hb的$-NH_2$结合，生成氨基甲酸血红蛋白（Hb-NHCOOH）。此反应不需酶的催化，是可逆反应。在组织毛细血管内，CO_2与HHb结合形成Hb-NHCOOH；血液流经肺时，Hb与O_2结合，促使CO_2释放进入肺泡而排出体外。

$$\text{Hb-NH}_2 + CO_2 \underset{\text{在肺中}}{\overset{\text{在组织}}{\rightleftharpoons}} \text{Hb-NHCOOH}$$

第四节　呼吸运动的调节

呼吸运动是一种节律性的活动，呼吸的深度和频率与机体代谢相适应。动物活动增强时，氧的消耗与二氧化碳的产生也随之增多，机体通过神经和体液调节，改变呼吸深度和频率，使肺的通气机能与代谢相适应，以满足机体对氧的需求和二氧化碳的排出。

一、神经调节

1. 呼吸中枢

中枢神经系统内调节呼吸运动的神经细胞群，称为呼吸中枢。它们分布在大脑皮质、间脑、脑桥、延髓和脊髓等部位，正常呼吸是在各级中枢的调节下进行的。

（1）脊髓　脊髓中有支配呼吸肌的运动神经元，位于颈胸段的脊髓腹角，支配呼吸肌的运动。在延髓和脊髓之间切断后，呼吸运动就停止。所以，呼吸性节律运动不是脊髓产生的，脊髓神经元只是联系上位呼吸中枢和呼吸肌的中继站和整合某些呼吸反射的初级中枢。

（2）延髓　延髓呼吸中枢分为吸气中枢和呼气中枢，二者之间存在着交互抑制关系，即吸气中枢兴奋时，呼气中枢抑制，引起吸气运动；呼气中枢兴奋时，吸气中枢则抑制，引起呼气运动。

（3）脑桥　在脑桥中具有呼吸调整中枢，对维持呼吸运动的节律性和呼吸深度有一定的意义。

2. 呼吸节律形成的假说

呼吸节律形成的机制，还不十分明了。目前的看法是局部神经元回路反馈控制假说。该假说认为在延髓有中枢吸气活动发生器和吸气切断机制存在。吸气活动发生器可引发吸气神经元兴奋，产生吸气；吸气切断机制，可使吸气切断而转为呼气。在吸气活动发生器作用下，吸气神经元兴奋，其兴奋传至三个方向：①传至脊髓吸气肌运动神经元，引起吸气，肺扩张；②增强臂旁内侧核的活动；③使吸气切断机制兴奋，吸气切断机制接受来自吸气神经元、臂旁内侧核和肺牵张感受器的冲动。于是，呼气转为吸气。随着吸气相的进行，来自这三方面的冲动逐渐增强，在吸气切断机制总合达阈值时，吸气切断机制兴奋，发出冲动到中枢吸气活动发生器或吸气神经元，以负反馈的形式终止其活动，于是吸气停止转为呼气。

3. 呼吸的反射性调节

中枢神经系统通过接受感受器的相关冲动，调节呼吸活动的过程称为呼吸的反射性调节。呼吸节律虽然产生于中枢神经系统，但其活动可受来自呼吸器官本身和骨骼肌以及其他器官系统感受器传入冲动的反射性调节，使呼吸运动的频率、深度和形式等发生相应变化。下面主要叙述肺牵张反射、呼吸肌本体感受性反射和防御性呼吸反射这几个重要的反射。

(1)肺牵张反射　由于肺扩张或肺缩小引起的吸气抑制或兴奋的反射称为肺牵张反射。它包括肺扩张反射和肺缩小反射。

①肺扩张反射。是肺充气或扩张时抑制吸气的反射。感受器位于从气管到细支气管的平滑肌中。当肺扩张时，感受器兴奋，冲动经迷走神经传入延髓。通过一定的神经联系使吸气切断机制兴奋，切断吸气，转入呼气。肺扩张反射可加速吸气和呼气的交替，使呼吸频率增加。当切断迷走神经后，吸气延长，加深，呼吸变得深而慢。

②肺缩小反射。是肺缩小时引起吸气的反射。感受器位于细支气管和肺泡内，肺缩程度较大时才引起这一反射。冲动沿迷走神经传入，兴奋吸气神经元。肺缩小反射在平静呼吸调节中意义不大，但对阻止呼气过深起一定作用。

(2)呼吸肌本体感受性反射　呼吸肌是骨骼肌，其本体感受器主要是肌梭，当肌梭受到牵张刺激而兴奋时，冲动经背根传入脊髓中枢，反射性地引起受刺激肌梭所在肌肉收缩，称为呼吸肌的本体感受性反射。该反射在维持正常呼吸运动中起一定作用，尤其在运动状态或气道阻力加大时，吸气肌因增大收缩程度而使肌梭受到牵拉刺激，从而反射性地引起呼吸肌收缩加强，以克服气道阻力，维持正常肺通气功能。

(3)防御性呼吸反射　呼吸道黏膜受刺激时所引起的一系列保护性呼吸反射称为防御性呼吸反射，其中主要有咳嗽反射和喷嚏反射。

①咳嗽反射。喉、气管和支气管的黏膜有感受器，对机械、化学性刺激敏感。当气管受到灰尘或炎性分泌物刺激时，产生传入冲动经迷走神经传入延髓，触发一系列反射反应，引起咳嗽反射。咳嗽时，将呼吸道内异物或分泌物排出。

②喷嚏反射。是和咳嗽类似的反射，其感受器在鼻黏膜内，传入神经是三叉神经。喷嚏反射可清除鼻腔中的刺激物。

二、化学因素对呼吸的调节

血液中化学成分的改变，特别是 O_2、CO_2 和 H^+ 浓度的变化，可刺激化学感受器，引起呼吸中枢活动的改变，从而调节呼吸的频率和深度，增加肺的通气量，维持内环境的相对稳定。

1. 化学感受器

化学感受器是指能感受血液中化学物质的感受器，根据其所在部位的不同，分为外周化学感受器和中枢化学感受器。

(1)外周化学感受器　颈动脉体和主动脉体是调节呼吸和循环的重要外周化学感受器。两者分别经窦神经和主动脉神经传入冲动，然后再分别加入舌咽神经和迷走神经中到达延髓呼吸中枢。颈动脉体主要调节呼吸，而主动脉体主要调节循环。它们的适宜刺激是pO_2降低、pCO_2和H^+浓度升高。当感受器受到这些刺激时，可反射性引起呼吸加深、加快和血液循环的相应变化。此外，pO_2、pCO_2和H^+浓度三种刺激对化学感受器有相互增强的作用，两种刺激同时作用比单一刺激的效应强。这种协同作用能增强呼吸运动，有利于排CO_2和吸入O_2。

(2)中枢化学感受器　中枢化学感受器位于延髓腹外侧浅表部位，它的适宜刺激是脑脊液和局部细胞外液的H^+的浓度。血液中的CO_2能迅速通过血脑屏障，扩散进入脑脊液和脑组织内，使化学感受器周围液体中的H^+浓度升高，从而刺激中枢化学感受器，引起呼吸中枢的兴奋。可是，脑脊液中碳酸酶含量很少，CO_2与H_2O的水合反应很慢，所以对CO_2的反应有一定的时间延迟。血液中的H^+不易通过血-脑屏障，故血液pH的变化对中枢化学感受器的直接作用不大。

中枢化学感受器与外周化学感受器不同，对二氧化碳的敏感性比外周高，反应潜伏期较长。中枢化学感受器的作用可能是调节脑脊液的H^+浓度，使中枢神经系统有一稳定的pH环境，而外周化学感受器的作用主要是在机体低氧时，维持对呼吸的驱动。

2. CO_2、H^+和低O_2对呼吸的影响

(1)CO_2对呼吸的影响　pCO_2是调节呼吸运动的最重要体液因素，一定水平的pCO_2对维持呼吸和呼吸中枢的兴奋是必须的。动脉血中pCO_2下降，减弱了对化学感受器的刺激，可使呼吸中枢的兴奋减弱，会出现呼吸运动减弱或暂停。当吸入气体中CO_2浓度适度增加时(由0.04%增至4%)，呼吸加深加快，促使CO_2排出，使动脉血维持正常水平的pCO_2。当吸入的CO_2过量(含量超过7%)，导致pCO_2剧升，CO_2蓄积，则使呼吸中枢受到抑制，出现呼吸困难、昏迷等现象。

总之，在一定范围内动脉血pCO_2的升高，可以加强对呼吸的刺激作用，但超过一定限度则有抑制和麻醉效应。

CO_2对呼吸的作用是通过两条途径实现的：一是刺激中枢化学感受器兴奋呼吸中枢；二是刺激外周化学感受器兴奋呼吸中枢。在两条途径中前者是主要的，因为去掉外周化学感受器的作用之后，CO_2的通气反应仅下降20%，可见中枢化学感受器在CO_2通气反应中起主要作用。动脉血pCO_2只需升高0.266 kPa(2 mmHg)就可刺激中枢化学感受器，出现通气加强反应。如刺激外周化学感受器，则需升高1.33 kPa(10 mmHg)。不过，在下述情况下，外周化学感受器的作用可能是重要的：当动脉血pCO_2突然大增时，因为中枢化学感受器的反应慢，此时外周化学感受器在引起快速呼吸反应中可起重要作用；当中枢化学感受器受到抑制，对CO_2的反应降低时，外周化学感受器就起重要作用。

(2)H^+对呼吸的影响　H^+对呼吸的调节也是通过外周化学感受器和中枢化学感受器来实现的。动脉血中H^+浓度降低，呼吸受到抑制；H^+浓度增加，呼吸加深加快，肺通气增加。中枢化学感受对H^+的敏感性较外周的高，约为外周的25倍。但H^+通过血一脑屏障的速度慢，限制了它对中枢化学感受器的作用。因此，血液中的H^+对呼吸运动的调节主要是通过刺激外周化学感受器发挥作用。

(3)低 O_2 对呼吸的影响　吸入气 pO_2 降低时，肺泡气、动脉血 pO_2 都随之降低，呼吸加深、加快，肺通气增加。动脉血 pO_2 对正常呼吸的调节作用不大，仅在特殊情况下低氧刺激才有重要意义。外周化学感受器对低氧刺激适应很慢，这时低氧对外周化学感受器的刺激成为驱动呼吸的主要刺激。

低氧对呼吸的刺激作用完全是通过外周化学感受器实现的。切断动物外周化学感受器的传入神经，急性低氧的刺激作用完全消失。低氧对中枢的直接作用是抑制。但是低氧可以刺激外周化学感受器，从而兴奋呼吸中枢，在一定程度上可以抵消低氧对中枢的直接抑制作用。不过在严重低氧时，当外周化学感受性反射的作用不足以克服低氧对中枢的抑制作用时，终将导致呼吸障碍。在低氧时如吸入纯氧，由于解除了对外周化学感受器的低氧刺激，会引起呼吸暂停，临床上给氧治疗时应予以注意。

生理情况下，上述三种因素中一种因素的改变通常会引起其他两种因素相应发生变化，三者间相互影响、相互作用。

复习思考题

一、选择题

1. 肺进行气体交换的最主要场所是(　　)。

A. 肺泡　　B. 肺泡囊　　C. 肺泡管　　D. 细支气管　　E. 呼吸性细支气管

(2～3 题共用备选答案)

A. 隔细胞　　B. 尘细胞　　C. Ⅰ型肺细胞　　D. Ⅱ型肺泡细胞　　E. Ⅲ型肺泡细胞

2. 能分泌肺泡表面活性物质的细胞是(　　)。

3. 位于相邻的肺泡之间，具有吞噬功能的细胞是(　　)。

4. 呼吸系统中，真正执行气体交换功能的器官是(　　)。

A. 鼻　　B. 咽　　C. 喉　　D. 肺　　E. 气管

5. 喉软骨中成对的是(　　)

A. 会厌软骨　　B. 甲状软骨　　C. 环状软骨　　D. 勺状软骨　　E. 盘状软骨

6. 肺是气体(　　)。

A. 进入的器官　　B. 排出的器官

C. 存储的器官　　D. 冷却的器官

E. 交换的器官

7. 家畜喉软骨中，最大的是(　　)。

A. 甲状软骨　　B. 会厌软骨　　C. 环状软骨　　D. 勺状软骨　　E. 剑状软骨

8. 能关闭喉口的软骨是(　　)。

A. 会厌软骨　　B. 甲状软骨　　C. 环状软骨　　D. 勺状软骨　　E. 剑状软骨

9. 肺泡内巨噬细胞所在的位置主要是(　　)。

A. 肺泡隔　　B. 肺泡囊　　C. 肺泡管　　D. 肺泡　　E. 终末细支气管

10. 抑制动物吸气过长过深的调节中枢位于(　　)。

A. 脊髓　　B. 延髓　　C. 间脑　　D. 脑桥　　E. 大脑皮层

11. 呼吸过程中的有效通气量是(　　)。
A. 肺活量　B. 潮气量　C. 补吸气量　D. 补呼气量　E. 肺泡通气量
(12～14 题共用备选答案)
A. 气胸　B. 呼气末　C. 吸气末　D. 平静呼吸　E. 用力呼吸
12. 胸膜腔内负压最大发生在(　　)。
13. 胸膜腔内负压最小发生在(　　)。
14. 引起胸膜腔负压消失的情况是(　　)。
15. 平静呼吸时,与呼气运动无关的是(　　)。
A. 膈肌舒张　B. 肺内容积减小
C. 肋间外肌舒张　D. 腹壁肌肉收缩
E. 肺内压高于大气压
16. 吸入气体的氧分压下降至 8 kPa 时,对呼吸中枢产生主要影响的是(　　)。
A. 中枢化学感受器　B. 主动脉体和颈动脉体化学感受器
C. 中枢温度感受器　D. 主动脉弓压力感受器
E. 颈动脉窦压力感受器
17. 吸气时胸膜腔内的压力变化是(　　)。
A. 负压消失　B. 负压减小　C. 负压增大
D. 压力等于大气压　E. 压力大于大气压
18. 平静呼吸末,肺内留存的气体量为(　　)。
A. 肺活量　B. 潮气量　C. 补呼气量　D. 补吸气量　E. 功能余气量

二、简答题

1. 简述喉和气管的构造。
2. 简述牛、猪和马肺的形态、位置、分叶和结构特点。
3. 肺的呼吸部可分哪几段?各段的组织结构特点如何?
4. 胸内负压是如何形成的?有何生理意义?
5. 影响肺换气和组织换气的因素有哪些?
6. O_2和 CO_2在血液中是如何运输的?
7. CO_2、H^+和低 O_2对呼吸如何影响?其作用机制如何?

第 10 章参考答案

第十一章 消化系统

学习目标

1. 掌握消化器官的形态、位置和结构。
2. 掌握各种消化液的性状、成分、生理作用及调节。
3. 掌握反刍动物微生物消化的特点。
4. 掌握各种营养物质的吸收部位和吸收方式。

消化系统由消化管和消化腺两部分组成。消化管为食物通过的管道,包括口腔、咽、食管、胃、小肠、大肠和肛门。消化腺为分泌消化液的腺体,又分为壁内腺和壁外腺。壁内腺广泛分布于消化管的管壁内,如胃腺、肠腺等;壁外腺位于消化管的管壁之外,形成独立的器官,以导管通入消化管的管腔内,如肝、胰和唾液腺等(图 11-1)。

消化系统的主要功能是摄取食物,进行物理性、化学性和微生物消化,吸收其中的营养物质,最后将食物残渣形成粪便排出体外。

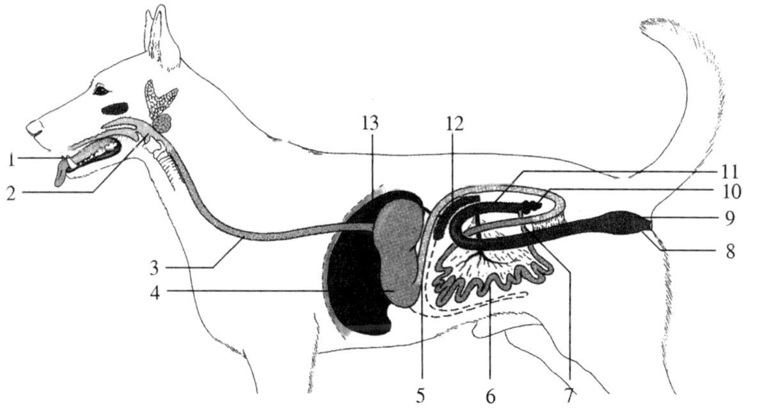

图 11-1 犬消化系统模式图

1.口腔 2.咽 3.食管 4.胃 5.十二指肠 6.空肠 7.回肠 8.肛门 9.直肠 10.盲肠 11.结肠 12.胰 13.肝

犬的消化系统结构特点

第一节 概述

一、消化管的一般组织结构

消化管一般由四层组织构成，由内向外依次为黏膜、黏膜下层、肌层和外膜(图 11-2)。

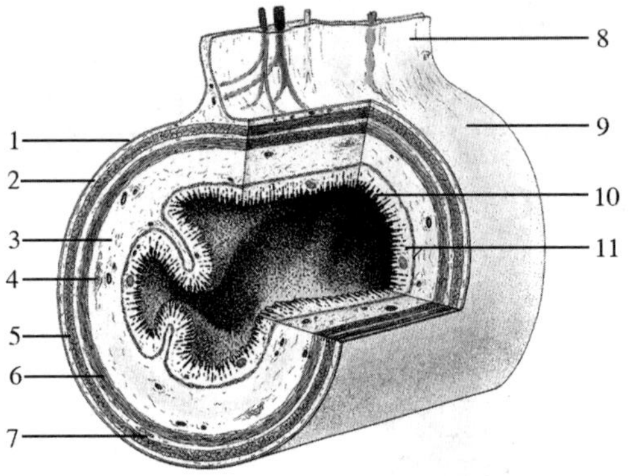

图 11-2 管状器官结构模式图

1.浆膜层与上皮 2.浆膜层下层及浆膜下神经丛 3.黏膜下层 4.黏膜下神经丛 5.纵行肌层 6.环行肌层 7.肠肌间神经丛 8.带有动静脉、淋巴管和神经的背侧双层肠系膜褶 9.腹膜 10.肠绒毛和黏膜上皮 11.固有层和黏膜基底层

1. 黏膜

黏膜构成管壁的最内层，因表面经常覆盖有分泌的黏液而得名；正常黏膜呈淡红色，柔软而有伸展性。黏膜由内向外依次为黏膜上皮、固有层和黏膜肌层。

(1)黏膜上皮　由不同的上皮组织构成，完成各个部位的不同功能。口腔、食管和肛门等处的上皮为复层扁平上皮，有保护作用；胃、肠等处的上皮为单层柱状上皮，有分泌、吸收等作用。

(2)固有层　由结缔组织构成，含有血管、淋巴管和神经纤维，有些部位还有淋巴组织、淋巴小结和腺体等。固有层有支持和固定上皮的作用。

(3)黏膜肌层　为薄层平滑肌，形成固有层与黏膜下层的分界，收缩时可促进黏膜的血液循环、物质吸收和腺体分泌物的排出。

2. 黏膜下层

黏膜下层由疏松结缔组织构成，含有较大的血管、淋巴管和神经丛，有些部位还有淋巴组织和腺体(食管腺、十二指肠腺)等。黏膜下层具有连结黏膜和肌层的作用，并使黏膜有一定的活动性。

内脏概述

3. 肌层

肌层主要由平滑肌构成，一般分为内环行肌和外纵行肌两层，两层之间有少量的结缔组织和神经丛。环行肌收缩可使管腔缩小，纵行肌收缩可使管道缩短而管腔变大。两层肌纤维交替收缩时，可压迫内容物并使其向一定方向移动。在器官的入口和出口处，环行肌层增厚而形成括约肌，起开闭作用。口腔、咽、食管(马前 4/5)和肛门则由横纹肌构成。

4. 外膜

外膜为管壁的最外层，由富含弹性纤维的薄层疏松结缔组织构成。在外膜表面覆盖一层间皮，称为浆膜。浆膜表面光滑、湿润，有减少脏器之间运动时摩擦的作用。

二、腹腔和腹膜腔

腹腔是体内最大的腔，位于胸腔之后，其前壁为膈，后通骨盆腔，顶壁为腰椎和腰肌，两侧壁和底壁主要为腹肌及其腱膜。腹腔比外观上看到的软腹壁的体积要大得多。腹腔内容纳大部分消化器官、脾和一部分泌尿生殖器官。

腹腔和骨盆腔内的浆膜称腹膜。贴于腹腔和骨盆腔壁内表面的部分为腹膜壁层；壁层从腔壁折转而覆盖于内脏器官外表面的为腹膜脏层，壁层与脏层之间的间隙称腹膜腔。

三、腹腔分区

为准确地标明各器官的位置，可将腹腔划分为10个部分（图11-3）。具体划分方法如下：

①通过最后肋骨的最突出点和髋结节前缘各做一个横断面，将腹腔划分为腹前部、腹中部、腹后部。

②腹前部分为3个部分：以肋弓为界，将上部称季肋部，下部称剑状软骨部；上部又以正中矢状面为界分为左、右季肋部。

③腹中部分为4个部分：沿腰椎横突两侧顶点各做一个侧矢状面，将腹中部分为左、右髂部和中间部；在中间部沿第1肋骨的中点做额面，使中间部分为背侧的腰部和腹侧的脐部。

④腹后部分为3个部分：把腹中部的两个侧矢状面平行后移，使腹后部分为左、右腹股沟部和中间的耻骨部。

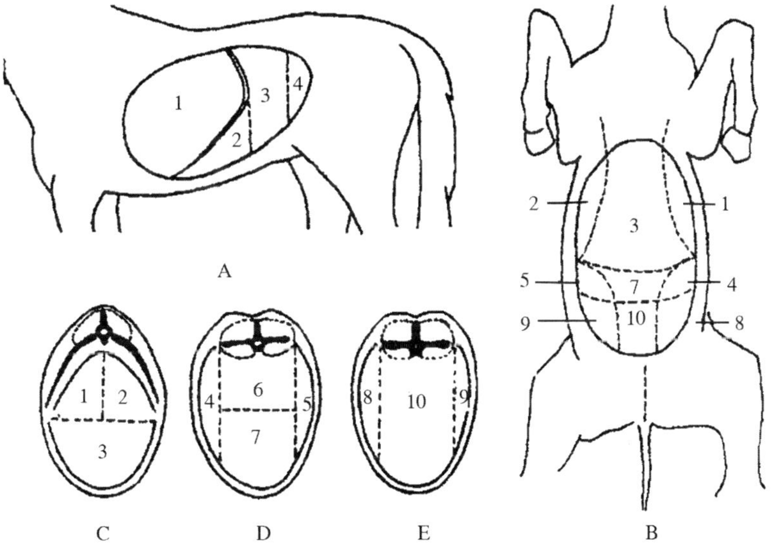

图11-3　腹腔分区

A.侧面　1、2.腹前部(1.季肋部　2.剑状软骨部)　3.腹中部　4.腹后部

B.腹面　C.腹前部横断面　D.腹中部横断面　1.左季肋部　2.右季肋部　3.剑状软骨部　4.左髂部　5.右髂部

6.腰下部　7.脐部　E.腹后部横断面　8.左腹股沟部　9.右腹股沟部　10.耻骨部

第二节　消化器官

消化系统的组成

一、口腔

口腔是消化管的起始部，具有采食、吸吮、泌涎、味觉、咀嚼、吞咽等功能。口腔的前壁为唇，两侧为颊，顶壁为硬腭，底为下颌骨和舌。前端以口

裂与外界相通;后端与咽相通。口腔可分为口腔前庭和固有口腔两部分。口腔前庭为唇、颊与齿弓之间的空隙;固有口腔为齿弓以内的部分,舌位于其内。口腔内面衬有黏膜,常呈粉红色,在唇缘处与皮肤相接(图 11-4)。

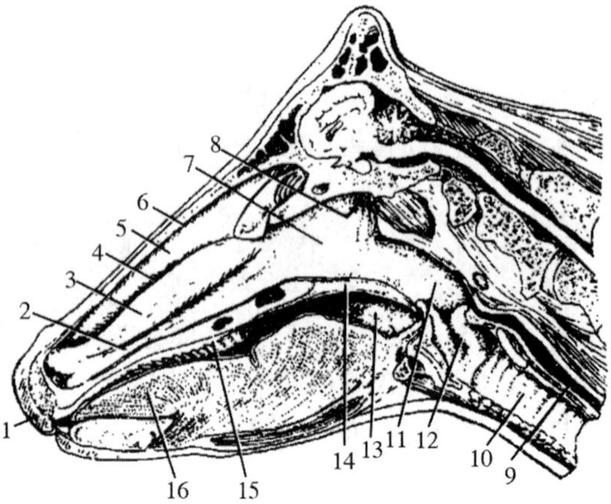

图 11-4 牛头纵剖面

1. 上唇 2. 下鼻道 3. 下鼻甲 4. 中鼻道 5. 上鼻甲 6. 上鼻道 7. 鼻咽部 8. 咽鼓管咽口 9. 食管 10. 气管 11. 喉咽部 12. 喉 13. 口咽部 14. 软腭 15. 硬腭 16. 舌

1. 唇

唇分上唇和下唇,其游离缘共同围成口裂。口裂两端会合为口角。唇以口轮匝肌为基础,外覆皮肤,内衬黏膜。黏膜深层有唇腺,腺管直接开口于唇黏膜表面。唇富有神经末梢,较敏感。

牛唇短而厚,坚实而不灵活。上唇中部和两鼻孔之间的无毛区,称为鼻唇镜,表面有鼻唇腺分泌的液体。健康牛的鼻唇镜常湿润而温度较低。唇黏膜上有角质乳头,在口角处的较长,尖端向后。

羊唇薄而灵活,上唇正中有明显的纵沟,在鼻孔间形成的无毛区,称为鼻镜。

猪的口裂大,口唇活动性小。上唇与鼻端连在一起构成吻突,有掘地觅食的作用。下唇尖小,随下颌运动而活动。

马唇灵活,是采食的主要器官。上唇长而薄,表面正中有一纵沟称人中。下唇较短厚,其腹侧有一明显的丘形隆起称颏。在唇和颏部的皮肤上除生有短而细的毛外,还有长而粗的触毛。

2. 颊

颊以颊肌为基础,内衬黏膜、外覆皮肤构成。颊构成口腔的侧壁,在颊黏膜上有颊腺的开口和腮腺管的开口。牛的颊黏膜上有许多尖端向后的锥状乳头。而猪、马的颊黏膜平滑。

3. 硬腭和软腭

(1)硬腭　构成固有口腔的顶壁。上颌骨和颌前骨的腭突、腭骨水平部是硬腭的骨质基础。硬腭黏膜厚而尖实,上皮高度角质化。硬腭向后连接软腭。在硬腭的正中矢面处,有一纵行的腭缝,腭缝的两侧各有一些横行的腭褶。在硬腭的前端有一突起,称为切齿乳头,牛、猪在其两侧各有一个鼻腭管的开口,管的另一端通鼻腔。

(2)软腭　构成口腔的后壁,以横纹肌构成的腭肌为基础,表面被覆黏膜,从软腭游离缘与舌根之间的空隙为咽峡。

4. 口腔底和舌

(1)口腔底　口腔底大部分被舌所占据,前部由下颌骨切齿部构成,表面覆有黏膜。此部有一对乳头,称为舌下肉阜。猪无舌下肉阜。

(2)舌　舌附着在舌骨上,占据固有口腔的大部分。舌分舌尖、舌体和舌根。舌尖为前端游离部分,向后延续为舌体。牛舌体的背后部有一椭圆形隆起,称为舌圆枕。在舌尖和舌体交接处的腹侧,有黏膜褶与口腔底相连,称为舌系带(牛、猪各 2 条,马 1 条)。舌根为舌体后部附着于舌骨上的部分,其背侧的黏膜内含有淋巴器官,称为舌扁桃体。

舌主要由舌肌及其表面的黏膜所构成。舌肌为横纹肌。在舌背表面的黏膜形成乳头状隆起，称舌乳头。牛的舌乳头有四种：圆锥状乳头、豆状乳头、菌状乳头和轮廓乳头。马有丝状乳头、菌状乳头、轮廓乳头和叶状乳头。猪舌乳头与马相似，在舌根处还有锥状乳头。菌状乳头、轮廓乳头和叶状乳头的黏膜上皮中存在有许多圆形小体，称为味蕾。味蕾主要由味觉细胞和支持细胞构成。

5. 齿

（1）齿的种类和齿式　齿是咀嚼和采食的器官。镶嵌于上、下颌骨的齿槽内，因其排列成弓形，分别称为上齿弓和下齿弓。每一侧的齿弓由前向后顺序排列为切齿、犬齿和臼齿。

切齿位于齿弓前部，与口唇相对。牛、羊无上切齿，下切齿有 4 对，由内向外分别为门齿、内中间齿、外中间齿和隅齿。猪、马和犬的上、下切齿各 3 对，由内向外分别为门齿、中间齿和隅齿。

犬齿尖而锐，位于齿槽间隙中，约与口角相对。牛、羊无犬齿。猪、公马和犬上下犬齿各有 1 对。母马一般无犬齿，有时在下颌出现，但很不发达。

臼齿位于齿弓后部，与颊相对，故又称为颊齿。臼齿可分为前臼齿和后臼齿。

根据上、下齿弓每半侧各种齿的数目，可写出如下齿式：

$$2\left[\frac{\text{切齿}(I)\qquad \text{犬齿}(C)\qquad \text{前臼齿}(P)\qquad \text{后臼齿}(M)}{\text{切齿}\qquad \text{犬齿}\qquad \text{前臼齿}\qquad \text{后臼齿}}\right]$$

牛、羊的恒齿式 $2\left[\frac{0\quad 0\quad 3\quad 3}{4\quad 0\quad 3\quad 3}\right]=32$

牛、羊的乳齿式 $2\left[\frac{0\quad 0\quad 3\quad 0}{4\quad 0\quad 3\quad 0}\right]=20$

猪的恒齿式 $2\left[\frac{3\quad 1\quad 4\quad 3}{3\quad 1\quad 4\quad 3}\right]=44$

猪的乳齿式 $2\left[\frac{3\quad 1\quad 3\quad 0}{3\quad 1\quad 3\quad 0}\right]=28$

公马的恒齿式 $2\left[\frac{3\quad 1\quad 3\sim 4\quad 3}{3\quad 1\quad 3(4)\quad 3}\right]=40\sim 42(44)$

马的乳齿式 $2\left[\frac{3\quad 1\quad 3\quad 0}{3\quad 1\quad 3\quad 0}\right]=28$

母马的恒齿式 $2\left[\frac{3\quad 0\quad 3\quad 3}{3\quad 0\quad 3\quad 3}\right]=36$

齿一般都是在出生后逐个长出，除后臼齿外，其余齿到一定年龄时均按一定顺序进行脱换。脱换前的齿称为乳齿，一般个体较小、颜色较白，磨损较快；而脱换后的齿相对较大，坚硬，称为恒齿。

（2）齿的结构　齿在外形上可分为三部分，镶嵌于齿槽内的部分称齿根，露于齿龈外的称齿冠，介于二者之间被齿龈覆盖的部分称为齿颈。上下齿冠相对的咬合面称为磨面。

齿壁由齿质、釉质和齿骨质构成。齿质位于内层，呈淡黄色，是构成齿的主体；在齿冠部齿质的外面包以光滑、坚硬、乳白色的釉质，它是体内最坚硬的组织；在齿根部齿质的外面则被有略黄色的齿骨质。齿的中心部为齿髓腔，腔内有富含血管神经的齿髓，齿髓有生长齿质和营养齿组织的作用（图 11-5）。

（3）齿龈　齿龈为包裹在齿颈周围和邻近骨上的黏膜及结缔组织，与口腔黏膜相延续，无

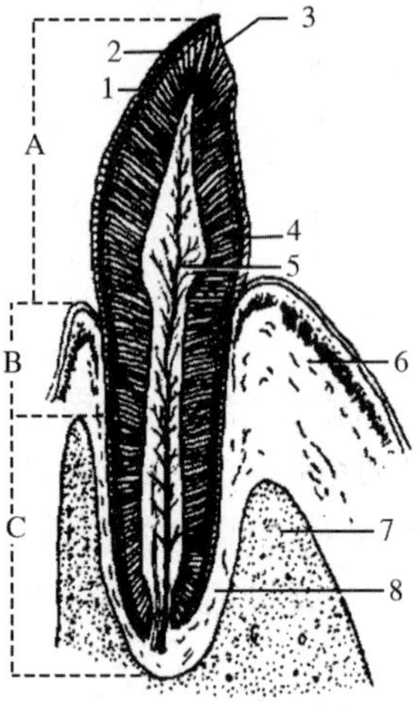

图 11-5　牛切齿的构造

A. 冠齿　B. 齿颈　C. 齿根

1. 齿骨质　2. 釉质　3. 咀嚼面

4. 齿质　5. 齿腔　6. 齿龈

7. 下颌骨　8. 齿周膜

黏膜下组织。齿龈神经分布较少，而血管较丰富，呈淡红色。

6. 唾液腺

唾液腺是导管开口于口腔能分泌唾液的腺体，主要有腮腺、颌下腺和舌下腺三对(图 11-6)。其所分泌的液体进入口腔，统称为唾液。

(1)腮腺　位于耳根下方，下颌骨后缘，其腺管开口于颊黏膜上。

(2)颌下腺　位于下颌骨内侧，后部被腮腺所覆盖。牛的颌下腺比腮腺大，猪、马的颌下腺比腮腺小，腺管开口于舌系带两侧的口腔底面。

(3)舌下腺：位于舌体和下颌骨之间的黏膜下，腺管很多，分别开口于口腔底部黏膜。

二、咽

咽是一个略呈漏斗形的一个肌膜性囊，位于口腔和鼻腔后方，喉的前上方，可分为鼻咽部、口咽部和喉咽部三部分。鼻咽部位于软腭背侧，为鼻腔向后的直接延续。前方有两个鼻后孔通鼻腔，两侧壁上各有一个咽鼓管咽口，经咽鼓管与中耳相通。马的咽鼓管在颅底和咽后壁之间出现膨大，形成咽鼓管囊(或喉囊)。口咽部又称咽峡，位于软腭和舌根之间，前方由软腭、腭舌弓(由软腭到舌根两侧的黏膜褶)和舌根构成的咽口与口腔相通，后方伸至会厌与喉咽部相通。侧壁黏膜上有扁桃体窦，内有腭扁桃体，为淋巴器官。猪的腭扁桃体位于软腭内，马无明显扁桃体窦。喉咽部为咽的后部，位于喉口背侧，较狭窄，上有食管口通食管，下有喉口通喉腔。

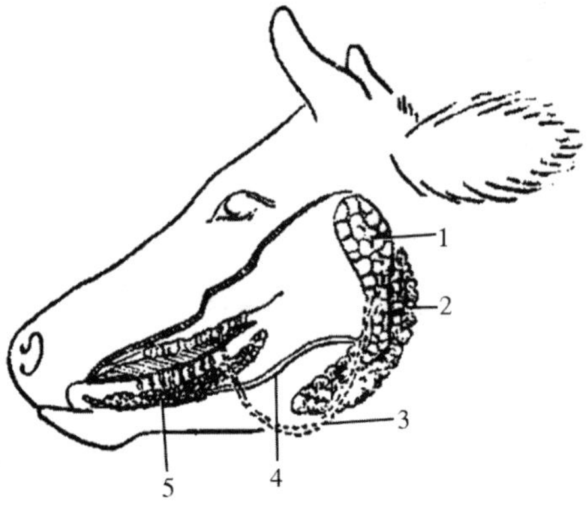

图 11-6　牛的唾液腺

1. 腮腺 2. 颌下腺 3. 腮腺管 4. 颌下腺管 5. 舌下腺

咽是消化管和呼吸道的交叉通道。吞咽时，软腭提起，关闭鼻咽部，同时会厌翻转盖住喉口，食物由口腔经咽入食管；呼吸时，软腭下垂，空气经咽到喉或鼻腔。

咽壁由黏膜、肌肉和外膜构成。黏膜衬于咽腔内面，分呼吸部和消化部两部分。在腭咽弓以上为呼吸部，与鼻腔黏膜相延续；在腭咽弓以下为消化部，与口腔黏膜相延续。咽黏膜内含有咽腺和淋巴组织。猪的咽黏膜在后壁正中、食管口的背侧形成一盲囊，称为咽后隐窝。咽的肌肉为横纹肌，有缩小和开张咽腔的作用。外膜为覆盖在咽肌外面的一层纤维膜。

三、食管

食管是将食物由咽运送入胃的肌质管道，分为颈段、胸段和腹段。

颈段食管开始位于喉和气管背侧，到颈中部逐渐移至气管的左侧，经胸前口进入胸腔。胸段位于胸纵隔内，又转至气管背侧继续后行，然后穿过膈的食管裂孔(牛约在与第 9 肋骨相对处，马约在与第 13 肋骨相对处）进入腹腔。腹段很短，与胃的贲门相接。

食管壁由黏膜、黏膜下层、肌层和外膜四层构成。黏膜平时收缩集拢成纵褶，当食物通过时，管腔扩大，皱褶展平。黏膜上皮为复层扁平上皮，固有层分布有淋巴组织，黏膜肌层为分散的平滑肌束，在接近胃时才形成完整的一层。猪的食管前半段无黏膜肌层。黏膜下层很发达，含有丰富的食管腺。肌层主要分为内环行、外纵行两层。反刍动物的食管肌层全部由骨骼肌组成，猪的食管仅在胃附近才由骨骼肌转为平滑肌，马的食管后 1/3 为平滑肌。外膜在食管颈段为纤维膜，胸、腹段为浆膜。

四、胃

1. 胃的形态和位置

胃位于腹腔内，在膈和肝的后方，是消化管膨大的部分。前端以贲门接食管，后端以幽门与十二指肠相通。胃具有暂时贮存食物、进行初步消化和推送食物进入十二指肠的作用。动物的胃可分为单胃（单室胃）和复胃（多室胃）两大类。猪和马的胃属单胃，牛、羊的胃属复胃。

（1）牛（羊）的胃　牛、羊的胃为多室胃，顺次为瘤胃、网胃、瓣胃和皱胃（图 11-7）。前三个胃没有腺体分布，主要起贮存食物和发酵、分解粗纤维的作用，临床上常称为前胃。皱胃黏膜内分布有消化腺，能分泌胃液，具有化学消化的作用，所以又称为真胃。

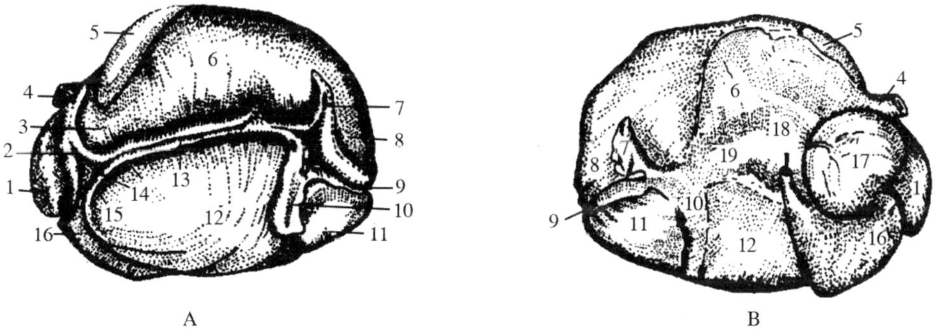

图 11-7　牛（羊）胃

A. 左侧面　　B. 右侧面

1. 网胃　2. 瘤网胃沟　3. 瘤胃房　4. 食管　5. 脾　6. 瘤胃背囊　7. 背侧冠状沟　8. 后背盲囊　9. 后沟　10. 腹侧冠状沟　11. 后腹盲囊　12. 瘤胃腹囊　13. 左纵沟　14. 前沟　15. 瘤胃隐窝　16. 皱胃　17. 瓣胃　18. 十二指肠　19. 右纵沟

①瘤胃。瘤胃最大，成年牛瘤胃约占四个胃总容积的 80%，呈前后稍长、左右略扁的椭圆形，占据整个腹腔的左半部和右半部分一部分。其前端与第 7～8 肋间隙相对，后端达骨盆腔前口。左面与脾、膈和腹壁相邻，称为壁面；右面与瓣胃、皱胃、肠、肝、胰等器官相邻，称为脏面。

瘤胃的前、后两端有较深的前沟和后沟，左、右侧面有较浅的左纵沟和右纵沟，两纵沟后端又向上、下分出背侧冠状沟和腹侧冠状沟，在与瘤胃各沟相对应的内侧面，有光滑的肉柱。沟和肉柱共同围成环状，将瘤胃分为背囊和腹囊。在瘤胃背囊和腹囊的前、后两端，分别延续为前背盲囊（瘤胃房）、后背盲囊、前腹盲囊（瘤胃隐窝）和后腹盲囊。瘤胃的前端以瘤网口与网胃相通；背侧形成一个穹隆，称为瘤胃前庭。该处与食管相连的孔称为贲门口。

瘤胃的形态和位置

瘤胃壁的黏膜呈棕黑色或棕黄色，无腺体，表面有密集的长约 1 cm 的瘤胃乳头，内含丰富的血管。但在肉柱和瘤胃前庭黏膜上无乳头。

羊瘤胃的形态构造与牛的基本相似，但腹囊较大，且大部分位于腹腔右侧。由于腹囊位置偏后，所以后腹盲囊很大，而后背盲囊则不明显。黏膜乳头较短。

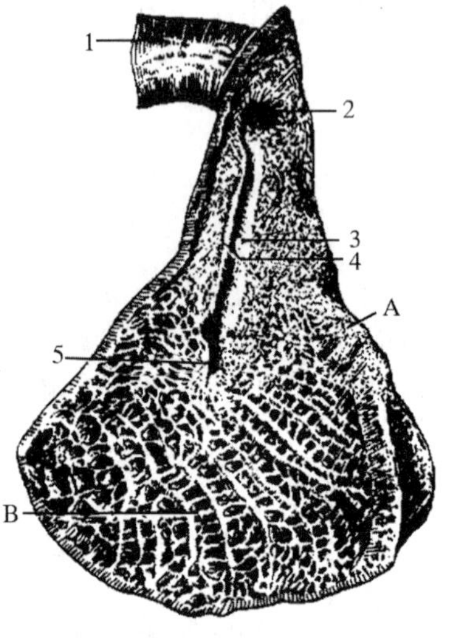

图 11-8　牛的网胃沟

A. 瘤胃褶　B. 网胃黏膜

1. 食管　2. 贲门　3. 网胃沟右唇

4. 网胃沟左唇　5. 网瓣口

②网胃。牛的网胃最小，成年牛约占四个胃总容积的 5%。略呈梨形，前后稍扁，位于膈的紧后方，瘤胃的前下方，与第 6～8 肋骨相对。网胃的前面（壁面）凸，与膈、肝接触，借膈与心包及肺隔开，吞入的尖锐物往往会刺穿网胃壁和膈而伤及心包，引起创伤性心包炎。后面（脏面）平，与瘤胃房贴连。网胃上端有瘤网口与瘤胃房相通，瘤网口的右下方有网瓣口与瓣胃相通。在胃壁的内面有一条呈螺旋状扭转的网胃沟，又称食管沟（网胃沟）。自贲门沿瘤胃前庭及网胃右侧壁向下伸延到网瓣口。沟两侧隆起的黏膜褶称为食管沟唇（图 11-8）。未断奶犊牛的食管沟功能完善，吮乳时可闭合成管，乳汁由贲门经食管沟和瓣胃沟到达皱胃。成年牛的食管沟闭合不严。

网胃黏膜形成许多网格状皱褶，形似蜂房。房底还有许多较低的次级皱褶形成更小的网格。在皱褶和房底部密布细小的角质乳头。

羊的网胃比瓣胃大，下部向后弯曲与周围相接触。网格较大，但周缘褶皱较低，次级皱褶明显。

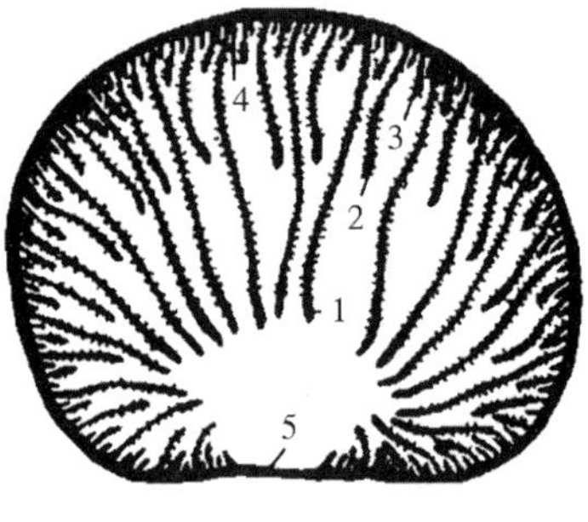

图 11-9　牛瓣胃的黏膜

1. 大瓣叶　2. 中瓣叶　3. 小瓣叶

4. 最小瓣叶　5. 瓣胃沟

③瓣胃。成年牛的瓣胃约占四个胃总容积的 7%～8%。呈左、右稍扁的球形，很坚实，位于右季肋部，在瘤胃与网胃交界处的右侧，与第 7～11(12) 肋骨下半部相对。右面（壁面）主要与肝、膈接触；左面（脏面）与网胃、瘤胃及皱胃等接触。大弯凸，朝向右后方；小弯凹，朝向左前方。在小弯的上、下端有网瓣口和瓣皱口，分别通网胃和瓣胃。两口之间有沿小弯腔面伸延的瓣胃沟，液体和细粒饲料可由网胃经瓣胃沟进入皱胃。

瓣胃黏膜形成百余片瓣叶，故又称百叶胃。瓣叶呈新月形，附着于瓣胃壁的大弯，游离缘向着小弯。根据瓣叶的宽窄，可分为大、中、小和最小四级，呈有规律的相间排列，瓣叶上密布角质乳头（图 11-9）。

羊的瓣胃比网胃小，呈卵圆形。瓣叶的数量比牛少，没有最小的瓣叶。

④皱胃。成年牛的皱胃占四个胃总容积的 7%～8%，外形长而弯曲，呈一端粗一端细的梨形长囊。位于右季肋部和剑状软骨部，在网胃和瘤胃腹囊的右侧、瓣胃的腹侧和后方。大部分与腹腔底壁相贴，与第 8～12 肋骨相对。皱胃的前部粗大称皱胃底，与瓣胃相连；后部狭窄，为幽门部，以幽门与十二指肠相接。小弯凹向上，与瓣胃接触；大弯凸向下，与腹腔底壁接触。

皱胃黏膜光滑而柔软，在底部形成 12～14 片螺旋形大皱褶，黏膜内含有腺体。环绕瓣皱口的一小区色淡，为贲门腺区，内有贲门腺；近十二指肠的一小区色黄，为幽门腺区，内有幽门腺；在前两区之间有皱褶的部分色灰红，为胃底腺区，内有胃底腺。

羊的皱胃在比例上较牛的大而长。

初生犊牛的皱胃特别发达，相当于瘤胃和网胃容积总和的 2 倍。10～12 周龄后，瘤胃逐渐发育增大，相当于皱胃容积的 2 倍，但此时瓣胃仍然很小。4 个月后，随着消化植物性饲料机能的出现，前胃迅速增大，瘤胃和网胃的总容积约达皱胃的 4 倍。到 1 岁半时，瓣胃和皱胃的容积几乎相等，4 个胃的容积比例与成年牛接近。

（2）猪的胃　猪胃的容积很大，一般 5～8 L，横卧于左季肋部和剑状软骨部，饱食后胃大弯可伸达剑状软骨与脐之间的腹腔底壁。壁面朝前，与膈、肝相接触；脏面朝后，与大网膜、肠、肠系膜及胰等接触。左端大而圆，近贲门处有一盲突称胃憩室；右端小，急转向上，与十二指肠相连。在幽门处的小弯侧形成一纵长隆起，称为幽门圆枕，与其对侧的唇形隆起相对，有关闭幽门的作用。

猪胃的形态和位置

猪胃黏膜无腺部很小，仅位于贲门周围，向左侧延伸至胃憩室，呈白色。贲门腺区很大，几乎占据胃的 1/3，由胃的左端达胃的中部，黏膜较薄呈淡灰色。胃底腺区较小，位于贲门腺区右侧，沿胃大弯分布，黏膜较厚，呈棕红色。幽门腺区位于幽门部，黏膜呈灰色，有不规则的皱褶（图 11-10）。

（3）马的胃　马胃容积一般为 5～8 L，大的可达 12～15 L（驴的 3～4 L），大部分位于左季肋部，仅幽门部伸展到右季肋部。在膈和肝之后，上大结肠膈曲的背侧。胃呈稍扁而弯曲的囊状，凸缘朝向左下方，称大弯；凹缘朝向右上方，称小弯。壁面向左前上方，与膈、肝接触；脏面向右后下方，与大结肠、小结肠、小肠和胰等接触。胃左端向后上方膨大形成胃盲囊，位于左膈脚和第 15～17 肋骨上端的腹侧；右端较小，位于体中线右侧，在肝之后，向后向上以幽门与十二指肠相连。近幽门处体积变小，称幽门窦。贲门在胃小弯的左端，位于膈的食管裂孔附近（图 11-11）。

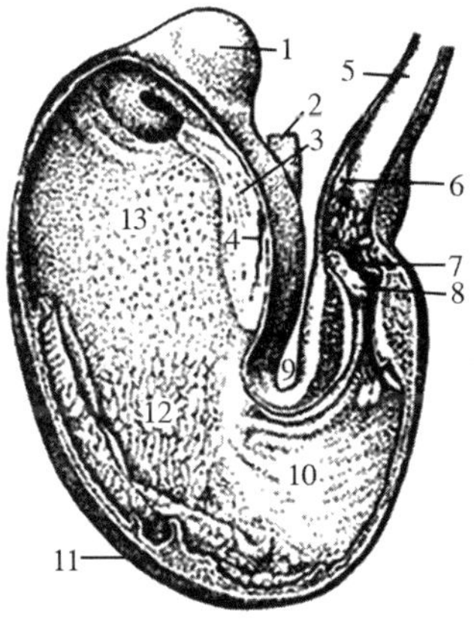

图 11-10　猪胃黏膜

1. 胃憩室　2. 食管　3. 无腺区　4. 贲门　5. 十二指肠　6. 十二指肠憩室　7. 幽门　8. 幽门圆枕　9. 胃小弯　10. 幽门腺区　11. 胃大弯　12. 胃底腺区　13. 贲门腺区

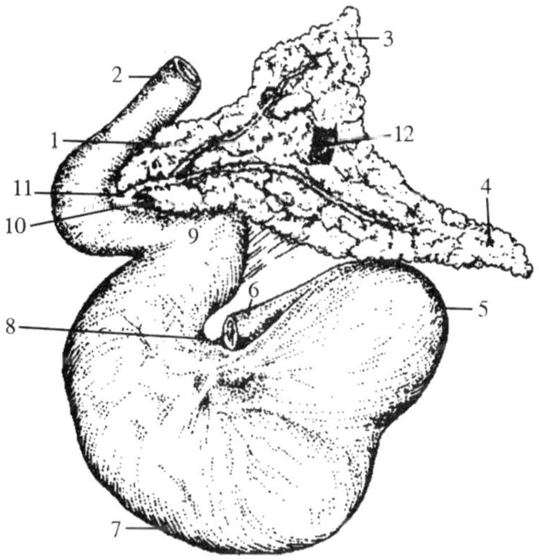

图 11-11　马的胃

1. 胰头　2. 十二指肠　3. 右叶　4. 左叶（胰尾）　5. 胃盲囊　6. 食管　7. 胃大弯　8. 胃小弯　9. 幽门　10. 肝管　11. 胰管　12. 门静脉

马胃黏膜被一明显的褶缘分为两部分。褶缘左侧的黏膜厚而苍白，与食管黏膜相连，不含腺体，称无腺部。褶缘右侧的黏膜软而皱，含有腺体，称腺部。腺部分三区：沿褶缘的一窄区，黏膜呈灰黄色，为贲门腺区；此区下方一大片黏膜呈棕红色，且显有凹陷即胃小凹，为胃底腺区；胃底腺区右侧的黏膜，呈灰红色或灰黄色，为幽门腺区。幽门处的黏膜形成一环形褶，称为幽门瓣。

马胃在腹腔内有网膜和韧带与其他器官相连，因而位置较为固定。

2. 胃的组织结构

(1)单室胃的组织结构　单室胃的胃壁分为黏膜、黏膜下层、肌层和外膜四层结构。

①黏膜。胃黏膜形成许多皱褶，当充满食物时皱褶变小或消失。在有腺部黏膜表面有许多凹陷，称胃小凹，是胃腺的开口。

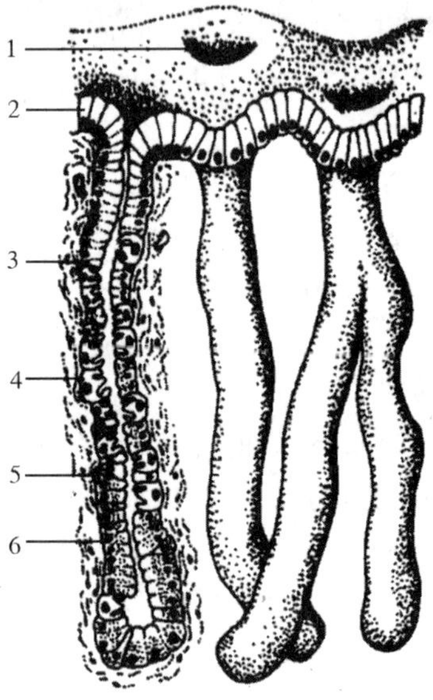

图 11-12　胃底腺

1. 胃小凹　2. 单层柱状上皮
3. 颈黏液细胞　4. 壁细胞
5. 内分泌细胞　6. 主细胞

Ⅰ. 上皮。无腺部为复层扁平上皮，有腺部为单层柱状上皮。柱状细胞排列整齐，胞核呈椭圆形，位于细胞基部。顶部胞质内充满黏原颗粒，经细胞排出后形成黏液，覆盖在黏膜表面，可防止胃酸和胃蛋白酶对上皮的侵蚀。胃小凹底部的细胞呈低柱状，能不断增殖，补充表面脱落的上皮细胞。

Ⅱ. 固有层。由富含网状纤维的结缔组织构成。此外，还有丰富的毛细血管和散在的平滑肌纤维。猪的固有层内含有大量浸润的白细胞和淋巴小结。此层较厚，主要由大量密集排列的胃腺所占据，胃腺分为贲门腺、胃底腺和幽门腺三种。

ⅰ. 胃底腺。分布于胃底部，为单管状腺或分支管状腺。腺体分为颈、体和底部。颈部与胃小凹相连，体部较长，底部稍膨大并延伸至黏膜肌层。胃底腺是胃的主要腺体，由主细胞、壁细胞、颈黏液细胞和内分泌细胞组成(图 11-12)。

主细胞　又称胃酶细胞，数量最多，分布于腺的体部和底部。细胞呈矮柱状或锥体形，胞核圆，位于细胞的基部。胞质嗜碱性，顶部含酶原颗粒。主细胞分泌胃蛋白酶原，在幼畜还分泌凝乳酶。

壁细胞　又称泌酸细胞，体积较大，多散乱分布于腺的颈部和体部。细胞呈圆形或锥体形，胞核呈圆形，位于细胞中央，时常可见双核。胞质强嗜酸性。电镜下可见壁细胞游离面的胞膜向胞质内凹陷，形成大量迂曲分支的小管称为细胞内分泌小管。胞质内有许多滑面内质网组成的微管泡系统以及丰富的线粒体和高尔基复合体。当细胞分泌时，微管泡系统与细胞内小管相连。壁细胞具有合成和分泌盐酸的功能。

颈黏液细胞　数量很少，多位于腺颈部，但猪的颈黏液细胞分布于腺体各部，以底部最多。细胞呈立方形或矮柱状，胞核扁圆，位于细胞基部。胞质顶部充满黏原颗粒。该细胞能分泌酸性黏液，有保护胃黏膜的功能。

内分泌细胞　散乱分布于以上三种腺细胞之间。

ⅱ. 贲门腺。分布于胃贲门部，为分支很少的单管状腺。腺体较短，腺腔较宽，为黏液腺。腺细胞呈立方形或柱形。犬的贲门腺内可见少量的壁细胞，而猪则可能有散在的主细胞。贲门腺可分泌黏液。

ⅲ.幽门腺　分布于幽门部，为分支管状腺。腺细胞呈柱状，分泌黏液。该腺的特点是腺体短，分支多且很弯曲；内分泌细胞较多。

Ⅲ.黏膜肌层　由内环行、外纵行两层平滑肌组成，收缩时有助于胃腺分泌物的排出。

②黏膜下层　由疏松结缔组织构成，含有较大的血管、淋巴管和神经丛。在猪还含有淋巴小结。

③肌层　很厚，由内斜行、中环行和外纵行三层平滑肌构成，斜行肌和环行肌分别在贲门和幽门部增厚，形成括约肌。纵行肌在胃大弯和胃小弯处较发达。

④外膜　大部分为浆膜，仅在网膜和韧带附着处为纤维膜。

(2)多室胃的组织结构　多室胃的胃壁也分为黏膜、黏膜下层、肌层和外膜四层。前三个胃黏膜和黏膜下层形成特殊的皱褶；黏膜表面密布乳头，黏膜上皮为复层扁平上皮，浅层细胞角化，黏膜内无腺体。皱胃黏膜光滑，覆以单层柱状上皮，黏膜内含有各种腺体。

①瘤胃。黏膜形成许多大小不等的叶状或圆锥状乳头。固有层为富含弹性纤维的致密结缔组织，并伸入上皮内共同形成乳头。无黏膜肌层。黏膜下层为薄层疏松结缔组织，与黏膜无明显分界。肌层很厚，分内环行与外纵行(或斜行)肌层，并参与形成肉柱。外膜由浆膜构成。

②网胃。构造与瘤胃相似，黏膜形成蜂巢状皱褶，其侧面和巢底均密布角质乳头。在皱褶内近游离缘中央有一条平滑肌带，并随皱褶形成连续的肌带网，相当于黏膜肌层。皱褶内有较疏松的结缔组织，相当于固有层和黏膜下层。肌层为内环、外纵两层。网胃外表面是浆膜。

③瓣胃。黏膜形成许多瓣叶，其两侧密布粗糙短小的角质乳头。黏膜肌层很发达，黏膜下层很薄。肌层为两层，内环行肌厚，外纵行肌薄。瓣叶内有固有层、黏膜肌层和黏膜下层，大瓣叶内还有中央肌层。瓣胃的外面也是浆膜。

④皱胃。结构与单胃相似。贲门腺区很小；胃底部的黏膜有永久性的大皱褶；胃底腺短而密集；幽门腺区的面积较大；胃小凹的密度比单室胃大。

五、小肠

1.小肠的形态和位置

小肠细而长，前端接胃，后端接盲肠，可分为十二指肠、空肠和回肠。十二指肠系膜短，位置较固定，其后部有与结肠相连的十二指肠结肠韧带，为十二指肠与空肠的分界标志。空肠细长，形成许多肠圈，在腹腔内活动范围大。回肠管壁较厚，肠管较直，末端开口于盲肠或盲肠与结肠交界处。在回肠与盲肠底之间有回盲韧带，常作为回肠和空肠的分界标志。

(1)牛(羊)的小肠　较长，牛的长 27～49 m(平均 40 m)(图 11-13，彩插11-1)，羊的长 17～34 m(平均 25 m)，见图 11-13。

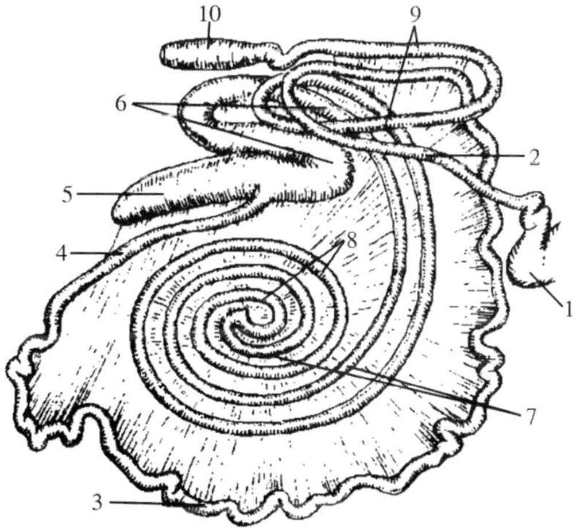

图 11-13　牛(羊)的肠

1.皱胃　2.十二指肠　3.空肠　4.回肠　5.盲肠　6.结肠初襻　7.结肠旋襻向心回　8.结肠旋襻离心回　9.结肠终襻　10.直肠

十二指肠长约 1 m(羊 0.5 m)，位于右季肋区和腰区，位置较固定。其行程可分为三段：第一段为前部，起始于幽门，在胆囊内侧沿肝的脏面向前上方伸延，形成乙状曲；第二段为降部，由乙状曲走向后上方，以十二指肠系膜附着于结肠襻的外侧，至髋结节附近，然后沿总肠系膜根后缘折转向左向前，形成十二指肠后曲；第三段为升部，由后曲向前，与结肠末端平行，至胰腺腹侧面折转向下，移行为空肠。

空肠大部分位于右季肋区、右髂区和右腹股沟区。形成许多肠襻，借短的空肠系膜连于结肠旋襻的周缘，形成花环状肠圈，外侧和腹侧隔大网膜紧贴腹壁，内侧隔大网膜邻接瘤胃腹囊；背侧为结肠旋襻；前方为瓣胃和皱胃。

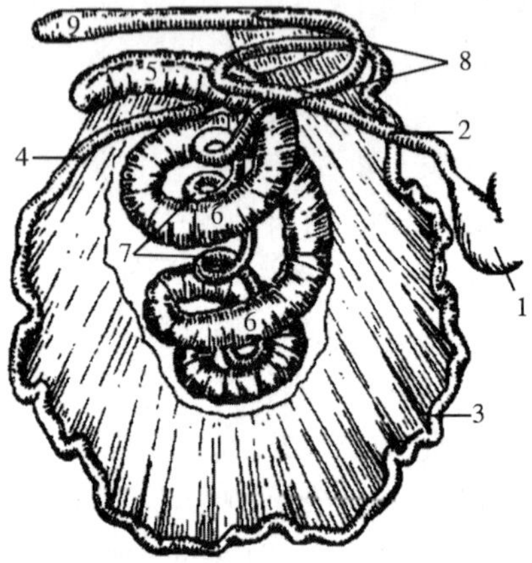

图 11-14　猪的肠

1.胃　2.十二指肠　3.空肠　4.回肠　5.盲肠　6.结肠圆锥向心回　7.结肠圆锥离心回　8.结肠终襻　9.直肠

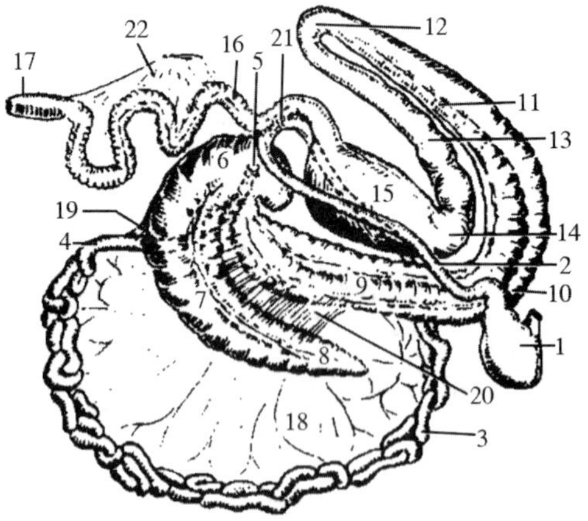

图 11-15　马的肠

1.胃　2.十二指肠　3.空肠　4.回肠　5.回盲口　6.盲肠底　7.盲肠体　8.盲肠尖　9.右下大结肠　10.胸骨曲　11.左下大结肠　12.骨盆曲　13.左上大结肠　14.膈曲　15.右上大结肠　16.小结肠　17.直肠　18.空肠系膜　19.回盲韧带　20.盲结韧带　21.十二指肠结肠韧带　22.后肠系膜

回肠较短而直，长约 50 cm(羊约 30 cm)，自空肠的最后肠圈起，几乎成直线地向前上方伸延至盲肠腹侧，开口于回盲结口，此处黏膜形成一回盲结瓣。

(2)猪的小肠　全长 15～20 m(图 11-14，彩插 11-2)。

十二指肠长 40～90 cm，其位置、形态和行程与牛的相似。起始部在肝的脏面形成“乙”状弯曲，然后沿右季肋部向上向后伸延至右肾后端，转而向左再向前伸延(与结肠末端接触)，移行为空肠。

空肠长 15～20 m，形成许多肠圈，以较宽的空肠系膜与总肠系膜相连。空肠大部分位于腹腔右半部，在结肠圆锥的右侧，小部分位于腹腔左侧后部。

回肠短而直，开口于盲肠与结肠交界处的腹侧，开口处黏膜稍突入盲结肠内。猪回肠固有层和黏膜下组织内的淋巴集结特别明显，呈长带状，分布于肠系膜附着缘对侧的肠壁内。

(3)马的小肠　长 22 m(驴 13～14 m)，直径 7～10 cm(驴 5～8 cm)(图 11-15，彩插11-3)。

十二指肠长约 1 m(驴约 0.5 m)，位于右季肋部和腰部，起始部在肝的脏面形成“乙”状弯曲，然后沿右上大结肠的背侧向上向后伸延，至右肾后方转而向左，越过体中线再向前伸延，在左肾腹侧移行为空肠。

空肠长约 20 m(驴 12～13 m)，系于宽阔的空肠系膜上，常与小结肠混在一起位于腹腔左侧，由于其系膜很长，所以活动范围较大。某些公马甚至经腹股沟管降入阴囊，形成阴囊疝。

回肠长约 1 m(驴约 0.5 mm)，位于左髂部，从空肠向右向上伸延，开口于盲肠底小弯内侧的回盲口。

2. 小肠的组织结构

小肠管壁由黏膜、黏膜下层、肌层和浆膜构成(图 11-16)。

(1)黏膜　小肠黏膜形成许多环行皱褶和微细的肠绒毛，突入肠腔内，以增大与食物接触的面积。

①上皮。由柱状细胞、杯状细胞和少量的内分泌细胞组成。

柱状细胞　又称吸收细胞，数量最多，呈高柱状，核椭圆形，位于细胞基部。细胞游离面有纹状缘，是由密集排列的微绒毛构成，可使细胞游离面的表面积扩大约 20 倍。

杯状细胞　散在于柱状细胞之间，从十二指肠到回肠，数量逐渐增多。杯状细胞分泌黏液，有润滑和保护上皮的作用。

内分泌细胞　数量很少，散在于上皮细胞之间。

②固有层。分布于肠腺之间，并构成绒毛的中轴，由富含网状纤维的细密结缔组织构成，内含有血管、淋巴管、神经、巨噬细胞、淋巴细胞及淋巴组织。十二指肠和空肠多为弥散淋巴组织和孤立淋巴小结，回肠多为集合淋巴小结。

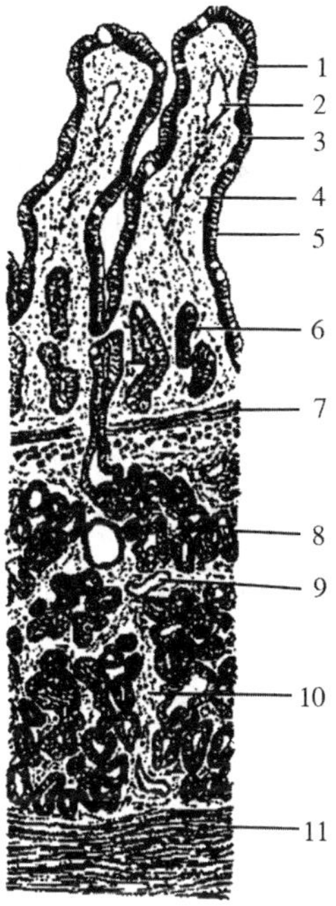

图 11-16　小肠的组织结构(纵切)

1. 杯状细胞　2. 中央乳糜管
3. 肠上皮　4. 固有层　5. 绒毛
6. 肠腺　7. 黏膜肌　8. 十二指肠腺
9. 血管　10. 黏膜下层　11. 肌层

肠绒毛　由固有层和表面的柱状细胞构成，中轴内有 1～2 条纵行的毛细淋巴管，称中央乳糜管，其起始端为盲端，管壁只有一层内皮细胞，内皮之间的间隙大且无基膜，故通透性很强，便于大分子的物质如脂类进入管内。中央乳糜管穿过黏膜肌层，在黏膜下层形成淋巴管丛。绒毛内还有散在的纵行平滑肌束，它的收缩有利于物质吸收及血液和淋巴的运行。

肠腺　是由黏膜上皮下陷到固有层内形成的单管状腺，开口于肠绒毛之间的黏膜表面，由柱状细胞、杯状细胞、潘氏细胞、未分化细胞和内分泌细胞构成。柱状细胞、杯状细胞和内分泌细胞的结构与黏膜上皮相似。

潘氏细胞常三五成群地分布于肠腺底部。细胞较大，呈锥体形。胞质顶端充满粗大的嗜酸性颗粒，内含锌、溶菌酶和肽酶等。猪、犬的肠腺内无潘氏细胞。

未分化细胞分布于肠腺的下半部，夹在其他细胞之间。细胞较小，呈柱状，胞质嗜碱性。能不断分裂增殖，并向上迁移，分化为肠腺细胞和绒毛上皮细胞。

③黏膜肌层。由内环行和外纵行两层平滑肌构成。

(2)黏膜下层　由疏松结缔组织构成，内有较大的血管、淋巴管、神经丛和淋巴小结等。在十二指肠还有十二指肠腺。

十二指肠腺是分支的管泡状腺，反刍动物的为管状腺。羊和犬的十二指肠腺分布于十二指肠前段或中段，牛和猪的可延伸到空肠，马的延伸距离最长。十二指肠腺的导管开口于肠腺底部或绒毛之间。反刍动物和犬为黏液腺，猪和马为浆液腺，兔的为混合腺。其分泌物为含有黏蛋白的碱性液体，保护肠黏膜免受酸性胃液的侵蚀。此外，分泌物内还含有淀粉酶和二肽酶等。

(3)肌层　由内环行、外纵行两层平滑肌构成，在两层肌之间有结缔组织，其中有血管和神经丛。

(4)浆膜　被覆于肠管表面，并延续形成肠系膜。

六、大肠

1.大肠的形态和位置

大肠比小肠短而粗，从回肠口至肛门，分为盲肠、结肠、直肠。盲肠呈盲囊状，除猪的在左髂部外，牛、羊和马的均在右髂部。结肠分为升结肠、横结肠和降结肠三部。直肠位于骨盆腔内，末端以肛门通体外。

(1)牛(羊)的大肠　牛的大肠长 6.4～10 m(羊 7.8～10 m)。管径比小肠略粗，肠壁不形成纵肌带和肠袋。除盲肠游离部外，大肠和小肠均在右髂部，位于网膜上隐窝内(图 11-13)。

①盲肠。牛长 50～70 cm(羊约 37 cm)。呈圆筒状，位于右髂部。其前端与结肠相连，两者以回盲结口为界；盲端游离，向后伸达骨盆前口(羊的常伸入骨盆腔内)。

②结肠。牛长 6～9 m(羊 7.5～9 m)。起始部的口径与盲肠相似，向后逐渐变细。结肠分为升结肠、横结肠和降结肠。升结肠形成初襻、旋襻和终襻。

初襻　为升结肠的前端，在腰下部形成一“乙”状弯曲，即自回盲结口起，向前伸达第 12 肋骨下端附近，然后向上折转沿盲肠背侧向后伸至骨盆前口，又折转向前伸至第 2、第 3 腰椎腹侧，转为旋襻。

旋襻　为升结肠的中段，盘曲成圆形的结肠盘，位于瘤胃右侧，夹于总肠系膜两层浆膜之间。可分为向心回和离心回。从右侧看，向心回在继承初襻后，以顺时针方向向内旋转约 2 圈(羊约 3 圈)至中心曲。离心回自中心曲起，以相反的方向向外旋转约 2 圈(羊约 3 圈)，至旋襻外周而转为终襻。

终襻　为升结肠的后端，也呈“乙”状弯曲。离开旋襻后，先向后伸延至骨盆前口附近，然后折转向前并向左延续为横结肠。

横结肠　很短，由右侧绕过肠系膜前动脉前方而至左侧，折转向后延续为降结肠。

降结肠　为横结肠的直接延续，沿肠系膜根和肠系膜前动脉的左侧向后行，伸延至骨盆前口处形成“乙”状弯曲，然后转为直肠。

③直肠。牛长约 40 cm(羊约 20 cm)，粗细较均匀，前部被有腹膜，以直肠系膜系于骨盆腔顶壁。后部无腹膜外，周围有较多的脂肪。直肠后端变细形成肛管。

④肛门。为消化管的末端，在尾根腹侧，不向外突出。

(2)猪的大肠　大肠的长 4.0～4.5 m，直径比小肠粗，各段形成数目不同的纵肌带和肠袋(图11-14)。

①盲肠。短而粗，呈圆筒状，长 20～30 cm。位于左髂部。肠壁形成 3 条纵肌带和 3 列肠袋。盲端向后下方伸延到结肠圆锥之后，达盆腔前口与脐之间的腹底壁。

②结肠。长约 4 m，与盲肠直接相连，二者以回盲结口为界，分为升结肠、横结肠和降结肠。

升结肠　较长，从回盲结口起，管径与盲肠相似，向后逐渐缩小，在肠系膜中盘曲形成螺旋状的结肠圆锥或结肠旋襻。锥底宽朝向背侧，附着于腰部和左髂部；锥顶向下向左，与腹腔底壁接触。结肠圆锥由向心回和离心回组成。向心回位于结肠圆锥的外周，管径较粗，有 2 条明显的纵肌带和两列肠袋，从背侧看，按顺时针方向向下旋转约 3 圈至锥顶，在此肠带和肠袋消失，折转为中央曲，延续为离心回。离心回位于圆锥的内心，管径较细，按逆时针方向向上旋转约 3 圈至锥底，延续为横结肠。

横结肠　位于腰下部，向前伸达胃的后面，然后向左绕过肠系膜前动脉，再向后伸延到两肾之间，转为降结肠。

降结肠　位于胰腹侧，左肾内侧。向后伸延到骨盆前口，延续为直肠。

③直肠。在肛门前方形成直肠壶腹，周围有大量脂肪。肛管较短。

④肛门。位于第 3～4 尾椎下方，不向外突出。

(3)马的大肠　特别发达，位置较固定。肠壁由外纵行肌集中形成纵肌带(图 11-15)。

①盲肠。外形略似逗点状，长约 1 m，容积比胃大一倍。位于腹腔右侧，从右髂部和腰部斜向前下方延伸到剑状软骨后方的腹底壁。可分为盲肠底、盲肠体和盲肠尖。盲肠底为盲肠最弯曲的部分，位于腹腔右后上部，第 14～15 肋骨至髋结节之间，分大弯和小弯。大弯向上，借结缔组织附着于腹腔顶壁；小弯向下且偏向内侧，有回盲口和盲结口，两口相距约 5 cm。盲肠体由盲肠底起，沿腹腔右侧壁和底壁向前下方伸延至脐部，背侧凹，在右侧肋弓下 10～15 cm，处且与之平行；腹侧及右侧与腹底壁接触。盲肠尖为盲肠前端的游离部，位于腹腔底壁在剑状软骨部。

盲肠上有 4 条纵肌带和 4 列肠袋。

②结肠。可分为升结肠、横结肠和降结肠。其中升结肠体积庞大，又称大结肠。降结肠体积较小，又称小结肠。

升结肠　长 3～3.7 m(驴约 2.5 m)，几乎占据腹腔下 3/4 的大部分，盘曲成双层马蹄铁形肠襻，可分为四段三曲，顺次为右下大结肠→胸骨曲→左下大结肠→骨盆曲→左上大结肠→膈曲→右上大结肠。

右下大结肠位于腹腔右下部，起于盲肠小弯的盲结口，与右侧肋骨平行，沿右侧腹壁向前下方伸达剑状软骨部，在此处向左转，形成胸骨曲。

左下大结肠位于腹腔左下部，在右下大结肠和盲肠左侧，自胸骨曲沿腹腔底壁向后伸延至骨盆前口，在此折转向上向前形成骨盆曲。

左上大结肠在左下大结肠的背侧，自骨盆曲向前伸延至膈、肝后方，向右后方折转形成膈曲。

右上大结肠在右下大结肠的背侧，自膈曲向后伸延到盲肠底内侧，在肠系膜根前方接横结肠。

右下大结肠、胸骨曲和左下大结肠有 4 条纵肌带和 4 列肠袋。骨盆曲小弯和左上大结肠始部仅有 1 条，左上大结肠中部、膈曲和右上大结肠均有 3 条。大结肠各段的管径差别很大，骨盆曲最细，直径仅 8～9 cm；右上大结肠末端最粗，称胃状膨大部，直径达 35～40 cm，其余各段直径为 20～25 cm。胃状膨大部骤然变细，延续为横结肠。

在上、下大结肠之间有短的结肠系膜相连；右下大结肠与盲肠之间有盲结韧带相连；右上大结肠末端的背侧和右侧借结缔组织及浆膜，与胰、盲肠底、膈及十二指肠等相连。除此之外，大结肠的各部都是游离的，与腹壁及相邻器官均无联系，因此容易变位。

横结肠　为大结肠与小结肠之间的移行部，短而细，在肠系膜前动脉之前由右向左，横过正中面至左肾腹侧，而延续为降结肠。

降结肠　长3～3.5 m(驴约2 m)，管径7～10 cm(驴5～6 cm)，具有两条纵肌带和两列明显的肠袋。借后肠系膜悬于腹腔顶壁，活动范围较大，常与空肠混在一起，位于腹腔左上部；在骨盆前口与直肠相连。小结肠也是结症的常发部位。

③直肠。前端在骨盆前口接小结肠，后端接肛管，长30～40 cm(驴约25 cm)。前部管径小，称狭窄部，以直肠系膜连于盆腔顶壁，腹侧面为膀胱(雄性)或子宫(雌性)；后部膨大，称直肠壶腹，在腹膜腔之后；其腹侧为副性腺及尿生殖道(雄性)或阴道(雌性)。

④肛门。末端呈瓶口状突出于尾根之下。

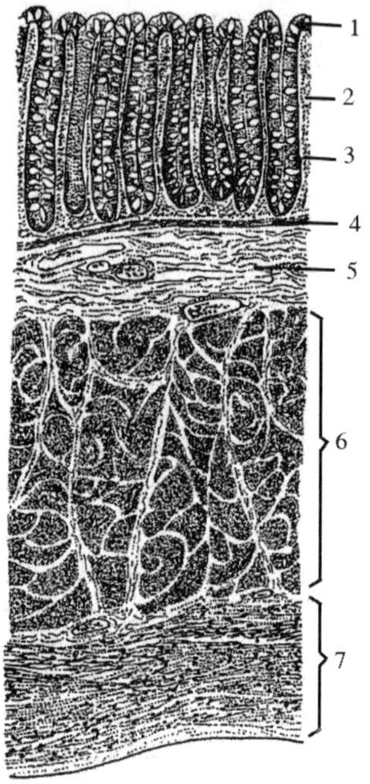

图11-17　大肠(纵切)

1.黏膜上皮　2.固有层　3.大肠腺　4.黏膜肌层　5.黏膜下层　6.环行肌层　7.纵行肌层

2.大肠的组织结构

大肠管壁的组织结构与小肠相似，也分为黏膜、黏膜下层、肌层和浆膜四层(图11-17)，但有以下特点。

(1)大肠黏膜不形成环行皱褶和肠绒毛，黏膜上皮柱状细胞纹状缘不显著，杯状细胞特别多。

(2)固有层内充满长而直的大肠腺，并含有大量孤立的淋巴小结。腺上皮含大量杯状细胞，缺乏潘氏细胞。肠腺分泌碱性液体，可中和粪便发酵所产生的酸性产物。分泌物内不含消化酶，但有溶菌酶，

(3)肌层较厚，猪、马结肠和盲肠的外纵行肌形成纵肌带。

七、肝

1.肝的形态和位置

肝位于腹前部，膈的后方，大部分偏右或全部在右侧。呈中央厚、四周薄的扁平形，质坚实而脆，略有弹性，一般为红褐色。可分为两面、两缘和三叶。壁面(前面)凸，与膈接触；脏面(后面)凹，与胃、肠等接触，并显有这些器官的压迹。脏面中央有肝门，门静脉、肝动脉、淋巴管、神经以及肝管由此进出。此外，在多数动物(除马和骆驼外)，肝的脏面还有一个胆囊。肝的背侧缘厚，其左侧有一食管切迹，食管由此通过；右侧有一斜向壁面的后腔静脉窝，静脉壁与肝组织连在一起，有数条肝静脉直接开口于后腔静脉。腹侧缘较薄，有两个叶间切迹将肝分为左、中、右三叶。左侧叶间切迹称脐切迹，为肝圆韧带通过处；右侧叶间切迹，为胆囊所在处。中叶又被肝门分为背侧的尾叶和腹侧的方叶。尾叶向右突出的部分称为尾状突，与右肾接触，常形成一较深的右肾切迹。

牛肝脏的形态和位置

肝的表面被覆有浆膜，并形成左、右冠状韧带，镰状韧带、肝圆韧带以及左、右三角韧带与周围器官以及腹壁相连，将肝固定在腹腔内。

(1)牛(羊)的肝　略呈长方形，扁而厚，淡褐色或深红褐色，其重量在牛约为体重的1.2%(羊为体重的1.8%～2%)。因发达的瘤胃而几

乎完全被推移到腹腔右侧，占据右季肋部，从第 6、7 肋骨下端到第 2、3 腰椎腹侧。壁隆凸，与膈的右侧部相贴；脏面凹，有肝门，与网膜、瓣胃、皱胃、十二指肠和胰等接触。食管切迹较浅，后腔静脉通过肝的背侧缘(图 11-18)。

牛、羊的肝分叶不明显，由发达的胆囊和圆韧带将肝分成不明显的左、中、右三叶。中叶也被肝门分为背侧的尾叶和腹侧的方叶。尾叶有覆盖于肝门上的乳头突和突出于肝背侧的尾状突。尾状突发达，与肝右叶形成深的右肾压迹，容纳右肾前端。

牛的胆囊较大，呈梨形，长 10～15 cm；羊的胆囊则较细长。位于肝的脏面，在右叶和中叶之间，大部分与肝贴连，小部分伸至肝腹侧缘之外。胆囊管与肝总管汇合成一短的胆总管，开口于十二指肠"乙"状弯曲第二曲的黏膜乳头上，距幽门 60 cm。羊的胆总管与胰管合并，在距幽门 30 cm 处开口于十二指肠"乙"状弯曲第二曲。

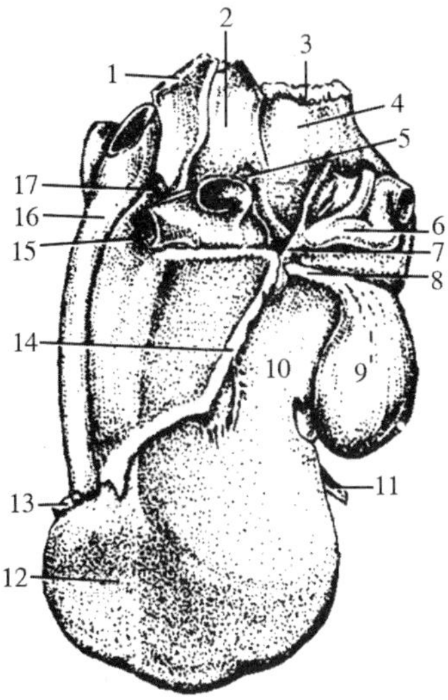

图 11-18　牛(羊)肝(脏面)

1. 肝肾韧带　2. 尾状突　3. 右三角韧带　4. 肝右叶　5. 肝门淋巴结　6. 十二指肠　7. 胆管　8. 胆囊管　9. 胆囊　10. 方叶　11. 肝圆韧带　12. 肝左叶　13. 左三角韧带　14. 小网膜　15. 门静脉　16. 后腔静脉　17. 肝动脉

(2)猪的肝　较发达，重量 1～2.4 kg，占体重的 1.5%～2.5%，呈暗红色。位于季肋部和剑状软骨部，略偏右侧。壁面凸，与膈及腹腔侧壁接触，并有后腔静脉通过；脏面凹，与胃及十二指肠等接触(图 11-19，彩插 11-4)。

肝分叶明显，其腹侧缘有三条深的叶间切迹，将肝分为左外叶、左内叶、右内叶和右外叶。右内叶的内侧有不发达的中叶，又以肝门分为背侧的尾叶和腹侧的方叶，方叶呈楔形，位于肝门腹侧。尾叶的尾状突不明显。

胆囊位于肝右内叶与方叶之间脏面的胆囊窝内。肝总管在肝门处与胆囊管汇合形成胆总管，开口于距幽门 2～5 cm 处的十二指肠憩室。

(3)马的肝　呈棕红色，约为体重的 1.2%。斜位于膈的后方，大部分在右季肋部，小部分在左季肋部。壁面凸，与膈接触，其正中偏右侧有后腔静脉通过；脏面凹，与胃、十二指肠、大结肠及盲肠等接触(图 11-20)。

肝腹侧缘有两个大切迹，将肝分为左叶、中叶和右叶。左叶由一深的叶间切迹再分为左外叶和左内叶，中叶被肝门分为背侧的尾叶和腹侧的方叶。

马无胆囊，由左、右肝管汇合成长约 5 cm 的肝总管，在距幽门 12～15 cm 处，开口于十二指肠"乙"状弯曲第二曲凹缘处的十二指肠憩室。

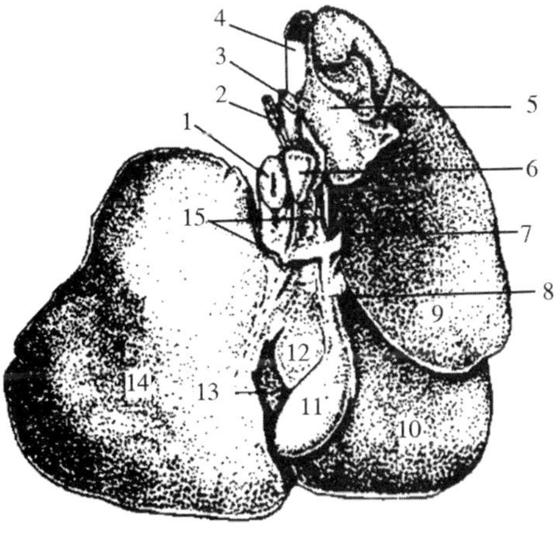

图 11-19　猪肝(脏面)

1. 食管　2. 肝动脉　3. 门静脉　4. 后腔静脉　5. 尾叶　6. 肝门淋巴结　7. 胆管　8. 胆囊管　9. 右外叶　10. 右内叶　11. 胆囊　12. 方叶　13. 左内叶　14. 左外叶　15. 小网膜附着线

2. 肝的组织结构

肝脏的表面大部分被覆一层浆膜，其深面为富含弹性纤维的致密结缔组织，称为纤维囊。纤维囊的结缔组织向肝实质内伸入，将其分成许多肝小叶。小叶间的结缔组织内含门静脉、肝动脉、肝管的分支及淋巴管和神经等。猪肝的小叶间结缔组织最为丰富，因此，肝小叶轮廓非常明显（图 11-21）。

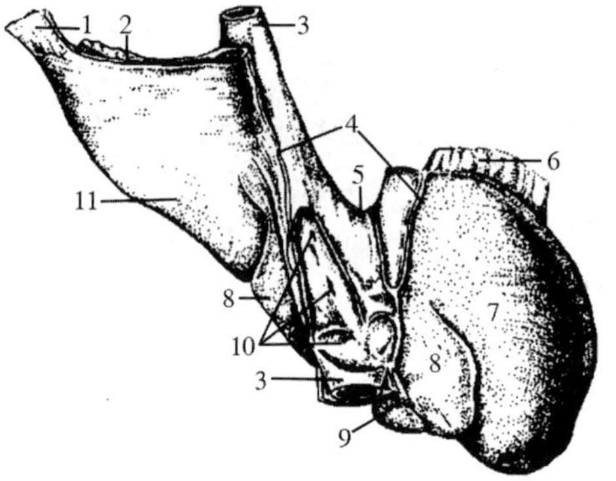

图 11-20 马肝（壁面）

1. 右三角韧带 2. 肝肾韧带 3. 后腔静脉 4. 冠状韧带 5. 食管切迹 6. 左三角韧带 7. 肝左叶 8. 肝中叶 9. 镰状韧带 10. 肝静脉 11. 肝右叶

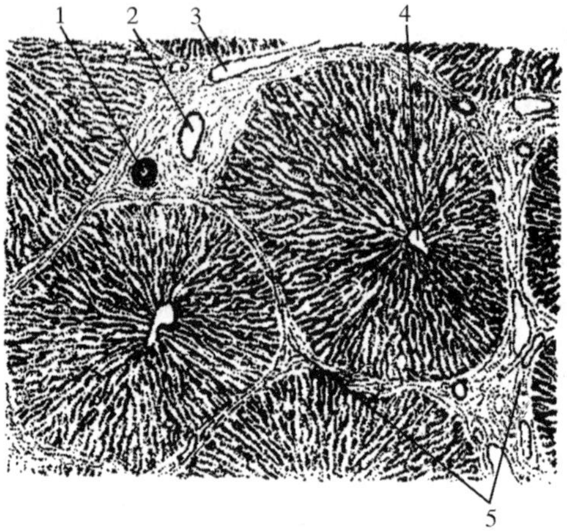

图 11-21 猪的肝小叶（低倍）

1. 小叶间胆管 2. 小叶间动脉 3. 小叶间静脉 4. 中央静脉 5. 小叶间结缔组织

（1）肝小叶　是肝的基本结构和功能单位，呈多面棱柱形。肝小叶中央纵贯一条中央静脉，肝细胞以中央静脉为轴心，向四周呈放射状排列，称为肝板。肝板上有孔隙，相邻肝板吻合成立体网状结构。肝板之间的不规则腔隙为肝血窦，经肝板上的孔隙相互沟通，形成网状管道。肝板在横断面呈索状，称为肝索。

①中央静脉。位于肝小叶的中央，直径约 50 μm，由内皮和少量的结缔组织构成。在小叶内的行途中，有许多肝血窦的开口，故管壁不完整。

②肝细胞。呈多面形，体积较大，细胞界限清楚。胞核圆形，位于细胞中央，有时可见双核。胞质颗粒状，嗜酸性。核仁与核膜明显。

③肝血窦。又称窦状隙，位于肝板之间，窦腔大而不规则。窦壁由扁平内皮细胞构成。胞核扁圆形，突向窦腔。此外，血窦内还有一种巨噬细胞，称为枯否细胞，体积较大，形状不规则，常伸出伪足附于内皮细胞表面或伸到内皮细胞之间。

在肝细胞与窦壁内皮细胞之间有宽约 0.4 μm 的间隙，称窦周隙或狄氏隙。其内充满来自血窦的血浆，肝细胞血窦面上的微绒毛侵入其中，与血窦接触，有利于肝细胞和血液间的物质交换。

④胆小管。是相邻肝细胞膜凹陷形成的微细管道，直径 0.5～1 μm。胆小管以盲端起始于中央静脉周围的肝板内，随肝板的排列方式，也以中央静脉为轴心呈放射状排列，并彼此交织成网。胆小管在肝小叶边缘与小叶内胆管相接，小叶内胆管短而粗，直径约 15 μm，管壁由单层立方上皮细胞围成，又称赫令氏管。

（2）门管区　是相邻几个肝小叶之间的结缔组织内小叶间动脉、小叶间静脉和小叶间胆管所伴行分布的三角形区域。小叶间动脉是肝动脉的分支，管壁较厚，腔小而规则，内皮外有环行平滑肌。小叶间静脉是门静脉的分支，管壁薄，腔大而不规则，内皮外有极少量平滑肌。小叶间胆管是肝管的分支，管腔狭小，管壁由单层立方上皮构成。

(3)肝的血液循环　肝的血液供应丰富，其来源为门静脉和肝动脉。

①门静脉。是肝的功能性血管，供给肝总血量的 3/4。主要汇集胃、肠、脾、胰等处来的静脉血，其内含有丰富的营养物质，供肝细胞代谢、加工、贮存和转化。门静脉经肝门入肝，在肝小叶间分支成小叶间静脉，与肝小叶的肝血窦相通。

②肝动脉。是肝的营养性血管，血液中含氧量高，供给肝总血量的 1/4。肝动脉经肝门入肝，在肝小叶间分支成小叶间动脉，与小叶间静脉并行，也通入肝血窦。所以，肝血窦内为混合血液。肝动脉还发出一些小分支，分布到被膜。

肝血窦的血液从小叶周边流向中央，汇入中央静脉。若干中央静脉汇合成小叶下静脉。小叶下静脉管腔大，管壁厚，单独行走于小叶间结缔组织内，最后汇合成肝静脉，注入后腔静脉。

门静脉→ 小叶间静脉↘
肝血窦→ 中央静脉→ 小叶下静脉→ 肝静脉
肝动脉→ 小叶间动脉↗

(4)胆汁排出途经　肝细胞分泌的胆汁进入胆小管，自肝小叶中央向周边流动，在肝小叶边缘汇入赫令氏管，出肝小叶后输入小叶间胆管。小叶间胆管在肝门处汇集，最后形成肝管出肝。肝管与胆囊管(有胆囊动物)汇合成胆总管，开口于十二指肠。

八、胰

胰是具有外分泌和内分泌双重功能的腺体。外分泌部占腺体的大部分，属消化腺，分泌胰液，内含多种消化酶，对蛋白质、脂肪和糖的消化有重要作用。内分泌部称胰岛，分泌胰岛素和胰高血糖素等。

1. 胰的形态和位置

各种动物胰的形状、大小差异很大，但都位于十二指肠肠襻内，包于十二指肠系膜内，其导管通常有 1～2 条，直接开口于十二指肠内。

(1)牛(羊)的胰　呈不正四边形，灰黄色稍带粉红，位于右季肋部和腰下部，从第 12 肋骨到第 2～4 腰椎处。可分为胰头和左、右两叶。胰头附着于十二指肠“乙”状弯曲，中央有门脉环，门静脉由此穿过。胰左叶(胰尾)较短，位于瘤胃背囊与左膈脚之间，以结缔组织与之相连。胰右叶较长，在十二指肠系膜内沿十二指肠向后伸达肝尾叶的后方，其背侧与右肾相接触，腹侧与十二指肠及结肠相邻(图 11-22)。

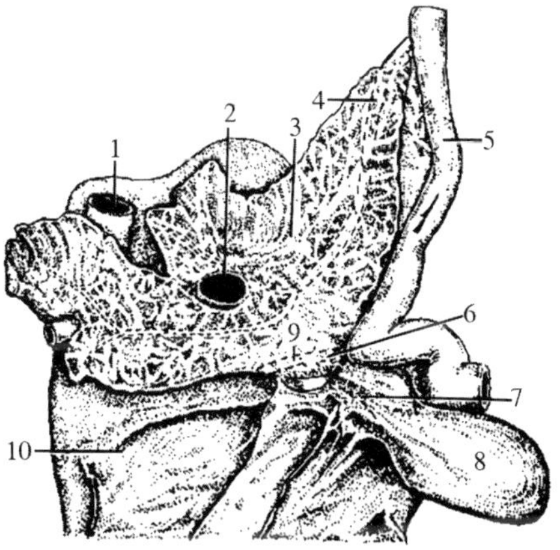

图 11-22　牛胰(腹侧面)

1. 后腔静脉　2. 门静脉　3. 胰　4. 胰管　5. 十二指肠　6. 胆管　7. 胆囊管　8. 胆囊　9. 肝管　10. 肝

牛、羊的胰管通常只有 1 条，由胰右叶末端走出，在胆总管开口之后 30～40 cm 处开口于十二指肠内。羊的胰管汇合于胆总管。

(2)猪的胰　呈灰黄色,位于最后 2 个胸椎和前 2 个腰椎的腹侧,略呈三角形,也分为胰头和左、右两叶。胰头居中稍偏右,位于十二指肠前部和胃小弯邻近,门静脉和后腔静脉的腹侧。左叶从胰头向左伸达左肾腹侧。右叶在十二指肠系膜内沿十二指肠向后延伸,其末端达到右肾内侧。胰管由右叶末端走出,在胆总管开口之后、距幽门 10～12 cm 处开口于十二指肠内。

(3)马的胰　呈不正的三角形,淡红黄色,位于季肋部、在第 16～18 胸椎腹侧,大部分在体中线右侧。胰头(中叶)向前下伸入十二指肠"乙"状弯曲内。左叶(胰尾)位于胃盲囊后方和左肾之间,背侧为脾,腹侧为盲肠底和右上大结肠末端。右叶钝圆,位于右肾及肾上腺的腹侧。在胰后部的中央有门脉环。胰管从胰头穿出,与肝管一起开口于十二指肠憩室。副胰管小,开口于十二指肠憩室对侧的黏膜上。驴常无副胰管。

2. 胰的组织结构

胰表面覆有薄层结缔组织被膜,结缔组织伸入腺实质,将其分隔成许多不明显的小叶,血管、神经、淋巴管等随同结缔组织一起分布于腺内。胰实质分为外分泌部和内分泌部(图 11-23)。

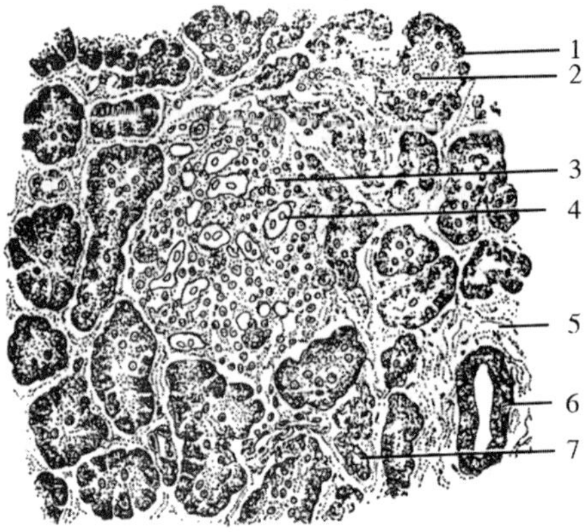

图 11-23　胰腺

1. 腺泡　2. 泡心细胞　3. 胰岛　4. 毛细血管
5. 小叶间结缔组织　6. 小叶间导管　7. 闰管

(1)外分泌部　为复管泡状腺,由腺泡和导管两部分组成。

①腺泡。呈管状或泡状,大小不一。腺细胞呈锥形,核圆形,位于细胞基部。顶部胞质内有许多嗜酸性颗粒。腺泡腔内有一些染色浅的扁平细胞,称泡心细胞。该细胞为闰管的起始细胞。

②导管。为输送胰液至十二指肠的管道,包括闰管、小叶内导管、小叶间导管和胰管。闰管长而细,由单层扁平上皮构成。小叶内导管变粗,为单层立方上皮。在小叶间结缔组织内,若干小叶内导管汇成小叶间导管,最后形成一条粗大的胰管,开口于十二指肠。小叶间导管上皮也由单层低柱状变为单层高柱状,并夹有散在的杯状细胞和内分泌细胞。

(2)内分泌部　是由内分泌细胞构成的圆形或卵圆形的细胞团,不规则地散布于腺泡之间,形如岛屿,又名胰岛。胰岛细胞排列成团索状,细胞之间有丰富的有孔毛细血管,利于激素的透过。

①A 细胞(α 细胞)。胞体较大,多分布于胰岛的周围部。胞质内的分泌颗粒粗大,染成鲜红色。A 细胞分泌胰高血糖素,可促进糖原分解,升高血糖。

②B 细胞(β 细胞)。数量最多,胞体略小,多分布于胰岛的中央部。胞质内的颗粒大小不一,染成橘黄色。B 细胞分泌胰岛素,可促进糖原合成,降低血糖。

③D 细胞(δ 细胞)。数量较少,多散在于 A、B 细胞之间。胞质内含有大量蓝色的颗粒。D 细胞分泌生长抑素,能抑制 A 细胞、B 细胞和 PP 细胞的分泌。

④PP 细胞(D_2 细胞)。数量很少。PP 细胞分泌胰多肽,具有抑制胰液分泌和胃肠蠕动的作用。

第三节　消化与吸收

动物在生命活动过程中，必须不断地从外界摄取营养物质，作为新陈代谢的物质原料和能量来源。营养物质来源于动物采食的饲料中，包括蛋白质、脂肪、糖类、维生素、无机盐和水等。其中无机盐、水和多数维生素可以被机体直接吸收利用，而蛋白质、脂肪和糖类都是结构复杂的大分子有机物，这些大分子物质必须先在消化道内分解成结构简单的小分子物质，如氨基酸、甘油、脂肪酸、葡萄糖等，才能被吸收利用。饲料在消化道内被分解成可吸收的小分子物质的过程称为消化。饲料的成分或经消化后的小分子物质透过消化道黏膜进入血液和淋巴循环的过程，称为吸收。

饲料在消化道内的消化方式有机械性消化、化学性消化和微生物消化三种。在消化过程中三种消化方式是相互联系共同进行的，只是在消化道的不同部位和消化阶段，其中一种消化方式居于主导作用。

一、口腔内消化

1. 采食和咀嚼

(1)采食　是指动物取得饲料的过程。采食前动物依靠视觉和嗅觉去寻觅和鉴别食物，摄取适宜的食物送入口腔。唇、舌和齿是动物的主要采食器官，但各种动物采食的方式各有自己的特点。

牛采食主要依靠舌。牛的舌较长，灵活而有力，舌面粗糙，能伸出口外，将饲草卷入口内。由上颌齿枕和下颌门齿将草茎切断，或靠头部牵引动作将草扯断。

绵羊和山羊主要靠舌和切齿采食，绵羊上唇有裂隙，便于咬啃短草。

猪常以吻突掘地寻食，并依靠下唇和舌将食物送入口内。舍饲时靠齿、舌和头部的特殊运动采食。

马主要靠切齿和上唇采食，马的上唇灵活，放牧时，可将草拨至上、下切齿之间切断，并靠头部牵引动作把不能咬断的草茎扯断。舍饲时，也靠唇的运动将饲料送入口腔。

动物饮水时，上、下唇合拢，中间留一小缝，伸入水中，然后下颌下降，舌向咽部后移，使口腔内形成负压，将水吸入口内。仔畜吮乳也是靠下颌和舌的节律性运动，使口腔内负压加大，将母乳吸入口腔内。

(2)咀嚼　饲料进入口腔后便开始咀嚼活动，咀嚼是指在咀嚼肌的收缩和舌、颊的配合运动下，食物在口腔内被牙齿压磨粉碎和混合唾液的过程。牛、羊等反刍动物在采食时并不充分咀嚼，待反刍时再咀嚼；猪咀嚼食物比较细致；肉食动物咀嚼很不充分。

咀嚼的次数和时间与饲料的性质有关。细碎、湿软的饲料比粗长、干硬的饲料咀嚼次数少，咀嚼的时间也较短。咀嚼时，咀嚼肌加强，消耗大量的能量。因此，事先对饲料进行加工(粉碎、浸泡等)，可以节省动物的能量消耗。

咀嚼的作用是：①将饲料粉碎，破坏植物细胞的纤维素壁，暴露其内容物，有利于消化。②饲料粉碎后便于与唾液混合，以利于形成食团，便于吞咽。③反射性地引起消化腺分泌和胃肠运动，为下一部消化做准备。

2. 唾液分泌

唾液是由腮腺、颌下腺、舌下腺以及口腔黏膜中许多小腺体所分泌的混合物。

(1)唾液的性状和成分　唾液为无色透明的黏性液体,呈弱碱性反应,相对密度1.001～1.009。平均pH反刍动物为8.2,猪7.32,犬和马7.56。主要由水分(占99%)及少量有机物和无机物组成。有机物主要是黏蛋白和其他蛋白质。猪的唾液中含有少量唾液淀粉酶;哺乳期的幼畜(如犊牛)唾液中还含有脂肪分解酶。无机物种类很多,但以Na^+、K^+、Cl^-、H^+、HCO_3^-为基本成分,其中K^+和HCO_3^-的含量特别高,甚至高于血浆中的浓度,而Na^+和Cl^-则相对较低。此外,唾液中还含多种激素如性激素等,而且随生理状态不同而变化。

动物一昼夜唾液分泌量,牛100～120 L,羊8～13 L,猪约15 L,马约40 L,但往往受饲料性质的影响而发生变化。

(2)唾液的生理功能　主要有以下几个方面:①湿润口腔和饲料,便于咀嚼和吞咽。②溶解食物中的各种可溶性物质,引起味觉。③清洗口腔内的食物残渣,冲淡、中和有害物质。④唾液中含有溶菌酶,可杀灭口腔内的细菌。⑤猪唾液中含有唾液淀粉酶,能将淀粉分解为糊精和麦芽糖。⑥哺乳期幼畜的唾液含有脂肪分解酶,能分解乳脂产生游离脂肪酸。⑦反刍动物唾液中含有大量的碳酸氢钠,能中和瘤胃微生物发酵所产生的有机酸,以维持瘤胃内适宜的酸碱度,保证微生物正常活动。⑧水牛、犬等汗腺不发达,可借唾液中水分蒸发来调节体温。⑨反刍动物有大量尿素经唾液进入瘤胃,参与机体的尿素再循环,以减少氮的损失。

(3)唾液分泌的调节　唾液分泌主要是神经反射性调节,包括非条件反射和条件反射两类。

①非条件反射性分泌。是食物对口腔的机械、化学和温度等刺激引起口腔黏膜和舌的感受器兴奋所发生的反射性分泌。冲动经传入纤维(在第Ⅴ、第Ⅶ、第Ⅸ、第Ⅹ对脑神经中)到达中枢,再由传出神经到唾液腺,引起唾液分泌。唾液分泌的初级中枢在延髓,更高级中枢位于下丘脑和大脑皮层。传出神经主要为副交感神经纤维(在第Ⅶ、第Ⅸ对脑神经中),其次是交感神经纤维。副交感神经兴奋时唾液的分泌量大,含有机物少,同时伴有唾液腺的血管扩张。当交感神经兴奋时,分泌的唾液量少,含有较多的唾液蛋白。

②条件反射性分泌。是指动物采食时,由食物的气味、形状以及与饲喂有关的一系列信号所引起的唾液分泌。其传入纤维在第Ⅰ、Ⅱ、Ⅷ对脑神经中。

3. 吞咽

吞咽是食团由口腔经食管进入胃的复杂的神经反射过程。它由口腔、咽及食管的协调运动共同完成。吞咽过程可分为三期。

(1)口腔期　发生在口腔。借助舌的活动,将食团由口腔送达咽部,并启动吞咽。这一过程是在大脑皮层控制下的随意动作,因此也称为随意期。

(2)咽期　食团由咽推进到食管前段。当食团进入口腔后段和咽部时,刺激咽部的感受器,引起一系列肌肉的反射性收缩。这时软腭上举,阻断鼻腔和口腔的通路,同时会厌软骨翻转盖住喉口,呼吸暂停,食管口舒张,咽肌收缩,将食团挤入食管前段。

(3)食管期　食团沿食管后行入胃,由食管的蠕动完成。

二、胃内消化

1. 单胃消化

(1)胃液及其分泌调节　胃液是胃黏膜各种腺体所分泌的混合液。

①胃液的性质、成分和作用。胃液为无色透明、含有黏液的酸性液体，pH 一般为 0.5～1.5。胃液由水、电解质以及有机物组成，其中电解质有 Na^+、K^+、Cl^-、H^+、HCO_3^- 等；有机物有胃蛋白酶、胃脂肪酶、黏液和内因子等。

Ⅰ.盐酸　由壁细胞分泌，主要作用为：激活胃蛋白酶原，使其转变为有活性的胃蛋白酶，并为胃蛋白酶的消化提供适宜的酸性环境；杀灭进入胃内的细菌；盐酸随食糜进入小肠，可促进胰液、胆汁、小肠液的分泌；有利于铁和钙在小肠内吸收。

Ⅱ.胃消化酶　胃液中的消化酶有胃蛋白酶、胃脂肪酶和凝乳酶。

胃蛋白酶　由胃底腺的主细胞和黏液细胞分泌，刚分泌出来是不具活性的胃蛋白酶原，它与盐酸，特别是与已被激活的胃蛋白酶和盐酸的混合物接触后，就转变成有活性的胃蛋白酶。胃蛋白酶的最适 pH 为 1.8～3.5，pH 超过 5 时便失去活性。胃蛋白酶能将蛋白质水解生成朊、胨以及少量的多肽和氨基酸。

胃脂肪酶　由主细胞分泌，在胃液中含量少(幼畜较多)，活性弱，只能将乳化的脂肪分解成甘油和脂肪酸。胃脂肪酶的最适 pH 为 4～5。在肉食动物胃液中含有少量丁酸甘油酯酶，它可将丁酸甘油酯分解成甘油和脂肪酸。

凝乳酶　也由主细胞分泌，哺乳幼畜胃液中含量高，刚分泌出来也为不具活性的酶原，在酸性条件下激活为凝乳酶。凝乳酶能将乳中的酪蛋白原转变成酪蛋白，后者与钙离子结合生成不溶性的酪蛋白钙，使乳汁凝固，从而延长乳汁在胃内的停留时间，以利于胃液对它充分消化。凝乳酶的最适 pH 为 4～5。

Ⅲ.黏液　黏液的主要成分是糖蛋白，胃内的黏液有可溶性黏液和不溶性黏液两种。

可溶性黏液由胃底腺颈黏液细胞、贲门腺和幽门腺的黏液细胞共同分泌。迷走神经兴奋时主要引起可溶性黏液的分泌。可溶性黏液能与胃液的其他成分混合润滑胃内食糜，以免损伤胃黏膜，并有利于胃内容物后移。

不溶性黏液由胃黏膜上皮细胞分泌，这种黏液黏稠度很大，呈胶冻状。胃内局部的机械性刺激和化学性刺激可使其大量分泌，在胃黏膜表面形成 1 mm 厚的黏液胶体层，与胃黏膜上皮细胞分泌的 HCO_3^- 构成胃黏液屏障，即黏液-碳酸氢盐屏障。可保护胃黏膜免受食物的摩擦损伤，防止胃酸和胃蛋白酶对胃黏膜的破坏。

Ⅳ.内因子　是壁细胞分泌的一种糖蛋白。其作用是保护维生素 B_{12} 免受小肠内蛋白水解酶的破坏并促进维生素 B_{12} 在回肠吸收。内因子的作用机制是通过两个活性部位完成的：一个部位与食物中的维生素 B_{12} 结合形成复合物，从而保护了维生素 B_{12}；另一个部位与回肠黏膜上皮细胞膜上的特异性受体结合，促进维生素 B_{12} 的吸收。维生素 B_{12} 参与红细胞的生成过程，因此，内因子的缺乏，会出现巨幼红细胞性贫血。

②胃液分泌的调节。胃液分泌受神经和体液的调节。由进食引起的胃液分泌的增加，称为消化期分泌。按照接受食物刺激部位的先后，将消化过程中的胃液分泌分为头期、胃期、肠期，实际上这三个时期胃液的分泌几乎是同时开始、互相重叠的。

Ⅰ.头期　头期的胃液分泌是由于食物刺激头部感受器而引起的。可用“假饲”实验证明。事先将犬的食管切断，并在胃部造瘘，食物经口腔进入食管后，随即从食管切口处流出体外，食物虽未进入胃内，但却引起胃液分泌(图 11-24)。

头期胃液分泌包括条件反射和非条件反射两种机制。条件反射引起的胃液分泌是由食物的形状、气味、声音等刺激作用于视、嗅、听等感受器，分别由第Ⅰ、第Ⅱ、第Ⅷ对脑神经传入中

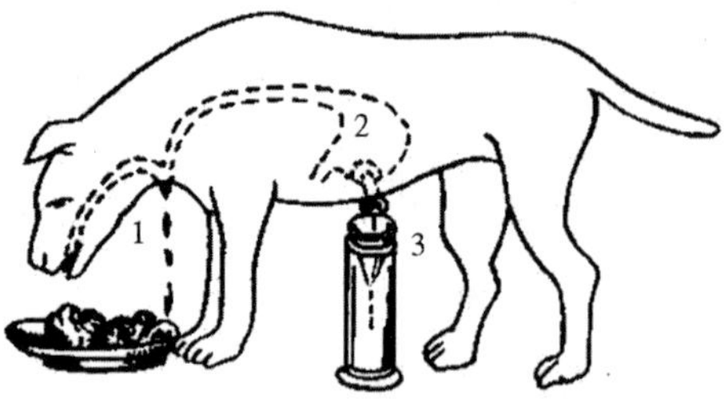

图 11-24 用假饲法获得胃液

1. 食物从食管切口流出 2. 胃 3. 胃液从胃瘘流出

枢引起的。非条件反射性胃液分泌是由进食动作引起的。当咀嚼和吞咽食物时，食物刺激了口腔和咽部等处的机械和化学感受器，经由第Ⅴ、第Ⅶ、第Ⅸ、第Ⅹ对脑神经传入而反射性引起胃液分泌。反射中枢位于延髓、下丘脑、边缘系统及大脑皮层，传出神经是迷走神经。迷走神经兴奋引起胃液分泌有两种机制：一是直接刺激壁细胞；二是刺激G细胞及肠嗜铬样细胞，分别释放促胃液素和组胺，间接促进胃液的分泌(图 11-25)。

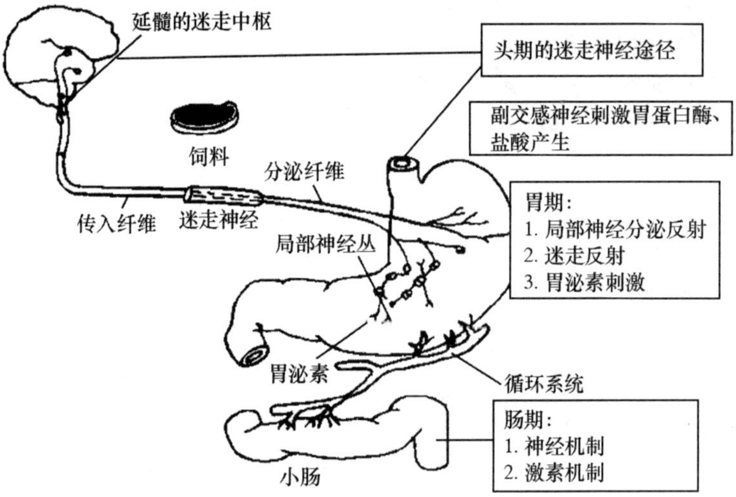

图 11-25 胃液分泌的时相及其调节

头期胃液分泌的特点是：持续时间较长，分泌量大，酸度和胃蛋白酶的含量都较高，消化力强。头期胃液的分泌量与食欲有关，食欲旺盛时分泌量就多。

Ⅱ. 胃期　由食物进入胃后直接刺激胃部的感受器而引起的胃液分泌。其主要途径是：扩张刺激胃体和胃底部的感受器，通过迷走-迷走长反射(传入和传出神经都是迷走神经)和壁内神经丛的短反射引起胃液分泌；扩张刺激胃幽门部，通过壁内神经丛释放乙酰胆碱，作用于幽门部G细胞引起促胃液素的释放，使胃液分泌增加；食物中的蛋白质消化产物(如多肽、氨基酸)直接作用于G细胞引起促胃液素的释放，胃液分泌增加。

胃期胃液分泌的特点是：胃液酸度高，但胃蛋白酶含量少，消化力比头期弱。

Ⅲ. 肠期　是胃内食糜进入小肠后刺激小肠黏膜而引起的胃液分泌。其分泌机制主要受体液调节，食糜刺激十二指肠G细胞引起促胃液素的释放；食糜还可刺激十二指肠黏膜，使其释放肠泌酸素，刺激胃液分泌。此外，小肠吸收的氨基酸也可能参与肠期胃液的分泌。

肠期胃液分泌的特点是：胃液分泌量少，约占消化期胃液分泌总量的10%。且酸度和胃蛋白酶含量的均较低。

正常消化期胃液的分泌除上述兴奋因素外，还受到各种抑制因素的调节。在消化期内，盐酸、脂肪和高渗溶液是抑制胃液分泌的主要因素。当幽门窦 pH 降为 1.2～1.5 时，胃内的盐酸通过抑制 G 细胞释放促胃液素和刺激 D 细胞释放生长抑素，可抑制胃液分泌。当十二指肠内的 pH 降到 2.5 以下时，盐酸还可刺激小肠黏膜释放促胰液素，其对促胃液素引起的胃酸分泌有明显的抑制作用。脂肪及其消化产物主要是通过刺激前段小肠，使之产生抑制性物质，抑制胃液分泌和胃的运动。高渗食糜进入十二指肠后，可刺激小肠内的渗透压感受器，通过肠-胃反射以及刺激小肠黏膜释放一种或多种抑制性激素而抑制胃液分泌。

（2）胃运动　胃的运动使胃能够容纳进食时摄入的大量食物，并对食物进行机械性消化，使之与胃液混合形成食糜，将食糜向十二指肠推送。

①胃运动的形式。主要有以下几种：

Ⅰ.容受性舒张　当咀嚼和吞咽时，食物刺激咽和食管等处的感受器，通过迷走神经反射性引起胃壁平滑肌的舒张，胃容量扩大，称为容受性舒张。这种功能使胃能容纳大量食物，而胃内压变化不大。

Ⅱ.紧张性收缩　胃壁平滑肌经常保持一定程度的缓慢而持续的收缩状态，称之为紧张性收缩。胃的紧张性收缩能使胃维持一定的形态、位置和保持一定的胃内压，促进胃液渗入食糜，有利于化学性消化。此外，还有利于胃内容物向幽门方向移动。

Ⅲ.蠕动　胃的蠕动是起始于胃中部并逐渐向幽门方向推进的环形收缩波，蠕动波初起时，波幅较小，以后逐渐加强，速度也渐增快，当接近幽门时明显增强，可将一部分食糜排入十二指肠。当收缩波超越胃内容物先行到达胃窦，引起胃窦部收缩，可将一部分食糜反向推回胃体。食糜的这种反向移动有利于食糜与胃液的充分混合和对食物进行机械性与化学性消化。

②胃运动的调节。包括神经调节和体液调节。

神经调节　胃运动受迷走神经和交感神经双重支配。迷走神经兴奋时，末梢释放乙酰胆碱，与平滑肌细胞膜上的 M 受体结合，使胃壁肌肉收缩，胃的紧张性收缩和蠕动运动增强；交感神经兴奋，末梢释放去甲肾上腺素，它与平滑肌细胞膜上的 β_2 受体相结合，使胃壁肌肉舒张，因此胃运动减弱。此外，食物对胃壁的机械和化学刺激，可通过壁内神经丛引起局部的平滑肌紧张性收缩增强，蠕动波传播的速度加快。

体液调节　许多胃肠激素在调节胃的运动中具有重要作用，促胃液素、促胃动素可使胃的运动加强，而生长抑素、促胰液素（胰泌素）、抑胃肽则抑制胃的运动。

（3）胃的排空　胃内食糜分批由胃排入十二指肠的过程称为胃排空。胃排空的动力来源于胃的收缩运动以及由此形成的胃与十二指肠之间的压力差。在胃消化过程中，随着胃的紧张性和蠕动逐渐加强，胃内压随之升高，当胃内压超过十二指肠内压时，食糜就排入十二指肠。当胃运动减弱，胃内压降低，压力差减小时，胃排空就停止。

胃的排空受来自胃和十二指肠两方面因素的影响：

①胃内容物促进胃排空。胃内容物对胃壁的扩张刺激，通过迷走-迷走反射和壁内神经丛反射，使胃的运动加强，胃排空加快。食物的扩张刺激和某些化学成分，特别是蛋白质的消化产物，可引起促胃液素的释放，促胃液素能增强胃体和胃窦的收缩，但由于它同时也增强幽门括约肌的收缩，所以其净作用不是促进胃排空，而是延缓胃排空。

②十二指肠内容物抑制胃排空。在十二指肠壁上存在着多种感受器，食糜中的盐酸、脂肪、高渗溶液及机械扩张等因素，都可刺激这些感受器，反射性地抑制胃运动，使胃排空减慢，这个反射称为肠-胃反射。其传出冲动可通过迷走神经、壁内神经丛，甚至还可能通过交感神经等多条途径到达胃。当过量食糜，特别是盐酸和脂肪进入十二指肠后，还可刺激小肠前段黏

膜释放胆囊收缩素、促胃液素、促胰液素、抑胃肽等抑制胃的运动，从而抑制胃排空。

随着十二指肠内的盐酸被中和，消化产物被吸收，渗透压降低，它们对胃的抑制作用逐渐消失，胃的运动又增强，当胃内压再次超过十二指肠内压时，幽门窦又开放，再次出现胃排空，如此反复进行。可见胃排空是间断性的，使胃内容物逐次排入十二指肠，从而与小肠内消化和吸收的速度相适应。

2. 复胃消化

反刍动物的胃为复胃，由瘤胃、网胃、瓣胃和皱胃四个室构成，前三个室合称前胃。前胃的黏膜内无消化腺，不分泌消化液。皱胃能分泌消化液。复胃消化与单胃消化主要的区别在于前胃，皱胃与单胃相似。

(1)瘤胃和网胃的消化　饲料内 70%～85%的可消化干物质和约 50%粗纤维在瘤胃内消化，产生挥发性脂肪酸(VFA)、CO_2、CH_3以及合成蛋白质和 B 族维生素。因此，瘤胃(包括网胃)消化在反刍动物的整个消化过程中占有特别重要的地位。在瘤胃内进行消化代谢过程中，微生物起着主导作用。

①瘤胃内微生物的生存条件。瘤胃环境是适于厌氧微生物生存并繁殖的良好场所。它具有如下特点：

Ⅰ. 营养环境　食物连续稳定地进入瘤胃，瘤胃节律地运动，使未消化的食物与微生物均匀的混合，为微生物提供充足的营养。

Ⅱ. 水　瘤胃中相对稳定的水含量是微生物活动所必需的条件。瘤胃内的水除摄入的以外，主要来自唾液。

Ⅲ. pH　饲料发酵产生的大量酸可被唾液中的 HCO_3^- 中和，产生的挥发性脂肪酸不断地被吸收入血，瘤胃的食糜也不断地排入后段消化道，使 pH 维持在 5.5～7.5。

Ⅳ. 温度　瘤胃微生物发酵产热，因此瘤胃内温度一般维持在 38.5～41 ℃，略高于体温。

Ⅴ. 厌氧环境　瘤胃内高度乏氧，瘤胃上部的气体多为 CO_2、CH_4 和少量的 N_2、H_2、O_2 等气体。即使随食物进入瘤胃一些氧气，也很快被微生物繁殖所利用。这对维持瘤胃厌氧微生物区系的稳定和功能极为重要。

瘤胃微生物主要为厌氧性的纤毛虫、细菌和真菌。它们种类复杂，数目极多，并随饲料性质、饲喂制度及动物年龄等因素而发生变化。据统计，1 g 瘤胃内容物中，含细菌为 150 亿～250 亿个，纤毛虫为 60 万～180 万个，总体积约占瘤胃液的 3.6%，其中细菌和纤毛虫约各占一半。

②瘤胃内的消化代谢过程。在瘤胃微生物作用下，饲料在瘤胃内发生一系列复杂的消化过程。

Ⅰ. 糖类的消化和代谢　反刍动物饲料中的纤维素、半纤维素、淀粉、戊聚糖、蔗糖、葡萄糖等，均能被瘤胃内微生物群发酵。其中可溶性糖发酵速度最快，淀粉次之，纤维素和半纤维素最慢。

瘤胃内微生物发酵的纤维素，占胃内纤维素总量的 40%～50%，纤维素经发酵，可分解为纤维二糖、己糖及丙酮酸，最后形成挥发性脂肪酸、二氧化碳和甲烷等。挥发性脂肪酸被前胃吸收后，其为动物提供的能量占机体所需能量的 60%～70%，其中的乙酸和丁酸是泌乳期反刍动物生成乳脂的主要原料，被乳牛瘤胃吸收的乙酸约有 40%为乳腺所利用。

瘤胃微生物在发酵糖类产生挥发性脂肪酸的同时，还能把分解出来的单糖和双糖转化为自身的糖原，并贮存于其体内，待微生物到达皱胃时，就被盐酸杀死释放出糖原。随食糜进入小肠后，经相应酶的作用分解为单糖，再被动物吸收利用，成为反刍动物机体的葡萄糖来源之一。

Ⅱ.蛋白质的消化和代谢　反刍动物能同时利用饲料中的蛋白氮和非蛋白氮，构成微生物蛋白质供机体利用。

进入瘤胃的饲料蛋白，一般有30％～50％未被瘤胃微生物分解而排入后段消化道，其余50％～70％被微生物蛋白酶分解为肽类和氨基酸。大部分氨基酸在被微生物脱氨基酶的作用下，脱去氨基而生成氨、二氧化碳和有机酸。而某些肽和少量氨基酸可直接进入细菌细胞，氨则是许多细菌的主要氮源。

饲料中的非蛋白含氮物，如尿素、铵盐和酰胺等，被微生物分解后也产生氨。一部分氨被细菌用作氮源，合成菌体蛋白；另一部分氨被瘤胃壁吸收入血液，经血液运送到肝脏，在肝内通过鸟氨酸循环再生成尿素。一部分随唾液重新进入瘤胃，另一部分通过瘤胃上皮又弥散到瘤胃内，其余则随尿排出。进入瘤胃的尿素，被细菌分泌的尿素酶重新分解为二氧化碳和氨，再次被微生物利用。这一过程称为尿素再循环(图11-26)。尿素再循环对于提高饲料中含氮化合物的利用率具有重要意义，尤其在低蛋白日粮条件下，反刍动物可通过尿素再循环保证微生物有充足的氮源。

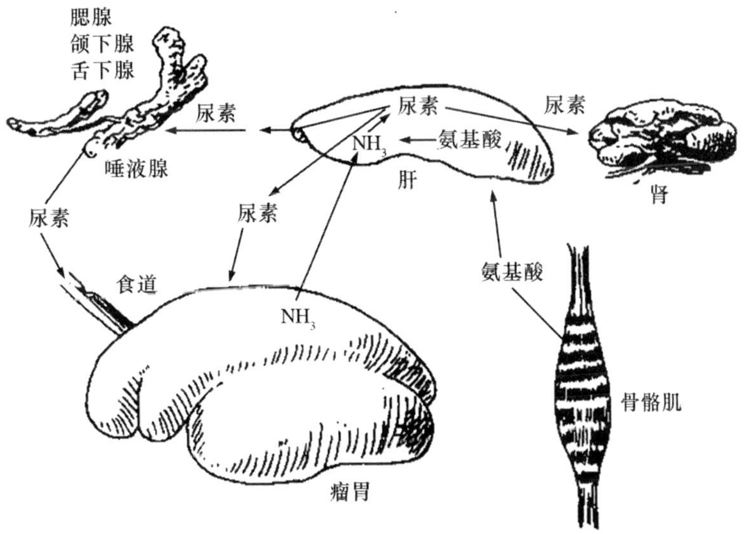

图11-26　反刍动物的尿素再循环

瘤胃微生物能直接利用氨基酸合成蛋白质，或先利用氨合成氨基酸后再转变成微生物蛋白质。当利用氨合成氨基酸时，还需要碳链和能量。糖、挥发性脂肪酸和二氧化碳是主要的碳链来源，糖还提供能量。

Ⅲ.脂肪的消化和代谢　瘤胃微生物能够水解饲料中的脂肪，生成甘油和脂肪酸。其中甘油发酵生成丙酸，少量被转化为琥珀酸和乳酸。饲料中的脂肪酸和脂肪分解生成的脂肪酸，均不被分解。只有不饱和脂肪酸经加水氢化，转变成饱和脂肪酸。因此反刍动物的体脂和乳脂所含的饱和脂肪酸比单胃动物要高得多。瘤胃微生物还可以利用挥发性脂肪酸合成脂肪酸，特别是奇数长链脂肪酸和支链脂肪酸，作为它形成磷脂的主要成分。

Ⅳ.维生素的合成　瘤胃微生物能够合成 B 族维生素(如硫胺素、核黄素、生物素、烟酸、泛酸、吡哆醇和维生素 B_{12})和维生素 K。在一般情况下,即使日粮中缺乏这些维生素,也不影响反刍动物的健康。但瘤胃微生物不能合成维生素 A、维生素 D、维生素 E,必须由日粮补充。幼龄反刍动物由于瘤胃发育不完善,微生物区系不健全,维生素合成作用较弱。

③气体的产生与嗳气。瘤胃微生物在发酵过程中,不断产生大量气体,牛一昼夜可产生气体 600～1 300 L,主要是二氧化碳和甲烷。此外,还有少量的氮、氢、氧和硫化氢等。这些气体大部分是通过嗳气排出的。

嗳气是一种反射动作。当瘤胃内气体增多时,刺激瘤胃壁上的牵张感受器,冲动经迷走神经传到延髓嗳气中枢。中枢的兴奋通过迷走神经传出引起背盲囊收缩,开始了瘤胃第二次收缩(B 波),由后向前推进,压迫气体进入瘤胃前庭。同时网胃褶收缩,阻挡食糜前涌,由于网胃松弛,贲门区的液面下降,贲门口舒张,于是气体被驱入食管。此时,整个食管几乎同时收缩,内压升高,大部分气体由口逸出(约占 75%),小部分随张开的声门进入呼吸系统,由肺毛细血管吸收进入血液。嗳气是反刍动物稳定瘤胃机能的重要生理功能。嗳气的抑制可引起瘤胃臌气,甚至造成死亡。

④前胃的运动及其调节。瘤胃、网胃和瓣胃的运动有着密切的联系,最先为网胃收缩,网胃接连收缩二次,第一次先收缩一半,即行舒张。这次收缩可将漂浮在网胃上部的粗糙饲草排入瘤胃前庭。接着进行第二次几乎完全的收缩,这次收缩可将稀软的食糜压入瓣胃。网胃二次收缩的全部过程可持续 10 s。采食时,每间隔 30～60 s 重复一次。当动物反刍时,在网胃第一次收缩之前还出现一次附加收缩,使网胃内食物逆呕回口腔。

当网胃第二次收缩至高峰时,瘤胃即开始收缩。瘤胃的收缩开始于瘤胃前庭,沿背囊向后向下转至腹囊,而后再经腹囊向前,最后终止于瘤胃前部。这是瘤胃的原发性收缩,称之为 A 波。瘤胃在 A 波收缩之后,有时还可发生一次单独的附加收缩,它的产生与网胃收缩无直接关系,是瘤胃的继发性收缩,称为 B 波,其作用与嗳气有关。B 波的运动方向与 A 波相反,开始于后腹盲囊或同时开始于后腹盲囊和后背盲囊,然后由后向前,最后到达主腹囊(图 11-27)。

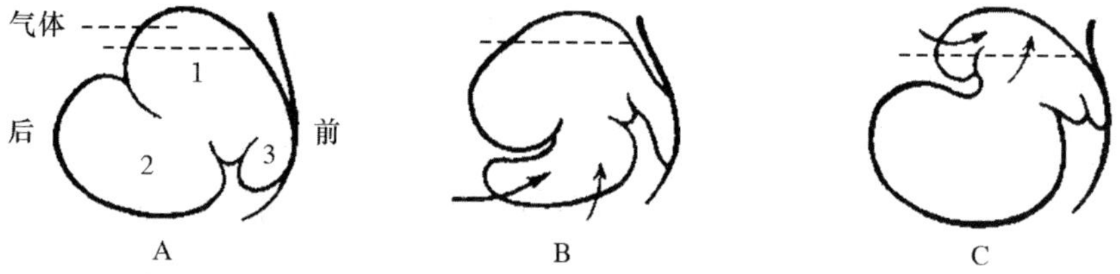

图 11-27　瘤胃运动简图

1.背囊　2.腹囊　3.网胃

A.全部舒张,休息　B.背囊舒张,腹囊收缩　C.背囊收缩,腹囊舒张,网胃收缩

正常瘤胃运动的次数,休息时平均为 1.8 次/min,进食时增加,平均可达 2.8 次/min,反刍时约为 2.3 次/min,每次瘤胃运动持续 15～25 s。

瓣胃的运动也起始于网胃收缩。瓣胃的运动比较缓慢,但强有力。

前胃的运动主要靠神经来调节。控制前胃运动的基本中枢在延髓,高级中枢在大脑皮层,传出神经为交感神经和迷走神经,前者兴奋时抑制运动,后者则加强运动。刺激口腔内的感受器(如咀嚼)或刺激前胃的机械和压力感受器,能够引起前胃的运动加强。刺激网胃的感受器可出现反刍和逆呕。前胃各部运动还受到其后段反射性抑制的制约。例如，皱胃充满时，瓣胃的运动变慢。瓣胃充满时，瘤胃和网胃的收缩减弱。刺激十二指肠感受器常引起前胃运动的抑制。各种体液因素也参与胃运动的调节。胃肠道激素如促胰液素、胆囊收缩素等对瘤胃运动有抑制作用；促胃液素对瘤胃运动有兴奋作用。

⑤反刍。反刍动物采食时，饲料大都未经充分咀嚼就吞咽进入瘤胃，经过瘤胃液浸泡和软化一段时间后，待休息时食物经逆呕重新回到口腔，经过再咀嚼，再次混入唾液并再吞咽进入瘤胃，这一过程称为反刍。反刍可分为四个阶段，即逆呕、再咀嚼、再混唾液和再吞咽。饲喂后通常经过 0.5～1 h 才出现反刍，每一次反刍持续时间平均为 40～50 min，然后间歇一段时间再开始第二次反刍，如此周期性进行。成年牛每昼夜进行 6～8 次反刍，幼畜次数更多。

逆呕是一个复杂的反射活动，粗糙饲料刺激网胃、瘤胃前庭和食管沟黏膜的感受器，冲动经传入神经（迷走神经）传到延髓的呕吐中枢。中枢的兴奋沿传出神经（主要是迷走神经）和与逆呕动作有关的膈神经和肋间神经传到网胃壁、食管沟、食管、呼吸肌以及与咀嚼和吞咽有关的各肌群，引起逆呕。逆呕动作首先由网胃发生附加收缩，使部分胃内容物上升至贲门口，然后声门关闭作吸气动作，引起胸内压急剧下降，使食管扩张。与此同时，瘤胃收缩，将贲门口的食团推入食管，经食管的逆蠕动使食团返回到口腔。口腔黏膜受到食团刺激，引起再咀嚼和再分泌唾液。经过再咀嚼和再混合唾液后的食团，重新吞咽进入瘤胃前庭。其中较细的部分经网胃和瓣胃进入皱胃。

经反刍使网胃和瘤胃内容物变为细碎状态后，一方面对网胃和瘤胃前庭的机械刺激减弱；另一方面由于细碎内容物转入瓣胃和皱胃，对瓣胃和皱胃的压力感受器产生刺激，反射性抑制网胃收缩，于是逆呕停止而进入反刍的间歇期。在间歇期，瓣胃和皱胃内的食糜陆续进入小肠，对瓣胃和皱胃压力感受器刺激减弱，从而对网胃收缩的抑制作用也就逐渐解除。同时，由瘤胃新进入网胃的粗糙饲料又刺激网胃、瘤胃前庭和食管沟黏膜的感受器，再次引起逆呕动作，反刍又重新开始。

⑥食管沟的作用。食管沟起自贲门，经网胃伸展到网瓣孔，它的结构和功能有明显的年龄特点。哺乳仔畜吸吮时，食管沟的唇状肌肉蜷缩形成几乎封闭的管道，乳汁可由食管沟和瓣胃沟进入皱胃。随着动物成长，食管沟就失去完全闭合的能力。

食管沟的闭合也是一种反射活动，感受器位于口腔和咽部的黏膜上，传入神经是舌神经、舌下神经和三叉神经的咽支。中枢位于延髓，传出神经是迷走神经。切断两侧迷走神经时，食管沟闭合反射消失。

食管沟闭合的程度与饮乳方式有关，犊牛在用桶喂乳时，由于缺乏吮吸刺激，食管沟闭合不全，往往有一部分乳汁漏入网胃和瘤胃内，乳汁在这里发酵产生乳酸，引起腹泻。

（2）瓣胃消化　瓣胃接受来自网胃的流体食糜，当这些食糜通过瓣胃的叶片之间时，大量水分被移去，因此食糜部分变干。水分一部分被瓣胃上皮吸收，另一部分当被叶片挤压出来时就流入皱胃。截流于叶片之间的较大食糜颗粒，被叶片的粗糙表面揉捏和研磨，使之变得更为细碎。瓣胃内约消化 20%纤维素，吸收约 70%食糜的 VFA。此外，氯化钠等也可在瓣胃内被上皮吸收。

瓣胃运动起着水泵样作用，当瘤胃第一次运动周期（即 A 波）中网胃的第二次收缩达到顶点时，网瓣孔开放，同时瓣胃管舒张，迫使食糜进入瓣胃体叶片之间。当瓣胃收缩时，内压升高，网瓣孔关闭，瓣胃内容物进入皱胃。

由瓣胃流入皱胃的食糜性状及分量变化很大，食糜排出的间隔时间也不规则。在网胃收缩时有少量液汁排出；在网胃收缩间隔期间，瓣胃食糜迅速排出，有时挤出成块的较干食糜。

(3)皱胃消化　皱胃的结构和功能与非反刍动物相似。皱胃底部是最主要的分泌区，分泌物中含有盐酸、胃蛋白酶，哺乳犊牛还含有较丰富的凝乳酶；含干物质1%左右，呈酸性，自由采食的绵羊 pH 为 1.05～1.32。

皱胃胃液分泌受神经及体液调节。皱胃黏膜释放促胃液素受迷走神经胆碱能纤维的控制。皱胃食糜 pH 是影响促胃液素释放的主要因素。来自瓣胃的食糜略呈酸性和具有高度缓冲性，使皱胃的 pH 升高，刺激促胃液素释放，因而促进胃液分泌。pH 降低则有抑制促胃液素释放和酸分泌量减少，这样使皱胃内酸度保持在 2～2.5。皱胃分泌还受十二指肠的反射性调节，扩大十二指肠或酸的刺激，可抑制胃底腺的分泌。

皱胃运动不如前胃那样富有节律。它的收缩与十二指肠的充盈度有关，十二指肠扩张时，皱胃收缩降低，十二指肠排空后，皱胃收缩增加。同样，皱胃的扩张可引起前胃运动的降低，进入皱胃的食糜减少。

一般情况下，胃体部处于静止状态，幽门窦出现强烈的收缩波，半流体的皱胃内容物随幽门运动而排入十二指肠。绵羊的皱胃食糜从幽门间歇地排入十二指肠，一次 30～40 mL，一昼夜总量 8.5～10 L。由于十二指肠有时出现逆蠕动，绵羊有 10%(山羊有 40%)食糜向皱胃回流。

皱胃运动受副交感神经支配。胃肠道激素是主要的体液调节因子，如 CCK、胰泌素、胃泌素等，前两者起抑制作用，后者则具有促进作用。

三、小肠内消化

1. 胰液及其分泌调节

(1)胰液的性质和成分　胰液是一种无色透明的碱性液体，pH 为 7.8～8.4。胰液中含有水分(90%)、无机物和有机物。无机物主要由小导管上皮细胞分泌，有 Na^+、K^+、Cl^- 和 HCO_3^- 等离子。Na^+、K^+ 的浓度与血浆内相近，而且比较稳定。有机物主要是多种消化酶，包括各种蛋白分解酶、淀粉酶、脂肪酶等。胰酶由腺泡细胞分泌。

胰液是连续分泌的，一昼夜分泌量，牛 6～7 L、绵羊 250～500 mL、猪 7～10 L、马 10～12 L。

(2)胰消化酶的生理功能

①胰蛋白分解酶。胰液中分解蛋白质的酶类主要有胰蛋白酶、糜蛋白酶和羧肽酶等，它们在初分泌时都是无活性的酶原。胰蛋白酶原可被肠液中的肠激酶激活，转变为有活性的胰蛋白酶。此外，胰蛋白酶也能激活胰蛋白酶原、糜蛋白酶原和羧肽酶原。胰蛋白酶和糜蛋白酶共同作用，水解蛋白质称为多肽，而羧肽酶则降解多肽为肽和氨基酸。此外，胰液中还有 RNA 酶、DNA 酶，可将核酸水解为单核苷酸。

②胰淀粉酶。是一种 α-淀粉酶，分泌后即具有活性，能分解一切淀粉和糖原，产生糊精和麦芽糖。胰淀粉酶的最适 pH 为 6.7～7.0。胰液中还有麦芽糖酶、蔗糖酶、乳糖酶等双糖酶，可将双糖进一步分解为单糖。

③胰脂肪酶。分泌后已具有活性，在胆盐的共同作用下，可将脂肪分解为甘油、甘油一酯和脂肪酸，其最适 pH 为 7.2～8.5。

(3)胰液分泌的调节　胰液分泌也受神经和体液调节,但以体液调节为主(图 11-28)。

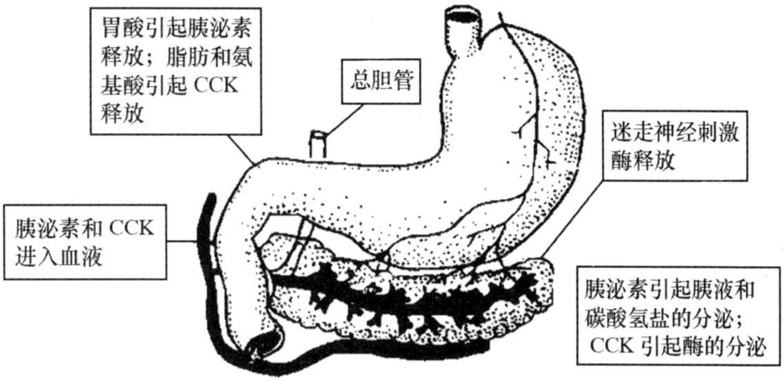

图 11-28　胰液分泌的调节

①神经调节。动物采食时,食物的形状、气味,食物对口腔、食管、胃和小肠的刺激,都可通过神经反射(包括条件和非条件反射)引起胰液分泌。反射的传出神经是迷走神经和交感神经。迷走神经兴奋时,其末梢释放的乙酰胆碱直接作用于胰腺,分泌黏稠、含酶量高的胰液。迷走神经还通过 G 细胞释放促胃液素,间接地引起胰腺分泌。支配胰腺的交感神经纤维包括肾上腺素能和胆碱能两种纤维,前者兴奋可使胰液分泌减少,后者兴奋可导致分泌增加。

②体液调节。体液调节是胰腺分泌的主要途径,特别是十二指肠分泌的一些激素,主要是促胰液素和胆囊收缩素。

促胰液素　酸性食糜进入十二指肠后,可刺激小肠黏膜 S 细胞释放促胰液素,其主要作用是促进胰腺小导管上皮细胞分泌大量的水和 HCO_3^-,因此胰液的分泌量大大增加,而消化酶的含量却很少。引起促胰液素释放的最强刺激因素是盐酸,其次是蛋白质分解产物和脂肪酸。

胆囊收缩素　也称促胰酶素,是由小肠黏膜 I 细胞释放的一种肽类激素,引起其释放的因素由强至弱依次分为:蛋白质分解产物、脂肪分解产物和盐酸。其主要作用是促进胰腺腺泡分泌含酶较多的胰液,并促进胆囊收缩排出胆汁。胆囊收缩素还可作用于迷走神经传入纤维,通过迷走-迷走反射促进胰酶分泌。

2. 胆汁及其排放调节

(1)胆汁的性质和成分　胆汁是一种具有苦味、黏稠的有色液体。刚从肝脏分泌出来的胆汁,称为肝胆汁,较稀薄,含水量为 96%～99%,呈弱碱性,pH 约 7.5。贮存在胆囊内的胆汁,称为胆囊胆汁,较黏稠,含水量为 80%～86%,呈弱酸性,pH 约 6.8。草食动物的胆汁呈暗绿色,猪的呈橙黄色,肉食动物的一般呈红褐色。一昼夜排出胆汁的总量,牛和马达 6 L,绵羊为 300～600 mL,猪(体重 20～30 kg)为 1.7～2.0 L。

胆汁的成分除水分外,还包括无机和有机成分。无机成分为一系列电解质,包括 Na^+、K^+、Ca^{2+}、Mg^2、Cl^-、HCO_3^- 等,其中以 Na^+、Cl^- 和 HCO_3^- 含量较高;有机成分主要包括胆盐、胆固醇、卵磷脂和胆色素等。

胆盐是肝细胞分泌的胆汁酸与甘氨酸和牛磺酸结合形成的钠盐或钾盐,它是胆汁参与消化和吸收的主要成分。胆色素是血红蛋白的分解产物,包括胆红素及其氧化产物胆绿素。胆色素的种类和浓度决定胆汁的颜色。胆固醇为体内脂肪代谢产物,其中一半转化为胆汁酸,另一半随胆汁排入十二指肠。

（2）胆汁的生理功能　胆汁中无消化酶，其消化功能主要是通过胆盐实现的。胆盐对脂肪的消化和吸收具有重要意义。①胆汁中的胆盐、胆固醇、卵磷脂可作为乳化剂，降低脂肪的表面张力，将脂肪乳化成微粒，使脂肪酶与脂肪的接触面积加大，加速脂肪的分解。②胆盐与脂肪酸结合形成水溶性复合物，促进脂肪酸的吸收。③胆盐能增强胰脂肪酶的活性，从而促进脂肪的消化和吸收。④促进脂溶性维生素（维生素 A、维生素 D、维生素 E、维生素 K）的吸收。⑤可以中和胃酸，维持肠内适宜的 pH。⑥可刺激小肠的运动。

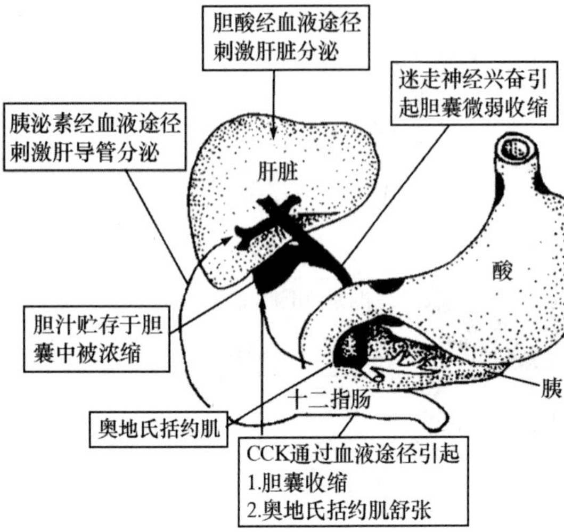

图 11-29　胆汁分泌和排出的调节

（3）胆汁分泌和排出的调节　胆汁的分泌和排出受神经和体液因素的调节，但以体液调节为主（图 11-29）。

①神经调节。进食动作和食物对胃、小肠的刺激，可反射性地引起胆汁的少量分泌、胆囊的轻度收缩以及胆汁的排出。反射的传出神经是迷走神经，并通过末梢释放乙酰胆碱直接作用于肝细胞和胆囊平滑肌细胞，也可通过迷走神经-促胃液素途径间接引起肝胆汁的分泌和胆囊收缩。交感神经兴奋时可起抑制性的作用。

②体液调节。体液因素也影响着胆汁的排出。

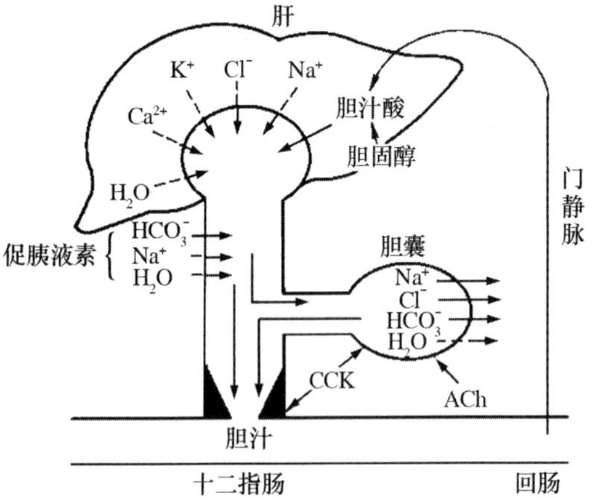

图 11-30　胆盐的肠-肝循环

胆盐　是促进胆汁分泌的主要体液因素，它随胆汁排到十二指肠后，绝大部分在回肠被重吸收入血，经门静脉重新回到肝脏，又再次成为胆汁的成分，这一过程称为胆盐的肠-肝循环（图 11-30）。回到肝脏的胆盐还能直接刺激肝细胞，促进肝胆汁的分泌。

促胃液素　可作用于肝细胞和胆囊，促进肝胆汁分泌和胆囊平滑肌收缩。也可引起胃酸分泌，然后由胃酸在十二指肠引起促胰液素的释放，间接促进肝胆汁分泌。

促胰液素　主要作用是刺激胰液分泌，同时具有促进肝胆汁分泌的作用。它主要作用于胆管系统而不是肝细胞，所以引起水和 HCO_3^- 含量增加，而胆盐的含量并不增加。

胆囊收缩素　是胆汁排出的主要体液因素，它由小肠黏膜产生并泌出后经血液循环到达胆管系统，可引起胆囊平滑肌的强烈收缩和胆管括约肌的舒张，使胆汁排入小肠。

一般情况下，胆汁排出与胰液分泌是同时进行的，这就保证了胆汁和胰液在消化脂肪时的协同作用。

3. 小肠液

小肠内有两种腺体，即十二指肠腺和小肠腺。十二指肠腺主要分布在十二指肠黏膜下层，分泌碱性液体，内含黏蛋白，能保护十二指肠黏膜免受胃酸的侵蚀。小肠腺分布于全部小肠的黏膜层内，可分泌水分、电解质和酶等。小肠液是十二指肠腺和小肠腺的混合分泌物。

(1)小肠液的性状和成分　小肠液是一种无色或灰黄色的碱性液体，pH 为 8.2～8.7，除含有大量的水外，无机成分有 Na^+、K^+、Cl^-、HCO_3^- 等；有机成分主要有黏白质和肠致活酶。

(2)小肠液的生理功能　小肠液中除了由小肠腺分泌的肠激酶可激活胰蛋白酶原变为胰蛋白酶外，在小肠黏膜上皮细胞表面还存在下列消化酶。

①肠肽酶。能把多肽分解成氨基酸。

②肠脂肪酶。肠液中含量少，能补充胰脂肪酶的不足，把脂肪分解为甘油和脂肪酸。

③分解糖类的酶。有蔗糖酶、麦芽糖酶和乳糖酶，可以把相应的双糖分解为单糖。

以上这些酶可催化在绒毛外表面的食物分解，分解产物随后进入小肠上皮细胞内，因此，小肠对食物的消化是在小肠上皮细胞纹状缘或上皮细胞内进行的。上皮细胞表面的消化酶可随脱落的细胞进入肠腔内，但对小肠内的消化不起作用。

(3)小肠液分泌的调节　肠液分泌受反射性调节。食糜对肠黏膜局部机械和化学性刺激通过肠壁内神经丛引起局部反射，是小肠液分泌的主要调节机制。小肠对扩张刺激最为敏感，食糜量越多，分泌就越多。刺激迷走神经可引起十二指肠腺分泌，刺激交感神经则抑制十二指肠腺分泌。用食物引诱动物时，小肠液分泌增加，证明大脑皮层对肠液分泌的影响。此外，胃肠激素也参与小肠液分泌的调节。如促胃液素、促胰液素、胆囊收缩素、血管活性肠肽都能促进小肠液分泌。

4. 小肠的运动

小肠运动是肠壁平滑肌收缩与舒张的结果。肠壁的内层平滑肌由环行肌组成，它的收缩使肠管的口径缩小；肠壁的外层平滑肌由纵行肌组成，它的收缩使肠管的长度缩短。这两层肌的协同收缩，使消化产物与肠黏膜密切接触以便吸收，并推送食物在肠内移动。

(1)小肠的运动形式　小肠运动形式除持续的紧张性收缩外，消化期的运动形式还有分节运动、蠕动和摆动运动。

①分节运动。是一种以小肠环形肌为主的节律性收缩和舒张运动。在食糜所在的一段肠管上，环行肌在许多点同时收缩，把食糜分成许多节段。几秒钟后，原来收缩处舒张，原来舒张处收缩，使原来的节段分成两半，而相邻两半则合成新的节段，如此反复进行，食糜不断地分开，又不断地混合。当持续一段时间后，由蠕动把食糜推送到下一段小肠，又在一个新肠段进行分节运动。分节运动促进食糜与消化液充分混合，便于进行化学消化。此外，还可使食糜与肠壁紧密接触，有利于营养物质的吸收(图 11-31)。

②蠕动。是一种速度缓慢的、向大肠方向推进的运动，由肠壁环行肌和纵行肌共同参与。食糜前面的纵行肌收缩，环行肌舒张，而食糜后面的环行肌则收缩，纵行肌舒张，从而推动食糜向后移动。小肠蠕动的速度较慢，一般每分钟推进几厘米。

此外，小肠还有一种进行速度较快(5～25 cm/s)和推进距离较长的蠕动，称为蠕动冲。有时在十二指肠和回肠末端还会出现与蠕动方向相反的蠕动，称为逆蠕动。蠕动与逆蠕动相互配合，使食糜在小肠内来回移动，延长食糜的停留时间，以便有足够的时间进行充分的消化和

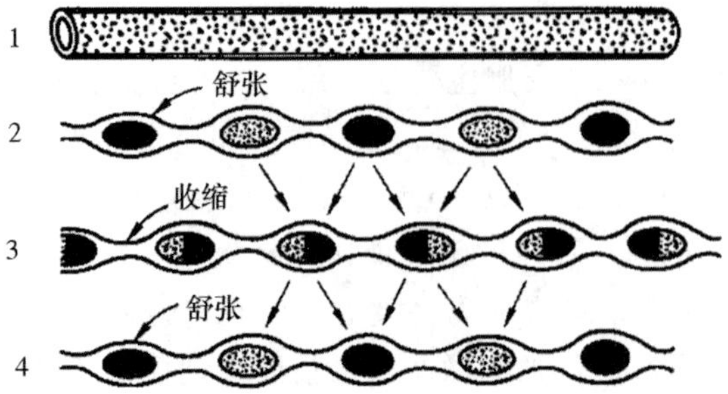

图 11-31 小肠分节运动模式图

1.肠管表面观 2、3、4.肠管纵切面

（表示不同阶段的食糜节段分割与合拢的情况）

吸收。

③摆动运动。是以纵行肌为主的节律性舒缩为主的运动。当食糜进入一段小肠后，这一段小肠两侧的纵行肌交替舒缩，使肠段左、右摆动。这种方式使食糜与消化液充分混合，很少向前推进食糜，有利于消化和吸收。在草食动物，此种运动表现得较为明显。

小肠运动的频率和强度由前向后渐次降低。小肠内食糜在后移过程中，产生类似流水或含漱的声音，称为小肠音。肠运动增强时，小肠音增强；肠运动减弱时，小肠音减弱。

(2)小肠运动的调节 小肠平滑肌具有的节律性运动，在整体中受神经和体液的调节。

①神经调节。神经系统对小肠运动的调节通过内在神经和外来神经两个系统协调完成。肌间神经丛对小肠的运动起重要调节作用，小肠内容物的机械和化学刺激作用于肠壁感受器，通过局部反射可引起小肠蠕动加强。外来神经的作用，一般来说，迷走神经兴奋时小肠运动增强，交感神经兴奋时小肠运动减弱，它们的作用一般是通过小肠的壁内神经丛实现的。但外来神经的作用效果与小肠平滑肌的所处状态有关，若肠道平滑肌紧张性高，无论是迷走神经还是交感神经兴奋均能使其活动减弱；反之，若肠道平滑肌的紧张性低，则两种神经兴奋都能使其活动增强。

②体液调节。小肠壁内神经丛和平滑肌对各种化学物质具有广泛地敏感性，除各种神经递质外，胃肠道激素是小肠运动的主要调节因素，如促胃泌素、胆囊收缩素、促胃动素、胰岛素和 5-羟色胺可促进小肠运动。促胰液素、血管活性肠肽、胰高血糖素、抑胃肽和生长抑素能抑制小肠运动。

四、大肠内消化

1. 大肠液的分泌

大肠液是由大肠黏膜内的肠腺和黏膜上皮杯状细胞分泌的一种碱性液体，pH 为 8.3～8.4，主要成分是碳酸氢盐和黏蛋白，可能还有微量的二肽酶和淀粉酶，但它们对食物的消化作用不大。大肠液中的碳酸氢盐能中和大肠内微生物发酵所产生的酸、黏蛋白有保护肠黏膜和润滑粪便的作用。

大肠液的分泌主要由食物残渣对肠壁的直接机械刺激或通过局部壁内神经丛反射所引起。副交感神经兴奋时，大肠液分泌增加；而交感神经兴奋则分泌减少。

2. 大肠内微生物消化

食糜经小肠消化后，其残余部分逐渐进入大肠。不同动物由于饲料和消化道情况不同，大肠中的微生物也有很大差异。

(1)草食动物大肠内消化 草食动物的大肠是消化纤维素的最重要场所，尤其是马属动物和兔等单胃动物。草食动物的大肠容积很大，与反刍动物的瘤胃相似，能维持微生物适宜的生活环境，在微生物和小肠消化酶作用下，未被消化的营养物质可被继续分解。

大肠内微生物可将纤维素发酵生成挥发性脂肪酸、二氧化碳和甲烷等。挥发性脂肪酸可被机体吸收利用。大肠内微生物能分解蛋白质、氨基酸和尿素产生大量氨，氨被吸收后在体内生成尿素，再从血液扩散到大肠，氨和尿素又可被细菌合成蛋白质。此外，大肠内的微生物也能合成B族维生素和维生素K，吸收后供机体利用。

(2)肉食动物大肠内消化　肉食动物的大肠内容物中，未被消化的蛋白质能够被腐败菌分解为吲哚、粪臭素(甲基吲哚)、酚、甲酚等有毒物质。这些物质部分由肠壁吸收入血，在肝脏中经解毒后随尿排出，其余则随粪便排出。脂肪被分解为脂肪酸、甘油。糖类被分解为单糖及其他产物，如草酸、甲酸、乙酸、丁酸、乳酸、CO_2、甲烷和氢等。

(3)杂食动物大肠内消化　在一般的植物性饲料条件下，猪大肠内的消化与草食动物相似，即微生物消化占主导地位，可以分解纤维素和及其他糖类产生有机酸(乳酸和低级脂肪酸)。猪大肠内的细菌能分解蛋白质、多种氨基酸和利用尿素，产生氨、胺类及有机酸。还能合成B族维生素和高分子脂肪酸。

3. 大肠的运动及其调节

大肠运动的特点是运动速度较慢，收缩力弱。节律性分节运动和摆动运动都不像小肠那样明显。盲肠和结肠除有蠕动外，还有逆蠕动，它配合蠕动，推动食糜在一定肠管内来回移动，使食糜能在大肠中停留较长时间，增进吸收，并造成微生物活动的良好条件。此外，结肠还有一种进行得很快，且推进很远的蠕动，称为集团蠕动，它能把肠内容物向直肠方向推进。

伴随大肠的运动和食糜的移动，发生类似雷鸣或远炮的声音，称为大肠音。

支配大肠的交感神经为肠系膜后神经和腹下神经，副交感神经为迷走神经和盆神经。交感神经兴奋时，能抑制大肠运动。而副交感神经兴奋时，则促进大肠运动。大肠壁内的神经丛对机械或化学刺激起局部调节作用。

4. 粪便的形成和排出

食糜经消化吸收后，其残渣进入大肠后段，水分被大量吸收，大肠内容物逐渐浓缩形成粪便。粪便中除了食物残渣之外，还有消化管脱落的上皮细胞、黏液、胆汁、酶、胆固醇以及经肠壁排出的矿物质和大量的微生物。

粪便量随动物采食量和饲料性质而定。每天排粪的次数，牛、羊为10～20次，猪4～8次，马5～12次。每天排粪量，牛为25～35 kg，羊1～3 kg，猪4～6 kg，马10～12 kg。

排便是一种反射动作，结肠的周期性集团运动，使粪便在直肠内不断聚积，平时肛门外括约肌紧闭，粪便不宜泻出。当直肠充满粪便后，刺激直肠壁内的压力感受器，冲动沿盆神经和腹下神经，传至脊髓腰荐段的初级排便中枢，并由此上传至大脑皮层，信号经整合后，冲动经盆神经传出，使直肠收缩，肛门内括约肌舒张，同时阴部神经抑制，肛门外括约肌舒张，排出粪便。如果腰荐脊髓受到损伤，括约肌紧张性收缩丧失，会引起排便失禁。

五、吸收

吸收是指食物的消化产物、水分和无机盐等通过消化道黏膜上皮细胞进入血液和淋巴的过程。被吸收的营养物质由血液循环输送到身体各组织中，供机体代谢利用。因此，吸收功能对于维持机体正常生命活动具有重要的生理意义。

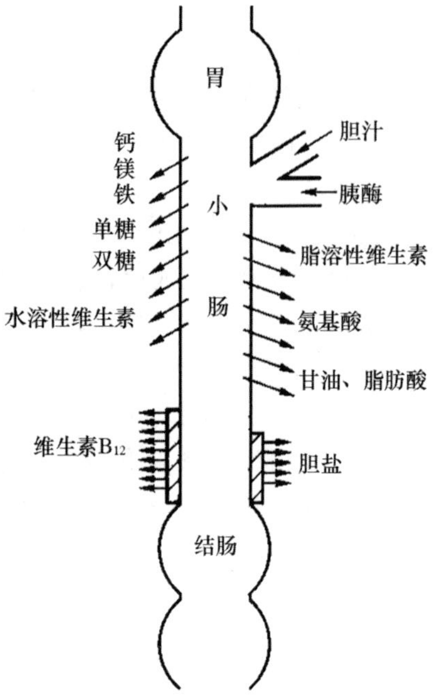

图 11-32 各种主要营养物质在小肠的吸收部位示意图

1. 吸收部位

消化道不同部位的吸收能力和吸收速度不同，主要取决于其组织结构、食物的消化程度和停留时间。食物在口腔和食道中不被吸收。胃只能吸收少量的水分和乙醇，反刍动物的前胃可以吸收大量挥发性脂肪酸。小肠是养分吸收的主要部位(图 11-32)。肉食动物的大肠只能吸收部分水分和盐类；而草食动物和杂食动物大肠的吸收较为重要，可吸收由发酵而产生的挥发性脂肪酸和维生素等。

小肠的吸收功能与其结构有关。一方面是小肠较长，其中的食物停留时间也较久，而各种营养物质的分解又较彻底；另一方面是小肠的黏膜表面有许多向肠腔突出的皱襞，皱襞上生成许多的绒毛，每一个绒毛表面是一层具有特殊吸收能力的柱状上皮细胞，每个柱状上皮细胞的表面还存在 1 000～3 000 条微绒毛，所有这些结构最终使吸收面积增大到原有的几百倍。

小肠绒毛内有毛细血管、毛细淋巴管、平滑肌纤维和神经纤维等结构，其毛细血管的最大特点是内皮细胞上有小孔和隔膜，有利于养分的吸收。小肠绒毛的中轴还有一条中央乳糜管，对脂肪的吸收和转运有重要意义。平滑肌的舒缩可使绒毛产生节律性的伸缩和摆动，可加速血液、淋巴的流动，有利于吸收的进行。

2. 各种营养物质的吸收

(1)糖的吸收　饲料中的糖类一般须被分解为单糖才能被小肠的上皮细胞吸收。肠道中的单糖主要有葡萄糖、半乳糖、果糖。葡萄糖的吸收是主动转运，它的主动转运过程是通过载体实现的。在肠绒毛上皮细胞的基底侧膜上有 Na^+ 泵，不断将细胞内的 Na^+ 转运入血液，维持细胞内低 Na^+ 浓度。接着肠腔内的 Na^+ 和葡萄糖先后与微绒毛膜上的特异性载体蛋白(即主动转运载体 SGLT1)结合。结合后的载体将它们一起转运入细胞内，使胞内葡萄糖浓度高于血液，然后在基底侧膜通过易化扩散载体(GLUT2)再转运入血液(图 11-33)。半乳糖的吸收机制与葡萄糖一样。而果糖则是通过易化扩散进入肠绒毛上皮细胞内，然后大部分转变为葡萄糖进入细胞间液而吸收。

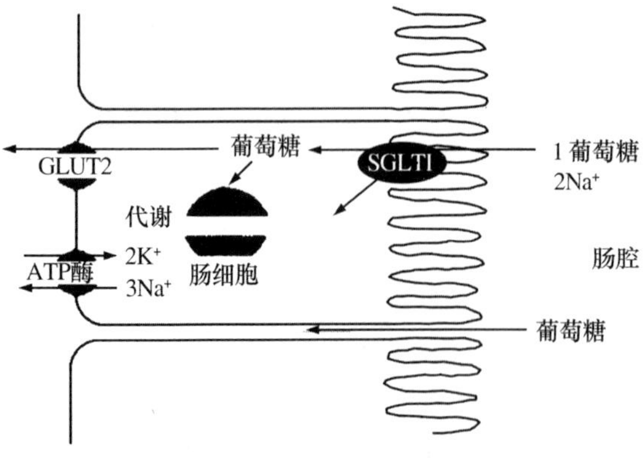

图 11-33 肠道中葡萄糖的吸收

(2)挥发性脂肪酸(VFA)的吸收　在反刍动物的瘤胃和单胃动物的大肠内，饲料中的纤维素和其他糖类在微生物的发酵下产生 VFA，并在这些部位通过被动转运而吸收。瘤胃上皮在吸收 VFA 的过程中发生强烈的代谢作用。例如丁酸约有 85%、乙酸约有 45%被代谢，并产生大量酮体；丙酸约有 65%在瘤胃上皮内转变为葡萄糖和乳酸。

瘤胃上皮对分子状态或离子状态的 VFA 均可吸收，当瘤胃内容物 pH 降低时，分子状态的酸比离子状态的吸收快，而且丁酸比丙酸快，丙酸又比乙酸快。瘤胃内发酵产生的 CO_2 压力增高，能增加 VFA 由离子状态转变为分子状态，也可以促进 VFA 的吸收。随着每分子 VFA 的吸收，瘤胃内就出现一个 HCO_3^-，因而上皮内的重碳酸盐的浓度大于血浆。以乙酸为例，分子状态的乙酸分子，可直接通过瘤胃壁，而离子状态的乙酸则需先在瘤胃上皮细胞中变为分子状态后才能通过瘤胃壁，这一过程中的 H^+ 由 H_2CO_3 转变为 HCO_3^- 时提供。分子状态的乙酸分子，进入血液后都解离为 H^+ 和 AC^-。

单胃动物的盲肠和结肠吸收 VFA 的情况，基本与反刍动物的瘤胃相似。

（3）蛋白质的吸收　蛋白质分解产物，二肽、三肽以经氨基酸的吸收机制与葡萄糖相似。它们和 Na^+ 一起与小肠的微绒毛膜上的特异性转运蛋白结合，而后进入胞内，进入胞内的二肽、三肽可被胞内的二肽酶、三肽酶进一步分解为氨基酸，然后经过基底侧膜上的转运体以易化扩散方式进入细胞间液，再进入血液。目前，已发现的氨基酸和肽转运蛋白至少有五种。少数氨基酸的吸收不依赖于 Na^+，可通过易化扩散进入肠上皮细胞。

（4）脂肪的吸收　脂肪在小肠内被消化产生甘油、脂肪酸和甘油一酯，其吸收主要在小肠内完成。甘油和中、短链脂肪酸可以直接扩散入毛细血管，通过血液途径吸收。脂肪酸和甘油一酯与胆盐结合形成水溶性的复合物，这种复合物可以聚合成混合微胶粒，携带脂肪分解产物到达微绒毛表面，而后甘油一酯和脂肪酸从混合微胶粒中释放出来，经微绒毛膜扩散进入细胞内。胆盐则留在肠腔内被重新利用，或依靠主动转运在回肠被吸收。进入细胞后的甘油一酯和脂肪酸，在滑面内质网中大部分被重新合成甘油三酯，并与载脂蛋白结合形成乳糜微粒。乳糜微粒在高尔基复合体包装成分泌颗粒，从基底侧膜通过出胞形式进入绒毛内的乳糜管，通过淋巴途径吸收（图 11-34）。

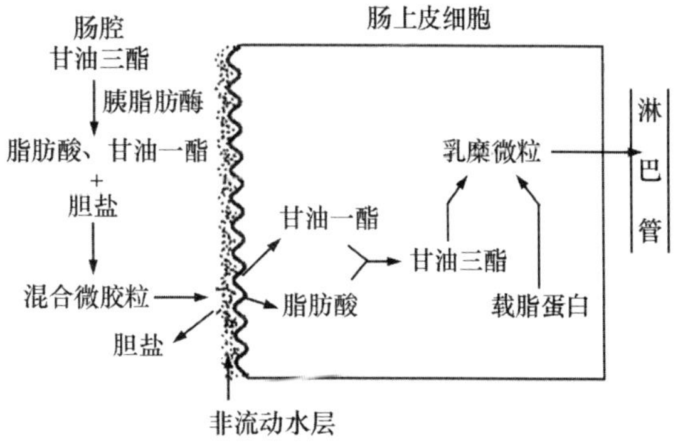

图 11-34　脂肪在小肠内消化和吸收的主要方式

（5）水的吸收　消化道的水分来自饲料、饮水和消化液，其中绝大部分在小肠部位被吸收，随粪便排出很少。水的吸收是被动的，各种溶质吸收所后产生的渗透压梯度是水吸收的动力，特别是 Na^+ 的主动转运，使上皮细胞内的渗透压升高，从而促进了水的被动吸收（图 11-35）。

（6）无机盐的吸收　各种无机盐在肠内吸收的难易程度不同，一般单价盐类如钠、钾、铵盐的吸收很快，多价盐类吸收很慢。盐类中氯化物最易吸收，而硫酸盐、磷酸盐、草酸盐最难吸收。

①Na^+ 的吸收。小肠和结肠都能吸收 Na^+，但空肠对 Na^+ 吸收最快，回肠其次，结肠最慢。肠内的 Na^+ 可顺电化学梯度扩散到细胞内，再依靠细胞的基底侧膜上的 Na^+ 泵（Na^+-K^+-ATP 酶）主动转运到血液中，同时伴随着葡萄糖、氨基酸的协同运输。瘤胃壁对 Na^+ 具有高度的通透性，也是先经过被动扩散进入瘤胃的上皮细胞，再通过 Na^+ 泵主动转运入血。

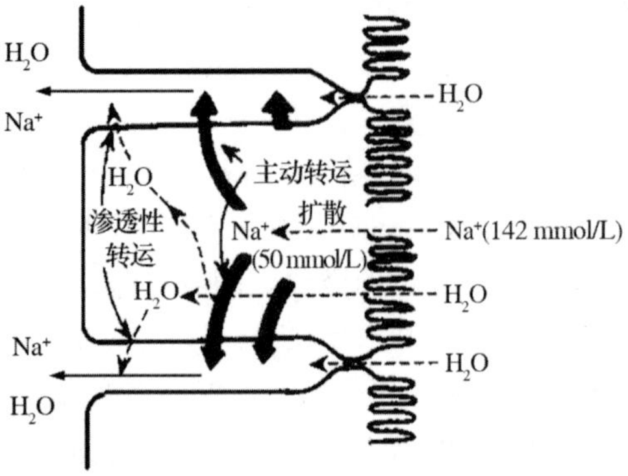

图 11-35 肠道中水的吸收

②Ca^{2+}的吸收。Ca^{2+}主要在十二指肠和前段空肠被吸收。只有可溶性的钙(如氯化钙、葡萄糖酸钙)才能够被肠吸收,离子状态的钙最容易被吸收,不溶性钙盐则不被吸收。进入小肠的胃酸可促进钙游离,有助于Ca^{2+}吸收。脂肪酸和维生素D能促进Ca^{2+}的吸收。肠腔中的钙主要通过小肠绒毛上皮细胞顶端膜上的Ca^{2+}通道进入细胞内,然后由基底侧膜上的钙泵(Ca^{2+}-Mg^{2+}-ATP酶)将Ca^{2+}转运到细胞间液和血液;另外小部分的Ca^{2+}则通过Ca^{2+}-Na^+交换进入血液。此外,Ca^{2+}的吸收还要求Ca^{2+}与Mg^{2+}有一定的比例,一般为1∶1或2∶1。Ca^{2+}与Mg^{2+}有共同的吸收机制,因此它们的吸收存在竞争性。磷可在小肠各段被吸收,主动转运主要受维生素D调节。

③Fe^{2+}的吸收。Fe^{2+}主要在十二指肠和空肠内被吸收。Fe^{2+}的吸收主要借助于肠上皮细胞释放的转铁蛋白。转铁蛋白进入肠腔后与Fe^{2+}结合成复合物,进而以受体介导的入胞形式进入胞内。转铁蛋白在细胞内释放出Fe^{2+}后,可重新回到肠腔中。而进入胞内的Fe^{2+},一部分从基底侧膜以主动转运方式入血液;另一部分与胞内的铁蛋白结合留在胞内,以防止铁的过量吸收。食物中的铁绝大部分为高价铁,必需还原为亚铁才能被吸收。维生素C能将高价铁还原为亚铁而促进铁的吸收。铁在酸性环境中易溶解而便于吸收,所以胃酸进入小肠能促进铁的吸收。

④负离子的吸收。小肠吸收的负离子主要是Cl^-和HCO_3^-,都是被动转运的。Cl^-的吸收部位在小肠前段,吸收速度很快。Cl^-的吸收与Na^+吸收有关。Na^+吸收后造成肠腔内带负电位,而肠上皮细胞内为正电位,于是Cl^-可顺电位差进入细胞。HCO_3^-主要在空肠内吸收,其吸收是以与H^+交换方式进行的,即通过Na^+-H^+交换进入肠腔的H^+与HCO_3^-结合形成H_2CO_3,解离为H_2O和CO_2,H_2O留在肠腔内,CO_2直接吸收入血,最后从肺呼出。所以,HCO_3^-是以CO_2的形式吸收的。

(7)维生素的吸收　维生素分为脂溶性维生素和水溶性维生素两类,大多数在小肠前段吸收,但维生素B_{12}在回肠吸收。脂溶性维生素有维生素A、维生素D、维生素E、维生素K。一般认为维生素A是通过载体主动吸收,维生素D、维生素E、维生素K则通过被动扩散吸收。脂溶性维生素可溶解于胆盐微胶粒中,与其他脂肪分解产物一起吸收。水溶性维生素包括B族维生素和维生素C,主要以易化扩散方式被吸收,只有维生素B_{12}必须与胃黏膜壁细胞分泌的"内因子"结合成复合物,才能在回肠被吸收。

复习思考题

一、选择题

1. 网胃位于(　　)。

A. 脐部　B. 腰部　C. 左季肋部　D. 右季肋部　E. 季肋部的正中矢状面上

2. 反刍动物的胃中，起化学消化作用的胃是(　　)。

A. 前胃　B. 瘤胃　C. 皱胃　D. 瓣胃　E. 网胃

3. 牛为多室胃动物，成年牛容积最大的胃是(　　)。

A. 腺胃　B. 瓣胃　C. 网胃　D. 瘤胃　E. 皱胃

4. 牛皱胃的黏膜上皮为(　　)。

A. 单层扁平上皮　B. 单层柱状上皮　C. 单层立方上皮

D. 复层扁平上皮

E. 假复层纤毛皮

5. 牛有 4 个胃，顺序依次为(　　)。

A. 瘤胃、瓣胃、皱胃、网胃　B. 网胃、瓣胃、皱胃、瘤胃

C. 瓣胃、瘤胃、网胃、皱胃　D. 皱胃、瓣胃、瘤胃、网胃

E. 瘤胃、网胃、瓣胃、皱胃

(6～8 题共用备选答案)

A. 左侧腹壁　B. 左侧第 5～7 肋　C. 左侧前下方 6～8 肋

D. 右侧第 7～11 肋　E. 右侧第 8～12 肋

6. 成年牛瘤胃的体表投影位于(　　)。

7. 成年牛皱胃的体表投影位于(　　)。

8. 成年牛网胃的体表投影位于(　　)。

(9～10 题共用备选答案)

A. 马　B. 牛　C. 猪　D. 犬　E. 兔

9. 升结肠形成圆锥状肠襻动物是(　　)。

10. 升结肠形成圆盘状肠襻的动物是(　　)。

11. 升结肠在肠系膜中盘曲成结肠圆锥，锥底朝向背侧，锥尖朝向左腹侧的动物是(　　)。

A. 马　B. 牛　C. 兔　D. 猪　E. 犬

(12～14 题共用备选答案)

A. 马　B. 牛　C. 猪　D. 犬　E. 兔

12. 盲肠呈逗点状的动物是(　　)。

13. 盲肠呈螺旋状弯曲的动物是(　　)。

14. 回肠与盲肠交界处有圆小囊的动物是(　　)。

15. 马大肠有一段形态特殊，盘曲成双层马蹄铁形的是(　　)。

A. 十二指肠　B. 空肠　C. 回肠　D. 盲肠　E. 结肠

16. 盲肠发达、外形似逗号状、盲肠尖位于剑状软骨部的家畜是(　　)。

A. 马　B. 牛　C. 羊　D. 猪　E. 犬

(17～18 题共用备选答案)

A. 主细胞　B. 壁细胞　C. 银亲和细胞　D. 颈黏液细胞　E. 内分泌细胞

17. 胃底腺中能分泌盐酸的细胞是(　　)。

18. 胃底腺中能分泌胃蛋白酶原的细胞是(　　)。

(19～20 题共用备选答案)

A. 胆盐　B. 内因子　C. 胃蛋白酶　D. 胰蛋白酶　E. 胰脂肪酶

19. 消化液中由主细胞分泌、能被盐酸激活并发挥作用的是(　　)。

20. 消化液中能与维生素 B_{12} 结合成复合体，并促进维生素 B_{12} 吸收入血的成分是(　　)。

21. 与维生素 B_{12} 结合成复合体并促进其吸收入血的是(　　)。

A. 胃蛋白质酶原　B. 胰蛋白酶原　C. 胰脂肪酶原　D. 胆盐　E. 内因子

22. 由主细胞分泌、能被盐酸激活并发挥作用的是(　　)。

A. 胃蛋白质酶原　B. 胰蛋白酶原　C. 胰脂肪酶原　D. 胆盐　E. 内因子

23. 激活胃蛋白酶原的物质是(　　)。

A. 盐酸　B. 内因子　C. 钠离子　D. 碳酸氢盐　E. 磷酸氢盐

24. 促进胃液分泌的激素是(　　)。

A. 降钙素　B. 甲状旁腺激素　C. 胃泌素　D. 胆囊收缩素　E. 雌激素

二、简答题

1. 说明消化系统的组成及其功能。
2. 以食管为例简述消化管的一般结构。
3. 试述牛(羊)4 个胃的位置关系、黏膜特点。
4. 比较猪胃和马胃在形态结构上的异同点。
5. 试从胃的组织结构说明其与消化功能的关系。
6. 小肠的哪些组织结构有利于其营养物质的吸收?
7. 比较牛(羊)、猪和马结肠的结构特点。
8. 牛(羊)、猪和马肝的位置及形态结构。
9. 试述肝脏和胰脏的组织结构特点及其功能。
10. 唾液的生理作用有哪些?
11. 试述胃液的主要成分及生理功能。
12. 试述复胃的消化特点。
13. 试述胰液、胆汁和小肠液的主要成分及重要作用。
14. 小肠运动有哪些形式? 各有何生理意义?
15. 糖、蛋白质、脂肪的消化产物是如何被吸收的?

第 11 章参考答案

第十二章

能量代谢和体温

学习目标

1. 掌握动物正常体温及变动范围。
2. 熟悉产热过程和散热方式。
3. 掌握体温调节机制。

第一节　能量代谢

机体在新陈代谢过程中，一方面不断从周围环境摄取营养物质以合成体内新的物质，并贮存能量；另一方面也不断分解自身原有物质，释放能量以供给各种生命活动的需要。通常把物质代谢过程中所伴随的能量释放、转移、贮存和利用的过程，称为能量代谢。

能量代谢和体温调节

一、能量的来源与利用

机体能够利用的能量来源于食物中糖、脂肪和蛋白质分子结构中蕴藏的化学能，当这些营养物质被氧化分解时，释放出能量。但机体的组织细胞在进行各种生理活动时并不能直接利用这种能量形式，组织细胞所需要的能量实际是由三磷酸腺苷（ATP）直接提供的。ATP 是糖、脂肪和蛋白质在生物氧化过程中合成的一种高能化合物，当 ATP 水解为二磷酸腺苷（ADP）及磷酸时，同时释放出能量，供机体利用。ATP 既是体内重要的储能物质，又是直接的供能物质，机体生命活动中所消耗的 ATP 可由营养物质在体内氧化分解所释放的能量不断的使 ADP 重新氧化磷酸化而得到补充。

体内含有高能磷酸键的物质，除 ATP 外，还有磷酸肌酸（CP）等。CP 是由肌酸和磷酸合成的，主要贮存于肌肉组织中。一方面，当物质氧化释放的能量过剩时，可通过 ATP 转给肌酸，合成 CP 而贮存起来；另一方面，在 ATP 转化成 ADP 并放出能量后，CP 可将所贮存的能量转给 ADP，生成 ATP，以补充 ATP 的消耗。这种作用比直接由食物氧化释放能量快得多，只需几分之一秒，因此可以满足机体在发生紧急生理活动时对能量的需求。所以，CP 可被看作是 ATP 的贮存库。从能量代谢的整个过程来看，ATP 的合成与分解是体内能量转换和利用的关键环节。

动物摄入体内的营养物质经生物氧化,其蕴藏的化学能95%可在体内释放、转化和利用。在释放的全部能量中约有50%转化为热能,其余部分是以化学能形式贮存于ATP等高能化合物的高能磷酸键中,供机体合成代谢及各种功能活动的需要,如合成各种细胞成分、激素等各种生物活性物质,以及神经的传导、各种“泵”的活动和肌肉的收缩、舒张等。除骨骼肌收缩对外界物体做一定量的机械功,其他用于进行各种功能活动所做的功最终都转化为热能。热能是最低形式的能量,主要用于维持体温,而不能转化为其他形式的能,因此不能用来做功。

二、基础代谢和静止能量代谢

1. 基础代谢

动物在维持基本生命活动条件下的能量代谢水平,称为基础代谢。所谓基本生命活动条件是:①清醒;②肌肉处于安静状态;③最适于该动物的外界环境温度;④消化道内空虚,即要经过一段时间的饥饿。由于此时排除了肌肉活动、精神活动、食物的特殊动力效应及环境温度等因素对能量代谢的影响,体内能量的消耗只用于维持一些基本的生命活动(如心跳、呼吸、泌尿、兴奋传导、腺体分泌),能量代谢比较稳定。基础代谢的高低通常用基础代谢率来表示。基础代谢率(BMR)是指动物在基本生命活动条件下,单位时间内每平方米体表面积的能量代谢,即以$kJ/(m^2 \cdot h)$为单位。因为动物个体大小悬殊,采用代谢体重可减少计算误差,即为$kJ/(W^{0.75} \cdot h)$。

动物基础代谢的测定有很大困难,这是由于不易达到和掌握测定基础代谢的条件。如很难达到肌肉完全处于安静状态,在反刍动物即使饥饿2～3 d或更长时间也不出现消化道空虚。因此,在实践中通常以测定静止能量代谢来代替基础代谢。

2. 静止能量代谢

动物在一般的畜舍或实验室条件下,早晨饲喂前休息时(以卧下为宜)的能量代谢水平称为静止能量代谢。这时,许多动物的消化道并不处于空虚和吸收后的状态,环境温度也不一定适中。静止能量代谢与基础代谢不同之处在于静止能量代谢还包括数量不定的特殊动力效应的能量、用于生产的能量以及可能用于调节体温的能量消耗。

三、影响能量代谢的主要因素

1. 影响能量代谢的因素

动物能量代谢可受下列因素的影响,而引起生理性变化。

(1)肌肉活动　肌肉活动对于能量代谢的影响最为显著,机体任何轻微的活动都可提高代谢率。肌肉活动时,能量代谢水平提高,随着肌肉活动的加强,其能量代谢水平也可相应加强。

(2)精神活动　当机体受到刺激,其神经系统处于紧张状态时,可加强骨骼肌的紧张度,使其代谢加强。此外,又可促进甲状腺和肾上腺髓质等分泌的激素增多,也使代谢加强。

(3)食物的特殊动力效应　从采食之后1 h左右开始,虽然动物仍处于安静状态,但所产生的热量却比进食前增加,并延续7～8 h。进食能刺激机体额外消耗能量的作用,称为食物的特殊动力效应。食物中蛋白质的特殊动力效应最为显著,可达30%,糖和脂肪为4%～6%,混合性食物为10%左右。

(4)环境温度　当环境温度为16～24 ℃时,牛的能量代谢最为稳定。当环境温度低于16 ℃时,代谢率即开始增加;当环境温度超过24 ℃时,代谢率会逐渐增加。不同动物也有各自的最适环境温度。

2. 影响基础代谢率和静止能量代谢率的主要因素

动物的基础代谢和静止能量代谢随品种、性别、年龄、个体大小、生理状态、营养状况、季节和气候因素等而有生理性变动。一般雄性的代谢比雌性高，幼畜比成年高，个体小者比大者高，营养良好的比营养不良的高，生长在寒带者比温带、热带者高。

第二节　体温

一、动物体温及其正常变动范围

在畜牧兽医实践中，多以直肠温度代表体温。机体各部分温度不完全相同，身体表面由于散热较快，其温度比深部组织和内脏器官的温度低。心脏、肝、肾温度较高，但由于血液不断循环，可将热量从较高部位带到全身，机体各部温度差别不大。直肠温度接近机体深部温度，且比较稳定，可以代表机体体温的平均值。健康动物的直肠温度范围见表 12-1。

表 12-1　健康动物的直肠体温范围　℃

动 物	平均	范围	动物	平均	范围
黄牛、牦牛、肉牛	38.3	36.7～39.7	山羊	39.1	38.5～39.7
水牛	37.8	36.1～38.5	犬	38.9	37.9～39.9
乳牛	38.6	38.0～39.3	猫	38.6	38.1～39.2
骆驼	37.5	34.2～40.7	兔	39.5	38.6～40.1
猪	39.2	38.7～39.8	鸡	41.7	40.6～43.0
马	37.6	37.2～38.1	鸭	42.1	41.0～42.5
驴	37.4	36.4～38.4	鹅	41.0	40.0～41.3
绵羊	39.1	38.3～39.9			

在生理情况下，体温可在一定范围内变动。昼夜、性别、年龄、肌肉活动、机体代谢情况的不同，都可使体温产生一定差异。如家禽的体温比家畜的高；幼畜的体温比成年家畜高；公畜较母畜略高；母畜在发情期和妊娠期的体温较平时稍高，排卵时则有体温降低现象；肌肉活动时代谢增强，产热增多也可使体温升高；动物采食后体温可升高 0.2～1 ℃，并持续 2～5 h；长期饥饿后体温降低。

体温在一昼夜之间常做周期性波动：清晨 2 至 6 时最低，午后 1 至 6 时最高。这种周期性波动称为昼夜节律。一天内温差可达 1 ℃左右，如牛的直肠温度下午比清晨约高 1.5 ℃，放牧绵羊昼夜体温波动约为 1 ℃，驴可达 2 ℃。

此外，地理气候、情绪变化对体温也可产生影响。在测定体温时，对以上所述的因素应给予注意。

二、机体的产热与散热

动物机体在新陈代谢过程中，不断地产生热量，用于维持体温，同时体内热量又由血液带到体表，通过辐射、传导和对流以及水分蒸发等方式不断地向外界放散，产热量和散热量取得平衡，体温就可维持在一定水平。可见，正常体温的维持，有赖于机体的产热过程和散热过程的动态平衡。

1. 产热

（1）主要产热器官　体内的一切组织细胞分解营养物质、进行生命活动时都能产生热量，由于新陈代谢水平的差异，各组织器官的产热量有所不同。安静时肝脏和腺体产热最多，其中肝脏是体内代谢最旺盛的器官，产热量最大。运动或使役状态下，骨骼肌代谢剧烈增加，是产热的主要器官，产热占身体总热量的 2/3 以上。草食动物的饲料在消化道内进行微生物发酵，产生大量热能，也是产热的重要来源。

（2）产热的形式　当机体处于寒冷环境中，散热量显著减少，机体通过战栗产热和非战栗产热两种形式来增加产热量，维持体温恒定。

①战栗产热。是指产热中枢通过躯体运动神经使骨骼肌紧张性加强，肌肉战栗增加产热量。寒冷时体温调节中枢下达战栗指令，促使骨骼肌发生不随意的节律性收缩，特点是屈肌和伸肌同时收缩，此时肌肉收缩不做外功，能量全部转化为热量，产热量大大增加。动物在寒冷环境中主要依靠战栗来增加产热。

②非战栗产热。又称代谢产热。寒冷刺激机体，通过神经中枢增加激素分泌，提高代谢率，增加产热量，这种产热方式称为非战栗产热。哺乳动物所有的组织器官都能代谢产热，但以褐色脂肪组织的产热量最大。

（3）等热范围　动物产热量随环境温度而改变，在适当的环境温度范围内，动物的代谢强度和产热量可保持在生理的最低水平而体温仍能维持恒定，这种温度称为动物的等热范围。从畜牧生产来看，环境温度在等热范围内饲养动物最适宜、最经济。等热范围的温度视动物种别、品种、年龄及饲养管理条件而不同（表 12-2）。等热范围的低限温度称为临界温度。牛、羊等耐寒动物，临界温度较低；幼畜的临界温度高于成年动物；动物密集的被毛和厚实的皮下脂肪也能降低临界温度。

表 12-2　动物的等热范围　℃

动物种类	等热范围	动物种类	等热范围
牛	16～24	豚鼠	25
猪	20～23	大鼠	29～31
绵羊	10～20	兔	15～25
犬	15～25	鸡	16～26

当环境温度低于等热范围时，动物的代谢增强，增加产热量维持体温。反之，当环境温度高于等热范围时，动物体表血管舒张，汗腺分泌，使动物散热增加，防止体温升高。

2. 散热

（1）主要散热途径　机体随时都在不断地向外界散热，调节散热与产热间的平衡，维持体温的恒定。动物最主要的散热途径是皮肤散热，另一小部分可以通过呼吸器官、消化器官和泌尿器官等途径向外界散失。当环境温度低于机体的体温时，大部分体热通过皮肤的辐射、传导和对流等方式向外界发散，当环境温度接近或高于皮肤温度时，只能以蒸发方式散热。

(2)散热方式　主要有以下几种类型。

①辐射。机体以红外线的形式向外界发散体热的方式称为辐射散热。这是机体在常温和安静状态下最主要的散热方式，通过这种形式散失的热量约占总散热量的60%。辐射散热量的多少主要与皮肤和周围环境之间的温度差、有效辐射面积等因素有关。

②对流。机体通过与周围流动的空气来交换热量的散热方式，称为对流散热。机体周围有一薄层凉空气，被体热加温后，随流动的空气被带走，冷空气则填补其位置，这样体热借助冷热空气便不断散发到空间。对流散热受风速影响最大，风速越大散热越多。在畜牧生产上，夏季加强通风增加散热，冬季注意防风以减少散热，均有利于动物体温的维持。

③传导。机体的热量直接传递给同它接触的较冷物体称为传导散热。机体深部的热量以传导方式传到皮肤，再由皮肤直接传给同它接触的物体。传导散热量与接触面积、温度差和物体的导热性能有关。水的导热性能比空气好，湿冷的物体传导散热快。生产中在冬季要力求保持畜舍地面干燥以防止散热，而在夏季常以冷水淋浴或水浴促进散热，可以有效地防止动物中暑。

④蒸发。机体通过体表水分的蒸发来发散体热的方式，称为蒸发散热。当环境温度等于或超过体表温度时，辐射、传导和对流等散热方式停止，蒸发便成了唯一的散热方式。在常温下，蒸发1 g水可使机体散发2.43 kJ的热量。因此体表水分的蒸发是一种很有效的散热途径。蒸发散热有两种形式：a)不显汗蒸发：机体中水分直接渗透到皮肤和黏膜表面，在未聚集成明显汗滴前被蒸发掉。b)显汗蒸发：通过汗腺主动分泌汗液，汗液蒸发有效地带走热量。

出汗对调节散热的重要性有明显的畜种差异，汗腺发达的家畜如马可借出汗将体热发散，而汗腺不发达的动物如牛、猪、犬主要借呼出较多的水气和分泌大量的唾液蒸发散热。

三、体温调节

恒温动物能够在环境温度变化的情况下保持相对恒定，这是因为机体内存在有调节体温的自动控制系统，其主要部分是下丘脑的体温调节中枢，它可调节机体的产热过程和散热过程，从而维持体温于一定水平。

1. 温度感受器

温度感受器是感受外界环境和机体内部温度变化的特殊结构，可分为外周温度感受器和中枢温度感受器两类，前者是游离的神经末梢，后者是神经元。

(1)外周温度感受器　广泛分布于皮肤、黏膜和内脏中，包括冷感受器和热感受器，这两种感受器各自对一定范围的温度敏感。当局部温度升高时，热感受器兴奋。反之，冷感受器兴奋。

(2)中枢温度感受器　存在于脊髓、延髓、脑干网状结构以及下丘脑等中枢神经系统内对温度变化敏感的神经元，称为中枢温度感受器。包括热敏神经元和冷敏神经元，它们在组织温度上升或降低时发放冲动的频率增加。研究发现，在视前区-下丘脑前部(PO/AH)热敏神经元居多；在脑干网状结构和下丘脑的弓状核中冷敏神经元较多。

2. 体温调节中枢

对恒温动物脑的分段切除的实验证明，调节体温的基本中枢在下丘脑。如切除大脑皮层及部分皮层下结构后，只要保持丘脑及其以下的神经结构完整，这种动物的体温就能够在冷环境中保持恒定，即仍具有维持体温恒定的能力。如进一步破坏下丘脑，直肠温度就迅速下降，以上实验说明，调节体温的基本中枢在下丘脑。

下丘脑体温调节中枢的确切位置还不完全清楚。目前的倾向认为，下丘脑的 PO/AH 是体温调节的中心部位，体内其他部位的温度监测装置，如外周温度感受器或脊髓、延脑中温度敏感神经元的信息均汇聚于 PO/AH，并在这里进行信息的综合处理，然后，通过多种传出途径，将中枢的指令性信息下达到产热和散热器官，调节产热和散热比例，使体温保持相对稳定。

3. 调定点学说及体温调节过程

所谓调定点通常是指工程上或仪器中的恒温调节控制点，把这个装置上的控制旋钮定在某一温度，如 37 ℃，则可使该系统中的温度稳定在 37 ℃。生理学中，温度调定点学说认为，体温的调节类似恒温器的调节。PO/AH 中的热敏神经元可能在体温调节中，起着调定点的作用，它们类似于仪器的恒温调节装置，可控制体温于一定水平。热敏神经元对温度的感受有一定的阈值，这个阈值就是体温的稳定点。当体内温度超过阈值时(≥37 ℃)，热敏神经元兴奋，发放冲动的频率增加，促使散热活动加强。当体内温度低于阈值时，发生与上述相反的变化，于是产热增加，如骨骼肌紧张性增加，皮肤血管收缩，结果体温回升。

下丘脑体温调节中枢对体内外的各种温度信息进行整合，由 PO/AH 区发出的信号可通过植物性神经系统、躯体运动神经系统和内分泌系统三种途径以维持体温的恒定(图 12-1)。

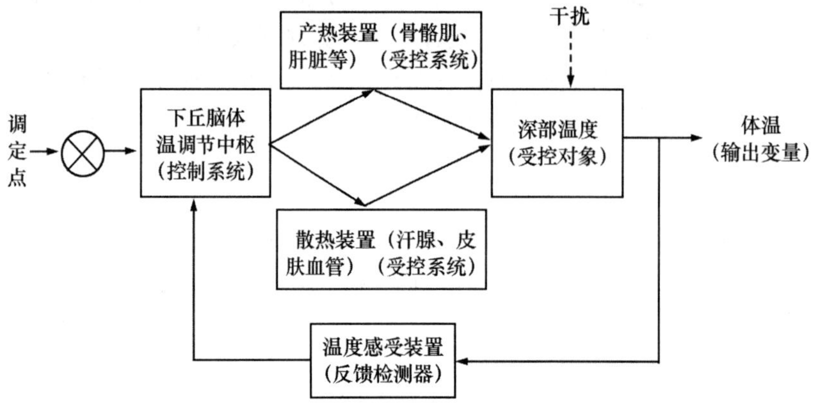

图 12-1 体温调节自动控制示意图

植物性神经系统　主要通过对心血管系统、呼吸系统、皮肤和代谢等的影响，改变机体的产热和散热过程。如寒冷刺激可使交感神经兴奋，引起代谢增强，增加产热，同时皮肤血管和竖毛肌收缩，引起体表温度降低，被毛耸立，以减少散热。而在热应激时，交感神经兴奋性降低，皮肤小动脉舒张，动-静脉吻合支开放，皮肤血流量因而大大增加，于是较多的体热从机体深部被带到机体表层，皮肤温度升高，散热作用增强。另外，交感神经控制汗腺，兴奋时引起大量泌汗，使蒸发散热增加；副交感神经支配唾液腺，其兴奋时唾液分泌增加也有利于蒸发散热。

躯体运动神经系统　主要控制骨骼肌的紧张性和运动，引起机体的战栗产热和非战栗产热。此外还控制动物的行为性活动，如炎热时动物寻找阴凉处并展开肢体以增加散热；而寒冷时采取蜷缩、寻找较温暖的环境等以减少散热，防止体温下降。

内分泌系统　下丘脑通过垂体分泌促激素控制甲状腺和肾上腺激素的分泌，调节机体的产热和散热过程。甲状腺激素加速细胞内的氧化过程，促进分解代谢，增加产热量。肾上腺素和去甲肾上腺素主要促进糖和脂肪的分解，增加产热；肾上腺皮质激素促进糖原异生和脂肪分解，也有增加产热的作用。

复习思考题

一、选择题

1. 动物维持体温相对恒定的基本调节方式是(　　)。

A. 体液调节　　B. 自身调节　　C. 自分泌调节

D. 旁分泌调节　　E. 神经-体液调节

2. 恒温动物体温调节的基本中枢位于(　　)。

A. 小脑　　B. 大脑　　C. 脊髓　　D. 延髓　　E. 下丘脑

3. 在气温接近或超过体温时，马属动物的有效的散热方式是(　　)。

A. 传导　　B. 对流　　C. 辐射　　D. 蒸发　　E. 热喘

4. 外周温度感受器是分布于皮肤、黏膜和内脏的(　　)。

A. 腺细胞　　B. 环层小体　　C. 血管内皮细胞

D. 游离神经末梢　　E. 神经元细胞体

5. 下列与动物静止能量代谢率无关的是(　　)。

A. 肌肉发达程度　　B. 个体大小　　C. 年龄

D. 性别　　E. 生理状态

二、简答题

1. 简述影响能量代谢的主要因素。

2. 简述动物散热的途径。

3. 说明动物体温是如何保持相对恒定的。

第 12 章参考答案

第十三章 泌尿系统

学习目标

1. 掌握肾脏的形态、位置和组织结构。
2. 掌握尿生成的全过程。
3. 掌握影响尿生成的影响因素。
4. 掌握尿生成的调节。

泌尿系统包括肾、输尿管、膀胱和尿道，是动物的重要排泄系统。机体在新陈代谢过程中产生许多代谢产物，如尿素、尿酸、水、二氧化碳等，除其中一小部分由消化器官、呼吸器官和皮肤排出外，大部分以尿液的形式由泌尿系统排出体外。肾除有排泄功能外，在维持机体水盐代谢、渗透压和酸碱平衡方面也起着重要作用。此外肾还具有内分泌功能，能产生多种生物活性物质如肾素、前列腺素等，对机体的某些生理功能起调节作用。

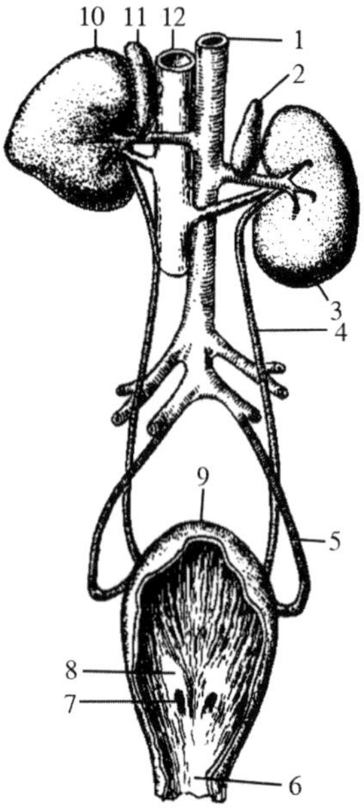

图 13-1　马的泌尿系统(腹侧面观)

1. 腹主动脉　2. 左肾上腺　3. 左肾　4. 输尿管　5. 膀胱圆韧带　6. 膀胱颈　7. 输尿管开口　8. 输尿管柱　9. 膀胱顶　10. 右肾　11. 右肾上腺　12. 后腔静脉

肾是生成尿液的器官，输尿管为输送尿液至膀胱的管道，膀胱为暂时贮存尿液的器官，尿道是将尿液排出体外的管道。输尿管、膀胱和尿道作为输送、贮存和排出尿液的通路，常合称为尿路(图 13-1)。

第一节　泌尿器官

一、肾

肾是实质性器官，左右各一，略呈豆形，新鲜时为红褐色，位于腰椎下方，在腹主动脉和后腔静脉两侧的腹膜外。肾的外面包裹有脂肪囊，其发达程度与动物品系和营养状况有关，营养状况良好的动物，肾的外周包裹有脂肪囊。

肾的内侧缘中部凹陷称为肾门，是肾的血管、淋巴管、神经和输尿管出入的地方。肾门伸入肾内形成肾窦，肾窦是由肾实质围成的腔隙。

1. 肾的类型

动物的肾由许多肾叶构成，根据其融合程度的不同，可将哺乳动物的肾分为 4 种类型：①复肾。有许多完全分开的肾叶聚集形成，呈葡萄串状。这些肾叶又称小肾，其数目因动物的种类而不同，见于鲸、熊、水獭等动物。②有沟多乳头肾。在肾的表面有许多区分肾叶的沟，但各肾叶的中间部分相互连结，见于牛。③光滑多乳头肾。各肾叶的皮质部完全合并成一整体，肾表面光滑而无分界，见于猪，人的也属此类型。④光滑单乳头肾。各肾叶的皮质和髓质完全合并在一起，肾表面光滑无沟，见于羊、马等(图 13-2)。

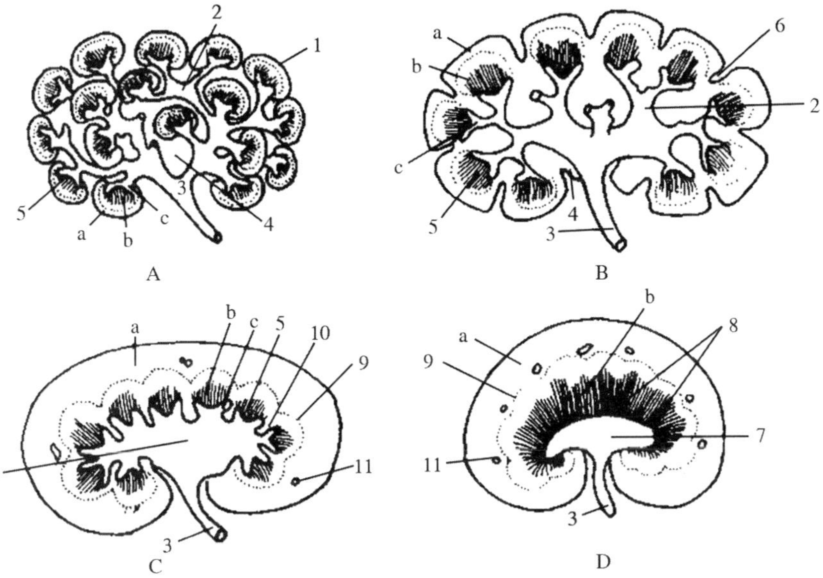

图 13-2　哺乳家畜肾类型半模式图

A. 复肾　B. 有沟多乳头肾　C. 光滑多乳头肾　D. 光滑单乳头肾

1. 小肾(肾小叶)　2. 肾盏管　3. 输尿管　4. 肾窦　5. 肾乳头　6. 肾沟　7. 肾盂　8. 肾总乳头　9. 交界线　10. 肾柱　11. 弓状血管　a. 泌尿区　b. 导管区　c. 肾盏

2. 各种动物肾的位置和形态特点

(1)牛肾　属于有沟多乳头肾(图 13-3)。左、右两肾形态不同、位置不对称，其大小也因品种和体重而有差异。一般成年牛每个肾重 600～700 g。

右肾　呈上下压扁的长椭圆形，位于右侧最后肋间隙上部至第 2 或第 3 腰椎横突的腹侧，前端伸入肝的肾压迹内。肾门位于腹侧面的前部，接近内侧缘。

左肾　略呈三棱形，前端较小，后端大而钝圆，通常位于第 3～5 腰椎椎体腹侧，肾门位于其前方。左肾因有较长的系膜，位置不固定，常因瘤胃充满程度而发生改变。瘤胃充满时，左肾横过体正中线到右侧，位于右肾的后下方。瘤胃空虚时，则左肾的一部分，仍位于左侧。初生犊牛因瘤胃还不发达，左、右肾的位置近于对称。

输尿管的起始端在肾窦内形成前、后两条集收管。每条集收管又分出许多分支，分支的末端膨大形成肾小盏。每个肾小盏包围一个肾乳头。

肾的位置和形态

(2)羊肾　属于平滑单乳头肾(图 13-4)。两肾均呈豆形,每个肾重约 120 g。右肾位于前 3 个腰椎横突腹侧,前端伸入肝的肾压迹内。左肾以短的系膜悬于第 3～5 腰椎横突腹侧,瘤胃充满时,可被推至正中矢面右侧。

肾门位于肾内侧缘。肾锥体有 10～16 个(绵羊)或 10 个(山羊),肾乳头集合为总乳头。肾除在中央纵轴为肾总乳头突入肾盂外,在总乳头两侧还有多个肾嵴,肾盂除有中央的腔外,并形成相应的隐窝。

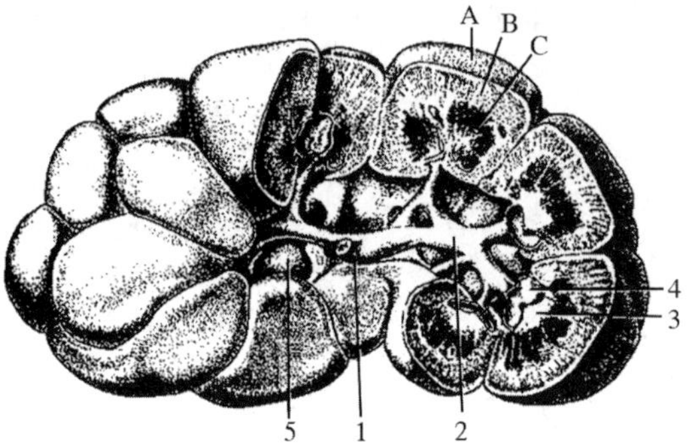

图 13-3　牛肾(部分切开)

A. 纤维膜　B. 皮质　C. 髓质

1. 输尿管　2. 集收管　3. 肾乳头　4. 肾小盏　5. 肾窦

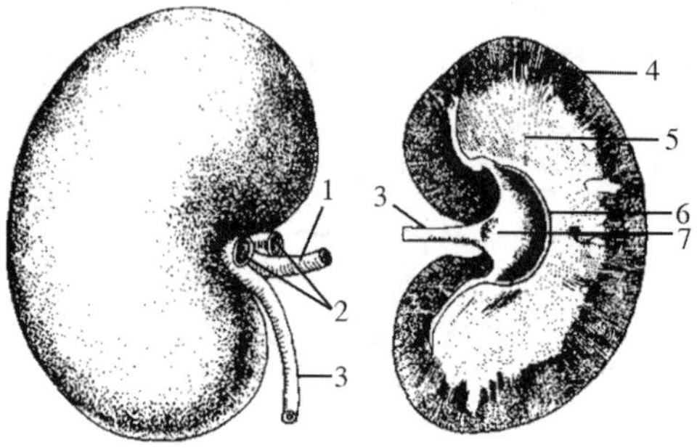

图 13-4　羊肾

1. 肾动脉　2. 肾静脉　3. 输尿管　4. 皮质　5. 髓质　6. 肾总乳头　7. 肾盂

(3)猪肾　属于平滑多乳头肾(图 13-5)。表面光滑,棕黄色,左、右肾均豆形,较长扁,两端略尖。每肾重 200～250 g。两肾位置对称,均位于最后胸椎及前 3 腰椎横突腹面两侧。右肾前端不与肝脏接触,左肾有时稍偏前。肾脂肪囊很发达。

肾门位于肾内侧缘正中部。肾乳头的大小不一,每个肾乳头与一个肾小盏相对,少数直接突入肾盂内,肾小盏汇入两个肾大盏,肾大盏汇注于肾盂,肾盂延接输尿管。

(4)马肾　属于光滑单乳头肾(图 13-6)。成年马每个肾平均重约 700 g,左、右肾分别位于体中线两侧,但位置并不对称,形态也不相同。

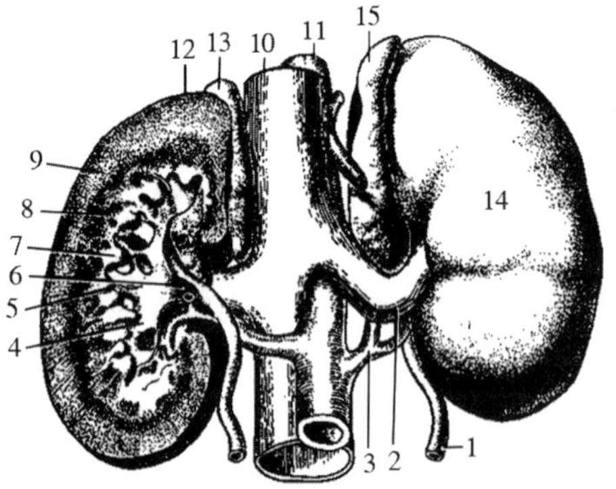

图 13-5　猪肾(腹侧面,右肾剖开)

1. 左输尿管　2. 肾静脉　3. 肾动脉　4. 肾大盏　5. 肾小盏　6. 肾盂　7. 肾乳头　8. 髓质　9. 皮质　10. 后腔静脉　11. 腹主动脉　12. 右肾　13. 右肾上腺　14. 左肾　15. 左肾上腺

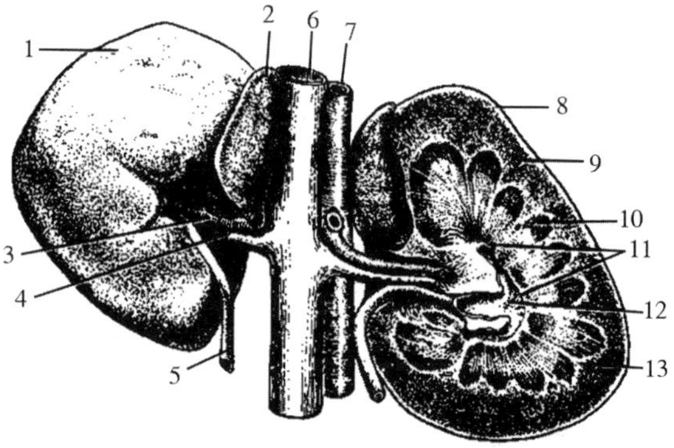

图 13-6　马肾(腹侧面,左肾剖开)

1. 右肾　2. 右肾上腺　3. 肾动脉　4. 肾静脉　5. 输尿管　6. 后腔静脉　7. 腹主动脉　8. 左肾　9. 皮质　10. 髓质　11. 肾总乳头　12. 肾盂　13. 弓状血管

右肾略大，位置靠前，呈钝角三角形，位于最后2～3肋骨椎骨端及第1腰椎横突的腹侧。横径大于纵径。肾门位于内侧缘中部。

左肾呈豆形，比右肾长而狭，位置偏后，靠近体正中面，位于最后肋骨椎骨端与前2～3腰椎横突的腹侧。左肾肾门位于内侧缘约与右肾后端相对处。

肾乳头融合成嵴状的肾总乳头。肾盂呈漏斗状，中部稍宽，延接输尿管。肾盂向肾的两端伸延形成裂隙状的终隐窝。乳头管在肾嵴部开口于肾盂，肾两端的乳头管开口于终隐窝。

(5)犬肾　属于平滑单乳头肾。两肾均呈豆形，重50～60 g。右肾靠前，位置比较固定，一般位于前3个腰椎椎体的腹侧。左肾靠后，位置变化较大。当胃近于空虚时，左肾位置相当于第2～4腰椎椎体腹侧；当胃内充满食物时，左肾向后移，其前端约与右肾后端相对应。肾乳头集合成肾总乳头突入肾盂(彩插13-1)。

3. 肾的组织结构

各种动物肾的类型不同，但在结构上均由被膜和实质两部分构成。被膜又称纤维膜，为致密结缔组织。肾实质由若干肾叶组成。

在肾切面上，肾叶可分为外周的皮质和深部的髓质。肾皮质富有血管，新鲜时呈棕红色，主要由肾小体和肾小管构成。皮质深入髓质的相邻两肾叶间，向内嵌入肾锥体周围形成肾柱。肾髓质色较淡。每一肾叶的髓质锥形，称肾锥体。肾锥体的尖端称肾乳头，锥底朝向皮质。肾髓质由髓襻、集合小管、乳头管和血管构成，呈放射状条纹，伸入皮质形成髓放线。两条髓放线之间的皮质称皮质迷路。

肾实质主要由大量的泌尿小管构成，其间有血管和少量的结缔组织。泌尿小管包括肾单位和集合小管两部分(图13-7，彩插13-2)。

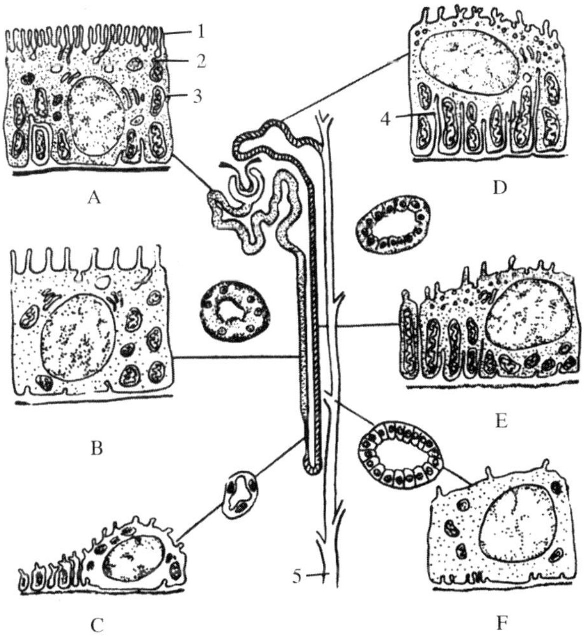

图13-7　泌尿小管各段上皮细胞超微结构模式图

A. 近端小管曲部　B. 近端小管直部　C. 细段　D. 远端小管曲部　E. 远端小管直部　F. 集合管

1. 微绒毛　2. 吞饮小管或小泡　3. 线粒体　4. 胞膜内褶　5. 乳头管

肾脏的组织结构和血液循环特点

(1)肾单位　是肾的结构和功能单位,包括肾小体和肾小管。肾小体由肾小囊与血管球构成。肾小管近端连接肾小囊,远端连接集合小管,分为近曲小管、近直小管、细段、远直小管和远曲小管;其中近、远直小管和细段在髓质内形成"U"形髓襻。

①肾小体。呈球形,又称肾小球,直径 120～200 μm。由血管球和肾小囊组成。每个肾小体的一侧,都有一血管极,是血管球的血管出入处。血管极的对侧称尿极,与近端小管相接。

血管球　由一团盘曲成球状的毛细血管组成,周围有肾小囊包裹,其两端分别与入球小动脉和出球小动脉相连,入球小动脉由血管极进入肾小体内,分成数小支,自每个小支上又分出许多相互吻合的毛细血管襻。这些毛细血管襻又逐步汇合成一支出球小动脉,从血管球离开肾小体。

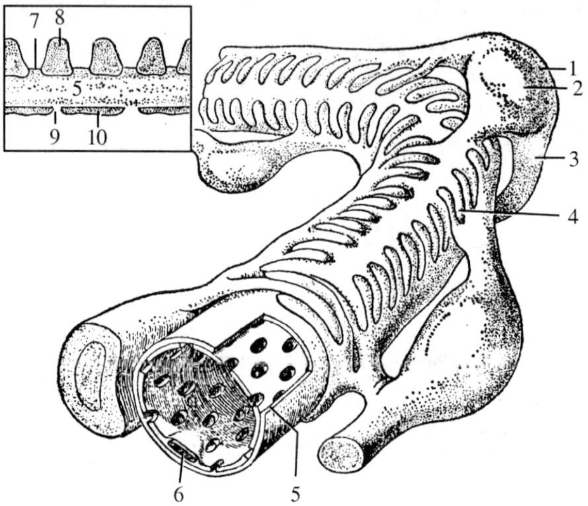

图 13-8　肾血管球毛细血管、基膜和足细胞超微结构模式图
(左上:滤过屏障示意图)

1.足细胞　2.足细胞核　3.初级突起　4.次级突起　5.基膜　6.内皮细胞核　7.裂孔膜　8.足细胞突起　9.内皮窗孔　10.内皮细胞

肾小囊　是肾小管起始端膨大凹陷形成的双层杯状囊,囊壁分壁层和脏层,两层上皮之间的腔隙称为肾小囊腔。壁层为单层扁平上皮,与近端小管相续。脏层为一层具有突起的足细胞。足细胞自胞体伸出几个大的初级突起,初级突起又分出许多细指状的次级突起,相邻的次级突起互相嵌合成栅栏状,紧贴于毛细血管基膜外面。次级突起间有狭窄裂隙,称裂孔,裂孔上覆盖有裂孔膜(图 13-8)。

滤过屏障　当血液流经血管球毛细血管时,血浆成分经有孔内皮、血管球基膜和裂孔膜滤入肾小囊腔形成原尿,这三层结构合称为滤过屏障,又称滤过膜。

②肾小管。是由单层上皮围成的小管,包括近端小管、细段和远端小管,主要具有重吸收、分泌和排泄作用。

近端小管　是肾小管中最长最粗的一段,包括近曲小管和近直小管。近端小管盘绕在肾小体附近,此段称为近曲小管,随后沿髓放线直行入髓质,此段称为近直小管。

近端小管曲部管壁由单层立方或锥形上皮细胞组成,细胞界限不清,胞质强嗜酸性。胞核大而圆,位于细胞的基部。细胞的游离面有明显的刷状缘,细胞的基底部有纵纹。

近端小管直部管壁结构与曲部基本相似,但上皮细胞略矮,微绒毛较少。

近端小管具有重要的重吸收功能,原尿中几乎所有葡萄糖、氨基酸、蛋白质以及 85%以上的水、无机盐离子和尿素等均在此重吸收。此外,近端小管还能向管腔分泌一些物质,如马尿酸、肌酐等,这些物质不能由肾小体滤出,可经近端小管的细胞分泌进入尿液。

细段　位于髓质内,管径小、由单层扁平上皮细胞构成,电镜下细胞的游离面仅见稀疏的微绒毛。细胞有许多侧突与相邻细胞的侧突交错嵌合。细段的管壁薄,有利于水和离子透过。

远端小管　分为远直小管和远曲小管。远直小管由细段折返管径增粗,直行向皮质。远曲小管是在肾小体附近呈盘曲状的部分。远端小管的管腔大而明显,直部和曲部的结构相似,管壁为单层立方上皮,细胞界限清晰,着色浅。核圆形,位于细胞中央,无刷状缘,细胞游离面有短而少的微绒毛。远端小管有重吸收水、钠离子和排出钾离子、氢离子的功能，对维持体液酸碱平衡有重要作用。

(2)集合小管　由弓形集合小管、直集合小管和乳头管三部分构成。弓形集合小管起始端与远端小管曲部相接，呈弓形进入髓放线，与直集合小管相连。直集合小管由皮质向髓质下行，在肾乳头处移行为乳头管，开口于肾盏或肾盂。集合小管也有重吸收水、钠离子和排出钾离子的作用。

(3)球旁复合体　球旁复合体也称肾小球旁器，位于肾小体血管极，由球旁细胞、致密斑和极垫细胞组成(图 13-9)。

①球旁细胞。为入球小动脉近血管极处管壁的平滑肌转变为上皮样细胞，呈立方形或多边形，核圆形。胞质内有分泌颗粒，内含肾素，可促使血管收缩血压升高。

②致密斑。是远曲小管靠近肾小体血管极一侧的管壁上皮细胞转变而成，细胞呈高柱状，排列紧密成椭圆形斑。致密斑可感受远曲小管滤液中钠离子浓度的变化，对球旁细胞分泌肾素起调节作用。

③极垫细胞。又称球外系膜细胞。位于入球小动脉和出球小动脉与致密斑之间的三角区内，细胞着色较浅，具有突起，胞质内有分泌颗粒。该细胞在球旁复合体的功能活动中可能起传递信息的作用。

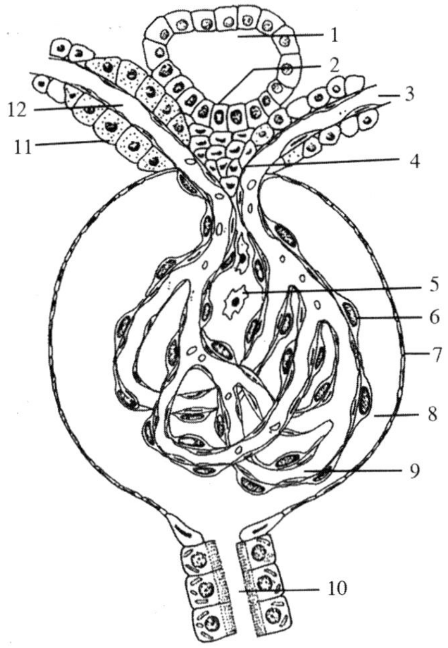

图 13-9　肾小体与球旁复合体立体模式图

1.远曲小管　2.致密斑　3.出球小动脉　4.球外系膜细胞　5.球内系膜细胞　6.足细胞　7.肾小囊壁层　8.肾小囊腔　9.毛细血管襻　10.近曲小管　11.球旁细胞　12.入球小动脉

(4)肾的血液循环　肾的血管供应极为丰富，肾动脉由肾门入肾，依次分为叶间动脉、弓形动脉、小叶间动脉和入球小动脉。入球小动脉进入肾小体形成血管球，再汇成出球小动脉。出球小动脉离开肾小体后，又分支形成毛细血管，分布于皮质和髓质内肾小管周围。这些毛细血管网又依次汇合成小叶间小静脉、弓形静脉和叶间静脉，最后汇集成肾静脉出肾门出肾入后腔静脉。

二、输尿管、膀胱和尿道

1. 输尿管

输尿管是一对细长的肌性管道，左右各一。起于集收管(牛)或肾盂(马、猪、羊)，出肾门后，沿腹腔顶壁向后伸延(左侧输尿管在腹主动脉的外侧，右侧输尿管在后腔静脉的外侧)，横过髂内动脉腹侧进入骨盆腔，行于公畜的尿生殖襞或母畜的子宫阔韧带内，在近膀胱颈处穿入膀胱背侧壁，在膀胱黏膜下斜行 3～5 cm，以缝状的输尿管口开口于膀胱。这种结构可以保证在尿液充满膀胱时，壁内这段输尿管因受压闭合，可防止尿液回流入输尿管，但并不妨碍输尿管蠕动时将尿液继续送入膀胱。

2. 膀胱

膀胱是贮存尿液的器官，略呈梨形。前端钝圆为膀胱顶，中间膨大为膀胱体，后端逐渐变细称膀胱颈，延续为尿道。膀胱由于贮存的尿液量不同，其形状、大小和位置也有变化，膀胱空虚时缩小而壁增厚，缩入骨盆腔内。充满尿液时，膀胱扩大而壁变薄，向前伸出骨盆腔外达腹腔底壁。公畜膀胱的背侧与直肠、尿生殖褶、输精管末端、精囊腺及前列腺相接。母畜膀胱的背侧与子宫及阴道相接。

膀胱的位置由3个浆膜褶固定，即膀胱中韧带和膀胱侧韧带。膀胱中韧带是连于骨盆腔底壁和膀胱腹侧之间的腹膜褶。膀胱侧韧带连于膀胱两侧与骨盆腔侧壁之间，在膀胱侧韧带的游离缘有一条索状物，称膀胱圆韧带，为胚胎时期脐动脉的遗迹。

3. 尿道

尿道是尿液从膀胱向外排出的肌性管道，以尿道内口始于膀胱颈，在公畜开口于阴茎头，在母畜开口于阴道与阴道前庭交界处，以尿道外口通体外。

公畜的尿道很长，除有排尿功能外，还兼有排精的作用，又称尿生殖道，它起于膀胱颈的尿道内口，开口于阴茎头的尿道外口，依其所在部位，可分为骨盆部和阴茎部。

母畜的尿道短而直，起自膀胱颈的尿道内口，在阴道腹侧沿盆腔底壁向后延伸，以尿道外口开口于阴道前庭。

第二节 尿的生成

一、尿的理化特性和组成

尿是肾脏生理活动的产物，其理化性质和成分反映着机体内代谢活动的变化和肾脏生理活动的状态。一般而言，机体内代谢活动和肾脏生理活动正常时，尿的理化性质和成分是相对稳定的。如果机体内的代谢活动或肾脏活动发生异常，其尿的理化性质和成分也必然会出现相应的异常性变化。因此，尿液的检验和分析在临床诊断及动物代谢试验中较为常用。

1. 尿的理化特性

健康动物的尿液多呈淡黄或黄色透明状，但马、骡和驴的尿液因含有大量的碳酸钙和黏液，故常呈现黏性而较浑浊。尿液的比重一般与尿中固形物的含量成正比，此外，还与排尿量有关。尿液的渗透压常呈高渗，仅在动物大量饮用清水后较短时间内排出低渗尿(见尿的浓缩和稀释)。肉食性动物尿呈酸性，因为肉食中蛋白质的含量高，在动物体内代谢可产生较多的硫酸根；草食动物的尿呈碱性，因为植物性饲料中含有大量有机酸的钾盐，这些钾盐在体内氧化时，生成碳酸氢钾随尿排出；杂食动物尿的酸碱度则主要取决于其所摄取食物的性质。

健康动物尿的理化性质，常随动物的生理状态、食物及饮水的性质和数量、外界气温变化等因素的影响，可出现一定生理范围内的变化。

2. 尿的化学组成

尿的化学成分常随动物所摄取的食物性质和机体代谢状况的不同而改变。在正常情况下，尿中的水分占96%～97%；固形物占3%～4%。固形物中包括有机物和无机物，其中多是机体内的代谢终产物。有机物包括尿素、尿酸、肌酸、肌酸酐、草酸、色素、低级脂肪酸、一些激素、维生素和酶等；无机物包括 Cl^-、Na^+、K^+、Ca^{2+}、NH_4^+、硫酸盐、磷酸盐、碳酸盐等。

二、尿的生成过程

尿的生成过程

尿生成的过程包括肾小球的滤过作用、肾小管和集合管的重吸收作用，以及肾小管和集合管的分泌和排泄作用。

1. 肾小球的滤过作用

循环血液流经肾小球毛细血管时，除了血细胞和大分子蛋白质外，血浆中的水和小分子溶质，包括少量分子质量较小的血浆蛋白，都可通过滤过膜滤入肾小囊而形成原尿。因此，原尿中其他成分，如葡萄糖、氯化物、无机磷酸、尿素、尿酸和肌酐等各种晶体物质的浓度都与血浆非常接近，而且渗透压和酸碱度也与血浆相似(图 13-10)。

(1)肾小球滤过膜及其通透性　肾单位中的滤过膜由毛细血管内皮细胞、基膜和肾小囊脏层细胞组成。三层膜上均有大小不同的窗孔和裂隙，是肾小球滤过作用的结构屏障，具有较大的通透性。其中基膜的空隙最小，它对大分子物质起着主要的机械屏障作用。滤过膜内还覆盖有许多带负电荷的物质，主要是糖蛋白，能限制带负电荷的物质滤过，形成肾小球滤过的电学屏障。因此，血浆中溶质通过滤过膜的能力即与其分子大小有关，又与其所带的电荷性质及多少有关。带正电的小分子较易通过，带负电的大分子(如血浆蛋白等)不易通过。

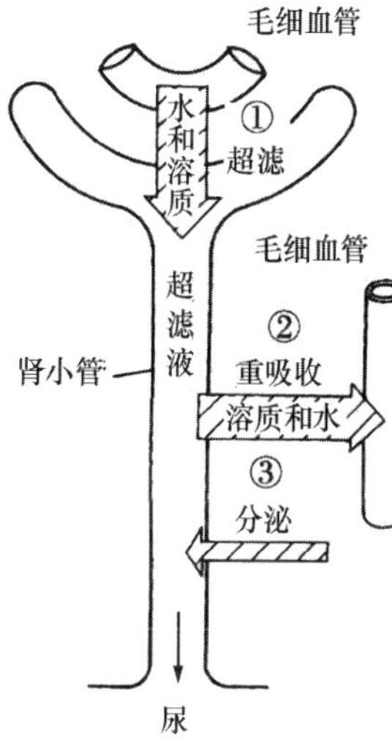

图 13-10　尿生成的过程

(2)有效滤过压　肾小球滤过作用的发生，其动力是滤过膜两侧的压力差。这种压力差称为肾小球的有效滤过压。

有效滤过压由四部分压力组成：肾小球毛细血管压、囊内胶体渗透压、血浆胶体渗透压和囊内压。前两者是推动血浆从肾小球滤过的力量，后两者的作用相反(图 13-11)。由于囊液中蛋白质含量极低，所形成的胶体渗透压可忽略不计。这样，肾小球有效滤过压可由下式表示：

有效滤过压=肾小球毛细血管压−(血浆胶体渗透压+囊内压)

直接测定肾小体各段压力的结果是：入球小动脉和出球小动脉的血压几乎相等，平均为 6.0 kPa；肾小囊内压平均为 1.3 kPa；至于血浆胶体渗透压，由于从入球小动脉端开始，不断发生滤过作用，故不同部位的胶体渗透压不同；入球小动脉端的胶体渗透压为 2.7 kPa，入球小动脉端则增至 4.7 kPa，由以上公式可计算得：

入球小动脉端有效滤过压=6.0−(1.3+2.7)=2.0 kPa

出球小动脉端有效滤过压=6.0−(1.3+4.7)=0 kPa

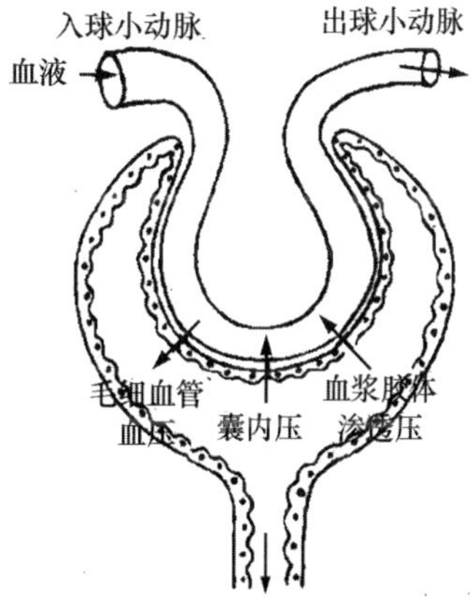

图 13-11　肾小球有效滤过压示意图

上述结果说明，并不是在毛细血管全长都有滤过作用，只有入球小动脉端的有效滤过压为正值，才发生滤过作用。

(3)影响肾小球滤过的因素

①滤过膜通透性和有效滤过面积的改变。通常肾小球滤过膜的通透性比较稳定,因而不会成为影响肾小球滤过的重要原因。只有在某些病理情况下,滤过膜的通透性才会发生较大的变化。例如发生肾小球肾炎时,滤过膜会增厚,孔隙变小,滤过率下降,超滤液量减少。如果滤过膜各层的糖蛋白减少或消失,电学屏障作用减弱,原来不能滤过的血浆蛋白也能进入囊腔,从而出现蛋白尿,更严重时体积较大的血细胞也透出,会形成血尿。

肾小球滤过作用还与有效滤过面积的大小有关,当有效滤过面积显著减小时,肾小球滤过量也将降低。在正常情况下,哺乳动物的肾小球都处于活动状态,有效滤过面积变化不大。但动物患急性肾小球肾炎时,病变波及肾小球毛细血管,造成管腔狭窄甚至堵塞,滤过表面积减小,肾小球滤过率降低,出现少尿或无尿现象。

②有效滤过压的改变。决定有效滤过压的三种压力中,任何一种压力的改变,都会导致有效滤过压的改变,其中肾小球毛细血管血压是经常可以变化的因素,是生理情况下影响有效滤过压的主要因素。

肾小球毛细血管血压　全身动脉血压在一定范围内的变化,肾具有自身调节机制,一般肾小球毛细血管血压常保持不变,因此有效滤过压也不变,肾小球滤过率也保持恒定。但大出血时,交感神经兴奋,肾上腺素分泌,肾小球毛细血管血压明显下降,于是滤过压下降,导致少尿或无尿。

血浆胶体渗透压　在正常情况下,血浆胶体渗透压保持稳定。只有特殊情况下才会出现明显的变化。例如快速静脉灌注大量的生理盐水时,血液被稀释,血浆胶体渗透压降低,肾小球滤过率增加,尿量增多。

囊内压　在正常情况下,因肾小管与集合管、输尿管相通,肾小囊内压比较稳定。若出现肾盂及输尿管结石、肿瘤压迫或其他原因引起的输尿管阻塞,尿液积聚时,肾小囊内压升高,有效滤过压随之降低,肾小球滤过率减少。动物患溶血性疾病时,溶血过多,过量血红蛋白堵塞肾小管,进而导致囊内压升高而影响肾小球滤过。

③肾血流量。肾脏是机体内所有脏器中供血量最多的器官,较大的血流量为肾小球滤过提供充足的血浆,以确保体液容量和溶质浓度的微细调节。肾血浆流量对肾小球滤过作用很大,主要影响滤过平衡的位置。当肾血浆流量加大时,血浆胶体渗透压上升的速度减慢,滤过平衡位置靠近出球小动脉端,有效滤过压和滤过面积增加,肾小球滤过率将随之上升。如果肾血流量进一步增加,血浆胶体渗透压上升速度进一步减慢,滤过作用遍及整个肾小球毛细血管,肾小球滤过率就进一步增加。反之,则出现相反的效应。由于剧烈运动、环境炎热导致机体内血流量重新分配而使肾血流量显著减少时,以及在严重缺氧、中毒性休克、CO_2增多等病理情况下,交感神经兴奋,肾血流量明显减少,肾小球滤过率显著减少。

2. 肾小管和集合管的重吸收作用

血液经肾小球的滤过作用,形成的滤过液就是原尿,原尿进入肾小管后被称为小管液,小管液再经过肾小管和集合管的重吸收与分泌作用后形成终尿,最后被排出体外。据测定终尿量一般仅占原尿量的1%左右,这主要与肾小管和集合管的重吸收有密切的关系。重吸收是指肾小管和集合管上皮细胞将物质从肾小管液转运到血液中的过程;肾小管和集合管对不同物质是选择性重吸收,小管液中有的物质(如葡萄糖)可全部被重吸收,有的被部分重吸收(如

Na^+、K^+)，有的则完全不被重吸收(如肌酐)。

(1)重吸收方式　肾小管与集合管的重吸收方式有主动重吸收和被动重吸收两类。

①主动重吸收。主动重吸收是指肾小管和集合管管壁上皮细胞，逆着电位梯度或浓度梯度，将小管液中的物质转运到小管外血液中去的过程，主动重吸收的动力来源于肾小管和集合管上皮细胞在代谢活动中所释收的能量，该过程主要通过细胞膜上的离子泵、载体和吞饮作用等来完成。

②被动重吸收。被动重吸收是指肾小管和集合管管壁上皮细胞，将小管液中的溶质顺着电化学梯度以单纯扩散或易化扩散的方式转运到小管外血液中去的过程。小管液中的水靠渗透压差被重吸收。被动重吸收不需要上皮细胞的代谢活动提供能量。

(2)几种重要物质的重吸收

①Na^+、Cl^-的重吸收。肾小管和集合管各段对Na^+的重吸收率不同。近端小管对Na^+的重吸收率最大，占滤过量的65%～70%。远曲小管约占10%。其余的Na^+分别在髓襻升支细段、升支粗段和集合管被重吸收。Na^+的重吸收除在髓襻升支细段是顺浓度差、以被动扩散的方式进行外。在其他各段，Na^+则靠钠泵的作用主动重吸收(图13-12)。

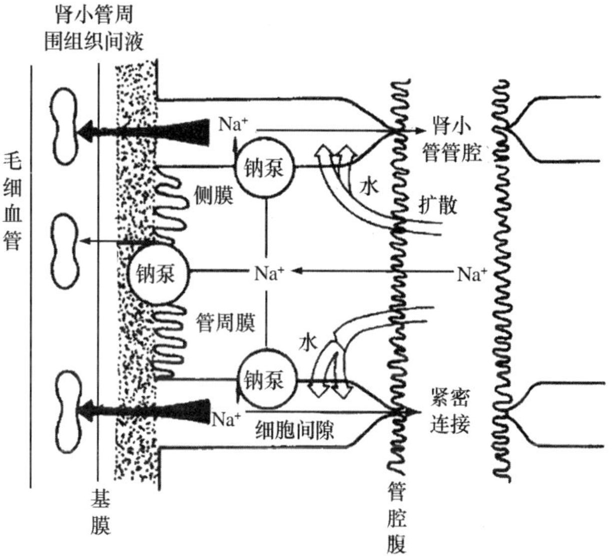

图13-12　Na^+重吸收的泵-漏模式

大部分Cl^-的重吸收是与Na^+相伴的。在近球小管，由Na^+的主动转运形成小管内外两侧的电位差，使Cl^-和HCO_3^-顺电位差被重吸收。在髓襻升支粗段，Cl^-的重吸收与Na^+、K^+的转运有关，三种离子中缺少任何一种离子，都将影响其他两种离子的转运。

②K^+的重吸收。K^+的重吸收主要部位在近球小管，小部分在髓襻升支粗段、远曲小管和集合管，而尿中的K^+主要是由远曲小管和集合管分泌的。K^+主动重吸收的机制还不清楚。

③HCO_3^-和PO_4^{3-}的重吸收。HCO_3^-主要在近球小管被重吸收。HCO_3^-的重吸收与小管上皮细胞管腔膜上的Na^+-H^+交换密切相关。PO_4^{3-}的重吸收部位主要是在近球小管，是一个与Na^+同向主动转运的过程。

④水的重吸收。原尿中的水65%～70%在近球小管被重吸收，髓襻降支细段和远曲小管各重吸收10%，其余10%～20%在集合管被重吸收。水的重吸收是被动的，主要靠渗透作用进行。Na^+、HCO_3^-、葡萄糖、氨基酸和Cl^-等被重吸收后，小管液的渗透压降低，细胞间隙的渗透压升高，于是水从小管液中通过紧密连接和跨上皮细胞两条途径进入细胞间隙。另外，由于管周毛细血管内静水压较低，胶体渗透压较高，水很容易从小管周围组织间隙进入毛细血管而被重吸收。

⑤葡萄糖和氨基酸的重吸收。生理状态下，由肾小球滤出的葡萄糖和氨基酸将全部被肾

小管重吸收。葡萄糖是不带电荷的物质，它的重吸收是一个与钠泵偶联转运的主动过程。小管液中钠离子浓度下降，葡萄糖的重吸收将减少，而小管液中葡萄糖浓度降低，钠的重吸收也将减少。这一偶联转运依赖于近曲小管中的载体蛋白，近球小管对葡萄糖的重吸收是有一定限度的。当血液中葡萄糖浓度超过了最大限度时，葡萄糖就不能被全部重吸收，尿中开始出现葡萄糖，此时的血糖浓度称为肾糖阈。血糖浓度再继续升高，葡萄糖滤过量增加，尿糖含量也将进一步增加。

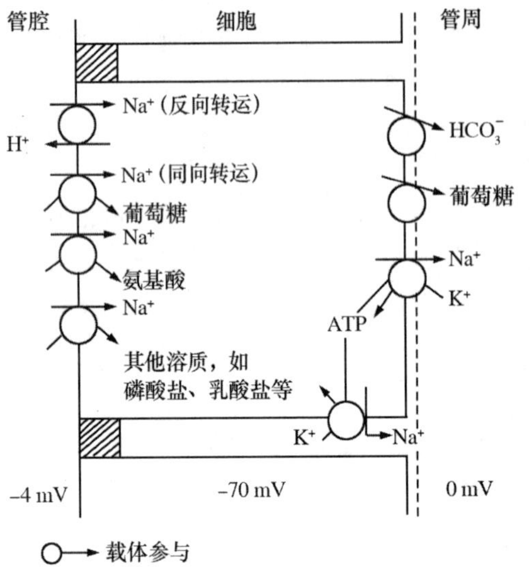

图 13-13 Na^+ 转运与其他溶质转运之间的伴联关系

氨基酸的重吸收与葡萄糖的重吸收机制相同，也与 Na^+ 同向转运。但转运葡萄糖和转运氨基酸的同向转运体可能不同(图 13-13)。

⑥其他物质的重吸收。小管液中的 HPO_4^{2-}、SO_4^{2-} 的重吸收也是与 Na^+ 同向转运。正常时小管液中的极微量的蛋白质，主要由近曲小管上皮细胞的吞饮作用而被重吸收。

3. 肾小管和集合管的分泌和排泄作用

肾小管和集合管除了对小管液中各种成分进行重吸收外，管壁细胞还能把自身的代谢产物和某些外来物质（如药物）排泄入肾小管腔中(图 13-14)。

(1) H^+ 的分泌　近球小管细胞可以通过 Na^+-H^+ 交换分泌 H^+。H^+ 的分泌是一个逆电化学梯度进行的主动转运过程。细胞内的 CO_2 和 H_2O 在碳酸酐酶催化下生成 H_2CO_3，再离解为 H^+ 和 HCO_3^-。H^+ 由管腔膜上的 H^+ 泵转运到小管液中，HCO_3^- 则通过基侧膜回到血液中。

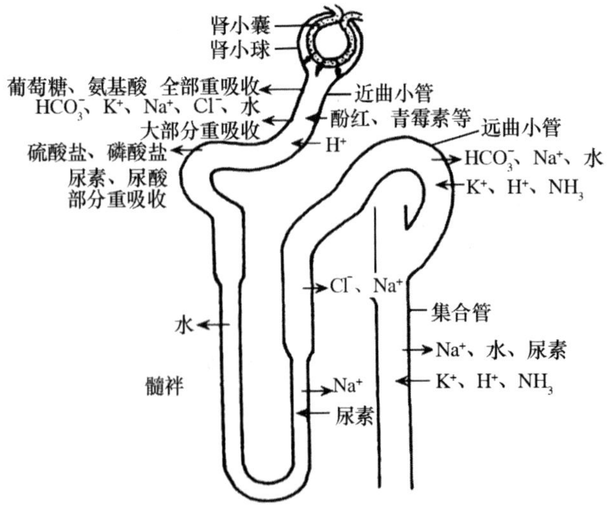

图 13-14 肾小管和集合管重吸收和排泄的示意图

(2) NH_3的分泌　在远曲小管和集合管上皮细胞代谢过程中，谷氨酰胺在谷氨酰胺酶的作用下不断地生成 NH_3。NH_3具有脂溶性，能通过细胞膜向外自由扩散。一般小管液的 H^+ 浓度较高，所以 NH_3较易向小管液中扩散，并与小管液中的 H^+ 结合生成 NH_4^+。由此可见，NH_3的分泌与 H^+ 的分泌密切相关；H^+ 分泌的增加促使 NH_3分泌增多。NH_3与 H^+ 结合生成的 NH_4^+ 是水溶性的，不能通过细胞膜返回细胞内，而是与小管液中的强酸盐（如 NaCl 等）的负离子结合，生成酸性铵盐（NH_4Cl 等），随尿排出。

(3) K^+ 的分泌　终尿中的 K^+ 是由远曲小管和集合管主细胞所分泌。一般认为，Na^+ 泵在主动转运 Na^+ 的同时，反方向主动转运 K^+。Na^+ 的重吸收导致小管内外形成电位差，促进 K^+ 从细胞外液被动转运到小管液中。所以 K^+ 的分泌与 Na^+ 的重吸收密切相关，每分泌一个 K^+，就重吸收一个 Na^+，故称为 Na^+-K^+ 交换

(4) 其他物质的分泌　肌酐和对氨基马尿酸既能从肾小球滤过，又能由肾小管排泄。进入机体内的某些物质（如青霉素、酚红），主要通过肾小管的排泄作用，随尿排出。

三、尿的浓缩和稀释

经过肾小球滤过，肾小管和集合管重吸收、分泌与排泄后生成的尿，还必须根据体内水分的情况调节其渗透压，以维持体内水分的稳定。在体内水量过多时，通过肾脏的调节使尿的渗透压降低，排出的水量增加；当体内水量减少时，则尿的渗透压升高，排出的水量减少。尿的渗透压高于血浆渗透压时，称为高渗尿；尿的渗透压低于血浆渗透压时，称为低渗尿。因此，尿渗透压的调节也称为尿的浓缩与稀释。

尿的浓缩和稀释的机制

实验表明，肾皮质部位的细胞外渗透压与血浆相等，而进入肾髓质组织液的渗透压高于血浆，且从外髓部至内髓部存在很大的渗透压梯度，越向乳头部，渗透压越高。肾髓质高渗梯度的存在，是促进远曲小管、集合管重吸收水分，促使尿液得以浓缩的生理学基础。在抗利尿激素作用下，远曲小管、集合管对水的通透性增高，小管液中的水分被髓质高渗不断吸出管外，管内溶质浓度不断增高而形成高渗的浓缩尿。若抗利尿激素分泌减少，远曲小管、集合管对水的通透性降低，水不易吸收，同时 Na^+ 不断被主动重吸收，则可使尿液渗透压下降，形成稀释尿。因此，肾髓质高渗梯度及抗利尿激素的存在，是尿液浓缩和稀释的基本条件。正常情况下，抗利尿激素的释放量是决定尿液浓缩程度的关键因素。

(1) 肾髓质高渗梯度的形成　目前以"逆流倍增学说"来解释。物理学中逆流的含义是指两个下端相连通而并列的 U 形管道，其中液体流动的方向相反，称为逆流。如液体在 U 形管道内流动时能进行能量的交换，称为逆流交换。而逆流倍增，则指溶液在 U 形管道逆流时，引起沿两管长轴的纵向溶液浓度成倍增长现象。肾髓质部存在着两套 U 形管道，构成了逆流系统，一为近髓肾单位的髓襻，二为近髓肾单位出球小动脉形成的直小血管。该学说认为，肾内的逆流系统对尿的浓缩和稀释起重要作用。肾髓质高渗梯度的形成与肾小管各段的不同生理特性有关。

①外髓部高渗梯度的形成。位于外髓部的髓襻升支粗段可主动重吸收 NaCl，而对水不易通透，故升支粗段小管液向皮质方向流动时，因其 NaCl 不断进入周围组织间液，一方面使小管液渗透压逐渐降低，成为低渗液；另一方面造成外髓部组织间液的渗透压逐渐升高。结果越

靠近皮质部，渗透浓度越低；越靠近内髓部，渗透浓度越高。

②内髓部高渗梯度的形成。内髓部通常拥有高渗梯度，其形成主要取决于两个因素：

Ⅰ.远曲小管及皮质部和外髓部集合管的选择性通透能力　尿素在该处不易通透，而水的重吸收量很大，并且在抗利尿激素作用下，对水通透性增加，因而使管内尿素浓度逐渐增高。至内髓部集合管时，由于管壁对尿素易通透，尿素即顺浓度差迅速扩散至管周组织间液，造成内髓组织间液的高渗。且越接近乳头部渗透压越高。

Ⅱ.髓襻降支细段的选择性通透能力　该段水易通透，但对 NaCl 和尿素相对不通透，当小管液流经该段时，在髓质高渗的作用下使小管液中的水不断渗入组织液，管内 NaCl 的浓度逐渐增高，至转折处达最高。当小管液流向髓襻升支细段时，由于该段对水不易通透，而对 NaCl 通透性良好，小管液中的 NaCl 即不断向管外组织液扩散形成渗透压梯度。

另外，尿素在髓襻中的再循环，也对髓质部的高渗梯度有作用。升支细段可吸收内髓组织间液中的尿素进入小管液。但是当小管液经过皮质部、外髓部，最后返回内髓部时，小管液中的尿素又可透出管壁扩散进入内髓组织间液。

综上所述，各部肾小管对水、NaCl 和尿素的通透不同是肾髓质高渗梯度形成的前提。外髓部的高渗梯度主要由髓襻升支粗段对 NaCl 的主动重吸收形成，而内髓部的高渗梯度主要是由尿素和 NaCl 共同形成。其中髓襻升支粗段对 NaCl 的主动重吸收是形成整个肾髓质渗透梯度的主要动力。至此，形成了髓质部由外向内渗透压逐渐升高的渗透压梯度(图 13-15)。

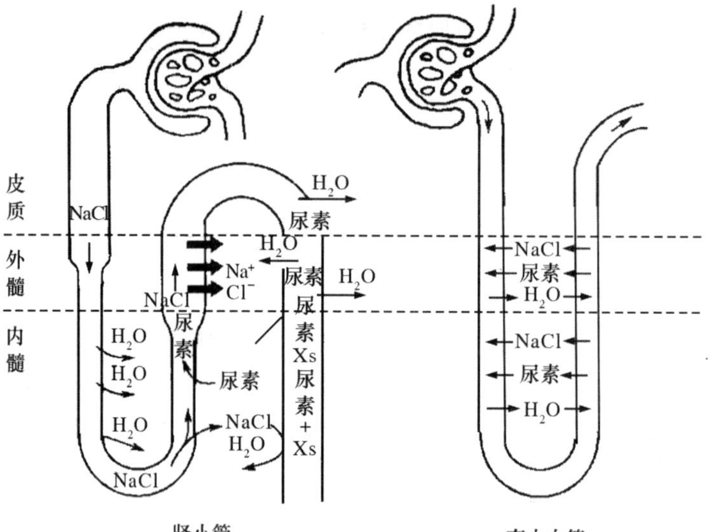

图 13-15　肾髓质渗透压梯度的形成示意图

(2)肾髓质高渗梯度的维持　髓质部高渗梯度的维持，有赖于直小血管的逆流交换作用。伸入髓质的直小血管，也呈"U"形，并与髓襻平行。当血液沿着直小血管降支向髓质流动时，受髓质高渗影响，血浆中的水分扩散出来，髓质部的溶质也顺浓度梯度而进入血浆，使直小血管降支的渗透压越来越高。当直小血管转为升支时，血浆中高浓度的尿素和 NaCl 又向组织间液扩散；与此同时，周围组织间液中的水也将渗入血浆，随着小管液的流动被带走。这样，通过直小血管的逆流交换作用，既可保留住髓质部的溶质，从而有利于髓质部高渗梯度的维持，又可将重吸收的水带入血液循环。

第三节　尿生成的调节

机体对尿生成的调节是通过对滤过作用、重吸收和分泌作用的调节来实现的。

一、肾内自身调节

肾内自身调节包括小管液中溶质浓度的作用和球-管平衡等。

1. 小管液中溶质的浓度

小管液中溶质的浓度决定小管内的渗透压，是对抗肾小管重吸收水分的力量。如果小管液中溶质(如葡萄糖、NaCl)浓度越高，渗透压也越高，越不利于肾小管对水的重吸收，结果尿量增加。如患糖尿病的动物，葡萄糖不能被近球小管完全重吸收回血，使小管液中葡萄糖含量增多，小管液渗透压增高，妨碍了肾小管和集合管对水和 NaCl 的重吸收，而造成尿量增多并出现糖尿。临床上给某些水肿病动物使用可被肾小球滤过但不被肾小管重吸收的物质如甘露醇和山梨醇等，来提高小管液的渗透压，以达到利尿消肿的目的。这种利尿方式称为渗透性利尿。

2. 球-管平衡

近球小管对溶质和水的重吸收，随肾小球滤过率的变动而变动。滤过率增大，滤液中水和钠增多，重吸收增加，反之亦然。实验证明，不论肾小球滤过率是增大或减少，近球小管对溶质和水的重吸收始终保持 65%～70%的水平，这种现象称为球-管平衡。其生理意义在于使经尿排出的溶质和水的量不会因滤过率的变化而有较大幅度的变动。

二、神经和体液调节

1. 肾交感神经的作用

肾血管主要受交感神经支配。肾交感神经兴奋可使入球小动脉和出球小动脉收缩，而前者收缩比后者更明显，肾小球毛细血管血浆流量减少，肾小球毛细血管血压下降，肾小球的有效滤过压下降，肾小球滤过率降低；交感神经兴奋刺激球旁复合体中的球旁细胞释放肾素，导致循环血液中的血管紧张素Ⅱ和醛固酮含量增加，促进肾小管对 NaCl 和水的重吸收。此外，肾交感神经兴奋时，其末梢释放的去甲肾上腺素，增加近球小管和髓襻内皮细胞对 Na^+、Cl^- 和水的重吸收。抑制肾交感神经活动则有相反的作用。

2. 抗利尿激素

抗利尿激素又称血管升压素，是由下丘脑的视上核和室旁核的神经元所分泌。经下丘脑-垂体束被运输到神经垂体，主要作用是提高远曲小管和集合管上皮细胞对水的通透性，促进肾小管和集合管对水的重吸收，使尿液浓缩、尿量减少。此外，抗利尿激素还能增加髓襻升支粗段对 NaCl 的主动重吸收和内髓部集合管对尿素的通透性，从而使髓质组织间液的溶质浓度增加，提高髓质组织间液的渗透浓度，有利于尿浓缩。

调节抗利尿激素分泌的主要因素是血浆晶体渗透压和循环血量。如果动物大量出汗、严重呕吐或腹泻，使机体大量失水，血浆晶体渗透压升高，就会使渗透压感受器受刺激而兴奋，引起抗利尿激素分泌增加，使远曲小管和集合管上皮细胞对水的通透性增大，增加水的重吸收量，减少尿量，以保留机体内的水分。当动物大量饮用清水后，机体内水分过多，血浆晶体渗透压降低，使抗利尿激素分泌减少，远曲小管和集合管上皮细胞对水的通透性降低，减少水的重吸收量，使体内多余的水分随尿排出。这种因大量饮用清水而引起的尿量增加，称为水利尿。

3. 肾素-血管紧张素-醛固酮系统

肾素主要是由近球细胞分泌的一种蛋白水解酶，能催化血浆中的血管紧张素原，使之生成血管紧张素Ⅰ（十肽）。血液和组织中，特别是肺组织中有血管紧张素转换酶，可使血管紧张素Ⅰ降解，生成血管紧张素Ⅱ（八肽）。血管紧张素Ⅱ具有强烈的生理活性，直接刺激近球小管对 NaCl 的重吸收，使尿中排出的 NaCl 减少；还可以刺激肾上腺皮质分泌醛固酮；刺激垂体后叶释放抗利尿激素，因而增加远曲小管和集合管对水的重吸收，使尿量减少。

4. 心房钠尿肽

心房钠尿肽是心房肌合成的激素，具有明显的促进 NaCl 和水排出的作用。其作用机制是抑制髓质集合管、远球小管和髓襻对 NaCl 的重吸收，增强肾小球滤过率。此外，心房钠尿肽还能抑制肾素、醛固酮、抗利尿激素的分泌。

综合以上各节所述，可见在生成尿液的过程中，由于肾脏其肾单位和集合管的特殊生理活动规律，以及神经、体液因素对其活动的调控作用，肾脏完成的排泄、调节机体内的水平衡、电解质平衡和酸碱平衡等功能，对维持机体内环境的相对稳定，起着极为重要的作用。因此，如果动物的肾脏功能发生异常或严重丧失，必然会导致该动物机体内环境的紊乱，甚至危及生命。

第四节　排尿

肾脏内尿生成活动是连续不断的，生成的尿液先进入肾盂，进而被压缩到输尿管，再通过输尿管的周期性蠕动被送入膀胱，积聚到一定的量，引起反射性排尿动作，将尿液经尿道排出体外。排尿的初级中枢在腰荐部脊髓，高级中枢在脑干和大脑皮层。

一、膀胱和尿道的神经支配

膀胱平滑肌又称逼尿肌，与尿道交界处有内括约肌和外括约肌。膀胱逼尿肌和内括约肌受交感神经和副交感神经的双重支配。副交感神经来自脊髓腰荐部发出的盆神经，它的兴奋可使逼尿肌收缩、膀胱内括约肌松弛，而促进排尿。交感神经纤维由腰髓发出，经腹下神经到达膀胱。它的兴奋则使逼尿肌松弛、内括约肌收缩，阻抑尿的排放。

除植物性神经外，尿道括约肌还受阴部神经（由荐髓发出的躯体神经）支配，其活动受意识的控制，兴奋时可使外括约肌收缩。至于外括约肌的松弛，则是阴部神经活动的反射性抑制所造成的（图 13-16）。

二、排尿反射

排尿过程是一种反射性活动。当膀胱中的尿液储集到一定容量时，刺激膀胱壁的牵张感受器，使其兴奋，冲动沿盆神经传入，到达腰荐部脊髓排尿反射的初级中枢。同时，冲动也上传到脑干和大脑皮层的排尿反射高位中枢，产生尿意。如果当时条件不适于排尿，低级排尿中枢可被大脑皮层抑制，使膀胱壁进一步松弛，继续贮存尿液，直至有排尿的条件或膀胱内压过高时，低级排尿中枢的抑制才被解除。这时排尿反射的传出冲动沿盆神经传到膀胱，引起逼尿肌收缩、内括约

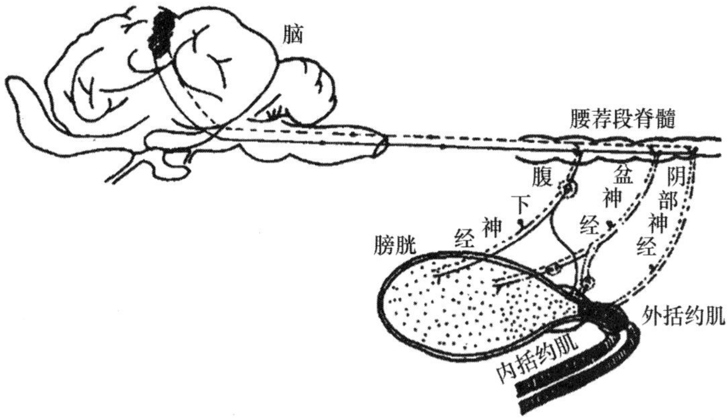

图 13-16　膀胱和尿道的神经支配

肌松弛，于是尿液进入尿道。尿道的尿液刺激尿道的感受器，冲动沿阴部神经也传到脊髓排尿中枢，进一步加强其活动，使外括约肌开放，于是尿液被排出。逼尿肌的收缩又可刺激膀胱壁的牵张感受器，它的兴奋进一步反射性地引起膀胱收缩；尿液对尿道的刺激可反射性地加强排尿中枢活动。这是一种正反馈，它使排尿反射一再加强，直至尿液排完为止(图 13-17)。

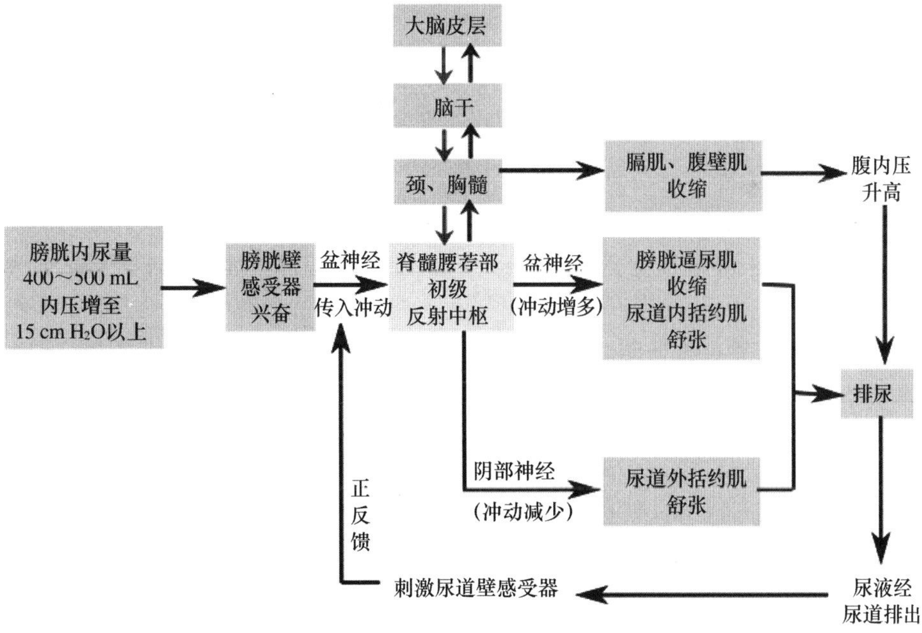

图 13-17　排尿反射示意图

复习思考题

一、选择题

1. 牛肾类型属于(　　)。

A. 复肾　　B. 有沟多乳头肾　　C. 有沟单乳头肾

D. 光滑多乳头肾　　E. 光滑单乳头肾

2. 犬肾为(　　)。

A. 复肾　　B. 光滑多乳头肾　　C. 光滑单乳头肾

D. 有沟单乳头肾　　E. 有沟多乳头肾

3. 给公牛导尿带来困难的结构是(　　)。

A. 尿道峡前方的半月形黏膜襞　　B. 精阜　　C. 尿道突

D. 尿道内口　　E. 尿道脊

4. 具有尿道下憩室的家畜是(　　)。

A. 母马　　B. 母犬　　C. 母牛　　D. 母兔　　E. 母驴

5. 属于有沟多乳头肾的动物是(　　)。

A. 猪　　B. 马　　C. 羊　　D. 牛　　E. 犬

6. 急性肾小球肾炎时，动物出现少尿或无尿的主要原因是(　　)。

A. 肾小囊内压降低　　B. 肾小球滤过率降低　　C. 毛细血管血压下降

D. 血浆胶体渗透压升高　　E. 血浆晶体渗透压升高

7. 肾脏重吸收原尿中葡萄糖的主要部位是(　　)。

A. 集合管　　B. 近球小管　　C. 远球小管

D. 髓襻升支细段　　E. 髓襻降支细段

8. 动物严重呕吐或腹泻时，尿量减少的主要机制是(　　)。

A. 抗利尿激素分泌增加　　B. 血浆晶体渗透压降低

C. 血浆胶体渗透压降低　　D. 入球小动脉舒张

E. 肾小囊内压升高

9. 葡萄糖在近曲小管的吸收机制为(　　)。

A. 简单扩散　　B. 内吞　　C. 渗透　　D. 滤过　　E. 继续性主动转运

10. 牛因创伤失血，导致尿量减少，经测定动脉血压降至正常值的70%，其尿量减少的机制是(　　)。

A. 肾小球毛细血管血压下降　　B. 囊内压下降

C. 血浆胶体渗透压下降　　D. 血浆晶体渗透压下降

E. 滤过膜通透性下降

二、简答题

1. 牛、猪和马肾的形态、位置有何不同?

2. 肾脏的组织结构如何?

3. 球旁复合体包括几部分? 有什么作用?

4. 简述尿的生成过程。

5. 试述影响肾小球滤过的因素。

6. 试述ADH的来源、释放的调节及其作用。

7. 简述肾素-血管紧张素-醛固酮系统的活动过程及其作用。

8. 简述尿的排出过程。

第13章参考答案

第十四章
生殖系统

学习目标

1. 掌握雄、雌性生殖器官的形态、位置和结构。
2. 掌握牛、羊、猪、马生殖器官的结构特点。
3. 熟悉雄、雌性动物的生殖生理特征。

生殖系统包括雄性生殖器官和雌性生殖器官，主要功能是产生生殖细胞（精子、卵子）和繁殖新个体，使物种得以延续。此外，还能分泌性激素，影响生殖器官的生理活动，并对维持动物第二性征有重要作用。

第一节　雄性生殖器官

雄性生殖器官由睾丸、附睾、输精管、精索、阴囊、尿生殖道、副性腺、阴茎和包皮组成（图 14-1）。

睾丸的形态、位置和构造

一、睾丸

1. 睾丸的形态和位置

睾丸是产生精子和分泌雄性激素的器官，左、右各一，位于阴囊内，呈左、右稍扁的椭圆形，表面光滑。一侧有附睾附着，称为附睾缘，另一侧为游离缘。血管和神经进出的一端为睾丸头，与附睾头相接；另一端为睾丸尾，借睾丸固有韧带与附睾尾相连。

在胚胎时期，睾丸位于腹腔内两肾附近。出生前后，睾丸和附睾一起经腹股沟管下降到阴囊内，这一过程称为睾丸下降。动物出生后，如果有一侧或两侧睾丸仍留在腹腔内，称为单睾或隐睾，其生殖能力较弱或无生殖能力，不宜作种用。

牛、羊的睾丸较大，呈长椭圆形，长轴与地面垂直，睾丸头位于上方，前缘为游离缘，后缘为附睾缘（图 14-2）。

猪的睾丸很大，质较柔软，位于会阴部。长轴斜向后上方，睾丸头朝向前下方，睾丸尾朝向后上方。前背侧缘为附睾缘，后腹侧缘为游离缘。

马的睾丸长轴与地面平行，睾丸头向前，睾丸尾向后。背侧缘为附睾缘，腹侧缘为游离缘。

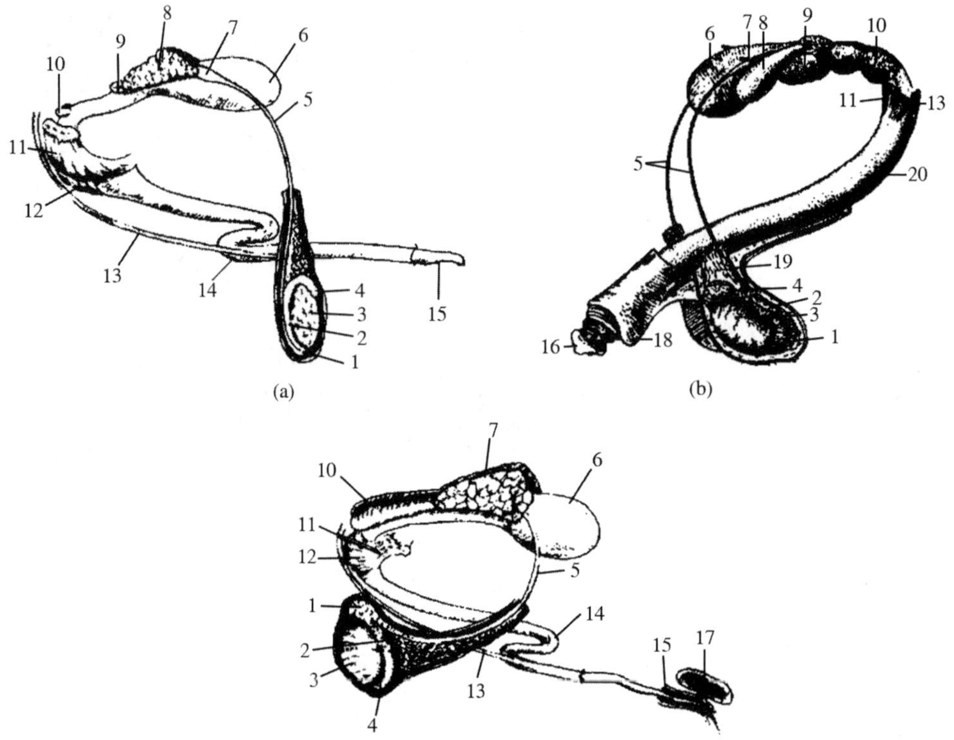

图 14-1　公畜生殖器官模式图

(a)牛　(b)马　(c)猪

1.附睾尾　2.附睾体　3.睾丸　4.附睾头　5.输精管　6.膀胱　7.输精管壶腹　8.精囊腺　9.前列腺　10.尿道球腺　11.坐骨海绵体肌　12.球海绵体肌　13.阴茎缩肌　14.乙状弯曲　15.阴茎头　16.龟头　17.包皮盲囊　18.包皮　19.精索　20.阴茎

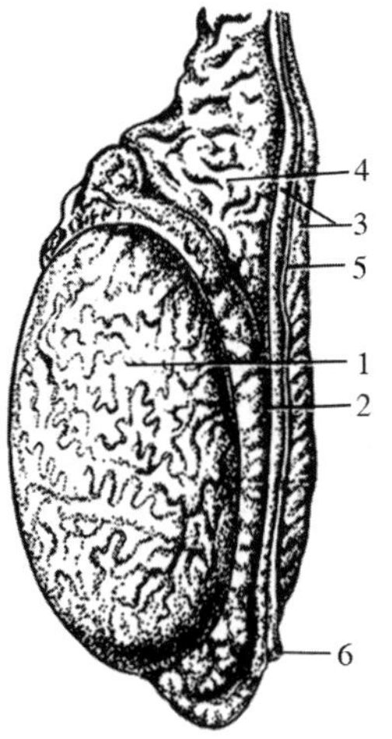

图 14-2　公牛的睾丸(外侧面)

1.睾丸　2.附睾　3.输精管及褶　4.精索　5.睾丸系膜　6.附睾尾韧带

2. 睾丸的组织结构

睾丸除附睾缘外,表面均被覆着一层浆膜,即睾丸固有鞘膜。浆膜下方为厚而坚韧的致密结缔组织膜称白膜。白膜的结缔组织伸入睾丸内形成睾丸纵隔。从睾丸纵隔又发出许多睾丸小隔,呈放射状伸入睾丸实质,将睾丸实质分成许多锥形的睾丸小叶。每个睾丸小叶内有 1～4 条精小管。精小管分为曲精小管和直精小管两段。曲精小管是盘曲的襻状管,在近纵隔处变为短而直的直精小管,然后进入睾丸纵隔,相互吻合成睾丸网,最后形成十余条睾丸输出小管进入附睾(图 14-3)。此外,在曲精小管间的疏松结缔组织称为睾丸间质。

(1)曲精小管　为精子发生的场所,管壁由基膜和多层上皮细胞组成。上皮分为生精细胞和支持细胞,上皮外有一薄层基膜,基膜外有一层肌样细胞,收缩时有助于精子的排出(图 14-4)。

①生精细胞。性成熟的动物,在睾丸曲精小管的管壁中,由基膜到腔面,可见许多不同发育阶段的生精细胞。包括精原细胞、初级精母细胞、次级精母细胞、精子细胞和精子。

精原细胞　紧靠基膜分布,呈圆形或椭圆形,体积较小,胞质清亮,可分 A、B 两型。A 型精原细胞可不断地分裂增殖,一部分仍为干细胞继续产生精原细胞,另一部分分化为 B 型精原细胞。B 型精原细胞经过数次有丝分裂后,分化为初级精母细胞。

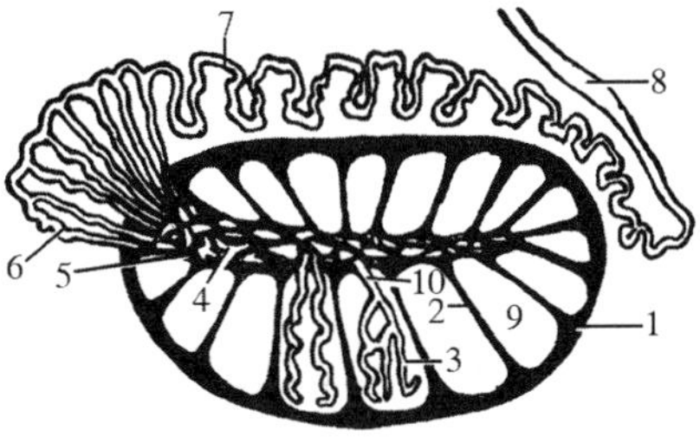

图 14-3　睾丸和附睾结构模式图

1. 白膜　2. 睾丸间隔　3. 曲精小管　4. 睾丸网　5. 睾丸纵隔　6. 输出小管　7. 附睾管　8. 输精管　9. 睾丸小叶　10. 直精小管

初级精母细胞　多位于精原细胞的内侧,有 2～3 层,体积较大,胞核大而圆,多呈有丝分裂相。每个初级精母细胞经第一次成熟分裂(减数分裂)后,产生两个单倍体的次级精母细胞。

次级精母细胞　位于初级精母细胞内侧,细胞体积较初级精母细胞小,呈圆形,核大而圆,不见核仁。存在时间很短,很快进行第二次成熟分裂(DNA 减半),生成两个精子细胞。

精子细胞　贴近管腔面,常排成数层。细胞体积更小,呈圆形。核小而圆,染色深,核仁明显。精子细胞不再分裂,经过一系列复杂的变态过程,变成精子。

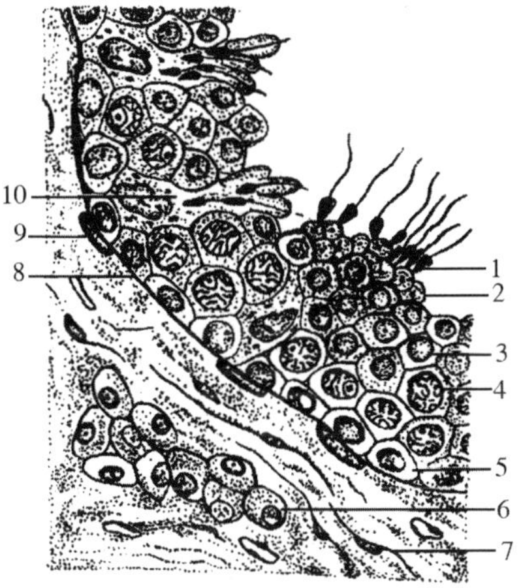

图 14-4　睾丸曲精小管及间质

1. 精子　2. 精子细胞　3. 次级精母细胞　4. 初级精母细胞　5. 精原细胞　6. 间质细胞　7. 结缔组织　8. 基膜　9. 肌样细胞　10. 支持细胞

精子　形似蝌蚪,分头、颈、尾三部分。头部多呈扁卵圆形,主要由细胞核构成。核的前部为顶体。颈部很短,其内主要是中心粒。尾部分为中段、主段和末段,主要由中心粒发出的轴丝构成。轴丝中央有两根单微管(中央纤丝),周围有 9 对二联微管。中段较短,轴丝外面包着 9 条致密纤维,后者的外面再包着线粒体鞘,为精子的运动提供能量。主段较长,含有轴丝和致密纤维,无线粒体鞘,由纤维鞘包绕。末段很短,致密纤维消失,胞膜内仅有轴丝。

刚形成的精子头部嵌于支持细胞的顶部,尾部朝向管腔。精子成熟后,脱离支持细胞进入管腔内。

②支持细胞　呈不规则的高柱状或锥状,底部附着在基膜上,顶端伸向管腔,侧面和腔面内镶嵌着各级生精细胞。细胞界限不清,胞核较大,呈三角形或椭圆形,着色浅,核仁明显。支持细胞对生精细胞具有支持和营养作用,并能吞噬退化的精子和合成雄激素结合蛋白。

(2)直精小管　直精小管与曲精小管的末端相接。其管径细,管壁无生精细胞,仅由单层立方或柱状的支持细胞构成。

(3)睾丸网　位于睾丸纵隔内,管腔宽窄不一,管壁上皮为单层立方或扁平上皮。牛的睾丸网管壁为双层立方上皮。

(4)间质组织　位于曲精小管之间的疏松结缔组织,除含有丰富的血管和淋巴管外,还有间质细胞。间质细胞体积较大，呈圆形或多边形。核大而圆，胞质嗜酸性，含有脂滴和褐色素。间质细胞分泌雄激素，可促进精子的发生和成熟、维持正常的性欲活动、促进雄性生殖器官发育和第二性征的出现。

二、附睾

附睾是贮存精子和精子进一步成熟的场所，由睾丸输出小管和附睾管组成，位于睾丸的附睾缘，外面也被覆有固有鞘膜和薄的白膜。附睾分为附睾头、附睾体和附睾尾。附睾头膨大，由睾丸输出小管构成，与睾丸头相对。睾丸输出小管汇合成一条很长的附睾管，迂曲并逐渐增粗，构成附睾体和附睾尾。附睾尾末端管径增大，最后延续为输精管。

牛、羊的附睾位于睾丸的后缘，附睾头长，附睾尾较大；猪的附睾位于睾丸的前背侧缘，附睾尾很发达；马的附睾位于睾丸背侧缘。

三、输精管和精索

1. 输精管

输精管是输送精子的管道，由附睾管延续而来，在附睾尾沿附睾体至附睾头附近，进入精索后缘内侧的输精管系膜中，向上经腹股沟管入腹腔，然后转而向后进入骨盆腔，在膀胱背侧的尿生殖褶内继续向后伸延，开口于尿生殖道起始部背侧壁的精阜（彩插 14-1）。输精管在尿生殖褶中膨大形成输精管壶腹，黏膜内有腺体，其分泌物有稀释和营养精子的作用。猪的输精管壶腹不明显。

2. 精索

精索呈扁圆锥形，基部附着于睾丸和附睾，顶端达腹股沟管内环。精索内含睾丸动脉、静脉、神经、淋巴管、睾内提肌和输精管，外面包有固有鞘膜，借输精管系膜固定在总鞘膜的后壁（彩插 14-1）。动物去势时需切断精索，同时采取止血措施。

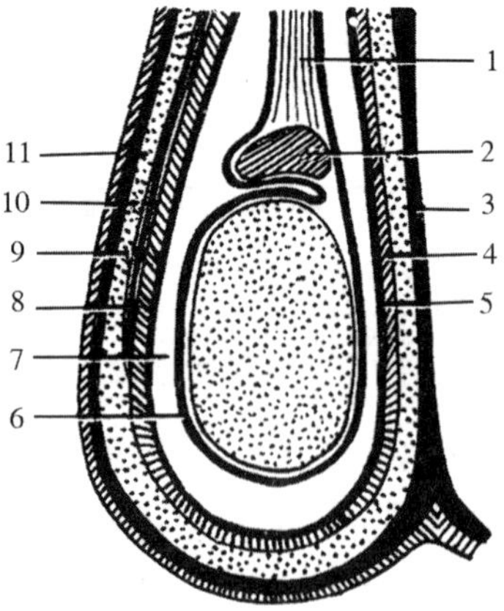

图 14-5 阴囊结构模式图

1. 精索 2. 附睾 3. 阴囊中隔 4. 总鞘膜纤维层 5. 总鞘膜 6. 固有鞘膜 7. 鞘膜腔 8. 睾外提肌 9. 筋膜 10. 肉膜 11. 皮肤

四、阴囊

阴囊为腹壁形成的囊袋，内有睾丸、附睾和部分精索。阴囊壁结构与腹壁相似，由外向内依次分为皮肤、肉膜、阴囊筋膜和鞘膜（图 14-5，彩插 14-1）。

1. 皮肤

皮肤薄而柔软，富有弹性，表面生有短而细的毛，内含较多的汗腺和皮脂腺。腹侧正中有一条阴囊缝，是畜牧生产中去势定位的标志。

2. 肉膜

肉膜紧贴于皮肤的内面，相当于皮下组织，含有弹性纤维和平滑肌。肉膜在阴囊正中矢面形成阴囊中隔，将阴囊分为左、右互不相通的两个腔。中隔的背侧分为两层，沿阴茎两侧上行，附着于腹壁。肉膜有调节温度的作用，冷时肉膜收缩，使阴囊起皱；热时肉膜松弛，阴囊下垂。

3. 阴囊筋膜

阴囊筋膜位于肉膜的内面，由腹壁深筋膜和腹外斜肌腱膜伸延而来。其深面有睾外提肌，来自腹内斜肌，包在总鞘膜的外侧缘和后缘，收缩时可上提睾丸。

4. 鞘膜

鞘膜包括总鞘膜和固有鞘膜。总鞘膜为阴囊最内层，由腹膜壁层延伸而来。总鞘膜折转覆盖于睾丸和附睾表面的为固有鞘膜。折转处形成的浆膜褶，称为睾丸系膜。总鞘膜和固有鞘膜之间的腔隙称为鞘膜腔，内有少量浆液。鞘膜腔的上部细而窄，称鞘膜管，位于腹股沟管内，以鞘膜管口或鞘环与腹膜腔相通。当鞘膜管口较大时，小肠可脱入鞘膜管或鞘膜腔内，形成腹股沟疝或阴囊疝，须进行手术整复。附睾尾借阴囊韧带与阴囊相连，去势时需切断此韧带。

牛、羊的阴囊位于两股之间，在松弛状态下呈瓶状，阴囊颈较明显；猪的阴囊位于股后部、肛门腹侧，与周围皮肤的界限不明显；马的阴囊位于两股之间，略呈球形，左、右常不对称。

五、尿生殖道

雄性动物的尿道兼有排精作用，故称为尿生殖道。起于膀胱颈的尿道内口，以尿道外口开口于阴茎头的尿道突上，可分为骨盆部和阴茎部，两部以坐骨弓为界。交界处，尿生殖道的管腔稍变窄，称为尿道峡(图 14-6)。

1. 尿生殖道骨盆部

尿生殖道骨盆部是位于骨盆腔内的部分，自尿道内口起，在直肠和骨盆腔底壁之间向后伸延，绕过坐骨弓，移行为阴茎部。在起始部背侧壁的中央有一圆形隆起，称为精阜。输精管和精囊腺管开口于此。此外，在骨盆部黏膜表面，还有前列腺和尿道球腺排泄管的开口。

2. 尿生殖道阴茎部

尿生殖道阴茎部为骨盆部的直接延续，自坐骨弓起，经左右阴茎脚之间进入阴茎腹侧的尿道沟，向前延伸到阴茎头端，以尿道外口通向体外。

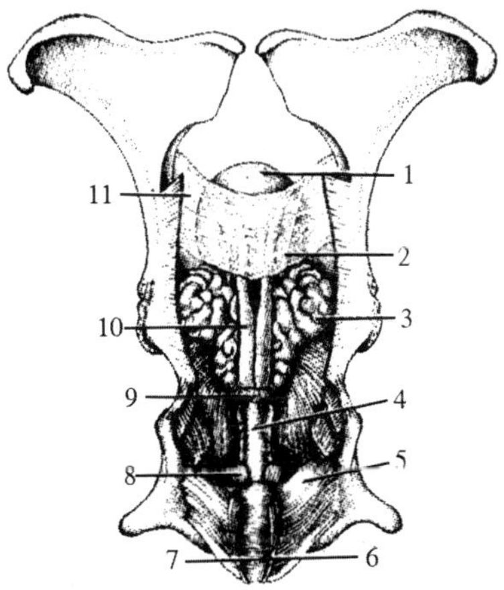

图 14-6　公牛尿生殖道骨盆部

1. 膀胱　2. 输精管　3. 精囊腺　4. 尿生殖道　5. 坐骨海绵体肌　6. 阴茎缩肌　7. 尿道球　8. 尿道球腺　9. 前列腺体　10. 输精管壶腹　11. 尿生殖褶

尿生殖道管壁从内向外由黏膜层、海绵体层、肌膜和外膜构成。黏膜层有很多皱褶；海绵体层主要是毛细血管膨大形成的海绵腔。在尿道峡处，海绵体层稍变厚形成尿道球，在阴茎部较发达，称尿道海绵体；肌层由深层的平滑肌和浅层的横纹肌组成。横纹肌在骨盆部呈环行，称为尿道肌，延续至尿道球和尿道海绵体部则称为球海绵体肌。外膜为结缔组织。

六、副性腺

副性腺包括精囊腺、前列腺和尿道球腺。其分泌物参与构成精液，可稀释和营养精子，改善阴道环境，以利精子的生存和运动。

1. 精囊腺

精囊腺有一对，位于膀胱颈背侧的尿生殖褶中，在输精管壶腹的外侧。每侧精囊腺的导管与同侧输精管共同开口于精阜。

牛的精囊腺呈不规则的长卵圆形，表面凹凸不平，分叶明显，两侧精囊腺的大小和形态常不对称，每侧精囊腺的导管与输精管共同形成射精管，开口于精阜。羊的精囊腺与牛的相似，但较小。

猪的精囊腺特别发达，成年公猪的可长达 12 cm 以上，呈三棱形。其导管单独或与输精管一同开口于精阜。

马的精囊腺为一对长梨形囊，囊腔宽大。盲端向前，后方缩细，导管在输精管一旁或二者共同开口于精阜。

2. 前列腺

前列腺位于尿生殖道起始部的背侧，以许多导管开口于精阜附近的尿生殖道内。幼龄动物前列腺较小，到性成熟期较大，老年时又逐渐退化。

牛的前列腺由体和扩散部构成。前列腺体较小，横位于膀胱颈和尿生殖道起始部的背侧。扩散部发达，分布于尿生殖道骨盆部黏膜周围，表面有尿道肌和筋膜覆盖。腺管成行地开口于精阜后方的两条黏膜褶之间和外侧。羊的前列腺仅有扩散部，而无体部。

猪的前列腺也分体部和扩散部。体部位于尿生殖道起始部的背侧，大部分被精囊腺覆盖。扩散部形成一腺体层，分布于尿生殖道骨盆部的壁内。两部均有许多导管开口于尿生殖道骨盆部背侧壁。

马的前列腺较发达，由左、右两叶和中间的峡部构成。两叶形状相似，略呈梨形。峡为一薄带状，连接两叶。每侧前列腺有 15～20 条小管开口于精阜的外侧。

3. 尿道球腺

尿道球腺一对，位于尿生殖道骨盆部末端的背面两侧，导管开口于尿生殖道。

牛、羊的尿道球腺为圆形的实质性腺体。表面被覆一厚层致密结缔组织和球海绵体肌。每侧腺体有一条导管，开口于尿生殖道骨盆部后端背侧的小盲囊。

猪的尿道球腺很发达，呈圆柱状，位于尿生殖道骨盆部后 2/3 的背外侧，部分被尿道肌覆盖。每个腺体有一大的导管，开口于坐骨弓处的尿生殖道背侧壁。

马的尿道球腺呈卵圆形，背腹稍压扁，表面有尿道肌覆盖。每侧腺体有 6～8 条腺管，开口于尿生殖道背侧壁近中央的两列小乳头上。

七、阴茎和包皮

1. 阴茎

阴茎是雄性动物的交配器官，位于腹底壁皮下，自坐骨弓起始，经左、右股部之间向前伸延至脐部，可分为阴茎根、阴茎体和阴茎头三部分。

阴茎根以左、右两个阴茎脚附着于坐骨弓的两侧，外面覆盖着坐骨海绵体肌。两阴茎脚向前合并成圆柱状的阴茎体，在起始部由两条扁平的阴茎悬韧带固着于坐骨联合的腹侧面。阴茎头位于阴茎的前端，其形态因动物种类不同而有差异。

阴茎主要由阴茎海绵体和尿生殖道阴茎部构成。阴茎海绵体位于尿生殖道阴茎部的背侧，外面包有很厚的致密结缔组织白膜，富含弹性纤维。白膜的结缔组织伸入海绵体内形成小梁，并分支互相连结成网。在小梁及其分支之间有许多腔隙，称阴茎海绵腔，是扩大的毛细血管，腔壁衬有内皮。充血时阴茎膨大变硬而勃起。尿生殖道阴茎部位于阴茎海绵体腹侧的尿道沟内，其周围的尿道海绵体有较发达的海绵腔，尿道海绵体的外面包有球海绵体肌。

阴茎的肌肉除球海绵体肌外，还有坐骨海绵体肌和阴茎缩肌。坐骨海绵体肌呈纺锤形，起于坐骨结节，止于阴茎脚的表面。阴茎缩肌为两条带状平滑肌，起于尾椎或荐骨，沿阴茎腹侧向前伸延，止于阴茎头的后方。

牛、羊的阴茎呈圆柱状，细而长，阴茎体在阴囊的后方形成“乙”状弯曲，勃起时伸直。阴茎头长而尖，呈扭转状。羊的阴茎头前端有一细长的尿道突。尿道外口位于阴茎头前端的尿道突上。

猪的阴茎体也有“乙”状弯曲，位于阴囊前方。阴茎头呈螺旋状扭转，尿道外口呈裂隙状，位于阴茎头前端的腹外侧。

马的阴茎粗大，呈左右稍扁的圆柱状，无“乙”状弯曲。阴茎海绵体发达，阴茎头端膨大形成龟头，其上有龟头窝，窝内有一短的尿道突，尿道外口在此开口。

2. 包皮

包皮为皮肤折转而形成的管状鞘，有容纳和保护阴茎头的作用。

牛、羊的包皮长而狭窄，包皮口位于脐后方，周围有长毛，具有两对发达的包皮肌。

猪的包皮口狭窄，周围也有长毛。包皮腔前宽后窄，前部背侧壁有一圆孔通包皮盲囊(或称包皮憩室)。

马的包皮为双层皮肤褶，分外包皮和内包皮，均由深、浅两层构成。

第二节　雌性生殖器官

雌性生殖器官由卵巢、输卵管、子宫、阴道、尿生殖前庭和阴门组成(图 14-7)。

一、卵巢

1. 卵巢的形态和位置

卵巢有一对，可产生卵子和分泌雌性激素，其形状、位置和大小随动物种类、个体、年龄及性周期的不同而异。

卵巢由卵巢系膜悬吊在腹腔的腰下部，在肾的后方或骨盆前口两侧。卵巢的前端为输卵管端，与输卵管伞相接触；后端为子宫端，借卵巢固有韧带连于子宫角。卵巢的背侧缘为卵巢系膜缘，有血管、神经和淋巴管出入，此处称为卵巢

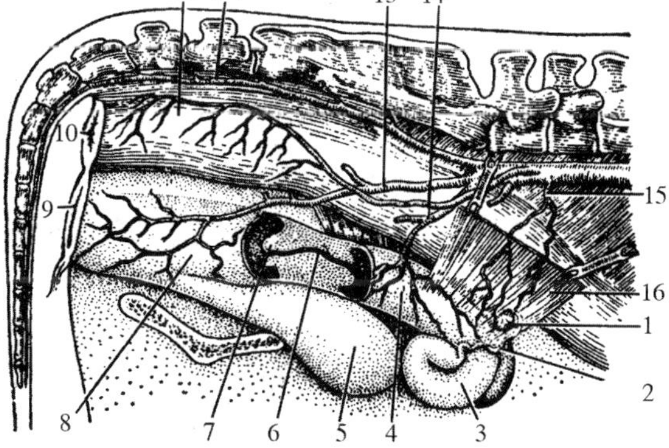

图 14-7　母牛生殖器官位置关系(右侧观)

1.卵巢　2.输卵管　3.子宫角　4.子宫体　5.膀胱　6.子宫颈管　7.子宫颈阴道部　8.阴道　9.阴门　10.肛门　11.直肠　12.荐中动脉　13.尿生殖动脉　14.子宫动脉　15.卵巢动脉　16.子宫阔韧带

门；腹侧缘为游离缘。卵巢固有韧带与输卵管系膜之间形成卵巢囊。

卵巢的形态、位置和构造

牛的卵巢呈稍扁的椭圆形，平均长约 3.7 cm，宽 2.5 cm，厚 1.5 cm，重 15～20 g。卵巢通常位于骨盆前口的两侧，子宫角起始部的上方。未产母牛的卵巢多位于骨盆腔内，经产母牛的卵巢向前移入腹腔内，在耻骨前缘的前下方。羊的卵巢位置与牛相同，呈卵圆形至圆形，长约 1.5 cm，宽 1～1.8 cm。

猪的卵巢一般较大，呈卵圆形，其位置、形状、大小因年龄和个体不同而有明显差异。性成熟以前的小母猪，卵巢较小，表面光滑，淡红色，大小约 0.5 cm×0.4 cm。位于荐骨岬两旁腹侧面的稍后方。接近性成熟时，卵巢体积增大，约为 2 cm×1.5 cm，表面因有突出的卵泡而呈桑葚状。卵巢位置也稍下垂前移，位于髋结节前缘横断面处的腰下部。性成熟后及经产母猪，卵巢达 3～5 cm，包于发达的卵巢囊内，表面因有卵泡及黄体突出而呈结节状。卵巢位于髋结节前缘约 4 cm 的横断面上，左侧卵巢常靠近正中矢面，右侧卵巢稍偏右侧。

马的卵巢呈豆形，平均长约 7.5 cm，宽 3.5cm，厚 2.5 cm，表面光滑。卵巢借卵巢系膜悬于第 4 或第 5 腰椎横突腹侧，卵巢的腹侧游离缘有一凹陷部，称为排卵窝，成熟卵泡由此排出卵细胞，这是马属动物的特征。

2. 卵巢的组织结构

卵巢为实质性器官，由被膜和实质构成。被膜由外层的生殖上皮和内层的白膜组成。生殖上皮在幼年及成年动物为单层立方或柱状，随着年龄的增长逐渐变为扁平。马卵巢仅在排卵窝处有生殖上皮。白膜由致密结缔组织构成。

卵巢的实质可分为外周的皮质和中央的髓质，但马属动物卵巢的皮质和髓质的位置与其他动物不同，皮质集中在排卵窝处，髓质在外周。皮质内有许多不同发育阶段的卵泡、黄体及填充其间的基质。基质由结缔组织构成，内含大量的网状纤维和少量弹性纤维。髓质由疏松结缔组织构成，其中含有丰富的血管、神经和淋巴管（彩插 14-2）。

(1)卵泡　卵泡呈球形，由中央的卵母细胞和包在其周围的卵泡细胞所构成。根据发育程度不同，分为原始卵泡、生长卵泡和成熟卵泡。有些卵泡在发育过程中退化形成闭锁卵泡。

①原始卵泡。位于卵巢皮质浅层，反刍动物、猪和马的散乱分布，肉食兽的聚集成群。原始卵泡数量多、体积小，一般由一个大而圆的初级卵母细胞和周围一层扁平的卵泡细胞构成。但在多胎动物，如猪和肉食兽的原始卵泡中，有时可见到 2～6 个初级卵母细胞。初级卵母细胞体积较大，核圆形，呈空泡状，核仁明显。原始卵泡到性成熟才开始陆续成长发育。

②生长卵泡。由原始卵泡生长发育而成，根据卵泡发育阶段不同，将生长卵泡分为初级卵泡和次级卵泡。

初级卵泡　是指从卵泡开始发育到出现卵泡腔之前的卵泡。卵泡内的初级卵母细胞体积增大，卵泡细胞由单层扁平变成立方形或柱状，进而增生为多层。在初级卵母细胞表面出现一层富含糖蛋白的嗜酸性膜，称为透明带。它是由卵母细胞与卵泡细胞共同分泌形成的。随着卵泡的变大，围绕在卵泡周围的结缔组织逐渐分化成卵泡膜。

次级卵泡　当卵泡体积不断增大时，卵泡细胞之间出现一些大小不等的腔隙，腔隙逐渐融合成大的卵泡腔，腔内充满卵泡液。由于卵泡液的增多和卵泡腔的扩大，卵母细胞及其周围的卵泡细胞被挤到卵泡腔的一侧，形成一丘状隆起突入卵泡腔，称为卵丘。卵丘上紧靠透明带的一层卵泡细胞体积增大，变成高柱状，并呈放射状排列，称放射冠。卵泡腔周围的卵泡细胞紧密排列成数层，称为颗粒层。随着卵泡的发育，卵泡膜分化为内、外两层。卵泡内膜为细胞性膜，含有较多的多边形或梭形细胞，细胞间有丰富的毛细血管。内膜细胞可分泌雌激素。卵泡外膜为结缔组织性膜，纤维较多，毛细血管相对较少，与周围结缔组织无明显界限。

③成熟卵泡。次级卵泡发育到最后阶段即为成熟卵泡。卵泡体积显著增大，向卵巢表面隆起。成熟卵泡的大小因动物种类而异：牛的直径约 15 mm，羊和猪 5～8 mm，马 25～40 mm。在成熟卵泡阶段，初级卵母细胞直径可达 100～150 μm，此后不再增大。

(2)排卵　由于成熟卵泡内的卵泡液迅速增加，卵泡明显地突出于卵巢表面，突出部分的卵泡壁、白膜和生殖上皮变薄，最后破裂，次级卵母细胞连同外周的透明带、放射冠随卵泡液一起排出，这一过程称为排卵。

(3)黄体　排卵后，卵泡壁塌陷，卵泡内膜毛细血管破裂出血，使卵泡腔充满血液，称血体。随着基膜的崩解，卵泡内膜的血管增生并伸入颗粒层内，血液被逐渐吸收，在促黄体生成素(LH)的作用下，颗粒层细胞和内膜细胞增生分化，形成富有血管的内分泌细胞团，新鲜时呈黄色，称为黄体。颗粒层细胞分化为粒性黄体细胞，其数量多，体积较大，染色浅，主要分泌孕激素和松弛素。卵泡内膜细胞分化为膜性黄体细胞，其数量少，体积较小，染色深，主要分泌雌激素。

黄体的发育取决于排出的卵是否受精。如卵受精，黄体继续发育，并维持到妊娠后期(马除外)，此种黄体称为妊娠黄体或真黄体。如卵未受精，则黄体逐渐退化，此种黄体称发情黄体或假黄体。无论真黄体或假黄体在完成功能后都自行退化，退化的黄体被结缔组织代替，形成瘢痕，称为白体。

二、输卵管

输卵管为卵巢和子宫角之间细长而弯曲的管道，是输送卵子和卵子受精的场所。输卵管的前端膨大成漏斗状，称输卵管漏斗。漏斗的边缘有许多不规则的皱褶，称输卵管伞。漏斗中央的小孔为输卵管腹腔口，与腹膜腔相通。输卵管前段较粗而弯曲，称输卵管壶腹，卵子常在此处受精。后段较细而直，称输卵管峡部。末端以输卵管子宫口与子宫角相接。

输卵管由输卵管系膜固定。输卵管系膜与卵巢固有韧带之间形成向腹侧开口的卵巢囊，将卵巢整个或部分包埋其中(图 14-8)。

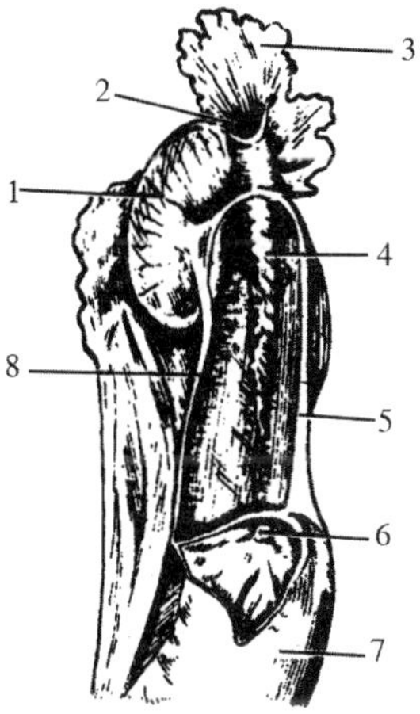

图 14-8　马卵巢和周围器官

1. 卵巢　2. 精卵管腹腔口　3. 输卵管伞　4. 输卵管　5. 输卵管系膜　6. 输卵管子宫口　7. 子宫角　8. 卵巢固有韧带

输卵管的管壁由黏膜、肌层和浆膜三层构成。黏膜形成许多纵行的皱褶，上皮一般为单层柱状，在猪和反刍动物有的部分是假复层柱纤毛状上皮。肌层主要由环形平滑肌构成，极少数纵行或斜行平滑肌存在于环形肌外。浆膜由疏松结缔组织和间皮组成。

牛的输卵管弯曲少，壶腹不明显，末端与子宫角的连接处无明显分界。羊的输卵管相对较长，较牛的弯曲。

猪的输卵管前段呈弓状围绕着卵巢，输卵管腹腔口大，末端与子宫角分界不明显。

马的输卵管壶腹明显且特别弯曲，输卵管与子宫角之间界限明显。

三、子宫

1. 子宫的形态和位置

子宫是胎儿生长发育的器官，由子宫角、子宫体和子宫颈构成。子宫角一对，为子宫的前部，呈弯曲的圆筒状，前端以输卵管子宫口与同侧输卵管相通，后端会合形成子宫体。子宫体呈背腹略扁的圆筒状，前接子宫角，向后延续为子宫颈。子宫颈为子宫的后部，管壁厚，内腔狭窄，称子宫颈管，前端以子宫颈内口通子宫体，后端以子宫颈外口开口于阴道。子宫颈管平时闭合，发情时稍松弛，分娩时扩大。

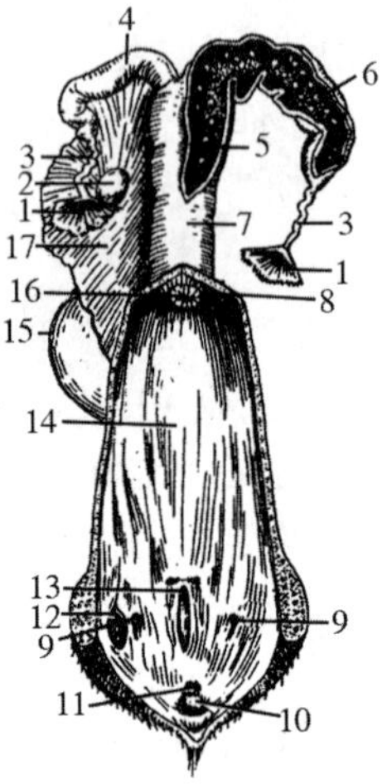

图 14-9　母牛的生殖器官(背侧面)

1. 输卵管伞　2. 卵巢　3. 输卵管　4. 子宫角　5. 子宫黏膜　6. 子宫阜　7. 子宫体　8. 阴道穹隆　9. 前庭大腺开口　10. 阴蒂　11. 前庭小腺开口　12. 剥开的前庭大腺　13. 尿道外口　14. 阴道　15. 膀胱　16. 子宫颈外口　17. 子宫阔韧带

子宫大部分位于腹腔内，小部分位于骨盆腔内，背侧与直肠接触，腹侧与膀胱相邻，借子宫阔韧带连于腹腔顶壁和骨盆腔侧壁。

牛的子宫(图 14-9)　子宫角较长，一般 15～20 cm。向前逐渐变细，与输卵管相接。左、右子宫角的前部先弯向前下外方，然后又转向后上方，卷曲呈绵羊角状。后部被肌组织和结缔组织联结，表面包以腹膜，外观很像子宫体，故称为伪体。子宫体很短，长 3～4 cm。子宫颈长 6～10 cm，后端突入阴道内形成子宫颈阴道部。子宫颈管因黏膜的突起互相嵌合而呈螺旋状，子宫颈外口周围黏膜形成辐射状皱褶，似菊花状。子宫角和子宫体黏膜形成百余个卵圆形隆起，称为子宫阜或子宫子叶。为妊娠时胎膜与子宫壁结合的部位。羊的子宫与牛相似，子宫角长 10～12 cm，子宫体长约 2 cm，子宫颈长约 4 cm。子宫阜 60 多个，其表面有一凹陷。

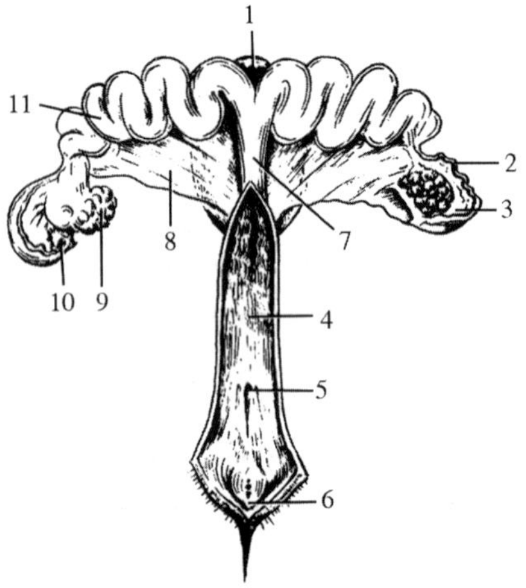

图 14-10　母猪的生殖器官(背侧面)

1. 膀胱　2. 输卵管　3. 卵巢囊　4. 阴道黏膜　5. 尿道外口　6. 阴蒂　7. 子宫体　8. 子宫阔韧带　9. 卵巢　10. 输卵管腹腔口　11. 子宫角

猪的子宫(图 14-10)　子宫角很长，可达 1.2～1.5 m，弯曲似小肠襻，但壁较厚。子宫体短，长约 5 cm。子宫颈长，一般为 10～15 cm，不形成子宫颈阴道部，因此与阴道无明显界限。黏膜褶形成两行半圆形隆起，交错相嵌，使子宫颈管呈螺旋形。

马的子宫(图 14-11)　呈“Y”形。子宫角长 20～25 cm，略呈弧形。背侧缘凹，有子宫阔韧带附着。腹侧缘略凸，为游离缘。子宫体长 16～20 cm，呈短管状。子宫颈长 5～7 cm，子宫颈阴道部明显，子宫颈外口黏膜褶呈花冠状。

2. 子宫的组织结构

子宫壁由子宫内膜、肌层和外膜三层组成。

（1）子宫内膜　由上皮和固有层组成。上皮随动物种类和发情周期而不同，猪、反刍动物为单层柱状或假复层柱状上皮，马为单层柱状上皮。上皮细胞具有分泌功能，细胞游离缘有时有暂时性纤毛。固有层由富含血管的胚性结缔组织构成，内有子宫腺，其分泌物对附植前的早期胚胎有营养作用。

（2）肌层　很厚，由内环、外纵两层平滑肌构成。在内、外肌层间为血管层，内有许多血管和神经分布。牛、羊的子宫阜处血管层特别发达。

（3）外膜　为浆膜，由疏松结缔组织和间皮组成。

四、阴道

阴道是雌性动物的交配器官，也是分娩时的产道。呈扁管状，位于骨盆腔内，背侧为直肠，腹侧为膀胱和尿道。阴道前端与子宫颈相接，除猪外，阴道前部由于子宫颈突入而形成一个半环状（牛）或环状（马）的陷窝，称为阴道穹隆。后端与尿生殖前庭相通。

阴道黏膜呈粉红色，形成许多纵褶，其上皮为复层扁平上皮，黏膜内无腺体。肌层为内环行和外纵行平滑肌。阴道外面前部被覆有浆膜，后部为结缔组织外膜。

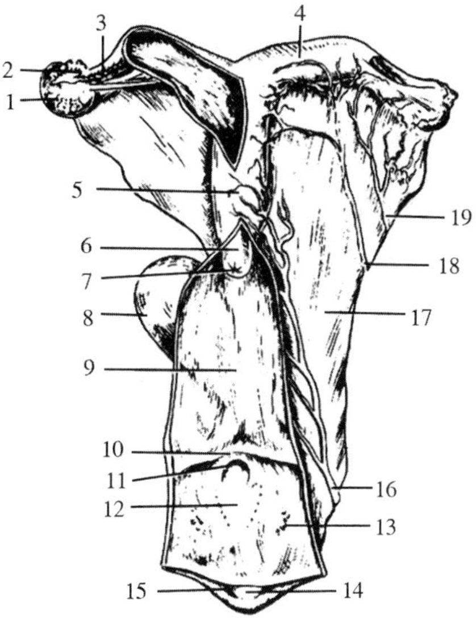

图 14-11　母马的生殖器官(背侧面)

1.卵巢　2.输卵管伞　3.输卵管　4.子宫角　5.子宫体　6.子宫颈阴道部　7.子宫颈外口　8.膀胱　9.阴道　10.阴瓣　11.尿道外口　12.尿生殖前庭　13.前庭大腺开口　14.阴蒂　15.阴蒂窝　16.子宫后动脉　17.子宫阔韧带　18.子宫中动脉　19.子宫卵巢动脉

五、尿生殖前庭

尿生殖前庭又称阴道前庭，是交配器官和产道，尿液也经此排出体外。尿生殖前庭为左右压扁的短管，位于骨盆腔内，直肠的腹侧。前接阴道，后连阴门。在与阴道交界处的腹侧形成一横行的黏膜褶，称为阴瓣，靠近阴瓣的后方有一尿道外口。牛尿道外口的后下方，有一黏膜凹陷形成的盲囊，称尿道下憩室，给母牛导尿时应避免导尿管插入憩室内。

尿生殖前庭黏膜呈淡红色，上皮为复层扁平上皮。在尿道外口后方的两侧壁和底壁分别有前庭大腺和前庭小腺及其开口。肌层分内层的平滑肌和外层的横纹肌。外膜由结缔组织构成。

六、阴门

阴门位于肛门腹侧，由左、右两阴唇构成。在背侧和腹侧互相联合，分别形成阴唇背侧联合和阴门腹侧联合。两阴唇间的裂缝为阴门裂。阴门裂的腹侧联合呈锐角，背侧联合稍钝圆，马的则相反。在腹侧联合前方有一阴蒂窝，内有小而凸出的阴蒂，由海绵体构成，与雄性动物的阴茎是同源器官。

阴唇外面被覆皮肤，内面衬有黏膜，皮下有丰富的脂肪、血管、淋巴管和神经。

第三节 生殖生理

生殖生理

生殖是维持生物绵延和种系繁殖的重要生命活动，是通过两性生殖器官的活动来实现的。生殖过程包括生殖细胞生成、交配、受精、妊娠和分娩等环节。

一、性成熟、体成熟和性季节

1. 性成熟

哺乳动物生长发育到一定时期，生殖器官和副性征基本发育完全，而且具备了繁殖的能力，这一时期称为性成熟。性成熟个体的性腺中开始形成成熟的生殖细胞（精子、卵子）和产生性激素，表现出各种性反射，能交配和受精，并完成妊娠和胚胎发育等生殖过程。

性成熟是需要经历若干时间的发展过程，其开始阶段称初情期。雌性动物达到初情期的标志是出现第一次发情，但发情症状不完全，也缺乏有规律的发情周期，一般不具备生殖能力。雄性动物的初情期比较难以判断，这时可表现出多种多样的性行为。从初情期到性的最后成熟，猪、羊等通常需要 3 个月左右，牛、马则需 1～2 年的时间。

2. 体成熟

动物性成熟后，其身体的正常发育仍在继续进行，须待身体各器官系统的机能发育较完善时，即达到体成熟时，才允许交配和繁殖。过早配种会直接影响到动物本身的生长发育和体质，同时也会影响到子代的生活力和生产性能。但初配年龄也不宜过分推迟，过晚配种既不利于畜牧业生产，也会对雌、雄动物产生不良影响。

性成熟和体成熟的年龄可因品种、饲养管理、外界环境和群体因素等而有差异。各种常见动物的性成熟和体成熟的年龄见表 14-1。

表 14-1 各种常见动物性成熟和体成熟的年龄

动物种类	性成熟	体成熟
牛	10～18 个月	2～3 周岁
马	18～24 个月	3～4 周岁
猪	3～6 个月	9～12 个月
绵羊	5～8 个月	12～15 个月
山羊	5～8 个月	12～15 个月
骆驼	24～36 个月	5～6 周岁
犬	4～8 个月	品种多，差异大
兔	3～4 个月	6～8 个月

3. 性季节

性季节是指在一年的一定季节内，某些动物出现周期性的发情表现并能够进行繁殖的季节。羊和马在一定季节里表现多次发情，称为“季节性多次发情”。牛、猪等动物在一年中除妊娠外，都可以周期性的出现发情，称为“终年多次发情”。在发情季节之间经过一段无发情的时间，称为乏情期。在乏情期内，垂体的促性腺机能处于抑制状态，停止周期性发情。雄性动物本身不受性季节限制，只是随雌性动物的发情而显示性的活动。

季节性发情的动物，在接近原始类型或在粗放的条件下饲养的品种，发情的季节性较明显。有的动物经过长期驯化和饲养管理的改善，季节性的发情逐渐不明显。季节性发情主要受光照、温度和饲养水平等因素的影响。

二、睾丸的生理功能及调节

1. 生精功能

睾丸曲精小管是生成精子的部位，曲精小管上皮由生精细胞和支持细胞构成。生精细胞生成精子，支持细胞有支持和营养生精细胞的作用。从生精细胞发育成精子需要经过 4 个时期：①繁殖期。生精细胞分化成精原细胞，再经多次分裂，形成 16 个初级精母细胞。②生长期。初级精母细胞不断生长，体积增大，胞质内逐渐积累营养物质。③成熟期。初级精母细胞进行两次成熟分裂。第一次成熟分裂生成 2 个次级精母细胞，一个次级精母细胞经第二次成熟分裂生成 2 个精子细胞。④成形期。精细胞演变成为精子。

精子的生成过程是在一定时间内有规律地进行的，一个精原细胞经多次分裂后生成 64 个精子，但实际在精子生成过程中有一些细胞会退化。生成的精子经直精小管、睾丸网而移向附睾贮存，并在其中发育成熟和获得运动能力。贮存于附睾内的精子，通过射精而随精液排出。若长期不射精，精子则逐渐衰老、死亡并被吸收。各种动物精子发生所需要的时间为：牛约 60 d，绵羊和马 49～50 d，猪 44～45 d，马 49～50 d。

2. 内分泌功能

睾丸间质细胞分泌雄激素，主要为睾酮。支持细胞分泌抑制素。

(1)睾酮　睾酮进入血液后，98%与血浆蛋白结合，2%处于游离状态。睾酮主要在肝脏灭活，代谢产物从尿中排出，少量随粪便排出。

睾酮的生理作用有：①促进精子生成，延长附睾内精子的寿命。②促进附属生殖器官的发育及分泌活动。③激发雄性动物的性欲和性兴奋。④刺激红细胞的生成。⑤促进蛋白质合成，加速钾、钠、钙、磷和水在体内的蓄积。

(2)抑制素　睾丸支持细胞分泌的抑制素，是由 α 和 β 两个亚单位组成的糖蛋白激素。抑制素能抑制腺垂体分泌卵泡刺激素。

3. 睾丸功能活动的调节

睾丸的生精作用和内分泌功能受下丘脑-垂体-性腺(睾丸)轴的调节。下丘脑释放 GnRH，GnRH 通过垂体门脉系统到达腺垂体，使其释放 FSH 和 LH。FSH 可促进精子生成，LH 促进睾酮的分泌。当血中睾酮达到一定浓度后，可作用于下丘脑和腺垂体，通过负反馈机制抑制 GnRH 和 LH 的分泌，使血中睾酮维持一定的水平。FSH 能刺激支持细胞分泌抑制素，抑制素又能负反馈调节腺垂体 FSH 的合成和释放。此外，在睾丸内还存在局部调节机制，参与睾丸功能的调节。

三、卵巢的生理功能及调节

1. 生卵功能

卵子在卵巢中生长发育而成，卵子的生成和卵泡发育关系十分密切。卵泡经过原始卵泡、生长卵泡和成熟卵泡的连续发育阶段而达到成熟。卵子生成则分为增殖期、生长期和成熟期三个阶段：①增殖期。卵巢中的卵原细胞经多次分裂后产生大量初级卵母细胞。②生长期。初级卵母细胞经第一次成熟分裂，核内 DNA 加倍，胞质和内容物增加，形成次级卵母细胞和第一极体。③成熟期。次级卵母细胞在进行第二次成熟分裂时中途停止，一直到排卵。卵子进入输卵管并受精后，中止的第二次成熟分裂才继续进行，直到最后成熟。

卵泡在发育过程中，只有极少数能最终排出成熟卵子，绝大多数逐步闭锁退化。

2. 内分泌功能

卵巢主要分泌雌激素和孕激素，也分泌少量的雄激素、抑制素和松弛素等。雌激素主要为雌二醇，孕激素主要为孕酮。

(1)雌激素　雌激素主要由卵泡内膜细胞和颗粒细胞分泌。此外，肾上腺皮质、胎盘和睾丸也可分泌少量雌激素。雌激素的生理作用有：①促进雌性附属生殖器官的发育和成熟。②刺激雌性副性征的出现以及性欲和性行为。③促进乳腺导管系统的生长。④促进软骨骺的钙化，抑制骨的生长。

(2)孕激素　孕激素主要由黄体细胞分泌，胎盘也分泌孕激素，肾上腺皮质分泌的量较少。在正常情况下，孕激素要在雌激素作用的基础上才能发挥作用。孕激素的生理作用是：①促使子宫内膜增厚，腺体分泌，有利于受精卵的附着。②降低子宫肌肉对催产素的敏感性，使子宫安静，以维持妊娠。③与雌激素协同，促进乳腺腺泡发育。④对腺垂体 LH 的分泌有反馈调节作用。血液中高浓度的孕酮，可抑制发情和排卵。

(3)松弛素　松弛素主要由妊娠期卵巢黄体所分泌，胎盘和子宫也能少量分泌。松弛素的生理作用是使雌性动物骨盆韧带松弛，子宫颈松软、扩张，有利于分娩。

3. 卵巢功能的调节

卵巢的功能活动主要受下丘脑-垂体-性腺(卵巢)轴调节。下丘脑释放 GnRH，通过垂体门脉系统作用于腺垂体，促使其释放 FSH 和 LH。FSH 可促进卵泡发育成熟，同时也能增加颗粒细胞芳香化酶活性，促进雌激素的生成和分泌。LH 在排卵后维持黄体细胞的孕酮分泌。当血中雌激素达到一定浓度时，可负反馈调节 GnRH 和 FSH 的分泌。但雌激素也可在排卵前正反馈促进 GnRH 的释放，使腺垂体分泌大量 LH，引起排卵。卵泡的颗粒细胞能分泌抑制素，可抑制 FSH 的合成与释放。

四、发情周期

雌性哺乳动物发育到初情期，直到性机能衰退前，在未受孕情况下，伴随卵巢内卵泡发育、成熟和排卵，整个机体和生殖器官所发生的形态、功能及行为的周期性变化，称为发情周期或称性周期。发情周期常以前一次发情开始至下一次发情开始前，或由这一次排卵到下一次排卵的间隔时间表示。常年发情的动物(牛、猪)，一年内发情周期是循序重复出现的；季节性发情的动物(羊、马)，在性季节中能出现几次发情周期。各种常见动物的发情周期、发情持续时间和排卵时间见表 14-2。

表 14-2　各种常见动物的发情周期、发情持续时间和排卵时间

动物种类	发情周期/d	发情持续时间	排卵时间
马	19～25	4～8 d	发情结束前 1～2 d
乳牛	21～22	18～19 d	发情结束后 10～11 h
黄牛	20～21	1～2 d	
水牛	20～21	1～3 d	
绵羊	16～17	24～36 h	发情开始 24～30 h
山羊	19～21	32～40 h	发情开始 30～36 h
猪	19～21	48～72 h	发情开始 35～45 h

1. 发情周期的分期

根据雌性动物在发情周期中的行为和生殖器官的变化，将其分为发情前期、发情期、发情后期和间情期（休情期）。

（1）发情前期　性周期的准备阶段和性活动开始时期。卵巢中新的卵泡开始发育，在接近发情期前迅速增大，其中充满卵泡液。雌激素分泌逐渐增加，生殖道上皮开始增生，腺体活动开始加强，分泌增多。这时动物没有交配欲表现。

（2）发情期　性周期的高潮时期。动物性兴奋强烈，有交配欲。此时卵巢中的卵泡迅速发育成熟并排卵。子宫黏膜充血增厚，腺体分泌增多，子宫和输卵管有蠕动。子宫颈口开张，有黏液从阴门流出。

（3）发情后期　发情结束后的一段时期，性兴奋和交配欲不再表现。此时卵巢有黄体形成并分泌孕酮，促使子宫腺增殖分泌营养液，为接纳胚泡和它的营养做准备。如果排出的卵受精，发情周期就中止而转入妊娠期，直到分娩后再重新出现。若未受精，就进入间情期。

（4）间情期　雌性动物发情后的生理活动相对静止期。此时黄体变性萎缩，子宫黏膜变薄。待黄体完全消失，卵巢中卵泡开始生长发育，就进入下一个发情周期。如黄体持续存在，则间情期延长。

2. 发情周期的调节

动物的发情周期既取决于遗传因素，也受光照、温度和饲料等环境因素的影响，它们主要通过下丘脑-垂体-卵巢神经内分泌轴的调节发生作用。在内外环境因素的刺激下，下丘脑分泌的 GnRH 作用于腺垂体，促进 FSH 和 LH 分泌，两者协同作用于卵巢，调节卵泡生长发育。随着卵泡的成熟，卵泡细胞分泌大量雌激素，作用于生殖器官，并与少量孕酮协同作用于中枢神经系统引起发情。同时，通过负反馈作用抑制 FSH 分泌，正反馈引起 LH 的分泌高峰，从而发生排卵。

排卵后雌激素浓度下降，卵巢形成黄体并分泌孕酮，使 FSH 和 LH 分泌减少，新卵泡不再发育，动物不再发情，发情周期转入发情后期和间情期。若排出的卵子没有受精，在前列腺素的作用下黄体退化，血中孕激素浓度下降，解除了对下丘脑和腺垂体的抑制作用，GnRH、FSH 和 LH 的分泌随之增加，从而进入下一个发情周期。如果卵子受精，则转入妊娠期。

五、交配和受精

1. 交配

交配是生殖过程的一个重要环节。在自然条件下，通过交配，精液从雄性生殖道排出并被射入雌性生殖道内完成受精过程。

（1）交配行为　交配是复杂的性行为，要求雌、雄两性个体协调配合，经过一系列性反射和性行为而完成，这些反射包括求偶反射、勃起反射、爬跨反射、插入反射和射精反射等。雄性动物的交配行为阶段清楚，而雌性的表现则不甚显著，主要包括吸引公畜的行为和允许插入的行为。各种动物交配所需时间不同，猪 5～8 min，马 1.5～2 min，牛、羊只有几秒钟。

（2）射精　射精指雄性动物将精液射入雌性生殖道内的过程，是交配行为的最终结果。

①射精类型。根据精液射入雌性生殖道的部位不同，射精可分为两种类型：牛、绵羊、山羊等将精液射至阴道深处和子宫颈口附近，称为阴道射精型。猪、马、驴等将精液射入子宫内，称为子宫射精型。

②精液。精液由精子和精清两部分组成。精子在精液中所占比例很小，精液量的大小主要取决于动物副性腺的分泌量。

精子在雌性生殖道内运行，最后到达受精部位，需要多种力量的配合，如射精的力量、子宫颈的吸入作用、生殖道肌肉的收缩力、生殖道分泌液的推动力以及精子本身的运动能力等。

精清是各种副性腺的混合分泌物，主要生理作用是稀释精子，便于射入雌性生殖道；润滑和刺激雌性生殖道，促进精子的运行；向精子提供能源，增强精子的活力；有些动物（猪、马）的精清能在雌性生殖道内凝固，防止精液倒流。

2. 受精

受精是精子和卵子结合形成合子的过程，合子是新的个体发育的起点。受精过程中，使亲本双方各具一定性状的遗传物质结合在一起，发育为一个具有亲代特点又与亲代有所不同的新个体。

（1）受精部位和时间　精子和卵子均要运行到输卵管的壶腹部相遇而受精。精子的运行主要依靠精子本身的前进运动和雌性生殖道的收缩和蠕动而实现。精子从射精部位抵达受精部位的时间：牛 2～12 min，羊几分钟至几小时，猪 15～30 min，马约 24 min。精子在生殖道内保持受精能力的时间为：牛为 15～56 h，羊 48 h，猪 50 h，马在配种 5 d 后仍有活精子。

卵子的运行是排卵时，卵子被输卵管伞接纳，借助于伞部纤毛摆动产生的液流流进输卵管，再依靠输卵管平滑肌的收缩和管壁纤毛上皮的运动移行到输卵管壶腹部。各种动物卵子运行所需要的时间：牛约 90 h，羊 76 h，猪 56 h，马 98 h。卵子排出后在输卵管内保持受精能力的时间：牛 8～12 h，羊 16～24 h，猪 8～10 h，马 6～8 h。

精子和卵子在雌性生殖道内保持受精能力的时间比较短，因此选择恰当的时间进行配种，对于提高受精率是十分重要的。

（2）精子与卵子在受精前的准备　刚进入雌性生殖道的精子并不能使卵子受精，因为精清中存在着去能因子（一种糖蛋白），它使精子的受精能力受到了抑制。雌性生殖道（主要是子宫和输卵管）内有获能因子，能解除去能因子对精子的抑制作用，使其具有受精能力。精子在雌性生殖道内停留一段时间而获得使卵受精的能力，称为精子获能。获能所需时间因动物种类不同而异，牛 2～20 h，羊约 1.5 h，猪 3～6 h。获能后的精子，其活力、运动方式、代谢和膜功能都发生较大的改变。

卵子排出后，必须在输卵管内停留一段时间，才达到充分成熟，具备受精能力。各种动物卵子的成熟程度不尽相同。牛、绵羊、猪排出的卵子是次级卵母细胞，第二次成熟分裂已进行到分裂中期，直到受精时第二次成熟分裂才完成。马排出的卵子为初级卵母细胞，在输卵管中需要进行又一次成熟分裂。

(3)受精过程　主要分为以下三个阶段：

①精子和卵子相遇。雄性动物一次射精中精子的总数可达几亿个或几十亿个，但到达输卵管壶腹部的数目一般不超过 1 000 个，最后只有一个精子能与卵结合而受精。精子与卵子相遇是有选择性的。

②精子进入卵子。精子和卵子接触后，精子质膜与顶体外膜发生融合，然后破裂，释放出顶体酶，使卵子外围的放射冠及透明带溶解，这一过程称为顶体反应。当精子触及卵黄膜时，卵子开始发生一系列变化，原来在卵黄膜下规则排列的皮质颗粒胞吐到卵周隙中，这个过程称为皮质反应。排出的皮质颗粒释放出溶酶体酶样物质，使透明带结构发生变化，称为透明带反应。同时，当精子头部与卵黄膜接触时，卵黄紧缩，卵黄膜增厚，并排出部分液体进入卵黄周围，这一反应称为卵黄膜反应。其主要作用是阻止其他精子通过，以保证单精子受精。而后，精子和卵子细胞膜融合，精子的头部完全进入卵细胞内。

③原核形成和配子组合。精子进入卵细胞后，尾部迅速退化。细胞核膨大，出现核仁、核膜，形成雄原核。卵子受到精子激活后，完成第二次成熟分裂，排出第二极体，形成核仁和核膜，成为雌原核。随后，两个原核接近，核膜消失，染色体相互聚集在一起重新进行组合，恢复为二倍体细胞，受精过程至此全部完成。在大多数动物中，原核存在的时间 10～15 h。

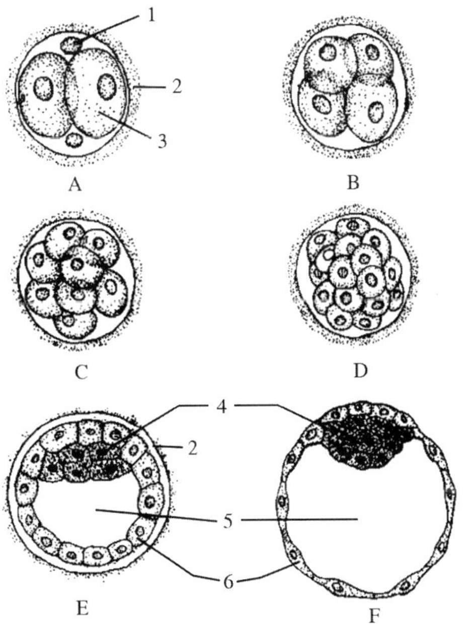

图 14-12　卵裂和胚泡形成

A. 二细胞期　B. 四细胞期　C. 八细胞期　D. 桑葚胚　E. 早期胚泡　F. 胚泡

1. 极体　2. 透明带　3. 卵裂球　4. 内细胞群　5. 胚泡腔　6. 滋养层

六、妊娠

受精卵在母体子宫内生长发育为成熟胎儿的过程，称为妊娠。

1. 卵裂和附植

受精卵在沿输卵管向子宫移动过程中便开始分裂。当卵裂为 16～32 个细胞时，形似桑葚，称桑葚胚。随着细胞的进一步分裂，卵裂球之间出现腔隙，并逐渐加大成为囊胚腔，此时的胚胎称囊胚。在囊胚腔的一侧有一群细胞称内细胞群，将来发育为胚体和部分胎膜。其余位于囊胚壁上的细胞称滋养层，将来发育为绒毛膜，通过它向胚胎提供营养。这时期的胚胎透明带消失，呈透明的泡状，称之为胚泡(图 14-12)。

胚泡初期游动于子宫内，随后，胚泡滋养层逐渐与子宫内膜发生组织和机能联系，使胚泡固定于子宫内膜，称为附植或着床。附植是在雌激素的协同下，由孕酮起主导作用完成的。完成附植的时间：牛在受精后 45～75 d，绵羊 10～22 d，猪 20～30 d，马 90～105 d。

2. 胎盘的形成及功能

胎盘是胎儿和母体进行物质交换的结构。由母体胎盘和胎儿胎盘两部分构成。母体胎盘为子宫内膜，胎儿胎盘为尿囊绒毛膜。根据绒毛膜上绒毛的分布方式，把胎盘分为四种类型：①弥散型胎盘。上皮绒毛均匀地分散在绒毛膜表面（猪、马等）。②子叶型胎盘。绒毛在绒毛膜表面集合成群，形成绒毛叶或子叶（牛、绵羊、山羊等）。③带状胎盘。绒毛集中在胚泡的赤道部周围，形成环带状（犬、猫等）。④盘状胎盘。绒毛集中在绒毛膜的一个盘状区域（兔、大鼠、小鼠等）。

胎盘不仅是胎儿的营养、呼吸和排泄器官，也是参与妊娠调节的内分泌器官。胎儿发育过程中所需的各种营养物质和 O_2 通过胎盘从母体血液中摄取，胎儿的各种代谢产物（如 CO_2、尿素）又通过胎盘排泄。胎儿的循环和母体循环在胎盘中并不直接相通，物质交换是通过渗透、扩散、主动运输以及胞饮和吞噬等生理过程实现的。有些物质不能通过胎盘膜，故胎盘通过的物质具有选择性。胎盘能分泌雌激素、孕酮和松弛素等，对维持妊娠起重要作用。

3. 妊娠期胚胎的生长发育与营养

从受精卵到发育成足月胎儿，一般要经历三个时期。

（1）胚芽期（合子期）　合子不断地进行细胞分裂和增殖，细胞数目增加，但形态变化不大。胚芽期的持续时间在牛、马约 1 周，小动物不到 1 周。

（2）胚胎发生期　细胞发生分化，形成内胚层、中胚层和外胚层，并由各胚层分别形成各器官和系统，这一时期在牛发生在妊娠第 2～6 周。

（3）胎儿生长期　胎儿重量和体积不断增长。胎儿生长速度早期比较缓慢，随后快速生长，至分娩前又趋缓慢。生长曲线呈“S”状。

在胚芽期细胞分裂和增殖所需的营养，由合子自身胞质中贮存的物质提供。进入囊胚期以后，在胎盘形成以前，养分则靠子宫乳的简单扩散作用来提供。子宫乳是由子宫腺的分泌物、分解的上皮细胞碎屑和渗出的淋巴细胞、红细胞共同构成的组织营养物，含较丰富的蛋白质和脂肪等。胎盘形成以后，则主要依靠胎盘从母体取得营养。

4. 妊娠期母体的变化

在妊娠期，母体的形态和机能发生一系列变化，以保证胎儿在母体内正常发育。

（1）生殖器官变化　卵巢妊娠黄体分泌大量孕酮，抑制新卵泡生长并阻止其成熟和排卵。子宫体积随胎儿的不断生长而增大。子宫肌活动减弱，黏膜增厚。子宫颈收缩，分泌黏液堵塞子宫颈口。乳房发育，为哺乳做准备。

（2）内分泌变化　甲状腺、甲状旁腺、肾上腺和垂体机能亢进。孕酮在整个妊娠期维持高水平，至分娩之前迅速下降。雌激素含量在妊娠中期增加，分娩前几天急剧上升。催产素和肾上腺皮质激素含量也在分娩前上升。

（3）消化代谢变化　在妊娠前期和中期，母体代谢增强，食欲旺盛，体重增加，被毛光亮。到妊娠后期由于胎儿快速生长而母体反见消瘦。

（4）其他变化　由于胎儿的生长发育，腹围加大，内脏受到子宫挤压向前移动，故出现浅而快的胸式呼吸。心脏负担加重而出现代偿性心肌肥大。排粪、排尿次数增多，尿中出现蛋白质。

5. 妊娠期

从卵子受精至正常分娩所经历的时间,称为妊娠期。动物种类不同妊娠期也不相同,同种动物的妊娠期也因胎儿的性别和数目、品种、年龄和饲养管理条件而变化。各种常见动物的妊娠期变动范围见表 14-3。

表 14-3　各种常见动物的妊娠期变动范围　　d

动物种别	平均妊娠期	变动范围	动物种别	平均妊娠期	变动范围
马	340	307～402	犬	62	59～65
牛	282	240～311	猫	58	55～60
水牛	310	300～327	兔	30	28～33
绵羊、山羊	152	140～169	大鼠	22	20～25
猪	115	110～140			

七、分娩

发育成熟的胎儿及胎衣通过母体生殖道产出的过程称为分娩。分娩主要靠子宫肌、腹壁肌和膈肌的节律性收缩而完成。分娩前雌性动物有一系列生理和行为的变化,包括子宫颈开始变软、黏液塞溶化,骨盆韧带松弛,乳腺排出少量初乳,食欲减少,出现做窝行为等。

1. 分娩过程

分娩过程一般分为开口期、胎儿产出期和胎衣排出期三个阶段。

(1)开口期　子宫肌开始出现阵缩至子宫颈开放。起初阵缩频率较低,收缩时间较短,间歇时间较长。以后阵缩频率增加,收缩时间延长,间歇时间变短。阵缩时将胎儿和胎膜挤入子宫颈,迫使子宫颈开放,部分胎膜通过子宫颈突入阴道内。随着子宫肌的强烈阵缩而使胎膜破裂,流出部分胎水,胎儿的前部顺着液流进入骨盆腔。

(2)胎儿产出期　从子宫颈口开放至胎儿产出。这一时期子宫肌发生更加频繁、强烈而持久的收缩,同时腹壁肌和膈肌也发生强烈收缩,使腹腔内压升高,迫使胎儿从子宫颈经阴道排出体外。牛、羊胎儿在产出过程中,胎儿的绒毛子叶与母体子宫阜的联系仍然紧密,母体能继续向胎儿供氧,直到胎儿完全产出后才与母体脱离。因此在胎儿能独立呼吸以前,不会缺氧。猪和马的胎盘在开口期后不久就脱离母体,如果胎儿产出期过于延迟,胎儿可因缺氧而窒息死亡。

(3)胎衣排出期　从胎儿产出至胎衣排出,经过短时间的间歇,子宫再次出现阵缩。但此时收缩期短,间歇期长,收缩力较弱。随着阵缩使胎衣与子宫壁分离并排出体外。牛的胎衣在胎儿产出后约 12 h 排出,猪在全部胎儿产出后很快排出胎衣。马的胎衣排出一般不超过 1 h。

胎衣排出后,分娩过程完成,进入产后期。在产后期,所有在妊娠过程中发生的变化都逐渐恢复到未孕前状态。

2. 分娩的机制

有关分娩的机制,一般认为是由神经、内分泌、机械性刺激及免疫学等多种因素相互作用、彼此协调完成的。研究表明,牛、羊胎儿的下丘脑-垂体-肾上腺轴在启动分娩中起决定性作用。当胎儿发育完全时,下丘脑释放 CRH 引起垂体分泌 ACTH,促使胎儿肾上腺皮质分泌大量皮质激素,继而引起胎盘分泌大量雌激素和前列腺素。前列腺素可刺激子宫肌收缩,溶解黄体，使血中孕酮浓度下降。同时，子宫肌又受雌激素的刺激而发生收缩，启动分娩。在开始分娩后，胎儿压迫子宫颈，反射性地引起母体释放催产素，加强子宫收缩。胎盘和黄体释放松弛素，使产道加宽，胎儿产出，完成分娩过程。

外周神经机制在分娩过程中也起重要作用，子宫中的交感神经纤维能提高子宫肌对催产素的敏感性，当胎儿头部压迫子宫颈时，刺激壁内的感受器通过荐部脊髓反射地引起宫收缩。大脑皮层对分娩活动也起一定的调节作用。

复习思考题

一、选择题

（1～2题共用备选答案）

A.尿道球　B.精囊腺　C.前列腺　D.尿道球腺　E.输精管壶腹

1.犬的副性腺仅有（　）。

2.马呈梨形囊状的副性腺称（　）。

3.与其他家畜相比，犬阴茎的特殊结构是（　）。

A.阴茎骨　B.阴茎头　C.阴茎体　D.阴茎根　E.乙状弯曲

4.只有前列腺而无精囊腺和尿道球腺的家畜是（　）。

A.牛　B.犬　C.羊　D.马　E.猪

5.副性腺只有前列腺的雄性家畜是（　）。

A.马　B.牛　C.羊　D.猪　E.犬

6.雄性幼龄家畜去势后，其副性腺（　）。

A.发育良好　B.发育不良　C.功能亢进　D.退化消失　E.更加发达

7.牛、羊睾丸的长轴呈（　）。

A.上下垂直位　B.前后水平位　C.前下后上斜位

D.前上后下斜位　E.横向水平位

8.阴茎具有乙状弯曲结构的动物是（　）。

A.牛　B.马　C.犬　D.猫　E.兔

9.马卵巢的特殊结构是（　）。

A.卵巢囊　B.卵巢门　C.排卵窝　D.卵巢系膜　E.卵巢固有韧带

10.具有子宫阜的家畜是（　）。

A.马　B.牛　C.猪　D.犬　E.兔

11.具有子宫颈枕的家畜是（　）。

A.马　B.牛　C.羊　D.猪　E.犬

12.马子宫的形态特点是（　）。

A.子宫角弯曲呈绵羊角状，子宫体短

B.子宫整体呈“Y”形，子宫角呈弓形，子宫角与子宫体等长

C.子宫角长而弯曲似小肠，子宫体短

D.子宫整体呈“Y”形，子宫角细长而直，子宫体短

E.子宫角弯曲呈绵羊角状，子宫角与子宫体等长

13. 子宫角弯曲呈绵羊角状，子宫体较短的动物是(　　)。
A. 马　B. 猪　C. 牛　D. 犬　E. 猫

(14～15 题共用备选答案)
A. 子宫阜　B. 子宫颈枕　C. 伪子宫体
D. 子宫颈阴道部　E. 子宫角间(背侧和腹侧)韧带

14. 牛子宫不具有(　　)。

15. 猪子宫具有(　　)。

16. 卵巢上有排卵窝的家畜是(　　)。
A. 牛　B. 马　C. 羊　D. 猪　E. 犬

17. 具有肠襻状子宫的家畜是(　　)。
A. 猪　B. 马　C. 牛　D. 羊　E. 犬

18. 动物分泌雄激素的主要器官是(　　)。
A. 睾丸　B. 附睾　C. 输精管　D. 精囊腺　E. 前列腺

19. 具有自发性排卵功能的动物是(　　)。
A. 猫　B. 兔　C. 骆驼　D. 水貂　E. 牛

20. 动物在怀孕期间一般不发情，其主要原因是血液中含有高浓度的(　　)。
A. 卵泡刺激素　B. 黄体生成素　C. 雌激素　D. 孕酮　E. 松弛素

21. 属于自发性排卵的动物是(　　)。
A. 猫　B. 兔　C. 骆驼　D. 猪　E. 水貂

22. 睾丸内能够合成睾酮的细胞是(　　)。
A. 精原细胞　B. 精母细胞　C. 精细胞　D. 支持细胞　E. 间质细胞

(23～25 题共用备选答案)
A. 抑制素　B. 雄激素　C. 黄体生成素　D. 雌二醇　E. 松弛素

23. 维持精子生成与成熟的激素是(　　)。

24. 芳香化酶可将睾酮转变为(　　)。

25. 睾丸支持细胞分泌多肽激素为(　　)。

二、简答题

1. 简述雄性生殖器官的组成和功能。
2. 阴囊的结构如何？公畜去势在何处切口？应切断哪些结构？
3. 简述不同发育时期母猪卵巢的形态和位置。
4. 简述卵泡的发育过程和各级卵泡的结构。
5. 比较牛、猪、马子宫的结构特点。
6. 试述发情周期的调节。

第 14 章参考答案

第十五章
泌　乳

学习目标

1. 掌握乳的生成和分泌过程。
2. 掌握排乳反射过程。

泌乳是动物延续后代的一项重要的生理过程。母畜分娩后，乳腺即开始大量泌乳，乳中含有丰富的蛋白质、矿物质和维生素，因此母乳是幼畜生长发育最理想的食物。

母畜分娩后的泌乳能持续一段时间，这一时期称为泌乳期。黄牛和水牛的泌乳期为 90～120 d，猪约 60 d，而经人工培育的乳用牛可长达 300 d。泌乳期结束后不再泌乳的时期，称为干乳期。

第一节　乳腺

一、乳腺的发育

母畜在初情期之前，乳腺只有很小的腺乳池和极不发达的导管系统，但纤维结缔组织和脂肪组织发育良好。随着动物的生长，脂肪组织和纤维结缔组织增生，乳房增大。在发情期，乳腺导管系统开始生长，形成许多分支短的小导管和少量发育不全的腺泡。随着雌性动物性周期的重复出现，乳腺内逐渐形成分支复杂的导管系统，乳房体积明显增大。

在妊娠期，乳腺导管迅速发育，数量增多，并且在每个细小导管的末端形成腺泡。在妊娠前半期，腺泡没有分泌腔。到妊娠中期，腺泡内逐渐出现分泌腔，腺泡和导管的体积不断增大，逐渐代替脂肪组织和结缔组织，同时乳房内的神经纤维和血管数量也显著增多。到妊娠后期，腺泡的分泌上皮细胞开始具有分泌机能，临产前，腺泡分泌少量初乳。分娩后，乳腺开始正常的泌乳活动（图 15-1）。

经过一段时期的泌乳活动后，腺泡和导管又逐渐缩小，分泌腔逐渐消失，腺组织被脂肪组织和结缔组织所代替。这时乳房体积变小，泌乳量逐渐减少，最后泌乳活动完全停止。

二、乳腺发育的调节

乳腺的发育既受卵巢、腺垂体和胎盘等分泌的各种激素的控制，也受中枢神经系统的调节。

乳腺导管系统的生长主要依靠雌激素，而腺泡发育则需要雌激素和孕酮的共同作用。此外，垂体分泌的催乳素、生长激素和促肾上腺皮质激素，以及由肾上腺皮质所分泌的激素都对乳腺的发育起一定作用。

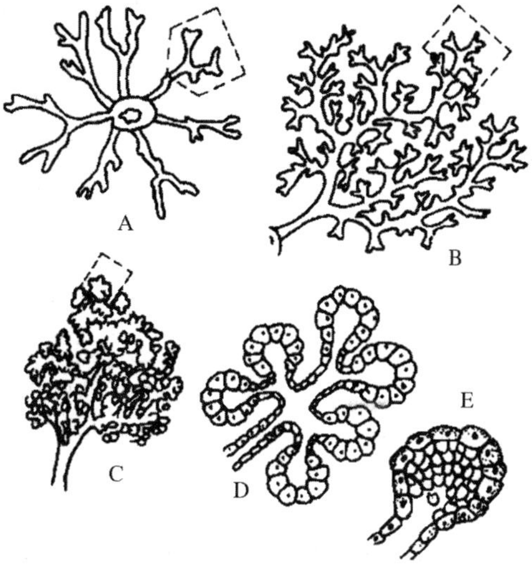

图 15-1 乳腺生长发育的步骤

A. 未成年动物的乳腺，只有简单导管由乳头向四周辐射 B. 已成年未孕动物的乳腺，导管系统逐渐增生和扩大 C. 妊娠后的乳腺，末端形成腺泡 D. 腺泡放大 E. 分娩后腺泡上皮分泌乳汁

乳腺的发育还受神经系统的调节与支配。刺激乳腺的感受器，发出冲动传到中枢神经系统，通过下丘脑-垂体系统或直接支配乳腺的传出神经，能显著地影响乳腺的发育。实验证明，神经系统对乳腺有营养性作用，如在性成熟前切断母山羊的乳腺神经，乳腺发育受阻；在妊娠期切断神经，乳腺结缔组织增生，不形成腺泡腔与小叶；在泌乳期切断乳腺神经，则大部分腺泡处于静止状态。

第二节 乳

乳是乳腺生理活动的产物。乳中含有水分、蛋白质、脂类、糖、无机盐、维生素和酶类等成分。乳可分为初乳和常乳两种。

一、初乳

母畜分娩后最初 3～5 d 所产的乳称为初乳。初乳黏稠，呈淡黄色，稍有咸味和特有腥味，煮沸时凝固。初乳中的蛋白质含量高，且富含球蛋白和白蛋白，仔畜吸吮初乳后，蛋白质能透过肠壁而被吸收，有利于增加血浆蛋白质的浓度。初乳中还含有大量的免疫抗体、酶、维生素及溶菌素等，由于母体胎盘不能转运抗体，仔畜主要依赖吸收初乳中的免疫物质而获得被动免疫，以增加机体抵抗疾病的能力。初乳中维生素 A 和维生素 C 的含量比常乳约多 10 倍，维生素 D 含量比常乳多 3 倍。初乳中含有较多的无机盐，其中特别富含镁盐，镁盐有轻泻作用，能促进肠道排出胎粪。所以，初乳对于仔畜是其他营养物质所不能代替的食物，饲喂初乳对保证动物的健康成长，具有重要的生理意义（表 15-1）。

表 15-1 乳牛初乳化学成分的逐日变化情况

成分	产犊后天数/d						
	1	2	3	4	5	8	10
干物质/%	24.58	22.0	14.55	12.76	13.02	12.48	12.53
脂肪/%	5.4	5.0	4.1	3.4	4.6	3.3	3.4
酪蛋白/%	2.68	3.65	2.22	2.88	2.47	2.67	2.61
清蛋白及球蛋白/%	12.40	8.14	3.02	1.80	0.97	0.58	0.69
乳糖/%	3.34	3.77	3.77	4.46	4.89	3.88	4.74
灰分/%	1.20	0.93	0.82	0.85	0.80	0.81	0.76

二、常乳

初乳期过后，乳中的蛋白质和无机盐的含量逐渐减少，乳糖的含量不断增加，6～15 d 以后变为常乳（表 15-2）。

乳中的蛋白质主要为酪蛋白，其次是乳清蛋白和乳球蛋白。当乳变酸性时（pH 4.7），酪蛋白与钙离子结合沉淀而使乳凝固。乳清蛋白的性质与血液中的清蛋白相近似，乳球蛋白的性质则与血液的球蛋白相同。

乳中的脂肪是油酸、软脂酸和低分子脂肪酸的甘油三酯，它们形成很小的脂肪球悬浮在乳汁中。乳中还有少量的磷脂、胆固醇和其他脂类。

乳中的主要糖类为乳糖，乳糖能被乳酸菌分解生成乳酸，也可被某些微生物分解产生乙酸，酸牛乳和乳酒就是根据这种特性制成的。

乳中的无机盐包括钠、钾、钙、镁的氯化物、磷酸盐和硫酸盐等。乳中钙、磷的含量比较丰富，两者的含量大约为 1.2∶1，有利于钙的吸收利用。

乳中含有多种维生素（如维生素 A、B 族维生素、维生素 C、维生素 D）、植物性饲料中的色素（如胡萝卜素、叶黄素）以及来自血液的某些物质，如抗毒素、药物等。

乳中还有多种酶，如过氧化氢酶、过氧化物酶、脱氢酶和各种水解酶等。

表 15-2 各种动物乳的化学成分 %

畜别	干物质	脂肪	蛋白质	乳糖	灰分
乳牛	12.8	3.8	3.5	4.8	0.7
水牛	17.8	7.3	4.5	5.2	0.8
牦牛	18.0	6.5	5.0	5.6	0.9
山羊	13.1	4.1	3.5	4.6	0.9
绵羊	17.9	6.7	5.8	4.6	0.8
骆驼	13.6	4.5	3.5	6.9	0.7
马	11.0	2.0	2.0	6.7	0.3
猪	16.9	5.6	7.1	3.1	1.1
兔	30.5	10.5	15.5	2.0	2.5

第三节 乳的分泌

乳腺组织的分泌细胞，从血液中摄取营养物质生成乳汁后，分泌入腺泡腔内，这一生理过程称为乳的分泌。

一、乳的生成过程

乳的生成过程是在乳腺腺泡和细小乳导管的分泌上皮细胞内进行的，包括一系列物质的合成和复杂的选择性吸收过程(图 15-2)。生成乳的原料来自血液，母畜每生成 1 L 乳汁，需要 400～500 L 血液流过乳房。比较乳和血浆的成分可以发现：乳中糖的含量比血浆高 80～90 倍，钙高 13 倍，钾和磷高 7 倍，镁高 4 倍以上，但钠只有血浆中的 1/7。

(1)蛋白质　乳中的主要蛋白质是乳腺分泌上皮细胞利用血液中的游离氨基酸合成的。这些氨基酸在上皮细胞内被核糖体聚合成短链肽，在高尔基复合体内肽进一步缩合，形成不溶性的酪蛋白颗粒和可溶性的β-乳球蛋白，然后由高尔基复合体移行至细胞腔表面。此外，乳中还有少量的γ-酪蛋白和免疫球蛋白等则是直接从血浆中吸收来的。

(2)乳糖　合成乳糖的主要原料是血液中的葡萄糖。在乳糖合成酶的催化作用下，一部分葡萄糖先转变成半乳糖，然后再与葡萄糖结合生成乳糖。反刍动物可利用瘤胃发酵所产生的丙酸合成乳糖。

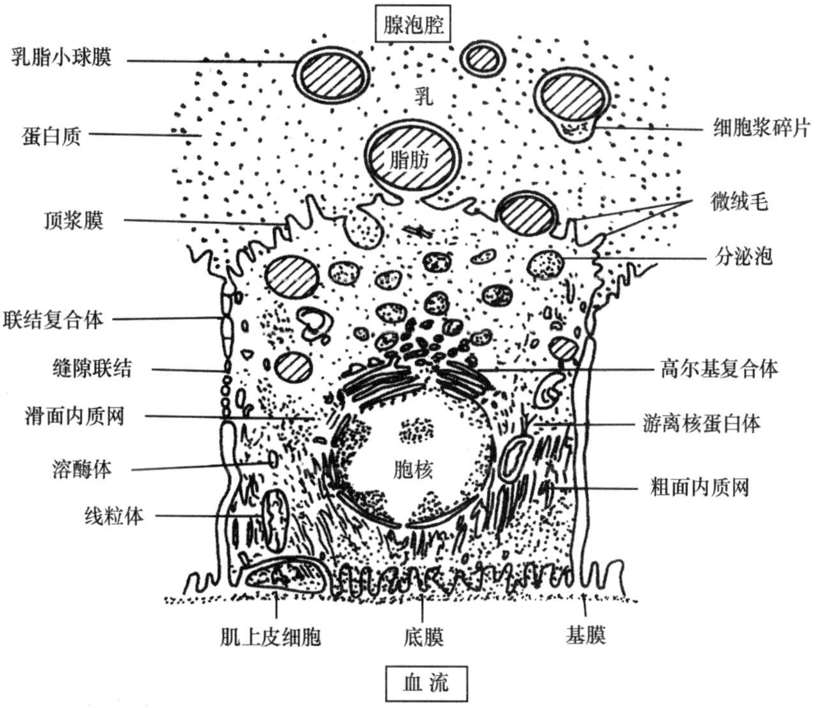

图 15-2　乳腺分泌上皮细胞的横切面示意图

(3)乳脂　乳脂几乎全部为甘油三酯状态存在。乳中的脂肪酸，在非反刍动物是利用血浆中的葡萄糖为原料合成的，在反刍动物则是利用瘤胃发酵生成的乙酸合成的。合成乳脂所需要的甘油，主要由血浆中的葡萄糖转变而来，也可来自血液甘油三酯的甘油。此外，各种动物均能利用血浆中的中性脂肪和脂肪酸合成乳脂。

乳的生成过程，需要 ATP 提供能量和酶的参与才能完成。

二、乳的分泌过程

乳腺分泌物转运到腺泡腔要经过两个过程：乳组分从合成部位经细胞质到达细胞膜顶端，越过细胞膜进入腺泡腔中。

(1)脂肪　分泌细胞内的脂肪小球，在由细胞基底部向顶端膜移行的过程中逐渐凝集，小球越来越大。当脂肪小球接近细胞顶膜区时，即被质膜包围，最后释放入腺泡腔中。

(2)蛋白质　细胞内合成的蛋白质形成分泌小泡，移行至细胞顶膜时，发生小泡膜与细胞膜的融合，然后以出胞的方式释放出蛋白质。

(3)乳糖分子　乳糖分子存在于高尔基复合体小泡内，乳糖分泌与乳蛋白密切联系。乳糖也以出胞方式进入腺泡腔。

(4)无机离子　乳中无机盐离子是通过乳腺细胞的一系列转运系统实现的。在分泌细胞基底膜和侧膜“钠泵”作用下，将 Na^+ 转运出细胞而 K^+ 进入细胞，在顶膜区 Na^+ 和 K^+ 进行被动扩散。Cl^- 也顺浓度差由细胞内被动扩散至细胞外，同时，在基底膜和顶膜的“氯泵”作用下，通过主动转运，使 Cl^- 在细胞内储积。乳中其他离子，如 Ca^{2+}、Mg^{2+}、PO_4^{3-} 都是通过主动转运机制转运的。

三、乳分泌的调节

泌乳期间乳的分泌包括泌乳的启动和泌乳的维持两个过程，主要通过神经-激素的途径来进行调节。

(1)泌乳的启动　在妊娠期间乳腺的发育主要取决于雌激素和孕酮，但它们对乳的分泌则起抑制作用。分娩以后，血液中胎盘生乳素、孕酮水平下降，结果催乳素迅速释放，对乳的生成产生强烈的促进作用，于是启动泌乳。同时低水平的雌激素刺激泌乳；分娩后血中肾上腺皮质激素浓度增高，加强了催乳素与生长激素的泌乳作用。

(2)泌乳的维持　维持泌乳的调节有很大的种别差异，大体可分为两类：①催乳素依赖型。如人、兔及大鼠。②非催乳素依赖型。如牛、羊，此类动物泌乳的维持与生长激素密切相关，而催乳素的作用不大。

如前所述，参与乳腺功能调节的主要激素，来自下丘脑、垂体、甲状腺、甲状旁腺、胰岛、肾上腺、卵巢和胎盘等。

第四节　排乳

一、乳的蓄积

乳在乳腺的上皮细胞内生成后，不断地分泌入腺泡腔。当乳充满腺泡腔和细小乳导管时，腺泡周围的肌上皮细胞和导管系统的平滑肌的反射性收缩，将乳周期性地转移到较大的乳导管和乳池中。乳腺的全部腺泡腔、导管、乳池构成蓄积乳的容纳系统。在乳蓄积的起初阶段，腺泡上皮的压力感受器反射性地引起腺导管平滑肌紧张性降低，于是乳在容纳系统中贮存。当乳充盈到一定程度时，乳汁继续积聚就将使乳腺容纳系统被动扩张，内压迅速增大，以致压迫乳腺中的毛细血管和淋巴管，阻碍乳腺的血液循环，结果使乳的生成速度显著减慢。乳排出后，乳房内压下降，乳的生成随之增加。

二、排乳过程

哺乳或挤乳引起乳房容纳系统紧张度改变，使腺泡和乳导管中的乳汁迅速流向乳池，这一过程称为排乳。在排乳过程中，最先排出的一部分乳称乳池乳，它贮存在乳池内，当乳头括约肌开放时，只需借助本身重力即可排出。乳牛的乳池乳一般占泌乳量的 1/3～1/2，我国黄牛、水牛和牦牛的乳池乳很少，有的甚至完全没有。此后，由排乳反射从腺泡和乳导管排出的乳，称为反射乳。占总乳量的 1/2～2/3，黄牛和牦牛的反射乳不能一次排尽，一般需经 2～3 个周期排出。反射乳排完后，乳房内还残留一部分不能排出的乳，称为残留乳，它将与新生成的乳汁混合，在下一次哺乳（或挤乳）时排出。

三、排乳的神经－激素调节

排乳是由大脑皮层、下丘脑和垂体参与的复杂反射活动。挤乳或吮吸乳头时对乳房感受器的刺激，是引起排乳反射的主要非条件刺激。外界环境的各种刺激通过听觉、视觉、嗅觉等均可建立促进或抑制排乳的条件反射（图 15-3）。

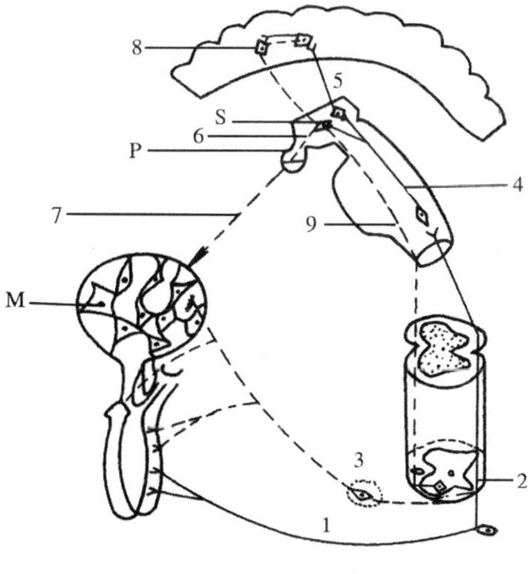

图 15-3　排乳反射性调节模式图

1. 背根的传入神经　2. 与植物性神经元联系　3. 走向乳腺平滑肌的交感神经元　4. 自脊髓至下丘脑的上行途径　5. 自下丘脑至大脑皮层的途径　6. 视上核-垂体途径　7. 体液作用（催产素）　8. 皮层中枢　9. 自皮层至脊髓的下行途径　P. 垂体后叶　M. 肌上皮　S. 视上核

排乳反射的非条件反射弧的传入部分从乳房感受开始，传入冲动经精索外神经传至脊髓，再沿脊髓-丘脑束传到丘脑，最后到达下丘脑的室旁核和视上核。室旁核和视上核是排乳反射的基本中枢，在大脑皮层中有相应的代表区。

排乳反射的传出途径有两条：一条是神经途径，传出纤维存在于精索外神经和交感神经中，直接支配乳腺平滑肌的活动。另一条是神经-体液途径，通过下丘脑-垂体轴引起垂体释放催产素，促进腺泡乳的排出。

排乳反射与大脑皮层有密切的联系，在非条件反射的基础上，可以形成大量条件反射。挤乳的地点、时间、挤乳设备、挤乳操作、挤乳员等，都能成为条件刺激物形成奶牛的条件反射。这些条件反射对于排乳活动有明显的影响。在正确的饲养管理制度下，可形成一系列有利于排乳的条件反射，常能促进排乳和增加挤乳量。相反，异常的刺激如喧扰、新挤乳员、挤乳设备改变、不正确的操作等，都能抑制排乳反射，使产乳量下降。

复习思考题

一、选择题

1. 妊娠期间乳腺的发育主要取决于(　　)。

A. 催乳素和雌激素　　B. 催乳素和孕酮　　C. 雌激素和孕酮

D. 催乳素和催产素　　E. 促性腺激素

2. 乳的排出有一定的次序，其前后顺序为(　　)。

A. 乳池乳、反射乳、残留乳　　B. 反射乳、乳池乳、残留乳

C. 残留乳、乳池乳、反射乳　　D. 残留乳、反射乳、乳池乳

E. 反射乳、残留乳、乳池乳

3. 在乳腺回缩过程中，将有哪些组织代替乳腺组织(　　)。

A. 结缔组织和脂肪组织　　B. 脂肪组织和导管系统

C. 结缔组织和导管系统　　D. 腺泡

E. 肌组织

4. 促进母畜性成熟期乳腺发育的主要激素是(　　)。

A. 催乳素　　B. 催产素　　C. 雌激素　　D. 甲状腺激素　　E. 促性腺激素

5. 下列哪种激素与乳腺的发育及乳汁分泌和排出无关(　　)。

A. 雌激素孕激素　　B. 催乳素　　C. 催产素　　D. 前列腺素　　E. 甲状腺激素

6. 与乳汁生成和分泌有直接关系的激素是(　　)。

A. 孕激素雌激素　　B. 肾上腺皮质激素　　C. 甲状腺激素

D. 催乳素　　E. 生长激素

7. 排乳反射中枢的基本部位在(　　)。

A. 脊髓　　B. 延髓　　C. 视上核和室旁核　　D. 中脑　　E. 大脑皮质

8. 关于初乳的确切描述是(　　)。

A. 母畜分娩期乳腺产生的乳汁

B. 母畜分娩期最初 3～5 d 乳腺产生的乳汁

C. 母畜分娩期或分娩当天乳腺产生的乳汁

D. 母畜分娩期或分娩后最初 3～5 d 内乳腺产生的乳汁

E. 畜分娩期或分娩后最初一周内乳腺产生的乳汁

9. 常乳中哪些成分是体内其他部位所没有的(　　)。

A. 乳脂和水解酶　　B. 水解酶和某些激素

C. 激素和某些维生素　　D. 白蛋白和球蛋白　　E. 乳糖和酪蛋白

10. 妊娠期乳腺发育主要是由于(　　)。

A. 雌激素的作用　　B. 生长激素的作用

C. 雌激素与生长激素的作用　　D. 雌激素、孕激素与催产素的作用

E. 催产素与催乳素的作用

11. 下列关于维持泌乳的激素控制的叙述，错误的是(　　)。

A. 腺垂体不断分泌催乳素是维持泌乳的必需条件之一

B. 在泌乳的任何时期切除腺垂体，都将使泌乳终止在泌乳期，甲状腺的活动与泌乳量呈高度的正相关

C. 口服碘化酪蛋白，对泌乳量无影响

D. 给予抗甲状腺药物，常使泌乳量严重下降

E. 肾上腺素导致乳房内外小动脉收缩，血流量减少，从而影响催产素的运输，导致排乳抑制

12. 促进乳腺导管发育的主要是(　　)。

A. 催乳激素　　B. 生乳激素　　C. 雌激素　　D. 孕激素　　E. 生长激素

13. 射乳反射是由下列哪种激素分泌引起的(　　)。

A. 催乳素　　B. 雌激素　　C. 催产素　　D. 孕激素　　E. 生长激素

二、简答题

1. 试述乳腺生长发育及调节。

2. 何谓初乳？初生幼畜为什么要喂给初乳？

3. 试述排乳过程及调节。

第 15 章参考答案

第十六章 家禽解剖生理

学习目标

1. 掌握家禽消化、呼吸、泌尿、生殖器官的形态结构和功能。
2. 熟悉家禽心血管、内分泌、神经系统的结构特点。
3. 熟悉家禽运动系统的结构特点。
4. 熟悉家禽感觉器官和被皮系统的构造。

家禽的解剖特征

家禽在动物分类学上属鸟纲，在人类长期饲养和驯化下，虽然有些家禽已经丧失飞翔能力，但身体结构和生理机能仍保留其特点。

第一节　运动系统

一、骨

禽骨具有轻便性和坚固性的特征。轻便性表现在大多数骨髓腔内充满着与肺及气囊相通的空气。坚固性表现在骨质致密和有的骨块愈合成为一个整体。禽全身骨由躯干骨、头骨、前肢骨和后肢骨组成(图 16-1)。

1. 躯干骨

躯干骨包括脊柱、肋和胸骨构成。

(1)脊柱　包括颈椎、胸椎、腰荐椎和尾椎。禽的颈一般较长，呈“S”形弯曲，运动灵活。颈椎数目较多(鸡 14 个，鸭 15 个，鹅 17 个，鸽 12 个)。胸椎数目较少(鸡、鸽 7 个，鸭、鹅有 9 个)。鸡、鸽的第 2～5 胸椎愈合成一整体，第 7 胸椎与综荐骨愈合；鸭和鹅则是后 2～3 个胸椎与综荐骨愈合。腰椎、荐椎和部分尾椎互相愈合成为一块综荐骨。共有 11～14 节，分离的尾椎鸡有 5 个(鸭、鹅 7 个)，可活动，最后一块是三棱形的综尾骨。

(2)肋　肋的对数与胸椎数目一致，第 1～2 对肋为浮肋，不与胸骨相接，其余每一肋分为背侧的椎肋骨和腹侧的胸肋骨。除最前一对和最后 2 对(鸡、鸽)或 3 对(鸭、鹅)肋骨外，每对椎肋骨均发出一支斜向后上方的钩突，覆盖在后一肋骨的外侧面，起着加固胸廓侧壁的作用。

家禽的生理学特征

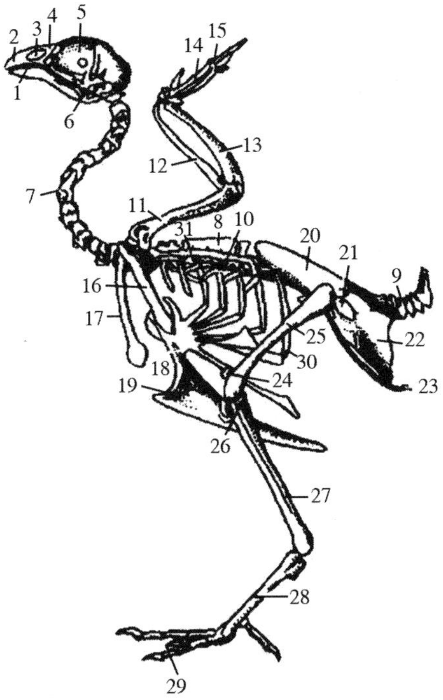

图 16-1　鸡的全身骨骼

1.下颌骨　2.颌前骨　3.鼻孔　4.鼻骨　5.筛骨　6.方骨　7.颈椎　8.胸椎　9.尾椎　10.肩胛骨　11.肱骨　12.桡骨　13.尺骨　14.掌骨　15.指骨　16.乌喙骨　17.锁骨　18.胸骨　19.胸骨嵴　20.髂骨　21.坐骨孔　22.坐骨　23.耻骨　24.髌骨　25.股骨　26.胫骨　27.腓骨　28.大跖骨　29.趾骨　30.肋骨　31.钩突

(3)胸骨　非常发达，为背侧面略凹的骨板，构成胸底壁和腹底壁的支架，是由胸骨体和几个突起组成的。腹侧正中有纵行的胸骨嵴，又称龙骨，飞翔能力强的鸟类特别发达，供强大的胸肌附着。

2. 头骨

头骨分为颅骨和面骨。颅骨呈圆形，内含脑和位听觉器官；面骨位于颅骨前方，鸡呈尖圆锥形体，鸭呈前方钝圆的长方形体。禽面骨中有一方骨，位于颞骨与下颌骨之间，与颞骨形成活动关节，又通过翼骨和腭骨以及颧骨与上喙相连；下端与下颌骨形成方骨下颌关节。禽的上、下喙在开闭时，通过方骨的作用，还同时引起上喙的上提或下降，从而使口开张较大(图 16-2)。

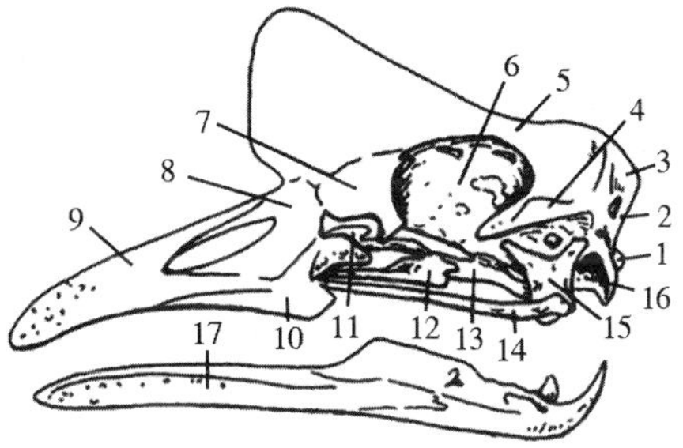

图 16-2　鹅的头骨

1.枕髁　2.枕骨　3.顶骨　4.颞骨　5.额骨　6.眶间隔　7.泪骨　8.鼻骨　9.颌前骨　10.上颌骨　11.犁骨　12.腭骨　13.翼骨　14.颧骨(轭骨及方轭骨)　15.方骨　16.鼓室　17.下颌骨

3. 前肢骨

前肢的肩带骨包括乌喙骨、锁骨和肩胛骨。游离部形成翼，由肱骨、前臂骨和前脚骨组成。肱骨近端有一气孔。前臂骨包括桡骨和尺骨，桡骨较细，尺骨发达。前脚骨由腕骨、掌骨和指骨构成。腕骨仅保留两块。掌骨有 2 掌骨、3 掌骨、4 掌骨，愈合为一。指有第 2、第 3、第 4 指，在鸡第 2、第 3、第 4 指分别有 2 枚、2 枚、1 枚指节骨；鸭、鹅则有 2 枚、3 枚、2 枚指节骨。

4. 后肢骨

后肢的盆带骨包括髂骨、坐骨和耻骨，三骨结合而成髋骨。为适应产蛋，两髋骨在骨盆腹侧相距较远。游离部骨由股骨、髌骨、小腿骨和后脚骨组成。小腿骨包括胫骨和腓骨。后脚骨包括跖骨和趾骨。跗骨在家禽已不独立存在，分别与胫骨与跖骨愈合。公鸡的跖骨上有发达的跖突。禽有 4 趾，即第 1、第 2、第 3、第 4 趾，第 1 趾向后向内，其余 3 趾向前。第 1～4 趾分别有 2 个、3 个、4 个、5 个趾节骨，末节为爪骨，藏于爪内。

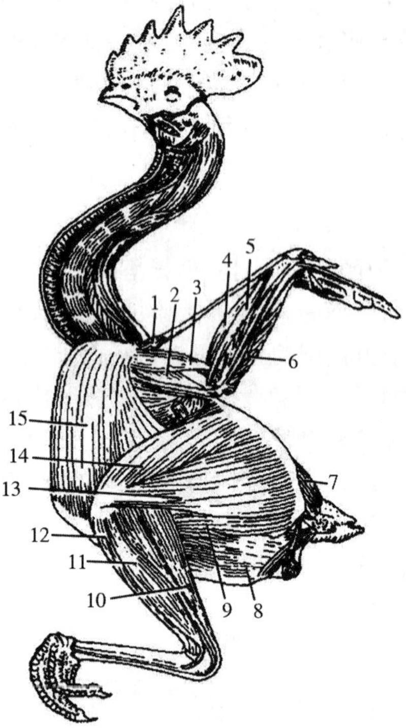

图 16-3 鸡全身浅层肌

1. 长翼膜张肌 2. 臂三头肌 3. 臂二头肌 4. 腕桡侧伸肌 5. 旋前浅肌 6. 腕尺侧屈肌 7. 尾提肌 8. 腹外斜肌 9. 半膜肌 10. 腓肠肌 11. 腓骨长肌 12. 胫骨前肌 13. 股二头肌 14. 股阔筋膜张肌 15. 胸浅肌

二、关节

禽头部关节除颞下颌关节外，大部分属于不动关节，部分属于微动关节。

前肢和后肢的关节基本同于哺乳动物，前肢肩关节由肩胛骨、乌喙骨及肱骨头构成，主要做内收和外展运动。肘关节、腕关节、掌指关节和指节间关节主要进行伸屈运动。

后肢髂腰荐关节是不动关节。髋关节由髋臼和股骨头组成。膝关节包括股髌关节、股胫关节和股腓关节。胫跖关节(飞节)、跖趾关节和趾节间关节主要作伸屈运动。

三、肌肉

禽肌肉的肌纤维较细，肌肉内无脂肪沉积。皮肌薄而广泛，有的终止于翼的皮肤褶，飞翔时起着紧张翼膜的作用。头部的面部肌肉退化，但咀嚼肌发达。颈部长而运动灵活，颈肌系发达。胸、腰、荐椎愈合，此段肌肉退化。尾部肌肉发达，与尾部功能有关。胸壁肌有肋间外肌和肋间内肌等，但无膈肌。禽腹壁肌也分四层，但较薄弱。前肢肩带部的胸肌是禽体最大的肌肉，也是飞翔的主要肌肉。鸡的胸肌约占体重的10%。盆带肌不发达，而股部和小腿部肌群则较发达(图 16-3)。

第二节 消化系统

禽的消化系统包括口腔、咽、食管、嗉囊、胃、小肠、大肠、泄殖腔、肝、胰等器官(彩插 16-1)。

一、口腔和咽

禽没有软腭、唇和齿，颊不明显，上下颌形成喙。口腔顶壁为硬腭，硬腭后部及咽顶壁的中线上有一鼻后孔，向前延续为腭裂。鸡、鸽的舌为尖锥形。舌肌不发达，黏膜上缺味觉乳头，仅分布有数量少、结构简单的味蕾。

口腔与咽没有明显的界线，常合称口咽。咽顶壁正中有咽鼓管漏斗，一对咽鼓管开口于其中。咽部黏膜血管丰富，可使大量血液冷却，有参与散发体温的作用。唾液腺虽不大而分布很广，在口腔和咽的黏膜下几乎连成一片，导管直接开口于黏膜表面，主要分泌黏液。唾液呈弱酸性，平均 pH 6.75，含有少量淀粉酶。成年母鸡一昼夜分泌唾液 7～25 mL。

禽主要靠视觉和触觉寻找食物，用喙采食。鸡喙为锥体形，便于啄食谷粒。鸭、鹅的喙扁而长，边缘形成一系列角质横褶，适于水中采食。禽吞咽食物主要靠头部上举，在食物的重力和反射活动作用下，食管扩大，经食管的蠕动推动食物下移并进入嗉囊或食管的扩大部。

二、食管和嗉囊

食管较宽，易扩张。颈段与气管同偏于颈的右侧，直接在皮下。鸡、鸽的食管在胸腔前口的前方形成嗉囊；鸭、鹅无真正嗉囊，但食管颈段可扩大成纺锤形。食管末端与腺胃相接。

嗉囊壁的构造与食管相似，黏膜内有丰富的黏液性食管腺，分泌黏液，使饲料润湿和软化，但不含消化酶，并不能直接对饲料起化学分解作用。嗉囊内的温度、含水量以及经常保持中性至弱酸性反应(pH 6.0～7.0)，不仅为唾液淀粉酶，也为植物性饲料本身所含的酶的作用提供了适宜的环境。鸽在育雏期间其嗉囊腺能分泌一种特殊的乳状液称为“嗉囊乳”或“鸽乳”，内含有大量的蛋白质、脂肪、无机盐、淀粉酶及蔗糖酶，用以哺育幼鸽。

嗉囊的肌层由外纵肌层和内环肌层组成。嗉囊的运动主要有两种形式，一种为蠕动，起自食管上段，进而扩展至嗉囊，直至腺胃和肌胃，常成群出现，一般 2～15 次为一群，每群间隔 1～40 min。另一种为排空运动，与食管的收缩相配合，扩展至整个嗉囊。这种运动为 1～1.5 min 1 次，每次均伴有嗉囊紧张度的增高。嗉囊运动使食物混合并间断地向胃内排入。

嗉囊运动受迷走神经和交感神经支配，迷走神经兴奋使嗉囊强烈收缩，食物排放加快。

嗉囊内的环境条件适宜于微生物的栖居和活动。成年鸡嗉囊内细菌不但数量大，而且种类很多，并形成一定的微生物区系。在嗉囊的微生物区系中以乳酸菌占优势，能对饲料中的糖类进行初步发酵分解，产生有机酸。这些有机酸一部分可经嗉囊壁吸收，大部分随食物下行至消化道后段再被吸收。

三、胃

禽胃分前后两部，前部为腺胃，后部为肌胃(图 16-4，彩插 16-2)。

1. 腺胃

腺胃呈纺锤形，位于腹腔左侧，在肝左右两叶之间的背侧。腺胃壁较厚，内腔不大，黏膜表面形成乳头，乳头上有深层腺导管的开口。腺胃黏膜含有两种腺体：浅层为单管状腺，分泌黏液；深层为复管状腺，相当于哺乳动物的胃底腺，分泌盐酸和胃蛋白酶。

禽的胃液呈连续性分泌，鸡的分泌量为 5～30 mL/h，饲喂可引起分泌水平增高，饥饿则使其降低，不同饲料或日粮不仅引起分泌水平变化，而且组成和性质会有很大差异。胃液分泌受神经反射和体液因素的调节，假饲引起胃液分泌增加。饲料对嗉囊和胃壁的机械刺激引起胃液分泌增多。迷走神经使胃液分泌量和胃蛋白酶含量增加，而交感神经则引起少量的分泌。促胰液素有显著抑制胃液分泌的作用。

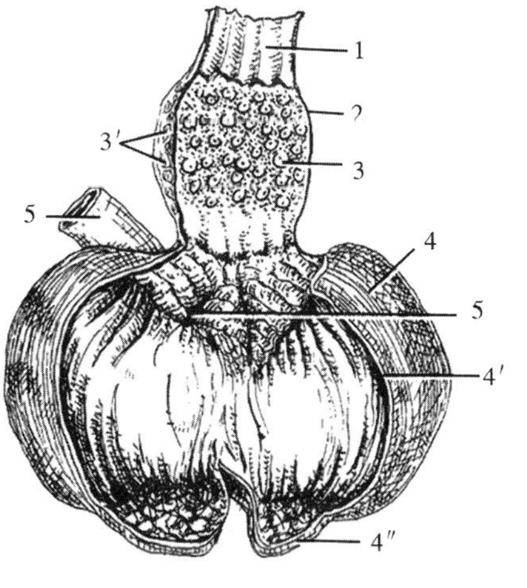

图 16-4　鸡的胃(纵剖开)

1. 食管　2. 腺胃　3. 乳头及前胃深腺开口　3′. 深腺小叶　4. 肌胃的厚肌　4′. 胃角质层　4″. 肌胃后囊的薄肌　5. 幽门

腺胃虽然分泌胃液，但因为容积小，食物停留时间短，所以胃液的消化作用主要不在腺胃，而在肌胃内进行。

2. 肌胃

肌胃又称砂囊，俗称肫。紧接腺胃之后，为近圆形或椭圆形的双凸体，质地坚实，位于腹腔左侧，在肝后方两叶之间。肌胃可分为厚的背侧部和腹侧部及薄的前囊和后囊。

肌胃的肌层很发达，组成两块强大的厚肌和两块薄肌，四块肌在胃两侧以厚的腱中心相连接，形成所谓腱镜或腱面。肌胃的入口和出口（幽门）都在前囊处。在肌胃黏膜固有层内，排列有单管状的肌胃腺，腺及黏膜上皮的分泌物与脱落的上皮细胞一起，在酸性环境中硬化，形成一层厚的类角质膜，称胃角质层，俗称肫皮，中药名“鸡内金”，起保护膜的作用。

肌胃主要机能是靠胃壁肌肉强有力的收缩磨碎来自嗉囊的粗硬食物，起机械性消化作用。另外，肌胃的内容物相当干燥，含水量约为44.4%，pH为2～3.5，适于胃蛋白酶对饲料的化学性消化作用。

肌胃具有周期性的运动，不论在饲喂或饥饿状态下都在进行。平均2～3次/min，饲喂时及饲喂后约30 min内收缩频率增加。肌胃收缩时内压很高，鸡为13～20 kPa，鸭为24 kPa，鹅为35～37 kPa。禽类采食时所吞食的沙砾，在肌胃运动时有助于磨碎较坚硬的食物。

肌胃的收缩受迷走神经和交感神经支配，迷走神经兴奋使肌胃收缩增强。交感神经兴奋可抑制肌胃收缩。

四、肠和泄殖腔

1. 小肠

小肠分为十二指肠、空肠和回肠。十二指肠位于腹腔右侧，形成“U”形的肠襻，分为降支和升支。升支在幽门附近移行为空肠。空肠形成许多肠襻，由肠系膜悬挂于腹腔的右侧。空肠与回肠没有明显界限，中部有一小突起，称为卵黄囊憩室，是胚胎期卵黄囊柄的遗迹。回肠短而直，以回盲韧带与盲肠相连。小肠黏膜表面形成绒毛，绒毛有分支，无中央乳糜管，脂肪直接吸收入血液。肠腺较短，黏膜下组织很薄，没有十二指肠腺。

肠腺分泌弱酸性至弱碱性的肠液，其中含有蛋白酶、脂肪酶、淀粉酶、多种糖酶和肠激酶。机械刺激和促胰液素能引起肠液分泌显著增加。刺激迷走神经可促使肠液变稠，但对分泌率影响很少。

禽的小肠有典型的蠕动和分节运动。逆蠕动比较明显，食糜常在肠内前后移动，往往将食糜由肠返回肌胃。由于受胃液流入的影响，十二指肠内容物常呈弱酸性反应并继续胃液的消化作用。食糜由十二指肠移送入空肠和回肠后，由于混入胰液、胆汁及肠液，对各种营养物质进行比较全面而强烈的消化作用。

2. 大肠

大肠包括一对盲肠和一短的直肠。盲肠可分为盲肠基、体和尖三部分。盲肠基的壁内分布有丰富的淋巴组织，常称盲肠扁桃体。禽没有明显的结肠，只有一短的直肠。大肠的组织结构与小肠相似，黏膜除在盲肠尖外也具有绒毛，但较短而宽。

大肠消化主要在盲肠。经小肠消化后的小肠内容物先进入直肠，然后依靠直肠的逆蠕动将食糜推入盲肠，再借盲肠本身的蠕动，将食糜从盲肠颈部向顶部推送。盲肠内容物可在盲肠内停留6～8 h。直肠逆蠕动时，回盲括约肌紧闭，所以直肠内容物不会逆回小肠。

盲肠内容物含丰富的营养成分，盲肠的内环境(pH 6.5～7.5，严格厌氧)很适合微生物的生长繁殖；据测定，1 g 盲肠内容物含细菌 10 亿个，其中主要是严格厌氧的革兰氏阴性杆菌。因此，盲肠消化主要是盲肠微生物对粗纤维经的消化分解，产生挥发性脂肪酸。盲肠内的细菌不仅能将蛋白质和氨基酸分解成氨。并能利用日粮中的非蛋白质含氮物合成菌体蛋白质。还能合成 B 族维生素和维生素 K 等。

禽类的直肠很短，食糜在其中停留时间也不长，因此消化作用不重要。主要是吸收一部分水和盐类，形成粪便后排入泄殖腔，与尿混合后排出体外。

3. 泄殖腔

泄殖腔是消化、泌尿和生殖三个系统的共同通道，略呈椭圆形。泄殖腔以黏膜褶分为三部分。前部为较膨大的粪道，与直肠相连。中部为泄殖道，最短，向前以环形褶与粪道为界，向后以半月形褶与后部的肛道为界。输尿管与输精管(公禽)或输卵管(母禽)开口于泄殖道。肛道背侧有腔上囊的开口。肛门由背侧唇和腹侧唇围成(图 16-5)。

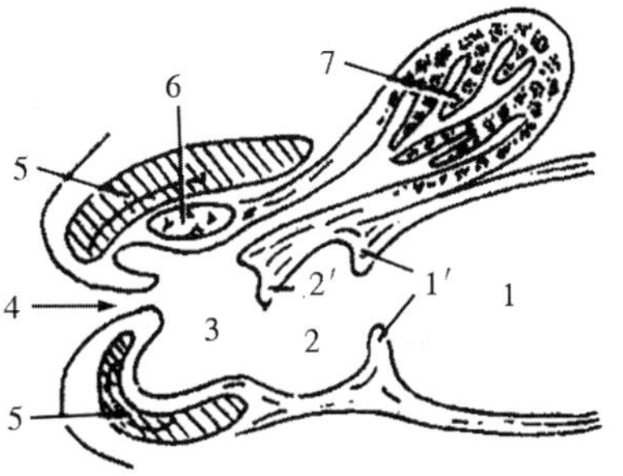

图 16-5　幼禽泄殖腔正中矢面示意图

1. 粪道　1′. 粪道泄殖道壁　2. 泄殖道　2′. 泄殖道肛道壁　3. 肛道　4. 肛门　5. 括约肌　6. 肛道背侧腺　7. 腔上囊

五、肝和胰

1. 肝

肝位于腹腔前下部，分为左右两叶，右叶有一胆囊，但鸽无胆囊。成禽的肝一般呈暗褐色。肝脏的两叶各有一肝门，每叶的肝动脉、门静脉和肝管等由此进出。右叶肝管注入胆囊，由胆囊发出胆囊管。左叶的肝管不经胆囊，与胆囊管共同开口于十二指肠终部。

肝脏连续不断地分泌胆汁，不在进食期间，肝胆汁一部分流入胆囊而浓缩，另有少量直接经肝胆管流入小肠。进食时胆囊胆汁和肝胆汁输入小肠的分量显著增加，持续 3～4 h。迷走神经参与家禽胆汁输出的神经反射性调节。

胆汁呈酸性，pH 5.0～6.8(鸡 pH 5.88、鸭 pH 6.14)，含有淀粉酶。胆汁的颜色随其中所含胆色素的种类和含量而改变，由金黄色至暗绿色。胆汁的强烈苦味，主要取决于所含的胆汁酸盐。禽类的胆汁中所含胆汁酸主要是鹅胆酸、胆酸和异胆酸，而缺乏哺乳动物胆汁中普遍存在的脱氧胆酸。

2. 胰

胰位于十二指肠襻内，呈淡黄色或淡红色，长条形，可分为背叶、腹叶和很小的脾叶。胰管在鸡一般有 2～3 条，鸭、鹅有 2 条，与胆管一起开口于十二指肠终部。

胰液为透明、味咸的液体，pH 7.5～8.4。其组成及消化酶种类与哺乳动物相似。鸡的胰液呈连续性低水平分泌。饲喂后急剧升高，持续 9～10 h，然后逐渐下降至原先水平。

促胰液素促进含水丰富的胰液分泌，而血管活性肠肽(VIP)的作用更强。促胰酶素使含水和酶的胰液持续分泌(图 16-6)。

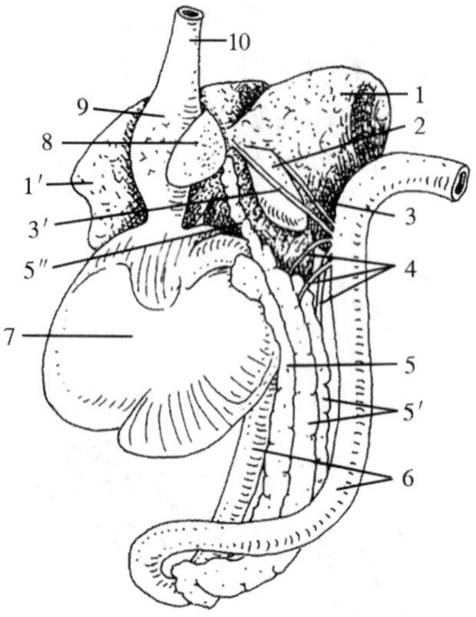

图 16-6 鸡的肝和胆管及胰腺和胰管

1、1′. 肝右叶和左叶 2. 胆囊 3、3′. 胆囊肠管和肝肠管 4. 胰管 5、5′、5″. 胰腺背叶、腹叶和脾叶 6. 十二指肠襻 7. 肌胃 8. 脾 9. 腺胃 10. 食管

六、营养物质的吸收

嗉囊和盲肠仅能吸收少量水、无机盐和有机酸，其中嗉囊的吸收能力尤弱。直肠和泄殖腔也只能吸收较少的水和无机盐。腺胃和肌胃的吸收能力也较弱。大量的营养物质的吸收主要在小肠内进行。

禽消化产物的吸收与哺乳动物相似，但禽肠道的淋巴系统不发达，绒毛中没有中央乳糜管，因此脂肪吸收不通过淋巴途径，而是直接进入血液。

第三节 呼吸系统

禽呼吸系统由鼻、咽、喉、气管、鸣管、支气管、肺和气囊等器官组成。

一、鼻腔

禽鼻腔较狭，鼻孔位于上喙基部。鼻中隔大部为软骨。每侧鼻腔有三个鼻甲。眶下窦是唯一的鼻旁窦，位于上颌外侧和眼球前下方，略呈三角形。鸡的鼻腺不发达，长而细，位于鼻腔侧壁。鸭、鹅等水禽的鼻腺较发达，呈半月形，位于眼眶顶壁及鼻腔侧壁。鼻腺又称盐腺，水禽鼻腺能分泌大量的氯化钠，可补充肾脏的排盐机能，从而维持体内盐和渗透压的平衡。鼻腔黏膜上有嗅神经分布，禽的嗅区较小。

二、喉和气管

1. 喉

喉位于咽的底壁，在舌根后方，与鼻后孔相对。喉软骨只有一枚环状软骨和一对勺状软骨，喉腔内无声带。气管较长而粗，伴随食管后行，到颈后半部，一同偏至右侧，入胸腔前又转到颈的腹侧（图 16-7）。进入胸腔后在心基上方分为两个支气管，分叉处形成鸣管。

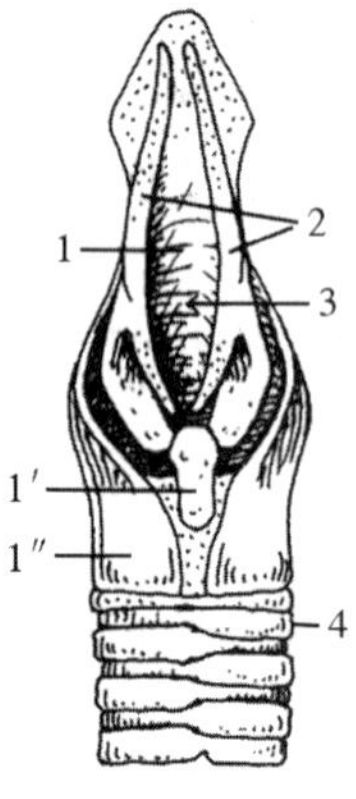

图 16-7 鸡的喉软骨（背侧观）

1、1′、1″. 环状软骨体、翼及前环状软骨 2. 勺状软骨 3. 喉口 4. 气管环

2. 鸣管

鸣管是禽的发声器官，位于气管叉的顶部。其支架为几个气管环和支气管环以及一块鸣骨。鸣骨呈楔形，位于气管叉的顶部。在鸣管的内、外侧壁上有两对内、外鸣膜。两鸣膜形成一对狭缝，当禽呼吸时，空气振动鸣膜而发声（图 16-8）。公鸭鸣管在左侧形成一个膨大的骨质鸣管泡，无鸣膜，故发声嘶哑。

3. 支气管

支气管经心基上方进入肺门。其支架为“C”形软骨环，内侧壁为结缔组织膜。

三、肺

禽的肺不大，略呈扁平四边形，不分叶，位于胸腔背侧（图16-9）。支气管入肺后纵贯全肺，称为初级支气管，后端出肺连接于腹气囊。从初级支气管分出四群次级支气管，次级支气管分出许多三级支气管，连接于两群次级支气管之间。此外，相邻的三级支气管之间还有吻合支。每条三级支气管壁被许多辐射状排列的肺房所穿通。肺房底壁形成一些小漏斗，漏斗再分出许多直径 7～12 mm 的肺毛细管，相当于家畜的肺泡，是进行气体交换的地方。一条三级支气管及其相联系的气体交换区（包括肺房、漏斗和肺毛细管）构成一个肺小叶，呈六面棱柱状。

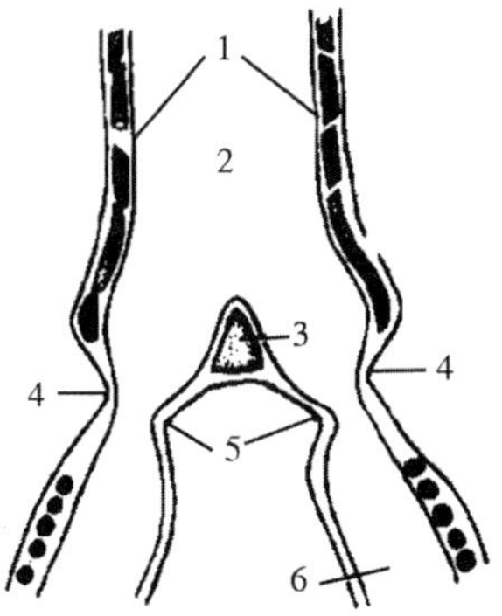

图 16-8　鸡的鸣管（纵切面）

1. 气管　2. 鸣腔　3. 鸣骨　4. 外鸣膜　5. 内鸣膜　6. 支气管

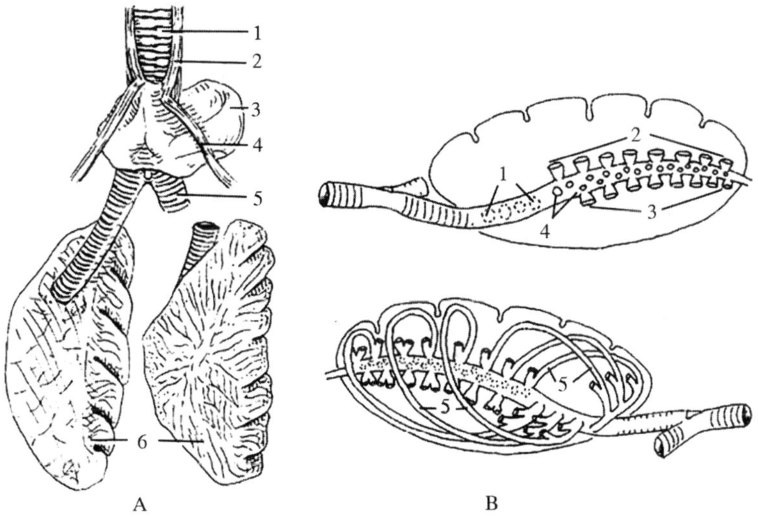

图 16-9　禽肺外形和构造

A. 公鸭气管和肺（腹侧观）　1. 气管　2、4. 气管肌和胸骨气管肌　3. 鸣管泡　5. 支气管　6. 肺（左肺为背侧面）
B. 鸡肺支气管模式图　1. 内腹侧群　2. 内背侧群　3. 外侧群　4. 外侧群次级支气管　5. 三级支气管

四、气囊

气囊是禽特有的器官，为肺的衍生物，由支气管的分支出肺后形成的黏膜囊。多数禽类有 9 个气囊，分前、后两群。前群有 5 个，即 1 对颈气囊、1 个锁骨气囊和一对胸前气囊。后群气囊有 4 个，即 1 对胸后气囊和 1 对腹气囊。腹气囊最大，位于腹腔内脏两旁，并分出憩室至综荐骨、髂骨及肾背面。前群气囊与腹内侧次级支气管相通，胸后气囊与腹外侧次级支气管相通，腹气囊直接与初级支气管相通。此外，除颈气囊外，所有气囊与若干三级支气管相通，称为返支气管（图 16-10）。

气囊有多种生理功能，可减少体重，平衡体位，加强发音气流，发散体热以调节体温，但最重要的还是作为贮气装置而参与肺的呼吸作用。当吸气时，一部分新鲜空气进入肺毛细管，大部分（约3/4）进入后群气囊，而已通过气体交换的空气则由肺毛细管进入前群气囊。当呼气时，前群气囊的气体由气管排出体外，后群气囊里的新鲜空气又送入肺毛细管。由此可见，不论吸气或呼气，肺内均可进行气体交换，以适应禽体新陈代谢的需要（图16-11）。

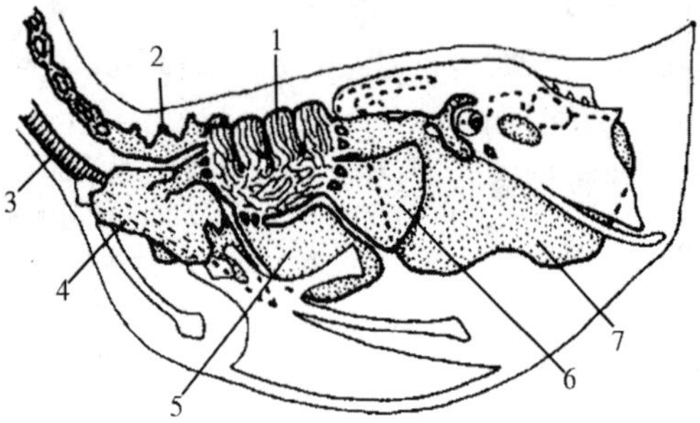

图 16-10 禽气囊分布模式图

1.肺 2.颈气囊 3.气管 4.锁骨气囊 5.胸前气囊 6.胸后气囊 7.腹气囊

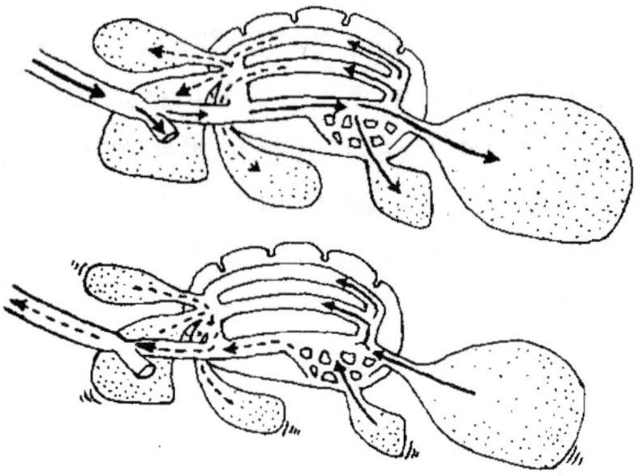

图 16-11 禽气囊作用模式图

（上图为吸气时，下图为呼气时；实箭头示吸入的新鲜空气径路，虚箭头示经气体交换后的气体径路）

五、呼吸运动

禽没有像哺乳动物那样的膈肌，胸腔和腹腔仅由一层薄膜隔开，胸腔内的压力几乎与腹腔内完全相同，不存在经常性负压。呼吸主要通过强大的吸气肌和呼气肌的收缩来完成。吸气肌收缩时，胸廓扩大，体腔内压降低，于是外界气体随之进入肺和气囊，产生吸气运动。呼气肌收缩时则发生相反的过程，产生呼气运动。

禽类的呼吸频率变化比较大，它取决于体格大小、种类、性别、年龄、兴奋状态及其他因素。通常体格越小，呼吸频率越高（表16-1）。

表 16-1 几种家禽的呼吸频率 次/min

性别	种别				
	鸡	鸭	鹅	火鸡	鸽
公	12～20	42	20	28	25～30
母	20～36	110	40	49	25～30

六、气体交换与运输

禽有广大的气体交换面积，按肺每单位体重的交换面积，要比家畜至少大10倍。气体交换动力也是动-静脉血液中 O_2 和 CO_2 分压差。如鸡的静脉血 pO_2 约为6.7 kPa，肺和气囊中为12.5 kPa，于是 O_2 从肺进入血液，血液离开肺时成为富含氧的动脉血。

气体在血液中的运输方式，基本上与哺乳动物的相同。禽的血红蛋白与氧气结合的饱和度较高，可达 96%～97%，但鸡相对较低，约为 90%。由于组织中 pO_2 较低，到达组织的氧合血红蛋白中的氧气迅速解离释放。各种家禽对氧气的利用率，鸡为 54%，鸭和鸽为 60%，鹅仅为 26%。

第四节　泌尿系统

禽的泌尿系统由一对肾脏和两条输尿管组成，没有膀胱和尿道。因此尿在肾脏内生成后经输尿管直接排到泄殖腔，与粪便一起排出体外（图 16-12）。

一、肾

禽肾比较大，占体重的 1%以上。位于综荐骨两旁和髂骨的内面，呈红褐色。分为前、中、后三部。没有肾门，血管、神经和输尿管在不同部位直接进出肾脏。输尿管在肾内不形成肾盂或肾盏，而是分支为初级分支和次级分支。肾有许多肾小叶构成，轮廓可在肾表面看出。每个肾小叶也为皮质和髓质，但由于肾小叶的分布有浅有深，所以整个肾没有皮质和髓质的分界。

禽类肾小球有效滤过压比哺乳动物低，为 1～2 kPa，经肾小球滤过作用生成原尿。原尿中 99%的水分、全部葡萄糖、部分氯、钠、碳酸氢盐等成分，可被肾小管和集合管重吸收。但原尿中的尿素、肌酸酐、肌酸，以及由肾小管分泌的钾、尿酸、马尿酸、对氨基马尿酸等，则不能被肾小管重吸收，而随尿排出。

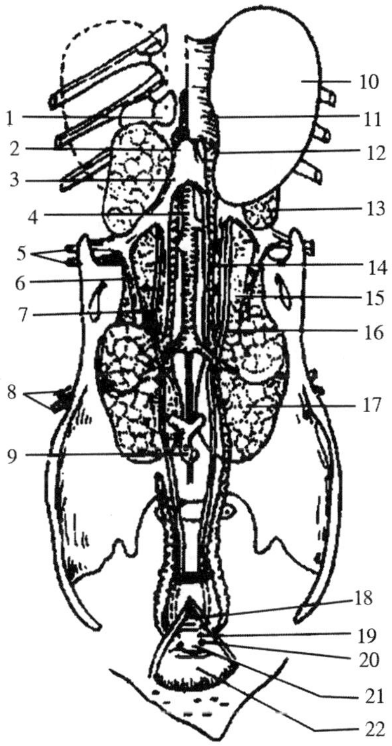

图 16-12　公鸡的泌尿生殖器官（腹面观）

1. 肾上腺　2. 后腔静脉　3. 髂总静脉　4. 主动脉　5. 髂外动、静脉　6. 后肾门静脉　7. 肾后静脉　8. 坐骨动、静脉　9. 肠系膜后静脉　10. 睾丸　11. 睾丸系膜　12. 附睾　13. 肾前叶　14. 输精管　15. 肾中叶　16. 输尿管　17. 肾后叶　18. 粪道　19. 输尿管口　20. 输精管乳头　21. 泄殖道　22. 肛道

二、输尿管

输尿管从肾中部走出，沿肾的腹侧向后延伸，最后开口于泄殖道顶壁两侧（图 16-13）。尿沿输尿管输送到泄殖腔与粪混合，形成浓稠灰白色的粪便一起排出体外。

禽尿一般为奶油色、浓稠的半流体，其性状随机体生理状态而变。尿液的 pH 为 5.8～8.0，通常变动范围较大。禽尿内尿酸含量高于尿素，肌酸多于肌酸酐。成年鸡昼夜排尿量为 60～180 mL。

第五节 生殖系统

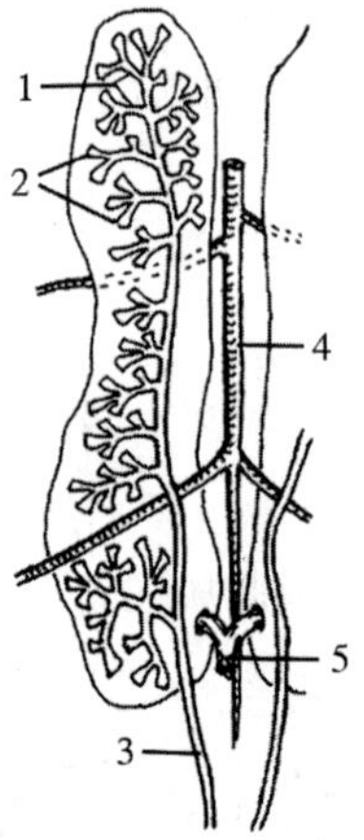

图 16-13 鸡输尿管在肾中的分支模式图

1. 初级分支 2. 次级分支 3. 输尿管 4. 主动脉 5. 肠系膜后静脉

禽类生殖的最大特点是卵生。没有发情周期和妊娠过程。胚胎不在母体内发育，而是在体外孵化。在一个产卵周期中，能连续产卵；卵泡排卵后不形成黄体，卵外包有壳膜和卵壳。雄禽没有精囊腺、前列腺和尿道球腺等副性腺，外生殖器官发育不完全。

一、雄禽生殖器官

1. 睾丸和附睾

睾丸左右对称，位于腹腔内，以短系膜悬挂在肾前部的腹侧，与胸、腹气囊相接触。睾丸位置的体表投影相当于最后两个椎肋骨的上部。睾丸的大小因年龄和季节而有变化，幼雏只有米粒大，淡黄色；成禽在生殖季节，可达鸽蛋大，颜色变为白色。睾丸外面包有浆膜和一层薄的白膜。实质主要为精小管。附睾主要由睾丸输出小管和短的附睾管构成。附睾管出附睾后延续为输精管（图 16-14）。

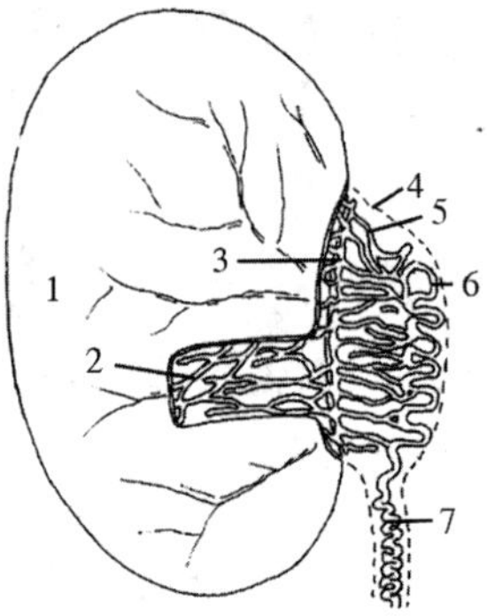

图 16-14 鸡睾丸和附睾构造模式图

1. 睾丸 2. 精小管 3. 睾丸网 4. 附睾 5. 睾丸输出管 6. 附睾管 7. 输精管

2. 输精管

输精管是一对弯曲的细管，与输尿管并行，其终部略扩大成纺锤形，进入泄殖腔内，末端形成输精管乳头，突出于输尿管口的外下方（彩插 16-3）。输精管是精子成熟和主要贮存处，在生殖季节输精管加长增粗，弯曲密度也变大，此时常因贮有精液而呈乳白色。禽没有相当于哺乳动物的副性腺，精液主要由精小管、睾丸输出小管及输精管的上皮细胞所分泌，可能还有来自泄殖腔的血管体和淋巴褶。

3. 交配器

公鸡的交配器不发达，包括位于肛门腹侧唇内侧的三个小阴茎体、一对淋巴褶和位于泄殖道壁内输精管附近的一对泄殖腔旁血管体（图 16-15）。交配时，一对外侧阴茎体因充满淋巴而勃起增大，伸入母鸡的阴道，精液则沿其间的沟导入。刚孵出的雏鸡阴茎体较明显，可用来鉴别雌雄。

公鸭和公鹅有较发达的阴茎，位于肛道腹侧偏左，长 6～9 cm，它是由两个纤维淋巴体和一个产生黏液的腺部构成。两个纤维淋巴体之间在阴茎表面形成螺旋形的阴茎沟。勃起时，淋巴体充满淋巴，阴茎变硬并加长因而伸出，阴茎沟则闭合成管，将精液导入母鸭和母鹅阴道内。

二、雄禽生殖生理

刚孵出的雄性雏鸡，曲精细管中已有精原细胞。自5周龄起，开始出现初级精母细胞；第10周龄，初级精母细胞经减数分裂产生次级精母细胞；12周龄时，开始次级精母细胞分裂为精细胞，而后变形为精子。一般在10～20周龄时即可采到精液，但要到22～26周龄在自然交配中可获得满意的精液量和受精力。

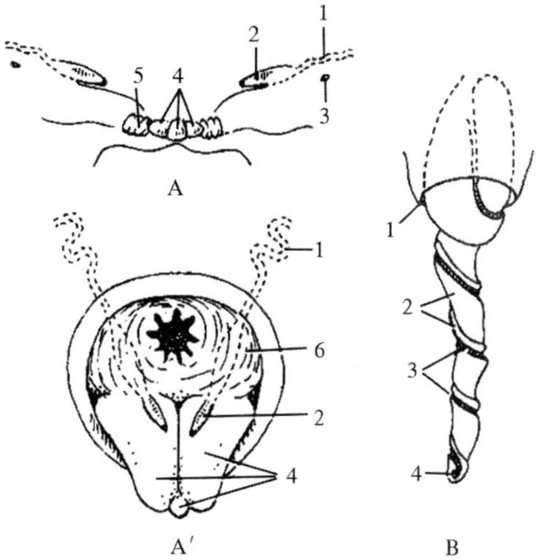

图16-15　公禽交配器官

A. 成年公鸡（A′为勃起时）：1. 输精管　2. 输精管乳头　3. 输尿管口　4. 阴茎体　5. 淋巴褶　6. 粪道泄殖道襞
B. 成年公鸭勃起时的阴茎：1. 肛门　2. 纤维淋巴体　3. 阴茎沟　4. 阴茎腺部的开口

精子在曲精细管形成后，即进入附睾管和输精管，获得受精能力。成年公鸡精子的生成需时12 d；精子通过附睾和输精管需时4 d。公鸡每次排出的精液量为0.11～1.0 mL，精子数可达3.5×10^{7}个/mm^3（或3.5×10^{13}个/L）。精液一般呈白色而浑浊，pH为7.0～7.6。约在自然交配后1 h内，精子通过整个输卵管到达漏斗部，贮存于皱褶（精子窝）中。鸡的精子能存活到32 d，而火鸡的精子存活时间更长，可达70 d。交配后2～3 d受精率最高。

三、雌禽生殖器官

雌禽生殖系统由卵巢和输卵管构成（彩插16-4），仅左侧发育正常，右侧在胚胎发生过程中即停滞而退化。

1. 卵巢

卵巢以短的系膜附着在左肾前部及肾上腺的腹侧。雏禽卵巢为扁平椭圆形，呈灰白色或白色，表面呈颗粒状。随着年龄的增长和性活动，卵泡不断发育生长，并突出于卵巢表面，因而卵巢呈葡萄状。较大的成熟卵泡在产卵期常有4～5个。停产时，卵巢萎缩，直到下次产卵期，卵泡又开始生长。鸡的卵巢内约有12 000个卵细胞，卵泡以其外膜、内膜和颗粒膜包围着卵细胞。成熟的卵泡表面有一个血管分布较少的缝痕，是排卵的部位。

在自然光照条件下，排卵常在早晨进行，午后排卵现象较为罕见。此外，排卵时间都在产蛋之后，母鸡一般在产蛋后的15～75 min开始排卵。排卵后不形成黄体。

2. 输卵管

输卵管为一条长而弯曲的管道，幼禽较细而直，经产母鸡输卵管长度可达80～90 cm，占据腹腔大部分。停产期长度变短。根据构造和功能，禽输卵管可顺次分为漏斗部、膨大部、峡部、子宫和阴道五部分（图16-16）。

（1）漏斗部　位于卵巢的后方，漏斗的前部形成漏斗伞，边缘薄，中央有一缝状的输卵管腹腔口；漏斗伞迅速变细而形成漏斗管。卵在漏斗部停留15 min。漏斗部是卵子和精子受精的场所。

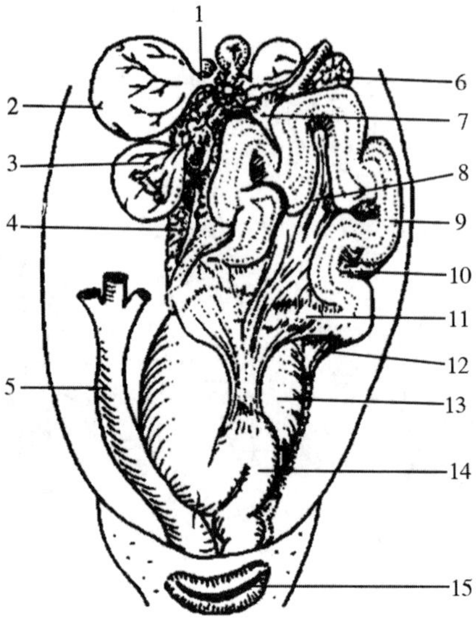

图 16-16 母鸡生殖器官(腹侧面)

1.卵黄柄 2.成熟卵泡 3.排卵后的卵泡膜 4.漏斗 5.直肠 6.左肾前叶 7.背侧韧带 8.腹侧韧带 9.蛋白分泌部 10.背侧韧带 11.峡部 12.背侧韧带 13.子宫及临产的卵 14.阴道 15.泄殖孔(肛门)

(2)膨大部 又称蛋白分泌部,是输卵管最长和最弯曲的一段。壁较厚,产卵期黏膜呈乳白色。卵在膨大部停留 3 h。

(3)峡部 略窄且较短,管壁薄而坚实,黏膜呈淡黄褐色。卵在峡部停留 75 min。

(4)子宫 扩大成囊状,壁较厚。子宫的黏膜呈淡红色至淡灰色,因机能状况而有差异。卵在子宫部停留 18～20 h。

(5)阴道 壁厚,弯曲成"S"形的短襻,开口于泄殖道的左侧。阴道黏膜呈白色,形成细而低的褶,与子宫相连接的第一段含有管状的阴道腺,又称精小窝,是交配后精子的主要贮存处,可在一定时期内陆续释放,使受精作用得以持续进行。卵经过阴道的时间仅几秒至 1 min。

四、雌禽生殖生理

1. 蛋的形成

蛋由卵黄、蛋白、壳膜和蛋壳组成。

蛋黄是由肝脏合成,经血液转运到卵巢、在卵中沉积的结果。排卵时,卵黄借输卵管的强烈蠕动被送入漏斗部,在输卵管肌肉收缩的作用下被推向后移。在此过程中,卵黄外依次形成蛋白、壳膜和蛋壳。

蛋白由内向外分为四层,即卵带膜层、内稀薄层、中间浓稠层和外稀薄层。这些蛋白主要由输卵管膨大部的腺体分泌而来,其中大部分水分来自输卵管的子宫腺。

壳膜在输卵管的峡部形成,分内外两层,在蛋的钝端,两层壳膜互相分离,形成气室。

蛋壳形成主要在输卵管的子宫部。此部位的腺体能分泌物大量钙盐,沉积于壳膜外形成蛋壳。蛋壳色素也是在此处形成的。

2. 蛋的产出

卵与精子在漏斗部受精后,经 21～23 h,可形成完整的蛋。蛋在停留的绝大部分时间内,始终是尖端指向尾部的位置,当蛋将产出时,它通常旋转 180°,以钝端朝向尾部的方向通过阴道产出。驱使蛋产出的主要动力是壳腺部平滑肌的强烈收缩。

第六节 心血管系统

一、血液

1. 血液的理化特性

(1)血色 禽血液也呈红色,动脉血含氧多,呈鲜红色;静脉血含氧少,呈暗红色。

(2)黏滞性、比重和渗透压　禽全血黏滞性公鸡为 3.67，母鸡为 3.08；比重在 1.045～1.060；血浆总渗透压相当于 0.93%的氯化钠溶液。

(3)血浆的化学成分　禽血浆蛋白含量比哺乳动物低，并随种别、年龄、性别和生产性能不同而有一定差异。血浆非蛋白含氮化合物含量平均为 14.3～21.4 mmol/L。其中尿素含量很低，仅 0.14～0.43 mmol/L，几乎没有肌酸。

(4)血糖　禽血糖可高达 12.8～16.7 mmol/L。母鸡为 7.2～14.5 mmol/L，公鸡为 9.5～11.7 mmol/L，鸭和鹅在 8.34 mmol/L 左右。

(5)血脂　成年鸡血浆总脂肪含量因生理和营养状况不同而不同。产蛋鸡较停产母鸡、公鸡和雏鸡显著增高。

(6)无机盐　血浆中的无机盐与哺乳动物比较，含有较多的钾和较少的钠，血浆的总钙含量与哺乳动物相接近，但在产蛋的雌禽比雄禽和未成熟的雌禽要高 2～3 倍。

2. 血细胞

血细胞分为红细胞、白细胞和凝血细胞。

(1)红细胞　为有核、椭圆形的细胞。其体积比哺乳动物的大，但数目较少，细胞计数范围为(2.5×10^{12})～(4.0×10^{12})个/L，一般雄性(除鹅和雉鸡外)的数目较多(表 16-2)。

红细胞在循环血液中生存期较短，鸡为 28～35 d，鸭为 42 d，鸽子为 35～45 d，鹌鹑为 33～35 d。禽类红细胞生存时间短与其体温和代谢率较高有关。

(2)白细胞　包括嗜中性粒细胞、嗜酸性粒细胞、嗜酸性粒细胞、淋巴细胞和单核细胞五种。

①嗜中性粒细胞。常呈圆形，胞质中分布有暗红色嗜酸性杆状或纺锤状颗粒，这种细胞具有活跃的吞噬能力。

②嗜酸性粒细胞。约占白细胞总数的 5%，胞质内含有球形或柱形的嗜酸性颗粒。禽患寄生虫病时，嗜酸性粒细胞增多。

③嗜碱性粒细胞。细胞质中含有大而明显的嗜碱性颗粒。血液中嗜碱性粒细胞很少，占白细胞总数的 2%左右。

④淋巴细胞。细胞质较少，但染色较深。占白细胞总数的 40%～70%。可分为大淋巴细胞和小淋巴细胞。能清除坏死组织，产生免疫抗体。

⑤单核细胞。细胞质中没有特殊的染色颗粒，细胞核不规则。单核细胞具有趋化性和一定的吞噬能力，可形成巨噬细胞。

大多数禽类的白细胞总数为(20×10^9)～(30×10^9)个/L，其中淋巴细胞的比例最高。各类白细胞在血液中的数目百分比随禽种类不同而不同(表 16-2)。

表 16-2　家禽血液的若干指标

动物		红细胞量/(10^{12}个/L)	白细胞量/(10^9个/L)	血红蛋白/(g/L)	白细胞分类/%				
					淋巴细胞	嗜中性粒细胞	嗜酸性粒细胞	嗜碱性粒细胞	单核细胞
鸡	♂	3.8	16.6	117.6	64.0	25.8	1.4	2.4	6.4
	♀	3.0	29.4	91.1	76.1	13.3	2.5	2.4	5.7

续表 16-2

动物		红细胞量/(10^{12}个/L)	白细胞量/(10^{9}个/L)	血红蛋白/(g/L)	白细胞分类/%				
					淋巴细胞	嗜中性粒细胞	嗜酸性粒细胞	嗜碱性粒细胞	单核细胞
北京鸭	♂	2.7	24.0	142.0	31.0	52.0	9.9	3.1	3.7
	♀	2.5	26.0	127.0	47.0	32.0	10.2	3.3	6.9
鹅	2.7	18.2	149.0	36.0	50.0	4.0	2.2	8.0	
鸽	♂	4.0	13.0	159.7	65.5	23.0	2.2	2.6	6.6
	♀	2.2	—	147.2					
火鸡	♂	2.2		125.0～140.1					
	♀	2.4	—	132.0	—	—	—	—	—
鹌鹑	♂	—	19.7	—	73.6	20.8	2.5	0.4	2.7
	♀	3.8	23.1	146.0	71.6	21.8	4.3	0.2	2.7

(3)凝血细胞　禽的凝血细胞相当于哺乳动物的血小板，参与凝血过程。凝血细胞比红细胞数量少，在每升血液中，鸡约为 26.0×10^{9} 个，鸭为 30.7×10^{9} 个。细胞呈椭圆形细胞浆中央有一个圆形的核。

3. 血液凝固

禽血液凝固较为迅速，如鸡全血凝固时间平均为 4.5 min。一般认为禽血液中存在有与哺乳动物相似的凝血因子，但禽类血浆中几乎不含有凝血因子Ⅸ、Ⅻ、Ⅴ和Ⅶ，故不易发生内源性凝血，其凝血过程主要靠外源性凝血系统完成。

二、心脏

禽的心脏较大，位于胸腔前下方，也有两个心房和两个心室，其形态构造与哺乳动物的相似。右房室瓣是一片厚的肌瓣，右心室壁内较平滑，缺乳头肌和腱索结构。左、右肺静脉相互合并成一总静脉干进入左心房。禽心脏传导系也由窦房结、房室结和房室束构成。房室束及其分支无结缔组织鞘包裹，和心肌纤维直接接触，兴奋易扩散到心肌。

禽类的心率快，在同种禽类，禽类因年龄、性别和其他生理状态而有明显差异，如幼禽较成禽快(表 16-3)。

表 16-3　几种家禽的心率　　次/min

种类	心率	种类	心率
鸡	350～370	鹅	200
火鸡	200～280	鸽	221
鸭	212～217	鹌鹑	500～600

心脏也受交感神经和迷走神经支配，但是与哺乳动物不同的是禽类在静息状态下，两种神经对心脏具有均衡的调节作用，而不像哺乳动物那样存在“迷走紧张”效应。

三、血管

1. 动脉

肺动脉干由右心室发出，可分左、右肺动脉入两肺。

主动脉由左心室发出，可分为升主动脉、主动脉弓和降主动脉三段。主动脉在半月瓣处发出左、右冠状动脉，分布于心肌。在主动脉起始部分出一对臂头动脉。臂头动脉是分布到头部和翼部的血管，向前外侧延伸，分出颈总动脉和锁骨下动脉。降主动脉沿体壁背侧中线后行，分出的体壁支有成对的肋间动脉、腰荐动脉，内脏支有腹腔动脉、肠系膜前动脉和肠系膜后动脉（图 16-17）。

雌禽的输卵管动脉有三支：输卵管前动脉来自左肾前动脉，输卵管中动脉来自左坐骨动脉，输卵管后动脉来自左髂内动脉。

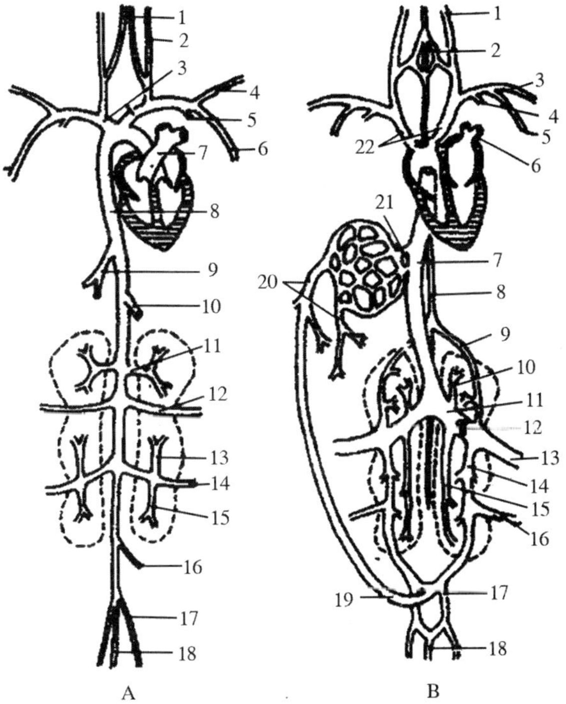

图 16-17　禽血管主干模式图

A. 动脉：1. 颈总动脉　2. 椎动脉　3. 锁骨下动脉　4. 臂动脉　5. 胸内动脉　6. 胸肌动脉　7. 肺动脉　8. 主动脉　9. 腹腔动脉　10. 肠系膜前动脉　11. 肾前动脉　12. 髂外动脉　13. 肾中动脉　14. 坐骨动脉　15. 肾后动脉　16. 肠系膜后动脉　17. 髂内动脉　18. 尾动脉

B. 静脉：1. 颈静脉　2. 椎内静脉窦　3. 臂静脉　4. 胸内静脉　5. 胸肌静脉　6. 肺静脉　7. 后腔静脉　8. 肾门前静脉　9. 肾前静脉　10. 髂总静脉　11. 肾门静脉瓣　12. 髂外静脉　13. 肾门后静脉　14. 肾后静脉　15. 坐骨静脉　16. 髂内静脉　17. 尾静脉　18. 肠系膜后静脉　19. 肝门静脉　20. 肝静脉　21. 后腔静脉　22. 前腔静脉

2. 静脉

肺静脉有左、右两支，注入左心房。

头部血液主要汇流到左、右颈静脉。在胸腔前口处，左、右颈静脉分别与同侧的锁骨下静脉汇合，形成左、右前腔静脉，开口于右心房静脉窦。

臂静脉位于臂部内侧，也称翼下静脉，是鸡静脉注射的部位。

骨盆壁的静脉汇集成左、右髂内静脉，向前延续部分埋于肾内，成为肾门后静脉。在肾中部和肾后部的交界处，肾门后静脉与同侧的髂外静脉汇合成髂总静脉。两侧的髂总静脉汇合成后腔静脉，最后开口于右心房(图 16-17)。

门静脉有左、右两干，进入肝左、右叶。

第七节 淋巴系统

一、淋巴管

禽体内的淋巴管较小，较大的淋巴管通常伴随血管而行。淋巴管除少数在胸腔前口处直接注入静脉外，多数汇集于胸导管。胸导管有一对，是体内最大的淋巴管，沿主动脉两侧前行，最后开口于左、右前腔静脉。

二、淋巴器官

1. 胸腺

胸腺一对，位于颈部气管两侧的皮下，从颈前部沿颈静脉延伸到胸腔前口的甲状腺处。每侧一般有 3～8 叶，鸡有 7 叶，鸭、鹅为 5 叶，呈淡黄或带红色。幼龄时体积较大，性成熟前发育至最大，此后逐渐退化，到成鸡仅保留一些痕迹。

2. 腔上囊

腔上囊又称法氏囊，是禽类特有的淋巴器官，位于泄殖腔背侧，开口于肛道。鸡的呈球形，鸭、鹅的为长椭圆形。腔上囊在幼龄家禽较发达，性成熟后开始退化，随着年龄增长，体积逐渐缩小，到 10 月龄(鸭 1 年，鹅稍迟)时，仅留小的遗迹，甚至完全消失。

3. 脾

脾位于腺胃右侧，为褐红色，呈圆形或三角形。外包薄的结缔组织膜，并向内分出不发达的小梁，形成脾的支架。实质可分为白髓和红髓，但二者分界不明显。

4. 淋巴结

淋巴结仅见于鸭、鹅等水禽，有两对。一对是颈胸淋巴结，位于颈基部，在颈静脉与椎静脉的夹角内，紧贴颈静脉，呈长纺锤形；另一对是腰淋巴结，为长条状，位于肾与腰荐骨之间的主动脉两侧。

三、淋巴组织

禽体的淋巴组织除形成一些淋巴器官外，广泛分布于体内。如消化道从咽到泄殖腔的黏膜固有层或黏膜下组织内，具有弥散性淋巴集结。较大的有回肠淋巴集结和盲肠扁桃体。

第八节　神经系统

一、中枢神经

禽脊髓细长，后端不形成马尾。脊髓的内部结构与哺乳动物相似，中央为灰质，外周为白质。

禽脑较小，延髓发达。脑桥不明显。中脑视叶特别发达。间脑较短，小脑发达。禽的大脑皮质较薄，表面光滑，无脑沟和脑回(图 16-18)。

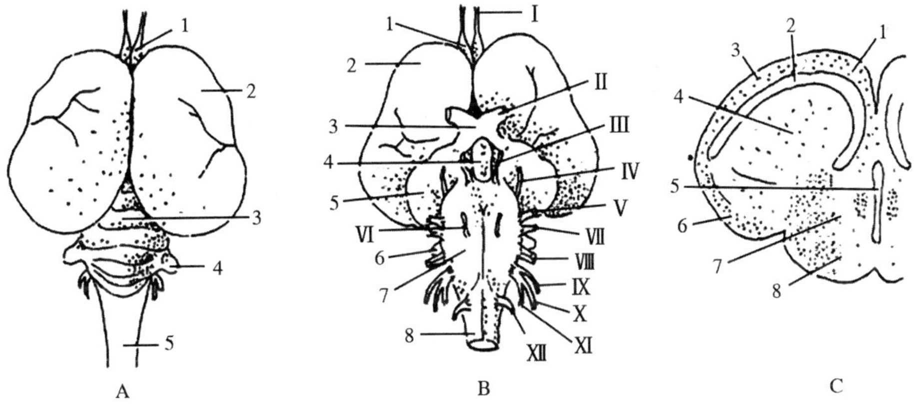

图 16-18　鸡的脑

A. 背侧观：1. 嗅球　2. 大脑半球　3、4. 小脑蚓部和小脑耳　5. 脊髓

B. 腹侧观：1. 嗅球　2. 大脑半球　3. 视交叉　4. 垂体　5. 中脑丘　6. 小脑耳　7. 延髓　8. 脊髓Ⅰ～Ⅻ共 12 对脑神经

C. 在大脑半球处的横切面：1. 海马　2. 侧脑室　3. 大脑皮质　4. 纹状体　5. 第三脑室　6. 嗅皮质　7. 丘脑　8. 下丘脑

二、周围神经

1. 脊神经

鸡的脊神经与椎骨数目接近，共 36～41 对。

(1)臂神经丛　分为丛背侧干和丛腹侧干。背侧干的分支主要分布于翼的背侧面，即伸肌和皮肤；腹侧干分布于腹侧面即屈肌和皮肤。

(2)腰荐神经丛　分为腰丛和荐丛，位于腰荐骨两旁，在肾的内面。其中最大的坐骨神经穿过髂坐孔到腿部。

2. 脑神经

脑神经有 12 对，基本与哺乳动物相同。其中三叉神经最发达；面神经缺少面肌的分支；舌咽神经有三个分支：舌支、喉咽支和食管降支；舌下神经有两大分支：舌支和气管支。

3. 植物性神经

(1)交感神经　交感神经干有一对，从颅底沿脊柱两侧延伸到综尾骨，具有一串椎旁神经

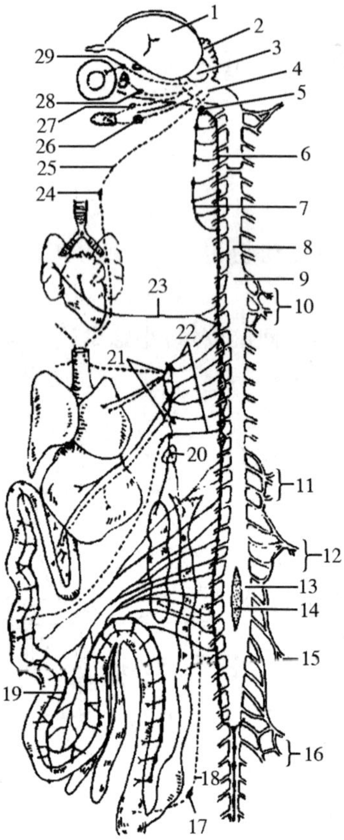

图 16-19 禽植物性神经系模式图

1.大脑半球 2.小脑 3.中脑丘 4.延髓 5.颈前神经节 6.交感神经干 7.颈动脉神经 8.脊髓 9.颈膨大 10.臂丛 11.腰丛 12.荐丛 13.腰荐膨大 14.胶质体 15.阴部丛 16.尾丛 17.泄殖腔神经节 18.盆神经 19.肠神经 20.肾上腺及肾上腺丛 21.腹腔丛及肠系膜前丛 22.内脏神经 23.心肺支 24.结状节 25.迷走神经 26.神经丛及第9对脑神经副交感纤维 27.下颌节及第7对脑神经副交感纤维 28.蝶腭节及第7对脑神经副交感纤维 29.睫状节及第3对脑神经副交感纤维

节。颈部交感神经干有粗细两条:粗干行于颈椎横突管内;细干沿颈总动脉延伸。胸部和腰部交感神经干的节间支分为背、腹两支,包绕肋头或椎骨横突。

(2)副交感神经 脑部副交感神经的节前纤维随Ⅲ、Ⅶ、Ⅸ、Ⅹ对脑神经出脑,其中Ⅲ、Ⅶ、Ⅸ对脑神经的副交感纤维与哺乳动物的相似。第Ⅹ对脑神经即迷走神经,是副交感神经的主要部分,分布于颈、胸腔和腹腔的内脏。荐部副交感神经由荐部脊髓发出,加入阴部神经丛(图 16-19)。

禽还有一支特殊的肠神经,从直肠与泄殖腔的连接处起,在肠系膜内与肠管平行向前延伸,直到十二指肠的后端,具有一串肠神经节。

第九节 内分泌系统

一、甲状腺

禽的甲状腺呈椭圆形,暗红色,位于胸腔前口附近气管的两侧,在颈总动脉与锁骨下动脉汇集处的前方,紧靠颈总动脉及颈静脉。甲状腺的大小因禽的品种、年龄、季节和饲料中碘的含量而有变化(图 16-20)。

甲状腺激素的分泌率受种别、年龄、性别、季节和生理状况等因素的影响,如鸭的甲状腺激素的分泌率比鸡高;母鸡的甲状腺激素的分泌率较公鸡高。在一年中,其分泌率秋冬季节较高,夏季最低。

二、甲状旁腺

甲状旁腺有两对,很小,如芝麻粒大,呈黄色或淡褐色,紧位于甲状腺之后。每侧的两个腺体常被结缔组织包在一起,并与甲状腺后端或颈总动脉的外膜相连接,但位置变化较大。

甲状旁腺只有主细胞,没有嗜酸性粒细胞。主细胞分泌甲状旁腺素,其作用与哺乳动物的相同。

三、腮后腺

腮后腺是一对较小的腺体(鸡为 2～3 mm),呈淡红色。形状不规则,位于甲状腺和甲状旁腺后方，紧靠颈总动脉与锁骨下动脉分叉处，但右侧腮后腺位置变化较大。

腮后腺相当于哺乳动物的甲状腺C细胞，分泌降钙素（CT）。其作用主要是降低血钙水平。

四、肾上腺

肾上腺是一对，呈卵圆形、锥形或不规则形，为黄色或橘黄色，位于两肾前端。实质也由皮质和髓质构成，但分界不明显。肾上腺的体积因禽的品种、年龄、性别、健康状况环境因素的不同有很大的差别。

肾上腺皮质分泌的激素，根据其功能可分为糖皮质激素和盐皮质激素，其生理作用与哺乳动物相似。肾上腺髓质分泌肾上腺素和去甲肾上腺素。成年禽类的髓质主要分泌去甲肾上腺素，这两种激素的生理作用与哺乳动物相同。

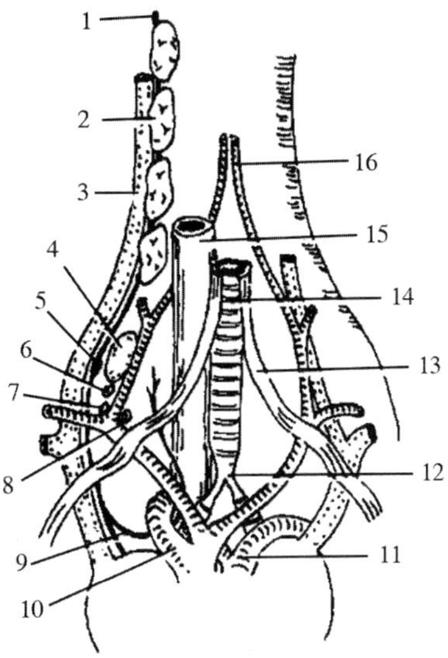

图16-20　鸡颈基部及胸腔入口处的主要结构

1.迷走神经　2.胸腺　3.颈静脉　4.甲状腺　5.结状节　6.甲状旁腺　7.颈动脉体　8.鳃后腺　9.返神经　10.主动脉　11.肺动脉　12.鸣管　13.胸骨气管肌　14.气管　15.食管　16.颈总动脉

五、垂体

垂体位于脑的腹侧，以垂体柄与间脑相连，呈扁平长卵圆形，由腺垂体和神经垂体组成。腺垂体体积大，由结节部和远侧部组成。神经垂体小，由漏斗柄、正中隆起和神经叶三部分组成。

1. 腺垂体

腺垂体分泌的激素有黄体生成素（LH）、卵泡刺激素（FSH）、促甲状腺激素（TSH）、生长激素（GH）、催乳素（PRL）和促肾上腺皮质激素（ACTH）等。催乳素对机体有多方面的调节作用。催乳素并不影响公鸡的性腺活动，但抑制母鸡的生殖活动，另外还能促使鸡换羽等。腺垂体分泌的其他激素的作用与哺乳动物基本相似。

2. 神经垂体

禽类的神经垂体主要释放催产素、8-精催产素、8-异亮催产素和加压抗利尿素。催产素和8-异亮催产素均有促进输卵管收缩的作用。

六、胰岛

禽的胰岛内含有 α_1、α_2 和 β 三种细胞。α_1 细胞分泌胃泌素，α_2 细胞分泌胰高血糖素，β 细胞分泌胰岛素。禽类胰腺中胰高血糖素含量比哺乳动物高。

七、性腺

1. 雄性激素

睾丸间质细胞分泌的睾酮能刺激雄性性器官发育，维持雄禽的正常性活动，促进雄性鸡冠的生长和肉髯的发育等。

2. 雌性激素

(1)雌激素　来自卵泡内膜细胞,促进母鸡卵黄磷脂蛋白生成;增加脂肪沉积,有助于肥育;使血中的脂肪、钙和磷的水平升高,为蛋的形成提供原料;使羽毛的形状和色泽变成雌性类型;促使输卵管发育,耻骨松弛和肛门增大,以利于产卵。

(2)孕激素　禽类产卵后不形成黄体,其孕酮由卵泡内颗粒细胞产生,可直接作用于腺垂体,引起黄体生成素释放,诱发排卵。

八、松果腺

松果腺细胞分泌的褪黑激素,能抑制性腺和输卵管的生长。但在雏鸡生长初期有促进性腺生长的作用,40～60 日龄时则有抗性腺的效应。此外,褪黑激素可抑制 GnRH 的活性,进而影响性活动。

第十节　体温

禽类与哺乳动物都是恒温动物,但禽类的产热和散热过程及体温调节方式在许多方面与哺乳动物不同。

禽的正常体温较家畜高,成年家禽体温(直肠温度)为:鸡 39.6～43.6 ℃,鸭 40.1～42.5 ℃,鹅 40.0～46.3 ℃,鸽 41.3～42.2 ℃,火鸡 41.0～41.2 ℃。

体温调节中枢位于下丘脑,当内外环境变动可能引起体温变化时,能对禽体的产热和散热过程不断进行调节。禽类的喙部和胸腹部有温度感受器,当外界温度升高时,能反射性地加速散热过程。表现为头颈伸张,翅下垂以增加散热的有效体表面积和降低羽毛的绝热效能。禽体无毛部分的血管舒张,使血液流向体表便于散热;同时表现热性喘息,以增加热的蒸发。当外界温度降低时,羽毛蓬松以增加绝热效应。群禽挤在一起以减少散热面积;头部藏于翅下,以防裸露部位散热过多等。

禽类主要靠呼吸蒸发散热,温度高会妨碍热的蒸发。禽类对寒冷的环境耐受力较强,成年鸡在－50 ℃条件下能耐受 1 h,鸽在－100 ℃条件下能存活 1 h。在高温或低温环境中,禽类会发生一系列生理机能的调整,以适应生活环境。

第十一节　感觉器官

一、视器

1. 眼球

禽眼球比较大而扁。角膜较凸,巩膜坚硬,其后部含有软骨板;角膜与巩膜连接处有一环形小骨片形成巩膜骨环。虹膜呈黄色,中央为圆形的瞳孔,虹膜内的瞳孔开大肌和瞳孔括约肌均为横纹肌。睫状肌除调节晶状体外，还能调节角膜的曲度。视网膜层较厚，在视神经入口处，视网膜呈板状伸向玻璃体内，并含有丰富的血管和神经，这一特殊结构称为眼梳。晶状体较柔软，其外周在靠近睫状突部位有晶状体环枕(图 16-21)。

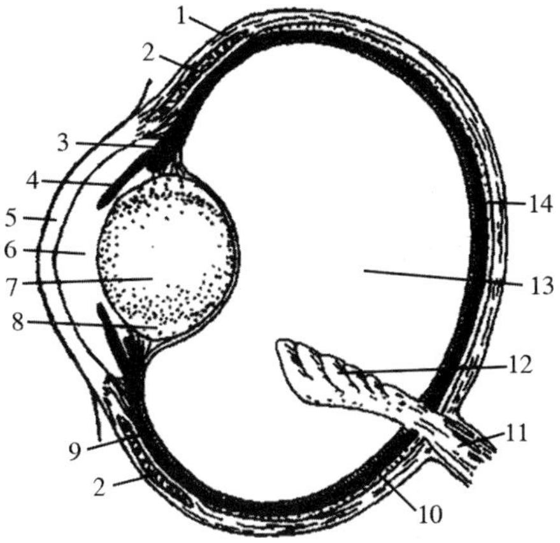

图 16-21　鸡眼球纵剖面

1. 巩膜　2. 巩膜骨环　3. 睫状体　4. 虹膜　5. 角膜　6. 瞳孔　7. 晶状体　8. 晶状体环枕　9. 脉络膜　10. 视网膜　11. 视神经　12. 眼梳膜　13. 玻璃体　14. 巩膜软骨板

2. 辅助器官

禽眼睑缺睑板腺。下眼睑大而薄，较灵活。第三眼睑(瞬膜)发达，为半透明薄膜。瞬膜活动时，能将眼球前面完全盖住。泪腺较小，位于下眼睑后部的内侧。瞬膜腺较发达，鸡的呈淡红色，位于眶内眼球的腹侧和后内侧。禽类眼球的运动由 6 块小而薄的眼肌控制，包括 2 块斜肌、4 块直肌，无退缩肌。

二、位听器

1. 外耳

无耳郭，外耳孔周缘有褶，被小的耳羽遮盖。外耳道较短，鼓膜向外隆凸。

2. 中耳

鼓室除以咽鼓管与咽腔相通外，还以一些小孔与颅骨内的一些气腔相通。听小骨只有一块，称为耳柱骨，其一端以多条软骨性突起连于鼓膜，另一端膨大呈盘状嵌于内耳的前庭窗。

3. 内耳

内耳由骨迷路和膜迷路构成，但三个半规管很发达。耳蜗则不形成螺旋状，是一个稍弯曲的短管。

第十二节　被皮系统

一、皮肤

禽的皮肤较薄。表皮薄。真皮分为浅、深两层。皮下组织一般较疏松，有利于羽毛的活动。母鸡和火鸡在孵卵期，胸部皮肤形成特殊的孵区，又称孵斑，羽毛较少，血管增生，有利于体温传播。禽类皮肤无汗腺和皮脂腺，在尾部背侧有尾脂腺，分两叶，禽可用喙压迫尾脂腺，将分泌物涂布于羽毛，起着润泽羽毛，使之不被水浸湿的作用。

二、羽毛

羽毛是禽类皮肤特有的衍生物，根据其形态主要可分为三类，即正羽、绒羽和纤羽。正羽覆盖体表的绝大部分。绒羽密生于皮肤表面，被正羽所覆盖，主要起保温作用。纤羽分布于全身,长短不一,细长如毛发状。正羽覆盖在禽体的一定部位称为羽区,其余部位称为裸区,以利肢体的运动(图 16-22)。

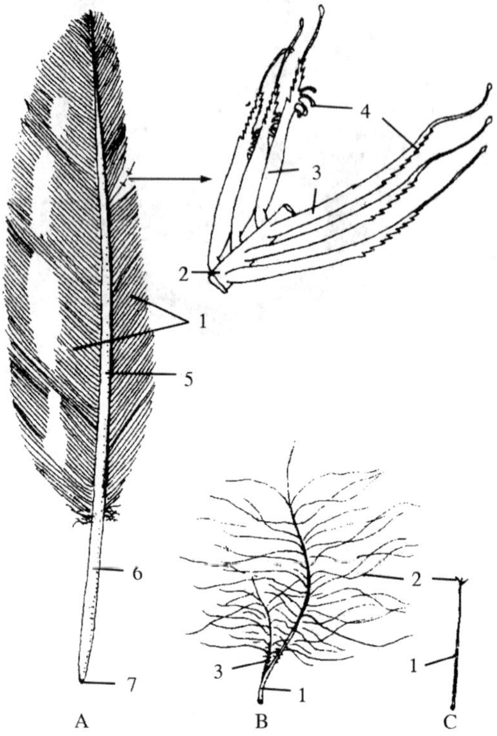

图 16-22 禽羽毛模式图

A. 廓羽(正羽):1. 羽片 2. 羽枝 3. 小羽枝 4. 羽钩 5. 羽茎 6. 基翮 7. 下脐
B. 绒羽:1. 基翮 2. 羽枝 3. 下羽
C. 纤羽:1. 羽轴 2. 羽枝

三、皮肤的其他衍生物

头部有冠、髯和耳叶,均由皮肤皱褶衍变而成。公鸡冠较发达,其形态可作为辨别鸡的品种、成熟程度和健康情况的标志。髯位于喙的下方,两侧对称,结构与冠相似。耳叶位于耳孔开口的下方,呈椭圆形,多为红色或白色。

鳞片、喙、爪和距都是由表皮角质层增厚、同时角蛋白钙化而形成的。脚部的鳞片也是表皮角质加厚形成的。

复习思考题

一、选择题

1. 家禽大肠的特点是(　　)。

A. 有一条盲肠　B. 有一条结肠　C. 有一对盲肠
D. 有一对结肠　E. 有一对直肠

2. 雌性家禽生殖系统的特点是(　　)。

A. 卵巢不发达　B. 输卵管不发达　C. 卵巢特别发达
D. 左侧的卵巢和输卵管退化　E. 右侧的卵巢和输卵管退化

3. 家禽的泌尿系统特殊,因为(　　)。

A. 肾脏发达　B. 肾脏退化　C. 两肾合并
D. 膀胱发达　E. 缺乏膀胱

(4～5 题共用备选答案)

A. 鸣管　　B. 气囊　　C. 喉　　D. 肺　　E. 鸣泡

4. 鸡气管分叉处形成的特殊结构是(　　)。

5. 鸭的发声器官是(　　)。

(6～7 题共用备选答案)

A. 鼻　　B. 咽　　C. 喉　　D. 气囊　　E. 鸣管

6. 位于气管分叉处,由数个气管环和支气管环及一块鸣骨组成的禽类发声器官(　　)。

7. 有前后两群共 9 个,作为储气装置而参与肺呼吸作用的禽类特有器官是(　　)。

(8～9 题共用备选答案)

A. 睾丸　　B. 卵巢　　C. 肾　　D. 输精管　　E. 膀胱

8. 与家畜相比,家禽缺失的泌尿器官是(　　)。

9. 鸡仅左侧正常发育的生殖器官是(　　)

10. 鸡的盲肠扁桃体位于(　　)。

A. 回盲韧带　　B. 盲肠体　　C. 盲肠尖　　D. 盲肠基部　　E. 盲肠体和尖

11. 鸡消化道的特点之一是(　　)。

A. 1 条盲肠　　B. 2 条盲肠　　C. 3 条盲肠　　D. 盲肠消失　　E. 盲肠退化

二、简答题

1. 简述家禽骨的形态结特点。

2. 禽类食管、胃和肠有何结构特点?

3. 简述禽类呼吸器官的形态结构和功能。

4. 禽类肾的结构和主要功能是什么?

5. 家禽输卵管的结构有何特征?

6. 简述蛋的形成过程。

第 16 章参考答案

参 考 文 献

[1] 滕可导.动物解剖学与组织胚胎学.3版.北京:高等教育出版社,2022.
[2] 白志坤.畜禽系统解剖学.2版.北京:中国林业出版社,2022.
[3] 雷治海.动物解剖学.2版.北京:科学出版社,2021.
[4] 任曼.动物解剖学实验.合肥:安徽大学出版社,2021.
[5] 张金龙,雷治海.实验动物解剖学.北京:中国农业出版社,2020.
[6] 陈耀星,崔燕.动物解剖学及组织胚胎学:全彩版.北京:中国农业出版社,2019.
[7] 薄福光.动物解剖学.天津:天津科学技术出版社,2017.
[8] 王永才,刘娟.动物解剖学.重庆:西南师范大学出版社,2018.
[9] 余彦国,经有林,裴占阳.动物解剖生理.3版.北京:中国农业大学出版社,2022.
[10] 董常生.家畜解剖学.5版.北京:中国农业出版社,2015.
[11] 赵茹茜.动物生理学.6版.北京:中国农业出版社,2020.
[12] 王庭槐.生理学.9版.北京:人民卫生出版社,2019.
[13] 陈耀星.畜禽解剖学.3版.北京:中国农业大学出版社,2010.
[14] 周杰.动物生理学.2版.北京:中国农业大学出版社,2022.
[15] 陈耀星,曹静.动物解剖学彩色图谱.2版.北京:中国农业出版社,2021.
[16] 加春生,樊平,曹洪志.动物解剖生理.武汉:华中科学技术出版社,2022.